从生态学透视生命系统的设计、运作与演化
——生态、遗传和进化通过生殖的融合

谢 平 著

科学出版社

北 京

内 容 简 介

数以百万计的物种生存于现在的地球上,并呈现出大大小小、五颜六色甚至奇形怪状的生命景色。那么生命如何在地球上得以诞生?有机体是如何进行(生态)设计的?为何有如此之多的物种出现在地球上?繁殖是生命区别于非生命物体的本质特征,尽管生物的繁殖方式千差万别,但可简单地归结为无性生殖和有性生殖,而有性生殖存在于几乎所有的动植物之中,为何有性生殖如此广泛?

目前,生物学家对有性生殖的分子机制已经了解得相当清楚,但是为什么生物的繁殖需要通过不同性别的细胞的融合来完成仍然是一大谜团。"性的为什么"困扰包括达尔文在内的进化生物学家已经长达150多年。此外,显花植物中单性花的比例很小(约10%),为何它们的生殖系统以雌雄同株占据绝对优势?自交真的会导致衰退吗?

这些疑问正是本书探索的重点。本书致力于通过生殖来整合生态学、遗传学和进化生物学的见解,探寻生命系统的自然设计、运作和演化的原理。通过对迄今为止流行的或具有代表性的理论或假设进行批判性的分析与审视,定义了两个新的概念——r-生殖对策和K-生殖对策,提出了两个新的理论——"性的生态学起源"和"性的生态遗传学本质"。因此,本书不仅是对现有知识的综合,而且是对一些传统理论的挑战,并进一步提出了新的概念和理论。

本书可供生态学、进化生物学、生态遗传学、繁殖生物学、生物地理学、全球变化生物学、理论生态学、生物学、环境科学、古生物学、生物哲学等领域的科研人员、师生以及感兴趣的社会公众参考。

图书在版编目(CIP)数据

从生态学透视生命系统的设计、运作与演化:生态、遗传和进化通过生殖的融合/谢平著. —北京:科学出版社,2013.3

ISBN 978-7-03-036918-5

Ⅰ.①从… Ⅱ.①谢… Ⅲ.①生态学-研究 Ⅳ.①Q14

中国版本图书馆 CIP 数据核字(2013)第 044076 号

责任编辑:韩学哲 贺窑青 / 责任校对:刘小梅
责任印制:赵 博 / 封面设计:耕者设计工作室

科学出版社 出版
北京东黄城根北街 16 号
邮政编码:100717
http://www.sciencep.com

北京建宏印刷有限公司印刷
科学出版社发行 各地新华书店经销

*

2013 年 3 月第 一 版 开本:B5(720×1000)
2025 年 1 月第三次印刷 印张:26 3/4
字数:500 000

定价:180.00 元
(如有印装质量问题,我社负责调换)

Scaling Ecology to Understand Natural Design of Life Systems and Their Operations and Evolutions
──Integration of Ecology, Genetics and Evolution through Reproduction

by Xie Ping

Science Press
Beijing

Brief Introduction

There are millions of species living together on the earth, with a great variety of sizes, shapes and colors. How did life emerge and evolve? How are organisms designed ecologically? Why are there so many species on the earth? Reproduction is an essential characteristic of all living creatures, and the ways of their reproductions can be broadly grouped into asexual and sexual reproductions. Sexual reproduction occurs in almost all animals and plants. Why is sex so widespread?

Today, biologists understand the molecular mechanisms of sex fairly well. However, it is still a big mystery why new beings should be produced by the union of two sexual elements. The why of sex has been a puzzle to evolutionary biologists, including Darwin, for more than 150 years. At first glance, it seems very puzzling why sex systems of flowering plants are absolutely dominated by hermaphrodite, as few flowering plants (about 10%) have unisexual flowers. Does selfing really cause depression?

These questions are what I try to explore in this book. My efforts are to integrate ecology, genetics and evolution through reproduction, seeking for principles underlying natural design of life systems, their operations and evolutions. For this reason, I give a historical and critical review on the prevailing hypotheses. Most importantly, I defined two concepts: r-and K-reproductive strategies, and proposed two new theories—"Ecological Origin of Sex" and "Eco-Genetic Essence of Sexuality". Therefore, this book not only synthesizes our current understanding, but offers a subversive challenge to traditional theories, and presents new concepts and theories as well.

PING XIE (xieping@ihb. ac. cn) is currently director and research professor of the Donghu Experimental Station of Lake Ecosystems, Institute of Hydrobiology, the Chinese Ecological Research Networks, the Chinese Academy of Sciences

目　　录

第一章　寻根生态学——早期发展史与分化 ··· 1
一、生态学概念的起源与定义 ··· 1
1. 生态学一词的起源 ··· 2
2. 生态学的定义 ··· 2
二、生态学早期的发展简史 ·· 6
1. 生态学的起源——从本能到科学 ·· 6
2. 达尔文的进化论——马尔萨斯人口论学说在整个动植物界的应用 ················ 9
3. 马尔萨斯人口论的数学描述——逻辑斯蒂方程式 ································ 11
三、生态学早期的其他重要概念 ·· 14
1. 生物圈 ·· 14
2. 生物群落 ·· 14
3. 生物地理学 ·· 15
4. 生态位 ·· 15
5. 食物链 ·· 16
6. 生态系统 ·· 16
四、生态学的分支 ··· 17
1. 生态学的分类 ·· 17
2. 为何有如此繁多的生态学分支出现? ·· 21
五、结语 ··· 22

第二章　从尺度透视生命的设计原理 ·· 23
一、生命的大小尺度特征——极度的多样化 ······································ 23
1. 生物界物种大小的多样化 ·· 24
2. 群内生物大小的多样化 ·· 25
3. 生物大分子大小的多样化 ·· 26
二、进化的趋势——通过多样化和复杂化不断扩展生命尺度 ···················· 28
1. 进化的趋势——体型多样化和复杂化 ·· 28
2. 进化的趋势——遗传信息复杂化 ·· 30
3. 进化的趋势——体积趋于增大 ·· 30
4. 脊椎动物的进化趋势——脑趋向于增大 ·· 33
三、气候对动植物体格的塑造 ·· 33
1. 气候对动物体格的影响——低温促进动物体积的增加 ··························· 33

  2. 气候对植物体格的影响——极端低温和干旱限制树木生长 ⋯⋯⋯⋯ 35
 四、群落复杂化促进生物体积分化 ⋯⋯⋯⋯⋯⋯⋯⋯⋯⋯⋯⋯⋯⋯⋯⋯⋯ 37
  1. 捕食与被捕食关系的进化促进动物体积分化 ⋯⋯⋯⋯⋯⋯⋯⋯⋯⋯ 37
  2. 物种生态功能细化促进有机体体积分化 ⋯⋯⋯⋯⋯⋯⋯⋯⋯⋯⋯⋯ 40
 五、从生命的尺度看物种生物学特征的设计 ⋯⋯⋯⋯⋯⋯⋯⋯⋯⋯⋯⋯⋯ 40
  1. 体长与世代时间 ⋯⋯⋯⋯⋯⋯⋯⋯⋯⋯⋯⋯⋯⋯⋯⋯⋯⋯⋯⋯⋯⋯ 40
  2. 极限体长与生长速率 ⋯⋯⋯⋯⋯⋯⋯⋯⋯⋯⋯⋯⋯⋯⋯⋯⋯⋯⋯⋯ 44
  3. 体重与摄食率 ⋯⋯⋯⋯⋯⋯⋯⋯⋯⋯⋯⋯⋯⋯⋯⋯⋯⋯⋯⋯⋯⋯⋯ 44
  4. 体重与代谢速率 ⋯⋯⋯⋯⋯⋯⋯⋯⋯⋯⋯⋯⋯⋯⋯⋯⋯⋯⋯⋯⋯⋯ 45
 六、从生命的尺度看物种生态学特征的设计 ⋯⋯⋯⋯⋯⋯⋯⋯⋯⋯⋯⋯⋯ 47
  1. 体重与内禀增长率 ⋯⋯⋯⋯⋯⋯⋯⋯⋯⋯⋯⋯⋯⋯⋯⋯⋯⋯⋯⋯⋯ 47
  2. 体重与种群密度 ⋯⋯⋯⋯⋯⋯⋯⋯⋯⋯⋯⋯⋯⋯⋯⋯⋯⋯⋯⋯⋯⋯ 48
  3. 体重与运动速率 ⋯⋯⋯⋯⋯⋯⋯⋯⋯⋯⋯⋯⋯⋯⋯⋯⋯⋯⋯⋯⋯⋯ 50
  4. 体重与活动范围 ⋯⋯⋯⋯⋯⋯⋯⋯⋯⋯⋯⋯⋯⋯⋯⋯⋯⋯⋯⋯⋯⋯ 51
  5. 体积与物种多样性 ⋯⋯⋯⋯⋯⋯⋯⋯⋯⋯⋯⋯⋯⋯⋯⋯⋯⋯⋯⋯⋯ 51
 七、从生命的尺度看物种生态对策的设计 ⋯⋯⋯⋯⋯⋯⋯⋯⋯⋯⋯⋯⋯⋯ 54
  1. r-和 K-对策——"广种薄收"与"精耕细作" ⋯⋯⋯⋯⋯⋯⋯⋯⋯⋯ 54
  2. r-和 K-对策——非稳定性适应和稳定性适应 ⋯⋯⋯⋯⋯⋯⋯⋯⋯⋯ 56
 八、结语 ⋯⋯⋯⋯⋯⋯⋯⋯⋯⋯⋯⋯⋯⋯⋯⋯⋯⋯⋯⋯⋯⋯⋯⋯⋯⋯⋯⋯ 56
第三章　从模型透视生命系统的运作过程 ⋯⋯⋯⋯⋯⋯⋯⋯⋯⋯⋯⋯⋯⋯ 57
 一、酶促反应速率模型 ⋯⋯⋯⋯⋯⋯⋯⋯⋯⋯⋯⋯⋯⋯⋯⋯⋯⋯⋯⋯⋯⋯ 58
  1. 酶惊人的催化能力使生化反应速率无可比拟 ⋯⋯⋯⋯⋯⋯⋯⋯⋯⋯ 58
  2. 酶促反应速率的基本模型——米-曼方程 ⋯⋯⋯⋯⋯⋯⋯⋯⋯⋯⋯⋯ 58
  3. 生化反应的高效和精确性造就了差异极大的米氏常数 ⋯⋯⋯⋯⋯⋯ 59
 二、有机体整体代谢速率模型 ⋯⋯⋯⋯⋯⋯⋯⋯⋯⋯⋯⋯⋯⋯⋯⋯⋯⋯⋯ 61
  1. 有机体整体代谢速率与质量的关系 ⋯⋯⋯⋯⋯⋯⋯⋯⋯⋯⋯⋯⋯⋯ 61
  2. 有机体整体代谢速率与温度的关系 ⋯⋯⋯⋯⋯⋯⋯⋯⋯⋯⋯⋯⋯⋯ 61
  3. 身体质量和温度对有机体整体代谢速率的联合效应 ⋯⋯⋯⋯⋯⋯⋯ 62
  4. 关于代谢速率的若干概念 ⋯⋯⋯⋯⋯⋯⋯⋯⋯⋯⋯⋯⋯⋯⋯⋯⋯⋯ 62
 三、细胞的体积及增长 ⋯⋯⋯⋯⋯⋯⋯⋯⋯⋯⋯⋯⋯⋯⋯⋯⋯⋯⋯⋯⋯⋯ 64
 四、个体生长模型 ⋯⋯⋯⋯⋯⋯⋯⋯⋯⋯⋯⋯⋯⋯⋯⋯⋯⋯⋯⋯⋯⋯⋯⋯ 65
  1. 常见的个体生长模型 ⋯⋯⋯⋯⋯⋯⋯⋯⋯⋯⋯⋯⋯⋯⋯⋯⋯⋯⋯⋯ 65
  2. 主要生长模型的参数特征比较 ⋯⋯⋯⋯⋯⋯⋯⋯⋯⋯⋯⋯⋯⋯⋯⋯ 66
  3. 描述鱼类生长的 von Bertalanffy 模型的生长速率 K 和极限体长 l_∞ 的比较
   ⋯⋯⋯⋯⋯⋯⋯⋯⋯⋯⋯⋯⋯⋯⋯⋯⋯⋯⋯⋯⋯⋯⋯⋯⋯⋯⋯⋯⋯ 68
  4. 主要生长模型之间的数学转换 ⋯⋯⋯⋯⋯⋯⋯⋯⋯⋯⋯⋯⋯⋯⋯⋯ 69

五、单一种群的数量变动——始于无限，终于有限 ················· 71
    1. 种群增长模型——无限寓于有限之中 ·························· 71
    2. 逻辑斯蒂增长——实验种群的常见模式 ························ 72
    3. 指数增长——惊人的暴发 vs 惊人的崩溃 ······················· 73

六、先天的出生，后天的死亡 ··· 76
    1. 存活率曲线——不同的死亡策略 ································ 76
    2. 人类的存活率曲线——趋向极限死亡的转变 ·················· 76

七、两个种群间的相互作用模型 ··· 78
    1. 经典的 Lotka-Volterra 方程——永无止境的周期性波动 ······ 79
    2. 两个相互作用种群的周期性振荡案例 ·························· 80

八、不同生命层次的运动——难觅统一的动态模式 ················· 82
    1. 酶促反应速率——既高效又专一，依赖于底物浓度 ·········· 82
    2. 个体和种群的增长——从无限到有限，依赖于时间与自身质(数)量 82

九、结语 ·· 82

第四章 从稳定性、可塑性和稳态转化透视生态系统的行为 84

一、对稳定性的认识——从种群到生态系统 ·························· 85
    1. 稳定性——涉及生态系统的各个层面 ·························· 85
    2. 认识发展的几个关键节点 ·· 85

二、种群和群落稳定性——概念与度量 ································ 86
    1. 什么是"种群稳定性"和"群落稳定性" ························· 86
    2. 种群和群落稳定性的概念——动听却难以度量 ··············· 86

三、系统稳定性——概念与度量 ··· 87
    1. 用简单的系统诠释复杂的系统稳定性 ·························· 87
    2. 大胆的外延——提出从单个到多个平衡状态的新的系统观 ·· 90
    3. 系统稳定性的度量——一样困难 ································ 91
    4. 稳定性景观——形象地描绘多稳态系统 ······················· 91

四、生态功能稳定性模型 ··· 93
    1. 物种多样性模型 ·· 94
    2. 异质性模型 ··· 94
    3. "铆钉"模型 ··· 95
    4. "驾驶员和乘客"模型 ·· 96
    5. 模型整合 ·· 96

五、生态可塑性——稳定不一定可塑，不稳定不一定不可塑 ······ 98
    1. 生态可塑性——一种新的多平衡态的系统观 ·················· 98
    2. "五花八门"的生态可塑性定义 ·································· 98
    3. 稳定性包含于"可塑性"之中 ···································· 100

  六、生态可塑性——只不过是个隐喻吗? ·················· 101
    1. 可塑性的概念性度量 ·················· 101
    2. 可塑性的半定量 ·················· 102
    3. 可塑性也会变化 ·················· 104
  七、生态系统的稳态转化与时滞 ·················· 104
    1. 生态系统对环境变化的响应——从渐变到突变 ·················· 106
    2. 生态系统的稳态转化——从实践到理论 ·················· 106
    3. 时滞——下降与回复的轨迹不同 ·················· 111
    4. 减轻或避免时滞——现代生态系统管理策略的战略转变 ·················· 114
  八、结语 ·················· 115
第五章 植被的地理格局——植物群落的生态学设计原理 ·················· 116
  一、如何描述与分类自然界的植物集群 ·················· 117
    1. 常见的概念 ·················· 117
    2. 空间尺度——多大才算一个植物群落? ·················· 118
    3. 主要植被类型——基于优势植物生长型的划分 ·················· 120
    4. 主要植物群系——地带性植被类型 ·················· 121
  二、植被的地理格局——全球气候系统的产物 ·················· 121
    1. 全球的气候系统如何划分? ·················· 122
    2. 气候系统与地带性植被的耦合 ·················· 123
    3. 两个主要气候因子——温度和降水对地带性植被的塑造 ·················· 123
    4. 局域环境因子的差异也能显著改变植被类型 ·················· 126
    5. 沿海拔出现山地植被类型的明显更替 ·················· 127
  三、热带-亚热带地区森林植被的地理格局与影响因素 ·················· 129
    1. 南北半球降水与干旱的时空格局 ·················· 130
    2. R-E 指数(降水量-蒸发量)显著影响植被类型 ·················· 131
    3. 年降水量和干旱期对森林类型的影响 ·················· 132
    4. 降水量对植物生活类型的综合影响 ·················· 133
  四、气候-土壤-植被类型的耦合作用 ·················· 133
    1. 降水-养分耦合作用对热带植被类型的影响 ·················· 134
    2. 气候对植被和土壤地带性格局的塑造 ·················· 134
    3. 非地带性植被 ·················· 135
  五、不同植物群系的生态功能及物种相对多度的比较 ·················· 136
    1. 不同植物群系的生态功能 ·················· 136
    2. 不同植物群系物种相对多度的比较 ·················· 136
  六、历史因素对植被类型的影响 ·················· 137
  七、结语 ·················· 138

第六章　植被演替——地质历史变动轨迹中植物的归宿性反应 139
　一、植被的演替——来龙去脉 139
　　1. 植被的变化与演替——耦合于不同的时空尺度之中 139
　　2. 最经典的演替理论——由美国植物学家 Clements 提出 140
　　3. 演替类型——多种多样的划分方式 141
　　4. 演替的行为——轨迹与终点 144
　二、两种基本的演替过程——原生演替和次生演替 146
　　1. 原生演替——需要改造基质的缓慢过程 146
　　2. 次生演替——扰动后较快的群落重建过程 146
　　3. 演替——伴随着一系列生态系统特征的变化 150
　　4. 次生演替的过程——接力植物区系假说和初始植物相组成假说 151
　　5. 温带森林区弃耕地的演替——物种相对多度从直线转变为 S 型曲线 152
　　6. 草地的持续施肥试验——物种多样性逐渐下降 154
　三、不同时间尺度的气候变动——不同间隔与强度的冷暖变化周期 156
　　1. 100 年来的温度变化——气温上升约 0.7℃ 156
　　2. 距今 100 万年以来——约 10 万年周期的冷暖交替,变温 3～5℃ 156
　　3. 距今数亿年以来——约 1 亿年周期的冷暖交替,变温幅度接近 20℃ 159
　四、不同时间尺度上的植被变化——不同的格局与驱动力 160
　　1. 数百年以来的植被变化——主要受人类活动的驱动 160
　　2. 末次冰盛期(约 1.8 万年前)以来——植被优势种接连更替 162
　　3. 末次冰盛期(约 1.8 万年前)以来——植被的空间格局变化显著 167
　　4. 始新世(约 5000 万年前)以来——陆地植被格局变化巨大 169
　五、演替的方向和轨迹——依赖于时空尺度 172
　　1. 中短时间尺度的植被演替——趋于区域气候顶级 172
　　2. 长时间地史尺度的植被演替——难觅严格的周期性更替 172
　六、结语 172

第七章　生物多样性地理格局——物种的生态学设计原理 174
　一、物种——生命最基本的生存单元 174
　　1. 物种的概念——依然难以统一定义 174
　　2. 现存的物种——已描述 170 多万种 175
　　3. 物种的分化——受制于生存条件的随机演化 176
　二、物种多样性地理格局——陆生植物 177
　　1. 纬度效应——纬度越低,物种越丰富 177
　　2. 温度效应——温度越高,物种越丰富 179
　　3. 海拔效应——在高海拔地区,物种数急剧下降 179
　　4. 降水量效应——降水量越大,物种越丰富 181

5. 生产力效应——生产力越高,物种数越多 ················· 181
三、物种多样性地理格局——陆生动物 ························· 183
　　　1. 纬度效应——从低纬度到高纬度,物种数逐渐降低 ············· 183
　　　2. 温度效应——温度越低,物种越贫瘠 ····················· 185
　　　3. 海拔效应——在高海拔地区,物种数急剧下降 ··············· 187
　　　4. 湿度效应——中等水分蒸发蒸腾量的地区,物种最为丰富 ········ 188
四、物种多样性地理格局——水生动物 ························· 189
　　　1. 纬度效应——在高纬度地区,物种数急剧下降 ··············· 189
　　　2. 温度效应——随着水温的升高,物种多样性逐渐增加 ··········· 189
　　　3. 水深效应——进入深海区,物种数急剧下降 ················ 190
　　　4. 历史的地理格局——纬度越低,物种越丰富 ················ 192
五、物种多样性——一般格局与成因 ··························· 193
　　　1. 纬度、海拔和湿润度——塑造了物种多样性的基本格局 ········· 193
　　　2. 物种多样性格局——生态、进化和历史的产物 ··············· 193
六、结语 ·· 195

第八章　基因组的进化——物种的生态遗传学设计原理 ············ 196
一、基因组大小——继承与随机的复杂化 ······················· 196
　　　1. 不太有章法的 DNA——C 值悖论 ····················· 196
　　　2. 基因的进化——从朴素简洁到奢侈浪费? ················· 197
　　　3. 基因的进化——继承与发展 ······················· 199
二、基因组大小——折射物种的生理生态对策 ···················· 202
　　　1. 大的基因组——需要大的细胞来装填 ··················· 202
　　　2. 大的基因组——更费时间来完成细胞分裂 ················· 204
　　　3. 大的基因组——更费时间来完成生命周期 ················· 204
　　　4. 平均 C 值——温带草本比热带草本大 ··················· 205
三、基因变率——真核生物之间自发突变率相似,而诱发突变率完全
　　不同 ·· 207
　　　1. 基因并不是一成不变的——既可以自发突变也可以诱发突变 ······ 207
　　　2. 自发突变率——病毒最高,其他类群却惊人地相似 ············ 207
　　　3. 诱发突变——基因组越大,对辐射的耐性越差 ·············· 210
四、基因组的历史演化——从原核生物的集中创造到真核生物的重复
　　扩展 ·· 211
　　　1. "太古代大爆发"——为构建能量模式的集中式基因创造 ········ 212
　　　2. 基因组的功能演化——从生命的构建到能量积蓄再到适应生物圈氧化 ··· 212
　　　3. 真核生物基因组的进化速率——指数增加 ················· 215
　　　4. 基因和物种的新陈代谢——完全不同的轨迹和模式 ············ 216

五、结语 ··· 218

第九章　从存在到演化——生物生殖概观 ······································ 219
一、单细胞生物——无性统治的世界，偶尔通过有性来抵御不良环境 ··· 219
　　1. 原核生物细菌的生活史——只有无性生殖 ································ 219
　　2. 真核生物酵母的生活史——出现产生子囊孢子的有性生殖 ············ 221
　　3. 单细胞真核生物衣藻的生活史——出现产生厚壁孢子的有性生殖 ··· 222
二、高等植物——有性统治的世界，休眠体从孢子转变到种子 ············ 224
　　1. 矮小的苔藓——受精卵开始在能起到保护作用的颈卵器中发育 ······ 225
　　2. 植株明显大型化的蕨类——依然依赖于微小的孢子进行扩散 ········· 226
　　3. 脱离了水限制的种子植物——休眠与抗逆性大大提升 ·················· 227
　　4. 无性的营养繁殖——在许多高等植物中依然重要 ······················· 228
　　5. 高等植物生活史的演化——陆生化与大型化 ····························· 229
三、动物生殖方式的演化——从无性统治到纯有性的世界 ··················· 232
　　1. 各种各样的无性生殖——多见于低等的无脊椎动物 ····················· 232
　　2. 有性生殖——从低等的接合生殖到高等的融合生殖 ····················· 234
　　3. 性别二态性——在低等动物中难以区分，在高等动物中可以极为夸张 ··· 236
　　4. 雌雄同体——在动物中十分稀少，主要见于水生动物 ·················· 237
四、从生殖看物种的多样性分化——有花植物与传粉昆虫的协同进化
　　 ··· 239
　　1. 同为种子植物——为何显花植物的物种数远大于裸子植物？ ········· 239
　　2. 协同进化——可能是显花植物和传粉昆虫物种分化的重要推动力 ··· 239
五、结语 ··· 240

第十章　"性的为什么"——历史之审读 ··· 241
一、关于自然的"性"进化观——历史之回顾 ··································· 241
　　1. 变异——与"性"最纠结的一个简单概念 ·································· 242
　　2. 达尔文与他的祖父——两性生殖能获得变异 ····························· 243
　　3. 魏斯曼——物种的变异通过染色体的重组来实现 ······················· 244
　　4. 费希尔——有性生殖既能利用有利突变又能去掉有害突变 ············ 244
　　5. 梅纳德史密斯——性付出双倍代价 ·· 245
　　6. "真理式"的信念——两性生殖优于单性生殖的假说多达 20 余种 ···· 246
　　7. 神秘的"性"——依旧神秘 ··· 247
二、关于"性的为什么"——若干核心理论之审读 ····························· 247
　　1. 真的只有有性生殖才能进行重组基因吗？ ································ 248
　　2. 无性生殖真的会被自然淘汰吗？ ··· 249
　　3. 无性生殖对环境变化的适应性真的很差吗？ ····························· 252
　　4. "性"真的是对寄生虫的一种强大防御手段吗？ ·························· 253

5. 真的是性感让我们失去了无性吗? ·· 254
         6. 性真的要付出双倍代价吗? ··· 256
    三、令人疑惑的植物交配系统——自交真的会衰退吗? ······················ 257
         1. 显花植物的性别系统——雌雄同花占据绝对优势 ······················ 257
         2. 传粉方式进化的结果——虫媒比风媒植物的自交率还高 ············ 258
         3. 生活型决定自交率——一年生植物的自交率远高于多年生木本植物 ··· 260
         4. 广泛的闭花受精——自交的极端发展 ····································· 262
         5. 事实与想象的对决——自交真的导致衰退吗? ·························· 262
         6. 从孟德尔的遗传定律——透视繁育系统对遗传结构影响的本质 ····· 264
    四、有丝分裂与减数分裂——不同生殖方式的操作平台 ······················ 267
         1. 真核生物的无性生殖与有性生殖——由细胞的有丝分裂与减数分裂来实现
           ··· 267
         2. 减数分裂——在有丝分裂中添加了同源染色体的联会与交换 ······· 268
         3. 有丝分裂虽然"忠实"——姐妹染色单体之间也出现遗传物质的交换 ··· 270
         4. 为何有性生殖如此普遍——玄机可能藏匿于同源染色体的交换之中 ··· 271
         5. 对自交或近交的再思考——夸大的衰退效应 ·························· 272
    五、结语 ··· 273
第十一章 环境决定生殖方式——生态的"性"演化理论 ···················· 274
    一、"性"的细胞遗传学起源——关于过程的假说 ··························· 275
         1. 共生起源学说 ·· 275
         2. 细胞分裂误记说 ··· 275
         3. DNA 纠错说 ·· 276
    二、已有的关于"性"与生态的思想——停留在现象或表象之中 ········ 276
         1. "性"的变异与适应学说 ··· 276
         2. "性"的应急学说 ··· 277
         3. "性"的扩散学说 ··· 277
         4. "性"与生态现象联动的描述 ··· 278
    三、抵御不良环境的休眠——动植物不同的演化路线 ····················· 278
         1. 单细胞生物形成休眠体的方式——从无性过渡到有性 ············· 278
         2. 植物休眠体的演化路线——从厚壁孢子到孢子再到坚硬的种子 ··· 279
         3. 动物休眠体的演化路线——从胞囊到卵生再到胎生 ················ 281
         4. 对种子和胎生起源的不同看法——源于克服多细胞生物的缺陷吗? ··· 283
    四、生态的"性"演化——与结构、功能和生境的统一 ······················ 284
         1. 三大生态功能类群——栖息于水体和陆地两大生境 ················ 284
         2. 分解者——无性统治着的显微世界 ······································ 285
         3. 生产者——无性统治水体、有性统治陆地 ····························· 286

  4. 消费者——有性生殖几乎一统天下 290
 五、生态的"性"演化——既为了生殖,更为了生存 292
  1. "性"的代价——质与量的对立与统一 292
  2. 生殖器官的配置模式——折射出高等植物不同的"性"演化方向 292
  3. "性"的目的——真的是为了制造遗传差异吗? 293
 六、生态的"性"演化——"性"源于并服务于生存 295
  1. "性"的生态起源——制造、固化与强化休眠以抵御不良环境 295
  2. "性"的生殖对策——交织于生态对策之中 296
  3. 有性生殖的生态遗传本质——适应性蕴藏于群体的基因库中 297
  4. 自然选择的单位——种群整体利益约束下的个体(或群体)选择 301
  5. 高等植物的混合交配——生态遗传的杰作 303
  6. 有性生殖之所以广泛扩散——因其迎合了动植物对生存环境适应的需求 304
 七、结语 305

第十二章 地球环境演化——生命系统的革新与跃升 306
 一、早期地球环境的演化——地狱之后的新生 306
  1. 地球的诞生——可追溯自45.5亿年前 306
  2. 冥古代的大气圈和水圈——脱胎自生命的地狱 307
  3. 原始海洋——地球生命的摇篮 308
 二、由板块构成的陆地——重组与漂移 309
  1. 大陆漂移学说——形态拼接与古生物学证据 309
  2. 寒武纪以来的陆块变迁——崩析与漂移 309
 三、生命对大气环境的塑造——从厌氧到好氧 311
  1. 地球上最古老的生命——诞生于距今38亿年前 312
  2. 放氧光合作用——缓慢地对大气圈进行氧化 313
  3. 条带状含铁建造——地球生物氧化的岩石证据 315
 四、地球环境氧化——生命系统进化的助推剂 317
  1. 大气氧浓度上升与物种快速分化——绝非偶然的同步 317
  2. 平流层出现臭氧层——生命登陆成为可能 318
  3. 大气氧化对生命的反塑造——促进有机体复杂化与代谢变化 319
  4. 有氧呼吸——进一步促进了食物网的复杂化 319
 五、生命系统的跃升——进化史上的关键革新 321
  1. 能量利用方式——从化能到光能、从不产氧到产氧 321
  2. 细胞结构——从原核到真核细胞 322
  3. 细胞间联系——从单细胞到多细胞生物 323
  4. 繁殖方式——从无性到有性生殖 324

  5. 物种间相互关系——从生产者到初级消费者、再到猎食者 ·················· 325
  6. 物种间的互惠关系——显花植物与传粉动物的协同进化 ··················· 326
 六、结语 ··· 326

第十三章　永恒的生命旋律——创造、进化与毁灭 ······································· 327
 一、生命的进化——进化论历史之审读 ·································· 327
  1. 拉马克进化论的核心——用进废退，获得性遗传 ··················· 327
  2. 达尔文进化论的核心——随机变异，生存竞争，自然选择 ········· 328
  3. 获得性遗传——拉马克进化论的核心真的被彻底否定了吗？ ······· 329
  4. 坐什么样的井观什么样的天——五花八门的进化观 ·················· 330
  5. 渐变与跃变的衔接——关键革新与进化辐射 ··························· 333
  6. 生命进化的方向性——在定向与随机中摇摆 ··························· 334
 二、生命的微观创造——擅长用简单拼装复杂 ······························· 335
  1. 复杂表象与简单本质 ··· 335
  2. 元素的拼装 ··· 336
  3. 生物大分子的拼装 ·· 336
  4. 基因的拼装 ··· 336
  5. 细胞的拼装 ··· 337
  6. 个体的拼装 ··· 337
  7. 物种的拼装 ··· 337
 三、生命的宏观演化——地球上物种的吐故纳新 ···························· 338
  1. 物种的自然寿命——一般100万~2000万年 ·························· 339
  2. 成种的时间——一般10万~500万年 ··································· 341
  3. 维管束植物的演化与更替——从蕨类植物到裸子植物再到被子植物 ··· 342
  4. 动物群的演化与更替——大爆发与大灭绝 ····························· 342
 四、创造与毁灭——轨迹不同的轮回 ·· 345
  1. 地球环境——永恒变化但不可预测 ······································ 345
  2. 物种更替——休克式的毁灭 ··· 346
  3. 适应悖论——复杂的毁灭 ·· 346
  4. 生命的演进——不喜欢简单重复 ··· 348
 五、结语 ··· 350

主要参考文献 ··· 351
章节英文概要 ··· 372
后记 ··· 393

Contents

Chapter 1 Seeking the Roots of Ecology: Its Early History and Diversification 1

1. The Origin and Definition of the Term Ecology 1
   (1) The origin of the term ecology 2
   (2) Definition of ecology 2
2. A Brief History in the Development of Ecology 6
   (1) The origin and development of ecology: from instinct to science 6
   (2) The Darwin's theory of evolution: an application of the Malthus' population theory into the kingdoms of plants and animals 9
   (3) Logistic growth: a mathematic model for describing Malthus' population theory 11
3. Other Important Concepts in the Early Period of Ecology 14
   (1) Biosphere 14
   (2) Biocenosis 14
   (3) Biogeography 15
   (4) Niche 15
   (5) Food chain 16
   (6) Ecosystem 16
4. Branches of Ecology 17
   (1) Classification of ecology 17
   (2) Why are there so many different branches of ecology? 21
5. Concluding Remarks 22

Chapter 2 Perspectives on the Principles of Organism Design from the Size Scales of Life 23

1. The Size Scales of Life are Extremely Variable 23
   (1) Size variations across the kingdoms of organisms 24
   (2) Size variations within a population lineage 25
   (3) Size variations among macromolecules 26
2. Evolution Tends to Extend the Size Scales of Life through Increasing Diversity and Complexity 28
   (1) Evolution tends to increase diversity and complexity of body types 28

- (2) Evolution tends to increase genetic complexity ········· 30
- (3) Evolution tends to increase body size ········· 30
- (4) Evolution of vertebrates tends to increase brain weight ········· 33

3. Climates affect Sizes of Plants and Animals ········· 33
   - (1) Increase of animal size at low temperature ········· 33
   - (2) Inhibition of tree growth at extremely low temperature or in serious drought ········· 35

4. Community Complexity Promotes Body Size Divergence ········· 37
   - (1) Divergence of animal size promoted by coevolution of predators with preys ········· 37
   - (2) Body size divergence among species promoted by functional differentiation ········· 40

5. Perspectives on the Biological Design of Species from the Size Scales of Life ········· 40
   - (1) Body length and generation time ········· 40
   - (2) Maximum body length and growth rate ········· 44
   - (3) Body weight and ingestion rate ········· 44
   - (4) Body weight and metabolic rate ········· 45

6. Perspectives on the Ecological Design of Species from the Size Scales of Life ········· 47
   - (1) Body weight and intrinsic rate of population growth ········· 47
   - (2) Body weight and population density ········· 48
   - (3) Body length and velocity of movement ········· 50
   - (4) Body weight and range of activity ········· 51
   - (5) Body length and species diversity ········· 51

7. Perspectives on the Design of Species' Ecological Strategy from the Size Scales of Life ········· 54
   - (1) r- and K- strategists represent respectively "extensive farming" and "intensive and meticulous farming" ········· 54
   - (2) r- and K- strategies reflect adaptations to unstable and stable environments, respectively ········· 56

8. Concluding Remarks ········· 56

Chapter 3 Perspectives on the Operation of Life Systems from Dynamic Models ········· 57

1. Models for the Kinetics of Enzymatic Reactions ········· 58
   - (1) The incomparable ability of enzymes to catalyze biochemical reactions ········· 58

  (2) Michaelis-Menten equation: a basic model to describe the kinetics of enzymatic reactions ··· 58
  (3) The quite different Michaelis-Menten constants (K_m) reflecting high efficiency and accuracy of biochemical reactions ··· 59
2. Models for Whole-Organism Metabolic Rates ······································· 61
  (1) Body mass and whole-organism metabolic rate ································· 61
  (2) Temperature and whole-organism metabolic rate ······························· 61
  (3) Combined effects of body mass and temperature on whole-organism metabolic rate ··· 62
  (4) Several concepts related to whole-organism metabolic rate ················· 62
3. Cell Size and Their Growth ··· 64
4. Models for Individual Growth ·· 65
  (1) Some common models used for individual growth ···························· 65
  (2) A comparison of parameters in major growth models ······················· 66
  (3) von Bertalanffy growth constant and asymptotic length in various fishes ········ 68
  (4) Mathematic transformation between major growth models ················ 69
5. Dynamics of Single Population: From Exponential Beginning to Saturation ·· 71
  (1) Population model: an infinite tendency within a finite growth ············ 71
  (2) The Logistic model: common for laboratory populations ···················· 72
  (3) Exponential model: terrible outbreaks and collapses ························· 73
6. Innate Birth and Postnatal Death ·· 76
  (1) Survivorship curves reflecting different strategies for death ················ 76
  (2) Human survivorship curves changing towards physiological longevity ············ 76
7. Models for Two Interacting Populations ·· 78
  (1) The classic Lotka-Volterra equation describing an endless periodic fluctuation ··· 79
  (2) Examples for periodic fluctuations of two interacting populations ············ 80
8. No Universal Dynamic Model Suitable for All Life Processes at Different Levels of Biosystems ··· 82
  (1) Enzymatic reactions are highly efficient and selective with dependence on substrate concentrations ··· 82
  (2) Individuals and populations grow from exponential to saturation with dependence on time and their number or mass ································ 82
9. Concluding Remarks ··· 82

Chapter 4 Perspectives on the Behaviors of Ecosystems from Stability, Resilience and Regimes Shift ········ 84
1. Stability from Populations to Ecosystems ········ 85
   (1) Stability at various levels of ecosystems ········ 85
   (2) Key steps in the understanding process ········ 85
2. Concepts and Measurements of Population/Community Stability ······ 86
   (1) What is population/community stability? ········ 86
   (2) Persuasive but immeasurable concepts ········ 86
3. Concept and Measurement of System Stability ········ 87
   (1) The use of a simple system to explain stability of complex systems ········ 87
   (2) An adventruous extension of system viewpoint from single to multiple equilibriums ········ 90
   (3) Measurement of system stability is still difficult ········ 91
   (4) Stability landscape is an iconic representation of the system with multiple steady states ········ 91
4. Models for Stability of Ecological Functions ········ 93
   (1) Species diversity model ········ 94
   (2) Idiosyncratic model ········ 94
   (3) "Rivet" model ········ 95
   (4) "Drivers and passengers" model ········ 96
   (5) Model synthesis ········ 96
5. Ecological Resilience: Stability is not Necessarily Resilient, but Instability is Also not Necessarily Unresilient ········ 98
   (1) Ecological resilience is a new system view for multiple equilibriums ········ 98
   (2) Multifarious definitions of ecological resilience ········ 98
   (3) Stability within resilience ········ 100
6. Is Ecological Resilience Just a Metaphor? ········ 101
   (1) Conceptual measurement of resilience ········ 101
   (2) Semi-quantitative measurement of resilience ········ 102
   (3) Changeable resilience ········ 104
7. Regime Shift and Hysteresis in Ecosystems ········ 104
   (1) Responses of ecosystems to environmental conditions: from gradual to catastrophic ········ 106
   (2) Regime shift in ecosystems: from practice to theory ········ 106
   (3) Hysteresis: different trajectories between decline and recovery ········ 111
   (4) Alleviation or avoidance of hysteresis: a strategy change for a modern

    ecosystem based management ………………………………………… 114
 8. Concluding Remarks ……………………………………………………… 115
Chapter 5 Geographic Patterns of Vegetation: the Ecological Principles for
    the Design of Plant Communities ……………………………………… 116
 1. How to Describe and Classify Natural Plant Assemblages? ……………… 117
  （1）Several common concepts-plant community, life form, vegetation, biome
    and flora …………………………………………………………………… 117
  （2）What is a suitable size for a plant community? ……………………… 118
  （3）Classification of major vegetation types based on dominant plant life forms
    ………………………………………………………………………………… 120
  （4）Major biomes of the world - the zonal vegetation types ……………… 121
 2. Geographic Patterns of Vegetation: A Product of Global Climatic
   Types ………………………………………………………………………… 121
  （1）How to classify global climatic types? ………………………………… 122
  （2）Interconnection between climate and zonal vegetation types ………… 123
  （3）Temperature and rainfall are two major climatic factors shaping the zonal
    vegetation types ………………………………………………………… 123
  （4）Variation in vegetation types in different local environmental conditions
    ………………………………………………………………………………… 126
  （5）Different mountain vegetation types along altitude gradients ………… 127
 3. Geographic Patterns and Influential Factors of Forest Vegetation in
   Tropical-Subtropical Regions …………………………………………… 129
  （1）Spatial and temporal patterns of rainfall and drought in north and
    south hemispheres ……………………………………………………… 130
  （2）Effects of R-E (rainfall minus evaporation) index on vegetation types ……… 131
  （3）Effects of annual precipitation and drought duration on forest types ………… 132
  （4）Comprehensive influences of precipitation on life-form dominance ………… 133
 4. Interconnection Between Climate, Soil and Vegetation Types ……………… 133
  （1）Interconnective effects of water and nutrient availability on tropical vegetation
    types ……………………………………………………………………… 134
  （2）Effects of climates on types of biomes and soils …………………… 134
  （3）Azonal vegetation ……………………………………………………… 135
 5. A Comparison of Ecological Functions and Relative Species
   Abundance among Different Types of Biomes ………………………… 136
  （1）Ecological functions of different biomes …………………………… 136

  (2) A comparison of relative species abundance among different types of biomes 136
6. Influences of Historical Factors on Vegetation Types 137
7. Concluding Remarks 138

Chapter 6 Vegetational Succession: an End-Result Reaction of Plants to Their Surviving Trajectories during Geological History 139

1. The Whence and Whither of Vegetation Succession 139
 (1) Vegetational variation and succession interconnected in a variety of spatial and temporal scales 139
 (2) The classic successional theory by the America botanist Clements 140
 (3) Successional types: a variety of classification methods 141
 (4) Successional behaviors: trajectories and endpoints 144
2. Two Basic Types - Primary and Secondary Successions 146
 (1) Primary succession is a slow process to change substrates 146
 (2) Secondary succession is a faster process to reconstruct community after perturbation 146
 (3) A series of concomitant changes in ecosystem characteristics during successions 150
 (4) Relay floristics and initial floristic composition theories on the process of secondary succession 151
 (5) Successional change of species relative abundance from a line to a S curve in abandoned farmland in the temperate forest region 152
 (6) Gradual declines of species diversity on an experimental grassland subjected to continuous fertilization 154
3. Cyclic Climate Changes at Different Time Scales - Different Intervals and Magnitude 156
 (1) Air temperature increased ca. 0.7℃ during the past 100 years 156
 (2) There was a fluctuation of 3~5℃ in air temperature with a cold-warm cycle of approximately 0.1 million year during the past tens of millions of years 156
 (3) There was a fluctuation of ca. 20℃ in air temperature with a cold-hot cycle of approximately 0.1 billion years during the past several billion years 159
4. Vegetational Changes at Different Time Scales-Different Patterns and Driving Forces 160
 (1) Vegetation changes driven by human activities during the past hundreds of years 160

  (2) Sequential replacement of dominant vegetational species since the last glacial
    maximum (ca. 18 000 years ago) ··· 162
  (3) Remarkable change in spatial patterns of vegetation since the last glacial
    maximum (ca. 18 000 years ago) ··· 167
  (4) Enormous changes in patterns of terrestrial vegetation since the Eocene
    epoch (ca. 50 million years ago) ·· 169
5. Successional Directions and Trajectories are Dependent on Spatial
 and Temporal Scales ··· 172
  (1) Vegetational succession approaches the regional climatic climax at a short
    or medium temporal scale ·· 172
  (2) No accurate cyclic replacement takes place in vegetational succession on a
    geological time scale ··· 172
6. Concluding Remarks ··· 172

Chapter 7 Geographic Patterns of Biodiversity: the Ecological Principles for
    the Design of Species ··· 174
1. Species is the Basic Unit for the Existence of Organisms ················ 174
  (1) Species is a concept that is still difficult to define satisfactorily ············ 174
  (2) Current known species have already been over 1.7 million ················ 175
  (3) Speciation is a random process but restricted by certain circumstances ········ 176
2. Geographic Patterns of Species Diversity in Terrestrial Plants ················ 177
  (1) Richer species at lower latitude ··· 177
  (2) Richer species at higher temperature ······································· 179
  (3) Rapid decline of species richness in high altitude ·························· 179
  (4) Richer species at higher precipitation level ································ 181
  (5) Richer species at higher productivity level ································· 181
3. Geographic Patterns of Species Diversity in Terrestrial Animals ················ 183
  (1) Richer species at lower latitude ··· 183
  (2) Poorer species at lower temperatures ······································· 185
  (3) Rapid decline of species richness in high altitude ·························· 187
  (4) Maximum species richness in the medium potential evapotranspiration ········ 188
4. Geographic Patterns of Species Diversity in Aquatic Animals ·········· 189
  (1) Rapid decline of species richness in high latitude ························· 189
  (2) Richer species at higher temperatures ······································ 189
  (3) Rapid decline of species richness in deep water ··························· 190
  (4) Richer species at lower latitude at a geological time scale ················ 192
5. Species Diversity: General Patterns and the Cause of Their Formation

.... 193
 (1) Latitude, altitude and moisture are three key factors shaping the general patterns of species diversity ·· 193
 (2) Patterns of species diversity are products of ecological, evolutionary and historical processes ·· 193
  6. Concluding Remarks ·· 195

Chapter 8 Evolution of Genomes: the Eco-Genetic Principles for the Design of Species ·· 196

  1. Characteristic of Genome Evolution: Inheritance and Random Complication ··· 196
 (1) Irregular DNA: the C-value paradox ·· 196
 (2) Did genes evolve from simple and concise to luxurious and wasteful? ······ 197
 (3) Inheritance and development are characteristics of genome evolution ······ 199
  2. Genome Size Reflecting the Eco-Physiological Strategies of Species
 202
 (1) A larger genome size physically requires a large cell to contain ············ 202
 (2) A larger genome size biochemically requires more time to complete cell division ··· 204
 (3) A larger genome size physiologically requires more time to complete a life cycle ··· 204
 (4) Average C-value is larger in temperate grass than in tropical grass ·········· 205
  3. Genes Can Be Altered by Mutation, Caused by Hereditary or Environmental Factors ··· 207
 (1) Genes accidentally change through spontaneous and induced mutations ··· 207
 (2) Spontaneous mutation rates are highest in viruses but quite similar among other organisms ·· 207
 (3) Species with larger genome are less tolerant to radiation ···················· 210
  4. Genome Evolution Was Driven by Intensive Innovation in Prokaryotes and Subsequent Gene Duplication and Transfer in Eukaryotes ············ 211
 (1) Extensive gene innovation associated with energy use took place during the Archaean genetic expansion ·· 212
 (2) The functions of genomes evolved from biological construction to energy accumulation and further to adaptation to biosphere oxidation ·············· 212
 (3) Evolutionarily, genome size of eukaryotes tended to grow exponentially
 215
 (4) Birth and death of genes and species showed completely different trajectories

    and modes ·· 216
 5. Concluding Remarks ··· 218
Chapter 9 From Existence to Evolution: An Overview on Reproduction of
     Various Organisms ·· 219
 1. The Unicellular Organisms: A World Dominated by Asexuality,
   Only Occasionally Using Sexuality to Counteract Unfavorable
   Environmental Conditions ··· 219
   (1) The prokaryotic bacteria reproduce only asexually ·························· 219
   (2) The unicellular eukaryotic yeasts do periodical "sex" for production of
     ascospores ··· 221
   (3) The unicellular eukaryotic *Chlamydomonus* do periodical "sex" for
     production of akinetes ··· 222
 2. The Higher Plants: A World Dominated by Sexuality, with the
   Dormant Forms Shifting from Spores to Seeds ······································· 224
   (1) In small moss, zygote develops in the protected female gametagium ············ 225
   (2) Ferns (larger than moss in size) still rely on the use of small spores to
     spread populations ··· 226
   (3) Seed plants have greatly increased the ability of dormancy and resistance to
     unfavorable conditions ··· 227
   (4) Asexual vegetative reproduction is still important for many higher plants
     ·· 228
   (5) Life history of higher plants evolves towards both more adaptability to
     terrestrial living and increased body size ·· 229
 3. Modes of Animal Reproduction: from Asexual Dominance to
   Complete Sexuality ··· 232
   (1) Asexual reproduction is common in the lower invertebrates ············ 232
   (2) Sexual reproduction from primitive conjugation to advanced syngamy ······ 234
   (3) Sexual dimorphism is generally not so distinguishable in lower animals, but
     sometimes magniloquently remarkable in higher animals ·················· 236
   (4) Hermaphroditism is rare in animals, mostly aquatic if present ············· 237
 4. Effects of Reproduction on Species Diversification as Evidenced
   by Coevolution of Flowering Plants with Pollinating Insects ·············· 239
   (1) Why are angiosperms much richer in species diversity than gymnosperms in
     spite of both being seed plants? ··· 239
   (2) The possible importance of coevolution between flowering plants and pol-
     linating insects in the rapid speciation of both groups ····················· 239

    5. Concluding Remarks ········· 240
Chapter 10 The Why of "Sex": A Historical and Critical Review ········· 241
    1. A Historical Review ········· 241
        (1) Variation: a simple concept but most closely intertwined with "sex" ······ 242
        (2) Darwin and his grandfather: variable offspring obtained by sexual reproduction ········· 243
        (3) Weismann: new variations through recombination of chromosomes in sexual reproduction ········· 244
        (4) Fisher: sexual reproduction can both take better advantage of beneficial mutations and get rid of the ones that are deleterious ········· 244
        (5) Maynard Smith: there is a two-fold cost of sex ········· 245
        (6) A "truthful" belief: over 20 hypotheses have been proposed to show advantages of sexuality over asexuality ········· 246
        (7) The why of "sex" is still mysterious ········· 247
    2. Critical Reviews on Some Classic Theories ········· 247
        (1) Does genetic recombination occur only in sexual reproduction? ········· 248
        (2) Do asexual species eventually go to extinct? ········· 249
        (3) Could asexual reproduction not effectively adapt to environmental changes? ········· 252
        (4) Does sexual reproduction provide powerful defense against parasites and pathogens? ········· 253
        (5) Did sex become mandatory due to preference of sexiness? ········· 254
        (6) Does sexual reproduction pay a two-fold cost? ········· 256
    3. The Puzzling Sex Systems of Higher Plants ········· 257
        (1) The sex systems of flowering plants are absolutely dominated by hermaphrodite ········· 257
        (2) Selfing rate is higher in animal-pollinated plants than in wind-pollinated plants ········· 258
        (3) Selfing rate is higher in annuals than in woody perennials ········· 260
        (4) Cleistogamy is an extreme development of selfing with wide occurrence ········· 262
        (5) Does selfing really cause depression? ········· 262
        (6) Perspectives on the effects of breeding systems on genetic structure from Mendel's Genetic Laws ········· 264
    4. Mitosis and Meiosis - Two Operating Platforms for Reproduction ········· 267

(1) Asexual and sexual reproduction in eukaryotes are operated respectively by mitosis and meiosis ·············· 267
(2) Meiosis perhaps originated from adding synapsis and crossing over into mitosis ·············· 268
(3) Unexpected occurrence of sister chromatid exchanges (SCEs) in the 'faithful' mitosis ·············· 270
(4) Why sex is so widespread? The mystery perhaps hidden in the process of crossing over between homologous chromosomes ·············· 271
(5) Rethinking the so called selfing and inbreeding depression ·············· 272
5. Concluding Remarks ·············· 273

Chapter 11 Environment-Dependent Modes of Reproduction: New Theories on the Ecological Origin, Evolution and Eco-genetic Essence of "Sex" ·············· 274

1. Cellular and Genetic Hypotheses on the Origins of "Sex" ·············· 275
   (1) Endosymbiosis hypothesis ·············· 275
   (2) False memory hypothesis of cellular division ·············· 275
   (3) DNA mismatch correction hypothesis ·············· 276
2. Previous Ecological Thinking Remaining at Phenomenon and Presentation of Sexual Origin ·············· 276
   (1) "Sex" is to create variation and thus adaptation ·············· 276
   (2) "Sex" is to meet an emergency ·············· 277
   (3) "Sex" is to spread populations ·············· 277
   (4) Simple descriptions on the co-occurrence of "sex" with ecological phenomena ·············· 278
3. The Development of Dormancy to Overcome Unfavorable Environments: Different Evolutionary Routes between Plants and Animals ·············· 278
   (1) In unicellular organisms, a dormant cell is produced asexually in prokaryotes but sexually in eukaryotes ·············· 278
   (2) Forms of dormancy in plants evolved from akinetes to hard seeds ·············· 279
   (3) Forms of dormancy in animals evolved from cysts to eggs, eventually disappearing into viviparity ·············· 281
   (4) Seeds and viviparity were also considered as a way to avoid disadvantage of multicellular organisms ·············· 283
4. Ecological Evolution of "Sex": Harmonious Integration of Structure, Functions and Environments ·············· 284
   (1) Three major ecological and functional groups occupy two habitats-lands and

        waters ··· 284
      (2) Decomposers: a microscopic asexual world ··································· 285
      (3) Primary producers: dominance of asexuality in water, but predominance of
         sexuality on land ·· 286
      (4) Consumers: a world almost completely dominated by sexuality ············ 290
  5. Ecological Evolution of "Sex": not only for Reproduction but also
     for Survival ·· 292
     (1) Cost of "sex" reflects conflict and unity between quality and quantity ······ 292
     (2) Sex systems reflect different directions in sexual evolution between higher
        plants and animals ··· 292
     (3) Is "sex" really for the sake of making genetic variations? ····················· 293
  6. Ecological Evolution of "Sex": Originating from Survival and also
     Serving It Well ·· 295
     (1) Ecologically, "sex" originated and evolved for production, fixation and
        consolidation of dormancy to overcome unfavorable environmental conditions
        ·· 295
     (2) Sexual reproductive strategies are interlaced with ecological strategies ············ 296
     (3) Eco-genetic essence of sexuality: total adaptation of a species is stored in
        entirety in the gene pool within its population(s) ··································· 297
     (4) Unit for natural selection: individuals (or groups) on the premise of
        maximizing the total benefits of the species' population(s) ····················· 301
     (5) The mixed mating systems in higher plants are an eco-genetic masterpiece
        ·· 303
     (6) Why is "sex" so widespread? It panders to the requirements of plants and
        animals to adapt to their survival environments ····································· 304
  7. Concluding Remarks ·· 305

**Chapter 12 Evolution of Earth's Environments: Great Inventions and Leaps
           of Life Systems** ·· 306
  1. Early Evolution of Earth's Environments: New Life after Hell ······ 306
     (1) The age of the Earth is 4.55 billion years ·· 306
     (2) The Hadean atmosphere and hydrosphere emerged from hell of a life ······ 307
     (3) Primitive ocean was the cradle of life on earth ···································· 308
  2. Recombination and Drift of Continental Plates ··························· 309
     (1) Continental drift theory is evidenced by configurational symmetry (on
        opposite sides) and paleontology ·· 309
     (2) Breaking apart and drift of the continental plates since the Cambrian ······ 309

  3. Change of Atmospheric Composition from Anaerobic to Aerobic 311
    (1) Age of the oldest life on earth is ca. 3.8 billion years 312
    (2) Oxygenic photosynthesis gradually oxidized atmosphere 313
    (3) Banded iron formations are geological evidences for bio-oxidation on earth
      315
  4. Oxidation of Earth's Atmosphere Catalyzed Evolution of Life
    Systems 317
    (1) It is never an accident that rapid diversification of species co-occurred with
      rise in atmospheric oxygen 317
    (2) The presence of the stratospheric ozone layer made it possible for life to
      come up onto land from ocean 318
    (3) The aerobic atmosphere also again promoted complication and metabolic
      changes of the organisms 319
    (4) Aerobic respiration greatly promoted complication of food webs 319
  5. Great Leaps of Life Systems Promoted by the Key Evolutionary
    Inventions 321
    (1) Change of energy use from chemicals to sunlight, from anoxygenic to
      oxygenic 321
    (2) Change of cellular structure from prokaryote to eukaryote 322
    (3) Change of cellular connection from unicellular to multicellular 323
    (4) Change of reproduction from asexual to sexual 324
    (5) Change of interspecific relations from primary producers to primary con-
      sumers, and further to top predators 325
    (6) Mutually beneficial relations among species as exampled by coevolution
      between flowering plants and pollinating insects 326
  6. Concluding Remarks 326
Chapter 13 The Eternal Melody of Life: Creation, Evolution and Extinction
      327
  1. Evolution of Life: Historical and Critical Reviews on the Theories
    of Evolution 327
    (1) The Lamarck's evolutionary theory: use and disuse, inheritance of acquired
      traits 327
    (2) The Darwin's evolutionary theory: random variation, struggles for existence
      and natural selection 328
    (3) Was the Lamarckism's inheritance of acquired traits completely rejected?
      329

(4) Miscellaneous views on evolutions: just as an old Chinese saying goes, different looks at the sky from the bottoms of different wells 330
  (5) Key inventions and evolutionary radiation can fill gaps between gradual and abrupt changes 333
  (6) Directions of evolution sway between orientation and randomness 334
2. Microscopic Creation of Life: Being Skilled in Using Simplicity to Assemble Complexity 335
  (1) Complex presentation but simple essence 335
  (2) Assemblage of chemical elements 336
  (3) Assemblage of biological macromolecule 336
  (4) Assemblage of genes 336
  (5) Assemblage of cells 337
  (6) Assemblage of individuals 337
  (7) Assemblage of species 337
3. Macroevolution of Life: Evolutionary Renewal of Species on Earth 338
  (1) Life span of a species was generally 1~20 million years 339
  (2) Speciation time was generally 0.1~5 million years per species 341
  (3) Vascular plants evolved from ferns to gymnosperms, and further to angiosperms 342
  (4) In evolutionary history, faunas experienced great explosions and great extinctions 342
4. Creation and Extinction of Life: Great Whirligigs with Different Trajectories 345
  (1) The earth's environments are changing forever but in an unpredictable way 345
  (2) Evolutionary renewal of species was by sudden and shocking extinction 346
  (3) It is a paradox of adaptation that complex organisms easily go extinct 346
  (4) The evolutionary history of life never repeated itself simply 348
5. Concluding Remarks 350

References 351
English Chapter Summary 372
Postscript 393

第一章 寻根生态学——早期发展史与分化

生态学发源于人类早期朦胧的生态意识。大约在数百万年前,据称一种非洲猿的站立(直立行走方式的进化是从猿类到原始人类的重要变革),无论是必然还是偶然,拉开了猿人→古智人→现代智人依次在自然历史舞台上粉墨登场的序幕。不管是"源自非洲"还是"多区域演化",现代人类已经遍布与主宰了所有大陆。工具(石器等)的发明,逐渐推动了人类狩猎技巧的复杂化,随后农耕社会登场,迎来了人类自然生态意识的快速积聚。夸张地说,早期人类的发展史就是一部与人类生存技能相关的(或者说与应用性直接关联的)朴素生态意识的发展史。

朴素生态意识的科学化是人类对生命科学认识积累与深化的产物。人类经历了对生命自身发展历程认识的曲折过程:①中世纪西方特创论将世界万物描写成上帝的特殊创造物;②从文艺复兴到18世纪,生物物种的不变论占据统治地位,这一时期,大量的生物物种被认识或描述,代表性人物——瑞典伟大的植物学家林奈(Carolus Linnaeus,1707~1778年)建立了分类体系和双名制命名法;③随后出现了"活力论"学说,代表性人物为法国著名的生物学家拉马克(Jean-Baptiste de Lamarck,1744~1829年),"活力论"学说虽然承认物种可变,但将其归因于生物的"内部的力量",认为这种非物质的活力驱动生物的进化,使之趋于复杂和完善;④1858年,英国伟大的博物学家达尔文(Charles Robert Darwin,1809~1882年)出版了著名的《物种起源》,他以非常"生态的"思想,揭示了生物进化的奥妙,即从生物与环境(包括生物的、非生物的)相互作用的视角,诠释了变异、遗传和自然选择如何推动物种进化。达尔文抛弃了上帝、不变和非物质的活力等朴素(或者说神秘的)生态意识,历史性地敲开了生命科学唯心论的一大缺口,使生态学得以诞生并从陈旧生命观的禁锢中脱缰而出,迎来了人类的科学生态思想的喷涌。

本章主要是简述生态学(包括思想、重要概念等)早期的发展简史,解读生态学学科的分化,即寻根生态学。

一、生态学概念的起源与定义

任何一门科学发展到一定程度,都必须提出能最好地描述其特性的基本概念,生态学亦如此。概念这一意识的载体,是人类对一个复杂事物或过程思辨和抽象后产生的,通过(可以是不同的)术语来表达。概念是一切旨在将本质与表象、必然与偶然区分开来的基石。那么，是谁最早提出了生态学的概念？

1. 生态学一词的起源

1859 年，进化论的创始人达尔文出版了著名的《物种起源》一书，这也是 19 世纪生物学的最主要知识成就。7 年后的 1866 年，著名的德国动物学家 Ernst Haeckel 在其专著《普通生物形态学》(Generelle Morphologie der Organismen)中首先使用了生态学（oecologie）一词，oikologie 由两个希腊字 oikos(house)和 logos(study of)合并而成，从字面上来看，意指研究居住环境（或生境）的学科。当然，生态学还是属于生物学的一个分支。

E. Haeckel

有学者认为，生态学一词的发明权应归属于著名的美国博物学家 Henry David Thoreau(他还是物候学之父)，而德国学者 Schwarz 和 Jax(2011)认为，Thoreau 在此之前就使用了 oecologie 一词则属于误传。

有学者分析，Haeckel 发明 oecologie 的初衷并不是要用他对 oecologie 的概念、理论和实践来建立一个生态学学科，因为他自己绝没有进行过所谓"生态"的研究。据推测，他可能只是想发明 oecologie 一词来正身他的动物系统中当时尚未命名的一个分支学科而已，因为在该动物系统中，他用 oecologie 来意指有机体的外部生理(external physiology of organism)；另有一个证据就是，在《普通生物形态学》这本专著中，他先在一个示意图中使用了该词，然后才用文字予以解释(Jax and Schwarz 2011)。

很显然，虽然经历了一段不短的时间，但 oecologie 一词还是受到世界各国科学家的普遍认同。它于 1869 年传入俄国，出现于 Haeckel(1866)的专著 Generelle Morphologie der Organismen 的俄文简译本中；于 1874 年传入法国，出现于 1876 年 Haeckel(1868)的专著 Natürliche Schöpfungsgeschichte 的法文译本中。oecologie 的英文翻译出现于 1876 年 Haeckel 专著的英译本 The History of Creation 中，被翻译为 oecology，后来被更改为 ecology(Schwarz and Jax 2011)。1895 年日本学者三好学(Miyoshi Manabu)将 ecology 译为"生态学"，大约在 1935 年之前 ecology 一词由武汉大学张挺教授传入中国，被广泛使用至今(阳含熙 1989)。

2. 生态学的定义

如果仔细留意，就不难发现几乎每本生态学教科书都会给生态学下一个定义，有些可能一样，有些可能类似或大同小异，而有些可能会明显不同。梳理这些生态学定义及其演变过程，也不是一件毫无意义的事。

Haeckel 在创造生态学一词的同时，也给它下了定义，虽然他在几个出版物

(Haeckel 1866，1868，1870) 中给 oekologie 一词下了稍有不同的定义 (Jax and Schwarz 2011)，但基本上将生态学定义为研究生物与环境（包括生物的和非生物的）相互关系的科学，这可称之为"Haeckel 式生态学定义"（表 1-1）。

表 1-1　关于生态学的代表性定义

Table 1-1　Representative definitions of ecology

生态学的定义（英文） Definition of ecology (in English)	译文 In Chinese	文献 Reference
By ecology, we mean the whole science of the relations of the organism to its surrounding outside world, which we may consider in a broader sense to mean all 'conditions of existence'. These are partly of an organic nature and partly of an inorganic nature	生态学是指有机体与外部世界的环境之间相互关系的所有科学，这在广义上指生存条件，一部分是有机性质的，另一部分是无机性质的	Haeckel 1866
The ecology of the organisms, the science of the whole relations of organisms to their surrounding world, towards the organic and inorganic conditions of existence; the so-called 'economy of nature', the interrelations of all organisms which live in one and the same place, their adaptations to their environment, their transformation through the struggle for existence	有机体的生态学，即有机体与其周边世界的所有关系的科学，包括有机的和无机的生存条件；所谓"自然的经济学"，即生活在同一地方的所有有机体的相互关系，它们对环境的适应性，以及通过生存斗争而发生变化	Haeckel 1868
By ecology, we mean the science of the economy, of the household of animal organisms. This has to study the entirety of relations of the animal both to its inorganic and its organic environment, in particular the benign and hostile relations with those plants and animals with which it comes directly into contact; or, to be concise, all those intricate interrelations which Darwin calls the struggle for existence	生态学是指研究动物居住环境经济学的科学。这不得不研究动物与无机环境和有机环境之间的所有关系，特别是与之直接接触的那些动植物之间的有益的和有害的关系；或者简单地说，所有那些达尔文称之为生存斗争的相互关系	Haeckel 1870
The scientific natural history concerned with the sociology and economics of animals	与动物的社会学和经济学有关的科学自然历史	Elton 1927
The science of all the relations of all organisms to all their environments	所有生物与它们的所有环境所发生的所有关系的科学	Taylor 1936

续表

生态学的定义（英文） Definition of ecology (in English)	译文 In Chinese	文献 Reference
The science of the inter-relation between living organisms and their environments, including both the physical and biotic environments, and emphasizing interspecies as well as intraspecies relations	生物与环境之间相互作用的科学，包括物理和生物环境，强调种间和种内关系	Allee et al. 1949
In its broadest sense, the science of ecology can be defined as the study of the relations between plants and animals and their environment; it will then include most of biology, biochemistry and biophysics. In its narrower sense, ecology is taken to refer to the study of plant and animal communities	广义地说，生态学可定义为研究植物和动物之间及其与环境之间的相互关系，包括生物学、生物化学和生物物理学的大部分内容；狭义地说，生态学是指关于植物和动物群落的研究	Clarke 1954
The science which investigates organisms in relation to their environment: a philosophy in which the world of life is interpreted in terms of natural processes	研究生物与其环境相互关系的科学，一种用自然过程来诠释生物界的思想体系	Woodburry 1954
A science which concerns itself with the inter-relationships of living organisms, plants and animals, and their environment	与生物体（植物和动物）及其环境内在关系相关的科学	Macfadyen 1957
The scientific study of the distribution and abundance of organisms	研究生物分布和丰度的科学	Andrewartha 1961
The study of animals and plants in relation to each other and to their environment	研究动物和植物之间及其与环境之间关系的科学	Kendeigh 1961, 1974
The study of interactions of form, functions and factors	研究类型、功能和因子相互作用的科学	Misra 1967
The study of the way in which individual organisms, populations of some species and communities of populations respond to these changes	研究个体、一些物种的种群和种群形成的群落对其变化响应方式的科学	Lewis and Taylor 1967
The study of environmental interactions which control the welfare of living things, regulating their distribution, abundance, production and evolution	研究控制生物的福利，调控其分布、丰度、生产及进化的环境相互作用的科学	Petrides 1968

续表

生态学的定义（英文）Definition of ecology (in English)	译文 In Chinese	文献 Reference
Margalef defined ecology as the biology of ecosystems	Margalef 将生态学定义为生态系统的生物学	Margalef 1968
The study of the structure and function of ecosystems or broadly of nature	研究生态系统（或广义的自然）的结构或功能的科学	Odum 1971
The study of ecosystems, or the totality of the reciprocal interactions between living organisms and their physical surroundings	研究生态系统、生物与其物理环境之间所有相互作用的科学	Clark 1973
The study of relations between organisms and the totality of the biological and physical factors affecting them or influenced by them	研究生物与其影响和被影响的所有生物环境、物理环境相互关系的科学	Pinaka 1974a
The scientific study of the relationships of living organisms with each other and with their environments	研究生物之间及与环境之间相互关系的科学	Southwick 1976
A multidisciplinary science which deals with the organisms and its place to live and which focuses on the ecosystem	关于生物和生境的多学科的科学，聚焦生态系统	Smith 1977
The scientific study of the interactions that determine the distribution and abundance of organisms	Krebs 将生态学定义为研究决定生物分布和丰度的相互作用的科学	Krebs 1978
The scientific study of the processes influencing the distribution and abundance of organisms, the interactions among organisms, and the interaction between organisms and the transformation and flux of energy and matter	研究影响生物分布和丰度的过程、生物之间的相互作用，以及生物与能量和物质转换和流动之间相互作用的科学	Likens 1992

Haeckel（1866）最初将生态学看成"外部生理学"（external physiology），"We divide physiology also into two disciplines: I. the physiology of conservation or self-preservation (a. nutrition, b. reproduction), II. the physiology of relations [a. physiology of the relations of parts of the organism to each other (meaning, for animals, the physiology of nerves and muscles); b. ecology and geography of the organism or physiology of the relations with the external world]"〔译：我们将生理学分为两个学科：I. 保持或自我维护的生理学（a. 营养；b. 繁殖）；II. 关系的生理学［a. 有机体的一部分与另一部分相互关系的生理学（指对动物来说，神经和肌肉的生理学）；b. 有机体的生态学和生物地理学或

与外界关系的生理学]}"。

虽然早期的生态学定义在措辞上或多或少有些变化，但基本上是 Haeckel 式生态学定义。这一定义无可非议，因为生物间以及生物与环境之间的相互作用确实是地球上所有生命系统（或称生态系统）的本质特性，它也是推动生物进化和生态系统演化的最基本驱动力。而一定空间中的生物与环境就构成了所谓的生态系统。但是对很多人来说，Haeckel 式生态学定义有些过于抽象与宽泛，边界难以确定。

近半个世纪以来，虽然有一些学者仍然使用 Haeckel 的生态学定义，但也出现了一些新的生态学定义，体现在：①一些定义关注生物的分布和丰度；②一些定义关注生态系统的不同层次——个体、种群和群落；③一些定义关注生态系统的结构和功能。有一些定义则试图将多种概念整合在一起（Likens 1992），还有个别定义甚至包括了进化（Petrides 1968）。

这种生态学概念的演化似乎反映了在过去的一个多世纪，人们的生态学认识在生命层次上从个体→种群→群落→生态系统的逐渐深化的过程，在时间尺度上从相对较短的响应向长时期的动态变化、从相对简单的要素向复杂生态系统的结构与功能解析的转变过程。应该说，所有这些生态学概念都反映了生态学涵括的不同侧面，也都是真实的。不得不承认，由于生态系统类型、过程、格局及尺度等呈现出的极端的多样性与复杂性，定义一个普遍接受的生态学概念，可能除了抽象和宽泛，确实也很难有别的选择。

二、生态学早期的发展简史

有学者（Egerton 1977，McIntosh 1985）认为，Haeckel 创造了生态学一词，但这并不意味着他创造了生态学，因为 oecologie 一词的出现并没有立刻激发大量的生态学研究，在其后的 20 多年里，很少有人注意到这一新术语，甚至他本人也未能进行有效的生态学研究；也就是说，Haeckel 为生态学提供了一个名称，却几乎没有给这门学科提供实质性内容。

那么，生态学到底源自何处？这或许是一个像定义生态学一样难以回答的问题，而且不同的学者也有很不相同的观点，但是，有一点是毫无疑问的，即大多数学者还是认为生态意识或思想源远流长。

1. 生态学的起源——从本能到科学

Voorhees（1983）专门创造了一个有趣的名称——前生态学家（protoecologist）意指那些在生态学成为一门正式的科学之前具有生态学见解的人们。正是由于生态学的过于宽泛的定义，导致了对"哪些人是前生态学家"、"谁是生态学之父"、"谁是第一个生态学家"或"谁创建了生态学"这类问题因十分难以回答而一直争论不休,甚至带有一些民族主义色彩。有学者甚至极端地宣称"自古以来每个植物学家都是生态学家"(Greene 1909)。即便如此,也不能刻意回避这一问题,否则就无法翻开生态学发展历史上的精彩一页。其实,科学的生态学思想也是人类及人类社会意识进步的产物。

(1) 本能的生态感觉

由于生态学是指生物与环境(生物、非生物的)之间的相互关系,而所有的生物都必须"懂得"生态的关系才能得以生存。例如,一头初生的老虎必须在成长的过程中从母虎那里学习各种狩猎的技巧、并不断地摸索和实践,才得以成功捕获猎物并生存下去,这是一种直觉的(或本能的)生态意识,没有这种生态意识,物种(动物)不可能存在。同样的道理,最原始的人类如果没有丰富的与各种生物的习性相关的生态学知识,就不可能成功地进行渔猎活动。可以这样说,自然选择塑造了各种动物在一定环境中生存的本能的生态感觉或意识。

(2) 朦胧或朴素的生态意识

从猿人→古智人→现代智人(自然界最高级的动物)的人类进化历程与其对自然生态知识的不断积聚密不可分。人类文明的重要象征就是文字的发明,其必然结果就是人类运用文字对身边的动植物(包括命名)及相关自然生态现象的记述。随着生态知识的不断积累,必然会导致一些朦胧或朴素的生态思想的形成。

事实上,如果按照 Haeckel 的原始生态学定义,即研究生物与环境(生物、非生物的)之间的相互关系,那历史上一切与之关联的动植物生活习性的描述(如散落在各种史书——农书、药物书、专谱、地方调查记、杂记等之中)等都可以算是生态学。

早在 2000 多年前,世界古代史上最伟大的哲学家、科学家——古希腊的亚里士多德(公元前 384~前 322 年)就研究和描述了 500 多种动物,他是将生物分门别类的第一人,并将一些生态因素(如栖居地、生活习性、生活方式等)也整合进动物分类中,他详细地观察、记录和思考了一些动物的生态习性(如鱼类的捕食行为、鱼卵的损失情况等),并撰写了相关的著作,如《动物志》、《动物的迁移》、《动物的运动》等。这些著作,特别是有关动物栖息地的描述,无不明确地印记着朴素的生态学思想,只是没有贴上"生态学"的标签而已。

我国最早的词典《尔雅》距今也有 2000 多年的历史,它由 19 篇组成,其中有 7 篇(即释草、释木、释虫、释鱼、释鸟、释兽、释畜)是关于动植物方面的内容,对许多动植物的形态和生活环境进行了描述或记载,也是我国古老而朴素的生态思想的汇集。

(3)科学的生态学思想

科学是指在理性、客观的前提下，通过一套必要的方法，对自然进行理由充分的观察或研究，获得有组织体系的知识，揭示自然真相或证明自然真理。因此，科学的生态学思想与朦胧或朴素的生态意识的最大不同应该在于前者发展成了生态学的知识体系。

1) 科学生态学的诞生是博物学在生命科学领域发展的必然产物

可以这样说，科学生态学（scientific ecology）就是博物学的知识结晶。所谓博物学是指对大自然的宏观观察和分类，也即所谓"自然史"（natural history）研究，虽然后来随着科学的分化与深入，博物学逐渐衰落，但在科学与文明史中博物学的贡献功不可没，18～20世纪初期是伟大的博物学家辈出的时代，如林奈、拉马克、达尔文等。

博物学的诞生可以称得上是人类对自然（包括生态）现象认识上的一次重要飞跃，它使人类开始运用较为系统的科学方法来观察与认识自然，特别是使人类对自然生态的认识从局域的生活环境走向地理区域乃至全球，极大地推动了人类综合思维的发展，在生命科学方面的硕果就是诞生了一系列重要的关于生命与生态现象的规律性的认识（如进化论）。可以这样说，博物学也是现代科学技术飞速发展的前奏。

有理由相信，只有像博物学家那样对生态现象进行系统的归纳与综合并抽象出规律，才会使人类对生态的认识进入科学生态学时代。事实上，一些早期的生态学家把传统的博物学视为科学生态学的开端，而达尔文的进化论主要是博物学的产物，因此包括Haeckel（一个达尔文主义的强烈拥护者）在内的许多早期生态学家将科学生态学归功于达尔文及其提出的由自然选择引起的进化论（进化生物学）思想也就不足为奇了（McIntosh 1985）。

有意思的是，Jax和Schwarz（2011）认为，Haeckel并未意识到博物学对生态学起源的重要意义，因为Haeckel（1870）宣称生态学构成了"自然史"的主要部分："Ecology (often also inappropriately called biology in the narrower sense) has, up to now, constituted the main component of so-called 'natural history' in the usual sense of this word."。

著名的英国动物生态学家Elton（1927）在其经典之作 *Animal Ecology* 中将生态学称为"科学的自然史"（the scientific natural history concerned with the sociology and economics of animals）正是绝妙地映射出自然史与科学生态学之间的这种血脉关系。

2) 达尔文是"藐视"生态学一词的科学生态学的奠基人

如果翻开达尔文的《物种起源》（Darwin 1859）一书，能看到无数关于种间与种内竞争以及基于竞争的自然选择等生态学现象的描述、分析和推理，虽然他关注的核心是物种的起源。例如，达尔文认为，"全世界所有生物之间的生存斗争，都是它们按几何级数高度增殖的不可避免的结果"，"每一个物种所产生的个体，远远超过其可能生存的个体，因而便反复引起生存斗争，于是任何生物所发生的变异，无论多么微小，只要在复杂而时常变化的生活条件下以任何方式有利于自身，就会有较好的生存机会，这样便被自然选择了"，"同种的个体间和变种间的生存斗争最为激烈，同属的物种间的斗争也往往激烈"，等。可见，与Haeckel的生态学定义相比较，将达尔文视为生态学之父应该不是子虚乌有。

C. Darwin

有趣的是，达尔文并未在意他对生态学的贡献，因为他甚至在生态学一词被创造（1866年）之后也从未使用过该词，甚至在这之后他的很"生态"的著作，如1881年发表的"通过蚯蚓的作用形成腐殖土"（*The formation of vegetable mould through the action of worms*）一文中也未使用过。这似乎是说，达尔文进行了真正的开拓性生态学研究，却没有在生态学的名义下进行！

同样有趣的是，那个时代的一些生态学奠基者在其工作中也几乎没有涉及达尔文的思想（Acot 1997），这可能主要是因为启蒙时期的生态学主要关注有机体形态和生理与非生物环境之间的相互关系，即所谓的环境选择性，而达尔文的自然选择主要聚焦于生物间的竞争作用（Paterson 2005）。

当然，也有一些学者并不认同达尔文是生态学之父的说法。例如，Gendron（1961）主张著名的博物学家Alexander von Humboldt（1767~1835年）开创了生态学，因为他通过植被的地理学研究，提出了植被垂直分布的思想；甚至有学者认为，公元前4世纪的古希腊哲学家和科学家Theophrastus才称得上历史上第一个生态学家，因为他明确地记述了植物聚集在一起形成群落，以及植物之间和植物与无生命环境之间的关系（Ramaley 1940）。

2. 达尔文的进化论——马尔萨斯人口论学说在整个动植物界的应用

1831年，年仅22岁的达尔文随英国海军的勘探船"小猎犬号"进行了为期5年的环球考察，对大量的地质地理现象、生物化石、形形色色的动植物物种的形态与生态等进行了详细的考察、记录与分析，正是在这次漫长的环球航行中积累的丰富的博物学知识，使他萌生了生物学史上最重要的一个观念，也是一个关于人类自身在自然界位置的伟大的生命观，即人类绝非上帝制造，只不过是生命进化的产物罢了（齐默 2011）。

有意思的是，被视为科学生态学之父的达尔文的进化生物学的思想却从人口论的研究（即关于人类种群数量变动的研究）中获得了很大启发。大约在"物种起源"（Darwin 1859）问

T. R. Malthus

世前的半个多世纪，一个名叫马尔萨斯（Thomas Malthus）的英国乡村牧师于1798年出版了《人口学原理》（An Essay on the Principle of Population）一书，这是一本以悲观论调讨论人类劫难的书籍，其核心观点是：①人口呈几何级数（即2、4、8、16、32、64、128等）增长；②食物供应呈算术级数（即1、2、3、4、5、6、7等）增长；③因此，必定存在限制人口过度增长的机制，这就是贫困与罪恶，表现为失业、疾病、饥荒、瘟疫、暴行、战争等。也即马尔萨斯强化了资源的有限增长与人口的无限增长之间的矛盾以及由此导致的残酷的"生存挣扎"的必然后果。人口呈几何级数增长、食物供应呈算术级数增长可用图1-1来形象地表示。对达尔文来说，种群过度繁殖与资源有限性之间的矛盾不可避免地导致大部分子代个体提前夭折是自然选择的前提条件，因为如果每个个体都能存活到生理极限的话，就不存在择优了。

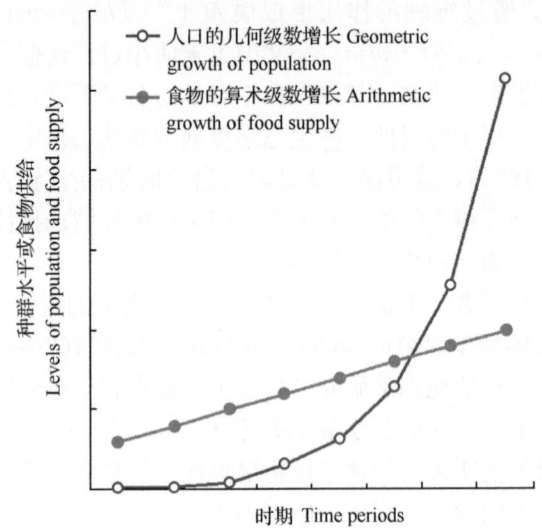

图1-1　马尔萨斯提出的人口呈几何级数增长、食物呈算术级数增长示意图
Fig. 1-1　Diagram for the geometric growth of population and arithmetic growth of food supply proposed by Thomas Robert Malthus

指数增长的威力可借用道金斯（1981）的一段话来予以说明："拉丁美洲目前的人口大约有3亿，而且其中已有许多人营养不良。但如果人口仍按目前的速度继续增长，要不了500年，人口增长的结果就会出现这样一种情况：人们站着挤在一起，可以形成一条遮盖该大陆全部地区的由人体构成的地毯。即使我们假定他们都是瘦骨嶙峋（一个不是不真实的假定）——情况依然如此。从现在算起，在1000年之后，他们要相互立在肩膀上，其高度要超出100万人。待过2000年之后，这座由人堆起的山将会以光速向上伸展，达到已知宇宙的边缘。"这看起来太骇人听闻，但却隐喻了指数增长的威力。

资源是否是等差数列增长（在一定范围内也许是等比数列增长）其实已不是很重要，但地球资源的有限性这一点是毫无疑问的。马尔萨斯还指出，多产与饥荒这两种控制人口的力量，同样也在控制动植物，即如果苍蝇生蛆完全不受障碍，世界很快将蛆满为患，因此，大部分苍蝇必须在未能繁殖后代前死去（齐默 2011）。

正是马尔萨斯提出的这一"无限"与"有限"之间的矛盾，对达尔文产生了关键性的影响，后者吸取了其中生存斗争的基本思想，发展了自然选择的概念：一方面，有机体会出现或大或小的变异或突变（现代的科学技术已经证实这种突变积累在一种称之为DNA的遗传物质上），这种变异可能会改变个体的生存能力；另一方面，在自然界，动植物个体可能会为了光、水、食物、空间等资源而竞争（种间的或种内的）。因此，物种就这样经历着一种没有筛选者的筛选，正是这种无需任何创造动作干预的筛选，在漫长的历史岁月中塑造了各式各样看似"精密设计"的生命。换言之，达尔文从马尔萨斯的悲观的人口论中找到了推动生命进化的动力（齐默 2011）。

达尔文在其经典著作《物种起源》（Darwin 1859）中也承认，他的理论是"马尔萨斯学说在整个动物界和植物界的应用"。从这种意义上说，达尔文的进化论似乎也应该是马尔萨斯的生态学思想的产物之一。

3. 马尔萨斯人口论的数学描述——逻辑斯蒂方程式

20世纪20年代以前，生态学在静态的描述性研究上停滞不前，大量的论文局限于描述某一区域的物种数量及个体，而研究种群数量变动的种群生态学的登场使这一局面得到了扭转。

早在19世纪30年代，数学家就对马尔萨斯的人口论产生了兴趣，并提出了描述人口变动的著名的逻辑斯蒂模型。遗憾的是，这一模型沉寂了相当长的时间，直到1920年才被重新关注，几年后，在此基础上 Lottka 和 Voltera 提出了著名的描述捕食者-猎物相互作用的数学方程式，种群生态学（population ecology）从此步入了发展的黄金时期，吸引了大量的生态学家去关注与定量地描述种群的行为，如生长、衰退、周期性波动等。那么，什么是逻辑斯蒂模型？

（1）无限增长模型——指数增长

在理想（不受食物、空间等限制）的情况下，一切生物物种均呈现一种无限增长的模式［也即所谓与密度无关的增长（density independent growth）］。

在理想的条件下生物物种的种群增长模式可用式(1-1)描述：

$$dN/dt = rN \qquad (1\text{-}1)$$

积分后得

$$N_{(t)} = N_{(0)} \exp(rt) \qquad (1\text{-}2)$$

式中，N为种群密度；r为常数，是种群在没有密度制约因素条件下的增长速率的度量，r也常被称为"马尔萨斯参数"(Malthusian parameter)或"内禀增长率"(intrinsic growth rate)。式(1-2)可以看成是马尔萨斯关于人口在理想情况下无限增长思想的数学描述。

从式(1-2)不难看出，若r>0，则种群无限增长；若r<0，则种群指数式下降。事实上，正如马尔萨斯指出的那样，人口不可能无限增长，更广泛地说，在自然界由于食物、空间等因子的限制，没有哪一个物种（无论是动物还是植物）能无限增长，最多在一定的时期内能呈现这种特征（图3-11），也即现实世界中的任何物种终究都会呈现一种与密度有关的增长（density dependent growth）模式。其实，种群增长是环境有限性与物种增殖无限性之间均衡的结果。那么，如何用数学方程式来描述像马尔萨斯叙述的那种种群的有限增长？

(2) 有限增长模型——逻辑斯蒂增长

19世纪早期，人们对人口增长的数学理论的兴趣明显增加，其代表性人物就是著名的比利时数学家Pierre François Verhulst。在马尔萨斯的人口论发表40年之后，Verhulst(1838)用下述数学模型描述了马尔萨斯的人口理论：

P. F. Verhulst

$$\frac{dN}{dt} = rN\left(1 - \frac{N}{K}\right) \quad (1\text{-}3)$$

式中，N为种群（人口）密度；r为内禀增长率（intrinsic growth rate），不受环境制约；K为环境容量（carrying capacity），它取决于食物、空间或其他。每个个体的增长率与密度有关，即$r(1-N/K)$，若$N<K$，为正值；若$N>K$，为负值；而在$N=K$时，种群达到平衡。

将式(1-3)积分后，得

$$N_{(t)} = \frac{K}{1 + CKe^{-rt}} \quad (1\text{-}4)$$

式中，$N_{(t)}$为时间t时的个体数；$C = 1/N_{(0)} - 1/K$。

Verhulst在其1845年发表的论文中称式(1-4)为逻辑斯蒂函数（logistic function），现在称为逻辑斯蒂方程式（logistic equation）。有学者也称之为Malthus-Verhulst逻辑斯蒂理论（Berryman 1992）。

有意思的是，逻辑斯蒂模型发表在达尔文的《物种起源》(1859年)之前，但是，这一模型一直未能被人关注，直到1920年，Raymond Pearl和Lowell Reed才重新发现了这一模型（图1-2）。

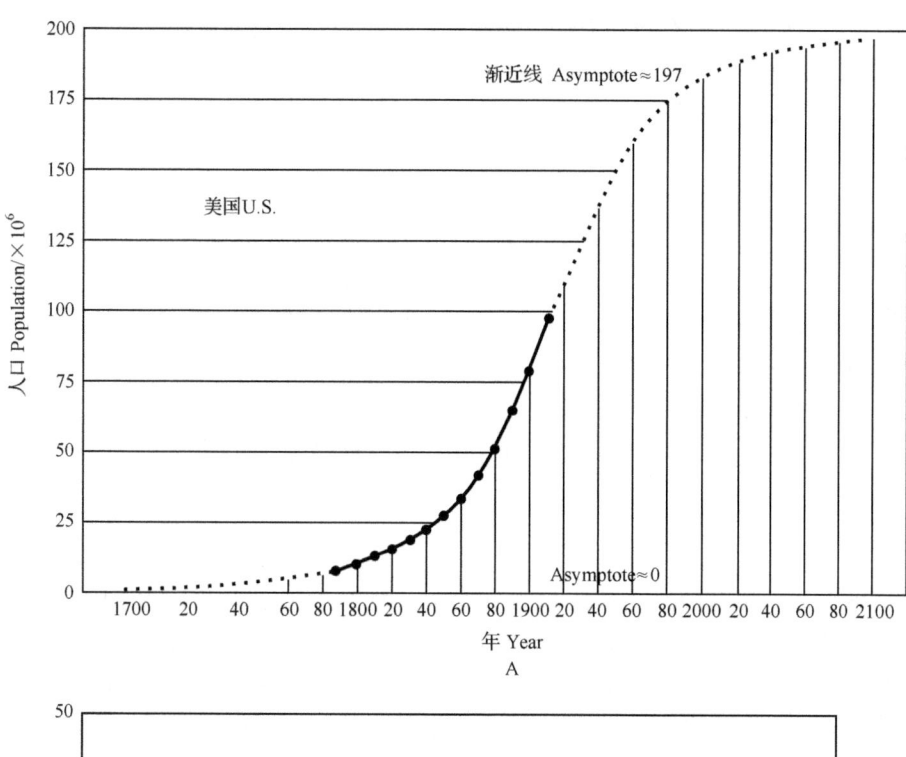

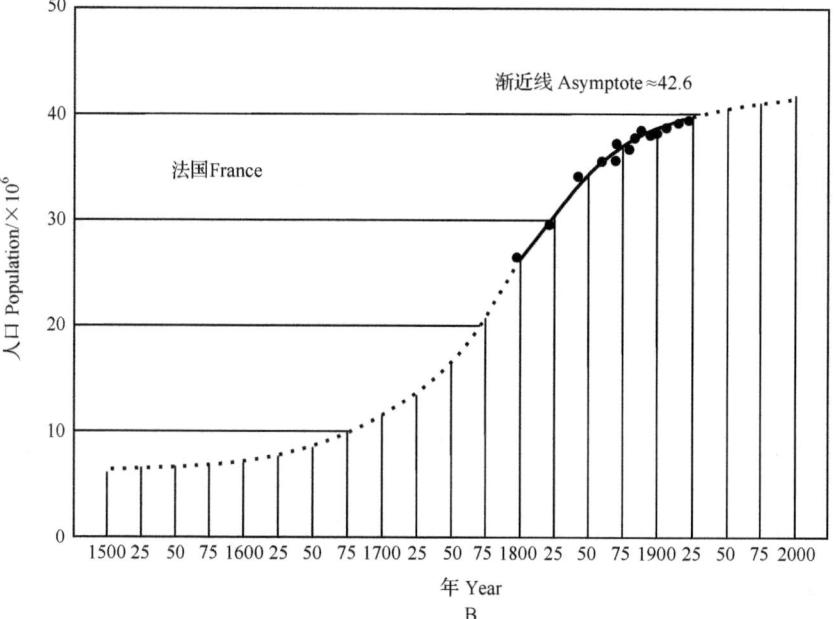

图 1-2 用于拟合美国（A）和法国（B）人口数据的逻辑斯蒂种群增长（式 1-4）。决定参数的数据仅涵盖了增长曲线的一小部分（根据 Pearl 1925）（引自 Murray 2002）

Fig. 1-2 Logistic population growth (1-4) used to fit the census data for the population of (A) the U.S. and (B) France. The data determine the parameters only over a small part of the growth curve (redrawn from Pearl 1925) (cited from Murray 2002)

人类是地球上最有影响力的动物种群，人口的增长对地球环境正在产生前所未有的巨大影响。从第 3 章的图 3-11 中，我们还看不到人类的种群增长何时能呈现出一个漂亮的逻辑斯蒂曲线，也许我们还要等数个世纪或更长，但终究它会达到增长的极限。

自 1866 年 Haeckel 创造生态学一词以来，生态学沉寂了近半个世纪，发展十分缓慢，到了 20 世纪 20 年代才得到广泛承认，并发展成一门生机勃勃的学科，那时，也开始了理论数学种群生态学研究的黄金时期。到了 60 年代，"环境危机"将生态学置于社会公众的舞台，并被广泛推崇，甚至成了政治口号（McIntosh 1985）。

三、生态学早期的其他重要概念

1. 生物圈

1875 年，奥地利地质学家 Eduard Suess 创造了生物圈（biosphere）一词，定义为"地球表面生物居住的地方"，是地球的四大圈层之一，即大气圈（atmosphere）、水圈（hydrosphere）、岩石圈（lithosphere）和生物圈（biosphere）。20 世纪 20 年代，生物圈一词获得了其生态学意义（Huggett 1999），代表性人物是俄国地球化学家 Vladimir Vernadsky，他进一步发展了生物圈的概念，认为生物与行星环境（planetary environment）协同进化并形成了生物生存的介质（空气、水、土壤、沉积物），其生物圈观点最初于 1926 年用俄文发表（Vernadsky 1926）。生物圈的范围一般指海平面以上约 10 000 m 至海平面以下 10 000 m 处，包括大气圈的下层、岩石圈的上层、整个土壤圈和水圈，

E. Suess　　V. Vernadsky

但绝大部分生物集中在地表以上 100 m 到水下 100 m 的大气圈、水圈、岩石圈、土壤圈等圈层的交界处，这也是生物圈的核心。从空间尺度上来看，生物圈虽然是地球表面薄薄的一层，但仍然是一个浩瀚的生态系统。

2. 生物群落

1877 年，德国动物学家 Karl Möbius 创造了生物群落（biocenosis）一词（Möbius 1877），用以描述生活在一个生境（habitat）中相互作用的有机体，他认为每一个生物群落都"支持着一定数量的有生命的生物"，强调在合适的条件下可能产生过量的后代，但由于空间和食物是有限的，"群落中个体总数不久又会

回到它以前的适中状态",这使人回想起马尔萨斯关于人口与他们受资源限制的理论(McIntosh 1985)。但在英语中 biocenosis 一词很少使用,而常用 ecological community 一词,指占据同一地理区域的两个或两个以上不同种类的物种的集合。

K. Möbius

3. 生物地理学

1891年,德国地理学家 Friedrich Ratzel 创造了生物地理学(biogeography)一词(Parenti and Ebach 2009),而德国博物学家 Alexander von Humboldt(1769~1859年)被誉为植物地理学的创始人(von Humboldt 1805),他走遍西欧、北亚和南、北美洲进行植物学和地质学考察,揭示了植物分布的水平和垂直分异性及其与气候的关系,发现植物形态随高度而变化,并将植物在世界范围内进行分区,确立了植物区系的概念。美国生态学家 Robert MacArthur 和 Edward Osborne Wilson 创建了岛屿生物地理学理论,揭示了一定面积的物种多样性能通过生境面积、移居速率、灭绝速率等进行预测(MacArthur and Wilson 1967)。

F. Ratzel　　A. von Humboldt

4. 生态位

1917年,美国动物学家 Joseph Grinnell 创造了生态位(niche)一词(Grinnell 1917),意指某一物种的生态位是由其居住的生境所决定的,而 Elton(1927)的生态位观念强调物种在群落中的功能,而不是生境;1957年,英裔美国动物学家 George Evelyn Hutchinson 提出了 n 维超体积(n-dimensional hypervolume)的生态位空间的概念(Hutchinson 1957),试图解释为何在同一个生境中有如此之多的不同类型的生物共存在一起。

J. Grinnell　　G. E. Hutchinson

5. 食物链

1927年，英国动物生态学家Charles Elton在其经典之作（*Animal Ecology*）中引入了食物链（food chain）的概念，他借用中国谚语（Chinese proverb）来诠释food chain 的含义："The large fish eat the small fish; the small fish eat the water insects; the water insects eat plants and mud"（译：大鱼吃小鱼、小鱼吃昆虫、昆虫吃植物和泥巴）。食物链概念的重要生态学意义在于揭示了物质和能量在物种之间的转移与流动。与此相联系，Elton还借用中国的谚语"One hill can not shelter two tigers"（译：一山不容二虎）诠释了数量金字塔（pyramid of number）的概念，即越在食物链顶端（即营养级越高），动物的数目越少。Elton还开拓性地提出了（food cycle）的概念（在后来的文章中用food web取代了food cycle）。在Elton提出的数量金字塔的基础上，美国生态学家Raymond L. Lindeman提出了能量转换的生态效率（ecological efficiency of energy transfer）的概念，即能量从低营养级到高营养级的转化效率（Lindeman 1942）。

C. Elton

6. 生态系统

1930年，英国植物学家Roy Clapham创造了生态系统（ecosystem）一词（Willis 1997），由英国生态学家Tansley（1935）在其论文 *The use and abuse of vegetational concepts and terms* 中正式使用，并被详细地诠释，旨在强调一个既包含了生物又包含了环境的系统，即认为生物有机体虽然是这些系统中的最重要的组成，但是无机因素也是组成部分，相互作用不仅发生在有机体之间，也发生在有机体与无机成分之间。

A. Tansley

在1905年前后，美国著名的植物生态学家Clements提出了关于植物群落演替的所谓"超级有机体"（super-organism）概念（McIntosh 1985）。Clements（1916）认为顶极群落构成的就是一个超级有机体，因为其呈现出与单株植物十分相似的生命历程——产生、发展、成熟、死亡……。Tansley（1935）在讨论这一"超级有机体"概念时引入了"生态系统"一词，这也是一场在Clements与Tansly之间展开的关于植物界是一个超级有机体还是一个生态系统的争论。

形象地说，Tansley是把"生态学"装在一个称之为"系统"的盒子里，再冠以"生态系统"的名称。但是他所定义的这个生态系统有时清楚，有时十分模糊，因为他赋予了它最为多种多样的类型和大小。虽然Tansley认为生态系统是自然界的基本单元，也得到了广泛的认可，但常常是生态系统的边界无法明确界定,这在现代生态学依然是一个经常困扰着很多人的难题。

与生态学一词类似,生态系统一词从其被创造到被广泛应用于生态科学,也经历了一段时间(McIntosh 1985)。

四、生态学的分支

世界上没有哪一种物质形态能像生命这样多姿多彩。不论是在非生命学科还是生命学科,可能也没有哪一个学科能像生态学这样多样。借用植物学的比喻,它似一颗枝叶繁茂的大树,与其他学科以及各种生物类群、各种生境等组合成了各式各样的生态学。

1. 生态学的分类

生态学泛指一切关于生物与环境相互关系的科学,在这种宽泛而抽象的生态学定义下,就免不了出现各式各样的生态学分支(表1-2)。例如,以生态系统的层次为基础,分化出分子生态学、个体生态学、种群生态学、群落生态学、生态系统生态学、景观生态学、全球生态学等;生态学也经常以生物对象来命名,如植物生态学(以植物类群甚至某个种细分)、动物生态学(以动物类群甚至某个种细分)、微生物生态学等;生态学还以生物栖居的环境为基础,划分为水域生态学(再细分为海洋生态学、湖泊生态学、河流生态学等)和陆地生态学(再细分为森林生态学、草原生态学、荒漠生态学、土壤生态学、城市生态学等)等;生态学与各种学科进行交叉,分化出生理生态学、化学生态学、进化生态学、古生态学、数学生态学等;生态学还与产业交叉,形成农业生态学和工业生态学等;生态学还被广泛移植到人文社科领域,产生出社会生态学、政治生态学、文化生态学等,甚至被移植到医学领域,出现药物生态学、健康生态学等。生态学家还以组合或叠加的方式创作出各式各样的生态学名称。

表 1-2 生态学的分类
Table 1-2 Classification of ecology

生态学名称 Name of ecology	外文生态专著举例 Examples of ecology books in foreign language	中文生态专著举例 Examples of ecology books in Chinese
1. 生命层次		
分子生态学 Molecular ecology	Freeland 2005	祖元刚等 1999
种群生态学 Population ecology	Begon et al. 1996	徐汝梅1987(注:昆虫种群生态学)
空间生态学 Spatial ecology	Tilman and Kareiva 1997	—

续表

生态学名称 Name of ecology	外文生态专著举例 Examples of ecology books in foreign language	中文生态专著举例 Examples of ecology books in Chinese
集合种群生态学 Metapopulation ecology	Hanski 1999	—
群落生态学 Community ecology	Diamond and Case 1986	赵志模和郭依泉 1990
植被生态学 Vegetation ecology	van der Maarel 2009	姜恕和陈昌笃 1994
系统生态学 System ecology	Odum 1983	蔡晓明 2000
流域生态学 Watershed ecology	Naiman 1992	—
景观生态学 Landscape ecology	Forman and Godron 1986	傅伯杰 2011
全球生态学 Global ecology	Rambler et al. 1989	方精云 2000
2. 学科交叉		
生理生态学 Physiological ecology	Townsend and Calow 1981	蒋高明 2004（注：植物生理生态学）
营养生态学 Nutritional ecology	Slansky and Rodriguez 1987	—
营养(级)生态学 Trophic ecology	Mbabazi 2011	
代谢生态学 Metabolic ecology	Sibly et al. 2012	
生物物理生态学 Biophysical ecology	Gates 1980	
化学生态学 Chemical ecology	Sondheimer and Simeone 1970	阎凤鸣 2003
进化生态学 Evolutionary ecology	Pianka 1978	王崇云 2008
地理生态学 Geographical ecology	MacArthur 1972	—
地生态学 Geoecology	Huggett 1995	—
古生态学 Paleoecology	Dodd and Stanton 1981	杨式溥 1993
第四纪生态学 Quaternary ecology	Delcourt and Delcourt 1991	刘鸿雁 2002
环境生态学 Environmental Ecology	Freedman 1989	金岚等 1992
污染生态学 Pollution ecology	Hart and Fuller 1974	王焕校 1990
水文生态学 Hydro-ecology	Wood et al. 2007	—
历史生态学 Historical ecology	Crumley 1994	—
稳定同位素生态学 Stable isotope ecology	Fry 2006	易现峰 2007
理论生态学 Theoretical ecology	May 1976	张大勇 2000
数学生态学 Mathematical ecology	Pielou 1977	陈兰荪 1988
数字生态学 Numerical ecology	Legendre and Legendre 1998	
数量生态学 Quantitative ecology	Poole 1974	张金屯 2004
统计生态学 Statistical ecology	Young and Young 1998	
实验生态学 Experimental ecology	Resetarits and Bernardo 2001	—

续表

生态学名称 Name of ecology	外文生态专著举例 Examples of ecology books in foreign language	中文生态专著举例 Examples of ecology books in Chinese
3. 生物类别		
植物生态学 Plant ecology	Warming 1895	张玉庭和董爽秋 1930
作物生态学 Crop ecology	Loomis and Connor 1992	韩湘玲 1991
动物生态学 Animal ecology	Elton 1927	费鸿年 1937
昆虫生态学 Insect ecology	Speight et al. 1999	邹钟琳 1980
鸟类生态学 Avain (bird) ecology	Perrins and Birkhead 1983	高玮 1993
鱼类生态学 Fish ecology	Wootton 1992	易伯鲁 1980
渔业生态学 Fisheries ecology	Pitcher and Hart 1982	陈大刚 1991（注：黄渤海渔业生态学）
野生生物（动物）生态学 Wildlife ecology	Moen 1973	陈化鹏和高中信 1992
杂草生态学 Weed ecology	Radosevich and Holt 1984	—
寄生虫生态学 Parasite ecology	Huffman and Chapman 2009	—
微生物生态学 Microbial ecology	Alexander 1971	夏淑芬和张甲耀 1988
疾病生态学 Disease ecology	Learmonth 1988	—
4. 生境类型		
森林生态学 Forest ecology	Spurr and Barnes 1973	张明如 2006
草地生态学 Grassland ecology	Spedding 1971	周寿荣 1996
海洋生态学 Marine ecology	Levinton 1982	李冠国和范振刚 2011
河口生态学 Estuarine ecology	Day et al. 1989	陆健健 2003
潮间带生态学 Intertidal ecology	Raffaelli and Hawkins 1996	—
海岸生态学 Coastal ecology	Barbour et al. 1974	—
淡水生态学 Freshwater ecology	Macan 1974	何志辉 2000
湖泊生态学 Lake ecology	Scheffer 2004	—
河流生态学 River ecology	Whitton 1975	—
溪流生态学 Stream ecology	Allan 1995	—
湿地生态学 Wetland ecology	Keddy 2010	陆健健等 2006
水库生态学 Reservoir ecology	Tundisi and Straškraba 1999	韩博平等 2006

续表

生态学名称 Name of ecology	外文生态专著举例 Examples of ecology books in foreign language	中文生态专著举例 Examples of ecology books in Chinese
城市生态学 Urban ecology	Bornkamm et al. 1982	于志熙 1992
道路生态学 Road ecology	Forman 2003	—
廊道生态学 Corridor ecology	Hilty et al. 2006	—
土壤生态学 Soil ecology	Killham 1994	曹志平 2007
5. 动植物行为与功能		
行为生态学 Behavioral ecology	Krebs and Davies 1997	尚玉昌 1998
扩散生态学 Dispersal ecology	Bullock et al. 2002	—
繁殖生态学 Reproductive ecology	Bawa et al. 1990	张大勇 2004
摄食生态学 Feeding ecology	Gerking 1994	—
认知生态学 Cognitive ecology	Friedman and Carterette 1996	—
功能生态学 Functional ecology	Packham et al. 1992	—
6. 环境扰动与胁迫		
扰动生态学 Disturbance ecology	Johnson and Miyanishi 2007	
火生态学 Fire ecology	Wright and Bailey 1982	—
胁迫生态学 Stress ecology	Steinberg 2011	
7. 产业与应用		
工业生态学 Industrial ecology	Graedel and Allenby 2002	邓南圣和吴峰 2002
农业生态学 Agricultural ecology	Azzi 1956	曹志强和邵生恩 1996
资源生态学 Resource ecology	Prins and van Langevelde 2008	—
恢复生态学 Restoration ecology	Jordan III et al. 1990	赵晓英和陈怀顺 2001
应用生态学 Applying(or Applied) ecology	Beeby 1993	何方 2003
8. 组合或叠加		
传粉与花的生态学 Pollination and floral Ecology	Willmer 2011	—
陆地植物生态学 Terrestrial plant ecology	Barbour et al. 1989, 1999	
理论系统生态学 Theoretical ecosystem ecology	Ågren and Bosatta 1998	
微生物分子生态学 Molecular microbial ecology	Osborn and Smith 2005	张素琴 2005

续表

生态学名称 Name of ecology	外文生态专著举例 Examples of ecology books in foreign language	中文生态专著举例 Examples of ecology books in Chinese
鸟类迁移生态学 The migration ecology of birds	Newton 2008	—
应用数学生态学 Applied mathematical ecology	Levin et al. 1989	—
应用野外生态学 Practical field ecology	McLean and Ivimey Cook 1946	—
数量植物生态学 Quantitative plant ecology	Greig-Smith 1957	—
9. 人文社会与人体健康		
深生态学 Deep ecology	Devall and Sessions 1985	雷毅 2001
人类生态学 Human ecology	Hawley 1950	陈敏豪 1988
社会生态学 Social ecology	Alihan 1964	丁鸿富 1987
人口生态学 Population ecology	Davis 1971	潘纪一 1988
政治生态学 Political ecology	Cockburn and Ridgeway 1979	刘京希 2007
组织生态学 Organizational ecology	Hannan and Freeman 1989	刘桦 2008
文化生态学 Cultural ecology	Netting 1986	邓先瑞和邹尚辉 2005
嵌套生态学 Nested ecology	Wimberley 2009	—
道教生态学 Toaism ecology		乐爱国 2005
语言生态学 Linguistic ecology	Mühlhäusler 1996	—
健康生态学 Health ecology	Hunarī et al. 1999	—
药物生态学 Pharma ecology	Jjemba 2008.	—

2. 为何有如此繁多的生态学分支出现？

为何出现如此繁多的生态学也不是一个特别容易回答的问题。从根本上来看，生态（包括生物类群、生境类型、生存环境、生命过程、生命演化等）的复杂性可能主导性地决定了生态学科的多样性。

(1) 生态学要面对一个庞大而变化多样的生物类群。地球上现存的生物物种超过 170 万种，小的种类的个体不足 1 μm，大的可达 150 多米（植物）或 190 t（动物），种类极为纷繁，且跨越巨大的生命（体积）尺度。

(2) 生态学要涉及一系列空间跨度极为巨大的生态系统。小可到一个烧杯，大可到整个生物圈。

(3) 生态学要涉及一系列时间跨度极为巨大的生态过程。短可仅为数分钟，长可涉及数十亿年的生物演化。

(4) 生态学要面对的生物的生存条件跨越巨大的气候梯度。从寒冷的极地冰川，到炎热的热带区域，年平均降雨量从 0.5 mm（南美洲智利共和国最北端的阿里卡）到超过 12 000 mm（印度的乞拉朋奇），等等。

(5) 生态学要面对的生物生存的垂直梯度从海拔 −416 m 的地表（死海）到海拔超过 8000 m 的高山（珠穆朗玛峰），从水陆交接的海岸带到超过 11 000 m 的深海（马里亚纳海沟），跨越巨大的物理、化学等环境梯度。

(6) 生态学要涉及各种各样地貌特征完全不同的生境，如湖泊、河流、水库、湿地、森林、草地、农田、海洋等，以及这些生境之间异常复杂的交融与相互作用等。

简言之，可能没有哪一类学科像生态学这样，试图在相当精细的程度上，面对如此繁多的研究对象和生境类型，跨越如此宽广的时空尺度，包含如此之大的气候与环境梯度以及如此多样的地貌类型。生态学的多样性从本质上来看正是其所关注对象（物种、群落、生态系统、格局、过程等）多样性的一种映射。

这里引用普里戈金和斯唐热（1987）的一句名言："科学通过把现实的复杂性约化为一种隐藏的简单性而得到进步"，这也是本书的核心目的，即试图从复杂纷繁、恢宏壮阔的生命现象中凝析出生命系统的生态学（当然还有与之相适应的遗传学）设计原理，揭示我们人类赖以生存的地球系统中精彩绝伦的生命系统存在与演进的秘诀。

不可否认，人类正在日益肆无忌惮地摆弄与操纵（或者说近乎疯狂地统治与奴役）着自然界及其进程，正在近乎随心所欲地不断改造与创造"新的大自然"。因此，我们需要认知生命世界的本质、组织方式以及置身其中的人类的位置与角色。而且，我们还需要更多的生态智慧去提升认识自身的活动对未来影响的预见能力，尽可能地去填充在人的利欲设计与大自然的生态设计之间存在的鸿沟。

五、结　　语

生态学的发展经历了从本能的感觉（渔猎时代）、朦胧的意识（早期人类文明）到科学的体系（现代科学时代），从起源上看，科学生态学是博物学发展的产物。由于对象的多样性，衍生出种类繁多的生态学分支。虽然早期的科学生态学思想可追溯自达尔文的进化生物学研究（物种起源），但之后生态学脱离进化生物学踏上了相对独立的发展之道。

第二章 从尺度透视生命的设计原理

现已知道,地球为数以百万计的生物物种提供着各式各样的表演舞台和(生态的)角色,其中可能比这更多的"表演者"在不同的地质历史时期已经退出了生命的历史舞台(可能仅有一部分被镌刻在不同年代的地质化石之中)。或许每种生物的"登场"与"退场"都有着不同的生态故事,也吸引了无数科学家曾经或正在试图还原它们之中的一种或一类的生态历史传奇。但是,完美而精致地描绘出一幅包括所有地质历史时期以及所有这些"角色"的浩瀚的生态故事的巨幅画卷是不可能的。或许我们可以选择某条贯穿所有生命的主线,来讲述一个符合逻辑的生态故事,如果我们能刻画出若干条这样的主线生态故事,也许我们就可能从中抽象出一些操控生态的历史舞台上生命故事演绎的规律、原则或理论。本章及接下来的若干章都是这样的主线故事。

地球上这些数以百万计的生物,在形态、色泽、结构、行为、生理、大小等(这些都是刻画生命的基本特征)方面具有几乎无限的多样性——从绚丽多彩、奇花异放、千姿百态的植物界到五颜六色、奇形怪状、无奇不有的动物界,无不折射出在漫长的历史岁月中有机体对无限多样的生存环境以及无比复杂的相互关系等的精妙适应和令人感叹的发展与进化!物种是漫长的自然演化与生态过程的产物。

但是,形态、色泽、行为这样的特性往往难以用统一的数量尺度去刻画和比对,而且在动植物之间也往往难以比较。相比之下,大小(体长、体重或体积)这样的特性则易于度量。自然界的生命跨越极为宽广的大小尺度。例如,在长度上,最大的生命个体与最小的生命个体之间的差异超过10^8倍,而体积或体重的差异则更大!在生命进化的历程中,一个普遍认同的趋势就是动植物个体的大型化与复杂化,但是进化也没有摒弃小型、简单的个体,实际是建造出了一个越来越多样的生物世界。大型化与小型化或复杂化与简化是生命进化过程中的对立与统一,它既是对环境的响应,又是对物种的遗传、生理与生态学基本特征的约束或刻画。那么,自然界为何要设计尺度如此之宽泛的生命系统?如何从生命的尺度透视物种的生物学与生态学设计原理?需要指出的是,生命个体的设计原理是生物群落(或植被)等高层次生命系统构建的基础。

一、生命的大小尺度特征——极度的多样化

在这里我们先来略览一下若干生命层次(生物界、类群、生物大分子)的大

小尺度的多样化程度。

1. 生物界物种大小的多样化

对地球这一庞大的生命系统中物种的分门别类是生物学发展早期的重要任务，现在依然如此。一般根据亲缘与进化关系等将生物分为各种不同的门类。例如，Sahn 等于 1949 年提出将生物划分为五界：原核生物界、原生生物界、真菌界、植物界和动物界。Woese 于 1977 提出三域系统——细菌域（bacteria）、古菌域（archaea）和真核域（eukarya）。根据生态功能，自然界的生物可以简单地分为生产者、消费者和分解者三大类。

生产者能够通过光合作用把太阳能转化为化学能，把无机物转化为有机物，不仅供其自身的生长发育，也为其他生物提供物质和能量。水体中的生产者主要是浮游藻类，以及一些生长在浅水中的有根植物或漂浮植物，陆地生态系统中的生产者主要为草本植物、灌木和乔木。生产者的大小跨度极大，小的浮游藻类直径仅有 1~2 μm，而澳洲的杏仁桉最高可达 156 m。

消费者是指捕食生产者或其他消费者的动物，一般将以植物为食的动物称为初级消费者，而将捕食其他动物者称为次级消费者。动物大小差异极大，一些以浮游藻类为食的小型浮游动物（无脊椎动物）体长不到 1 mm，而在高等动物——脊椎动物中，最小的是一种生活在巴布亚新几内亚的青蛙，其体长只有 0.77 cm（Rittmeyer et al. 2012），而最大的脊椎动物——蓝鲸体长可超过 30 m（Calambokidis and Steiger 1998），重量可超过 190 t（Smithsonian National Zoological Park，2011）（图 2-1）。

A B

图 2-1 世界上最小和最大的脊椎动物。（A）一只生活在巴布亚新几内亚的青蛙（Rittmeyer et al. 2012）和（B）一条出现在东太平洋海域的成年蓝鲸（引自 Wikipedia）

Fig. 2-1 The world's smallest and largest vertebrates. (A) A frog from Papua New Guinea (Rittmeyer et al. 2012), and (B) an adult blue whale from the eastern Pacific Ocean (cited from Wikipedia)

生态系统中的分解者主要是异养菌类，还有一些原生动物和小型无脊椎动物等，它们将死亡有机体所含的物质转换为无机成分。与生产者和消费者不同的是，这些分解者都是一些微型生物。与大型动植物相比，这些微型生物单位体积的表面积要大得多，因此，它们保持着最快速的分解代谢速率，这也许是生态系统中主要的分解活动都是由一些微生物来行使的重要原因。

图 2-2 像一把尺子，丈量着各个生命层次的大小，很明显，从分子、细胞到由无数细胞构成的动植物的大小差异极大，较大的动植物肉眼可见，较小的微生物需要光学显微镜才能看见，而一些细胞器及生物大分子等需要电子显微镜才能观察到。

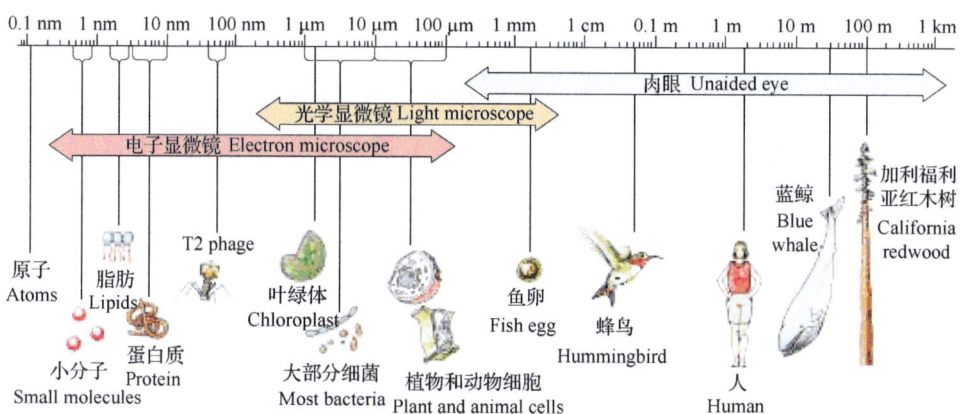

图 2-2　生命的尺度，显示分子、细胞和多细胞有机体的相对大小（引自 Purves et al. 2003）

Fig. 2-2　The scale of life. This scale shows the relative sizes of molecules, cells, and multicellular organisms (cited from Purves et al. 2003)

2. 群内生物大小的多样化

不仅生物类群之间体积有很大分化，一些类群的不同种属之间也出现巨大的体积分化，恐龙就是一个很好的例证。恐龙是一种陆栖爬行动物，出现于约 2.3 亿年前的三叠纪，灭绝于约 6500 万年前的白垩纪晚期，曾统治全球陆地生态系统长达 1.6 亿年。恐龙家族极为庞大而多样，已确定的恐龙有 500 多属 1000 多种。

图 2-3 显示了形形色色、大大小小的各种恐龙。恐龙的体积多样性非常极端，最大的恐龙——易碎双腔龙（*Amphicoelias fragillimus*）长为 40～60 m，重达 122.4 t，约为蓝鲸体长的 2 倍，体重的 2/3（Carpenter 2006），而最轻的一种恐龙——赫氏近鸟龙（*Anchiornis huxleyi*）只有 110 g（Xu et al. 2009），最短的恐龙［如小驰龙（*Parvicursor remotus*）］体长只有 30 cm（Holtz 2012），因此，最重的恐龙和最轻的恐龙的体重相差 1.1×10^5 倍。易碎双腔龙生存于白垩纪中

期至侏罗纪晚期,分布于美国科罗拉多州,以植物为食;而小驰龙生存于白垩纪晚期,分布于蒙古国,肉食性。因此,小的恐龙不一定就是最古老的,而大的恐龙也不一定就是年轻的,形形色色的恐龙或许源于生态位细化或由于恐龙向不同生境扩散导致的隔离与分化,或是两种机制的联合作用。

图 2-3 白垩纪的食草动物——恐龙,显示其相对体积。1. 腕龙;2. 巨龙;3. 剑龙;4. 甲龙;5. 结节龙;6. 角龙;7. 原角龙;8. 禽龙;9. 鸭嘴龙;10. 树龙;11. 奇异龙;12. 鹦鹉嘴龙;13. 肿头龙(仿 Poinar and Poinar 2008)

Fig. 2-3 Cretaceous herbivorous dinosaurs, showing their relative sizes: 1. brachiosaurids; 2. titanosaurids; 3. stegosaurids; 4. ankylosaurids; 5. nodosaurids; 6. ceratopsids; 7. protoceratopsids; 8. iguanodontids; 9. hadrosaurids; 10. dryosaurids; 11. thescelosaurids; 12. psittacosaurids, and 13. pachycephalosaurids (after Poinar and Poinar 2008)

3. 生物大分子大小的多样化

不光是动植物个体呈现体积(或体长或重量)上的巨大变异性,生物体内的大分子也是如此。蛋白质是生命的结构物质,是构建形形色色生命的物质基础,也具有许多重要的生物学功能。表 2-1 是一些蛋白质的分子大小,同样是人体内的蛋白质，细胞色素 c 的相对分子质量仅为肌联蛋白的 1/230。蛋白质大小和结构的分化主要是因为这些蛋白质需要承担各种各样的生理功能，是结构与功能长期适应的结果。例如，细胞色素 c 是一种细胞色素氧化酶，为生物氧化过程中的电子传递体，位于线粒体内侧外膜；肌联蛋白是已知的自然界中最大的弹性蛋白（长度达 1 μm），伸展时比原长度长 3 μm，在肌肉收缩和舒张时保持肌球蛋白纤维位于肌节的中心，肌联蛋白为许多蛋白质提供结合位点，在肌节形成过程中充当生物尺的作用。

表 2-1　一些蛋白质的分子数据
Table 2-1　Molecular data on some proteins

	相对分子质量 Molecular weight	残基数 Number of residues	多肽链数 Number of polypeptide chains
细胞色素 c（人） Cytochrome c (human)	13 000	104	1
核糖核酸酶 A（牛胰腺） Ribonuclease A (bovine pancreas)	13 700	124	1
溶菌酶（鸡蛋清） Lysozyme (chicken egg white)	13 930	129	1
肌红蛋白（马心） Myoglobin (equine heart)	16 890	153	1
糜蛋白酶（牛胰腺） Chymotrypsin (bovine pancreas)	21 600	241	3
胰凝乳蛋白酶原（牛） Chymotrypsinogen (bovine)	22 000	245	1
血红素（人） Hemoglobin (human)	64 500	574	4
血清白蛋白（人） Serum albumin (human)	68 500	609	1
细胞己糖激酶（酵母） Hexokinase (yeast)	102 000	672	2
RNA 聚合酶（大肠杆菌） RNA polymerase (E. coli)	450 000	4 158	5
载脂蛋白（人） Apolipoprotein B (human)	513 000	4 536	1
Glutamine synthetase (E. coli)	619 000	5 628	12
肌联蛋白（人） Titin (human)	2 993 000	26 926	1

资料来源：引自 Nelson 和 Cox（2004）(cited from Nelson and Cox 2004)

二、进化的趋势——通过多样化和复杂化不断扩展生命尺度

地球上的生命呈现出一种永不停息的进化趋势,即它们绝不放过任何微小的变异(这里不管是何种机制)机会,只要能带来改进或革新,能适应未被完全占用的生境或能获得竞争能力去侵占已被其他物种占用着的生境,它就会延续和发展下去,形成新的变型,甚至分化出新的物种。进化也是一个颇具争议的词汇,人们往往意指进步,在这里进化广义地指演化。

1. 进化的趋势——体型多样化和复杂化

(1) 生命进化的主流——包括复杂化的多样化

地球上如此纷繁的生命世界到底是从什么开始进化的?古生物学证据已经证实,35亿年前地球上的生命只有细菌,也就是说,生命是从如图2-4所示左侧最小的复杂性开始,趋向于向右侧越来越复杂的生命进化。同时,一些生物的体积也趋向逐渐增大(虽然这并不是绝对的)。地球生命的演化历史告诉我们,多样化和复杂化(经常还伴随着大型化)是生命进化的主流,但一些进步论者常常将这种复杂化称为"进步",并将其普遍化,因此而遭到攻击。

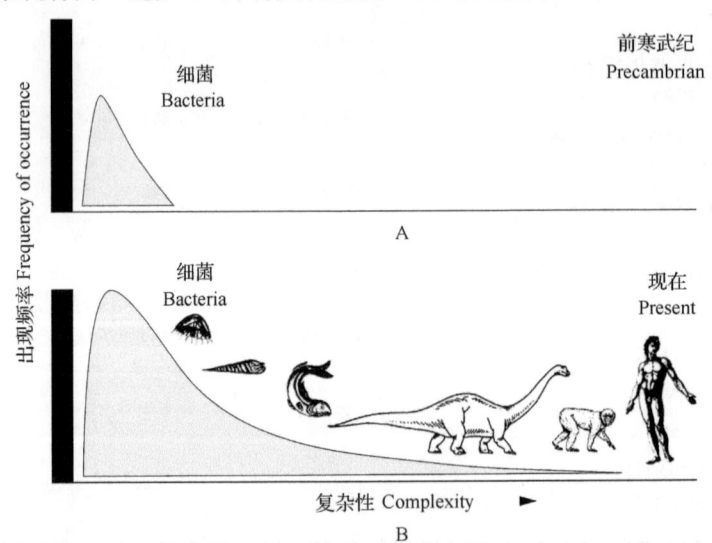

图2-4 复杂性的进化。生命从左侧最小的复杂性开始(A),进化发展的唯一方向就是变得越来越复杂(B),由 Stephen Jay Gould 提供(仿 Lieberman and Kaesler 2010)

Fig. 2-4 The evolution of complexity. Life began at a left wall of minimal complexity, as in the top panel. The only way for evolution to proceed was for life to become more complex, as in the bottom panel, courtesy by Stephen Jay Gould (after Lieberman and Kaesler 2010)

需要指出的是，生命系统的复杂化趋势，并不意味简单生命的消失，事实上，简单的生命（如古老的细菌）仍然无处不在，也占据着属于它们的生态位，也仍然未停止继续分化。也就是说，有些功能（如生物残体的分解）并不适合复杂的生命去完成，细菌仍然具有独特的作用，不可替代。因此，从某种意义上来说，是进化伴随着生命的多样化（包括复杂化）的发展，添加了许多复杂化（一些人喜欢称为进步）的类群。也许还有一些生命保持变化不大的状态（但绝对没有一点变化也是不可能的），有些甚至出现"退化"（结构简化）。因此，进化的结果绝非只有普遍"进步"，但同时也不能完全否认"进步"的存在。从本质上来看，由于生命演化中普遍存在的复杂化现象，自然选择推动的物种分化注定是一种不可逆过程。

（2）简化——也是生命演化的方向之一

另有一个不可否认的事实是，在生命演化过程中也出现了大量的结构简化的例子。复杂性的实质性减少普遍出现于寄生虫的生活模式，涉及成千上万的种类，它们寄生于宿主体内吸食宿主血液或宿主已消化的食物，已不再需要消化器官或运动器官，但为了特殊需要，可能会有一两种新的器官出现——抓住宿主的钩、吸食食物的吸管等，但它们几乎变成了生殖系统构成的袋子或管子——简单的生殖机器，一种依附在宿主的内部器官罢了。这样，这些寄生虫损失的器官比增加的器官多得多，所以结构大大地简化了（古尔德 2009）。第十一章中要介绍的从天南星科的大型祖先植物演化出最小的被子植物——漂浮在水上的芜萍是另一个结构简化的很好例子。

因此，简单化也是进化的方向之一是毋庸置疑的，这一方面，从基因的随机突变（如基因的缺失）的概率上来讲是可能的；另一方面，一些复杂的生命由于生存环境的变迁（如气候干旱化、从自由生活转为寄生等）也能向简单化的方向发展，如上所说的寄生虫的结构一般都会比其祖先简单。

事实上，生命演化的过程不仅仅是进化（通常是结构复杂化），也包括退化（通常是结构简化），还有一些类群变化不大的类群。因此，生命演化的结果不一定都是"进步"，也有"退步"。实际上所谓的"进步"也是相对的，离不开生存条件。在一定条件下的复杂"进步"在巨大的环境灾变降临时，也会遭遇灭顶之灾（如恐龙）。因此，我倾向于给进步加上引号。

一些物种趋于简单化的理由似乎容易理解，但是为何绝大多数生命要向复杂的方向进化？为何简单原始的生命（细菌）还能一如既往地在属于它们的"领地"中生存至今？生命复杂化是进化的原因（进化生物学中的进步论学派）还是结果？这些问题在后续的章节中都会有所涉及。

2. 进化的趋势——遗传信息复杂化

生物的复杂性也可从遗传信息的复杂性来表征，即在大的趋势上，可以粗略地用基因组的大小来衡量。所谓基因组是指包含在某种生物的DNA（部分病毒是RNA）中的全部遗传信息。从图2-5可以看出，随着生物的进化，基因组有逐渐增大的趋势，即病毒＜细菌＜真菌＜植物、动物。例如，噬菌体MS2的基因组只有3569 bp，大肠杆菌增加到4 600 000 bp，酵母增加到12 100 000 bp，而人的基因组增加到3 200 000 000 bp(3.2 Gb)。当然，基因组大小与进化程度的关系也不是绝对的。例如，一种单细胞原生动物——无恒变形虫（*Polychaos dubium*）的基因组达到670 000 000 000 bp(670 Gb)，是已知最大的基因组（Wikipedia）。

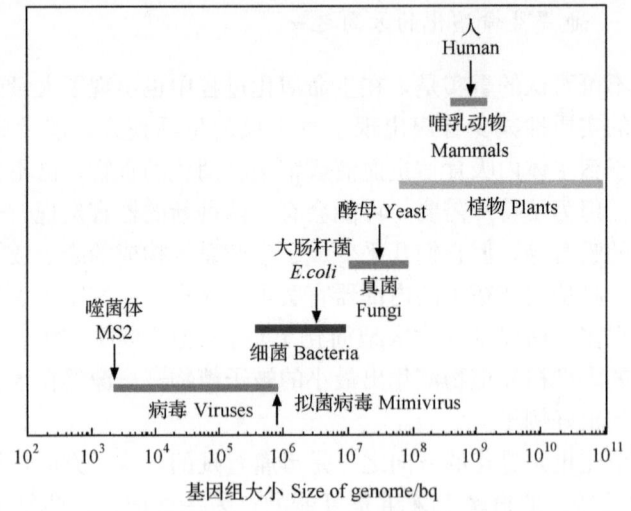

图2-5 各种生物的基因组大小比较（仿MicrobiologyBytes 2007）

Fig. 2-5 Comparison of genome size among various organisms (after MicrobiologyBytes 2007)

即便如此，从趋势上来看，随着生命的进化，生物复杂性不断增加，储存遗传信息的基因组也不断增大，也驱动生物体积的逐渐增大。

3. 进化的趋势——体积趋于增大

早在一个多世纪以前，美国古生物学家柯普（Cope 1896）就观察到化石记录中常常出现体积增长的趋势，被称之为柯普定律（Cope's law）。例如，马是从和狗一般大小的动物持续进化，越变越大的，同时脚趾持续萎缩，终于变成蹄；象的始祖本来只有猪那么大，历经数千万年的进化，后代终于变成庞然巨物，同时象牙逐渐伸长，机体变得越来越复杂（齐默 2011）。

从猴→猿→人的进化历程是一个体积逐渐增大的过程（图2-6），如人与猴子相比，体长和体重增加了数倍。例如，体型最小的猴子——侏儒狨猴（*Pygmy marmoset*）长 0.14～0.16 m（连尾巴）、重 0.12～0.14 kg，体型最大的猴子山魈体长 0.61～0.81 m、体重 54 kg。

图 2-6　从猴→猿→人演化过程中体积的变化趋势（由 Martin LeFevre 博士提供）
Fig. 2-6　Tendency of the change of body size during evolution from monkey to ape to human (courtesy by Dr. Martin LeFevre)

在过去的 5500 万年，北美马科动物体积的变化也说明了这种进化趋势的存在（图 2-7）：在最初的 3500 万年（始新世到中新世早期）期间，以体型相对较小的种类为特征，而在剩下的 2000 万年（中新世中期至现在），马的体积发生了明显的分化，出现一些体型较大的种类（MacFadden 2005）。最早的始祖马仅约 0.6 m 长，身体只有狐狸那么大，而现代马的有些品种体重可达 1200 kg，体高可达 2 m。

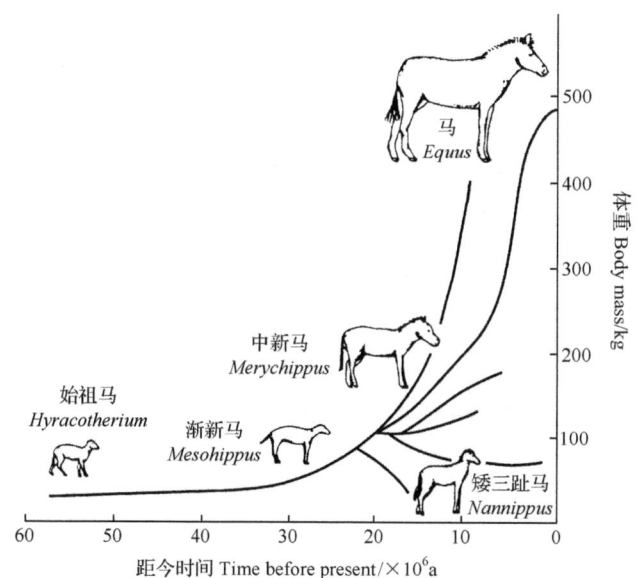

图 2-7　北美化石马体积进化格局，基于 MacFadden(1987)（仿 Gould and MacFadden 2004）
Fig. 2-7　Patterns of body-size evolution in fossil horses from North America, based on MacFadden (1987) (after Gould and MacFadden 2004)

菊石(ammonite)体积的变化是进化过程中体积多样化的一个很好的例子。菊石是一种水生无脊椎动物(隶属于软体动物门头足纲),最早出现在古生代泥盆纪初期(距今约 4 亿年),繁盛于中生代(距今约 2.25 亿年),于白垩纪末期(距今约 6500 万年)灭绝。在侏罗纪早期至中期,菊石的大小很少会超越直径 23 cm,到了侏罗纪晚期至白垩纪早期,开始出现了一些较大的形体。例如,英格兰南部的泰坦菊石直径达 53 cm,而在白垩纪的一种德国菊石(*Parapuzosia seppenradensis*)其直径更是达到 2 m。图 2-8 是距今 2 亿～1.5 亿年不同大小菊石物种数的分布格局变化,大约在 5000 万年期间,菊石的种类以及体积不断多样化,表现在物种数、物种的平均直径以及最大直径均稳步上升(Stanley 1973)。尽管菊石体积如此多样化,最终它们还是没有逃脱灭绝的命运。

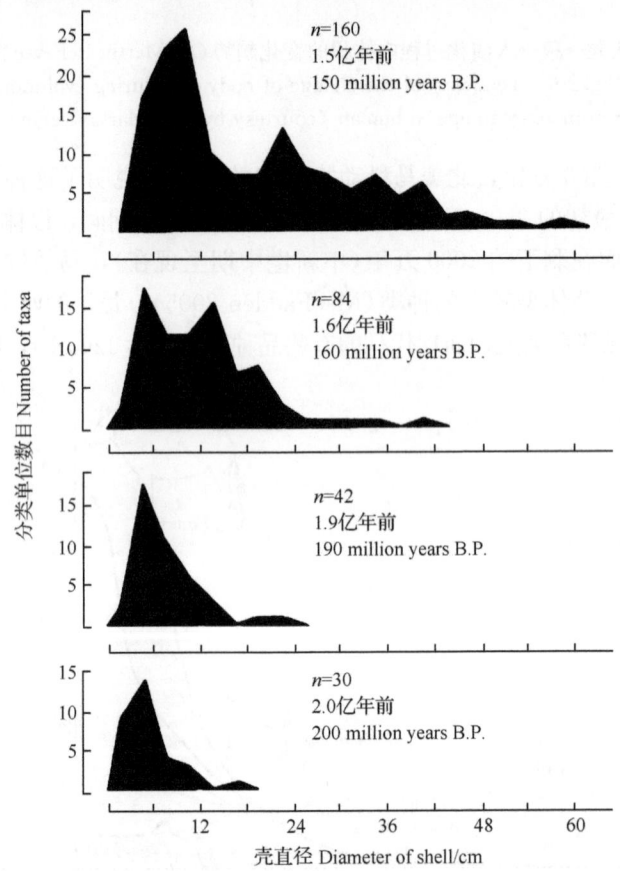

图 2-8 进化时期菊石体积频数分布的扩展(Peters 1983 修改自 Stanley 1973)

Fig. 2-8 The expansion of the size frequency distributions of ammonites through evolutionary time (modified from Stanley 1973 by Peters 1983)

柯普现象虽然普遍存在,但是也有许多例外,有些类群可能体积变化不大,有些甚至可能会变小。此外，变大的趋势也不是无限增加，大的物种也不一定具有永恒的优势，而是局限于一定的地质历史时期以及一定的气候与生态环境背景，像巨大恐龙的灭绝就是一个范例。但过去的地质历史时期，许多类群向体型变大的方向进化或体型多样化是不争的事实。

4. 脊椎动物的进化趋势——脑趋向于增大

由神经细胞构成的脑是动物行为、体内稳态、学习记忆的控制中心，也是动物复杂性的象征。在脊椎动物的进化过程中，其身体和脑的体积均呈现增加的趋势，不仅体重与脑重呈正相关，而且进化程度越高，单位体重脑的重量也趋于增加。例如，鸟类从原始的爬行动物进化而来，从图2-9A不难看出，鸟类的多边型完全在爬行动物之上，表明同样的体重，鸟类的脑比爬行类更重。总体来看，单位体重的脑重哺乳动物最大，而人位于离回归线最远的上方，即在哺乳动物中人的脑容量是最大的（图2-9B），而小型哺乳动物与鸟类大量重叠（Shettleworth 2010）。

人类脑容量的显著增加是人类意识智能化的重要物质基础。在600万年前，人类祖先的大脑大约只有我们现在的1/3大小，有理由相信，他们的心智水平与其他猿相似，可能通过咕哝和手势进行交流，不会用火或制造复杂的石制工具，也还无法深刻理解其他同伴的想法或感受，虽然这只是一种可能永远都无法得到证实的猜测（齐默2011）。

三、气候对动植物体格的塑造

生命是地球环境演化的产物，生物的生存离不开一定的环境，特别是气候条件。在诸多的气候要素中，温度和水分是动植物生存的基础，影响着动植物个体的生长发育。地域性动植物群落的外貌或特征往往与气候有着密切的关系，这将在后续章节中介绍。这里只讨论温度对动物体积、降水对树木高度的影响。

1. 气候对动物体格的影响——低温促进动物体积的增加

早在19世纪，德国生物学家卡尔·伯格曼（Christian Bergmann）发现：同一物种在越冷的地方个体体积越大，外形越接近球形，因为在相同温度条件下，体积越大，散热越慢，而相同体积中球形的表面积最小，也最利于保暖，这被称之为伯格曼定律（Bergmann's rule）。换言之，较大体积的动物对低温的耐受性也较强，因为大动物在寒冷条件下散失热量比小动物慢。当然，动物还演化出一些其他抵御低温的方式，如毛皮、脂肪层等。

在低温对动物的体重影响方面，对哺乳动物的影响备受关注。大量的研究表明，温度，特别是极端低温，对动物的生存及分布范围起着至关重要的作用。

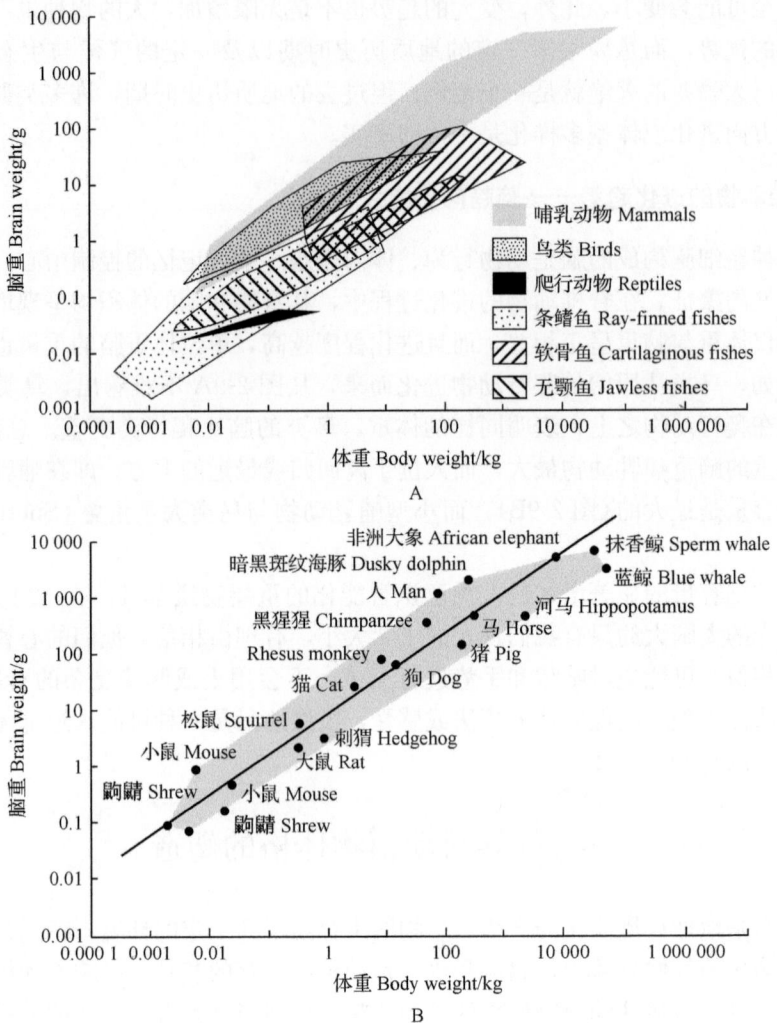

图 2-9 脊椎动物脑重和体重的关系（对数尺度）。A. 主要类群的数据作为包含每个类群数据的最小多边形而表示；B. 被最小多边形包围的一些哺乳动物的数据。黑色的斜线为哺乳动物的回归线，某一物种离该线的垂直距离（即残差）是该种偏离平均异速关系程度的度量
（Shettleworth 2010 重绘自 Striedter 2005 及 Roth and Dicke 2005）

Fig. 2-9 Relationships between overall brain weight and body weight in vertebrates, on logarithmic scales. A. Data for major groups as the minimal polygon which encloses each one's data; B. Data for selected species of mammals surrounded by its minimal polygon. The dark slanted line is the overall regression line for mammals. The perpendicular distance of a species' data from this line (formally, the residual) is a measure of how much it deviates from the average allometric relationship for mammals (redrawn from Striedter 2005 and Roth and Dicke 2005 by Shettleworth 2010)

从图 2-10 可以看出，年最低温度显著影响北美和南美地区哺乳动物的体重，即二者呈明显的负相关，遵循伯格曼定律。

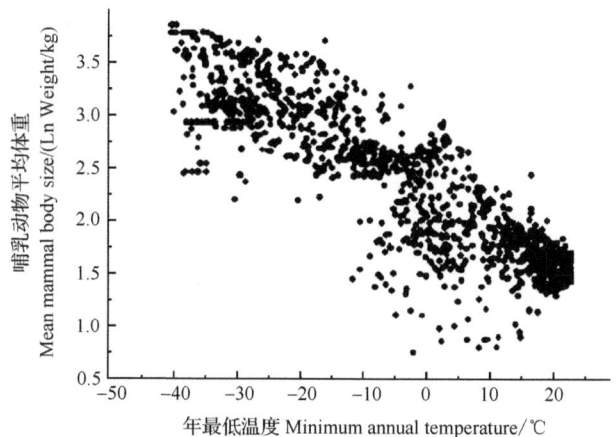

图 2-10　北美和南美地区哺乳动物(1755 个物种)体重与
最小周年温度之间的关系(引自 May and McLean 2007)

Fig. 2-10　Relationship between body size of mammals (1755 species) and minimum annual temperature throughout North and South America (cited from May and McLean 2007)

Rodríguez 等(2008)研究了新北区和新热带区不会飞翔的陆生哺乳动物平均体重与年平均温度的关系，共收集了土居于西半球的 1328 种陆生哺乳动物的体重资料。哺乳动物平均体重在新北区向北增加，与温度呈负相关，在新热带区则在热带-亚热带的低地达到最大，在安第斯山脉较小，与温度呈正相关(图 2-11)。也就是说，在较寒冷的气候区，伯格曼规律明显，而在较温暖的气候区，体重的变化可能更受制于其他因素的影响(因为此时对低温的适应越来越不重要了)。一种可能的解释是，山区有限的生境限制了大型哺乳动物的生存。

但是，很多动物通过季节性的迁徙以减少极端温度的影响，即严冬往南迁徙，酷暑往北迁徙，特别是很多鸟类具有长距离迁徙的习性。像在北极那样的极端低温不仅考验动物的低温耐受性，而且对很多(特别是食草性)动物来说，不得不面临严重的食物匮乏。

2. 气候对植物体格的影响——极端低温和干旱限制树木生长

树线(tree line)就是森林生长的界限，是森林垂直地带格局的重要生态界限，主要由低温、干旱、强风等气候条件所决定。例如，一般认为如果月平均气温低于 7℃，森林将难以生长。树线可以有不同的类型。例如，沿山地的一定海拔出现树线，树线以上为高山灌丛和草甸。树线高度在不同的纬度带会有所变化，一般来说，纬度越高树线越低。树线也与植物群落的类型有一定关系。

水分是植物生长发育的关键要素之一。Williams 等(1996)发现，在属于热

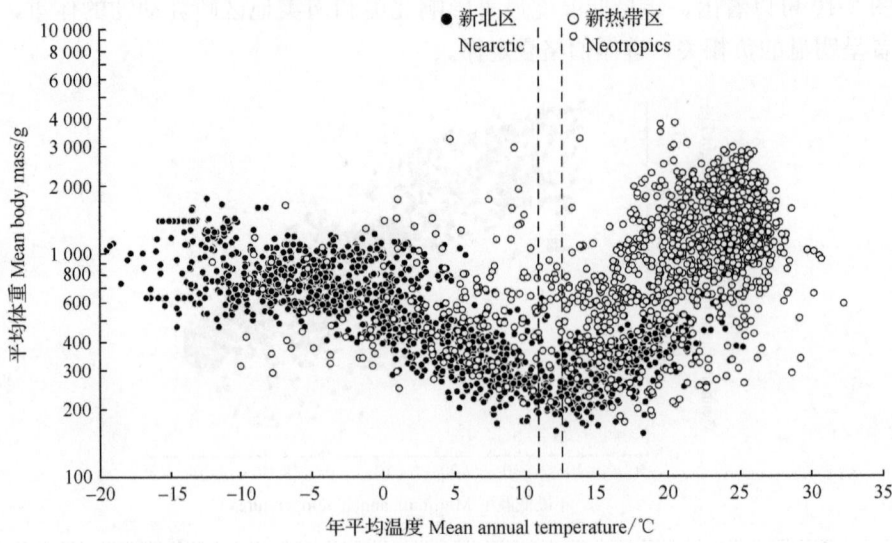

图 2-11　在新北区和新热带区年平均温度与哺乳动物平均体重的关系。虚线是通过分段线性回归确定的每个区域标志关系转折的临界温度（新北区 10.9℃，新热带区 12.6℃）（仿 Rodríguez et al. 2008）

Fig. 2-11　Mean body mass of mammals as a function of mean annual temperature in the Nearctic and Neotropics. The dashed lines are threshold temperatures marking a shift in the relationships with mean body size in each region (Nearctic 10.9℃; Neotropics 12.6℃) identified by split-line linear regressions (after Rodríguez et al. 2008)

带气候的澳大利亚北部，沿着降水量梯度，树冠高度以及林木覆盖率呈现明显的变化，即降水量与树冠上部平均高度和树覆盖率之间存在显著的正相关（图 2-12）。这表明在相似的高温条件下，降水量对植被类型的强烈塑造作用。

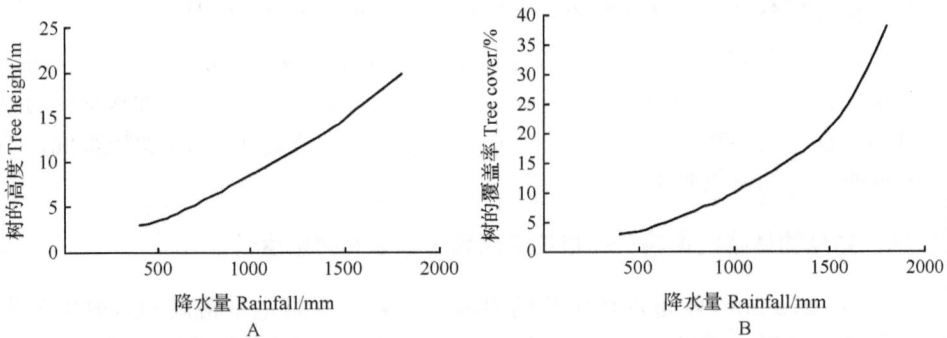

图 2-12　在属于热带气候的澳大利亚北部，降水量与 A. 树冠上部平均高度和 B. 树覆盖率之间的关系（Eamus et al. 2006 重绘自 Williams et al. 1996）

Fig. 2-12　Relations between rainfall and A. the average height of the upper tree canopy and B. the percentage tree cover in tropical northern Australia (redrawn from Williams et al. 1996 by Eamus et al. 2006)

四、群落复杂化促进生物体积分化

应该只有在地球上生命诞生的初期,才可能有独立存在的物种。随着物种的日益增多,不同物种间开始出现相互作用。现在世界上的任何生物都不可能独立存在,都是生存于由多种生物构成的生物群落以及由这些生物群落与环境相互作用形成的复杂的生态系统之中。有些生态系统相对简单(如贫瘠的沙漠),而有些则几乎具有无限的复杂性(如热带雨林)。

前已述及,生命进化的必然结果是生物的多样化和复杂化,而这是在生物群落(也可以说生态系统)的复杂化过程中实现的。生态系统发育过程中生物群落(特别是动物群落)呈现两个发展趋势:一个发展趋势是捕食与被捕食关系的进化与发展,另一个发展趋势是物种间生态功能的分工与细化。这可能是促进生物体积分化的重要生态学机制。

1. 捕食与被捕食关系的进化促进动物体积分化

动物是生态系统中的消费者,它们依赖于能利用太阳能进行光合作用的绿色植物,大多数动物直接取食植物,但也进化出一些捕食动物的动物,还有一些捕食这些捕食动物的动物……,这种捕食与被捕食关系的进化与发展,可能既是物种多样化的基础,也是动物体积分化的重要驱动因子。

图 2-13 显示了能量沿捕食-被捕食链流动的金字塔,在此例中,营养级间的能量转换分别为 20%、15% 和 10%(Ricklefs 1990)。一般来说,食物链越长(即包含的营养级越多),物种分化的程度就可能越大。此外,从图 2-13 也可以直观

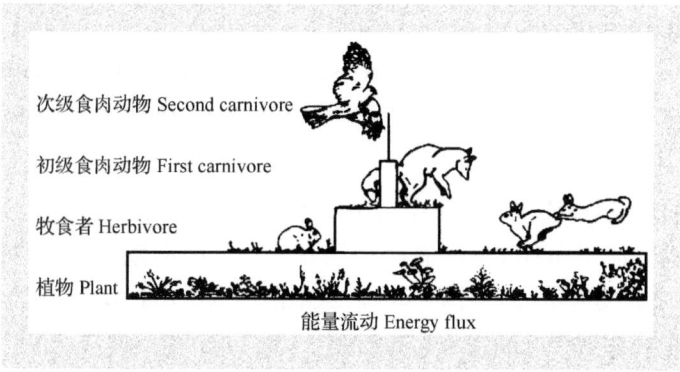

图 2-13 一个描绘生态系统的各营养级净生产的"生态金字塔",类似的,"多样性金字塔"可能也存在,营养级越低,分类多样性越大(仿 Allmon and Bottjer 2001)
Fig. 2-13 An "ecological pyramid" representing the net productivity of each trophic level in an ecosystem. By analogy, a "diversity pyramid" may also exist, with greater taxonomic diversity among lower trophic levels (after Allmon and Bottjer 2001)

地看出一种趋势,即植物的生产力越高,所能支撑的营养级也越多,物种多样性也就越大,这可以以草原和热带雨林两种生态系统的差异来说明,毫无疑问,热带雨林具有最高的生产力、最长的营养级及最丰富的物种。

凭直觉可以想象得到,一般来说,大的捕食者捕食大猎物,小的捕食者捕食小猎物。Peters(1983)收集了103种陆生脊椎动物的体重资料,将捕食者分为两类,一类为哺乳动物和猛禽,捕食相对较大的猎物(large-prey eater),另一类为蜥蜴、两栖动物、海鸟和食虫鸟,捕食相对较小的猎物(small-prey eater),从图2-14可以看出:①猎物越大,其捕食者越大;②捕食大猎物的捕食者与其猎物的质量之比要大于捕食小猎物的捕食者与其猎物的质量之比。

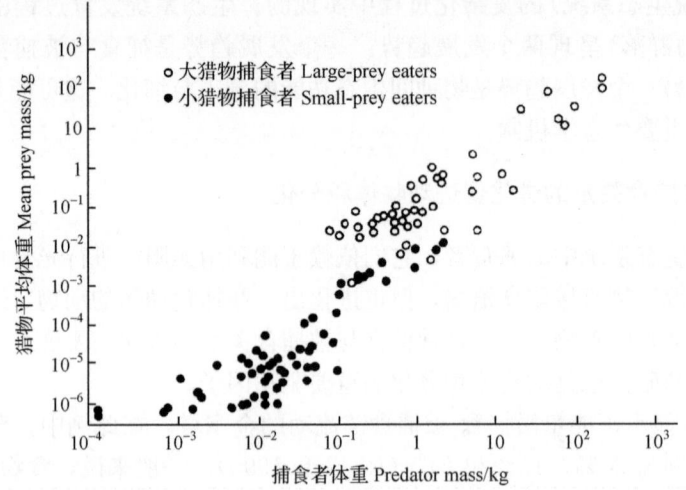

图2-14 捕食者体重和猎物平均体重的关系,捕食者分为大猎物捕食者(哺乳动物和猛禽)和小猎物捕食者(蜥蜴、两栖动物、海鸟和食虫鸟)(仿Peters 1983)

Fig. 2-14 The relationship between mean prey size and predator size for mammals and birds of prey (large-prey eaters) and for lizards, amphibians, seabirds, and insectivorous birds (small-prey eaters) (after Peters 1983)

可用捕食者-猎物质量之比来说明这种体积分化。Brose等(2006)利用来自5个大陆的陆地、淡水和海洋中的捕食者-猎物质量比率的数据,获得的$\log_{10}$捕食者-猎物质量之比的频度分布(图2-15)。从中值可以看出,在3887个无脊椎动物摄食关系的经验数据中,捕食者比猎物重14倍($10^{1.15}$),而对1501个变温脊椎动物,捕食者比猎物重398倍($10^{2.6}$)。在比较相似体积的无脊椎动物体重和变温脊椎动物捕食者体重时也得到类似的结果,表明所报道的趋势不仅仅反映了变温脊椎动物较大的体重。

这意味着越高等的动物,捕捉猎物需要越大的身体质量,这可能与动物的行为越来越复杂,对捕食者行为调控的要求越来越高有关。换言之,营养级越高,由捕食驱动的物种体积的分化可能越大。从另一种角度来看，动物越大，所需要的领地越大，所需要的活动范围也越大，运动与迁移能力也越强。

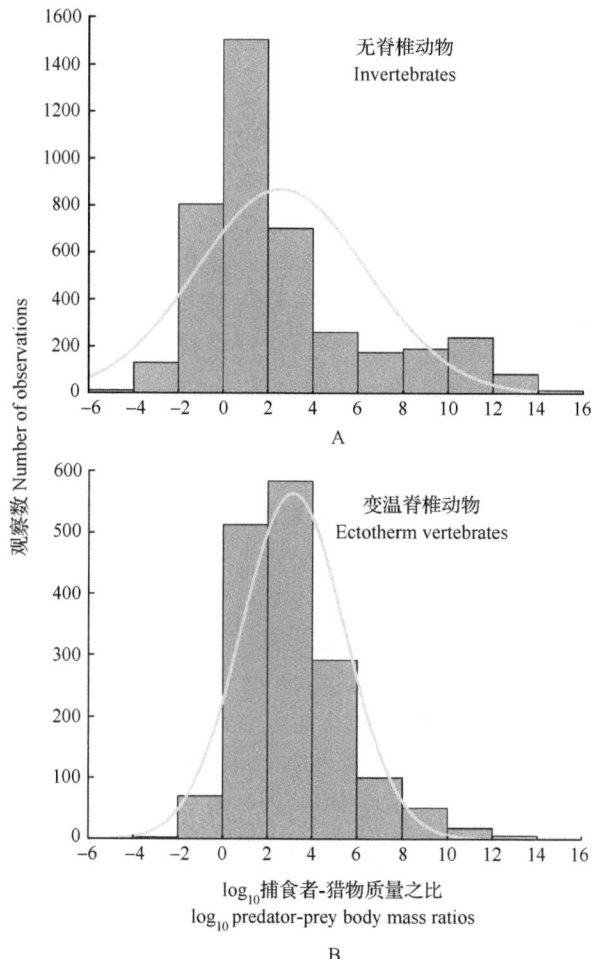

图 2-15　经验的 $\log_{10}$ 捕食者-猎物身体质量比的频度分布。无脊椎动物（$n=3887$）（A）和变温脊椎动物（$n=1501$）（B），曲线表示最拟合的对数正态分布（引自 Brose et al. 2006）

Fig. 2-15　Frequency distribution of empirical $\log_{10}$ predator-prey body mass ratios for (A) invertebrates ($n=3887$) and (B) ectotherm vertebrates ($n=1501$). The curves represent the best fit to a log-normal distribution (cited from Brose et al. 2006)

除了捕食者-猎物系统可促进动物大型化外，在配偶体系中雄性动物之间争斗的性选择方式也能促进雄性动物向大型、凶猛的方向演化。例如，生活在太平洋沿岸的北象海豹为"一夫多妻"制，只有少数（不足10%）雄性能够交配，这由雄性之间的血腥格斗来决定，它们硕大的身体猛烈相撞，牙齿在对方脖子上留下深深的伤口，最终优胜者获得交配权，一头雄性头领的配偶数量甚至会高达

100头，因此，大型强壮的雄性动物就能把它们的基因传给下一代，而雌性动物不需要如此争斗，因此体型没必要长得那么高大，这就是为何雄性动物重可达近3 t，而雌性动物只重约700 kg（科因2009）。

2. 物种生态功能细化促进有机体体积分化

在各种生态系统中，随着群落中物种的日益增多（群落复杂化），物种间的相互作用（特别是竞争）必然导致物种生态功能（或生态位）的细化和特化，这反过来又会促进有机体体积的分化甚至物种的分化，新的竞争又会导致新的分化，如此不停地循环往复，其结果就导致群落日趋复杂！

以土壤生态系统为例，很多原生生物和无脊椎动物参与死亡植物及动物的分解，这些生物在分类上极为多样，个体大小分化很明显，小的种类仅有 1～2 μm，大的超过 60 mm（图 2-16）。一般可将土壤生物分为微生物、微型动物、中型动物和大型-巨型动物等，这绝不是一种人为随意的划分，不同类型或大小的动物具有不同的行为，如不同的掘穴能力或在凋落物或土壤裂缝中的爬行能力等，不同的行为和生理特性也决定了资源利用方式的不同以及在分解食物链中所扮演的角色不同。

不同的土壤生物行使着不同的生态功能，其中土壤生物的体积大小强烈地影响营养联系与生态工程这两个关键生态过程，当然这两者之间又存在着互相补充（逐渐变尖的三角形）的关系。以微生物-微型动物为主导的营养联系是能量流动的主要驱动者（这与它们具有快速的代谢速率相吻合），而以中型-大型动物为主导的"生态工程"在长时间尺度上对土壤生境的形成至关重要（图 2-17）。

五、从生命的尺度看物种生物学特征的设计

生命的多样化和复杂化是生物群落/生态系统演化及气候环境影响的产物，也是生态功能细化的结果，而生态功能的完成离不开与之相适应的生物物种，因此，个体的生物学和生态学特征应该巧妙地印记在生命的尺度上。

1. 体长与世代时间

生态系统中存在形形色色的物种，但所有物种的一个共有个体生物学特性是具有有限的生命周期，即寿命。寿命简单地说就是个体生与死之间的时间间隔，由于不同个体的寿命可能不尽相同，因此，一般用平均寿命（也可以称为期待寿命）表示。很显然，不同生物物种的寿命差异极大，从几分钟到数千年（表 2-2）。

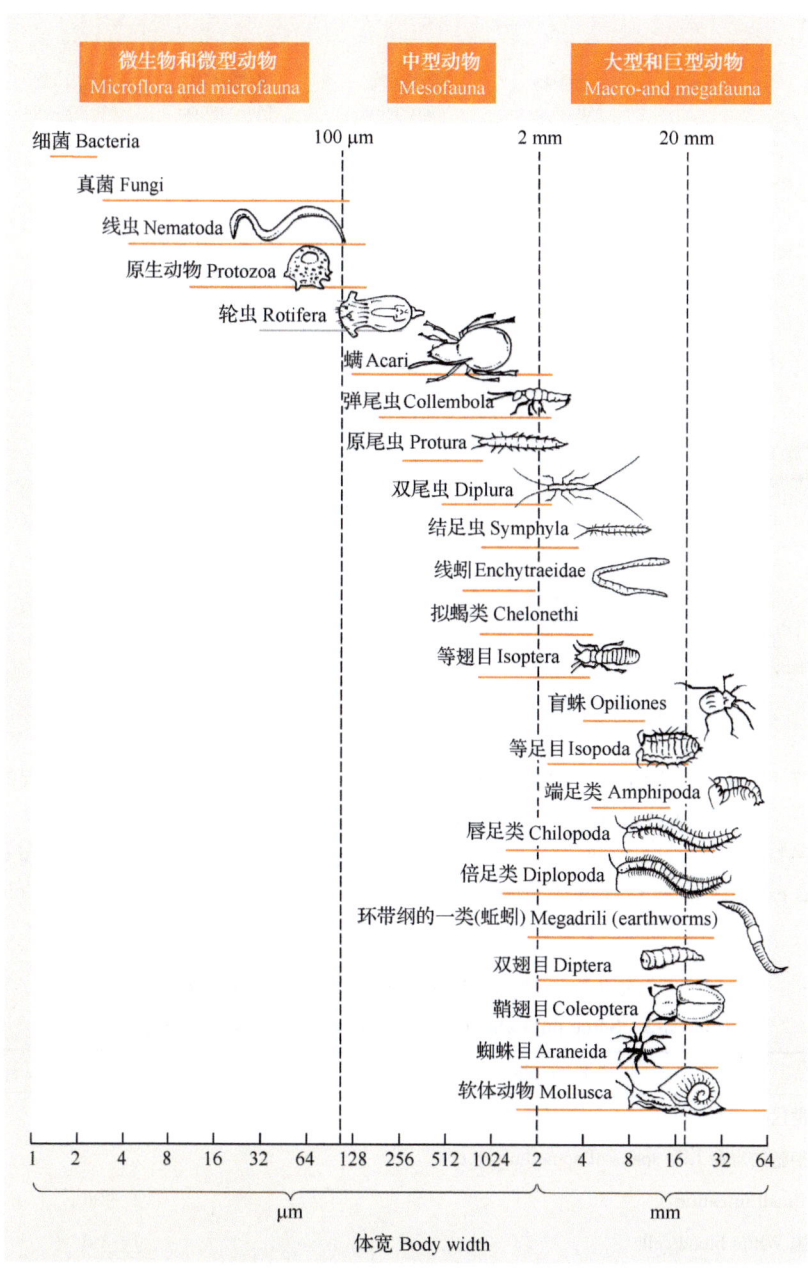

图 2-16 以有机体的身体宽度来划分类型的陆生分解者食物网。以下类群是完全肉食性的：盲蛛（捕猎蜘蛛）、唇足类（蜈蚣）和蜘蛛目（蜘蛛）(Begon et al. 2006 仿 Swift et al. 1979)

Fig. 2-16 Size classification by body width of organisms in terrestrial decomposer food webs. The following groups are wholly carnivorous: Opiliones (harvest spiders), Chilopoda (centipedes) and Araneida (spiders) (after Swift et al. 1979 by Begon et al. 2006)

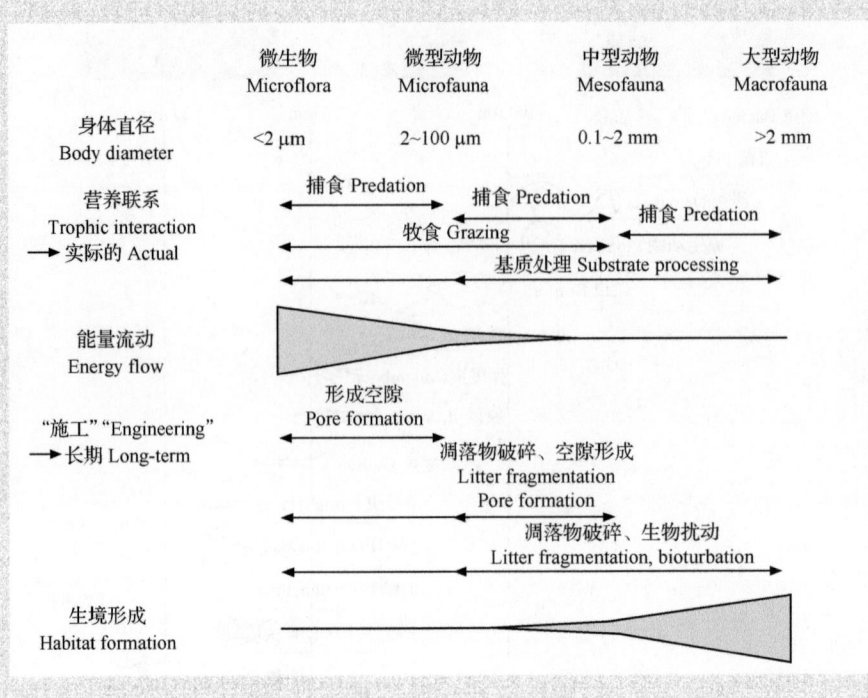

图 2-17 不同大小土壤动物类群间的相互作用,其中营养联系与"生态工程"引起的相互作用被区分开来,两者都用箭头表示(仿 Coleman et al. 2004)

Fig. 2-17 Size dependent interactions among soil organisms. Trophic interactions and interactions caused by "engineering" are separated; both are indicated by arrows (after Coleman et al. 2004)

表 2-2 一些细胞和生物体的期望寿命的数据

Table 2-2 Some data about life expectancies of cells and organisms

例子 Example	平均寿命 Average life span
酵母的世代时间 Generation time of *E. coli*	20 min
一些人细胞的寿命 Life spans of some human cells	
小肠 Small intestine	1~2 d
白细胞 White blood cells	1~3 d
胃 Stomach	2~9 d
肝 Liver	10~20 d
一些动物的寿命 Life span of some animals	
水蚤 Water flea	0.2 a
鼠 Mouse	3~4 a

续表

例子 Example	平均寿命 Average life span
夜鹰 Nightingale	4 a
狗 Dog	12～20 a
马 Horse	20～40 a
象龟 Giant tortoise	177 a
一些植物的寿命 Life span of some plants	
向日葵 Sun flower	1 a
欧洲榛 *Corylus avellana*	4～10 a
欧洲山毛榉 *Fagus sylvatica*	200～300 a
硬毛松 *Pinus aristata*	4900 a

资料来源：引自 Jørgensen 等（2007）（cited from Jørgensen et al. 2007）

那么，是什么决定一个物种的寿命长短？似乎自然界在设计生命个体大小时就分配了不同的寿命，即赋予大个体物种长寿的特性。从日常的经历容易理解，生物的个体越大，世代的时间越长。

图 2-18 很好地诠释了这种关系的存在。该图涵盖的物种的体长从数微米到近百米，世代时间从几分钟到几十年。用科恩（2000）的形象说法，"采用多细胞生命形式最重要的代价是延长了繁殖的时间。1 年，对狗来说就像人的 7 年。如果用大肠杆菌作相同的比较，那将会是人寿命的 100 万年。1 年中，某些细菌经历的代数比起人类在地球上经历的代数还多"。可以看出，从细菌到鲸鱼和红杉，生物有机体大小与时代时间之间存在明显的正相关，如果将二者取对数，有近乎直线的相关关系（Bonner 1965）。

为何有机体的寿命和大小之间存在这种很好的正相关性？一种观点认为，这可能是由于寿命与单位体重的总代谢成反比，以及由于生物体越小，代谢活动水平越高这一事实所决定的（May 1976）。笔者认为，可将细胞构建生物体比作用一砖一瓦构建房子，建一个高楼大厦肯定比建一个小屋需要花费更长的时间，这或许是对有机体的寿命和大小之间关系的一种最简单的解释。如果生命分配给构建、维持和衰亡的比例大致类似的话，就可能出现这种理想的相关关系，从另一种角度来说，进化总不能愚蠢到好不容易建成"一座高楼大厦"后顷刻间就任其轰然倒塌。神秘的物种寿命和衰老或许就是遵循着这样一种相当简单的生态设计原理。

当然，有机体大小和世代时间之间的关系并不是绝对的，也难免会有一些例外。例如，乌龟体型虽不大，但却是最长寿的动物：在澳大利亚动物园，一头乌龟活了 176 年才死，体重约 150 kg。一只重 250 kg 的雄性阿尔达不拉巨龟，已经在印度加尔各答的动物保护区里活了 200 多年。

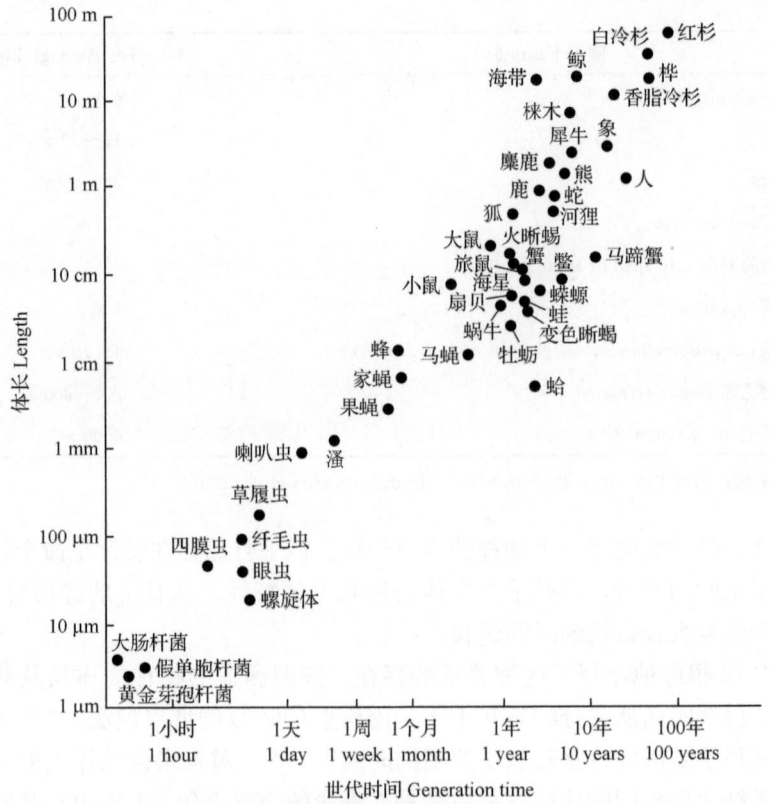

图 2-18 物种（从细菌到红杉、鲸鱼）的体长对
世代时间的影响（引自 Bonner 1965）

Fig. 2-18 Effects of body length on generation time across species ranging in size from bacteria to sequoia trees and whales (cited from Bonner 1965)

2. 极限体长与生长速率

相对生长率指单位时间单位（动物个体或植株）体重的重量增加，是比较不同类群生长速率的重要指标。Henderson（2006）利用鱼类数据库资料，分析了热带鱼类 von Bertalanffy 生长模型（详见第三章）中的两个重要参数——相对生长速率（K）和极限体长（l_∞）之间的关系，发现二者呈显著的负相关（图 2-19），即与大型鱼类相比，小型鱼类趋近极限体长的速率要快得多，反过来也可以说，极限体长越小的鱼类，相对生长速率越快。这就意味着，自然界在设计生命个体大小时，分配了不同的生长速率，即赋予小个体物种快速生长的特性。

3. 体重与摄食率

作为常识，不难理解体重越大的动物需要更多的食物支撑。Peters（1983）根

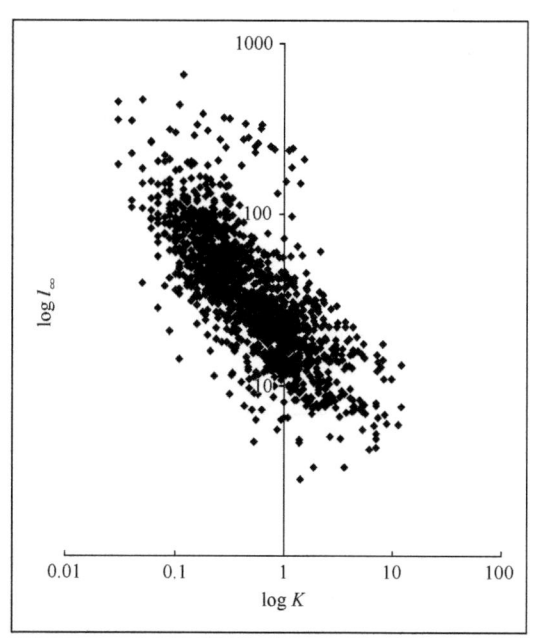

图 2-19 鱼类数据库中热带鱼类的生长常数 K 和 l_∞ 之间的关系（引自 Henderson 2006）

Fig. 2-19 The relationship between the growth constant, K and l_∞, for tropical fish population included in the FishBase database (cited from Henderson 2006)

据 Farlow(1976)的数据，在对数尺度上，绘制了恒温动物体重(W)和摄食率(I)的关系曲线（图 2-20），得到公式：$I=10.7\ W^{0.70}$，表明随着体重的增加，摄食量也显著增加，即大型动物需要消耗更多的食物资源。有意思的是，以能值为单位的摄食率在不同营养级动物（牧食者和肉食者）之间几乎没有差别。

4. 体重与代谢速率

所谓代谢(metabolism)是指生物体维持生命的所有化学反应的总称，通过这些反应使有机体能够进行生长、发育与繁殖并对环境作出反应。代谢通常被分为分解代谢和合成代谢两类。代谢是生物体不断进行物质和能量交换的过程，代谢的终止即表示生命的终结。而代谢速率(metabolic rate)是指机体内通过有氧和无氧代谢活动，将化学能转化为热和机械功的速率，代谢速率通常以生化反应中热量释出的速率来表示。因此，代谢速率是物种最重要的生理指标之一。

单位质量的代谢速率与生物物种的个体体重之间存在怎样的关系？在对数尺度上，二者之间呈现很好的负的直线相关关系（图 2-21），即身体质量越轻，单位体重的代谢速率越快。这与体重（长）与相对生长速率之间的关系一致。即生物的质量越小，单位质量的生长速率与代谢速率越快。

将生物分为三个类群：单细胞生物（噬菌体、细菌、原生动物）类群、变温

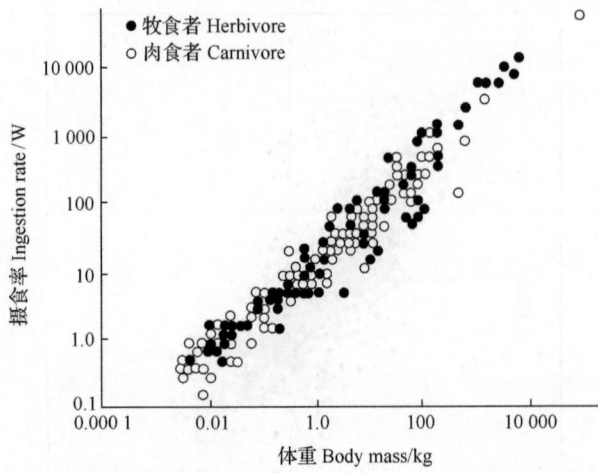

图 2-20　牧食性和肉食性恒温动物摄食率与体重之间的函数关系（仿 Peters 1983）

Fig. 2-20　Ingestion rate of herbivorous and carnivorous endotherms as a function of animal body mass（after Peters 1983）

动物类群和恒温动物类群。伴随着每一次重要的进化步骤，一定大小的物种其代谢速率都有明显的增加，这表明维持同样的体重，恒温动物必须消耗的能量远高于变温动物，而变温的多细胞动物则远高于较原始的单细胞动物（图 2-21）。这就是说，复杂的生命进化付出了代价——需要更多的能量来维持同样质量的生命活动。同时也可以看出，微生物以最小的质量获得了最大的单位体重的代谢速率，这是一个非常重要的结论。

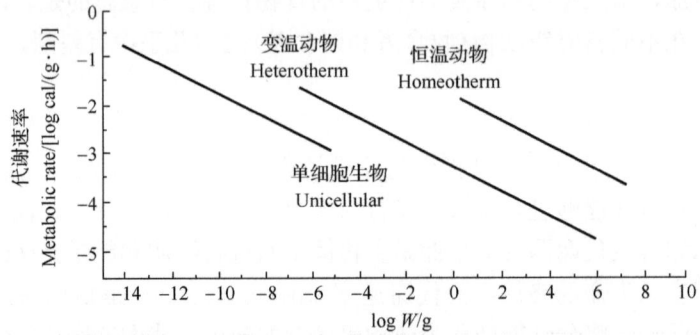

图 2-21　动物体重与单位体重代谢速率之间的关系，
数据源自 Hemmingsen（1960）（引自 Fenchel 1974）

Fig. 2-21　The relationship between body weight and metabolic rate per unit weight for the animal kingdom. Data from Hemmingsen（1960）（cited from Fenchel 1974）

六、从生命的尺度看物种生态学特征的设计

任何一种生物必须在一定的自然环境中生存与发展(这种状态即所谓的生态),那么自然界是如何设计各个物种基本的生态特征的?这些生态特性主要是内禀增长率、种群密度、运动速率、活动范围和物种多样性等,当然这其中的一些特性是动物特有的。

1. 体重与内禀增长率

所谓内禀增长率(r)是指在最理想的条件(缺乏一切制约个体生存的因素——食物、空间、天敌等)下,种群的最大增长速率,它反映了物种内在(或固有)的生理学繁殖潜力。

内禀增长率与生物个体的体重之间存在怎样的关系?在对数尺度上,二者之间呈现很好的负相关,即身体质量越轻,内禀增长率越快,如单细胞生物的内禀增长率远高于恒温动物。需要指出的是,伴随着每一次重要的进化步骤,对于一定质量大小的物种其内禀增长率(r)都有所增加(图2-22),但如果与图2-21比较可以直观地观察到,每一次重要的进化伴随的内禀增长率的增加程度远不及代谢速率的增加程度。

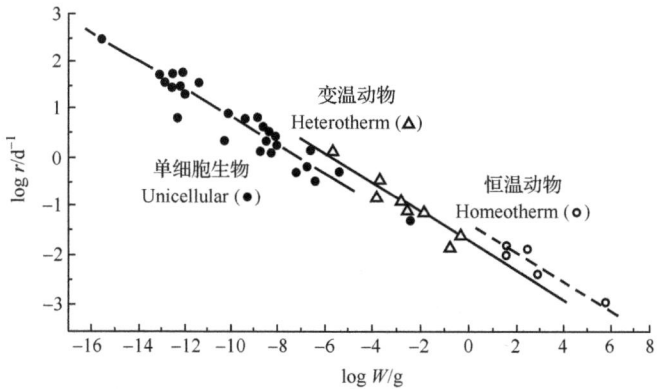

图 2-22 42个物种内禀增长率(r)和体重(W)之间的关系(引自 Fenchel 1974)
Fig. 2-22 The relationship between intrinsic rate of natural increase (r) and body weight (W) for 42 species (cited from Fenchel 1974)

各类生物的内禀增长率(对数)与体重(对数)之间线性回归关系的截距和斜率如表2-3所示。在多数情况下斜率接近$-1/4$的理论值,仅有两个例外,可能是由于样本偏少或计算公式选择导致偏差(McCallum 2000)。此外,即便根据数据量最大的 Thompson(1987)的结果,任一给定质量的r_{max}值的变异都能达到1

个数量级(McCallum 2000)。

表 2-3 内禀增长率 r_{max}(d^{-1}) 和质量(g)之间的关系。通过参数估算得到的标准差(如果有的话)标记在括号中

Table 2-3 Relationships between r_{max} (d^{-1}) and mass (g). Standard errors (where available) are given in brackets after the parameter estimate

类群 Taxon	截距 Intercept	斜率 Slope	样本大小 Sample size	来源 Source
单细胞生物 Unicellular organisms	−1.9367	−0.28	26	Fenchel 1974
异温的后生动物 Heterothermic metazoa	−1.6931	−0.2738	11	Fenchel 1974
恒温的后生动物 Homoiothermic metazoa	−1.4	−0.275	5	Fenchel 1974
从病毒到哺乳动物 Viruses to mammal	−1.6	−0.26 (0.0126)	49?	Blueweiss et al. 1978
哺乳动物 Mammal	−1.8721	−0.2622	44	Hennemann 1983
哺乳动物 Mammal	−1.31	−0.36	9	Caughley and Krebs 1983
哺乳动物 Mammal	−1.4360 (0.0856)	−0.3620 (0.0266)	84	Thompson 1987
昆虫 Insect	−1.7360 (0.075)	−0.267 (0.097)	35	Gaston 1988

资料来源：引自 McCallum (2000) (cited from McCallum 2000)

因此，自然界在设计生命个体大小时，分配了不同的内禀增长率，即赋予小个体物种快速繁殖的特性。

2. 体重与种群密度

所谓种群密度一般指某一物种在单位面积(或空间)栖息的个体数量。一定面积中能够栖息的物种的最大种群密度与身体的质量呈现很好的负相关，在对数尺度上，二者呈近乎直线的相关(图 2-23)。道理很简单，较大的动物需要更多的食物和空间用于栖息、繁殖与生长。例如，一个狮群的领地面积为 20~400 km²，因此它们的种群数量注定会十分稀少，而一些小型无脊椎动物，如一些昆虫幼虫的活动范围可能局限于产卵地点几厘米范围内，但密度可能会高得惊人。

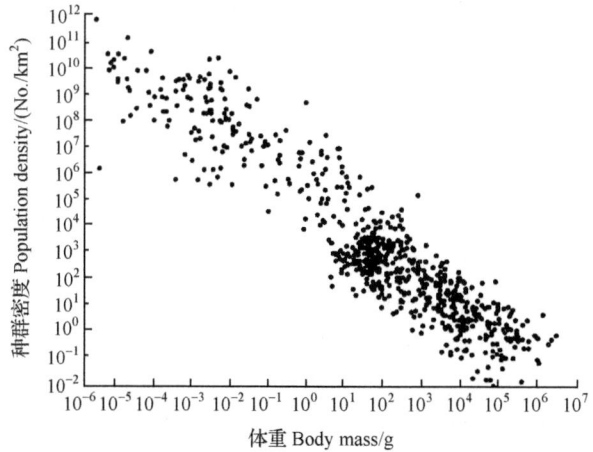

图 2-23 物种（从病毒到红杉、鲸鱼）的密度与身体质量之间的关系，数据源自 Damuth 1987（引自 Harvey and Pagel 1991）

Fig. 2-23 The relationship between density and body mass across species ranging in size from viruses to sequoia trees and whales, data from Damuth 1987 (cited from Harvey and Pagel 1991)

Brown 等（2004）综合了 Ernest 等（2003）和 Damuth（1987）关于世界各地的资料，在对数尺度上图示了体重和种群密度之间的关系（因哺乳动物的体温非常相似，故未对数据进行温度矫正）。两者呈现很好的负相关，回归直线的斜率为 −0.77（图 2-24），表示异速指数（allometric exponent）接近 −1/4 的预测值。

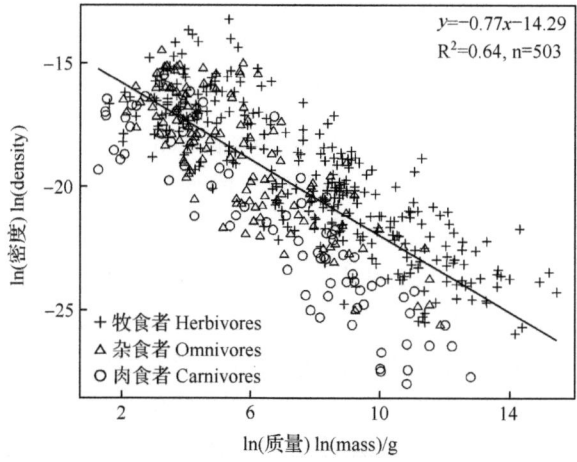

图 2-24 陆生哺乳动物密度的对数值与平均体重的对数值之间的关系
（仿 Brown et al. 2004）

Fig. 2-24 The log of population density plotted against the log of average body mass for terrestrial mammals (after Brown et al. 2004)

从图 2-24 不难看出，同样的体重，位于不同营养级的哺乳动物其种群密度也呈现出一定的趋势性差异：牧食者＞杂食者＞肉食者，这与它们对应的资源量是相吻合的，即由于能量在营养级间大量损失，高营养级生物的可利用资源量显著减少，所能支撑的种群数量也就显著降低。

3. 体重与运动速率

运动能力对很多动物的生存具有至关重要的作用，不论对捕食者还是猎物，都可能成为决定它们生存命运的关键因素之一，运动能力的协同进化也是捕食者与猎物系统进化与发展的核心内容之一。

Bonner(1965)在每个运动类型及体重范围中选择了一些运动速率较快的动物，如图 2-25 所示，最大运动速率随体重的增加而增加；另外，对同样的质量，跑步比游泳快，而飞行最快；此外，与游泳或跑步相比，最大飞行速率对质量变化的响应相对不太敏感。

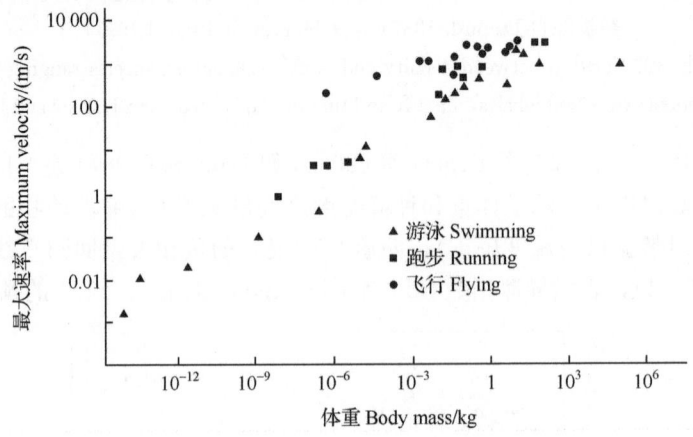

图 2-25　体重对飞行、游泳和跑步最大速率的影响（Peters 1983 修改自 Bonner 1965）
Fig. 2-25　The effect of size on the maximum velocity of flying, swimming, and running (modified from Bonner 1965 by Peters 1983)

因此，自然界在设计动物个体大小时，分配了不同的运动速率，即赋予大个体物种快速运动的特性，特别是赋予了飞行动物最快的运动速率。

需要指出的是，体重与运动速率的关系也不是绝对的，动物还通过其他的方式来防御。例如，大象是最大的陆生动物，但大象的行动却比较迟缓，连跑都不会，一般每小时行进 6 km，虽然有时也可达到每小时 40 km（大陆桥 2009）。而一只成年猎豹能在几秒之内达到每小时 110 km 的奔跑速率。象是素食者，虽然没有快速奔跑能力，但其巨大的身体覆盖有厚达 2.5 cm 的皮肤，长鼻和长牙是其有效的防御武器，因此大象很少受到捕食者的猎杀。

4. 体重与活动范围

活动范围是动物生活习性的重要特性之一，是一些高等动物（如狮子）甚至分化出的个别和少数群体独自占领的生活区域，即领地。

Peters(1983)综合鸟类(Schoener 1968)、蜥蜴(Turner et al. 1969)和哺乳动物(Harestad and Bunnell 1979)的资料，得到如图2-26所示的动物体重与活动范围(home range)之间的关系，不难看出，①虽然不同的动物类群之间存在一定差异，但动物的活动范围随体重的增加而增加；②同样的体重，肉食性动物的活动范围比牧食性动物更大；③恒温动物的活动范围比蜥蜴（冷血爬行动物）要大。

因此，自然界在设计动物个体大小时，分配了不同的活动范围，即赋予大个体物种更为广泛的活动范围。

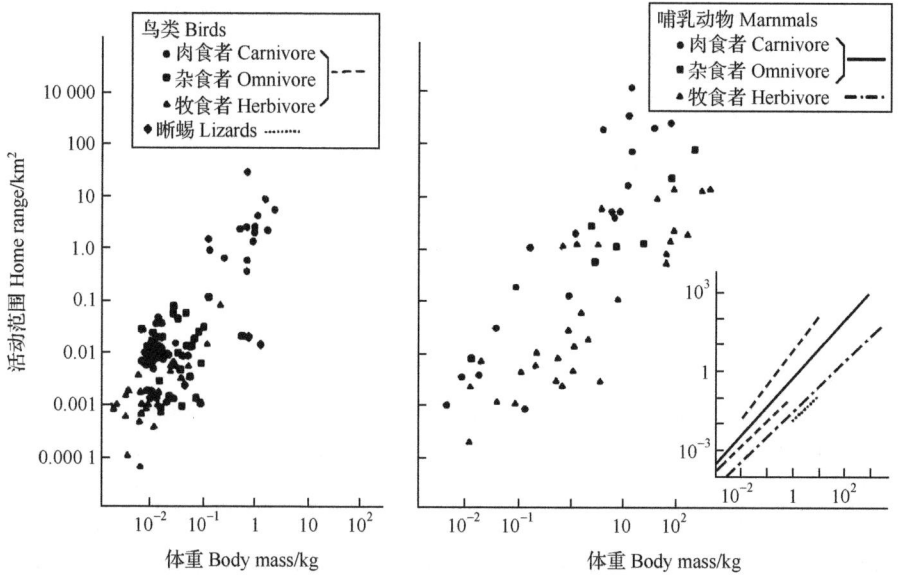

图 2-26　鸟类、蜥蜴和哺乳动物的体重与活动范围之间的关系。
插图为拟合数据的回归直线（仿 Peters 1983）

Fig. 2-26　The relationship of body size to home range among birds, lizards and mammals. The inset shows regression lines fitted to these data (after Peters 1983)

5. 体积与物种多样性

物种多样性的成因一直是生命科学的核心问题之一，但却是一个十分复杂又难以准确回答的问题。它是地球上漫长的生命历史演化的产物，关乎几乎生命科学的所有领域。在影响物种种数多寡的各种因素中，生物个体的大小可能是其中之一。

有学者分析了陆生动物体积大小和物种种数的关系(图2-27),发现在大多数情况下,物种种数与体积呈负相关,即动物越小,物种种数越多;但是,当动物体长小于1 cm时,这种关系曲线明显下折,一种可能原因是分类学家容易忽视这些小型的类群(May 1978,1988)。这种解释似乎有些道理,但是也难以完全令人信服。例如,微生物还是很受人重视的,但是,已报道的古生菌仅175种,细菌也只有10 000种(Groombridge and Jenkins 2002),当然目前绝大多数微生物都还无法进行纯培养,这也是微生物定种面临的一大困难。另一种可能原因是,生命如果过于简单,对形态特征的鉴定和区分就会变得越来越困难,似乎难以区分出更多的物种;或当生命的结构简化到极限时,无法允许更多的物种存在。

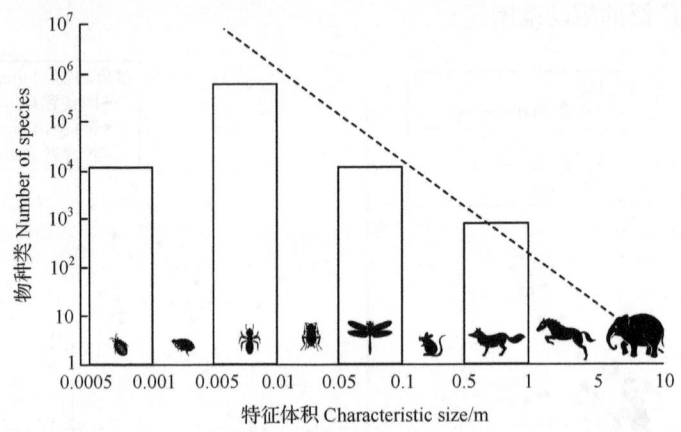

图2-27 以特征长度(L)来分类的所有陆生动物物种数(S)分布的粗略估算。
虚线表示$S \sim L^{-2}$的关系,小体积物种的数据相对不足(仿May 1988,Stork 1997)
Fig. 2-27 A crude estimate of the distribution of number of species (S) of all terrestrial animals, categorized according to characteristic length L. The dashed line illustrates the shape of the relation $S \sim L^{-2}$. Data for small size classes are relatively inadequate (after May 1988, Stork 1997)

高等动物(脊椎动物)中体长与物种数的负相关十分明显。Southwood等(2006)根据Haskell等(2002)的数据,给出了陆生脊椎动物体长(对数值)与物种数(对数值)的定量关系:$y = -1.61x + 7.80$,回归线的斜率为-1.61,约$-3/2$(图2-28)。这样,可得到如下关系:

$$S(L) = (\text{constant})\, L^{-3/2}$$

在海洋无脊椎动物中,体长与物种数的负相关是十分明显的。对亚特兰大——东太平洋礁石生境中的无脊椎动物——虾蛄的研究表明,大部分虾蛄为一些体型小的种数,隐蔽地生活在珊瑚礁中的生物侵蚀的洞穴(bioeroded hole)中,这种洞穴对虾蛄来说也是躲避鱼类捕食的避难所;随着虾蛄体长的增加,物种数逐渐减少,而身体较长的虾蛄普遍具有长距离幼体扩散习性(图2-29)。

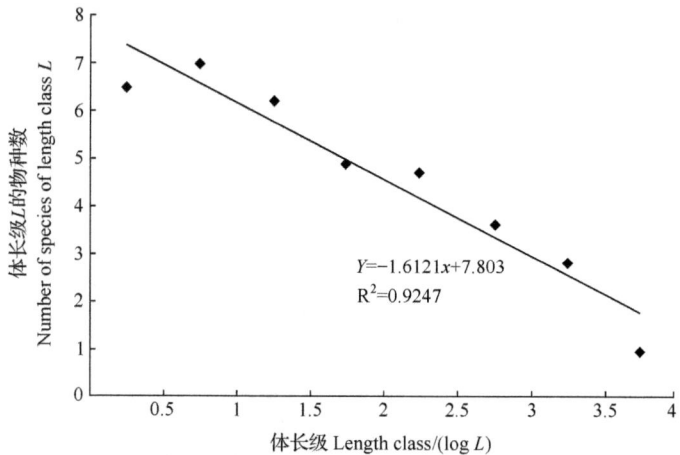

图 2-28 陆生脊椎动物长度组 L 的物种数(对数值)与体长 L (对数值)的关系(引自 May and McLean 2007)

Fig. 2-28 A log-log plot of number of species in length class L, $S(L)$, versus L for terrestrial vertebrates (cited from May and McLean 2007)

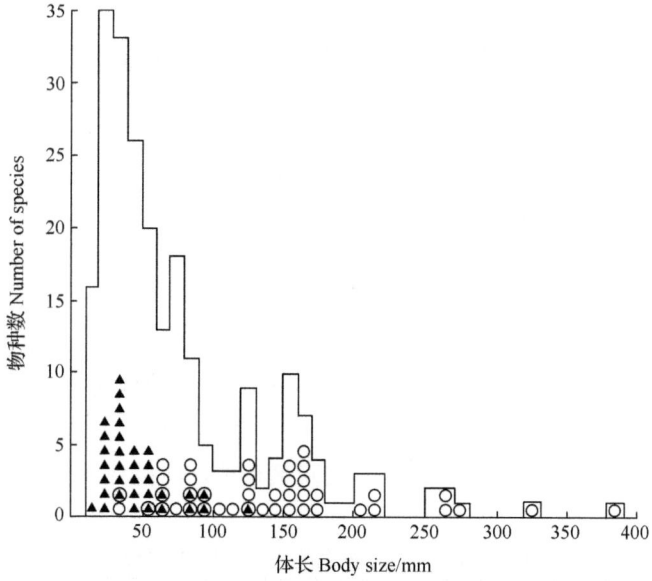

图 2-29 亚特兰大——东太平洋虾蛄(甲壳纲口足目)所有种的体长分布频度。实心三角表示物种已知有简短的幼体发育,空心圆圈表示物种已知有长距离幼体扩散(引自 Stork 1997)

Fig. 2-29 Size frequency distribution of all species of Atlanto-East Pacific mantis shrimps (Stomatopoda, Crustacea). Closed triangles represent species with known abbreviated larval development, and open circles signify species with known long-distance larval dispersal (cited from Stork 1997)

为何小型脊椎动物比大型脊椎动物要多得多？Hutchison 和 MacArthur (1959)曾经试图解释这一问题。他们假设在体积范围的上端，物种的活动范围面积 H 将与物种的体长 L 成比例，$L^2 \sim H$，体长组 L 的物种的数目 S 将与 H 成反比，即 $S(L) \sim 1/H(L)$，因此，$S(L) \sim L^{-2}$。

大的活动范围，需要运动与迁移能力的增加，而运动与迁移可促进动物体积增大，从这种意义上来说，向运动与迁移能力强化方向的演化，可能是动物体积分化(特别是部分动物大型化)的机制之一。

那么，为什么动物要大型化？猎物与捕食者的协同演化可能是这种大型化驱动的根本机制。大的猎物(增加逃跑与防御能力)催生大的捕食者(增加运动和攻击能力)，更大的捕食者又催生更大的猎物，如此不断演化。

但是，随着动物(不论是猎物还是捕食者)个体的不断增大，其消耗的食物越来越多，所需要的领地也越来越大，一定面积的环境所能支撑的物种数以及种群数量也越来越少。显然，捕食者的体积不可能无限增大，事实也是如此，因为庞然大物的劣势会逐渐显现，体积过大必定会带来运动速率的下降。哺乳动物的群体行为(如狼的群体捕食)的演化是以较小的体格成功捕获较大猎物的一种有效的生存策略。

七、从生命的尺度看物种生态对策的设计

所谓生态对策就是生物在种群水平上对环境变化的适应策略，这里的环境既可以是生物的，也可以是非生物的。而种群对环境的适应能力与其增长模型中的一些特征性参数有关。而这种特性折射于自然对生命尺度的塑造之中。

1. r-和 K-对策——"广种薄收"与"精耕细作"

你可以根据直觉感知生物的大小、繁殖的快慢，而依据描述种群行为的逻辑斯蒂模型并从进化的视角来分析物种对环境的生存对策是理论生态学家的杰作。从逻辑斯蒂方程不难看出，种群的增长由两个重要的参数决定——内禀增长率 r 和环境容量 K。直观地看，r 与世代时间直接相关，而世代时间与生物的质量或体长又密切相关。

小型物种的内禀增长率高，它们的策略是尽快地生长，尽快地交配(有些甚至主要进行孤雌生殖)，尽量多地繁殖，但付出的代价就是自然寿命缩短，亲代难以悉心照顾后代，子代死亡率上升。而大型物种的内禀增长率虽低，但由于个体较大，在种间竞争中常具有优越性。例如，通过特化的行为和附肢加强进攻或防御，并与长寿结合提高对幼仔的照料和保护水平等。r-和 K-对策者的特征比较见表 2-4。

表 2-4 r-和 K-对策者特征的比较
Table 2-4 A comparison of the characteristics of r- and K- strategists

生态对策 Ecological strategy	K-对策者 K-strategist	r-对策者 r-strategist
大小 Size	大型动物，如脊椎动物	小型动物，如昆虫
寿命 Longevity	长	短
出生率 Birth rate	低	高
死亡率 Death rate	低	高
对后代的投入 Input to offspring	高	低
能量分配 Energetic allocation	更多的能量分配给逃避死亡和提高竞争力	高能量分配给繁殖
抵御捕食者能力 Ability to resist predation	强	弱
生境嗜好性 Preference to habitats	稳定性生境	暂时性生境
种群波动 Fluctuation of population	较为平稳	"突然暴发，猛烈破产"
历史盛发期 Historic predominance	侏罗纪、下白垩纪、始新世和渐新世，为温暖潮湿、气候稳定的时期	二叠纪和三叠纪，气候非常不稳定时期
灭绝性 Features of extinction	当种群密度明显下降到平衡水平以下后，难以再恢复，可能灭绝，如老虎、白鳍豚等容易灭绝	个别的种群（由于其生境的改变）虽然常有灭绝的可能，但是作为物种整体却是富有恢复活力的，如蚊子难以灭绝

很显然，这是两种完全不同的生存策略，前者（大的 r 值）被称为 r-对策者（r-strategist），后者（小的 r 值）称为 K-对策者（K-strategist），这一概念由 MacArthur 和 Wilson(1967)引入生态学。

其实，物种的大小、繁殖的快慢、代谢的强弱都不是物种得以生存的唯一因素，事实上形形色色、大大小小的生物物种（无论是进行光合作用的植物界还是依附于此的动物界）在漫长的地球历史长河中都或长或短地在世上共存着。从本质上来说，种群的行为（通俗地说种群变动规律）应该是与其生存环境协同进化的结果。

当然，针对这种生殖对策的划分，也还有很多例外。例如，海洋中的翻车鱼重达 1.9 t，但一条雌鱼一次可产约 0.25 亿~3 亿枚卵，它因笨拙而常常被其他鱼类或海兽猎杀，却还能生存至今，与其强大的生殖力不无关系。绝大多数鱼类将卵产在水中，进行体外受精，一般情况下，亲鱼无法对卵进行保护，极易被敌害吞噬，死亡率高，因此，一般它们的产卵量都会很高。而进行卵胎生或胎生的鱼类，怀卵量就要少得多，一般只有数枚到数十枚。

2. r-和 K-对策——非稳定性适应和稳定性适应

任何种群都是在与环境的相互作用中生存的，一般来说，在一定的范围内，环境（生物的或非生物的）扰动会使种群偏离平衡，经过一段时间后种群再恢复到平衡。这样，定义一个特征返回时间（characteristic return time）T_R将十分方便：$T_R=1/r$，即 r 越大，特征返回时间越短。显然，种群平衡位置取决于 K，而种群动态取决于 r（May 1976）。

这样容易想象，较大的 r（较短的 T_R）将有利于种群从不利的时期较快的恢复，是对非稳定性环境的一种适应，但却增大种群随环境的波动性；相反，较小的 r 意味着较长的反应时间及较好的种群稳定性，是对稳定的生境容纳量的一种适应，其缺点是种群对损伤性干扰的恢复较慢（May 1976）。因此，r-对策者也被认为是一种开拓者（exploiter）或机会主义者（opportunist）。

r 实际上取决于净生殖率 R_0 和世代时间 T_c：

$$r \approx (\ln R_0)/T_c \tag{2-1}$$

从式（2-1）可以看出，r 对世代时间的改变比对 R_0 的改变更为敏感。例如世代时间减半，r 值就加倍；但是加倍 R_0，r 将只以自然对数值之差而增加，如当 R_0 从 5 增加到 10，r 将从 1.6 增加到 2.3（May 1976）。

需要指出的是，这里所说的 r-对策者嗜好暂时性生境和 K-对策者嗜好稳定性生境都是相对的和理想的，实际上，在很多情况下，r-和 K-对策者都共存于同一种生境中，但它们可能占据了不同的生态位置，这也就是所谓的"生态位"的概念。打个比喻，生境就像一栋大楼，楼内的房间就像生态位。此外，生态系统既有各种各样的生产者，还有各种各样的消费者及分解者，同一个生境也需要各式各样的生物行使不同的生态功能。

八、结　语

如果不懂得生命的设计（当然，是通过适应、变异与自然选择等）原理，如何来认知地球上数百万种大大小小、形形色色的生物物种的生存与演化？幸运的是，大自然沿着生命的尺度宏观且相当精准地设计了个体的基本生物学特征（世代时间、生长速率、摄食率、代谢速率）和生态学特征（运动速率、内禀增长率、种群密度、活动范围、物种多样性）。这种生命的范式是生命不断地适应环境与被环境自然选择的结果，因此是生命历史演化的产物。

生命总体的演进方向是体型与遗传信息趋于多样化与复杂化，一些类群趋于大型化，当然这一过程还受到外部环境（非生物的气候条件与生物的种间关系）的塑造，因此，生命的特性也是在生存条件约束下方向性演化的产物。生命尺度决定了物种的生态对策（r-和 K-对策）——既关系到人类对物种的管理，也关系到物种的历史演化。此外，生命的尺度还决定了物种的生殖对策。

第三章 从模型透视生命系统的运作过程

地球上如此之多的生物物种是如何相依相伴地共存在一起的？我们面对的是一个寂静与喧嚣交融、幽雅与杀戮混杂的令人晕眩且无限纷繁的生命世界——时而蓓蕾绽放、生机盎然，时而刀光剑影、鲜血淋漓，时而旦夕祸福、朝生暮死……。那么，我们如何才能剥离生命世界中纷繁杂乱、变化万千的表象寻找出定量的普适性原理或法则？或许生命过程的模型化正是对这种普适性量化规律的一种抽象。自然界生命系统的特性是随机的还是决定性的？能否具有可预测性？

从结构上来看，地球上的生命绝不是简单而杂乱无章地堆积或拼凑在一起的杂物（可谓杂而不乱），因为现存的生命系统其实是一个包含空间跨度极大的各种异常复杂的生命系统的集合，通过结构层次化形成的一种组织化与一体化的生命世界，即细胞→组织→器官→个体→种群→群落→生态系统→生物圈。而且，这些生命层次是一种通过一系列复杂的内在关系（如营养联系等）紧密而相当程式化地联结起来的包含式的构成关系，即低层次生命体结构化地构成了高层次生命体，这是生命系统的本质特征之一。用系统科学的说法，生物圈实质上是一个包含着不同等级亚系统的总系统，一层套一层并形成有序上升的等级。不同层次的生命系统是如何运作的？

动态是所有生命层次固有的另一个本质特征，因为现代的科学技术已经证实，一切形式或层次的生命系统都是开放的，它们的存在均实现于与外部环境永不停息的物质、能量和信息交换的动态过程之中，并不断地进行自我更新，而任何层次生命系统动态的停滞即意味着该生命系统的终结。而如何定量描述各种生命的动态过程一直是生命科学的重要目标之一，特别是理论生物学家和理论生态学家孜孜不倦的追求目标。

在第二章，我们通过生命个体的尺度特征（体积—体重—长度）透视了生命在生物学和生态学特征上的设计原理，但是个体只是生命的一个层次，虽然毫无疑问它是最为基础和重要的一个层次。本章拟从不同生命层次的动态模型来透视生命系统的运作过程。虽然生命世界的细节充满着随机性、偶然性、复杂性与不可逆性，难以用决定性的数学模型（或许多数情况下只能估算概率）来描述，但这并不能说整个生命世界就只是一片杂乱无章的混沌，有限的确定性依然值得去探寻与挖掘。

一、酶促反应速率模型

微小的细胞通常只有在显微镜下才能观察得到,但它却是所有生物有机体的最基本结构单位,无论是怎样的庞然大物(如大象、巨鲸)。不同性质的细胞用不同的组合方式构建了数百万种物种。从一个微小的细胞——受精卵发育成一个复杂的庞然大物就是细胞生长、分裂和分化的结果,而这些过程本质上是由一系列生化反应来推动的。

1. 酶惊人的催化能力使生化反应速率无可比拟

细胞内的生化反应控制着各种细胞的生长、分裂或分化,而生化反应的核心就是代谢。代谢维持着生物体的物质和能量交换过程,代谢停止就意味着生命的终结。而生物体内的代谢反应是由一类特殊的生物大分子——酶(大多为蛋白质)来催化的,即通过一系列酶的催化作用将一种化学物质转化为另一种化学物质。酶(enzyme)的概念是由德国生理学家 Wilhelm Kühne 于 1877 年首先提出的。与其他非生物催化剂不同的是,酶具有高度的专一性,只催化特定的反应。

生命所展现出的惊人的适应、进化、扩增与繁荣无不与酶息息相关,正是酶才保证了生物体内为了获得(释放)能量和物质的高效生化反应的有条不紊地进行,许多酶可以将其催化的反应速率提高数百万倍。

酶可以在 1 s 内催化数百万个反应。例如,乳清酸核苷-5′-磷酸脱羧酶(orotidine-5′-phosphate decarboxylase)所催化的反应在无酶情况下,需要 7800 万年才能将一半的底物转化为产物,而在这种脱羧酶的催化下,同样的反应过程只需要 25 ms(Radzicka and Wolfenden 1995)。酶催化反应的高效性是支撑生物个体的快速生长(快速细胞分裂)的基础。

2. 酶促反应速率的基本模型——米-曼方程

酶促反应速率如何描述?早在 1902 年,法国物理化学家 Victor Henri 提出了酶动力学的定量理论(Henri 1902);在此基础上,1910 年,美国生物化学家 Leonor Michaelis 和加拿大医生 Maud Menten 提出了著名的描述酶动力学的米-曼方程(Michaelis-Menten equation)(Michaelis and Menten 1913)。

在大多数酶动力学反应中,酶促反应速率与底物之间的关系遵循米-曼方程

$$V_0 = \frac{V_{\max}[S]}{K_m + [S]}$$

式中,V_0 为初速度;$[S]$ 为底物浓度;$V_{\max}$ 为最大速率;K_m 为反应速率达最大反应速率一半时的底物浓度(米氏常数)(图 3-1)。米-曼方程也是一种双曲线方程。

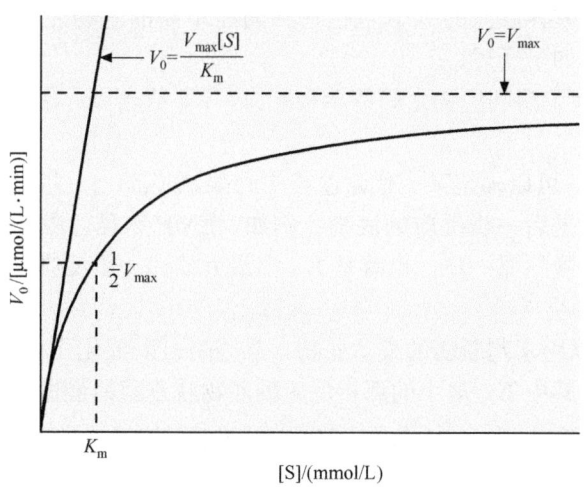

图 3-1 初始反应速率对底物浓度的依赖性（引自 Nelson and Cox 2004）

Fig. 3-1 Dependence of initial velocity on substrate concentration (cited from Nelson and Cox 2004)

当 $[S]$ 远小于 K_m 时，$[S]$ 可以忽略不计，这时为一直线，即初始反应速率与底物浓度成正比，而当 $[S]$ 远大于 K_m 时，初速率 V_0 等于最大速率 V_{max}。

根据图 3-1 分析初始反应速率 V_0 增长速率的变化。不难看出，底物浓度 $[S]$ 越小，单位底物浓度增加引起的 V_0 增加的速率越快，之后，随着底物浓度 $[S]$ 的不断增加，单位底物浓度增加引起的 V_0 增加的速率越来越慢，当 $[S]$ 远大于 K_m 时，单位底物浓度增加引起的 V_0 增加的速率趋于 0，此时，初速率 V_0 等于最大速率 V_{max}。

因此，米-曼模型是一种描述生化反应的初始速率 V_0 随底物浓度增加从初始的线性增加向饱和（最大速率）转变的动力学过程。这里，V_{max} 与描述种群数量增长的逻辑斯蒂模型中的 K（环境容量）有本质的不同，达到 K 时，种群增长速率为零。

在底物浓度很低的情况下，酶促反应速率与底物浓度呈现出一种正反馈关系，但是，随着底物浓度的不断增加，酶促反应并不会无限增加，而是趋向一个极限速率，这应该可以看成是对一个有限的细胞空间的一种适应。换言之，一些酶促反应速率虽然极快，但依然没能显示出像种群指数增长那样的无限性。

3. 生化反应的高效和精确性造就了差异极大的米氏常数

在米氏方程中，V_0 到达极值的历程会有所不同，而米氏常数 K_m 就是与此相关的一种特征性参数。与 V_{max} 不同，K_m 只与酶的种类有关，而与酶的浓度和底物浓度无关。各种酶和底物的 K_m 差异很大（表 3-1），细胞在设计生化反应系统时，也分配了差异巨大的 K_m（包括一种酶在不同的底物之间）。K_m 在生化反应中的主要意义如下所述。

(1) K_m 反映了酶和底物之间的亲和能力，K_m 值越大，亲和能力越弱，反之亦然。

(2) 通过 K_m 可以确定某一代谢途径中的限速步骤。一些代谢途径中前一步反应的产物正好是后一步反应的底物。例如，EMP 途径，限速步骤就是一条代谢途径中反应最慢的那一步，也就是 K_m 值最大的那一步反应，该酶就是这一途径的关键酶。

(3) K_m 可以用来判断酶的最适底物，某些酶可以催化几种不同的生化反应，称为多功能酶，其中 K_m 最小的那个反应的底物就是酶的最适底物。

表 3-1　一些酶和底物的 K_m
Table 3-1　K_m for some enzymes and substrates

酶 Enzyme	底物 Substrate	K_m/(mmol/L)
己糖激酶（脑） Hexokinase (brain)	ATP	0.4
	D-葡萄糖 D-Glucose	0.05
	D-果糖 D-Fructose	1.5
碳酸酐酶 Carbonic anhydrase	HCO_3^-	26
胰凝乳蛋白酶 Chymotrypsin	甘氨酰酪氨酸氨基乙酸 Glycyltyrosinylglycine	108
	N-苯甲酰酪氨酰胺 N-Benzoyltyrosinamide	2.5
β-半乳糖苷酶 β-Galactosidase	D-乳糖 D-Lactose	4
苏氨酸脱水酶 Threonine dehydratase	L-苏氨酸 L-Threonine	5

资料来源：引自 Nelson 和 Cox（2004）(cited from Nelson and Cox 2004)

已知的可以被酶催化的反应多达数千种（Bairoch 2000），为了保证高效性，在通常情况下，酶对其所催化的反应类型和底物种类趋向于高度专一，这或许是一种不得已的进化选择过程，它增加了体内生化反应控制的精准性和高效性，却使这个系统变得异常复杂。当然，这从另一种角度来看，又使生命系统多样化，增加了变异和物种分化的潜能。一方面物种难以被复制，另一方面又变化无穷，这种特性可能与这种系统的复杂性是难以分割开来的。

遗憾的是，迄今为止还无法定量描述一个数以千计的各种酶（不同酶的 K_m 值变化极大）催化的极为复杂的反应体系的整体行为，更谈不上以此来推测个体或种群的行为。因此，如何将酶促反应模型与个体生长模型进行对接和整合将是生物学家未来面临的巨大挑战。

二、有机体整体代谢速率模型

为了探讨有机体整体的生化过程与生态现象的关系，只得撇开过于复杂的酶促反应的细节。由于能量转换是所有生命形式共有的必须过程，可以作为有机体整体代谢的重要指标，因此，整体代谢模型可能成为衔接生理生化与生态过程的重要桥梁。一些理论生态学家建立了质量-温度-代谢速率之间关系的异速模型（Brown et al. 2004），试图更为逻辑化地阐述了这种定量关系，而非仅仅像在第二章那里给出经验性的回归模型。

1. 有机体整体代谢速率与质量的关系

20 世纪 30 年代，Huxley(1932) 注意到一些关键的生命过程(Y)与生物体自身的质量(M)之间存在指数函数的关系：

$$Y = Y_0 M^b \tag{3-1}$$

式中，Y 为代谢速率、发育时间等；Y_0 为一个与质量无关的归一化的常数；b 为一个被称为异速指数(allometric exponent)的常数，在大多数情况下为 1/4（而不是 1/3）的倍数。式(3-1)也称为异速方程式(allometric equation)。

Kleiber(1932) 提出有机体整体的代谢速率(I)和身体质量(M)之间存在如下关系：

$$I = I_0 M^{3/4} \tag{3-2}$$

式中，I_0 为与 Y_0 类似的常数。作为一个直观的例子，一头大象的整体代谢速率要比一只老鼠的高得多。

2. 有机体整体代谢速率与温度的关系

早在 19 世纪后期，人们就认识到代谢速率以及几乎所有其他的生命活动速率都随温度的增加而呈指数增加。这种动态规律遵循所谓玻尔兹曼因子(Boltzmann factor)或范特霍夫-阿累尼乌斯(Van't Hoff-Arrhenius)关系(Boltzmann 1872, Arrhenius 1889)：

$$e^{-E/kT} \tag{3-3}$$

式中，E 为活化能(activation energy)；k 为玻尔兹曼常数(Boltzmann's constant)，k=1.380 648 8×10^{-23} J/K；T 为热力学温度(K)。E 的单位为电子伏特(electron volt, 1 eV=23.06 kcal/mol=96.49 kJ/mol)。这一关系仅适用于正

常活动的温度范围,对大多数生物物种来说,E 为 0~40℃。

热力学温度 T 越高,式(3-3)的值就越大。作为一个直观的例子,温暖的热带环境中的微生物活动与凋落物分解速率比寒冷的亚北极地区要快得多。

3. 身体质量和温度对有机体整体代谢速率的联合效应

在自然情况下,生物质量对生命过程(如代谢速率)的效应和温度对生命过程的效应难以完全分离开来,它们往往是联合作用。将式(3-2)和式(3-3)相乘(Gillooly et al. 2001),得

$$I = i_0 M^{3/4} e^{-E/kT} \tag{3-4}$$

式中,i_0 是一个与体积和温度无关的归一化常数。式(3-4)为一个考虑了生物质量和温度联合效应的方程式。

4. 关于代谢速率的若干概念

对式(3-4)做适当的变换,得到下述若干有重要价值的概念。

(1)"质量矫正"的代谢速率

将式(3-4)移项并对两边取对数,得到下式:

$$\ln(IM^{-3/4}) = -E(1/kT) + \ln(i_0) \tag{3-5}$$

式中,$IM^{-3/4}$ 为进行了"质量矫正"的代谢速率("mass-corrected" metabolic rate)。从式(3-5)可以看出,生物个体"质量校正"的代谢速率的自然对数与 $1/kT$ 呈负线性相关(也即与热力学温度正相关),代谢活化能 E 为斜率,归一化常数的自然对数 $\ln(i_0)$ 为截距(图 3-2(A))。

(2)"温度矫正"的代谢速率

将式(3-4)移项并对两边取对数,得到下式:

$$\ln(Ie^{E/kT}) = (3/4)\ln(M) + \ln(i_0) \tag{3-6}$$

式中,$Ie^{E/kT}$ 为进行了"温度矫正"的代谢速率("temperature-corrected" metabolic rate)。

令人吃惊的是,从图 3-2A 可以看出,所有的生物类群的"质量矫正"的代谢速率都具有共同的斜率 $E \approx 0.69$ eV(1 eV= 96.49 kJ/mol),而截距 C 则出现差异:植物<单细胞生物<无脊椎动物<爬行动物<两栖动物<鱼<恒温动物。另外,"温度矫正"的代谢速率都具有共同的斜率 $E \approx 0.71$ eV,截距 C 为单细胞生物<植物<无脊椎动物<爬行动物<两栖动物<鱼<恒温动物。

从图 3-2B 可以看出,直线的斜率(0.71)接近 3/4 的理论预测值,而不同类群回归直线的截距,即归一化常数的自然对数 $\ln(i_0)$ 有所不同。纵观所有分类类群,针对基础代谢归一化的常数 i_0 约有 20 倍的差异。

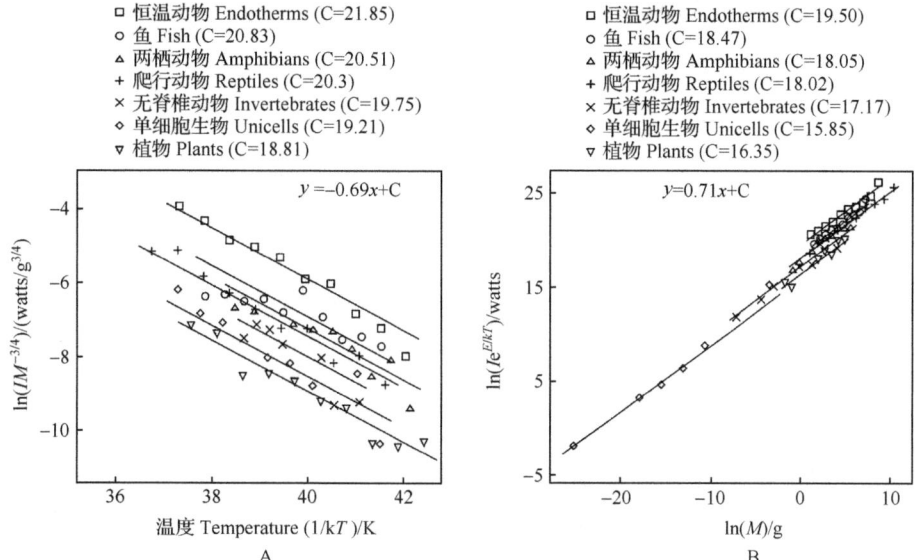

图 3-2 从单细胞真核生物到植物到脊椎动物的若干生物类群,依赖于温度和质量的代谢速率。A. 质量矫正的代谢速率 [ln($IM^{-3/4}$),单位 watts/$g^{3/4}$],与温度(1/kT,单位 K)之间的关系;B. 温度矫正的代谢速率 [ln($Ie^{E/kT}$),单位 watts] 与质量 [ln(M),单位 g],之间的关系。变量为 M(体重)、I(个体代谢速率)、k(玻尔兹曼常量)、T(热力学温度,单位 T)。E 为活化能(引自 Gillooly et al. 2001)

Fig. 3-2 Temperature and mass dependence of metabolic rate for several groups of organisms, from unicellular eukaryotes to plants and vertebrates. A. Relationship between mass-corrected metabolic rate, ln($IM^{-3/4}$), measured in watts/$g^{3/4}$, and temperature, 1/kT, measured in K. B. Relationship between temperature-corrected metabolic rate, ln($Ie^{E/kT}$), measured in watts, and body mass, ln(M), measured in grams. Variables are M, body size; I, individual metabolic rate; k, Boltzmann's constant; T, absolute temperature (in K). E is the activation energy (cited from Gillooly et al. 2001)

(3)单位质量的代谢率

因为单位质量的代谢率 $B=I/M$,式(3-4)可表示为

$$B \propto M^{-1/4} e^{-E/kT} \tag{3-7}$$

式中,∝为正比例符号。

与"质量矫正"的代谢速率相比,B 还保留了质量的影响,也就是说单位质量的代谢率受到质量与温度的双重影响,与质量 M 呈负相关,而与热力学温度 T 呈正相关。

总体来看,基于异速方程所获得的关于质量-温度-代谢速率之间的关系与基于回归方程建立的经验模型的推测基本吻合。无论进行质量还是温度矫正,恒温

动物的代谢成本均为最高，而植物和单细胞藻类最低。

三、细胞的体积及增长

与细胞内的酶促反应速率相比，人们对细胞体积生长的关注程度要小得多。与生物个体体积巨大的差异相比，不同物种间细胞体积的差异要小得多。

真核细胞一般大于原核细胞，大多数真核细胞的大小为 10~100 μm，而大多数原核细胞为 1~10 μm，当然也有极少数单细胞真核生物大大超过这一范围。例如，一种阿米巴（*Amoeba proteus*）的原生动物长度可达 1000 μm，还有一种单细胞的伞藻 *Acetabularia*（图 3-3），其柄和"帽"加起来可达到 10 cm 的高度（Verma and Agarwal 2005）。

图 3-3 采自意大利 Otranto 的一种伞藻（*Acetabularia acetabulum*）
（图片由 Gianni Felicini 提供）
Fig. 3-3 *Acetabularia acetabulum* in Otranto, Italy
(photo courtesy by Gianni Felicini)

多细胞生物的细胞大小一般为 20~30 μm，虽然也有少数例外。例如，鸵鸟的卵细胞的直径达 18 cm，人的一些神经细胞有近 1 m 长的"尾巴"或轴突，马尼拉麻的纤维细胞长达 100 cm（Verma and Agarwal 2005）。

显然，无论是植物还是动物，都没有采取靠增加细胞体积来实现个体生长的策略，而是通过不断的细胞分裂、堆积和分化等来实现个体的生长。细胞体积只是呈现一种简单的周期性变化，即细胞分裂形成的新细胞，最初体积较小，只有母细胞的一半，但它们能迅速合成新原生质，细胞随之增大，到与母细胞一般大小时，便可继续分裂，如此循环往复（图 3-4）。因此，对细胞的增长无需像对个体或种群那样用复杂的模型进行描述。

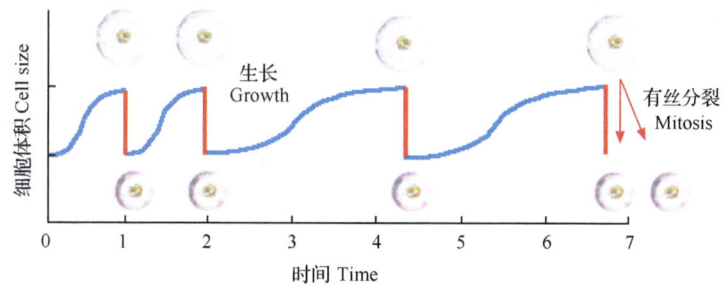

图 3-4 细胞体积随细胞分裂的变化(引自 Wikimedia)
Fig. 3-4 Change of cell size with cell division (cited from Wikimedia)

四、个体生长模型

生命个体由单细胞或多细胞组成。对单细胞生物(如原生动物),细胞体积的增长等于个体体积的增长。如前所述,一般细胞体积的变化范围十分有限。而对多细胞生物来说,个体的生长主要建立在细胞数量的快速增殖与堆积之上。例如,动物的一个小小的受精卵可以长成一个庞然大物,植物的一粒种子可以长出一棵参天大树。

地球上有如此之多的生物物种,不同物种的个体生长模式也不可能完全一样,甚至同一物种的不同个体以及在不同的环境条件下都有可能不同。但至少有一点可以肯定:与可能在相当的空间范围内无限增长的种群不同,个体生长(体长或体重的增长)是有限的。那么,能否用数学模型来描述个体的一般生长过程?

1. 常见的个体生长模型

由于生产实践的需求,人们历来十分重视动物个体的生长模型研究,也发现了普遍的规律:动物在生长良好的情况下,呈现出一种典型的 S 型生长曲线(将体重对年龄或时间作图)。为此,动物学家们找来了各种各样的数学公式来进行描述,如 López(2008)列举的描述动物生长的方程式多达 40 多种。

渔业管理实践推动了渔业生物学家对各种鱼类的个体生长规律的广泛研究,在渔业文献中可见到各种各样的数学方程式用于描述鱼类的生长,其中一些常见的模型如表 3-2 所示。

在表 3-2 列举的各种生长模型中,S 为个体大小(体长或体重),t 为年龄或时间,t_0 为积分常数,S_∞ 为极限大小(如果存在的话),而 a、b、c 和 n 为待确定参数;描述无限生长的方程式(如指数函数、幂函数)不趋向于极限成体大小,而那些描述有限生长的方程式(Gompertz、逻辑斯蒂型、von Bertalanffy、Richards)则趋向极限成体大小。

表 3-2 常见的生长方程
Table 3-2 Common growth functions

公式 Function	微分方程式 Differential equation form	名称(如果有)和注解 Name(if any) and comments	来源 Source
$S = \exp[b(t+t_0)]$	$\dfrac{dS}{dt} = bS$	指数,无限增长	Kaufmann 1981
$S = [ab(t+t_0)]^{1/a}$	$\dfrac{dS}{dt} = bS^{1-a}$	幂函数,无限增长	Kaufmann 1981
$S = S_\infty \exp\{-\exp[-a(t-t_0)]\}$	$\dfrac{dS}{dt} = aS(\ln S_\infty - \ln S)$	Gompertz型,S型,有限增长,拐点在 t_0 处	Ricker 1979
$S = S_\infty\{1+\exp[-a(t+t_0)]\}^{-1}$	$\dfrac{dS}{dt} = aS\left(1-\dfrac{S}{S_\infty}\right)$	逻辑斯蒂型,S型,有限增长,拐点在 $S_\infty/2$ 处	Kaufmann 1981
$S = S_\infty\{1-\exp[-a(t-t_0)]\}^b$	$\dfrac{dS}{dt} = abS\left[\left(\dfrac{S_\infty}{S}\right)^{\frac{1}{b}} - 1\right]$	一般化 von Bertalanffy 型,有限增长。如果 S 为体长,b 通常设定为1,曲线不呈 S 型。如果 S 为重量,$b\approx 3$,曲线为 S 型。	修改自 Kaufmann (1981),被 Ricker (1979) 称为 Pütter 方程式
$n>1, c_1>0, c_2>0$ $S^{1-n} = \dfrac{c_2}{c_1} + K\exp[c_1(1-n)t]$	$\dfrac{dS}{dt} = c_1 S - c_2 S^n$	Richards型,有限生长,$S_\infty = (c_2/c_1)^{1/(1-n)}$,正的参数 K 为积分常数,拐点在 $S = S_\infty n^{1/(1-n)}$ 处。比上述更灵活的 S 型曲线。如果 $c_2=0$,等于指数型,如果 $n=2$,则等于逻辑斯蒂型。	Ricker 1979
$0<n<1, c_1>0, c_2>0$ $S^{1-n} = \dfrac{c_1}{c_2} - K\exp[c_1(n-1)t]$	$\dfrac{dS}{dt} = c_2 S^n - c_1 S$	Richards型,见上述,如果 $n = 1-1/b$,则为一般化 von Bertalanffy 型。	

资料来源:引自 McCallum (2000) (cited from McCallum 2000)

2. 主要生长模型的参数特征比较

在个体生长模型中,最常见的几种模型为 von Bertalanffy 模型、Gompertz 和逻辑斯蒂模型。von Bertalanffy 模型(von Bertalanffy 1938)如式(3-8)所示,其中 l_t 为个体在时间 t 的长度,l_∞ 为极限体长(或称渐进体长、最大体长),K 为趋近极限体长的相对生长速率,t_0 为允许年龄 0 时非零的外插体长的转换系数:

$$l_t = l_\infty [1 - e^{-K(t-t_0)}] \tag{3-8}$$

常常加一个异速生长参数 b，特别是用质量而不是体长表示时。von Bertalanffy 生长曲线的一般形式如图 3-5A 所示。值得注意的是，式(3-8)不能生成 S 型曲线，而式(3-9)则可以。

$$w_t = w_\infty [1 - e^{-K(t-t_0)}]^b \tag{3-9}$$

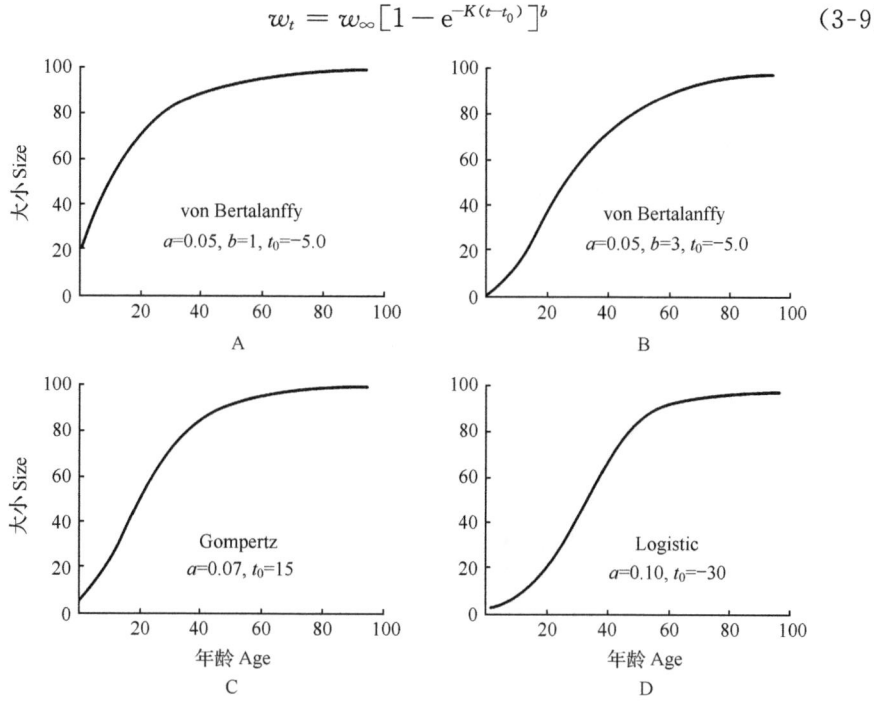

图 3-5 生长曲线的例子，所有曲线的 $S_\infty = 100$，大小和年龄的单位为任意（引自 McCallum 2000）

Fig. 3-5 Examples of growth curves, $S_\infty = 100$ for all curves, and units of size and age are arbitrary (cited from McCallum 2000)

在生长模型中，拐点的存在与否及位置是这些曲线的重要特性之一。在数学上，拐点是凸曲线与凹曲线的连接点。在生长模型中，如果拐点存在，则拐点前为生长加速区（近似于指数生长），拐点后为生长减速区。

其实，由于个体生长的有限性，任一物种的生长都会趋于一个极限体长（此时生长速率为零），只是到达极限体长的生长轨迹可能略有不同，特别是拐点出现的位置可能不同，这可能反映了物种不同的生存策略，如适应于资源的可利用性或其他环境条件。生物不需要也不可能有统一的生长模式，变化的生长模式显然是对自然界千变万化的一种适应。

从图 3-5 可直观地看出，von Bertalanffy 曲线（图 3-5A）无拐点，表示初始生长速率最快，以后逐渐降低；von Bertalanffy 曲线（图 3-5B）的拐点约在 $S=$

$1/3S_\infty$ 处;而逻辑斯蒂曲线(图 3-5D)的拐点约在 $S=1/2S_\infty$ 处;Gompertz 曲线(图 3-5C)的拐点位置也要低于 Logistic 曲线(图 3-5D)。拐点位置越低,越早进入生长减速期。因此,拐点的位置是区别这三种生长模型的特征性参数之一。

3. 描述鱼类生长的 von Bertalanffy 模型的生长速率 K 和极限体长 l_∞ 的比较

von Bertalanffy 模型在鱼类生长的研究中应用最为广泛,该模型的两个重要参数——极限体长 l_∞ 和相对生长速率 K 也是被探讨的焦点问题之一。Henderson(2006)依据世界鱼类数据库的资料,比较了热带和非热带鱼类的 K 值(图 3-6)。当然,这是近似值,因为许多种无论是生长速率还是极限大小在其地

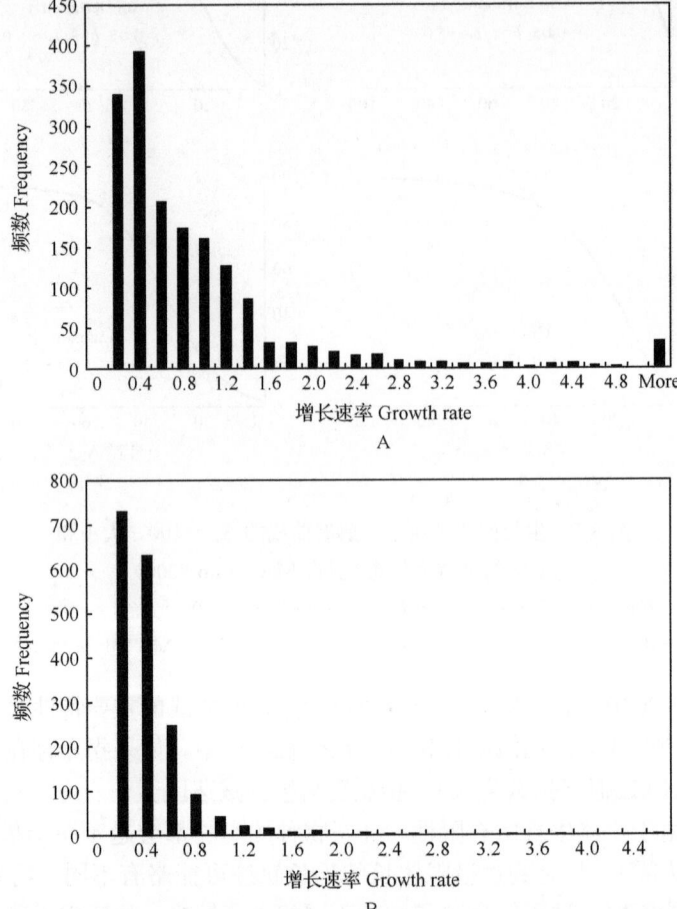

图 3-6 源自世界鱼类数据库的热带(A)和非热带(B)鱼类的 von Bertalanffy 生长常数 K 的频度分布(引自 Henderson 2006)

Fig. 3-6 The frequency distribution of the von Bertalanffy growth constant, K, for tropical (A) and non-tropical (B) fish species included in the FishBase database (cited from Henderson 2006)

理分布区甚至年际间都有宽幅的变异。很显然，生长速率超过 0.8 的比例，热带鱼类比非热带鱼类要高得多，这表明热带鱼类趋向极限体长要比非热带鱼类快得多。

热带鱼类 l_∞ 的分布情况见图 3-7，不难看出，极限体长为 10~70 cm 的鱼类占绝大多数，而超过 1 m 的鱼类十分罕见。很显然，热带鱼类的生存策略——以小个体来实现快速生长。

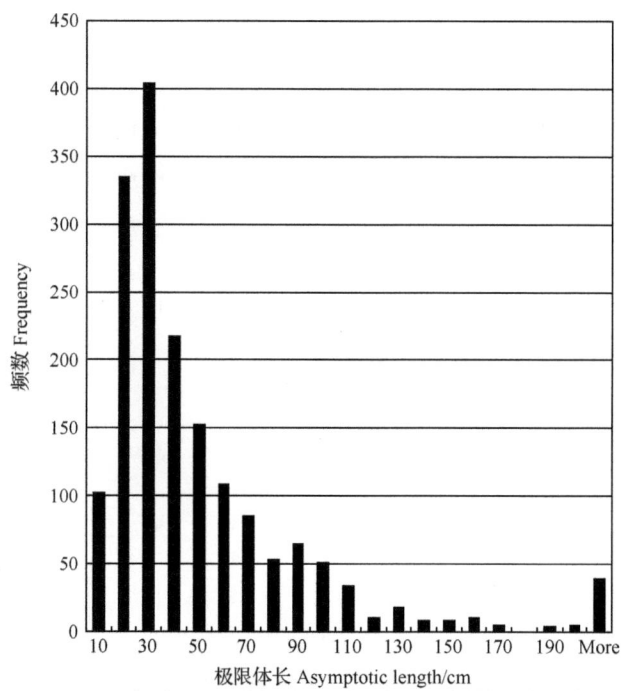

图 3-7　鱼类数据库中的热带鱼类的极限体长 l_∞ 的分布（引自 Henderson 2006）
Fig. 3-7　The distribution of the asymptotic length l_∞ for tropical fish species in the FishBase database (cited from Henderson 2006)

4. 主要生长模型之间的数学转换

从纯数学的角度，一些模型之间随着参数的变化可以互相转化，通过这种变化，可以加深对一些模型特性及相互间关系的认识。Thornley（2008）以动物生长模型为例，探讨了不同模型之间的数学联系。首先可用下述方程式描述动物生长：

$$\frac{dW}{dt} = \mu_{max} W \frac{(W_f - W)^q}{K^q + (W_f - W)^q} \tag{3-10}$$

式中，W 为质量（kg）；μ_{max} 为最大生长速率（d^{-1}）；K 类似于米氏常数；W_f 为最终（极限）质量。

(1) 当 $q=0$ 时，无限生长；当 $q=1$ 时，米-曼生长。

(2) 当 $W_f \to \infty$ 时，得到特定生长率为 μ_{max} 的指数生长。

(3) 当 $K \to \infty$，$\mu_{max} \to \infty$，μ_{max}/K^q 为常数 c 时，得到一个修改的逻辑斯蒂方程式：

$$\frac{dW}{dt} = cW(W_f - W)^q \tag{3-11}$$

如果 $q=1$，则式(3-11)为逻辑斯蒂方程。

注意，从逻辑斯蒂模型到指数模型转变过程中拐点的变化（图 3-8a），即逻辑斯蒂曲线的拐点位于渐进线高度 1/2 的位置，向指数模型推移的过程中，拐点的位置逐步上移，最后在指数模型中消失。而对小的 q 值，指数生长占据绝对优势直到接近渐进线，而对大的 q 值，紧跟着指数生长的是向渐进线较缓慢的接近（图 3-8b）。

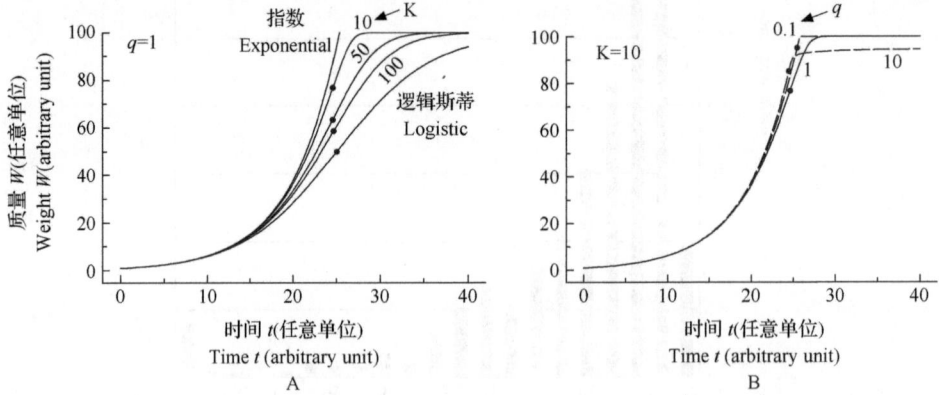

图 3-8 类似于米-曼 S 型底物限制的生长［式(3-11)］。所有曲线均具有同样的初始质量（$W_0=1$）、渐进的 $W_f=100$ 以及初始斜率（调整 μ_{max} 以满足这一点）。A. 保持 $q=1$，而使 K 变化；当 $W_f=1 \times 10^{10}$ 为无限的指数生长，$\mu_{max}=0.18165$；当 $K=1 \times 10^9$、$\mu_{max}=0.18349 \times 10^7 = 0.18165$ K/99 时，得到逻辑斯蒂生长。B. 保持 K=10，使 q 变化。实心圆圈表示拐点（引自 Thornley 2008）

Fig. 3-8 Growth with sigmoidal Michaelis-Menten-like substrate limitation [Eqn(3-11)]. Curves have the same initial dry weight ($W_0=1$), asymptote $W_f=100$ and initial slope (μ_{max} is adjusted to achieve this). A. K is varied with $q=1$. Unlimited exponential growth is obtained with $W_f=1\times10^{10}$; $\mu_{max}=0.18165$. The logistic limit has $K=1\times10^9$ and $\mu_{max}=0.18349\times10^7=0.18165$K/99. B. q is varied with K=10. Filled circles show inflexion points (cited from Thornley 2008)

总的来看，个体生长一般呈现具有拐点的 S 型曲线，拐点前可看成无限生长区，在此期间幼体生长处于加速阶段，拐点之后为减速区，并最终停止生长。依我看来，可将个体的生长看成有限环境下种群增长模式（逻辑斯蒂模式）的一个缩影，若以细胞数量的增长来考虑（这里个体的极限体积类似于细胞的环境容量),对此就不难理解,即与种群一样,个体也是从初始的无限的指数增长开始,接着穿越拐点后进入减速,最后停止增长。极限长度和拐点便成为了个体增长模式的两个重要参数。

五、单一种群的数量变动——始于无限,终于有限

种群如何变动?在巨大的地球系统中,数百万种生物物种在各种环境千变万化、生物物种间错综复杂的相互作用以及在种群的边界几乎可以无限缩放等的背景下呈现出的变动模式是无限的。这就给如何用数学模型来描述种群的变动规律带来了极大的困难。

幸运的是,人可以作为一个特殊的种群、在一些小而简单的实验生态系统以及一些边界清晰的岛屿中的种群边界也易于确定等,给种群数量变动的模型研究提供了绝佳的契机。在描述种群增长的数学模型中,最著名的无限模型与有限模型均最先用于人口学——1798年马尔萨斯描述了人口呈几何级数增长的模型,1834年Verhulst首次用逻辑斯蒂函数描述人口的有限增长。

1. 种群增长模型——无限寓于有限之中

任何一个物种都有使其种群无限增长的内在潜力(即所谓指数增长),这是生命设计的基本原理,失去这种特性的物种其命运就是灭绝。而环境的有限性将阻止这种趋势的无限发展,使其趋于一个平衡值 K(即所谓的环境容量),种群大小 N 越接近 K,环境阻力越大(图 3-9)。

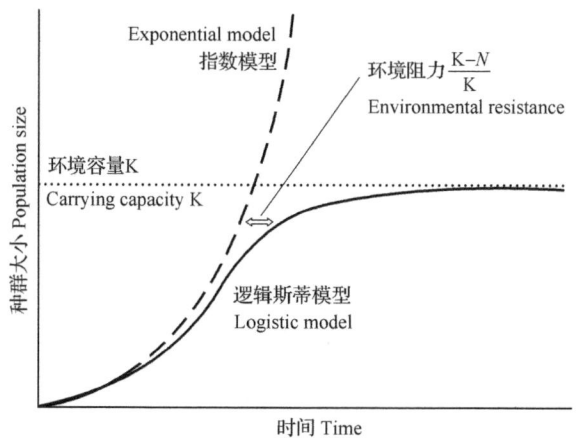

图 3-9 描述种群增长的指数和逻辑斯蒂模型。指数模型描述一个无限增长的种群,而逻辑斯蒂模型描述一个种群趋向一个环境容量(K)的渐进线

Fig. 3-9 Exponential (dashed line) and logistic (solid line) models of population growth. The exponential model describes an indefinitely increasing population, whereas the logistic model describes a population reaching an asymptote at the carrying capacity of the environment (K)

再来看看指数模型和逻辑斯蒂模型种群的增长速率的变化。在指数增长模型中，随着时间 t 的增大，种群数量 P 的增长速率（即单位时间增加引起的种群增加量）也越快，t 趋于无穷大时，P 的增长速率也趋于无穷大。而在逻辑斯蒂模型中，开始随着 t 的增加，P 的增长速率增加，当 P 为 K/2 时，P 的增长速率达到最大，之后，t 进一步增加，P 增长速率不断减慢，最后趋于 0。

值得注意的是，在 P 达到 K/2 之前，P 的增长速率近似于指数增长，即在近乎理想的条件下，逻辑斯蒂模型的初始阶段为指数增长，而 K/2 是种群增长速率的拐点。因此，逻辑斯蒂模型的本质是一种描述种群数量从初始的指数性（无限）增长向环境容量逼近的动力学过程。

2. 逻辑斯蒂增长——实验种群的常见模式

逻辑斯蒂方程式被用来描述自然界广泛存在的有限种群增长，从单细胞的酵母、小型的浮游动物到大型的脊椎动物，既可以是实验种群，也可以是自然种群。一些经典实验表明，在恒定和有限的环境中，很多实验种群（酵母、无脊椎动物等）的数量增长可以用逻辑斯蒂方程式来描述。

(1) 单细胞生物——酵母、草履虫

酵母是一种单细胞的真核生物，也是一种广泛使用的实验动物。在培养条件下，一个经典的酵母种群逻辑斯蒂增长案例如图 3-10 所示，拟合下述逻辑斯蒂方程式：

$$\ln\left(\frac{K-N_t}{N_t}\right) = a - r_m t$$

获得参数 K=664.3、a=4.2017 和 r_m=0.5384（Neal 2004）。

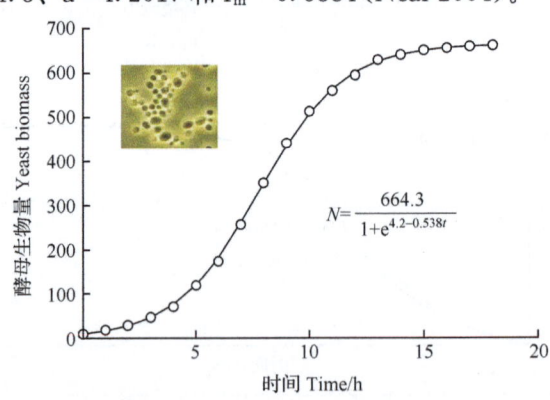

图 3-10 酵母种群的逻辑斯蒂增长，生物量数据（单位未提供）
源自 Carlson 1913（仿 Neal 2004）

Fig. 3-10 Logistic growth of a yeast population, with biomass data (units of biomass not provided) from Carlson 1913 (after Neal 2004)

草履虫是一种单细胞的原生动物,也是有名的实验动物。在培养条件下,草履虫种群的增长(图 3-11)没有像上述酵母那样呈现一条十分完美的逻辑斯蒂曲线,而是在 K 值附近上下波动,拟合逻辑斯蒂模型后得到参数 K=202、a=5.1 和 r_m=0.74。

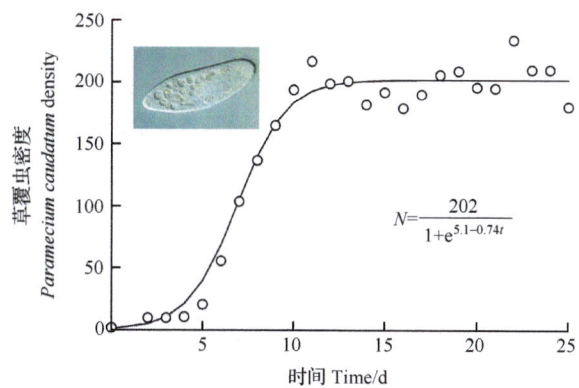

图 3-11　实验室培养条件下草履虫种群的逻辑斯蒂增长,
数据源自 Gause 1934(仿 Neal 2004)

Fig. 3-11　Logistic growth of *Paramecium caudatum* population in laboratory culture, with data from Gause 1934 (after Neal 2004)

(2) 多细胞生物——昆虫和甲壳动物

果蝇是著名的实验动物,在遗传学研究中立下了赫赫战功。图 3-12A 是黑腹果蝇种群的增长曲线,图 3-12B 是浮游甲壳动物——多刺裸腹溞的种群增长曲线。不同遗传结构的果蝇种群的 K 值明显不同,而多刺裸腹溞在不同温度条件下的 K 值也不同。显然,K 既与种群内在的遗传与生理特性有关,又依赖于基本的生存环境,反映了二者之间的一种平衡。

3. 指数增长——惊人的暴发 vs 惊人的崩溃

(1) 引入 St Paul 岛的驯鹿——从指数增长到崩溃

1911 年,4 头雄性驯鹿和 21 头雌性驯鹿被引入位于白令海的 St Paul 岛(面积 106 km²),到 1938 年,驯鹿种群增加到约 2000 头,成为种群指数增长的经典案例(Krebs 1985),接下来种群逐渐崩溃,至 1950 年,驯鹿只剩下 6 头(图 3-13)。运用 1911~1940 年的数据估算的种群增长速率 r=0.167(McCallum 2000)。

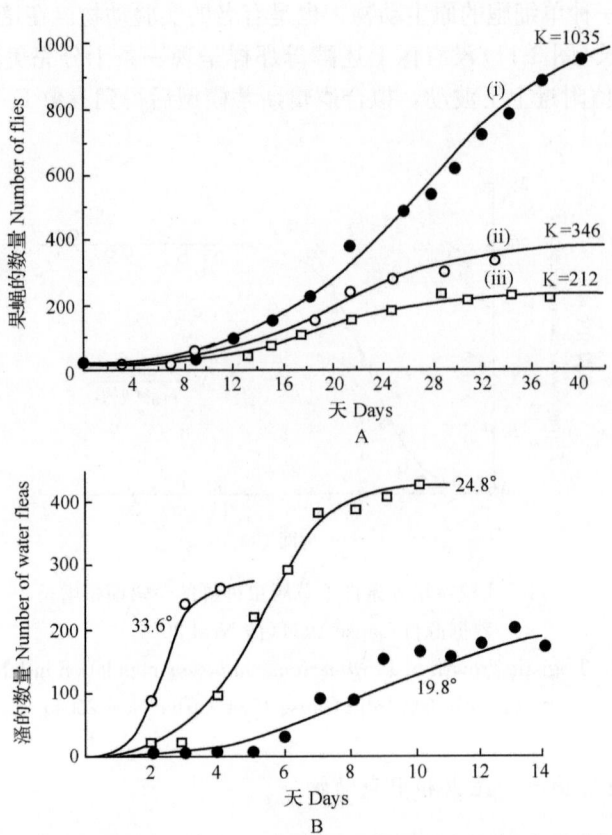

图 3-12 实验种群的增长曲线。A. 黑腹果蝇种群：(i)野生型；(ii)包括残翅在内的 5 个隐形突变的杂合或纯合型个体；(iii)有一半(i)的野生型。B. 多刺裸腹溞种群：三种不同的温度条件（转载于 Hutchinson 1978）

Fig. 3-12 Growth curves of experimental populations: A. *Drosophila melanogaster* populations: (i) wild type, (ii) heterozygous or homozygous individuals for five recessive mutations including vestigial wing and (iii) wild type in half volume of (i). B. *Moina macrocopa* populations at three different temperatures (reprinted from Hutchinson 1978)

(2) 世界的人口还在延续指数式疯长

虽然人类的进化试图将自己从普通动物界区分开来，虽然人类也已经主宰了整个世界，但人类依然脱离不了自然的动物属性。人类是一个大的动物种群，从其起源中心（一般认为在非洲）开始扩散，现在已经遍布了全世界。

在人类历史的大部分时期，人口数量很少，快速的人口增长发生在近代。1850 年，世界人口达到 10 亿，然后开始快速增长（图 3-14）。近千年的人口增长呈现出经典的指数增长模式，但这种趋势绝不能任其无限持续下去，除非人类自

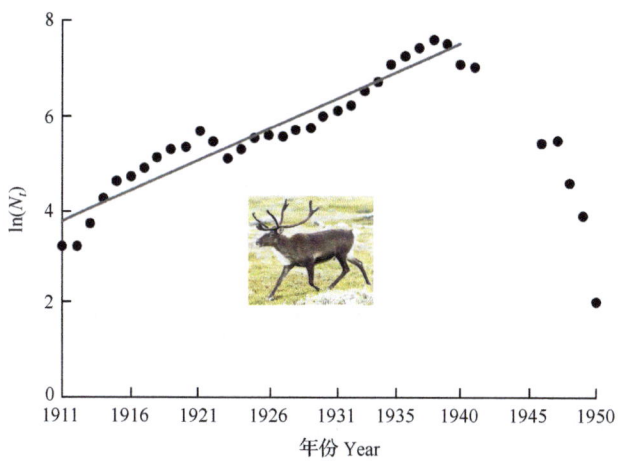

图 3-13 1911～1950 年，St Paul 岛上驯鹿种群的增长与崩溃（仿 McCallum 2000）
Fig. 3-13 Growth and crash of the St Paul Island reindeer population during 1911 and 1950 (after McCallum 2000)

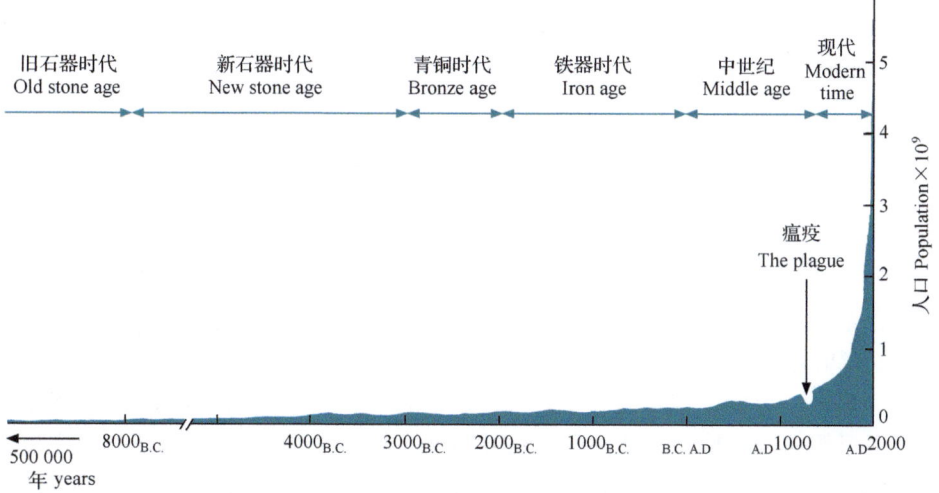

图 3-14 世界人口的指数增长曲线。注意在最近 200 年的快速增长（引自 Chiras 1991）
Fig. 3-14 Exponential growth curve depicting world population. Note the rapid upturn in world population in the last 200 years (cited from Chiras 1991)

我控制，否则 St Paul 岛上驯鹿种群崩溃的命运终究有一天会降临到人类的头上。

为什么近千年人口会如此持续地进行指数增长？这主要源自出生率和死亡率平衡的打破，特别是由于医学的进步使人类的死亡率大大降低。我很同意道金斯（1981）的观点：乞灵于农业科学的进展——"绿色革命"之类是无济于事的，增加粮食的生产可以暂时使问题缓和一下，但肯定不可能成为长远之计；如果放任人口自由增长，限制人口的"自然方法"就是饥饿。

六、先天的出生，后天的死亡

种群的增长绝不仅仅取决于出生，它体现了出生与死亡之间的一种平衡（当然在一个开放的系统中还包括迁入与迁出），这与个体的体长或体重的变化有本质的差异。死亡率对种群的影响有时比出生率显得还要重要，如人类的暴发型增长（图 3-14）就起因于死亡率的下降。一般来说，一个物种的出生率是一种先天的或固有的属性（当然从进化上看也是生态对策与自然选择的产物），而死亡则是一种在后天更易于改变的特性（当然，这也是相对的）。两种不同的生态对策（r-对策和 K-对策）其实反映了它们对出生和死亡的相对投入，以及在进化上选择的不同方向。

常常用存活率来计算死亡率，但是，一般来说，对野外种群存活率的确定往往比确定出生率要困难得多。每个物种的生死虽然受制于诸多的因素，也呈现出相当大的变异性，但是还是能归纳出一般的模式。生态学家常常用存活率曲线（survivorship curve）来描述某个物种或群体（如雌/雄）在每个年龄存活个体的数量和比例。

1. 存活率曲线——不同的死亡策略

早在 20 世纪初，Pearl（1928）就把成活率曲线归纳为三种类型：Ⅰ型——死亡率集中在极限寿命的结束时期；Ⅱ型——在不同年龄的死亡概率保持恒定；Ⅲ型——早期死亡率大，而剩下的个体接下来有高的存活率，这一类型的物种生产很多的后代，但是最初仅有少数个体存活下来，而一旦个体达到某一体长，它们的死亡率就降低且较为恒定，这一存活率曲线在自然界的动植物最为常见（图 3-15）。

Ⅰ型——可能是富裕国家人类的缩影，也见于动物园里的宠物或养殖场里的生命；Ⅱ型——可能适合于许多植物种群被埋藏的种子库；Ⅲ型——可见于许多海洋鱼类，能产数百万卵，但没几个可活到成体。当然，这只是一种理想的划分，实际还会存在许多中间类型。

存活率可用指数方程或 Weibull 方程描述：指数的存活率方程为 $F(t) = e^{-\rho t}$，Weibull 的存活率方程为 $F(t) = \exp[-(\rho t)^\kappa]$。

2. 人类的存活率曲线——趋向极限死亡的转变

在动物界，由于存活率曲线的变化导致种群数量趋势发生根本改变的最好例子之一就是人类。为何在人类历史的大部分时期，人的种群数量一直保持较低的密度，而近千年来才开始加速生长（图 3-14）？存活率曲线类型变化所反映的人类寿命的延长是一个重要的因素。从图 3-16 可以看出，1977 年日本人的存活率

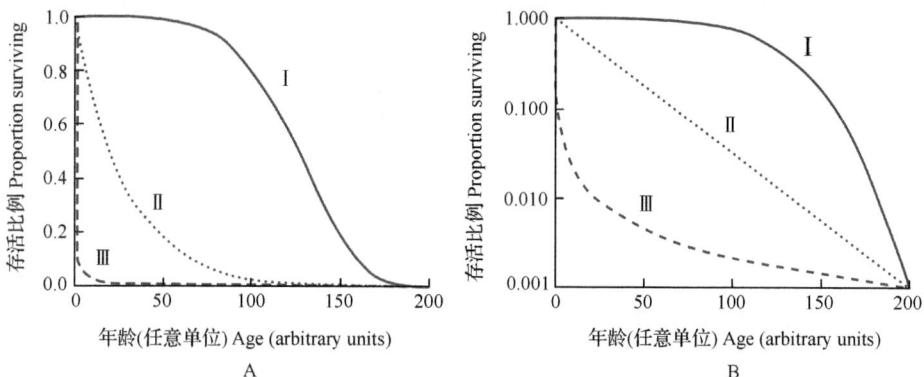

图 3-15 成活率曲线的划分。A. 为线性尺度；B. 为对数尺度。图形根据 Weibull 存活率函数绘制，Ⅰ 型：$\kappa=5$，$\rho=0.00736$；Ⅱ 型：$\kappa=1$，$\rho=0.03454$；Ⅲ 型：$\kappa=0.2$，$\rho=78.642$。选择 ρ 值以使年龄 200 的存活率的每个 κ 值标准化到 0.001（引自 McCallum 2000）

Fig. 3-15 A classification of survivorship curves: A. On a linear scale; B. On a log scale. These were generated using a Weibull survival function, with: $\kappa=5$ and $\rho=0.00736$ (type Ⅰ), $\kappa=1$ and $\rho=0.03454$ (type Ⅱ); and $\kappa=0.2$ and $\rho=78.642$ (type Ⅲ). Values of ρ were chosen so that survival to age 200 was standardized at 0.001 for each value of κ (cited from McCallum 2000)

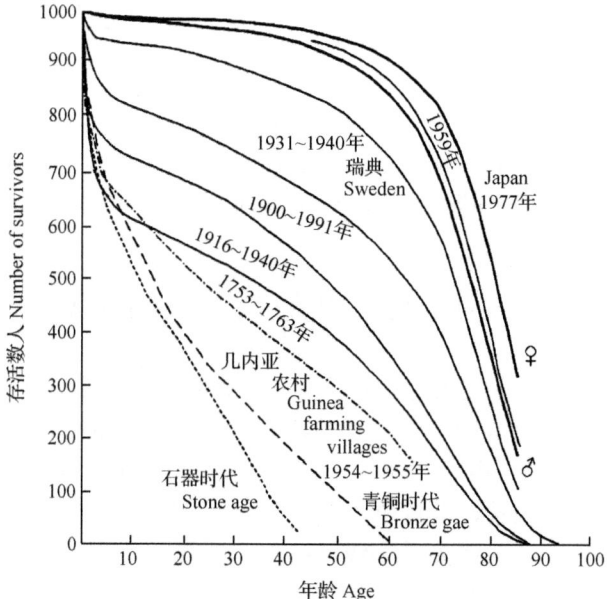

图 3-16 人类存活率曲线的历史变化（引自 Environment Agency, Government of Japan 1995）

Fig. 3-16 Historical changes in survivorship curves for human (cited from Environment Agency, Government of Japan 1995)

遵循典型的Ⅰ型曲线，而石器和青铜时代的人类则是呈现典型的Ⅱ型存活率曲线，在这两条曲线之间则是一些过渡类型。

按图 3-14 所示人口数增长下去，不久的将来地球上很快就会人满为患，要么面临马尔萨斯式的解决方式，要么人类严格控制自身的生育。

图 3-17 为美国 1900～2000 年存活率曲线的变化，1900 年的曲线介于Ⅰ型、Ⅱ型之间，2000 年则为一个典型的Ⅰ型曲线。从人类的例子不难看出，某一物种存活率曲线的改变，将会对种群的动态变化产生极大的影响。

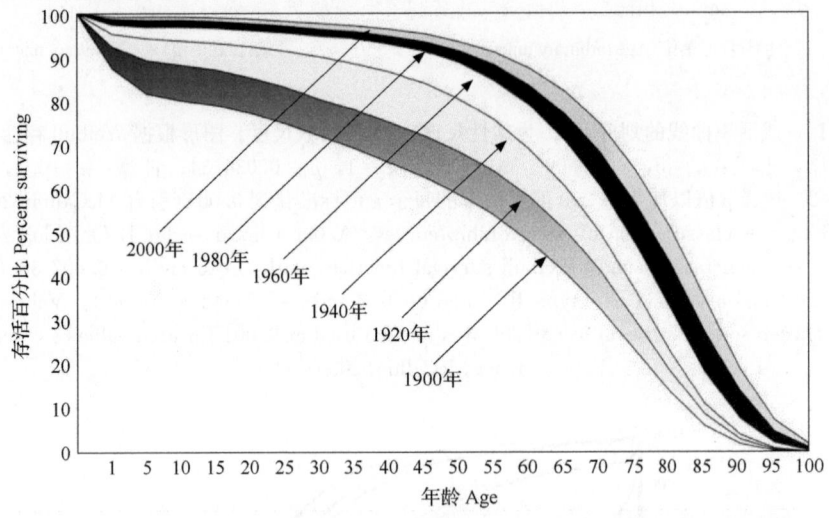

图 3-17　美国在 1900～2000 年特定年龄的存活率（引自 Rogers et al. 2005）
Fig. 3-17　Percent surviving by age during 1900～2000 in the United States（cited from Rogers et al. 2005）

七、两个种群间的相互作用模型

任何物种都存在于一定的生态系统之中，有的生态系统中包含的物种相对简单（如农业生态系统），有的则十分复杂，如热带雨林中的一棵大树可为数以万计的物种提供栖息场所（霍兰 2000）。生物之间的相互关系也是多种多样的，有直接关系，也有间接关系；有竞争（对光、营养、食物、空间等）、有残杀、有寄生、还有互惠……，这些关系一级又一级、一层又一层错综复杂地交织在一起，形成了一种极为复杂的网络体系。生物学家并不擅长从这种过于复杂的相互关系中以动态变动的视角来理清头绪，更谈不上模型化。而理论生态学家热衷于也擅长这种研究，这种研究的特点是能够恰如其分的对关注的对象进行简化（而知道过多细节的生物学家往往不知道该从何处下手）。例如，最初的杰出工作就是开始于两个种群的相互作用——捕食者-猎物（或寄生虫、宿主），这也是种群间的基本关系之一,也是自然生态系统中食物链得以存在的基础。他们先假设一个最简单的生态系统——只有捕食者-猎物,然后用模型来描述它们之间的相互作用及所引发的动态过程。

1. 经典的 Lotka-Volterra 方程——永无止境的周期性波动

最早提出描述两个相互作用物种种群动态的数学模型的科学家一位是美国学者 Alfred James Lotka,另一位是意大利学者 Vito Volterra。Lotka 是一名数学家、物理化学家和统计学家,Volterra 是一名数学家和物理学家。他们俩彼此独立地得到了两物种相互作用的数学方程。

Lotka 于 1925 年发表了经典著作《物理生物学原理》(*Elements of Physical Biology*, Lotka 1925,该书 1956 年再版时更名为 *Elements of Mathematical Biology*)。在该书中,他发现了 Ronald Ross 的疟疾方程与逻辑斯蒂方程的相似性,评论了 W. R. Thompson 从数学上分析寄生虫对宿主影响的研究,发现 Thompson 的公式不适用后,他自己发展了一对微分方程,用来描述寄生虫(或捕食者)对宿主(或猎物)的影响,这些方程产生了两个物种种群的周期性波动(McIntosh 1985)。

与通过扩展逻辑斯蒂方程到两个种群来发展捕食者-猎物模型不同,Volterra (1928)则借用了质量作用的化学原理,即他假定种群的响应与其生物量或密度的产物成比例(Berryman 1992)。

Lotka-Volterra 模型又称为捕食者-猎物方程式,是一对一元、非线性的微分方程式:

$$\frac{dx}{dt} = x(\alpha - \beta y) \tag{3-12}$$

$$\frac{dy}{dt} = -y(\gamma - \delta x) \tag{3-13}$$

式中,y 为某一捕食者的数量(如狼);x 为其猎物的数量(如兔子);$\frac{dy}{dt}$ 和 $\frac{dx}{dt}$ 为两个种群在单位时间内的增长率;t 为时间;α、β、γ 和 δ 为代表两个物种相互作用的变量。

从式(3-12)和式(3-13)可以看出:

(1) αx 为在没有捕食者时猎物的增长速率,因此在没有捕食者存在的情况下,猎物的增长为 $dx/dt = \alpha x$,积分后得到 $x_t = x_0 e^{\alpha t}$,即呈无限的指数式增长;

(2) βxy 为猎物被捕食者攻击所引起的死亡率;

(3) δxy 为捕食者后代的生产速率,与被捕食的猎物的数量直接相关;

(4) γy 为捕食者在没有猎物存在的情况下的死亡率,因此,在没有猎物存在的情况下,捕食者的死亡遵循 $dy/dt = -\gamma y$,积分后得到 $y_t = y_0 e^{-\gamma t}$,即呈指数式衰减。

Lotka-Volterra 方程所揭示的就是捕食者和猎物之间相互作用导致两个种群的一种普遍的变动模式——周期性振荡（May 1976），即高密度的猎物往往产生高密度的捕食者，而捕食者的增多又会导致猎物数量的减少，后者又使捕食者密度降低，而捕食者的密度降低又导致较大的猎物密度，如此循环往复。寄生虫与宿主之间的相互作用也类似。

2. 两个相互作用种群的周期性振荡案例

无论在实验条件下还是在自然条件下，都可观察到 Lotka-Volterra 方程所描述的两个相互作用种群周期性震荡的案例。

(1) 实验系统中的寄生虫-宿主

如果一个实验系统，只含有捕食者和猎物，就容易观察到这种相互作用。日本学者提供了这样一个经典的例子：Utida(1957)在实验培养条件下，观察了绿豆象（*Callosobruchus chinensis*）和一种寄生蜂（*Heterospilius prosopidis*）的相互作用，在 25 个世代中，出现了 4 个或 5 个周期性波动，宿主和寄生虫的密度峰值总是交替出现，且宿主的密度峰值总在前面出现（图 3-18）。

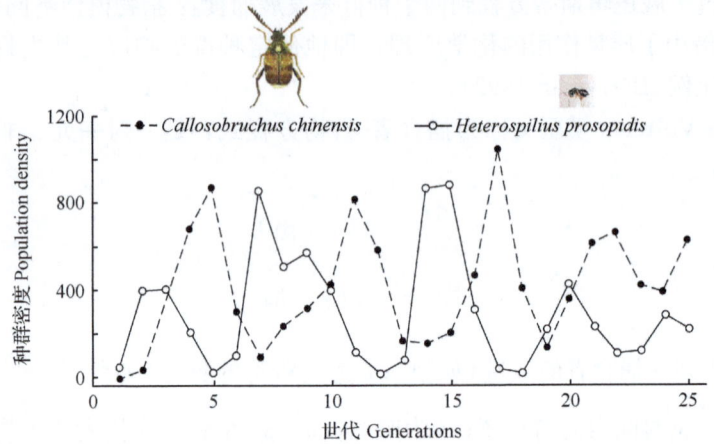

图 3-18　Utida(1957)的绿豆象（实线）和一种寄生蜂相互作用（虚线）呈现出周期性波动（仿 May and McLean 2007）

Fig. 3-18　Utida's (1957) host-parasitoid interaction between *Callosobruchus chinensis*（solid line）and the parasitoid *Heterospilius prosopidis*（dashed line）shows cycles（after May and McLean 2007）

(2) 自然系统中的捕食者-猎物

在自然生态系统中，一个经典的捕食者-猎物的周期性震荡案例就是北美北方林中的猞猁和兔的关系，猞猁和兔的数量主要根据哈德逊湾公司（Hudson Bay Company）的皮毛贸易的历史记录，从猞猁和兔长达90年的数量变动可以看出平均大约10年出现一个波动周期，种群的高峰总是兔在前，猞猁在后（图3-19）。

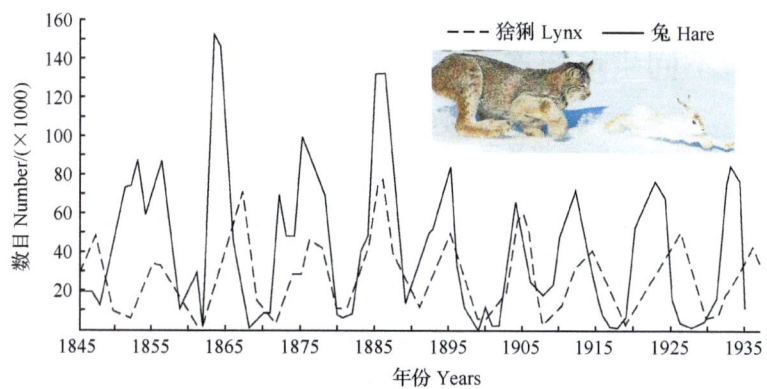

图3-19　猞猁和兔的相互作用（Elton，1924）每隔9~11年就出现波动一个周期（Stenseth et al. 1997）（仿 May and McLean 2007）

Fig. 3-19　Lynx-hare interactions (Elton, 1924) fluctuate with a period of 9~11 years (Stenseth et al. 1997) (after May and McLean 2007)

这种两个物种相互作用导致种群周期性震荡的现象在很多自然生态系统中应该也是真实存在的，但在大多数现实的生态系统（如森林、草地、湖泊等）中，往往是许多（少则数十，多则成千上万）物种错综复杂地共存在一起，即各种食物链交织在一起形成复杂的网络。不要说几十种，如何用数学模型描述相互作用的3个或4个物种的种群动态都是一件极其困难的事情。

在自然的生态系统中，两个物种间的相互关系往往还会波及或影响更多物种的命运，引发一连串生态链式反应。布查纳（2001）讲述了这样一个动人的故事："20世纪70年代……成群的野兔吞噬着上万英亩[①]肥沃的良田。幸运的是，英国政府已准备了一套安全方便的解决办法……通过引进兔瘟，他们可以控制野兔数量……瘟疫确实使野兔数量在几年内急剧下降……随着饲养动物和吃草的野兔的减少，英国南部地里的草长得比以往更高了……但是有一种称为MS的蚂蚁很快大批死亡了，因为它们在矮草中繁殖迅速，但在较高的草中，生命力却不很强。这种蚂蚁与一种称为MA的蓝色大蝴蝶有一种特殊的关系。当这种蝴蝶产下卵后，蚂蚁把它们运进洞穴，孵化出幼虫，并一直将其培育成成虫。不幸的是，在20世纪70年代这种蝴蝶的种群已经岌岌可危，当蚂蚁数量下降时，这种蝴蝶的数量便也骤然下降。兔瘟的引入使草增高、蚂蚁减少，并使这种美丽的蓝色蝴蝶在英国完全绝迹了"。不可否认，这种生态链式反应给物种间相互作用的模型化

---

① 1英亩=4046.86 m²，下同。

带来了极大的困难。但是，这并不意味 Lotka-Volterra 方程毫无价值，生态系统中再复杂的相互作用很多也离不开这一基本关系，即也是运用这一简单关系交织而成的。

八、不同生命层次的运动——难觅统一的动态模式

1. 酶促反应速率——既高效又专一，依赖于底物浓度

在细胞水平，酶促反应速率只依赖于底物的浓度，与时间和产物均无关系。因为酶本质上只是一种催化剂（虽然它高效而专一），它本身在反应过程中不被消耗，也不影响反应的化学平衡。酶以近乎无限的高效性（可比普通的化学反应速率提高数百万倍）及专一性控制着细胞内极为复杂的代谢过程快速而有条不紊地进行，支撑着细胞的快速分裂，虽然它们未能呈现数学上的无限性（可能限于一个有限的细胞空间）。由于细胞内酶种类繁多，如何评价酶的整体行为及其对细胞增殖速率的影响极为困难。

令人惊讶的是，细胞中的这种酶促反应动力学模型似乎只是一种底物调节型，并未受制于产物的调节，这或许是因为一般情况下酶促反应的产物会被（其他反应）快速利用或清除，或许昭示着生命系统正是在一种平衡中实现高速运转。但是，一旦有害产物得不到及时清除而出现堆积的话，很快就会导致生命系统的崩溃，这也从另一种角度昭示了个体生命系统潜在的脆弱性。

2. 个体和种群的增长——从无限到有限，依赖于时间与自身质（数）量

个体的生长与酶促反应完全不同，它是时间和自身质量的函数。个体的生长十分类似于一个有限环境中细胞数量从无限的指数增长开始逐渐过渡到零增长（趋于极限体长）的逻辑斯蒂过程，虽然它常用 von Bertalanffy 方程来描述（该方程的拐点比逻辑斯蒂更早出现，即相对于极限个体大小来说意味着更短的指数增长期）。

与个体生长类似，在有限环境容量中，种群的逻辑斯蒂增长为时间和种群数量的函数，它由无限的指数增长开始，接近环境容量的一半时开始减速，最后在环境容量附近增速趋于零（出生与死亡相等）。它与个体生长的模型应该最为接近，但迄今为止还没有人关注两者之间的可能关系以及如何将两种动态模型进行对接与融合。

九、结　语

地球生命系统形成了一个包含式的结构体系：细胞→组织→器官→个体→种

群→群落→生态系统→生物圈。如何定量描述各种生命系统的动态过程？广泛关注的动态模型主要针对酶促反应、有机体整体代谢、个体生长和种群增长的动态过程。

酶促反应惊人的速率可能是生命世界得以在地球上如此繁荣的本质机制之一。单位质量的代谢率与质量呈负相关，与热力学温度呈正相关，恒温动物的代谢成本均为最高，而植物和单细胞藻类最低。个体和种群的增长模式基本类似，虽然前者常用 von Bertalanffy 方程，后者常用逻辑斯蒂方程，都是始于无限，止于平衡。存活率曲线的改变可以显著影响种群的动态（如人类），因此，提高存活率也是物种进化的方向之一。

显然，不同层次的生命系统（如细胞、个体、种群）具有不同的结构特征、调节机制和动态模式，其稳定维持（当然任何活结构都不可能永恒稳定下去）的机制也不尽相同。负反馈（如捕食者与猎物系统）是一种平衡与稳定机制，而无限的正反馈（如种群的指数增长）将会导致系统失稳乃至崩溃。细胞与个体通过复杂的自我更新、适应与调节来维持稳定运行，而种群则在与外部环境（生物的或非生物的）永不停息的相互作用中生存、发展与演化。

总体来看，生命在对动态过程进行设计时，赋予了不同生命层次相对独特的动态模式，虽然生命层次在结构上是一种包含式的构成关系，但至少到目前为止，科学家对这些不同层次的动态过程还难以（或确切地说还未能）成功进行模型对接式的简约叠加。

第四章 从稳定性、可塑性和稳态转化透视生态系统的行为

早在一个多世纪以前，德国著名的哲学家狄尔泰（Wilhelm Dilthcy，1833～1911年）试图用一种动态的生命哲学观来诠释生命的本质，认为生命是一种不能用理性概念描述的活力，是一种不可遏止的永恒的冲动，是一股转瞬即逝的流动，是一种能动的创造力量，它既井然有序，又盲目不定；既有一定方向，又不能确定。这种强烈的动态生命观充满了对立统一的辩证哲学思想，虽然很遗憾它带有一些非理性的唯心主义的认识观。

任何生态系统结构化的生命层次——个体、种群、群落都处在不断地变化与发展过程之中，生态系统的非生物环境亦如此。但任何生态系统及其不同层次也会呈现出相对的稳定特性。正如皮亚杰（1989）指出的那样，"每一种发展，无论是系谱的还是器官的，最终都会达到一种相对平衡的状态，而且，由于自动调节机制，它实际上必然如此"。从本质上来说，所有生命系统都是在稳定和变化的矛盾统一体中产生、存在与发展，而有效调节和平衡动态与稳定是所有生命系统运作的本质特征之一。超越系统调节能力的波动将导致系统状态的飞跃，或使系统走向崩溃。

正如詹奇（1992）所说，一方面活系统连续地更新自身并不断地调节这个过程以保持其结构的整合性，另一方面活结构又不可能无期限的保持稳定。如果按控制论的话来说，生命系统通过负反馈机制维持结构的相对稳定性，通过正反馈机制失稳而发展出新的模式或走向崩溃。这就是说，生命系统具有一定的自组织性与自我调节性，还能通过过程的相互作用推动结构的演化。但事实上，在大多数情况下，我们对自然生态系统中存在的这种正负反馈机制的认识还是相当有限的，因为许多生态系统的结构以及组分间的相互关系过于复杂，难以进行准确的定量描述。但是，关于生命系统宏观状态与行为的趋势性分析依然是可行的并具有一定价值。

在第三章中讨论了种群动态的模型描述，包括单一种群和两个相互作用的种群。理论上来说，如果每个种群的行为以及种群间的相互作用都可以用数学模型精确描述的话，我们就能准确预测整个生物群落乃至整个生态系统的一切行为了。遗憾的是，这在绝大多数情况下是根本不可能的，因为一般的自然生态系统往往种类繁多，物种间的相互作用与关系极为错综复杂。即便如此，在相对整体的水平上对生态系统在一定时间尺度上的行为轨迹或动态特征的理解依然十分重要。

本章拟从稳定性、可塑性和稳态转化透视生态系统的状态与行为，虽然对稳定性、可塑性及稳态转化等只能进行定性-半定量研究，而且主要涉及一些生态学上中等时间尺度（数十年）的过程，但是一些研究却与人类对生态系统的管理息息相关，因为这正好位于或接近于人类易于感知以及可能操控的时间尺度。

一、对稳定性的认识——从种群到生态系统

1. 稳定性——涉及生态系统的各个层面

稳定性是一个在所有学科都广泛使用的词汇，特别是关于各种系统（生命的或非生命的）状态的稳定性，如自动控制系统的稳定性、农业生态系统的稳定性等。

在生态学领域，人们常常在生态系统的不同层次谈论稳定性，如种群稳定性、群落稳定性、系统稳定性、生态功能稳定性，也有人简称生态稳定性，环境也有稳定性环境或非稳定性环境之说。

就如同人们在不同的时空尺度使用生态系统、生物群落和种群一样，人们也常常在不同的时空尺度谈论稳定性问题，因此就可能有诸如"长期稳定性"之类的说法，但在生态学领域，多数研究主要涉及中小时空尺度的稳定性问题。

良性生态系统稳定性的维持机制一直都是应用生态学家关注的重要问题之一，因为只有阐明了稳定性的机制，才有可能在生产或保护实践中维持或调控目标生态系统的稳定存在或发展。关于稳定性的机制，人们特别关注多样性或复杂性与稳定性之间的关系。

2. 认识发展的几个关键节点

20 世纪 50 年代，以 MacArthur(1955) 为代表的生态学家试图主要在种群和群落水平上，构建与种群间相互作用（如捕食者-被捕食者）为核心的生态稳定性理论。70 年代初，人们对生态系统的认识（虽然也还是基于捕食者-被捕食者这样较简单系统的分析）从单一的平衡状态到多个平衡状态的转变（Holling 1973），宣告了理论生态学家的杰作——生态可塑性概念的粉墨登场。90 年代初，以 Scheffer 为代表的生态学家（Scheffer et al. 1990）开始以水生态系统（特别是湖泊生态系统）为例，研究生态系统在不同状态间的转化问题（即所谓稳态转化），这或许是因为湖泊生态系统（特别是浅水湖泊）在人类活动的干扰（如营养盐输入）下，在较短的时间尺度（数年至数十年）出现明显的状态（如浊水-清水）转化。

二、种群和群落稳定性——概念与度量

1. 什么是"种群稳定性"和"群落稳定性"

MacArthur 于 1955 年在 *Ecology* 的论文"动物种群的波动及群落稳定性的度量"堪称关于稳定性的经典之作,该文给"种群稳定性"和"群落稳定性"下了简单而直观的定义:种群稳定性为"在一些生物群落,物种丰度趋于十分稳定,而在另一些群落,物种丰度变化很大,将前者称为稳定,后者称为不稳定";群落稳定性为"在一些生物群落……由于一些原因,一个物种异常增殖,如果另外种类的丰度由于前者而显著变化,则称为群落不稳定,如果异常增殖的物种对其他物种的影响越小,群落就越稳定"。

MacArthur 的群落稳定性定义虽简单,但到底指什么还是不甚明确。例如,"对群落中其他种的影响"可以有多种不同的解读,它可能指平均(所有种)最大丰度变化、相对变化,平均平方变化,或不同的种类能被不同的权重等。在第六章中我们将介绍植物群落的演替问题,其实研究植被演替过程中某一演替阶段的稳定性或许更有价值。

此外,如果从生态对策的角度来审视种群的稳定性问题,还是挺有意义。一般来说,个体大、繁殖速率慢的 K-对策物种的种群稳定性较好,而个体小、繁殖速度快的 r-对策物种的种群稳定性较差。因此,K-对策物种是对所谓"稳定性环境"的一种适应,而 r-对策物种是对所谓"非稳定性环境"的一种适应。这不仅在解释短期的种群行为时有意义,或许在解释地质环境变化过程中不同生态对策物种的进化上也具有意义。

2. 种群和群落稳定性的概念——动听却难以度量

如何度量种群稳定性?依据 MacArthur 的定义似乎难以对种群稳定性进行严格的度量。也许可以考虑两种度量办法:①对于大小完全不同的物种,用内禀增长率 r 的大小或许可以判断稳定性的大小;②对于大小和繁殖率相近的物种,也许可以通过比较种群波动的振幅、频率的大小或震荡的不规则性来进行度量。直观地说,振幅越大、频率越高、震荡越不规则,则种群越不稳定。

如何度量群落稳定性非常困难。人们常常将食物网的复杂程度(如能量流动途径或食物链结点数)与群落稳定性直观地联系起来,即直观地(当然也是基于一定的经验)认为能量在食物网中流动的途径越多,群落稳定性越大(Odum 1953)。MacArthur(1955)运用缜密的逻辑分析力图证实这一观点的合理性。

MacArthur 首先通过对种群丰度的两种极端情形的定性分析试图说明其推论的合理性,即一种情形是一个群落中某一物种的种群异常大,为了减少其对群落中其他种群的影响，必须有大量的捕食者去分散其过剩的能量，该物种还必须有大量的饵料种群不至于使其种群减少太多，也就是说，通过每一个物种的多种（能量流动）途径的存在是减少一个种类的种群过剩效应所必需的；另一种情形是一个群落中某一物种的种群异常小，为了将其对群落中其他种群的影响减少到最小，该物种的每一种捕食者应该有大量的可替代食物以减少对稀有种的压力，同时也能将其自身的种群丰度维持在与原来丰度非常接近的水平。因此，这两种情形中的任一种都表明通过食物网的可选择能量流动途径的多寡可度量稳定性。

接下来，MacArthur 依据对生态现象的经验性观察，直觉地赋予了群落稳定性若干特性：①稳定性随食物链结点（link）增加而增加，直觉上似乎是如果一个物种仅有一种捕食者和一种食物（饵料），其稳定性应该最小；②如果每个物种的饵料物种数目一定，群落中物种数的增加将增加稳定性；③一定程度的稳定性可通过大量的物种（每种的食物相当局限）或通过少量的物种每种捕食许多其他物种来实现；④对一个有 m 个物种的群落，但有 m 个营养级且每个物种捕食其下面的所有物种时，稳定性将达到最大，如果一个物种捕食其他所有种类且这些种类全在一个营养级时，群落稳定性将达到最小。因此，食谱变窄将降低群落稳定性，但却是效率所必须，二者都是在自然选择压力下生存所需要的特性，自然选择可能使动物在保证必要的稳定性条件下使效率达到最大化。

最后，MacArthur 用上述赋予群落稳定性的特性，试图解释北极和热带地区的群落稳定性问题：①在物种稀少的北极地区，很难或不可能获得稳定的食物供给，猎食者不得不捕食广泛的食物种类，也能见到许多营养级（相对于物种数而言），即便如此，也难以保证群落稳定性，因此在北极地区，种群容易剧烈波动；②在物种丰富的热带地区，即便是十分狭窄的食谱也能获得所需的稳定性，物种能沿着特定的线路特化，营养级可能相对较少（相对于物种数而言）。

MacArthur 的观点虽被广泛引用，但无论是关于种群稳定性还是群落稳定性，都无法进行定量的度量，主要局限于为人们提供对种群和群落稳定性进行精神思辨的食粮。

三、系统稳定性——概念与度量

1. 用简单的系统诠释复杂的系统稳定性

Holling（1973）从纯理论的角度研究了一个非常简单的系统（只有两个种群组成）的行为。两个相互作用的种群可以是捕食者-被捕食者、牧食动物-被牧食植物或两个竞争者。他图示了如何用相平面来刻画两个种群之间相互作用的轨迹。相平面概念是 Poincare 于 1885 年首先提出来的，是求解一阶、二阶线性或非线性系统的一种图解法，常用来分析系统的稳定性。

设想在一个恒定环境中向一个或两个种群施加的扰动将导致种群波动，其振幅将逐渐减小，这可用图 4-1 来表示。这里每个种群的时间波动显示在盒子的侧面。在这个例子中，两个种群在某种意义上是相互调控的，但是滞后响应导致了一系列的振动，其每个种群的振幅逐渐减小到一个恒定的值。但是，如果我们也关心持续性（persistence），那么我们不仅想知道这两个种群是如何从特定的一对初始值开始其行为轨迹的，而且想知道所有可能的成对值，因为也许就存在若干个初始种群组合可导致两个种群中的一个或另一个灭亡。但是，在时间轴上显示可能响应的全部变化是非常困难的，而在相平面上绘出轨迹被证明是方便的，如图 4-1 盒子底部所示，这里的两个轴表示两个种群的密度。在平面上的轨迹表示在一定的时间间隔两个种群序列的变化，每个点表示每个种群在特定时间点的特有的密度，箭头表示时间变化的方向。如果振动衰减，如显示的例子，该轨迹将呈现一个封闭的螺旋，最终达到一个稳定的平衡。

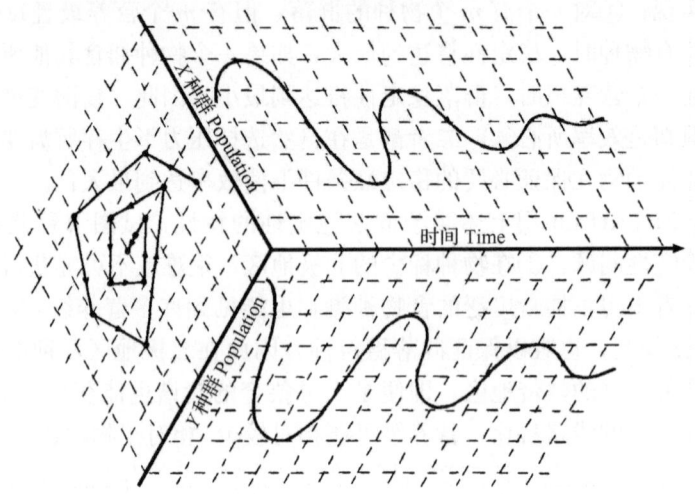

图 4-1 两个种群数量的时间变化导出的相平面（引自 Holling 1973）
Fig. 4-1 Derivation of a phase plane showing the changes in numbers of two populations over time（cited from Holling 1973）

接下来，Holling 描述了相平面中各种不同形式的轨迹，并定义了各种各样的数学或系统学上的稳定性概念。图 4-2A 为一个开放的螺旋，表示波动的振幅逐渐增加，添加的小箭头暗示无论何种种群组合来启动轨迹都是这样的结局；图 4-2B 的轨迹是封闭的，任何出发点都会回到那一点，尤其重要的是每个出发点都产生一个独特的环，这些点不倾向于汇集到一个单一的环或点上，这也称为中性稳定性（neutral stability），这是一个理想的无摩擦的摆钟式的稳定性；图 4-2C 显示的是一个与图 4-1 类似的稳定系统，这里相平面中所有可能的轨迹都螺旋进一个平衡。这三个例子都相对简单，但与经典的稳定性分析有关，这也可能正是生态学的理论好奇之处。

图 4-2D~F 增加了一些复杂性，在某种意义上，图 4-2D 是图 4-2A、C 的组合，在相平面的中央，所有可能的轨迹都向内螺旋进平衡，而在这个区域外的都向外螺旋，最终导致一个或另一个灭绝。这与图 4-2C 的全域稳定性（global stability）相反，是一个局域稳定性（local stability）的例子。他指定表现稳定性的区域为吸引域（domain of attraction），包含该区域的线为吸引域的边界（boundary）。图 4-2E 的行为正好相反，在一个内部的区域，轨迹向外螺旋至一个稳定极限环（a stable limit cycle），如果越过了该环，轨迹再向内接近它。最后，图 4-2F 显示一个稳定节（stable node），此时无震荡，轨迹单调地接近节点。这 6 种图形能以几乎无限变化方式组合产生若干吸引域，在其中能见到稳定平衡、稳定极限环、稳定节点或中性稳定轨道。

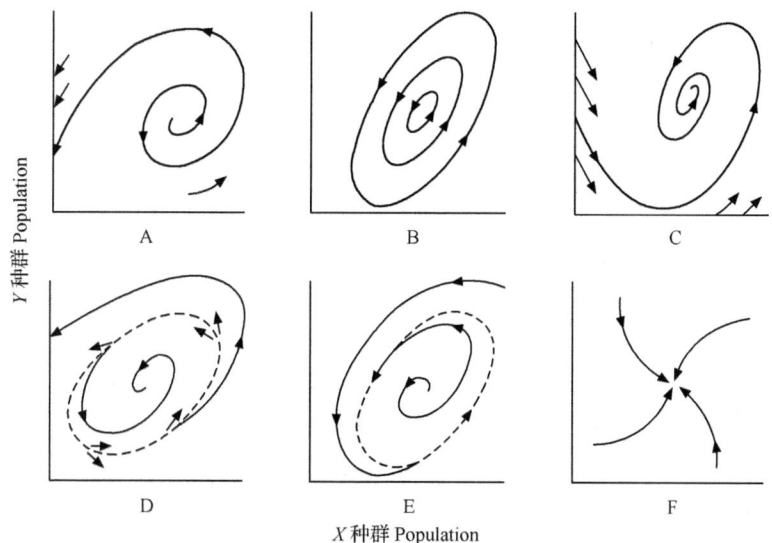

图 4-2 相平面中系统可能的行为案例。A. 非稳定的平衡；B. 中性稳定平衡；
C. 稳定平衡；D. 吸引域；E. 稳定极限环；F. 稳定节点（引自 Holling 1973）

Fig. 4-2 Examples of possible behaviors of systems in a phase plane. A. Unstable equilibrium;
B. Neutrally stable cycles; C. Stable equilibrium; D. Domain of attraction; E. Stable limit cycle;
F. Stable node（cited from Holling 1973）

Holling 认为，这之前的传统模型的行为特点是：①要么是全域稳定要么是全域不稳定；②中性稳定性非常不可能；③当模型稳定时，极限环就是一个可能的结果。

Holling 形象地用一个钵（bowl）来表示势能场（potential field）（图 4-3），如果整个势能场为一个浅钵，系统将为全域稳定，所有轨迹将旋向钵底——平衡点；如果至少有一个较低的（如猎物）灭绝阈值，钵的一边将撕开一个裂口

(图 4-3)，如果轨迹启动位置过高的话，较大的振幅将携带其超越该裂口，而只有那些正好避开了裂口最低点的轨迹才能旋进钵底。可将钵称为吸引盆（basin of attraction），那么吸引域（domain of attraction）将由周期性行为和力的构型所决定。

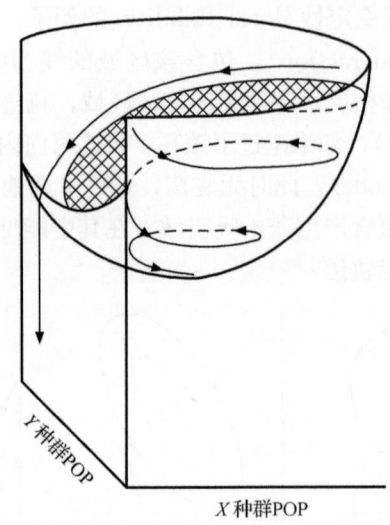

图 4-3　轨迹在势场上移动的反馈力的略图，阴影部分表示吸引场（引自 Holling 1973）
Fig. 4-3　Diagramatic representation showing the feedback forces as a potential field upon which trajectories move. The shaded portion is the domain of attraction (cited from Holling 1973)

2. 大胆的外延——提出从单个到多个平衡状态的新的系统观

Holling（1973）认为，传统的系统观仅聚焦于系统在某个平衡点附近的行为，而忽略了系统可能在多个平衡状态间的转换：仅关注个体死亡、种群消失和物种灭绝。例如，在一些年份猫头鹰多、老鼠少，而在另外的年份，情况相反；又如，鱼类种群随自然条件有盛有衰；再如，昆虫种群极端变化到只有对数转换才容易表示；此外，在不同的区域，经过或长或短的时间，物种能完全消失，然后又再现。

Holling 认为，传统的系统观更多的是直观的和表象的，科学的系统观不应该只关注有机体数量的多寡及它们数量的恒定程度，因为一个原始（未被扰动）的生态系统在自然历史进化的长河中可能经历了多个不同的平衡状态，在人类活动（资源利用、污染等）的影响下，生态系统可能从一个平衡状态转变（退变）到另一个平衡状态，常常导致严重的生态后果（如物种濒危甚至消失）。因此，科学的系统观应聚焦于并充分认识多平衡状态及其邻域条件，从这种角度来审视生态系统的行为将可能获得不同但有用的见解，而基于上述两种不同世界观的策略可能恰好是对立的。

在这里，笔者不得不感叹的是，理论生态学家借用相平面图以及用仅有两个种（这比任何一个自然生态系统都简单）的相互作用的理论轨迹勾勒出了系统稳定性的框架，并大胆地扩展到讨论生态系统的稳定性问题。简单地说，Holling（1973）用这种巧妙的手法，试图让人们相信复杂的自然生态系统中也存在多稳定域（multiple stability domains）或多吸引域（multiple basins of attraction），以及它们是如何与时空尺度下的生态过程、随机事件（如干扰）和异质性相关联的。

3. 系统稳定性的度量——一样困难

与种群和群落稳定性的度量一样，系统稳定性的度量也是一件极其困难的事。Pimm（1991）认为，一个系统当且仅当所有的变量在扰动后都返回了最初的平衡才被认为是稳定的，如果这仅适用于小干扰，则系统为局域稳定（locally stable），如果系统能从所有可能的干扰中返回，称为全域稳定（globally stable），系统返回特定平衡相关的变量的所有数值的集合称为吸引域，稳定性是无量纲的（non-dimensional）、二进制的，0表示不稳定、1表示稳定。

Gallopin（2006）认为，常用的稳定性概念聚焦平衡点或轨迹附近系统的行为，可通过干扰后系统返回稳定点或轨迹的速率来度量，这本质上就是Pimm（1984）定义的可塑性概念，后来被Holling（1996）称之为工程可塑性，这也相当于在数学里熟知的局部稳定性概念。

迄今为止，还没有一个大家普遍接受的系统稳定性的度量方法，对其还只停留在定性的描述。这可能是由于上述系统稳定性概念来源于理论生态学家对非常简单的生态系统（仅由两个物种组成）的抽象，而一个复杂的生态系统（如热带雨林）则可能由成千上万个物种错综复杂地相互联系与交织在一起，二者相差甚远，而且理论生态学家也没有对所涉及的生态系统的时空尺度予以界定。即便如此，生态系统的多稳定状态是现实存在的，从理论生态学角度提出的系统稳定性概念依然具有重要价值。

4. 稳定性景观——形象地描绘多稳态系统

一些学者还试图通过形象的方式表示一个含有多个稳态的系统，将系统的多个稳定状态抽象地图示在一起，称为稳定性景观（stability landscape），这是一种直观描绘系统的动态特征（包括各稳态之间的相互关系）的方法，这里的景观类似于景观生态学中景观的含义，但它纯粹是抽象的。

Gallopin（2006）图示了具有三个域的一个系统，A域含有一个稳态（steady state）、B域含有一个稳定圈（stable cycle）、C域含有一个稳定轨迹（stable trajectory）。整个图描绘了系统的稳定性景观，由所有吸引域的构型所表征，包括区分它们的边界；稳定性景观格局是系统结构的一部分，依赖于系统的参数赋值（固定的或非常缓慢变化的因素）（图4-4）。在一个拥有多个吸引子的动态系统，一些关键参数的连续变化能导致系统稳定性景观的不连续变化（图 4-5），这些不连续体（discontinuities）在动态系统数学理论中称为分叉（bifurcation），在灾害理论中称为灾变（catastrophes）。

需要指出的是，稳定性景观依然是一种描述性的概念模式，还无法定量化，因此也只是理论生态学家对系统稳定性的一种形象思考。

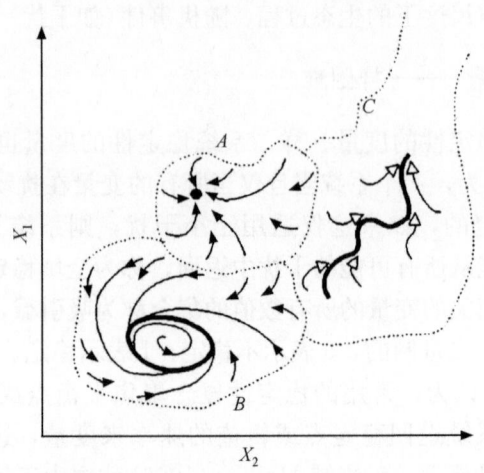

图 4-4 拥有两个变量（X_1、X_2）三个吸引子（A、B、C）的
状态空间，虚线表示各自的吸引域（引自 Gallopin 2006）

Fig. 4-4 State space of a two-variable (X_1, X_2) system with three attractors (A, B, C),
indicating the respective basis of attraction with dotted lines (cited from Gallopin 2006)

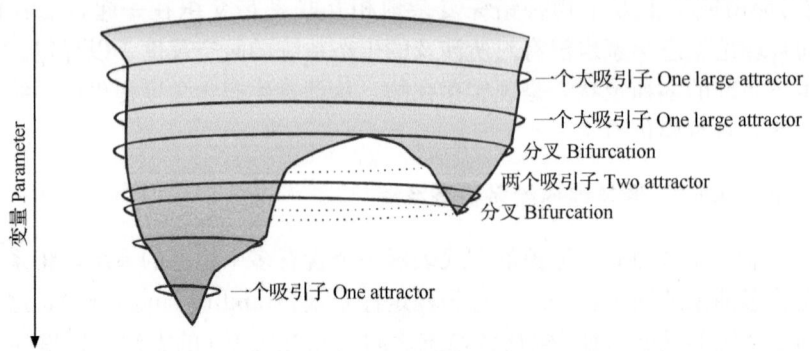

A

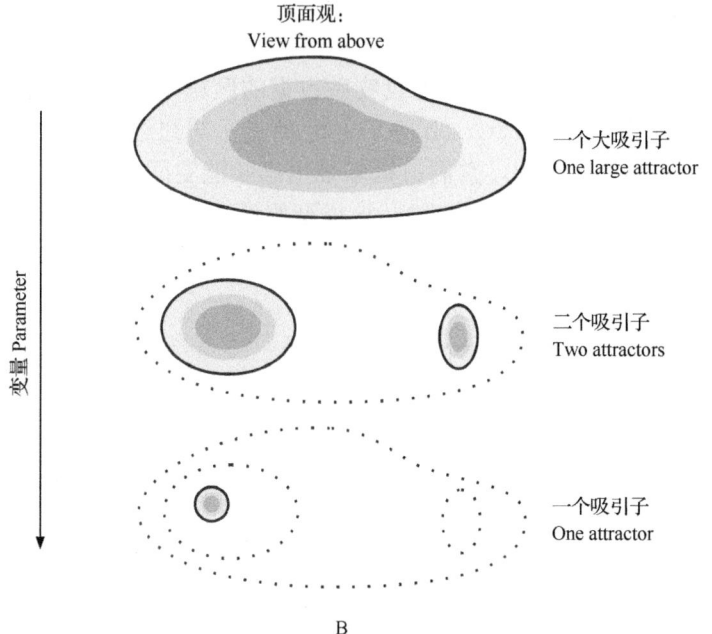

图 4-5 吸引子的定性变化。一个参数的连续变化能引起吸引子萎缩、分裂或消失。
A. 三维的表示；B. 顶面观，立体图形的三个剖面（引自 Gallopin 2006）

Fig. 4-5 Qualitative changes in attractors. Continuous variation of a parameter can cause attractors to shrink, split, or disappear. A is a three-dimensional representation; B is a view from above, at three sections of the solid shape (cited from Gallopin 2006)

四、生态功能稳定性模型

凭借经验和直觉，一些学者认为一个生态系统中存在的物种越多，物种间的相互作用就会越复杂，生态功能（stability of ecological function）也应该更为多样和稳定（Peterson et al. 1998）。笔者感到有些疑惑的是，这里的生态功能稳定性所指含糊，不知是指生态系统的物质循环和能量流动的稳定性，还是指种群、群落或生态系统的稳定性。

物种多样性增加生态（功能）稳定性的直观思想最早由达尔文提出（Darwin 1859），然后被 MacArthur（1955）再描述，后来被 May（1973）模型化。Peterson 等（1998）将描述物种多样性增加导致生态功能稳定性增加的竞争性模型（competing model）分为 4 类：物种多样性模型、异质性模型、"铆钉"模型和"驾驶员和乘客"模型。

1. 物种多样性模型

达尔文（1859）曾经提出，一个被大量物种占据的区域比一个被少量物种占据的区域更具有生态稳定性。Peterson 等（1998）将这一思想进行概念性模型化（图 4-6），认为随着物种的累积，它们占据多维生态功能空间（插图的宽度和高度表示一个物种生态功能的宽度和强度），该模型假设功能空间相对较空，因此物种能被不断地加入到群落中去而不饱和，并假设生态功能的强度和宽度不随物种的不同而变化。

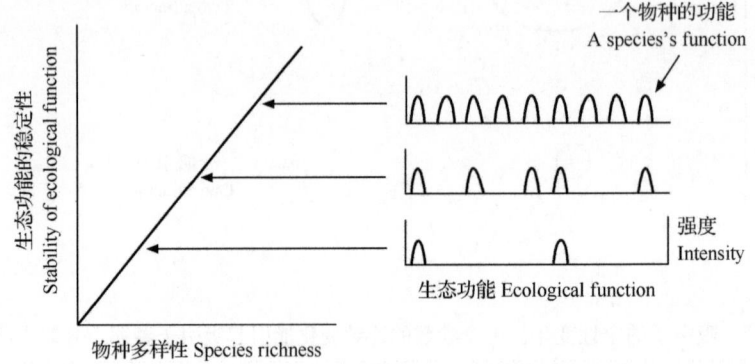

图 4-6 达尔文/MacArthur 模型的图示：物种丰度的增加使生态功能的稳定性增加（引自 Peterson et al. 1998）

Fig. 4-6 A representation of the Darwin/MacArthur model: increasing species richness increases the stability of ecological function (cited from Peterson et al. 1998)

2. 异质性模型

异质性模型（idiosyncratic model）（图 4-7）主张每个物种对生态功能的贡献受物种之间相互关系的强烈影响，因此，向（从）生态系统中引入（移出）物种的影响根据引入（移出）物种的性质以及与其相互作用的物种的性质的不同表现得或者不显著或者严重（Peterson et al. 1998）。例如，红火蚁对美国东南部生态系统有很大影响（Porter and Savignano 1990，Allen et al. 1995），但在其原产地巴西和巴拉圭的沼泽中却有着非常不同功能（Orr et al. 1995）。

生态系统的功能虽依赖于区域中相互作用的生物物种的生态与进化历史，但其不仅仅是历史事件的产物，许多生态系统虽然拥有很不相同的生物群落，但却被组织成行使相似的生态功能（Peterson et al. 1998）。例如，在世界五大地中海气候区，虽然由于地理和进化的隔离形成了完全不同的动植物区系，但生态结构和功能却极为相似（Di Castri and Mooney 1973，Kalin Arroyo et al. 1995）。

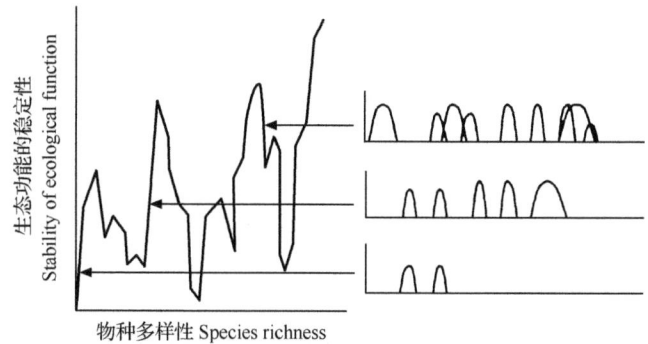

图 4-7 异质性模型(Lawton 1994)的图示：生态功能随着物种丰度的增加而呈现异质性变化(引自 Peterson et al. 1998)

Fig. 4-7 A representation of the idiosyncratic model (Lawton 1994): ecological function varies idiosyncratically as species richness increases (cited from Peterson et al. 1998)

3. "铆钉"模型

大量经验事实表明，物种移出或引入一个生态系统其影响会不尽相同。Ehrlich和Ehrlich(1981)提出了所谓"铆钉"模型("rivet"model)，将生态功能比喻为机翼上的"铆钉"，在机翼脱落之前可以失掉几颗铆钉。该模型假设生态功能的空间相对较小，因此，一个物种加入到生态系统，其功能开始重叠或相互间互补。虽然丧失了少数种类，但是这种重叠使生态功能得以持续，因为具有相似功能的物种能够补偿其他物种的去除或数量减少所产生的影响。但是，通过新物种的引入获得的稳定性增加将随着物种的增加及功能空间的不断拥挤而下降(图 4-8)。

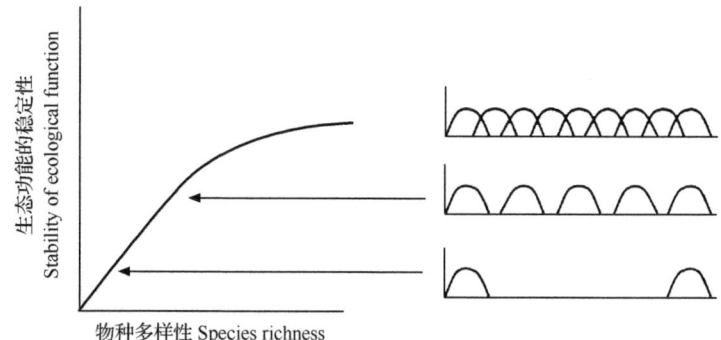

图 4-8 Ehrlich 和 Ehrlich(1981)提出的"铆钉"模型的图示(引自 Peterson et al. 1998)

Fig. 4-8 The "rivet" model of ecological function proposed by Ehrlich and Ehrlich (1981) (cited from Peterson et al. 1998)

4. "驾驶员和乘客"模型

Walker(1992,1995)提出了所谓"驾驶员和乘客"模型("drivers and passengers" model)(图 4-9),认为生态功能依赖于"驾驶员"物种或其功能性类群,即"驾驶员"物种具有强烈的生态功能,显著影响其自身及"乘客"物种所在的生态系统的结构,而"乘客"物种的生态功能很小。"驾驶员"物种能有各种形式,它们可能是生态工程师(ecological engineers),如海狸或地鼠、陆龟塑造物理环境(Diemer 1986, Jones et al. 1994, Naiman et al. 1994),或"关键物种"(keystone species)(Paine 1969),如与其他物种有着强烈关系的海獭或非同步成熟的果树(Terborgh 1986, Estes and Duggins 1995, Power et al. 1996)。"驾驶员"物种的存在与缺失决定生态系统功能的稳定性(Walker 1995)。

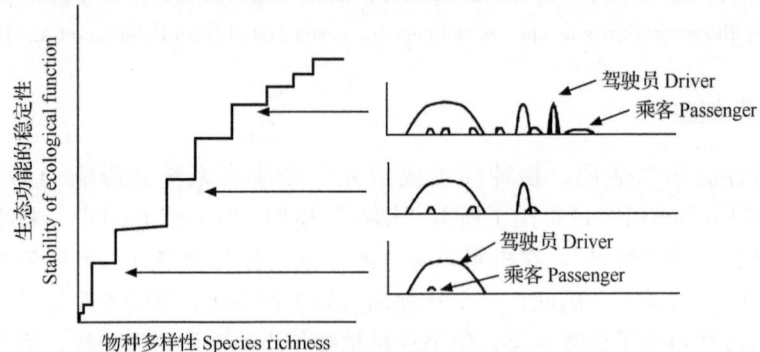

图 4-9　Walker(1992,1995)关于冗余生态功能的"驾驶员和乘客"模型,假设生态功能在物种间非均匀地分布。"驾驶员"物种的生态影响大,而"乘客"物种的生态功能极小。"驾驶员"物种的加入增加系统的稳定性,而乘客物种的影响极小或没有(引自 Peterson et al. 1998)

Fig. 4-9　Walker's (1992, 1995) "drivers and passengers" model of redundant ecological function proposes that ecological function is unevenly distributed among species. Drivers have a large ecological impact, while passengers have a minimal impact. The addition of drivers increases the stability of the system, while passengers have little or no effect (cited from Peterson et al. 1998)

5. 模型整合

Peterson 等(1998)认为,一个能最好地描述生态系统的模型依赖于该生态系统中生态功能的分化程度以及物种间生态功能分布的均匀度:如果一个生态系统中的构成物种每一种都行使不同的功能,而另一种生态系统具有同样数目的物种但每个物种有广泛的生态功能,那么前者比后者的冗余要少;同样,如果不同物种之间的生态影响几乎没有差别,就分不出"驾驶员"和"乘客",因此就适合用"铆钉模型"。他们将物种多样性如何影响生态功能稳定性的几个模型整合到一个简单的模型中,横轴为物种间生态功能的重叠程度,纵轴为物种间生态功能的变化程度(图4-10)。

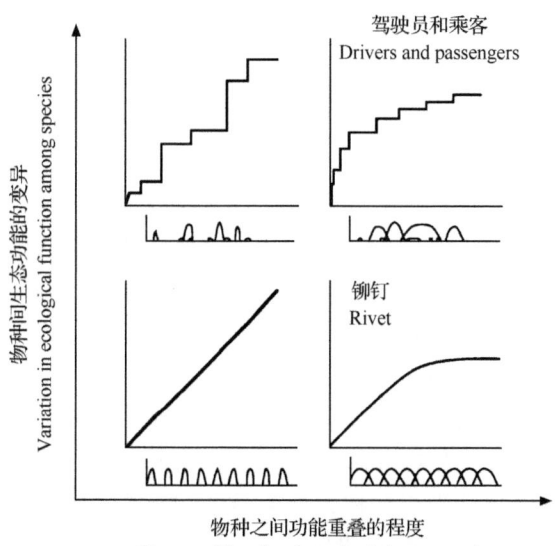

图4-10 物种多样性和稳定性之间的关系随不同物种的生态功能之间的重叠程度以及物种生态功能的生态影响的变化量而异。生态功能的重叠导致生态冗余。如果不同物种的生态影响相似,它们就是"铆钉",如果一些种类的生态影响相对较大,它们就是"驾驶员",而其他种类就是"乘客"(引自Peterson et al. 1998)

Fig. 4-10 The relationship between stability and species richness varies with the degree of overlap that exists among the ecological function of different species and the amount of variation in the ecological impact of species ecological function. Overlap in ecological function leads to ecological redundancy. If the ecological impact of different species is similar they are "rivets", whereas if some species have relatively large ecological impact they are "drivers" and others are "passengers" (cited from Peterson et al. 1998)

上述4种模型的差异主要在如何评估物种的生态功能的多少上,其共同的基本逻辑是:①生态功能的多少与生态功能稳定性呈正相关;②生态功能的多少又与物种(或关键物种)的数目呈正相关。因此,物种数越多,生态功能越稳定。这在本质上与MacArthur(1955)的观点并无多大差异,只不过关键词一个是"生态功能稳定性",另一个是"生物群落的稳定性"。需要指出的是,上述生态功能稳定性模型也基本上是一种定性的形象化的概念性表述。当然,它们是基于不同生态系统特性的一种稳定性抽象,在引领我们对生态稳定性的思辨上仍然具有重要价值。

五、生态可塑性——稳定不一定可塑，不稳定不一定不可塑

1. 生态可塑性——一种新的多平衡态的系统观

20世纪70年代以前，理论生态学家十分关注与生态稳定理论相关的种群间（如捕食者和被捕食者）的相互作用及功能响应(Folke 2006)。Holling(1973)在其经典之作——"生态系统的可塑性和稳定性"一文中，通过经验研究、数学模型和生态系统管理经验等的分析，正式提出了生态系统可塑性的概念，将可塑性定义为"系统维持能力以及吸收变化和干扰后仍然保持种群间或状态变量间同样关系的能力的一种度量"(A measure of the persistence of systems and of their ability to absorb change and disturbance and still maintain the same relationships between populations or state variables)。

Holling展示了一种新的多平衡观点，认为许多自然的未受干扰的生态系统也常常处于若干稳定的暂态(transient state)，它们有使系统变量趋于保留两个或更多的吸引域，在每个吸引域内，系统状态可能宽幅震荡(如可能高度不稳定)，但如果它趋向于停留在域的边界内，系统就是可塑的。因此，可塑性意指一个多稳态系统面对干扰，其状态变量在某个给定吸引域内保持的能力，而不关心状态在吸引域内的稳定性或恒定性，生态可塑性可用导致系统状态偏移到吸引域外之前系统所能吸收的干扰量来度量(Gallopin 2006)。

2. "五花八门"的生态可塑性定义

Pimm(1991)将可塑性定义为"变量经过干扰后回复到其平衡状态有多快"，单位为时间。他认为可塑性不能针对不稳定系统，特征的返回时间为经历干扰后回复到初始值的$1/e$(约37%)[How fast the variables return towards their equilibrium following a perturbation. Resilience is not, therefore, defined for unstable system. Characteristic return time is time taken for a perturbation to return to $1/e$ (about 37%) of initial value]。Holling(1996)认为，统治主流生态学的单一平衡观点(single equilibrium view)导致了将可塑性解释为干扰后的返回时间，并称之为工程可塑性(engineering resilience)。工程可塑性聚焦在稳定平衡(stable equilibrium)附近的行为及一个系统经历干扰后趋向稳态(steady state)的速率，即返回平衡的速率(Folke 2006)。

自Holling(1973)以来，许多学者对可塑性的描述或再定义基本大同小异(表4-1)。例如，Walker等(2004)将可塑性定义为"一个系统吸收干扰、经历变化的同时重新组织以便仍然保持必需的同样的功能、结构、特性及反馈的能力"(resilience is the capacity of a system to absorb disturbance and reorganize while undergoing change so as to still retain essentially the same function, structure, identity, and feedbacks)。这里，生态系统的重新组织其实是生态系统的基本特性之一。

表 4-1 关于可塑性的各种定义
Table 4-1 Various definitions of resilience

类别 Categories	定义 Definition	文献 Reference
生态的 Ecological		
1	系统维持能力以及吸收变化和干扰后仍然保持种群间或状态变量间同样关系的能力的一种度量	Holling 1973
2	系统通过改变变量及控制行为的过程来改变其结构前所能吸收的干扰量	Gunderson and Holling 2002
3	系统经历冲击但本质上仍然保留同样的功能、结构与反馈、（因此）统一性的能力	Walker et al. 2006
4	①吸收干扰的能力；②自我组织的能力；③学习和适应的能力	Walker et al. 2002
5	提出了可塑性的 4 个特性：①宽容度（吸引域的宽度）；②阻力（吸引域的高度）；③不稳定性；④跨尺度关系	Folke et al. 2004
6	随生态系统动态而变化、发生在生态系统层次体系的每一个水平的数量特性	Holling 2001
7	可塑性指一个社会生态系统在转移到一个状态空间的不同的域（被一组不同的过程所控制）之前所能忍受的干扰量。但是，到底如何针对特定的社会-生态系统去定量可塑性的大小	Carpenter et al. 2001
8	系统在面临内部变化和外界冲击的情况下维持其同一性的能力	Cumming et al. 2005
社会-生态的 Social-ecological		
1	群体或群落通过社会、政治和环境变化应对外来压力或干扰的能力	Adger 2000
2	通过决策者的消费和生产活动在状态之间变革的可能性	Brock et al. 2002
3	系统承受市场或环境的冲击但不失去有效配置资源的能力	Perrings 2006
4	一个生态系统在面临波动的环境和人类利用的情况下维持期待的生态系统功能的根本能力	Folke et al. 2002
5	一个社会生态系统吸收周期性扰动的能力（……）以维持必需的结构、过程和反馈	Adger et al. 2005
6	一种分析社会-生态系统的思考方法或途径	Folke 2006
7	长时期的柔韧性	Pickett et al. 2004
8	自然资源的长期维持	Ott and Döring 2004

资料来源：修改自 Brand 和 Jax（2007）(modified from Brand and Jax 2007)

生态可塑性的概念还被引入社会经济系统或生态-社会复合系统（表 4-1）。Hughes 等（2005）认为在认识到扰动和变化是复杂的社会生态系统不可或缺的组分的基础上，将生态社会可塑性聚焦于周期性扰动以及应对不确定性和危险性上。

3. 稳定性包含于"可塑性"之中

Gallopin（2006）针对稳定性景观，将稳定性区分成三种类型或水平，并指出了其与可塑性的关系。第一种，局域稳定性或工程可塑性，指在给定吸引域内在一个吸引子附近的系统轨迹行为；第二种，指系统状态在系统稳定性景观内不同吸引域之间的变化，系统保持在同一个吸引域内的能力称为生态可塑性；第三种，包括稳定性景观自身的变化，这是动力系统结构稳定性域，即系统在其动态方程被干扰情况下维护其轨迹的拓扑的能力（其稳定性景观格局的定性特征）。结构的不稳定代表原来的系统可能真正转变为不同的系统。

Peterson 等（1998）基于生态功能稳定性模型，诠释了稳定性-工程可塑性-可塑性三者之间的关系，图 4-11A 为物种多样性与生态功能稳定性模型，图 4-11B 为稳定性景观。形象地说，重力将球向下吸引，因此景观表面的凹陷处为稳定状态，凹陷越深，越稳定，因为需要不断增强的扰动才能将生态系统的状态从凹陷

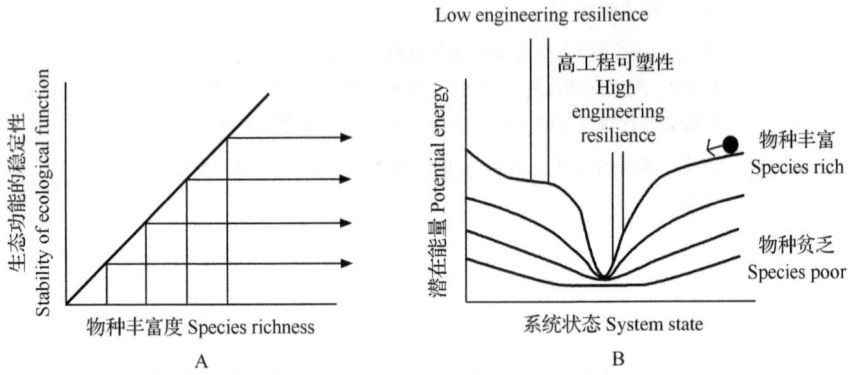

图 4-11 稳定性和物种多样性之间的关系可用一组稳定性景观表示。一个系统的动态用一个景观表示（A），它的状态用一个被吸引到凹陷的球所表示（B）。在不同的物种多样性水平可能存在不同的景观地貌。在这个模型中，凹陷越深，状态的稳定性越大。坡度较小的稳定性表面区域的工程可塑性比坡度较大的区域要小（引自 Peterson et al. 1998）

Fig. 4-11 The relationship between stability and species richness can be represented by a set of stability landscapes. The dynamics of a system are expressed by a landscape, and its "state" is represented by a ball that is pulled into pits. Different landscape topographies may exist at different levels of species richness. In this model, the stability of a state increases with the depth of a pit. Zones of the stability surface that have low slopes have less engineering resilience than do areas that have steep slopes (cited from Peterson et al. 1998)

底部移出来。凹陷侧边的陡峭程度与维持生态系统在稳定状态附近的负反馈力的强度相对应，其结果是凹陷侧边的坡度越大，工程可塑性越大。物种越丰富，凹陷越深，即可塑性越大。

假设一个生态系统能在多个自组织或稳定的状态之间切换，则生态可塑性就是使系统从一种状态转移到另一种状态所需要变化的度量（图4-12）。一个状态的稳定性是一个局部的测度，而一个状态的可塑性是一个更大尺度的测度。

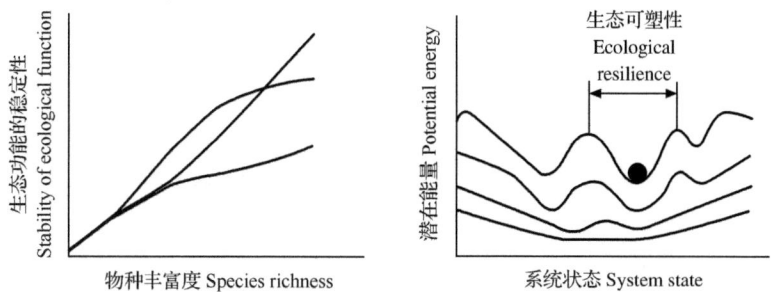

图4-12　一个系统可能在多个不同状态保持稳定。推动系统在景观中移动的干扰和改变景观形态的缓慢的系统变化均可驱动系统在状态间移动。一个状态的稳定性是一个局部的测度，它取决于在当前位置景观的坡度。而一个状态的可塑性是一个大尺度的测度，因为它对应于系统现在所处凹陷的宽度（引自 Peterson et al. 1998）

Fig. 4-12　A system may be locally stable in a number of different states. Disturbance that moves the system across the landscape and slow systemic changes that alter the shape of the landscape both drive the movement of a system between states. The stability of a state is a local measure. It is determined by the slope of the landscape at its present position. The resilience of a state is a large-scale measure, as it corresponds to the width of the pit the system is currently within (cited from Peterson et al. 1998)

六、生态可塑性——只不过是个隐喻吗？

Carpenter 等（2001）批评道，长期以来，可塑性被用以表达不同的意思：与可持续性相关的隐喻、动态模型的特性、在社会生态系统的实地评估研究中能被测量的数量，但是关于量化可塑性的可操作的指标几乎未被关注。

1. 可塑性的概念性度量

一般将吸引域的容积（size of the attraction basin）作为Holling（1996）定义的生态可塑性大小的度量，从二维的稳定性景观图来看，这取决于波谷的深度和宽度。Scheffer 等（2001）认为，吸引域的容积越小，则可塑性也越低，甚至一个中等程度的扰动就可能使系统进入另一个吸引域。van Nes 和 Scheffer（2007）用图4-13A、B直观地表示可塑性的大小，而从小的扰动的恢复速率是局域稳定性的度量图 4-13C、D。

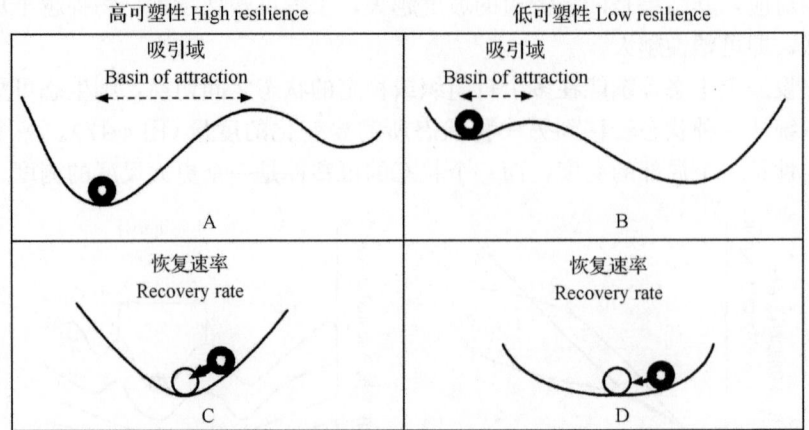

图 4-13　通过在有波峰和波谷的稳定性景观中球的命运来直观地表述不同的生态可塑性
（引自 van Nes and Scheffer 2007）

Fig. 4-13　Intuitive expression of different ecological resilience by the fate of a ball in a stability landscape of hills and valleys（cited from van Nes and Scheffer 2007）

Walker 等（2004）提出用 4 个要素来刻画可塑性。①宽度（latitude）：是指一个系统在不丧失恢复能力（未越过阈值，如果突破了阈值，系统就难以甚至不能恢复）的条件下能被改变的最大量。②阻力（resistance）：是指系统被改变的难易程度。③不稳定性（precariousness）：是指系统现在的状态离极限或阈值有多近；④组织形式（panarchy）：因为跨尺度相互作用，在某个特定聚焦尺度的可塑性将同时受到上、下尺度的状态和动态的影响。Walker 等将吸引域中的宽度、阻力和不稳定性进行了图解（图 4-14），可以认为他们试图对 Holling（1973）可塑性概念进行细化与形象化，但从本质上来看，他们的图解仅是图 4-13 的一种扩展。并未解释如何定量这些参数，从本质上来说还是停留于概念的定性描述。

Walker 等（2004）以草原生态系统为例给予了说明，即这一稳定性景观有两个吸引域，一个为原始的（如许多牧草、灌木稀少、很多牲畜）稳态，另一个为退化的（如牧草稀少、灌木丛生、很少牲畜）稳态。人们的目的就是为了防止系统从原始的稳态进入困难或难以恢复的退化稳态。如果退化的吸引域深而陡（阻力值 R 较大），则需要更大的干扰或管理努力去改变系统的状态或稳定性景观。

2. 可塑性的半定量

Carpenter 等（2001）以湖泊生态系统为例，尝试了一种半定量的方法。将湖泊区分为两种稳态：一种为低磷、慢循环和好水质，另一种为高磷浓度、快循环和差水质。以快变化变量（水中磷）为纵坐标轴，以慢变化变量（沉积物磷）为横坐标轴来图示系统平衡，以此度量可塑性（图 4-15）。

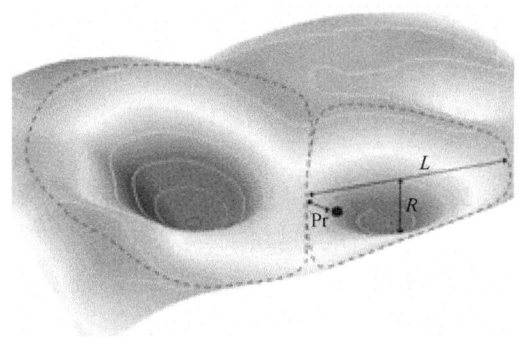

图 4-14　一个三维的稳定性景观图，有两个吸引域，在一个吸引域内标示了系统现在的位置以及决定可塑性的三个参数，L 为宽容度，R 为阻力，Pr 为不稳定性（引自 Walker et al. 2004）

Fig. 4-14　Three-dimensional stability landscape with two basins of attraction showing, in one basin, the current position of the system and three aspects of resilience, L=latitude, R=resistance, Pr=precariousness（cited from Walker et al. 2004）

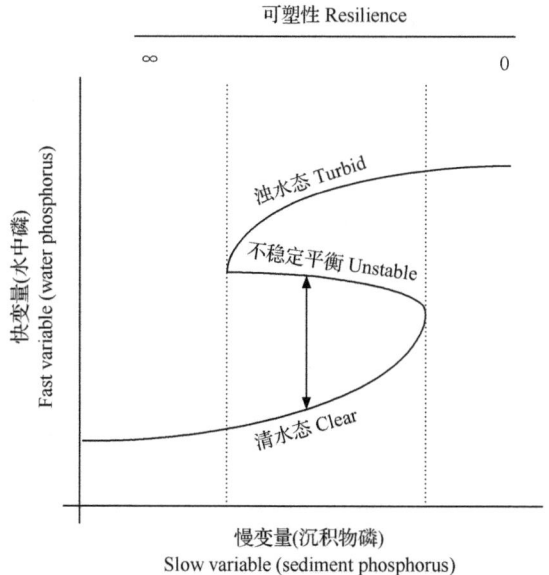

图 4-15　水中磷与沉积物磷之间的关系——清水状态的平衡和可塑性。箭头表示不稳定平衡与清水吸引域之间的距离。垂直虚线表示其中一种稳态的可塑性变为了零（引自 Carpenter et al. 2001）

Fig. 4-15　Water phosphorus versus sediment phosphorus, showing equilibria and resilience of the clear-water state. Arrows indicate distance between unstable and clear attractor. Vertical dashed lines show where the resilience of one of the stable states becomes zero（cited from Carpenter et al. 2001）

因为有多个稳态，因此必须确定考虑是哪个特定的稳态。此处，选择关注清水状态的可塑性。图 4-15 中的垂直线将清水状态的可塑性界定成 3 个区，在最左区，清水态可塑性无穷大；在最右区，系统从任何位置都将进入浊水态，清水稳态的可塑性为零；在中间区，如果起始点位于不稳定线下方，系统将进入清水态，反之将进入浊水态。

Carpenter 等（2001）将清水态的可塑性定义为不稳定平衡到清水平衡之间的距离，一个大于这一距离的磷浓度增加的干扰会使系统进入浊水态吸引域。此外，其他变化更慢的变数（如流域土壤的背景磷浓度）也会影响清水态吸引域的可塑性：如果土壤磷浓度极低，曲线将伸直到浊水态吸引域消失，如果土壤磷浓度极高，曲线将抬起到在所有沉积物磷浓度水平下，清水态可塑性均为零。

图 4-15 的参数是可以具体化的，因此，以这种方式对可塑性的度量可称为半定量。虽然这也会面临一些不确定的困难。例如，影响水质的因素除了磷还有氮，还会受气候变化的影响，沉积物-水界面还存在着复杂的氮、磷交换过程，等等。

van Nes 和 Scheffer（2007）通过模型研究认为，系统从小扰动的恢复速率[有时被称为工程可塑性（engineering resilience）]是生态可塑性的一个很好的指标。这样的恢复速率随着灾难性的稳态转化的临近而降低，这种现象在物理学中被称为临界松弛（critical slowing down）。他们在所用的 6 种生态模型中都观察到这种现象的发生，并且都离稳态转化的阈值足够远，因此在实践上可能其可以用于系统灾变的早期预警。图 4-16 是根据 May（1977）的模型（牧食以逻辑斯蒂方程增长的种群 X，环境容量 K 为 10）进行模拟研究的结果。

van Nes 和 Scheffer（2007）讨论的系统在稳定性景观的特定吸引域内的行为，有些类似于 Walker 等（2004）描述的不稳定性（图 4-14 中的 Pr）。

3. 可塑性也会变化

很显然，依据可塑性的定义及图解，稳定性景观的变化将导致生态可塑性的变化。Walker 等（2004）认为，外界的驱动因素（降水、交换速率）和内部的过程（植物演替、捕食者-猎物周期、管理实践）能导致稳定性景观的变化，如吸引域数目的变化、吸引域在状态空间中位置的变化、吸引域之间阈值（边缘）位置的变化（图 4-14 中的 L）或域"深度"的变化。比较图 4-14 和图 4-17，可以看出稳定性景观的变化。

七、生态系统的稳态转化与时滞

发育的阶段性是生命系统的共有特性，它广泛存在于不同层次的生命系统。例如，在生物个体水平，全变态昆虫的一生需经历形态完全不同的 4 个发育阶段

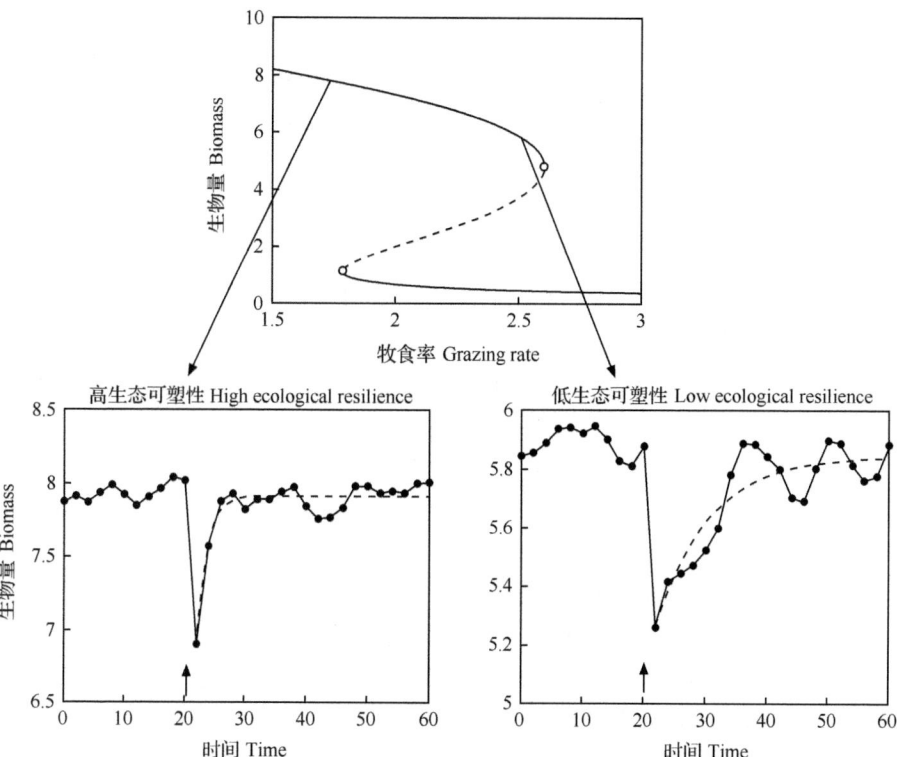

图 4-16 利用 May(1977)的模型模拟的瞬时扰动实验,在两种情形下,
扰动导致生物量下降 10%（垂直箭头）（引自 van Nes and Scheffer 2007）

Fig. 4-16 Simulated pulse perturbation experiments using the May (1977) model, in both cases the perturbation consists of a 10% reduction in biomass (vertical arrows) (cited from van Nes and Scheffer 2007)

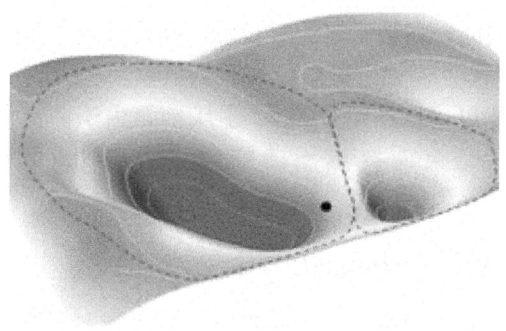

图 4-17 稳定性景观的变化引起系统所在的域的萎缩以及另一个域的扩张。如果稳定性
景观没有发生变化,系统可能变换了域（引自 Walker et al. 2004）

Fig. 4-17 Changes in the stability landscape have resulted in a contraction of the basin the system was in and an expansion of the alternate basin. Without itself changing, the system has changed basins (cited from Walker et al. 2004)

(卵→幼虫→蛹→成虫），这里会飞的成虫与只能爬行的幼虫、不会动的蛹相比，真是有天壤之别。很多生态系统的发育也会呈现阶段性。例如，第六章将要介绍的植物群落的演替，正是生态系统发育阶段性的真实写照。没有生态系统发育的阶段性，就没有任何相对稳定的暂态，也就不可能有所谓的稳态转化。从另外一种角度来看，稳态转化也昭示着一种从量变到质变的生态系统突变过程。

1. 生态系统对环境变化的响应——从渐变到突变

一些智慧的理论生态学家擅长于把复杂的问题简单化，大胆地提出高度简化但却又能符合常识的模式。相比之下，很多专业的生态学家往往满脑子填充着复杂的关系与相互作用，不情愿或索性不知道如何大刀阔斧地去简化自然界中的复杂关系。

生态系统状态对环境变化的响应模式是理论生态学家将复杂问题简单化的一个切入点。Scheffer 等（1990，2001）提出了生态系统对环境条件变化（如各种胁迫——气候变化、营养盐输入、有毒化学物污染、地下水减少、生境破碎化、物种多样性丧失等）响应的三种可能模式。

(1) 生态系统状态呈现平稳的逐渐变化过程（图 4-18A）。

(2) 生态系统状态在一定范围内响应相当迟缓，而接近某一临界水平时强烈地响应，形成突变（图 4-18B）。

(3) 当生态系统的响应曲线向回"折叠"时便出现一种完全不同的情形，即在同样的环境条件下，生态系统可能存在于两种不同的稳定状态之中，被一个不稳定的平衡区（它显示了这两种状态吸引域之间的边界）隔开（图 4-18C）。

从某种意义上看，图 4-18C 也是稳定性景观的一种表现形式，它以生态系统状态对环境条件的响应轨迹为基础，而在图 4-2 中描述的稳定性则是以两个种群的相互作用轨迹为基础的。

地学的证据也表明，在数千年或更长的时间尺度上气候变动导致生态系统状态出现突变（图 4-18B）。例如，撒哈拉地区的植被，在围绕一个逐渐下降的趋势震荡了很长一段时期以后，在距今 5000 多年前，由于非洲湿润期（African humid period）的突然结束而突然崩溃变成了沙漠（deMenocal et al. 2000）（图 4-19）。

2. 生态系统的稳态转化——从实践到理论

稳态转化概念是从人们对自然生态系统存在多暂态平衡的直观认识中抽象出来的。一般来说，自然界的生态系统都会具有两个或更多的可交替（或可转化）的稳定状态。例如，在浅水湖泊中，水生高等植物占优势的清水状态和浮游藻类占优势的浊水状态便是生态系统多稳态的很好例子（图 4-20）。

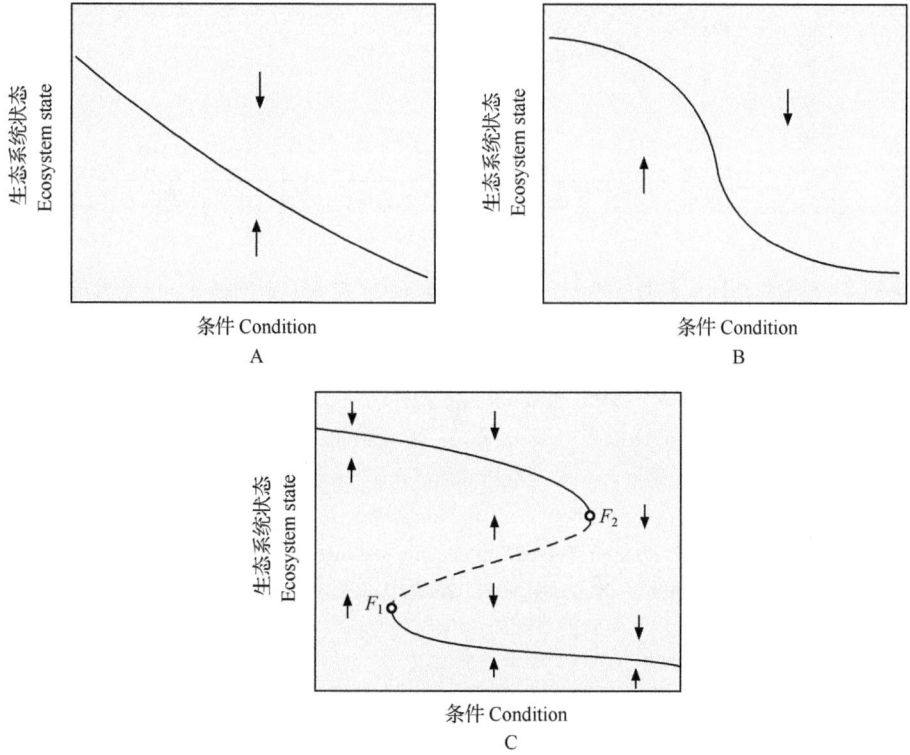

图 4-18 生态系统状态随环境条件（如营养盐负荷、开采或温度上升）改变而变化的可能方式。在 A 和 B 中，每个条件只有一个平衡存在；但是如果平衡曲线向回折叠（C），对某一条件可能存在三个平衡，从箭头（表示变化的方向）可见，在中段虚线处的平衡是不稳定的，代表了上、下两个分支所处的稳态吸引域的边界（引自 Scheffer et al. 2001）

Fig. 4-18 Possible ways in which ecosystem equilibrium states can vary with conditions such as nutrient loading, exploitation or temperature rise. In A and B, only one equilibrium exists for each condition. However, if the equilibrium curve is folded backwards (C), three equilibria can exist for a given condition. It can be seen from the arrows indicating the direction of change that in this case equilibria on the dashed middle section are unstable and represent the border between the basins of attraction of the two alternative stable states on the upper and lower branches (Cited from Scheffer et al. 2001)

Scheffer(1990)从理论上分析了浅水湖泊中的营养盐水平-浊度-水生植被的相互作用轨迹，图示了浅水湖泊中两种稳定状态（清水稳态和浊水稳态）之间的相互转化（图 4-21），基于三个经验事实：①湖水的浊度随营养盐水平的增加而增加；②沉水植被降低浊度；③当浊度超过某一临界点时，沉水植被消失。浊度和营养水平之间存在两种不同的函数关系，一种是水生植被占优势的情形，另一种是无植被的情形。在较低的营养盐水平下，只有植被占优势的平衡存在，而在

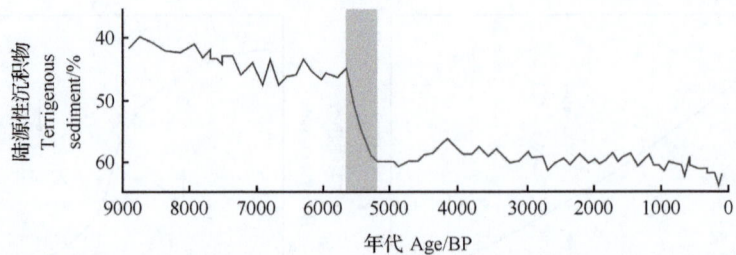

图 4-19 撒哈拉地区植被的崩溃——古老的稳态转化的案例。在围绕着一个平稳的下降趋势震荡了数千年之后，撒哈拉的植被在 5000~6000 年以前突然崩溃，这反映在陆源性尘土（坐标轴逆转了）对靠近非洲海岸的一个海洋沉积物样点的贡献上（引自 deMenocal et al. 2000，Scheffer and Carpenter 2003）

Fig. 4-19 The collapse of Saharan vegetation as an example of an ancient regime shift. After millennia of fluctuations around a smoothly decreasing trend of vegetation cover, an abrupt collapse over the Sahara occurred between 5000 and 6000 years ago, as reflected in the contribution of terrigenous dust (axis reversed) to oceanic sediment at a sample site near the African coast (cited from deMenocal et al. 2000, Scheffer and Carpenter 2003)

图 4-20 一个水生高等植物占优势的清水状态（A）和一个因沉水植物大量衰退、鱼类和风浪搅拌底泥、浮游植物占优势的浊水状态（B）的浅水湖泊示意图（引自 Scheffer 2001）

Fig. 4-20 Schematic representation of a shallow lake in a vegetation-dominated clear state (A) and in a turbid phytoplankton-dominated state in which submerged vegetation is largely absent and fish and waves stir up the sediment (B) (cited from Scheffer 2001)

较高的营养盐水平下，仅有无植被的平衡存在。在一个中间的营养盐范围内，两种平衡都存在：一种有植被，而另一种较混浊而无植被，它们被一个不稳定的平衡（虚线）所隔开。

在海洋生态系统中也存在一些可交替的生态系统状况。图 4-22A 为热带珊瑚礁：①显示 1979 年在加勒比海，群落由鹿角珊瑚（*Acropora palmata*）和鹿角轴孔珊瑚（*Acropora cervicornis*）占优势；②显示 20 多年以后，同一珊瑚礁，优

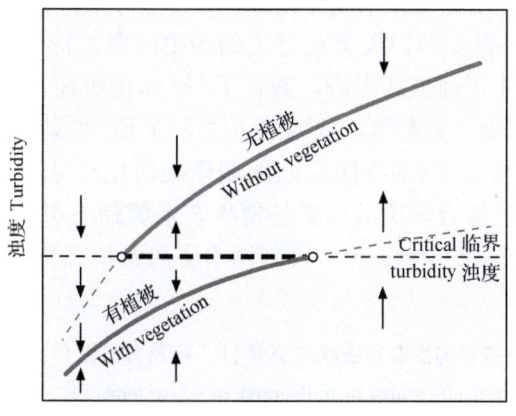

图 4-21 浅水湖泊中两种稳定状态转化模型的图解（引自 Scheffer et al. 2001）

Fig. 4-21 Graphic model for alternative stable states in shallow lakes (cited from Scheffer et al. 2001)

势群落退化并被肉质的海草——网地藻（*Dictyota* spp.）所覆盖。图 4-22B 为温带和北方岩礁：①显示在阿留申群岛，海带占优势的系统（*Alaria fistulosa*）；②显示被过度牧食的海胆（*Strongylocentrotus polyanthus*）荒地。图 4-22C 为温带海岸远洋系统：①显示肉食性鱼类 *Scombrus scombrus*；②显示过度捕捞而枯竭的食物链，被食浮游生物的水母（*Aurelia aurita*）占据优势。这样的例子在世界各地举不胜举（Hughes et al. 2005）。

图 4-22 海洋生态系统可交替的生态系统状况的三个例子（引自 Hughes et al. 2005）

Fig. 4-22 Three examples of alternate states in marine ecosystems (cited from Hughes et al. 2005)

Folke 等(2004)用稳定性景观变化图示了自然界中存在的各种不同生态系统中稳态转化的例子(表4-2)。人类在过去的历史时期,特别是在工业革命之后,对自然生态系统产生了强烈的影响,通过下行(如顶级捕食者的过度捕猎)和上行(如增加营养盐通量)的影响,或通过人为的干预(如防止草地和森林火烧),还有由于全球气候的变化(如变暖引起的珊瑚礁白化),显著改变了生态系统应对变化的能力。这些综合影响的结果是使生态系统趋向于耗散(leaking)、简化(simplified)和"杂草化"(weedy),并伴随着不可预测且往往令人惊讶的生态系统服务功能的改变。

表 4-2 各种各样的生态系统状态交替(1、4)及其原因(2)和触发因素(3)

Table 4-2 Alternate states in a diversity of ecosystems (1, 4) and the causes (2) and triggers (3) behind regime shifts

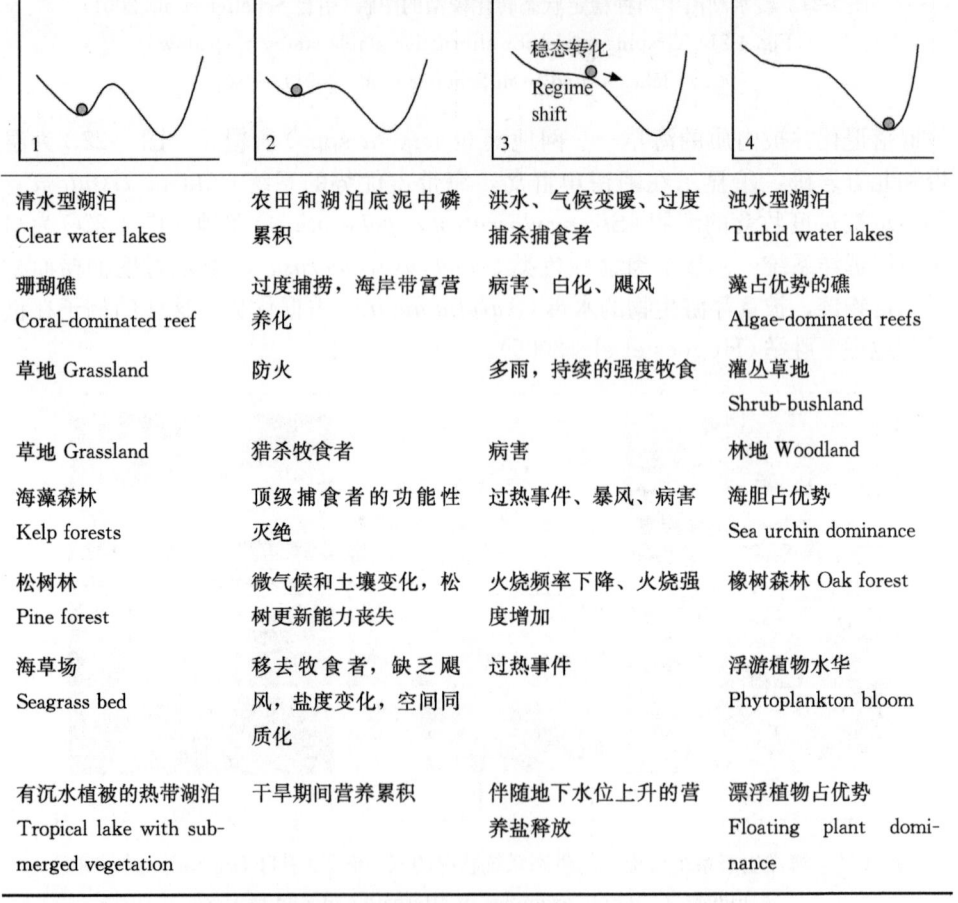

1	2	3	4
清水型湖泊 Clear water lakes	农田和湖泊底泥中磷累积	洪水、气候变暖、过度捕杀捕食者	浊水型湖泊 Turbid water lakes
珊瑚礁 Coral-dominated reef	过度捕捞,海岸带富营养化	病害、白化、飓风	藻占优势的礁 Algae-dominated reefs
草地 Grassland	防火	多雨,持续的强度牧食	灌丛草地 Shrub-bushland
草地 Grassland	猎杀牧食者	病害	林地 Woodland
海藻森林 Kelp forests	顶级捕食者的功能性灭绝	过热事件、暴风、病害	海胆占优势 Sea urchin dominance
松树林 Pine forest	微气候和土壤变化,松树更新能力丧失	火烧频率下降、火烧强度增加	橡树森林 Oak forest
海草场 Seagrass bed	移去牧食者,缺乏飓风、盐度变化,空间同质化	过热事件	浮游植物水华 Phytoplankton bloom
有沉水植被的热带湖泊 Tropical lake with submerged vegetation	干旱期间营养累积	伴随地下水位上升的营养盐释放	漂浮植物占优势 Floating plant dominance

资源来源:引自 Folke 等(2004) (cited Folke et al. 2004)

Scheffer(1990,2001)用三维图形象地表示了生态系统稳定状态之间的转化,将一个"杯中弹子"(marble-in-a-cup)图叠加在图 4-18C 上(图 4-23)。这一稳定性景观刻画了在 5 个不同条件(如营养盐水平)下的生态系统的状态(如浊度)及其吸引域。稳定平衡对应于波谷,而折叠的位于中段的不稳定平衡对应于波峰。如果吸引域的容积较小,即使一个中等程度的扰动都有可能将系统推进到另一个吸引域中去。

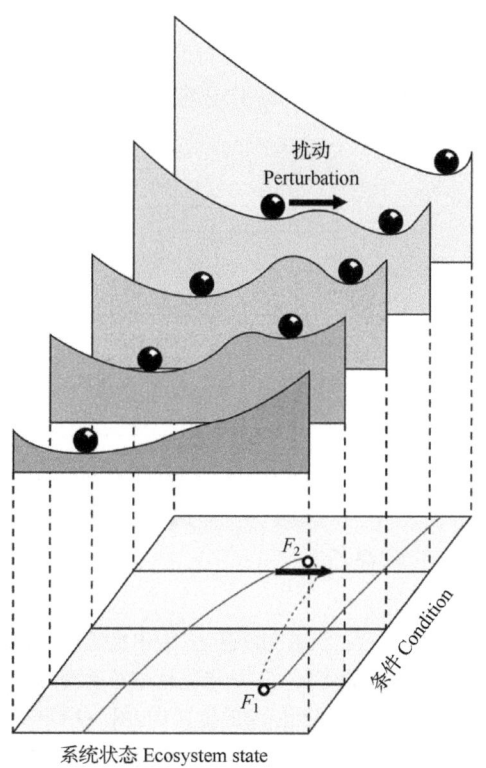

图 4-23　"杯中弹子"图示 5 个不同状态生态系统的稳定状态。波谷对应稳定状态,波峰对应于转折点(引自 Scheffer et al. 2001)

Fig. 4-23　"Marble-in-a-cup" representation of the stability states (e. g., turbility) of ecosystems at five different conditions (e. g. nutrient loading). The minima correspond to stable equilibria, tops to unstable breakpoints (cited from Scheffer et al. 2001)

如果仔细琢磨,可将 Sheffer(1990)的这个"杯中弹子"图看成是 Holling(1973)所描绘的轨迹在势场上的移动图(图 4-23)的一个扩展。值得称赞的是,Sheffer(1990)还将其叠加在一个相平面图上。

3. 时滞——下降与回复的轨迹不同

生态系统稳态转化之中出现的一个特殊现象就是所谓的时滞(hysteresis)。根据维基百科(Wikipedia)的解释,时滞源自古希腊语 στέρησις,意指缺陷(deficiency)或滞后(lagging behind)。时滞指系统可能呈现出路径依赖性(path dependence)或非速率依赖性记忆(rate-independent memory)。在许多生态系统的稳态转化过程中，呈现不同程度的时滞现象，即它们的恢复与其下降时的轨迹不同。

Beisner等(2003)提出，时滞现象的产生主要是由于扰动引起决定稳定性景观形状的参数的变化所致(图4-24)，因此一个扰动使系统向前进入另一个新的状态，但同样大小的扰动却无法使其反方向返回原来的状态。其实，这种变化在Scheffer(2001)的论文的图中(图4-23)中已有清晰的描绘。

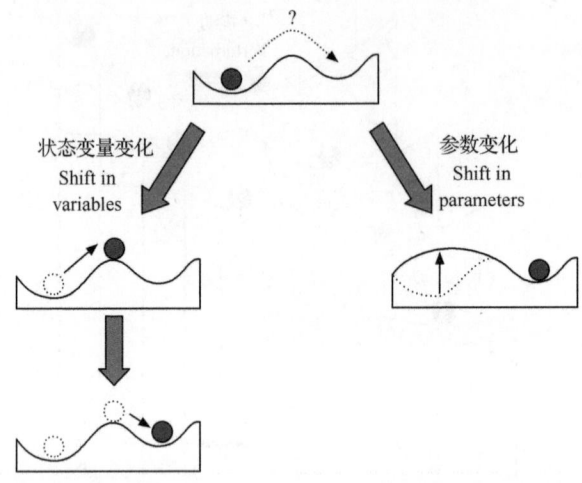

图4-24 二维"杯中弹子"图显示：状态变量变化(由于扰动)导致球(系统)的移动(左图)，参数变化导致稳定性景观自身的变化，其结果是球被移动到另一个状态，但同样大小但方向相反的扰动却无法使球回到原来的位置(右图)(引自Beisner et al. 2003)

Fig. 4-24 Two-dimensional ball-in-cup diagrams showing (left) the way in which a shift in state variables (by perturbation) causes the ball (system) to move, and (right) the way a shift in parameters causes the landscape itself to change, consequently, the ball is moved to another state, but application of an equal but opposite perturbation fails to return the ball to its original state (cited from Beisner et al. 2003)

Meijer(2000)给出了一个稳态转化过程中出现时滞的经典的研究案例。在浅水的Veluwe湖中，轮藻植被对磷浓度增加和随后降低的响应过程中出现了时滞现象，即轮藻恢复的营养盐水平要比轮藻崩溃时要高得多(图4-25)。为何会出现这种水生植物难以恢复的时滞现象？可能的原因有种群补充受阻(种子库减小)、草食性鱼类的过度牧食(特别是对幼芽)、有毒污染物的积累及有毒藻类的化感作用等。

Suding等(2004)概念性地分析了放牧压力对牧场植被稳态转换的影响。当牧食压力从E_1增加到E_2时，牧场可能还能维持在生态系统状态S_1(图4-26A中

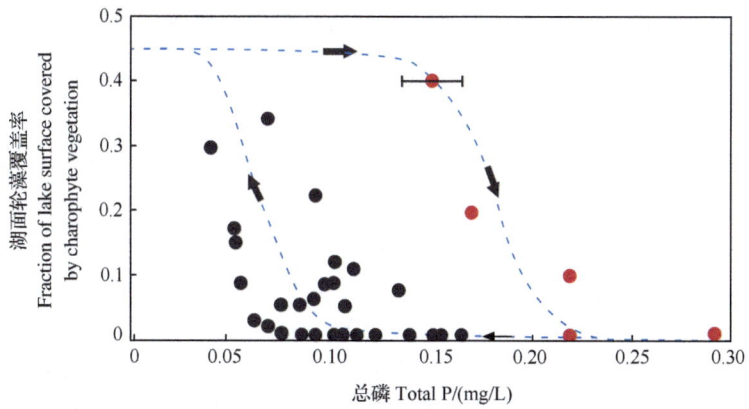

图 4-25 浅水湖泊——Veluwe 湖的轮藻植被对磷浓度增加和的随后降低响应过程中出现的时滞。红点表示 20 世纪 60 年代后期至 70 年代初之间向前转换的年份，黑点表示 90 年代营养盐逐渐降低最终导致向回转换的效应（引自 Meijer 2000）

Fig. 4-25　Hysteresis in the response of charophyte vegetation in the shallow Lake Veluwe to increase and subsequent decrease of the phosphorus concentration. Red dots represent years of the forward switch in the late 1960s and early 1970s. Black dots show the effect of gradual reduction of the nutrient loading leading eventually to the backward switch in the 1990s (cited from Meijer 2000)

沿曲线的绿色区域），可是当牧食压力超过 E_2 后，系统将崩溃到一个灌木占优势的退化系统（S_2），因为已经超过了一个临界点。一旦系统崩溃到 S_2，将不会恢复或回到草地状态（S_1），除非牧食压力（或其他因素）减少到 E_1。与系统的崩溃（图 4-26B）相比，这一恢复过程将是昂贵而缓慢的，并依赖于反馈作用，可能完全不能恢复。干扰（自然的或人为的）能更直接地影响返回轨迹。例如，通过管理上的努力（如移去灌木）去影响状态变量（图 4-26B，双线箭头），可能使系统不必降低环境条件到 E_1 以下就能返回到 S_1。

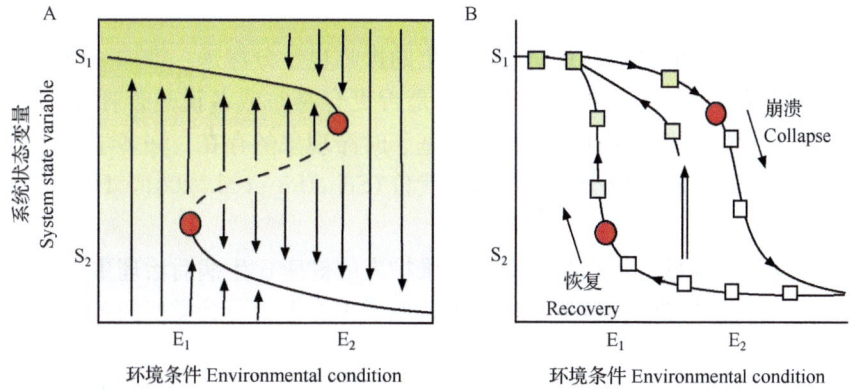

图 4-26　可替换状态模型与生态恢复（引自 Suding et al. 2004）
Fig. 4-26　Alternative state models and ecological restoration (cited from Suding et al. 2004)

4. 减轻或避免时滞——现代生态系统管理策略的战略转变

(1) 在受损生态系统的修复过程中，如何降低时滞的效应

具有时滞特征的稳态转化对受损生态系统的自然恢复或人为修复往往产生明显的影响。例如，在过去的半个多世纪中，在强烈的人类活动（如持续的氮、磷输入）干扰下，我国东部区域许多浅水湖泊中的优势生物类群——水生维管束植物（也有水下森林之称）大量衰退甚至绝迹，水质恶化。从稳态转换的观点来看，表征系统状态的主要参数（如氮、磷）已经超越了新的系统状态或吸引域（如浊水）的阈值。一方面，在流域人口不断增加的情况下，外源氮、磷负荷难以削减，对系统状态变量的修复异常艰难；另一方面，倾尽数十年的各种努力，仍无法有效恢复曾经占据优势的原始（或原生）水生植物群落。在一些湖泊（如武汉东湖），虽然氮、磷水平有了很大改善，但强烈的时滞效应依然顽强地阻止着植被的自然恢复。

让我们从生态学角度来分析时滞产生的主要机制。若在一个湖泊中水生植物群落消失已有数十年之久的话，沉积物中的植物种子库可能已经大量衰减甚至消失，此外，在一些极端情况下，厌氧的沉积物已很难再适合一般的水生植物的生长。加之人为的水文调控，失去了适合水生植物生长的自然的水文节律，也失去了与外界水体有效的种源交换，因此，植物群落恢复出现严重的时滞不足为奇。

在很多情况下，时滞的程度可能与水生植物种子库的资源量呈负相关，与沉积物的厌氧状态呈正相关。因此，在对这类湖泊进行水生植被恢复或重建过程中，种源的补充或基底的改造可能是减缓或消除时滞的重要举措。所谓人为的生态修复实质上就是为了改变退化生态系统的返回轨迹。

(2) 优先"保健"还是优先"治疗"

具有时滞特征的稳态转化对管理产生的影响也十分深远：维护一个良性的生态系统比修复一个状态已转变了的系统是否更容易？或者说是否耗费更少的金钱？这是一个需要用事实回答的问题。基于时滞现象的存在，许多学者认为忽视稳态转化的可能性将使社会付出沉重的代价(Scheffer et al. 2001, Hughes et al. 2005)。

在公共医学领域，人们是不会质疑维护人的健康比生病后治理更为有效的理念的。我国目前的湖泊富营养化治理策略似乎正在推崇一种类似的理念——维护一个良性的生态系统比修复一个受损的系统更加有效。在过去的几十年中，我国湖泊治理的重心一直放在富营养化严重的三湖——滇池、太湖和巢湖，这三个湖泊早已从清水稳态进入到浊水稳态，蓝藻水华连年大规模暴发，虽耗费巨资进行治理但却收效甚微。近年来，国家环镜保护部开始大力推动生态系统状态良好湖

泊（如湖北梁子湖等）或富营养化初期湖泊（如云南洱海等）的生态环境保护或防退化计划，或许是为了减少时滞社会代价的一种管理与工程举措。

八、结　　语

　　稳定性、可塑性及稳态转化主要用于定性与半定量地刻画生态系统状态与行为。这类研究几乎仅涉及一些中短时空尺度的生态过程，优点是可服务于人类的生态系统管理策略。例如，在受损生态系统的修复过程中，如何降低时滞效应在管理上具有意义。

　　遗憾的是，这些概念并未有效地向其他领域扩展，这种从量变到质变的多状态现象在自然界中普遍存在。例如，物种进化中变异积累到一定程度就能跃变为新物种，植被的序列演替就可看成是不同稳态间的转化，等等。

　　如何将这些系统特性扩展到地史尺度的生态过程依然面临着不小的困难与挑战，因为时间尺度几乎成比例地交织于空间尺度之中，而这不可避免地遭受最难预测、最难重复及最具随机性的气候与地质运动的驱动。即便如此，如何跨尺度地审视生命系统的状态、行为与动态从而揭示不同层次以及整个生命系统的运作与演化规律是未来生命科学面临的重要挑战之一。

第五章 植被的地理格局——植物群落的生态学设计原理

如果你将踏上环球之旅,你或许会去北美的索罗兰沙漠触摸神奇的仙人掌,或去南美体验亚马逊热带雨林的壮观,或去中国西部的内蒙古眺望辽阔的大草原,或去中国北部的黑龙江欣赏独特的三江湿地风光(图 5-1)。如果你环绕热带,则可以观赏到完全不同的自然景象——干枯荒芜的沙漠中难觅生命的踪迹,稀树点缀的大草原上狮子—角马呼啸奔腾、叶子退化的刺林显露出干渴而粗壮的

图 5-1 世界各地不同植被类型的比较。A. 美国亚利桑那仙人掌国家公园中的仙人掌(图片引自 jdnx);B. 巴西亚马逊热带雨林(图片引自 Destination360);C. 中国西部的内蒙古大草原(图片引自 ChinaTour. Net);D. 中国北部黑龙江的三江湿地(图片引自大树)

Fig. 5-1 A comparison of different vegetation types around the world: A. cactus of the Saguaro National Park, Arizona, USA(photo from jdnx), B. Amazon tropical rain forest in Brazil(photo from Destination360), C. Grasslands of inner Mongolia, western China(photo from ChinaTour. Net), and D. Sanjiang wetland, Heilongjiang, northern China(photo from Great Tree)

枝干，神秘幽深的热带雨林中满是"树上生树"、"叶上长草"的奇妙景观。令人称叹的是，植物学家用了一个非常贴切的词语来形容这些各具特色的植物群落——植被，它似乎是分类学和生态学的"混血儿"，既易于被专业的植物学家接受，也易于被非植物学人士乃至普通大众理解。

毫无疑问，这些覆盖在地表的植物群落（即植被）是地球上一切其他生命存在的基础，亦为漫长的地质历史长河中生命演化的产物。当然，植被地理格局具有一定的南北对称性，虽然不完全对称。那么，为何不同的地理区域会出现完全不同的植被类型？一个不容置疑的事实是，地球上许多独特的植被类型与不同的气候带遥相呼应，折射出二者之间若隐若现或千丝万缕的联系。从古至今的农业、林业、牧业生产实践与近代大量的植物生理生态学研究已经证实，温度、光照、降水和养分是决定植物生长的最基本环境因素，而且这些要素密切联系在一起（如太阳光照决定了温度的基本格局），其中温度和降水被认为在决定植被地理格局中最为重要的因素。

本章拟通过植被的地理格局来透视自然界对植物群落设计的生态学原理，在这里影射的主要是植物与非生命生存环境抗争形成的相对平衡的地域性群落格局，它是物种集群对特征性气候的一种区域适应性产物，虽然它几乎彻底地隐含了物种间生存竞争过程的细节。

一、如何描述与分类自然界的植物集群

为了方便描述植物特征，人们先后创造了不同的名词，本节简要地介绍植物群落、生活型、植被、生物群系、植物区系等概念。植物群落的空间尺度如何？这也是本节需要探讨的问题。

1. 常见的概念

植物群落（plant community，偶尔也用 phytocoenosis 或 phytocenosis）是指在特定空间中生活在一起的各种植物种类的集合，植物群落的命名也常多样而灵活，如苔藓群落、漂浮植物群落、热带雨林、温带草原等。植物群落的特征主要由种类组成、丰度、外貌和水平结构、垂直结构等来描述。

生活型（life-form）是指适应于一定生境具有相似外貌特征的植物群落类型，常用来描述高等植物。这种外貌特征可以指高矮、大小、形状、分枝等，对有些植物类群还结合植物的年度周期（一年生或多年生）来区分。例如，可将高等植物分为木本植物（乔木、灌木、藤本）和草本植物（多年生草本、一年生草本），木本植物还可分为阔叶和针叶，以及落叶和常绿等类型；也可以以生境为特征将高等植物分为陆生植物、水生植物、湿生植物等类型。可以这样说，生活型是综合考虑植物形态学、分类学和生态学等的一种混合植物群落分类方法，重点强调植物的外貌和环境适应性。

实际上，系统发育上密切相关的植物可能有完全不同的生活型，如菊科植物有高不足 5 cm 的一年生小草本，也有高达 10 m 的热带或亚热带乔木。相反，无亲缘关系的种类也可能通过趋同（convergence）进化出同样的生活型。

植被（vegetation）是地表覆盖的植物的总称。植被可由单一植物群落或多个植物群落组成。例如，有些植被主要由森林群落组成，而另一些植被则由森林、灌丛和草甸等群落组成。

生物群系（biome）是指基于优势生物类群（如植物、动物、微生物）和气候类型所划分的地理尺度的生物群落。常常以植被类型作为特色，故又可指地带性植被。从全球尺度看，即所谓植物群系地球系统。

植物区系（flora）指某一特定地区生长的全部植物种类，通常将某地区全部植物种类按科、属、种进行数量统计，然后按地理分布、起源地、迁移路线、历史成分和生态成分等划分成若干类群，分别称为植物区系的地理成分、发生成分、迁移成分、历史成分、生态成分等。动物区系则称为 fauna。植物区系、动物区系和所有其他生命形式（如真菌）统称为生物区系（biota）。

植物群落、生活型、植被、群系和植物区系等概念既有区别，又有联系，不同学者也有不同的解读，有些概念有时也被混用。一般来说，植被比植物区系的概念要宽泛，后者仅指物种组成；植被与植物群落的意思相同，但常常涉及更大的空间尺度（包括全球）。

2. 空间尺度——多大才算一个植物群落？

人们经常谈论植物群落，但是，到底多大才算一个植物群落？而不同植物的个体差异极大。例如，小的植物——浮游藻类直径仅有 1~2 μm，而树木——澳洲的杏仁桉最高可达 156 m。因此，可被认知的特定植物群落的空间尺度也应该差别巨大。

在野外研究中，植物生态学家为了研究一定植物群落的生态现象，需确定合适的样方面积。表 5-1 是 van der Maarel（2005）综合了数位学者的看法给出的各种植物群落的最小面积，最小的植物群落面积只需不足 1 m²（附着苔藓和地衣群落），最大的可达 10 000 m²（热带雨林）。

表 5-1 各种植物群落的最小面积
Table 5-1 Minimal area values for various plant communities

植物群落类型 Types of plant community	面积 Area/m²
附着苔藓和地衣群落 Epiphytic moss and lichen community	0.1~0.4
陆地苔藓和地衣群落 Terrestrial moss and lichen community	1~2
漂浮水生植物群落 Free-floating aquatic communities (*Lemnetea*)	2~5
湿生先锋群落 Hygrophilous pioneer communities (*Isoeto-Nanojuncetea*)	2~5

续表

植物群落类型 Types of plant community		面积 Area/m²
踩踏栖息地的植被 Vegetation of trampled habitats (*Polygono-Poetea annuae*)		2~5
低位盐沼泽 Lower salt marshes (*Thero-Salicornietea*)		4~10
开放沙丘和沙质草地 Open dune and sand grassland (*Koelerio-Corynephoretea*)		4~10
(亚)地中海一年生植物群落 (Sub-) Mediterranean therophyte communities (*Helianthemetea guttati*)		4~10
高强度经营的草场 Heavily managed grasslands (*Cynosurion cristati*)		4~10
高位盐沼泽 Upper salt marshes (*Juncetea maritimi*)		10~25
根生漂浮水生植物 Rooted floating aquatic communities (*Potametea*)		10~25
温带草场 Temperate pastures and meadows (*Molinio-Arrhenatheretea*)		10~25
好盐土草场 Basiphilous grasslands (*Festuco-Brometea*)		10~25
雨养型沼泽植被 Ombrotrophic bog vegetation (*Oxycocco-Sphagnetea*)		10~25
泥潭和泥沼植被 Bog-pool and mire vegetation (*Scheuchzerio-Caricetea fuscae*)		10~25
干草原 Steppes (*Festuco-Brometea*)		20~50
(亚)高山钙质草原 (Sub-) Alpine calcareous grasslands (*Elyno-Seslerietea*)		20~50
海岸黄沙丘群落 Coastal yellow dune communities (*Ammophiletea*)		20~50
高沼泽植被 Tall swamp vegetation (*Phragmito-Magnocaricetea*)		20~50
石南灌丛 Heathlands (*Calluno-Ulicetea*)		20~50
杂草群落 Weed communities (*Stellarietea mediae*)		40~100
长廊林和林隙植被 Woodland fringe and gap vegetation		40~100
多年生杂草植被 Perennial ruderal vegetation (*Artemisietea vulgaris*)		40~100
温带灌木 Temperate scrub (*Rhamno-Prunetea*)		40~100
地中海灌木林 Mediterranean maquis (*Quercetea ilicis*), chaparral		40~100
地中海矮灌木 Mediterranean low scrub (*Cisto-Lavanduletea*)		40~100
柳树和杨树灌木林 Willow and poplar scrub and woodland (*Salicetea purpureae*)		100~250
高山硬叶灌木群落 Fynbos		100~250
欧洲肥沃土壤上的落叶林 Deciduous forest on rich soils in Europe (*Querco-Fagetea*)	草本层 Herb layer	100~250
沼泽丛林 Swamp woodland (*Alnetea glutinosae*)		100~250
针叶林 Coniferous forest (*Vaccinio-Piceetea*)		200~500
欧洲肥沃土壤上的经营林 Managed deciduous forest on rich soils in Europe (*Querco-Fagetea*):	冠层 Canopy	200~500
欧洲肥沃土壤上的成熟落叶林 Mature deciduous forest on rich soils in Europe (*Querco-Fagetea*):	冠层 Canopy	400~1 000
如上,在北美 Ibid. in North America:	冠层 Canopy	400~1 000
荒漠植被 Desert vegetation		400~1000
(亚)热带干旱林 (Sub-) Tropical dry forest	冠层 Canopy	400~1 000
热带次生林 Tropical secondary forest	冠层 Canopy	2 000~5 000
热带雨林 Tropical rain forest	冠层 Canopy	4 000~10 000

资料来源:引自 van der Maarel(2005)(cited from van der Maarel 2005)

3. 主要植被类型——基于优势植物生长型的划分

植物学家对植被的分类研究已有很长的历史。早在19世纪初，Humboldt就提出了根据植物群落的外貌来区分植被类型的分类系统（表5-2），这些植被类型反映了与气候类型密切关联的优势植物的生长型。

表5-2 主要植被类型及其特点
Table 5-2 Main types of vegetations and their characteristics

植被类型 Type of vegetation	主要特点 Main characteristics
1. 森林 Forest	高8 m以上
（1）常绿林（针叶、阔叶）	
（2）落叶林（针叶、阔叶）	
2. 林地 Woodland	2～8 m的小高位芽植物
3. 灌丛 Scrub	低于2 m的木本植物
4. 草地 Grassland	草本（通常是禾草或薹草）是优势种，木本植物或缺如，或矮态而不显著
5. 稀树干草原 Savannah	
（1）灌木稀树干草原 Shrub savannah	矮高位芽植物，个别散布于稠密的草本植物、地衣的被盖之上
（2）树丛 Groveland	除最高层的植物聚成小树丛外，与稀树干草原相似
6. 疏树草原 Parkland	树丛的交互连接伴随有较低层草被，茂密地遍布于森林或林地的连续相中
7. 草甸 Meadow	稠密草地，非禾草，伴生有叶片相当宽阔而柔软的禾草类，生境湿润
8. 干草原 Steppe	在高地上，对森林来说过于干燥的区域的草地
（1）草甸性草原 Meadow-steppe	在草原区域干燥程度低的边缘，类似草甸，低矮灌木常见，但不占优势
（2）真草原 True steppe	区系贫乏和相当旱生的干草原，禾草叶片狭窄，并有贫乏的非禾草，如灌木
（3）灌丛干草原 Shrub-steppe	散生灌木突出于草本以上的草原
9. 草本沼泽 Marsh	潮湿或周期性潮湿的、拥有矿质土壤的草地
10. 木本沼泽 Swamp	潮湿或周期性潮湿的、拥有矿质土壤的木本植被
11. 荒原 Fellfield	冻原内不连续的低矮植被，地上芽植物最显著，土壤高度石质

资料来源：修改自曲仲湘等（1984）(modified from Qu et al. 1984)

这样的分类系统强调植物群落的整体外貌，而不是拘泥于严格的植物分类系统，因此对即便是不太熟悉植物分类学的人来说也比较容易理解，因此被学术界(甚至社会大众)广泛接受和使用。

4. 主要植物群系——地带性植被类型

迄今为止,虽然如何界定生物群系的大小或依照什么标准来分类生物群系仍存争议,但这并不影响人们对这一概念的使用。世界主要陆地植物群系被分为若干类型,包括热带雨林、温带阔叶林、极地冻原等(表5-3),这些群系本质上反映了植被与地域、气候特征的强烈耦合。

表 5-3 世界主要陆地植物群系类型
Table 5-3 Main world terrestrial biome type

热带雨林(包括高山云雾林)Tropical rain forest (including montane and cloud forest)
热带落叶林、林地和多刺灌丛 Tropical deciduous forest, woodland and thorn-scrub
热带稀树大草原 Tropical savanna
沙漠 Desert
暖沙漠(亚热带)Warm desert (subtropical)
冷冬荒漠(大陆性的)Cold-winter desert (continental)
地中海森林、灌丛和灌丛带 Mediterranean forest, scrub and shrubland
温带森林 Temperate forests
落叶阔叶林 Deciduous broad-leaved forest
常绿阔叶林(包括月桂林、暖温带混交林)Evergreen broad-leaved forest (incl. laurel forest, warm-temperate mixed forest)
温带雨林 Temperate rain forest
草原(温带)Grasslands (temperate)
针叶林 Conifer forests
北方的(包括落叶的)Boreal (including deciduous)
山地针叶林(温带山地和亚高山)Montane conifer forest (temperate montane and subalpine)
冻原高山植被 Tundra and alpine vegetation
极地和温带——高山冻原 Polar and temperate-alpine tundra
热带高山植被 Tropical alpine vegetation
陆地湿地(木本沼泽、草本沼泽、泥炭沼泽、沼池)Terrestrial wetlands (swamp, marsh, bog, fen)

资料来源:引自 Box 和 Fujiwara (2005) (cited from Box and Fujiwara 2005)

二、植被的地理格局——全球气候系统的产物

从全球看植被的分布,即植被的地理格局。植物地理学家很早就认识到气候与植被地理分布之间的密切关系,可以这样说,植被的地理格局就是地球上气

候格局的产物。

1. 全球的气候系统如何划分？

Walter(1984，1985)提出的全球气候类型系统(图 5-2)可能是最被广泛接受的系统，它重视气候的核心区域而不是边界。而全球的气候带格局又是由全球大气环流及其季节移动形成的。全球大气环流系统的季节性南北移动使热带辐合带、亚热带高压带和其他组分周年性地影响一些纬度，而仅季节性地影响另一些纬度。许多主要的气候类型是地带性能量输入和全球环流的直接结果，而中纬度的一些类型也在很大程度上受到其在陆块上的地理位置的影响。

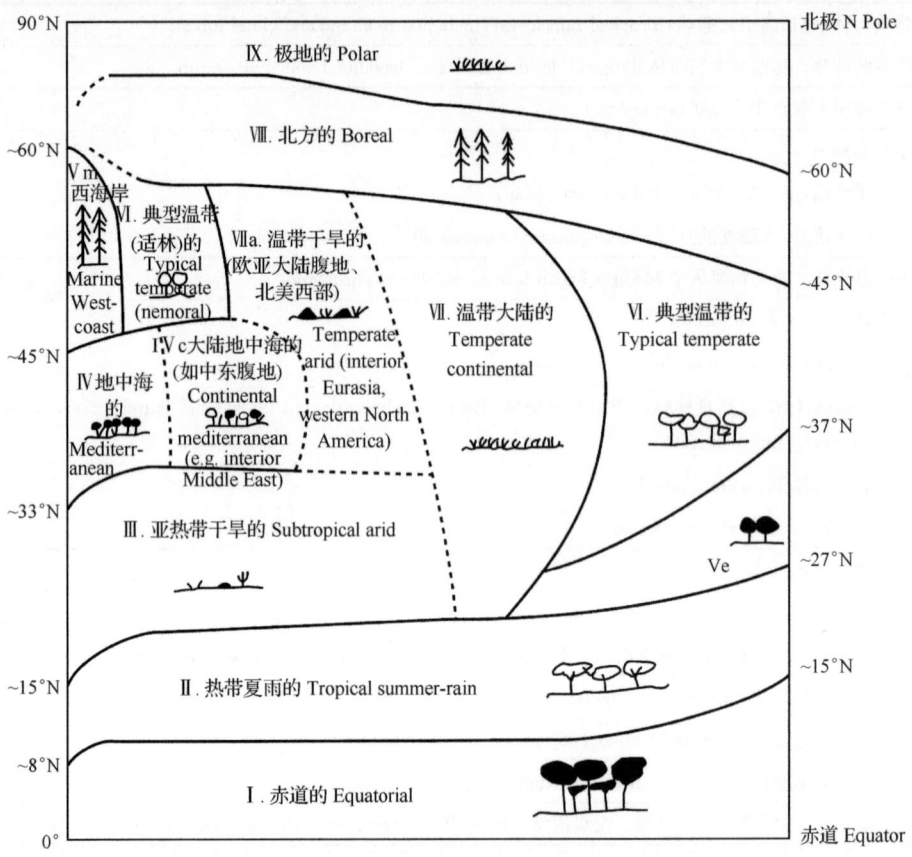

图 5-2　一个理想大陆的气候区域(引自 Box and Fujiwara 2005)
Fig. 5-2　Climatic regions on an ideal continent (cited from Box and Fujiwara 2005)

当然需要指出的是，看似对称的南北半球，实际也存在一定程度的非对称性：南半球的陆地面积要比北半球小得多，因此偏冷及更具海洋性气候特性，温度赤道(temperature equator)大约位于地理赤道以北 10°(沃尔特 1984)。

2. 气候系统与地带性植被的耦合

Walter 的气候系统很好地反映了不同气候情势下特定植物类型的潜在发育机制，因为它很好地对应了世界主要的生物群系及其位置（表 5-4）。

表 5-4 全球气候系统类型与地带性植被的对应关系
Table 5-4 Relationships between global climatic types and zonal vegetation types

气候条件 Climatic conditions	Walter 类型 Walter type	地带性植被类型 Zonal vegetation type
赤道的 Equatorial	I	热带雨林（暖、湿） Tropical rain forest (warm, wet)
湿/干（热带）Wet/dry (tropical)	II	雨绿林和林地（加上热带稀树草原和多刺灌丛） Rain-green forests and woodlands (plus savanna and thorn-scrub)
干旱（热、干）Arid (hot, dry)	III	暖半荒漠和荒漠 Warm semi-deserts and desert
地中海的（干夏） Mediterranean (dry summer)	IV	硬叶林和灌丛带 Sclerophyll forests and shrubland
西海岸（冷、海洋的） Marine west coast (cool, oceanic)	Vm	温带雨林 Temperate rain forest
暖东海岸 Warm east coast	Ve	常绿阔叶林 Evergreen broad-leaved forest
温带大陆性的 Temperate continental	VI	夏绿林 Summer green forest
	VII	温带草原 Temperate grassland
	VIIa	温带半沙漠和沙漠 Temperate semi-deserts and desert
北方的 Boreal	VIII	北方林 Boreal forest
极地的 Polar	IX	冻原和冷荒漠 Tundra and cold desert

资料来源：引自 Box 和 Fujiwara（2005）(cited from Box and Fujiwara 2005)

例如，赤道气候区（气候 I）地带的植被为热带雨林，发生在无持续干旱期的地区，且温度绝不会降低到 10℃ 以下，植物能周年生长等。在热带夏季雨林气候区（II），由于有明显的干湿季，适应于不同的年降水范围，形成了三个不同的带状植被类型：在湿端（湿季长于旱季）的热带湿润落叶林、在中间的干燥落叶林和林地（如在非洲中南部的坦桑尼亚林地）和在干燥端的雨绿多刺灌丛或稀疏大草原。

3. 两个主要气候因子——温度和降水对地带性植被的塑造

温度和降水是两个最重要的气候因子（当然，对植物的生长和分布来说，光照和营养也是重要影响环境因子），强烈地影响着植被的地理格局。图 5-3 描绘了植物群系分布与气候因子之间的密切关系。

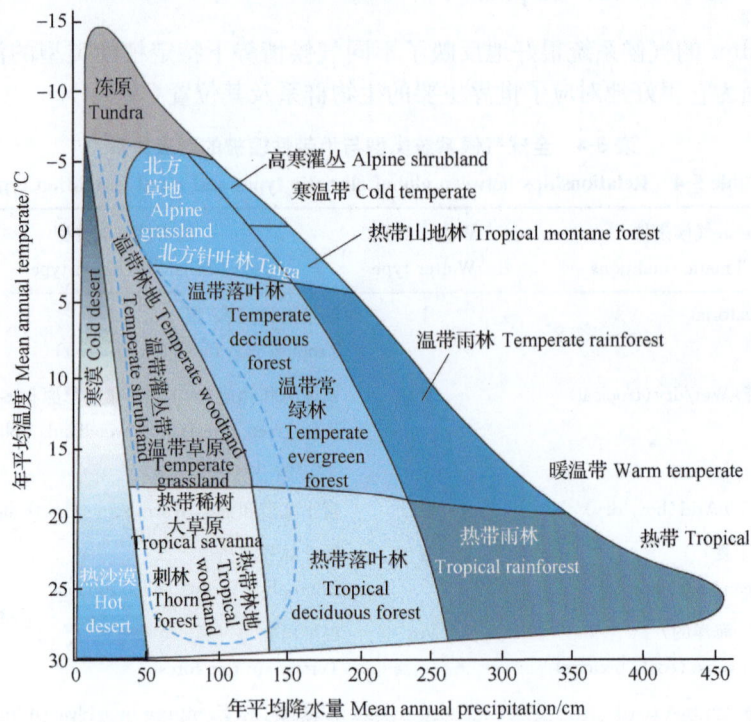

图5-3 植物群系分布与气候因子(年平均温度和年平均降水量)之间的关系。在虚线区域，其他因素(如火烧、牧食和降水的季节性)强烈地影响群系类型。气候也能与其他因子(如土壤类型)相互作用决定植物群系的分布(引自 Gurevitch et al. 2002)

Fig. 5-3 The relation between distribution of biomes and climatic factors(mean annual temperature and precipitation). In regions within the dashed lines, other factors—such as fire, grazing, and seasonality of precipitation—strongly affect which biome is present. Climate can also interact with factors such as soil type to determine biome distributions(cited from Gurevitch et al. 2002)

在湿润和炎热的气候条件下，常绿阔叶雨林占据优势，当气候向干、冷转化时，落叶林占据优势，而当气候趋于极端寒冷或干燥的状况下，优势植被被冻原或沙漠植被所取代。

同样是热带地区，随降水量的逐渐增大，植被从叶子退化的刺林、稀树干草原变化到树木高大、物种丰富、生长密集且常绿的热带雨林。

在较低的降水条件下，随着温度从低到高，植被从冻原(由矮灌木、苔藓、地衣、禾草和薹草等为主)→北方草地→温带草原→刺林逐渐变化。

有学者统计了世界范围内主要的植被类型(热带雨林、稀树干草原、温带落叶林、北方针叶林和冻原)在不同的月平均最低温度和总年降水量条件下的分布情况(图 5-4)，能看出最低温度和最低降水量对植被类型的明显影响，即热带雨林主要分布在高温多雨区域(虽然跨越很宽的降水量范围)，冻原和北方针叶林则主要分布在低温干燥区，稀疏干草原分布于干热气候区，而温带落叶林分布于中等程度的水热条件区。

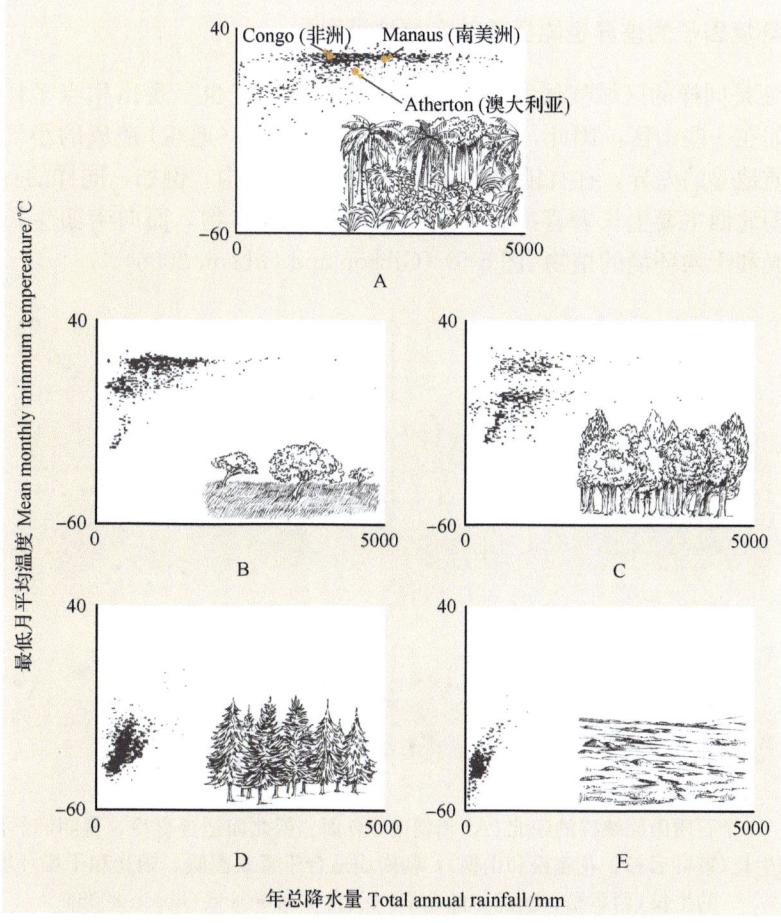

图 5-4　陆生植物经历的气候条件可用年降水量和平均月最低温度表示。A. 热带雨林；B. 稀树干草原；C. 温带落叶林；D. 北方针叶林(针叶林带)；E. 冻原(Begon et al. 2006 仿 Heal et al. 1993)

Fig. 5-4　The climatic conditions experienced by terrestrial plants can be described in terms of annual rainfall and mean monthly minimum temperatures, A. tropical rainforest, B. savanna, C. temperate deciduous forest, D. northern coniferous forest(taiga), and E. tundra(after Heal et al. 1993, from Begon et al. 2006)

很显然，极端低温和高温对植被地理格局的影响决然不同，在极端低温的条件下，生命受到极度压抑，只有物种稀少、群落单一的耐寒性强的冻原得以存在。而在极端高温的热带地区，降水的分配主宰了植被的地理格局，由于形成了极大的水分梯度，植被类型变化巨大：从极为干旱、物种极为贫瘠的热沙漠→刺林→热带落叶林→多雨的、物种极为丰富的热带雨林。高温、强蒸发和活跃的生命活力是热带地区植被演化的驱动机制。

4. 局域环境因子的差异也能显著改变植被类型

即便是同样的区域气候背景，很多陆地生态系统也呈现出相当多样的地貌变化，如在一些山区。因此，同一个区域，局域地形（地貌）造成的小气候条件或土壤质地等的差异，往往能显著影响植物群落的结构。例如，同样的石质山原峡谷，朝北面主要生长着喜冷、喜阴和喜湿环境的植物，而向南面生长着喜温暖、阳光和干燥环境的植物（图5-5）（Gibson and Gibson 2006）。

图5-5 一个石质山原峡谷的朝北（A）和朝南（B）面。朝北面适合喜冷、喜阴和喜湿环境的植物生长（蓝叶云杉、花旗松和山枫），朝南面适合于喜欢温暖、阳光和干燥环境植物的生长（西黄松、丝兰、仙人掌）（引自 Gibson and Gibson 2006）

Fig. 5-5 North-facing (A) and south-facing (B) slopes in a Rocky Mountain canyon. North-facing slopes favor plants that prefer cool, shady, moist conditions (blue spruce, Douglas fir, mountain maple). South-facing slopes favor plants that thrive in warm, sunny, dry environments (ponderosa pine, yucca, prickly pear cactus) (cited from Gibson and Gibson 2006)

水陆交错带是一类受水位影响很大的生态系统，水位变化模式决定着水生植物、湿生植物与陆生植物群落分布的相对格局及动态。例如，水位波动幅度能对沿岸带湿地植被的带状分布格局产生显著影响（图5-6），较大的水位波动导致湿地植被出现更为多样的带状格局，而当这种波动减少后，植被类型减少，导致群落的物种多样性下降（Cronk and Fennessy 2001）。

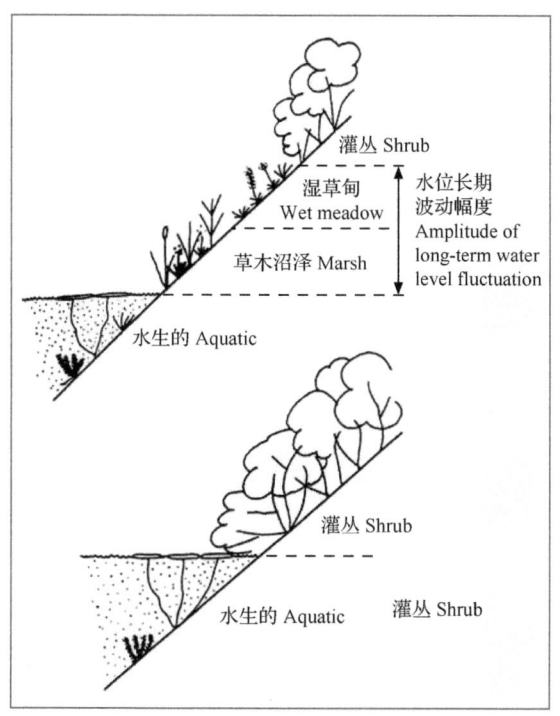

图 5-6 稳定水位使湿地植被带从 4 种压缩至 2 种的概念示意图（引自 Keddy 2000）

Fig. 5-6 A conceptual diagram showing how stabilizing water levels can compress the zonation of wetlands species from four zones (top) to two zones (bottom) (cited from Keddy 2000)

植被不仅受地表水的影响，还受地下水的影响。例如，在美国的威斯康星州，在同样的区域，地下水流量和排水状况不同引起的水文条件差异可导致多种多样的植被类型，即便所处的景观地貌类似（图 5-7）。当然，在许多情况下，地表水和地下水是密切相关的。

5. 沿海拔出现山地植被类型的明显更替

在同样的地带性气候背景下，植被沿山地的垂直方向呈现出显著不同的分布带，即海拔也能具有与纬度类似的对气候与植被的影响。从地貌上来看，山地沿垂直方向一般可分为低丘陵、山地、高山和雪带等（沃尔特 1984）。

气温沿纬度和海拔均表现出梯度性分布，即温度从赤道向极地逐渐降低，也随海拔上升而下降：从北向南每增加 100 km 或海拔每上升 100 m 温度增加 1℃，这种现象称为直减率（lapse rate）。

植物学家观察到随海拔和随纬度梯度变化过程中具有十分类似的植物群系变化趋势（图 5-8），当然，一般来说，山地植被高度带比平原植被带狭窄约 1000 倍，但是二者不是简单的复现，因为在一些方面（如温度和光照节律、降水量、

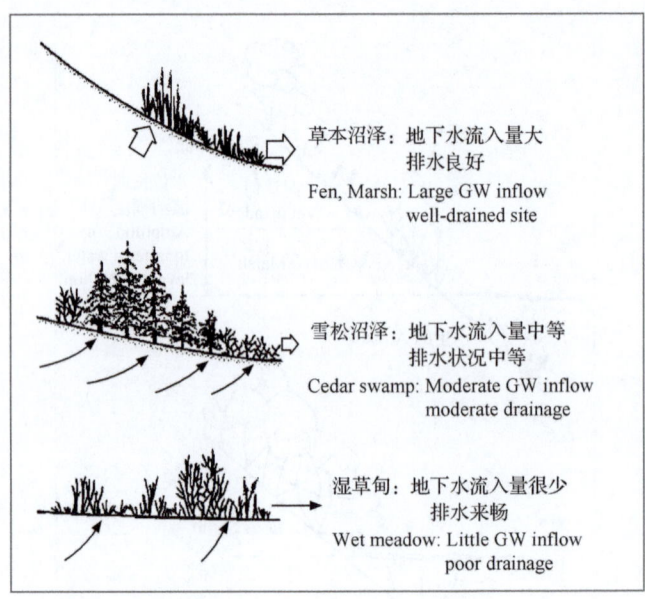

图 5-7 美国威斯康星州水文条件对湿地植被类型的影响（van der Valk 2006 重绘自 Novitzki 1979）

Fig. 5-7 Effects of hydrological conditions on vegetation types of wetlands in Wisconsin, USA (redrawn from Novitzki 1979 by van der Valk 2006)

土壤质地等）还是存在一定的差异。

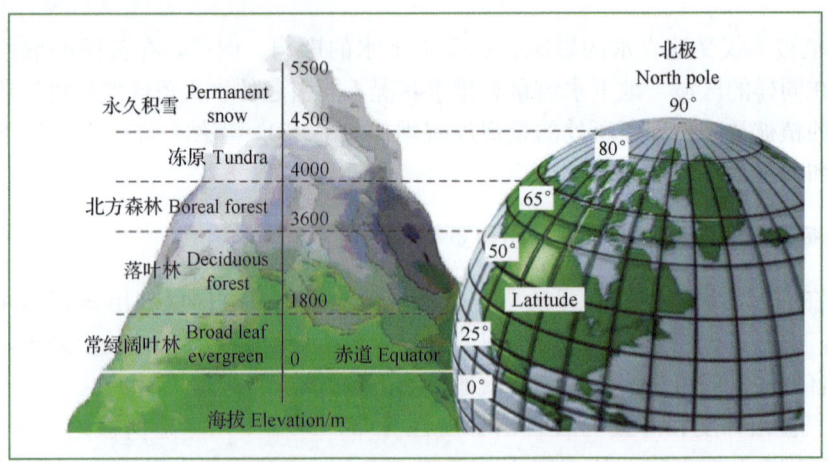

图 5-8 海拔和纬度对气候及生物群系的分布具有相似的影响
（引自 Gibson and Gibson 2006）

Fig. 5-8 Elevation and latitude have similar impacts on climate and biome distribution (cited from Gibson and Gibson 2006)

如果调查沿海拔梯度上的各种植物的分布范围，再换算成温度，人们就可以粗略地推测各种树生存的温度范围。例如，在欧洲阿尔卑斯山上，各个树种分布的温度范围如图 5-9 所示。当然，人们可以推测这些树种的分布明显受温度的控制，也许的确如此，但也可以有其他的解释，因为树种的分布除受到温度的影响外，还会受到其他环境因素，如土壤、风速、湿度、pH、水流等的影响，植被的这种垂直分布格局不一定完全解释为是由温度引起的。但是，毫无疑问，植物对温度的耐受性依然是塑造这种植被垂直格局的最重要的因素之一，特别是在温度类似于冻原的高海拔山顶。

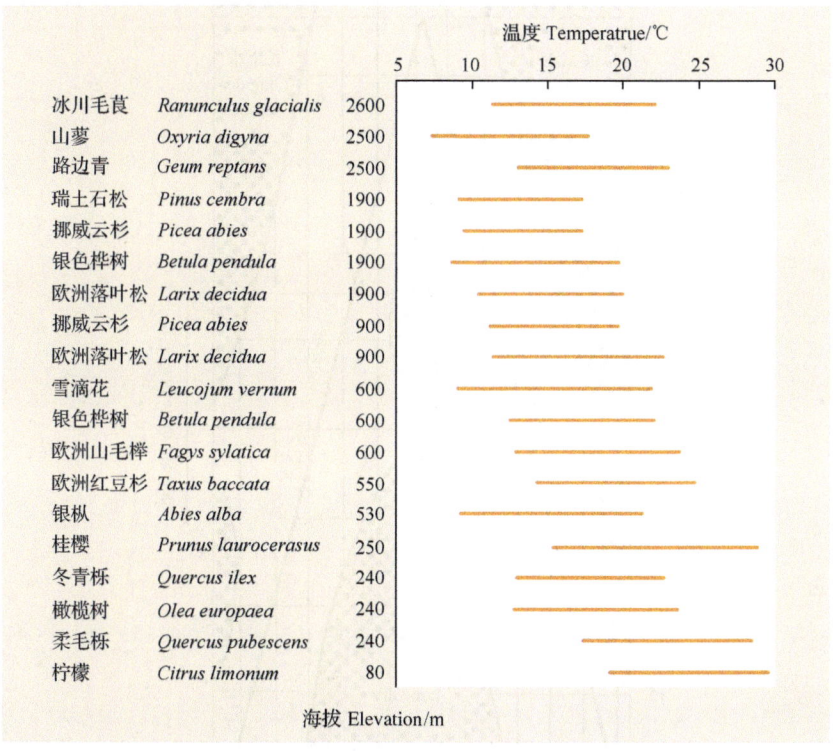

图 5-9 欧洲阿尔卑斯山上能在低密度辐射（70 W/m²）条件下获得净光合作用的各种树种的温度范围（Begon et al. 2006 引自 Pisek et al. 1973）

Fig. 5-9 The range of temperatures at which a variety of plant species from the European Alps can achieve net photosynthesis of low intensities of radiation（70 W/m²）（after Pisek et al. 1973 by Begon et al. 2006）

三、热带-亚热带地区森林植被的地理格局与影响因素

地球气候系统中的一个很大的特点之一就是在热带-亚热带气候区，在相对较窄的温度范围内，降水呈现出巨大的变化，与中-高纬度地区相比，植被类型

也最为多样(图 5-3)。本节专门介绍降水对(亚)热带地区植被类型的影响。

1. 南北半球降水与干旱的时空格局

无季节差异的降水仅发生在很窄的范围(赤道南北 1°)(图 5-10)。南北半球

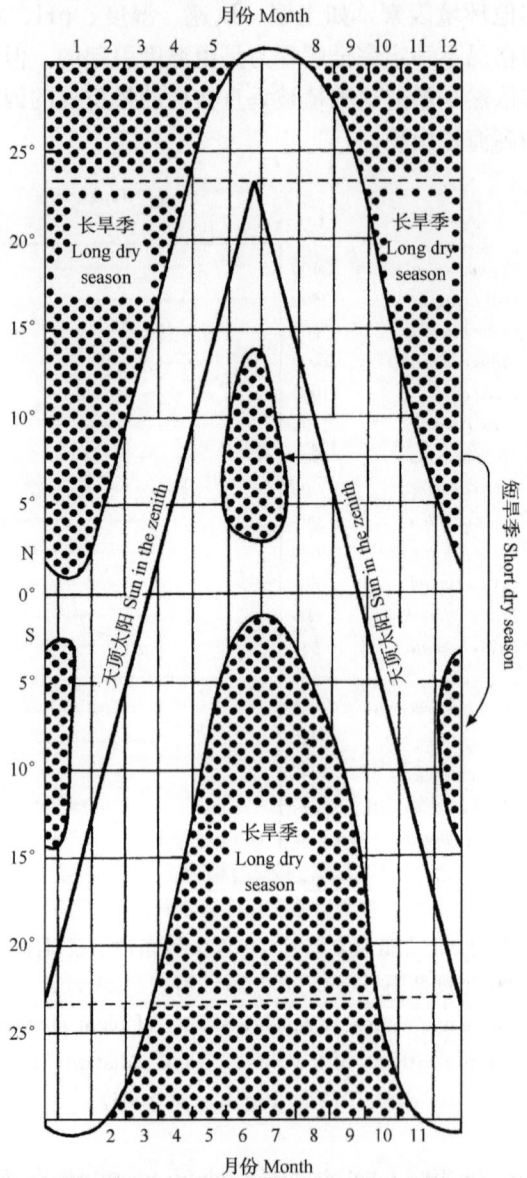

图 5-10 热带-亚热带地区的旱、雨季及天顶降水,阴影区域为雨季,点填充的区域为旱季
(Lüttge 2008 引自 Walter and Breckle 1984)

Fig. 5-10 Dry and wet seasons in the subtropical and tropical zone with zenithal precipitation. Wet seasons hatched, dry seasons dotted (after Walter and Breckle 1984, from Lüttge 2008)

热带-亚热带区域干湿变化的季节性格局也有相当程度的差异，总的趋势是，离赤道越远，气候越来越干燥，旱季时间越来越长，而且南北半球旱季（雨季）发生的时期正好相反。例如，南纬15°附近，旱季主要发生在5~9月，而在北纬15°附近，旱季主要发生在12月到翌年的3月。

2. R-E 指数（降水量-蒸发量）显著影响植被类型

在热带-亚热带地区（类似的高温条件），降水特征对森林植被的类型起着决定性的作用。一般用所谓降水量与蒸发量之差（R-E 指数）来表征气候的干湿，正值表明湿润的气候，而负值表示干燥的气候。图 5-11 显示了横穿委内瑞拉的7个站点的 R-E 指数与植被类型的关系，不难看出，在纬度 10°（2°→12°）左右，R-E 指数从接近+2000 mm 降低到近-3000 mm，植被类型的变化巨大：热带雨林→常绿季雨林+湿润稀树草原→落叶林+西树干草原→干性落叶林→多刺灌丛。

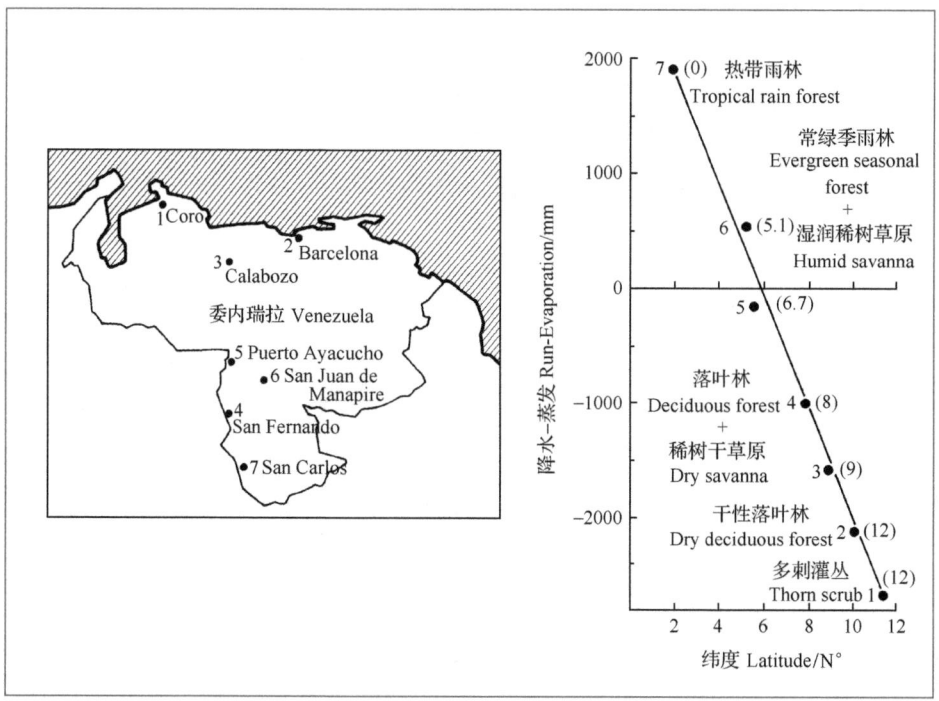

图 5-11 横穿委内瑞拉不同站点的降水减蒸发量（R-E 指数）与森林类型，在 R-E 指数后的括号中的数据表示每年干旱的月份（Lüttge 2008 引自 Medina 1983）

Fig. 5-11 Transect across Venezuela with rainfall minus evaporation (R-E index) at different stations with various forest types. Numbers in parentheses indicate dry months per year after the R-E index (after Medina 1983, from Lüttge 2008)

3. 年降水量和干旱期对森林类型的影响

以印度和委内瑞拉为例，依据降水期和干旱期的长短可以很好地区分不同的植被类型（图 5-12）。降水量与干旱期呈相反关系，降水量大、干旱期短的区域生长雨林和季雨林，而降水量小、干旱期长的区域则为刺灌丛、仙人掌林或沙漠。

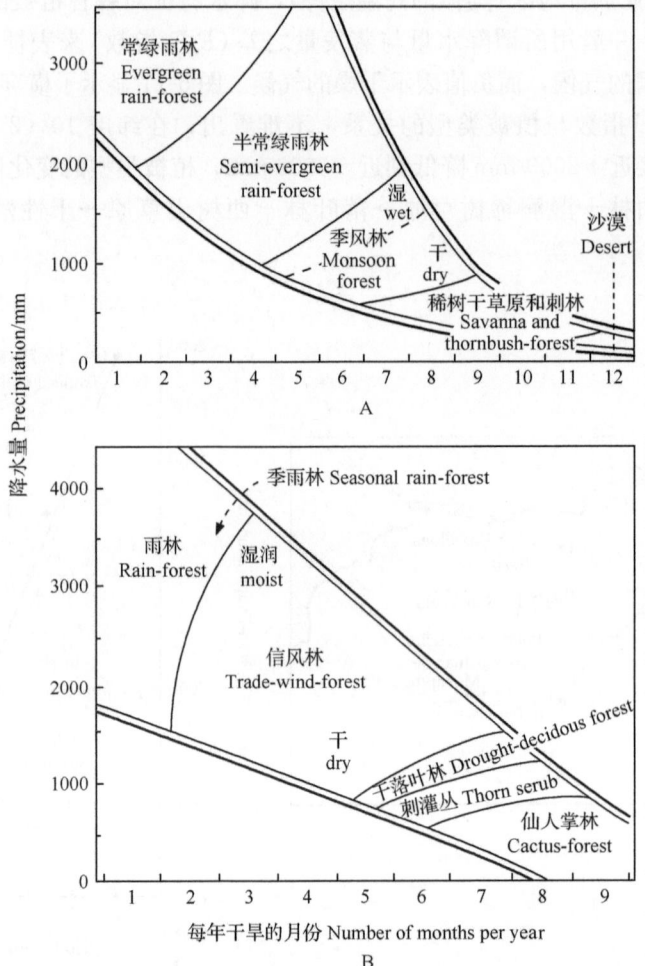

图 5-12　与年降水量和干旱期相关的印度（A）和委内瑞拉（B）的森林类型（Lüttge 2008 仿 Walter and Breckle 1984 and Vareschi 1980）

Fig. 5-12　Forest types in India(A) and in Venezuela(B) related to annual amount of precipitation and the duration of drought periods(after Walter and Breckle 1984 and Vareschi 1980, from Lüttge 2008)

4. 降水量对植物生活型的综合影响

沿热带梯度（降水变化而温度相对稳定）植物生活型优势的变化如图 5-13 所示，主要变化模式为：①优势植被在最湿区域为高大的常绿树，而到季节性干旱地区，则变为常绿和落叶混合林；②随着气候的进一步干燥，由于对光照的竞争小而对水分的竞争大，树和灌丛的高度下降，最终导致在干旱地区以多年生草本为主而灌木稀少的沙漠；③在极端干旱条件下，优势生活型变为一年生和球茎（在干旱季节，多年生草本地上部分死亡）。

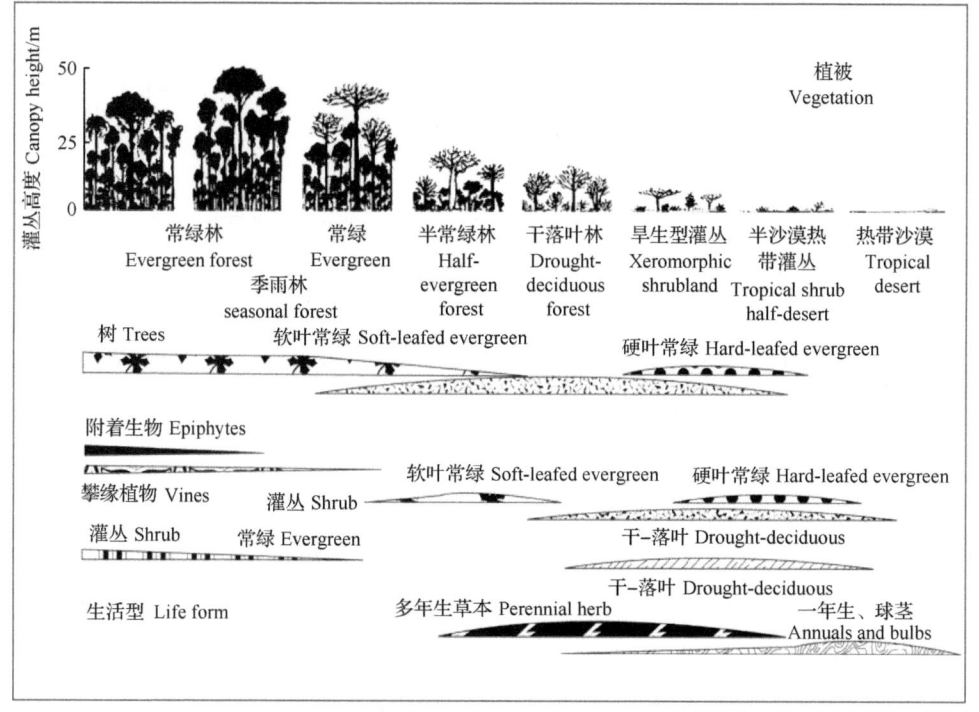

图 5-13　沿热带梯度（降水变化而温度相对稳定）植物生活型优势的变化
（Chapin Ⅲ 2011 根据 Ellenberg 1979 重新绘制）

Fig. 5-13　The change in life-form dominance along a tropical gradient where precipitation changes but temperature is relatively constant（redrawn from Ellenberg 1979 by Chapin Ⅲ 2011）

四、气候-土壤-植被类型的耦合作用

土壤是所有陆地植物生存的基质，植物的养分也几乎来自土壤。虽然土壤的物理、化学成分在一定程度上依赖于母岩的类型，但从大时空尺度来看，土壤

类型（包括养分水平）是气候-生物群落生命活动联合塑造的结果，同时土壤环境又反过来作用与其上的生物群落。因此，植被类型也打上了土壤类型的印记。

1. 降水-养分耦合作用对热带植被类型的影响

除了降水外，养分对植被类型也有显著影响。图 5-14 显示了水分和养分对植被类型的协同作用，森林需要高的养分供给，或在养分较少的情况下，至少有充沛的水分，如生产力低的硬叶热带雨林。相反，在上述两类资源处于中、低水平的区域则被稀树草原所占领（Lüttge 2008）。

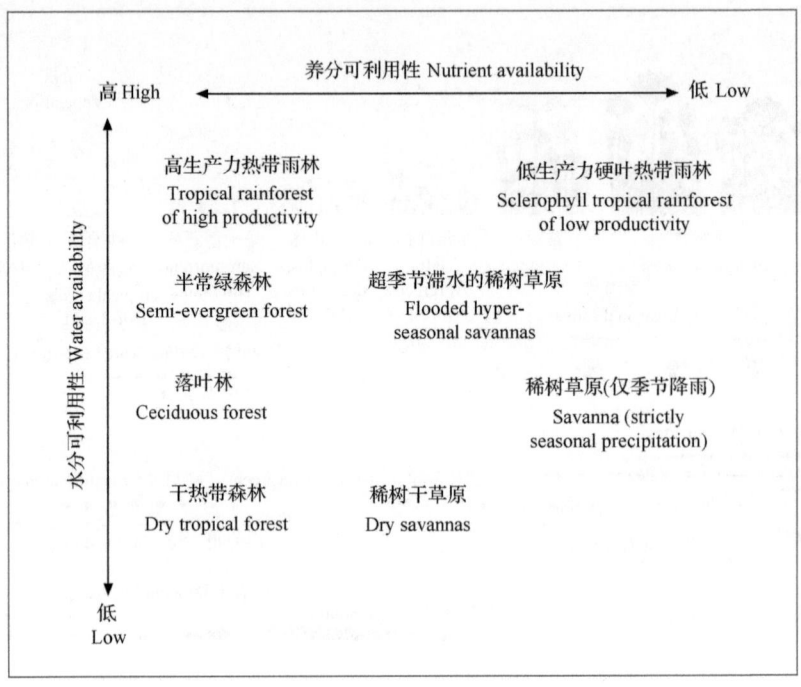

图 5-14 依据养分和水分可利用性对各种稀树草原和热带森林的划分（Lüttge 2008 引自 Medina 1987）

Fig. 5-14 Separation of various types of savannas and tropical forests based on nutrient and water availability(after Medina 1987, from Lüttge 2008)

2. 气候对植被和土壤地带性格局的塑造

气候对植被的影响还与土壤发育密切耦合（图 5-15）。在靠近北极的极地荒漠和永久性冻土区，湿度和温度均很低，因此风化速率缓慢，有机质生产、分解和淋溶速率均十分缓慢，主要发育始成土；随着纬度的降低，湿度增高促进淋溶，而相对较低的温度导致相对较低的有机质分解，主要发育灰土、淋溶土和软土；随着纬度的进一步降低，虽然高温有助于化学风化，但由于蒸发大于降水，低湿度阻碍植被的发育，土壤有机质积累甚少，主要发育干燥土；高温和高湿的热带气候条件导致土壤快速风化，植物，生产力提高，淋溶速率加快，而在较干旱的热带气候下，则发育稀树干草原，主要发育老成土、氧化土。

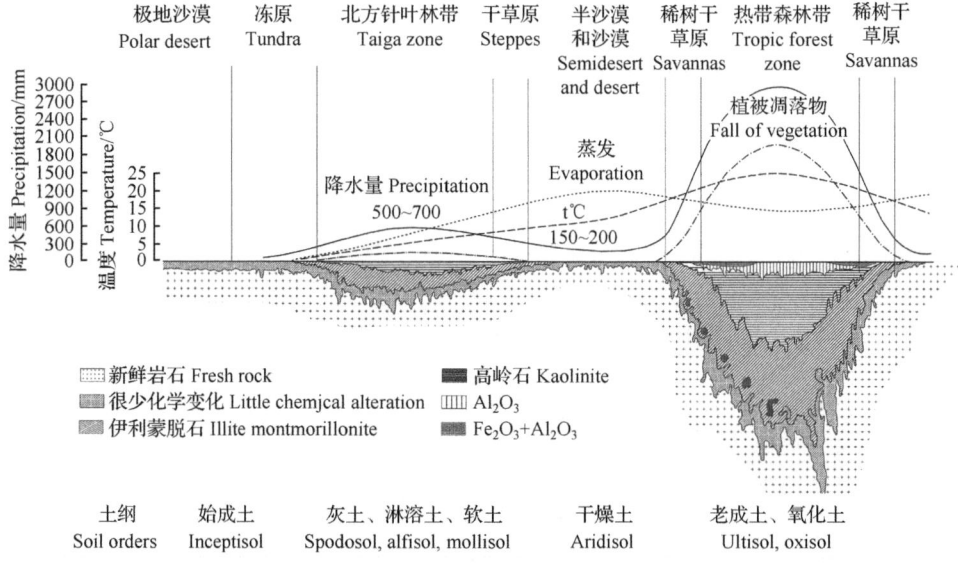

图 5-15 沿着从赤道到北极的横断面，环境因子对陆地植物群系和土壤形成的影响
（Paul 2007 引自 Birkeland 1999）

Fig. 5-15 Environmental factors affecting the distribution of terrestrial biomes and formation of soils along a transect from the equator to the north polar region(after Birkeland 1999 by Paul 2007)

3. 非地带性植被

一般来说，大气候决定土壤和植被类型的宏观地理格局，但是，即便是同样的气候类型，也不可能产生完全均一或单一的土壤类型。例如，由于气候、地质或其他因素的影响，可能出现局域土壤类型的显著分化，出现一些十分特殊的土壤类型。

一种较为极端的例子是，同样的植被类型可以出现在几个不同地带中相似的土壤上，这种植被称为非地带性植被（azonal vegetation）。例如，在一些特殊的土壤类型（如石质土、沙土、盐渍土、酸沼土、淹水的土壤、养分贫瘠或缺乏的土壤等）上，往往形成一些特殊的非地带性植被类型（有些类型分布还相当广泛），这些植被在很大程度上受土壤而不是气候的影响（沃尔特 1984）。

五、不同植物群系的生态功能及物种相对多度的比较

生物量和生产力是表征植物群落生态功能的两个重要参数，物种相对多度则是表征植物群落结构的关键参数。在这里不探讨生态结构——功能参数的变化过程，只是比较其在地带性植被类型之间的差异。

1. 不同植物群系的生态功能

很显然，气候对植物群系的生产力和生物量有着深刻的影响，一般来说，温暖湿润的热带区域的植物群系生产力和生物量要远高于干旱或极端炎热或寒冷的区域(表5-5)。

表 5-5　不同植物群系的净生产率和生物量

Table 5-5　Net primary productivity (NPP) and biomass of different plant biomes

生物群系类型 Types of biomes	NPP 范围 NPP range /(g/m²)	平均 NPP Average NPP /(g/m²)	生物量 Biomass /(kg/m²)	平均生物量 Average biomass /(kg/m²)
热带雨林 Tropical forest	1000~3500	2200	6~80	45
温带落叶林 Temperate deciduous forest	600~2500	1200	6~60	30
针叶林 Taiga	400~2000	800	6~40	20
灌木 Chaparral	250~1200	700	2~20	6
稀树大草原 Savannah	200~2000	900	0.2~15	4
大草原 Prairie	200~1500	600	0.2~5	1.6
冻原 Tundra	10~400	140	0.1~3	0.6
沙漠 Desert	10~250	90	0.1~4	0.7

资料来源：自 Odum 和 Barrett(2005) (data from Odum and Barrett 2005)

2. 不同植物群系物种相对多度的比较

Hubbell(2001) 比较了 4 种不同森林类型（群系），即北方林（一种温带亚高山林，位于美国大雾山国家公园克凌曼圆顶的山顶，样方面积为 0.2 hm²，少于 10 个物种）、温带落叶林（位于大雾山国家公园的低海拔地区，样方面积为 1 hm²，大约 40 个物种）、热带半落叶林（位于哥斯达黎加，样方面积为 13 hm²，约 120 个物种）和热带长绿林（位于巴西，样方面积为 4 hm²，大于 200 个物种）的种相对多度曲线。这 4 种森林生态系统的物种多样性和生产力均为北方林<温带落叶林<热带半落叶林<热带常绿林。

从种相对多度曲线（图 5-16）可以看出，当森林生态系统从北方林→温带落

叶林→热带半落叶林→热带常绿林变化时，种相对多度的模式由近乎于直线转变为 S 型曲线，即第一优势树种的优势地位下降，而中等优势度的树种显著增多。这与后面要介绍的温带地区弃耕地向森林生态系统的演替过程有许多类似之处。

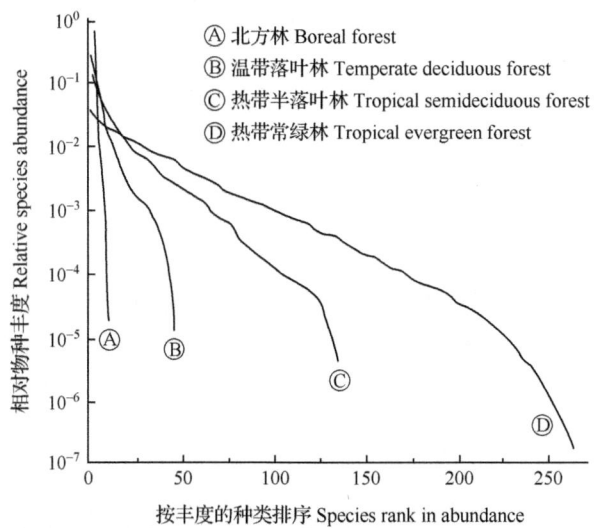

图 5-16　跨越大的纬度梯度的 4 种郁闭林的树种多样性——优势度曲线

（引自 Hubbell 1979，2001）

Fig. 5-16　Dominance—diversity curves for tree species in four closed-canopy forests, spanning a large latitudinal gradient (cited from Hubbell 1979, 2001)

六、历史因素对植被类型的影响

气候虽然是决定植被类型的重要因素，但不是唯一因素。由于生命进化的随机性，加上地质历史原因（如板块运动引起的隔离历史的不同），即使同样的气候背景，不同地理区域的植物区系也许向完全不同的方向进化，因此可能演化出完全不同的植被类型。

一个典型的例子就是肉质植物，在美国的干旱地为仙人掌科（Cactaceae），但在非洲却为大戟科的大戟属（*Euphorbia*），这在植物生态学中称为趋同现象。而在气候相似的澳大利亚，无论在哪里都见不到肉质茎植物。而且澳大利亚的植被在群落外貌上也十分不同于其他大陆，甚至其哺乳动物区系也是独一无二的，这可能与澳大利较早脱离亚冈瓦那古陆有关。此外，在泛北极植物区普遍分布的落叶林，在新西兰温带气候条件下却完全不存在。又如，在系统发育上比较古老的针叶树类群，罗汉松科和南洋杉属仅限于南半球分布，而种类繁多的松科和几乎所有的杉科植物仅限于北半球分布，但是柏科却遍布所有大陆（沃尔特 1984）。

物种的地理分布格局并不一定都与其绝对分布极限因子相重合，换句话说，一个物种的自然分布并不是反映其生理需求的绝对指南（沃尔特1984）。当然，也确实存在一些物种的分布可能达到其极端环境（温度、湿度、盐度、光照等）因子的限值范围。其实，可能大多数物种由于历史地理的或生态的原因远未达到其分布的自然界限，因此，如果人们有意或无意地将一个物种移入另一个未曾分布的区域，经常会带来外来物种缺乏天然的控制机制（如天敌）而出现灾难性增长，这就是现在广为关注的外来种问题。

七、结　语

绿色植物是地球上所有生命的源泉，植物学家创造了一系列的名称来描述生活在一定空间中的植物集群——植物群落、生活型、植被、生物群系、植物区系等，其中植被泛指地表所覆盖的所有植物，它基于外貌的分类体系也使非植物学家的人士容易理解。

从本质上来讲，地球上植被的现代地理格局不仅是现代气候（主要是温度和降水）格局的产物，更是气候变动与生命系统在漫长的地质历史过程中相互作用的产物。无可争辩的事实表明，在地理尺度上，气候几乎彻底地主宰了植被的大尺度空间格局。这一点在进化生物学上十分重要，因为它在宏观上决定或约束了物种、群落乃至生态系统的演化方向与基本格局，虽然还必须立足于一定的生物地质历史背景的基础之上。植被地理格局的存在也暗示物种（因此群落）的进化与分布并不那么随机，它被气候的格局和历史宏观性地决定，虽然不可避免地伴随局域与暂时的随机性。也可以说，它指明了微观进化的随机性中蕴藏的宏观方向性。

植被地理格局的存在也昭示了气候环境约束下的植物群落的自我组织、自我调节、自我更新与自我发展，即方向性演替模式（参见第六章）的存在，同时也昭示植物的进化与植被的演替必定是偶然（随机）性与必然性相互作用的产物，而且偶然与必然在一定程度上互相补充、互为因果，即必然性一方面约束系统的演化，另一方面它自身又是演化的结果，它们不可分割。此外，这种空间格局还昭示了宏观的生命世界演化历史的存在，它使过去、现在和未来得以串接与融合。

第六章　植被演替——地质历史变动轨迹中植物的归宿性反应

古人云"沧海桑田",这是古辈们对地貌剧烈变动的一种深刻描绘(也用来比喻世事的变化很大)。按照 Tennyson 的话说,大陆会像浮云似地消散,最坚固的岩石会出现褶皱,群山会像波浪似的起伏(巴兰金 1988)。

世间万物皆处于永不停息的变化之中,地貌如此,生态系统如此,生物群落亦如此。但是,这些变化可发生在显著不同的时间尺度上。例如,海洋变成陆地或陆地变成海洋一般发生在漫长的地质历史时期(如数十万年以上),由地壳运动或气候的持续性显著变化所引起;森林变成草地或草地变成森林可由相对较短时间尺度的气候变化(如数万年)所致;而榆树林变成山毛榉林或山毛榉林变成榆树林则可起因于更短时期(如数千年)的气候变化。

植物群落的变化规律一直都是植物生态学研究的主要问题之一。植物群落的变化幅度会有所不同,一般将具有一定方向性和时序的物种组成的变化,即一个(类)物种被另一个(类)物种所取代的过程称为演替(succession),而将较小程度的物种组成的变化(未出现物种更替)过程称为波动(fluctuation)。很显然,演替一般发生在相对较长的时间尺度上,而波动发生在相对较短的时间尺度。演替也可看成是植物群落结构在时间尺度上的序列关系。

第五章介绍了气候是如何塑造地带性植被类型的,关注的是植被的静态格局,本章主要是介绍植被对不同干扰的群落学响应机制,关注植被演变的动态过程以及植被如何从非平衡走向暂时的平衡。与第五章不同的是,这里包含了不少物种间生存竞争过程的细节。

一、植被的演替——来龙去脉

这里先简要地介绍植被变化的时空尺度耦合、演替概念的发展简史、演替类型、演替轨迹等,这些是讨论植被演替的基础。

1. 植被的变化与演替——耦合于不同的时空尺度之中

离开时空尺度来谈论植被的时间变化规律几乎是没有意义的,因为植被的变化必须耦合在时空尺度之中。一些植物地理学或植物生态学家早已关注这样的问题。

图 6-1 显示植被的变化跨越巨大的时空尺度,为了方便起见,可将植被从短

到长的时间变化依次称为波动(fluctuation)、林隙和斑块动态(gap and patch dynamics)、周期性演替(cyclic succession)、次生演替(secondary succession)、原生演替(primary succession)和久期演替(secular succession);而在空间上,从生物个体→种群→群落→区域景观→生物群系→整个生物圈。

	波动 Fluctuation	林隙和斑块动态 Gap, patch dynamics	周期性演替 Cyclic succession	次生演替 Secondary succession	原生演替 Primary succession	久期演替 Secular succession
生物体—环境 Organism-environment	10^{-1}~1 a 10^{-2}~10 m	1~10 a 10^{-2}~10 m				
种群—环境 Population-environment	1 a 1~10 m	1~10 a 10~10^2 m	1~10^2 a 10~10^2 m	10~10^2 a 10~10^2 m	10~10^3 a 10~10^2 m	
微群落—环境 Microcommunity-environment	1 a 1~10 m	1~10 a 10~10^2 m				
植物群落—环境 Phytocoenosis-environment	1 a 1~10 m	1~10 a 10~10^2 m	1~10^2 a 10~10^2 m	10~10^2 a 10~10^2 m	10~10^3 a 10~10^2 m	
区域景观 Regional landscape			10^0~10^2 a 10^2~10^4 m	10^2~10^3 a 10^2~10^4 m	10^2~10^4 a 10^2~10^4 m	
生物群系 Biome						10^3~10^6 a 10^4~10^6 m
生物圈 Biosphere						10^6~10^7 a

图 6-1　植被动态变化的空间(m)和时间(a)尺度(引自 van der Maarel 1996)

Fig. 6-1　Spatial scales(m) and temporal scales(a) of vegetation dynamics
(cited from van der Maarel 1996)

2. 最经典的演替理论——由美国植物学家 Clements 提出

从某种意义上来说,长期的生态演替(secular ecological succession)早在 18 世纪就曾引起林奈(Linnaeus)、布丰(Buffon)以及在 19 世纪引起奥古斯丁·彼拉姆斯·德·堪多(Augustin-Pyramus de Candolle)、洪堡德(Humboldt)、莱尔(Lyell)等的注意(Lawley 2009)。19 世纪初,法国博物学家 Dureau de la Malle (1825)首先使用演替一词来描述森林砍伐后植被的发展过程。

1860 年,Henry David Thoreau 在其撰写的 *The Succession of Forest Trees* 一文中,从直觉的科学观点阐述了生态演替是如何进行的,认为动物和气象(风、雨水)在树木种子的搬运中扮演了重要角色,较轻的种子(如松树和枫树的种子)主要通过风和雨水搬运,而较重的种子(如橡子)通过动物搬运。例如,通过松鼠搬运橡子,使松树被砍伐后橡树得以取而代之,而后地下的松子萌发又可使松树取代橡树。

19 世纪末,Cowles(1899)研究了 Michigan 湖岸的沙丘上的植被的发展过程,进一步发展了演替的概念。他阐述了原生演替及其序列(在特定环境下一系列可重复的群落变化)的思想,正如他所指出的"The ecologist, then, must study the order of succession of the plant societies in the development of a region, and he must endeavor to discover the laws which govern the panoramic changes"。

20世纪初,Clements(1916)首次将演替描述成由下述6个基本过程组成。

(1)裸化(nudation):演替起始于裸地(如由于扰动)的发展。

(2)迁移(migration):植物繁殖体的到达。

(3)定居(ecesis):建群和植被的初期生长。

(4)竞争(competition):当植被开始建立、生长和扩张时,各物种开始对空间、光照和营养竞争,导致一种植物被另一种所取代。

(5)相互作用(reaction):植物的生长和死亡影响栖息地环境,而这反过来又影响资源的可得性。

(6)稳定(stabilization):这种相互作用最终将导致顶级群落的出现。

这一描述性的演替理论对后来的生态学思想产生了巨大的影响,被认为是一个经典的生态学理论,Clements也被称为植物群落演替理论的奠基人。

不久,Gleason(1927)对演替的概念重新进行了讨论,提出了与Clements明显不同的观点,认为演替更复杂,更具不确定性,随机因素的作用更大,否认具有一致的、清晰分界的群落类型的存在。

3. 演替类型——多种多样的划分方式

人们为了从各种角度认识演替,依据不同的原则对演替进行了分类。常见的,可按基质性质、生态系统层次、驱动因素、经历的时间及生态系统类型等来划分演替的类型如下所述。

(1)按演替起始时的基质性质划分

原生演替(primary succession)是指发生在原生裸地(barren land)上的演替。所谓原生裸地就是从来没有植物覆盖的地面(如新暴露的岩石、沙丘等),或者是原来存在过植被,但被彻底消灭了(包括原有植被下的土壤)的地段。

原生演替一般起始于一些新形成的(如火山喷发)裸地,也可以说是从没有生命体的一片空地上开始的植被类群的演替。现在地球上所有的动植物和土壤都是原生演替的产物(Walker and Moral 2003)。图6-2是发生在沙丘上的原生演替。

次生演替(secondary succession)是指发生在次生裸地(secondary barren)上的演替。所谓次生裸地是指原有植物群落被破坏(如森林砍伐、火灾、洪水等),但原有植被影响下的土壤条件仍然存在或受到很少破坏,甚至还残留原有植被的种子或繁殖体的裸地。也有一些学者认为次生演替也可称为再生演替(regeneration succession),因为次生演替确实是生物群落的再生(van der Maarel 1988)。图6-3是森林砍伐形成的次生裸地。

图 6-2 在沙丘上的原生演替。滨草是最先建群的植物,它可稳定沙丘,使灌木和树能生长(引自 Miller and Harley 2001)

Fig. 6-2 Primary succession on a sand dune. Beach grass is the first species to become established. It stabilizes the dune so that shrubs, and eventually trees, can grow(cited from Miller and Harley 2001)

A   B

图 6-3 砍伐前(A)和砍伐后用于耕作(B)的巴西热带雨林。土壤很快贫瘠,然后弃耕,再转移到邻近的森林。弃耕后便开始次生演替(引自 Miller and Harley 2001)

Fig. 6-3 A Brazilian tropical rain forest(A) before and(B) after clear-cutting to make way for agriculture. These soils quickly become depleted and are then abandoned for the richer soils of adjacent forests. Secondary succession develops after the disturbance(cited from Miller and Harley 2001)

(2) 按生态系统层次划分

种类演替(species succession):这一词语虽然在(无论陆生还是水生)生态

学论文中用法十分广泛，但仅指种类的更替。

种群演替(population succession)：也有一些学者使用这一词语，如"bird population succession"、"microbial population succession"等，是含有种群数量信息(如优势种群)的种类演替的用法。此外，也被用于社会科学中与人口相关的描述，如"human population succession"。

群落演替(community succession)：是指植物群落发展变化，一个群落代替另一个群落的自然演变现象。演替具有方向性，即由低级到高级，由简单到复杂，一个阶段接着一个阶段。

生态系统演替(ecosystem succession)：也有一些学者使用生态系统演替的概念。例如，Gutierrez 和 Fey(1980)在其专著《生态系统演替》中这样描述道："自然生态系统，如湖泊、草地和森林从其发展早期向成熟演替，此时动植物群落与其物理环境达到一种平衡状态"。其实，生态系统演替在本质上就是前面讲述的生态系统稳态转化。

一般来说，用生态演替(ecological succession)泛指以群落演替为主的演替的用法最为广泛，当然，群落演替的用法也十分广泛，生态系统演替的用法并不常用。而种类演替、种群演替基本不是通常意义的演替。

(3) 按演替的驱动因素划分

群落发生演替：是指在原生或次生裸地上植物群落入侵与发生的过程。

内因生态发生演替(或内因动态演替)：由植被自身变化驱动的演替。例如，植物的生长可导致土壤有机质的积累，改变土壤的养分和pH，从而驱动群落的演替。

外因生态演替(或外因动态演替)：由外部环境影响(而非植被本身，如动物活动与牧食、火山喷发、洪水、火烧等)驱动的演替。

地因生态演替：由于大范围内统一的变化所导致植物群落变化的过程，如整个区域地理环境的改变而引起的演替。

按演替驱动因子来划分群落演替类型是前苏联植物学家Cykaqëb于20世纪中叶提出的(曲仲湘等 1984)。

其实，群落发生演替可以理解为演替的早期，此阶段植物对环境的改变作用有限；内因生态发生演替可以理解为演替的后期，植物的生命活动显著改变土壤环境；外因生态演替是较强烈的环境(或周期性)扰动的结果，应该还未严重到形成原生裸地或次生裸地的程度。而地因生态演替则是指大时空尺度(地理)环境变化驱动的植被变化。

(4) 按演替所经历的时间长短划分

快速演替：在数年乃至十几年所发生的演替。

长期演替:数十年甚至达百年的演替。
世纪演替:在地质年代尺度上的演替。

(5) 按生态系统类型划分

水生演替系列(hydrosere)。
石生演替序列(lithosere)。
沙生演替序列(psammosere)。
旱生演替序列(xerosere)。
盐生演替序列(halosere)。

4. 演替的行为——轨迹与终点

自生态科学存在以来,森林群落演替的方向性和终点就是一个关注的主要焦点之一。其中,以顶级群落理论为代表的学说认为,植物群落的演替最终将会趋于稳定群落。

(1) 演替终点

气候顶级学说:Clements(1916)最早使用顶级(climax)这一词语,提出了单一的气候顶级(climatic climax)的思想。他认为,某一区域内的植被演替的终点取决于该地区的气候条件,将会出现与气候条件相适应的优势群落,在气候条件相对稳定、没有其他干扰的情况下,不会出现新的优势植物,即形成所谓气候顶级群落,也称为单顶级(mono-climax)。根据这一学说,一个气候区只有一个潜在的气候顶级群落,只要经过充分的时间,该区域的任一生境最终都能发展到这种群落。尽管Clements的气候顶级学说备受争议,但这一学说对后来的生态学思想的强烈影响仍然长达半个世纪之久(Selleck 1960)。

多顶级学说:在Clememts的气候顶级学说的基础上,Tansley(1939)提出了多顶级(polyclimax)学说,认为一个气候区域内可以有多个顶级群落,除了形成气候顶级之外,还可以有土壤顶级(edaphic climax)、地形顶级(physiographic climax)、由放牧或动物啃食形成的生物顶级(biotic climax)、由人类活动维持的人为顶级(anthropic climax)以及演替偏向了一个新的线路因此维持在一个新的平衡下的偏途顶级(plagioclimax)等。也就是说,气候顶级是气候在较大范围内控制植被演替的结果,而其他演替类型则来源于除气候外的其他因素在较局域的尺度上对植被演替的控制。

顶级群落格局学说:Whitaker(1953)通过对沿环境梯度的种群分布的分析,提出了顶级群落格局假说(climax pattern hypothesis),他提出用与环境梯度相应的逐渐变化的群落格局来解释多顶级现象,认为格局中心分布最广的群落类型就是气候顶级。他建议用可定义的优势顶级(prevailing climax)来取代不可定义的气候顶级。所谓优势顶级群落指占据最大区域的植被类型。

这三个学说既有联系又有区别,也是人们对演替终点认识不断深化的过程。气候顶级学说应该真实地反映了大尺度的气候条件对植被演替终点的影响,而多顶级学说补充了局域尺度的植被演替终点的控制机制。顶级群落格局学说与多顶级学说并无本质的区别,只是后者强调了群落变化的连续性。其实连续和非连续也是辩证统一的,它们都是植被格局的真实反映。

(2) 演替的轨迹

Frelich(2002)提出了关于植被演替轨迹的 5 种模式:①平行演替;②周期性演替;③趋异演替;④趋同演替;⑤个性化演替(图 6-4)。

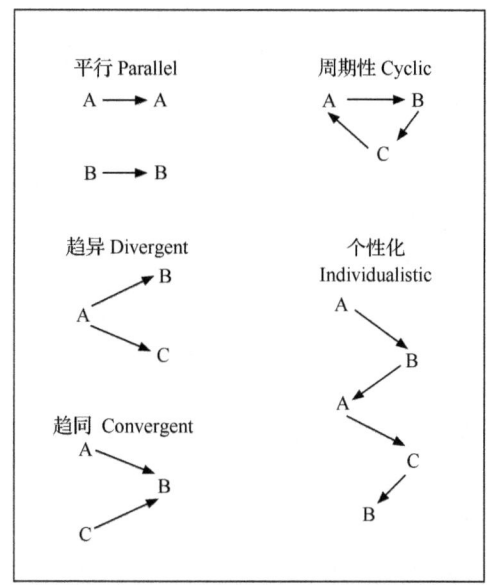

图 6-4 演替方向的 5 种模式(引自 Frelich 2002)
Fig. 6-4 Five models of successional direction(cited Frelich 2002)

平行演替是指群落 A 和群落 B 在扰动后又各自回复到原来状态的演替。例如,在北美的北方森林中存在相邻的短叶松和黑云杉林分,在这样的区域发生林分替换火,火前林分是唯一种源,火后植被也维持同样的树木组成(Dix and Swan 1971, Johnson 1992)。

周期性演替主要是指由于环境因子的周期性干扰而引起的演替,这种周期性干扰可以是较短的时间尺度(如昆虫的周期性暴发),也可以是长久的地质时间尺度(如气候周期)。例如,在严重的火烧之后,首先山杨侵入,接着红棕及其他中度耐阴种跟进,然后是耐阴性的北方硬木树种和铁杉,一直持续到下一个火烧的来临,又重新回到山杨开始的演替周期(Lorimer 1977, Frelich 2002)。

趋同演替就是 Clements(1936)提出的经典演替模式,即处于两个或多个状态的植被(状态 A 和 B)随着时间的推移最终趋向于状态 C。例如,两个分别被演替早期或中期树种(如山杨和白松)占据优势的相邻的火后林分均会向耐阴的糖枫和铁杉演替。

趋异演替是指一个群落(状态 A)随着时间的推移分歧到两个或多个状态(B、C 等)的演替,主要是最初的微小差异被逐步放大,最终稳定下来(Wilson and Agnew 1992)。例如,火后的山杨林分很容易在相邻的三个地点演替成松树、橡树和枫树,这可能由于适合于不同种类的土壤的差异或种源的差异造成的。

二、两种基本的演替过程——原生演替和次生演替

两种基本的演替过程是指发生在现代地质年代的演替,具有相同的气候模式,包括原生演替和次生演替。原生演替对了解植被的发展过程十分重要,但是在现实世界中却很少被观察到,因为它们进展缓慢,往往可跨越数世纪以上。次生演替起始于人为或自然的扰动(如火烧、耕作等)对原始植物群落的破坏,在干扰消除后,植物群落发生所谓的次生演替过程。这通常是在较短时间尺度(数十年)的演替。

1. 原生演替——需要改造基质的缓慢过程

在一块原生裸地(暴露的岩石)上,经过一系列的变化在原来不曾有过植被的裸露基质上逐渐建立起植物群落(图 6-5)。以花岗岩石上的原生演替为例说明原生演替的大致过程。在佐治亚的山麓地带到处可见到露出地面的花岗岩石,原生演替起始于花岗岩表面由于侵蚀出现的凹陷处,能在裸露岩石上的干热条件下生存的地衣首先进入,随着沙土和有机质的积累,能在薄土上生长的一年生植物(如景天、驯鹿苔藓)开始定居,随着土壤层的变厚,真正的苔藓和一年生草本开始建群。随着土壤保水能力的增加,多年生草本开始出现,最后,植被和足够的土壤堆积支撑多年生木本植物(如厚皮刺果松、西部红松、白莓)的生长。在花岗岩石上的原生演替十分缓慢,估计从裸露的花岗岩石转变到松树灌丛需要 700 年以上(Gibson and Gibson 2006)。

2. 次生演替——扰动后较快的群落重建过程

(1) 草原次生演替

1) 热带稀树草原(委内瑞拉)火烧后的次生演替

在委内瑞拉卡拉沃索(Calabozo)进行的实验表明,在最后一次火烧后,被保护区域的稀疏草原的地上总生物量在最初的 4 年不断增加,然后稳定在一定的

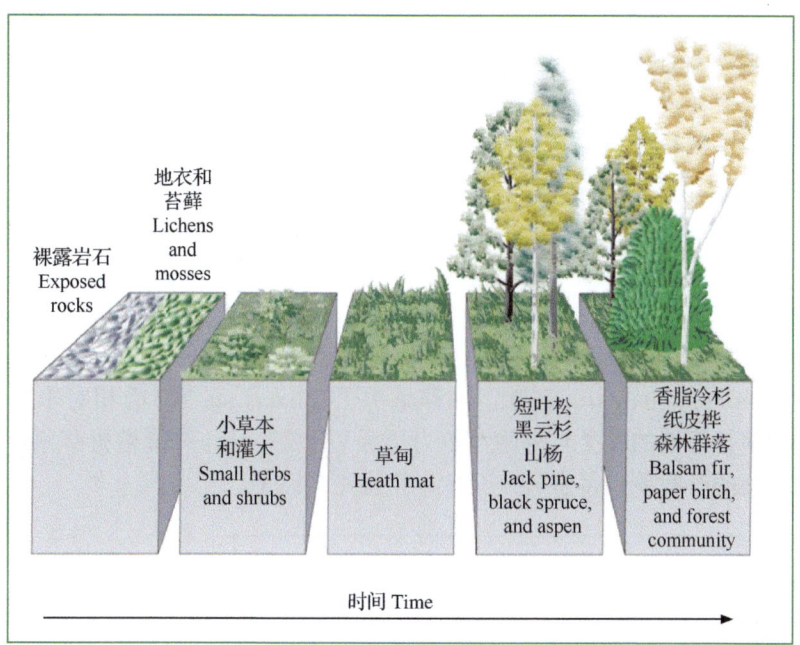

图 6-5 在原生演替过程中，经过一系列的变化在原来不曾有过植被的裸露的基质（如暴露的岩石）上建立起植物群落，这一过程缓慢，需要很多年（引自 Gibson and Gibson 2006）

Fig. 6-5 In primary succession, a series of changes occur to establish a plant community on bare substrates, such as exposed rocks, that have not supported vegetation before. It is a slow process that occurs over many years (cited from Gibson and Gibson 2006)

水平，其中绿色生物量变化不大，而干生物量在最初的 4 年不断增长（图 6-6）。

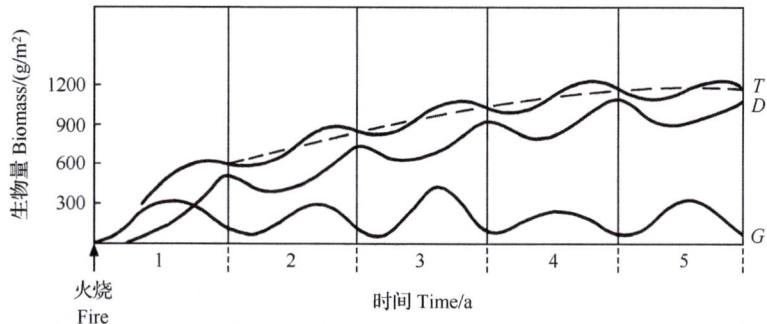

图 6-6 委内瑞拉卡拉沃索—稀树草原地上生物量（T 为总生物量、G 为绿色生物量、D 为干生物量）的变化，火烧经过 5 年后达到稳定状态（虚线）（Lüttge 2008 引自 Sarmiento 1984）

Fig. 6-6 Variations in the epigeous biomass (T total, G green, D dry) of a savanna at Calabozo, Venezuela, after it was burned and until it reached a steady state (dotted line) in five years (after Sarmiento 1984; from Lüttge 2008)

2) 温带沙原(美国)弃耕后的次生演替

人们将森林或草地开垦为农耕地，后又当耕地被废弃后所发生的次生演替，称为弃耕地演替（或撂荒地演替）。Inouye 等（1987）调查了美国明尼苏达州锡达溪自然历史区域（该区域位于西部的草原和东部的落叶林之间）位于沙原上的 22 块弃耕地（弃耕时间为 1~56 年）的植被，发现随着弃耕年龄的增加，土壤氮含量、植被覆盖率、植物总地上生物量和枯落物盖度均显著增加。Tilman 和 Wedin(1991)根据他们的数据结合其他资料，绘制了次生演替过程中 7 个优势种［肯塔基蓝草（*Poa pratensis*）、匍匐冰草（*Agropyron repens*）、豚草（*Ambrosia artemisiifolia*）、剪股颖（*Agrostis scabra*）、帚状裂稃草（*Schizachyrium scoparium*）、大须芒草（*Andropogon gerardii*）、一种悬钩子（*Rubus* sp.）]的相对丰度的变化图，认为演替后期的种类对氮的竞争力更强（图 6-7）。与热带稀树草原相比，演替达到平衡的时间要长得多——至少半个世纪或以上。

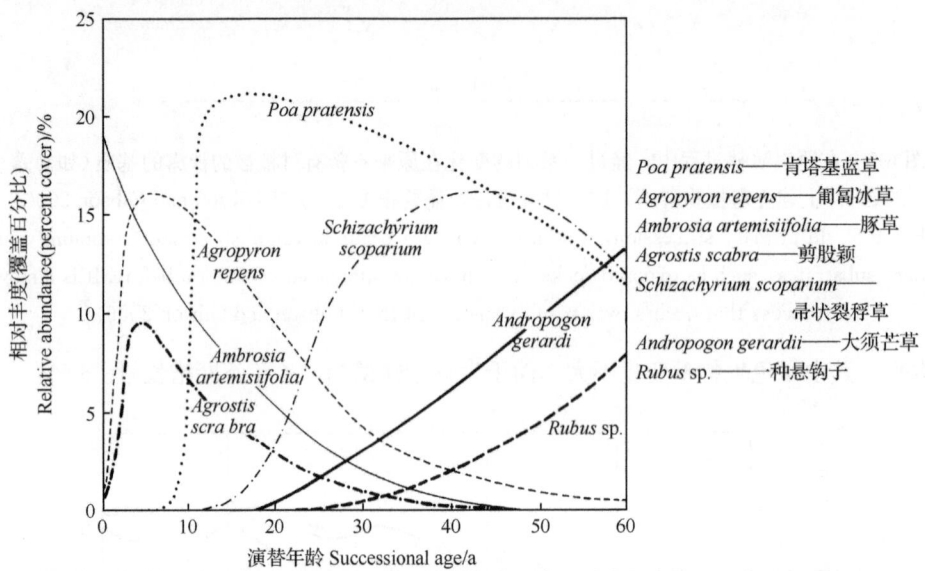

图 6-7 美国锡达溪自然历史区域的演替，次生演替过程中 7 个优势种的相对丰度是根据 22 块弃耕地的年代序列数据(Inouye et al. 1987)和其他观测数据计算得来的（引自 Tilman and Wedin 1991)

Fig. 6-7 Succession dynamics at Cedar Creek Natural History Area. The relative abundances of seven of the most abundant species during secondary succession were calculated using data from chronosequence of 22 old fields (Inouye et al. 1987) and other observation (cited from Tilman and Wedin 1991)

（2）森林次生演替

火烧是干燥的森林和草地中常见的一种自然现象，据称它的一个重要的生态功能就是可以替代分解者将积累的枯枝落叶迅速地矿质化。由闪电引起的火灾甚至在石炭纪的森林中就曾发生过。自然火烧已是许多生态系统(如干旱期的草地、冬雨区的疏林地、针叶林地等)的一种正常甚至是必需的生态过程(沃尔特 1984)。

火烧引起的森林演替(称为林分替换火)受到广泛关注,林分火能显著影响种类的组成。为了使某一物种适应一定火烧周期生存下来,在该物种充分成熟到能繁殖之前(否则就没有种源)火烧不能发生,但是在大部分老龄个体死亡之前(被后面演替的种类取代之前)必须发生。火烧的轮换周期(rotation period)是指经过林分火后植被的平均恢复间隔(Frelich 2002)。

在北美的大湖区(温带大陆性气候),树种可划分为两类:①火烧依赖型种类——火烧周期在 300 年或更短时变为优势;②火烧非依赖型(常常对火烧敏感)种类——火烧周期长于 500 年时变为优势(图 6-8)。有一个种类,黑云杉,能适应上述两种情形,因其在大湖区的树种中具有特殊的能力,使其无论在短的还是在长的火烧周期中都能很好地繁殖。

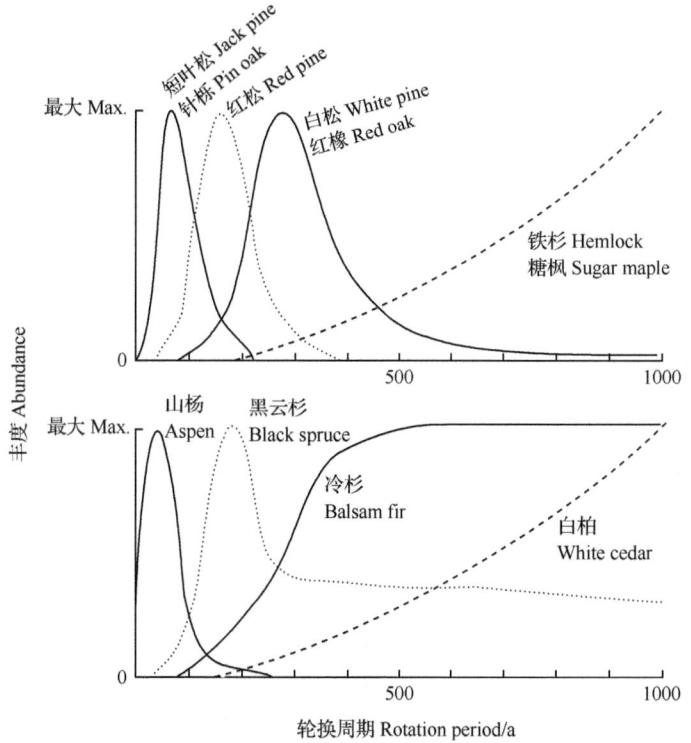

图 6-8 大湖区林分替换火的轮换周期与一些重要树种丰度的关系。纵坐标轴表示相对丰度(刻度无单位),假设每个种在某个轮换期达到最大丰度(引自 Frelich 2002)

Fig. 6-8 Relationship between rotation periods for stand-replacing fire and abundance of some important tree species in the Lake States. The y-axis is a unitless scale of abundance and each species is assumed to reach a maximum abundance at some rotation period(cited from Frelich 2002)

3. 演替——伴随着一系列生态系统特征的变化

Odum(1969)以森林生态系统为例,从群落能量学、群落结构、生活史、养分循环、选择压力、内稳态等方面勾勒出生态演替过程中生态系统特征的变化趋势(表 6-1)。虽然只是定性的描述,但是得到广泛认同。

表 6-1 生态演替过程中预期的生态系统变化趋势
Table 6-1 Trends to be expected in the ecosystems during ecological succession

生态系统特征 Ecosystem attribute	发展期 Developmental stage	成熟期 Mature stage
群落能量学 Community energetics		
1. 毛生产量/群落呼吸(P/R)	大于或小于1	接近1
2. 毛生产量/生物量(P/B)	高	低
3. 单位能量流动支撑的生物量(B/E)	低	高
4. 净群落生产量	高	低
5. 食物链	线形,牧食食物链占优势	网状,碎屑食物链占优势
群落结构 Community structure		
6. 有机物总量	小	大
7. 无机营养盐	生物外(extrabiotic)	生物内(intrabiotic)
8. 物种多样性——组分变异(variety component)	低	高
9. 物种多样性——均匀度(equitability)	低	高
10. 生化多样性	低	高
11. 分层和空间异质性(格局多样性)	缺乏组织性	组织程度高
生活史 Life History		
12. 生态位特化	宽	窄
13. 有机体体积	小	大
14. 生命周期	短、简单	长、复杂
养分循环 Nutrient cycles		
15. 矿物质循环	开放	封闭
16. 养分交换速率(在有机体和环境之间)	快	慢
17. 碎屑在养分再生中的作用	不重要	重要
选择压力 Selection pressure		
18. 生长型	快速生长(r-对策)	反馈控制(K-对策)
19. 生产	量	质
内稳态 Overall Homeostasis		
20. 内共生	不发达	发达
21. 养分保存能力	弱	强
22. 稳定性(对干扰的抗性)	弱	强
23. 熵	高	低
24. 信息	小	大

资料来源:引自 Odum(1969)(cited from Odum 1969)

Odum(1969)图解了森林生态系统演替过程中主要能量学参数的变化趋势(图6-9),P_G和R之差为净初级生产量,在演替早期(或青年期),群落的总初级生产量超过呼吸量,因此P/R大于1(在有机污染的特殊情况下,可能出现P/R小于1)。临近群落演替的后期(或老龄期),$P/R \to 1$,即在"顶级"的生态系统,能量的固定和消耗趋于平衡,因此,P/R系数是表征系统相对成熟度的很好的功能性指数。

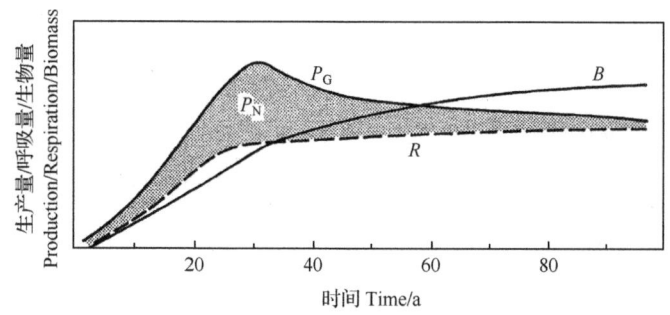

图6-9 一个森林演替过程中能量学参数的比较。P_G. 粗生产量;P_N. 净产量;R. 群落呼吸量;B. 总生物量(引自 Odum 1969)

Fig. 6-9 Comparison of the energetics of succession in a forest. P_G, gross production; P_N, net production; R, total community respiration; B, total biomass (cited from Odum 1969)

Dierschke(1994)以在亚大西洋气候条件下硅酸盐岩石上起始的原生演替为例,分析了演替过程中生态系统主要特征的动态变化趋势,在演替的起始阶段,不可预测的杂乱的相互作用占优势,因为在很大程度上,繁殖体的侵入和建群是随机的,广布性一年生植物占优势。随后,优势植物群落依次经过多年生禾草→灌丛→森林的循序演替(图6-10)。

4. 次生演替的过程——接力植物区系假说和初始植物相组成假说

Egler(1954)提出了演替的两种假说,一种假说称为接力植物区系假说(relay floristics),也主要是 Clementsian 的观点,即协调的群落像接力赛跑一样一个取代另一个(图6-11A);另一种假说他认为更可能,称为初始植物相组成假说(initial floristic composition hypothesis),强调定居的过程以及物种生命周期的差别(图6-11B)。Egler以美国东部弃耕地的演替为例,认为所有种类在演替的早期就到达了,早期的种类,如一年生和多年生草本因为生长快首先占据优势,树种虽然也早就到达,但直到很后才占据优势,是因为它们生长慢。因此,他认为特定的演替系列是初始植物群落组成差异的直接结果。

上述两个假设的最大区别就是"是否所有种类在演替初期就到达",其实在偌大的一个地球系统,涵盖几乎无数的生境类型及极端多样的环境条件,各种次

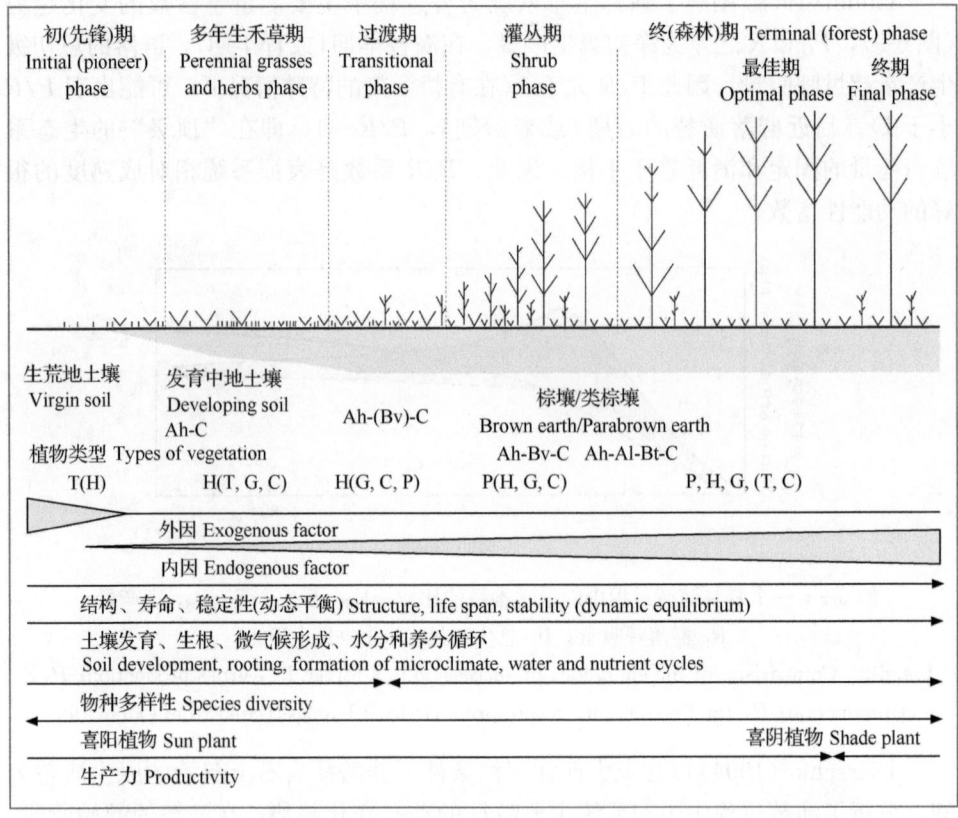

图 6-10 原生演替过程中的主要特征（在硅酸盐岩石及亚大西洋气候条件下）
（Dierschke 1994，间接引自 Schulze 2005）

Fig. 6-10 Main characteristics of the progress of primary succession (on silicate rock and under subatlantic climatic conditions) (from Dierschke 1994 by Schulze 2005)

生演替的类型、程度和规模也都千差万别，上述两种假说以及二者不同程度的混合情况都有可能存在。

5. 温带森林区弃耕地的演替——物种相对多度从直线转变为 S 型曲线

物种相对多度的变化也是刻画生物群落的重要指标之一，它可以用来判断植物群落的演替阶段。

图 6-12 为美国伊利诺斯南部（温带气候）5 个不同弃耕阶段的撂荒地中，植物群落物种相对多度的变化。在演替的早期阶段，植物群落常常由少数最先到达的杂草（先锋种）所占据，这些先锋种往往是一些能快速生长的 r-对策种，然后逐渐被灌木和乔木群落重新占领。有意思的是，随着演替的进展，种相对多度的模式由近乎于直线转变为 S 型曲线，中等优势度的物种显著增多。

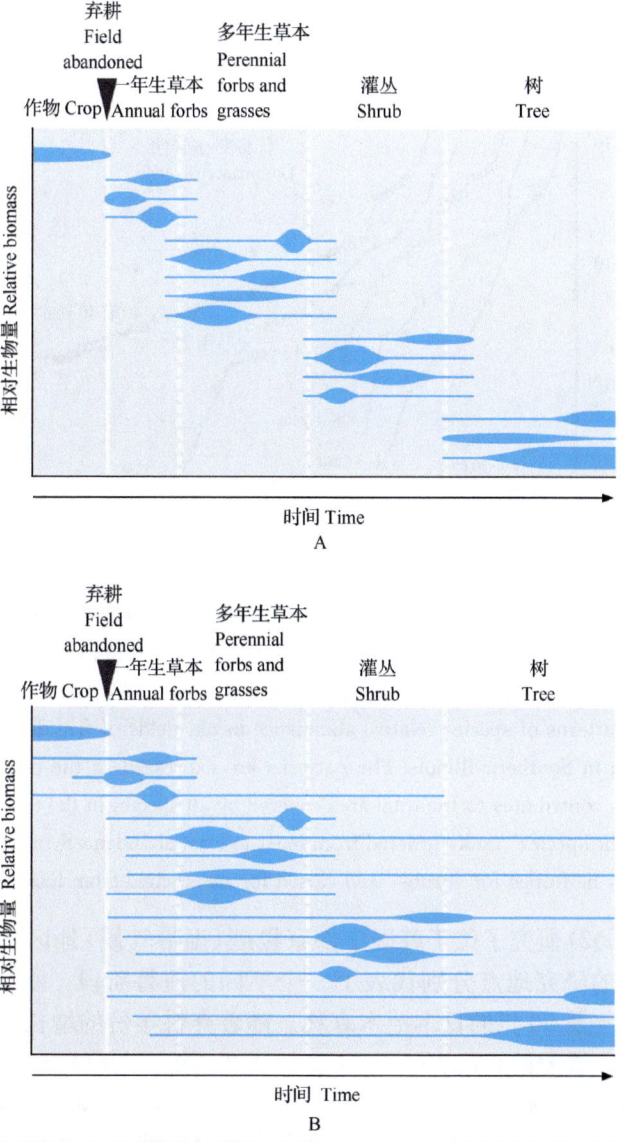

图6-11 在一个假想的北卡罗莱娜弃耕地上仿Egler(1954)的理论绘制的演替简图。每条线代表所属植被类型的一个种类，线越宽，表示在给定时间该种类越重要。A. 根据接力植物区系假说，像接力赛上的选手一样一个类群取代另一个类群；B. 初始植物相组成假说，为Egler的接力植物区系假说的修改，这里，所有的种类在演替的初期就出现，演替仅是各种生活史的一个伸展过程（引自Gurevitch et al. 2002）

Fig. 6-11 Egler's theories of succession (Egler 1954), stylistically diagrammed for a hypothetical abandoned field in North Carolina. Each line represents a single species of the vegetation type indicated. The thicker the line, the more important the species at a given time. A. According to relay floristics, groups of species replace one another like runners in a relay race. B. Egler's modification of relay floristics was the initial floristic composition theory. Here all of the species are present at the beginning of succession, which is simply a process of the unfolding of their various life histories (cited from Gurevitch et al. 2002)

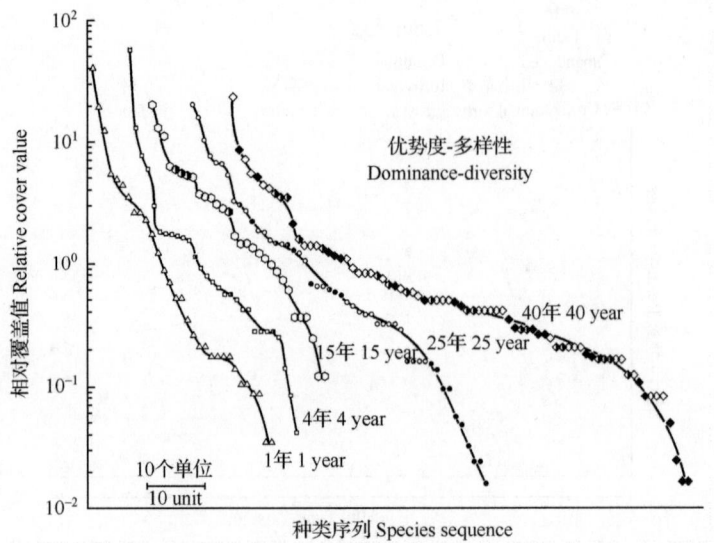

图 6-12　在伊利诺斯南部，5 个不同弃耕阶段的撂荒地中，种相对多度的模式。模式表示为在一个群落中一个给定种占全部种所覆盖的总面积的百分数相对于种的等级（按从多度最大到最小的顺序）绘出的曲线。空符号代表草本植物，半空符号代表灌木，实心符号代表乔木（引自 Bazzaz 1975）

Fig. 6-12　Patterns of species relative abundance in old fields of five different stages of abandonment in Southern Illinois. The patterns are expressed as the percentage that a given species contributes to the total area covered by all species in the community, plotted against the species' rank, ordered from most to least abundant. Symbols are open for herbs, half-open for shrubs, and closed for trees（cited from Bazzaz 1975）

　　Lee 等（2002）研究了位于韩国中部京畿道（温带气候）地区水稻弃耕地的次生演替，所选的研究地点分别代表了 5 个不同的演替阶段：刚弃耕、弃耕后 3 年、7 年、10 年及 50 年的日本桤木森林。随着弃耕年份的增长，植被优势种出现明显的更替：看麦娘（*Alopecurus aequalis*）（一年生杂草）→竹头草（*Aneilema keisak*）（一年生草本）→灯心草（*Juncus effuses*）→尖叶紫柳（*Salix koriyanagi*）→日本桤木（*Alnus japonic*），最终植被形成稳定的桤木森林群落，而桤木群落被认为是该区域性气候背景下的顶级群落（图 6-13）。随着演替的发展，物种多样性逐渐增加，土壤有机质、氮、磷、钾、钙、镁等也不断增加。

6. 草地的持续施肥试验——物种多样性逐渐下降

　　英国洛桑实验站进行了一个给草地持续施肥的长期生态学试验。自 1856 年开始，他们在实验样地每年施肥一次，而对照样地则不施肥。在 1856～1949 年，优势度稳步增加，而物种多样性下降（图 6-14）。一种可能的解释是，高营养导致种群的高增长速率，因此使最具生产能力的物种获得更大的优势机会，可能也

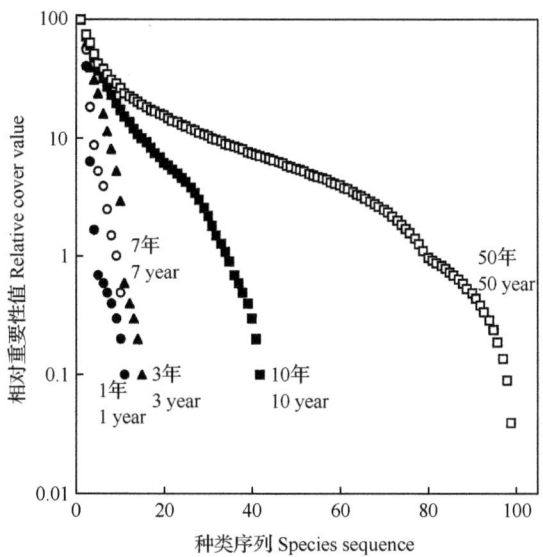

图 6-13 各种年龄弃耕地的植物物种排序-丰度曲线，重要值根据 5 个弃耕年龄组的 56 个样方的相对覆盖估算值求得（引自 Lee et al. 2002）

Fig. 6-13 Rank-abundance curves of plant species grouped by site ages (time since abandonment). Importance values are derived from relative cover estimates from 56 quadrat samples taken among the five age categories (cited from Lee et al. 2002)

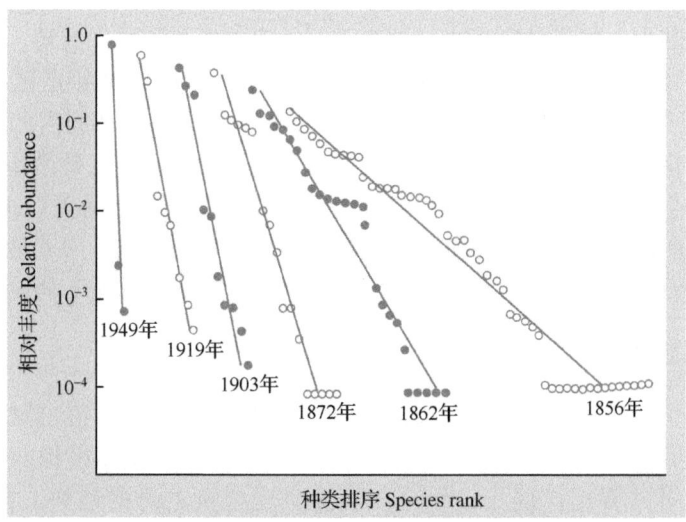

图 6-14 从 1856～1949 年连续施肥的一块实验草地上的植物种类相对丰度的变化，数据来自 Brenchley（1958）（Begon et al. 2006 重绘自 Tokeshi 1993）

Fig. 6-14 Change in the relative abundance pattern of plant species in an experimental grassland subjected to continuous fertilizer from 1856 to 1949. Data from Brenchley (1958) (redrawn from Tokeshi 1993 by Begon et al. 2006)

竞争排除了其他种类（Tokeshi 1993，Begon et al. 2006）。这实际上相当于一种持续的扰动实验，土壤肥力的增加使草地植被向一定的方向演替。

一般认为，次生演替过程是一个有机质不断积累、养分不断增加及物种多样性增加、第一优势种的优势度下降的过程，如弃耕地向森林生态系统的演替。可是，给草地长期施肥的实验却出现了多样性降低、第一优势种的优势度显著上升的趋势。

让我们来思考一下像这样在一块草地上进行长期施肥实验到底有何生态学意义？植被类型与气候（降水、气温等）有密切关系，而这又影响土壤有机质的积累。地质历史证据表明，气候的变化可以使草地变为森林，也可以使森林再变回草地，但只可能发生在漫长的地质历史时间尺度上，并且还需伴随物种的大范围迁移扩散。

因此，可以这样设想，如果在较大的地域尺度上，土壤肥力持续增加并配合温湿条件的持续改善，再加上物种的自然迁入，这样的草原生态系统终将会向森林生态系统转变，其结果将会是物种多样性增加，物种相对多度曲线将会转变为 S 型曲线，中等优势度的物种将会增多。

三、不同时间尺度的气候变动——不同间隔与强度的冷暖变化周期

无论是陆生生物还是水生生物都离不开一定的生存环境，如光、温度、水分等是陆生生物生存的基础，如果将这些气象要素在长时期及特定区域内进行统计，即构成了主要的气候要素（而天气则是指气象要素在近 2 周内的实时状态）。天气变化很快，而气候则变化很慢。在所有气候要素中，温度是最基本也是最重要的要素，全球平均温度在当今热门的所谓全球变化研究中是关注最多的指标。地球上生命的演化历史无不留有气候变动的烙印，历史气候主宰着地球上物种的演替、更新及演化。但是，从不同的时间尺度，看到的是完全不同的画面。

1. 100 年来的温度变化——气温上升约 0.7℃

20 世纪全球近地表平均温度的变化如图 6-15 所示，实测值（黑线）与根据既考虑了自然因素又考虑了人类活动对气候影响的 10 多种模型模拟的平均值十分吻合。大致可以看出，近几十年来，气温呈现稳步上升的趋势，即与 1901～1950 年的平均值相比，全球平均气温大约上升了 0.7℃左右。

2. 距今 100 万年以来——约 10 万年周期的冷暖交替，变温 3～5℃

距今大约 2 万年前，北半球的许多地方曾被冰川覆盖着；自 85 万年开始，重复着冰川的逐渐累积、突然的温暖气候和短暂的冰川退缩期（称为间冰期），

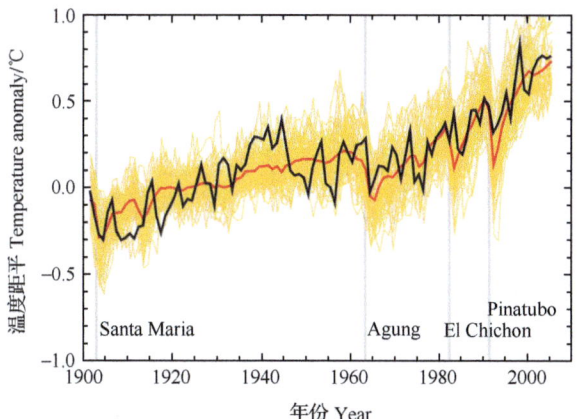

图 6-15 20世纪全球平均近地面温度，基于观测值（黑线）以及根据既考虑了自然因素又考虑了人类活动对气候影响的10多种模型进行的58个模拟值（黄色），这些模拟的平均值如红线所示。温度距平相对于1901～1950年的平均值。垂直灰线为主要火山喷发的时期（引自 Randall et al. 2007）

Fig. 6-15 Global mean near-surface temperatures over the 20th century from observations (black) and as obtained from 58 simulations produced by 14 different climate models driven by both natural and human-caused factors that influence climate(yellow). The mean of all these runs is also shown(thick red line). Temperature anomalies are shown relative to the 1901 to 1950 mean. Vertical grey lines indicate the timing of major volcanic eruptions(cited from Randall et al. 2007)

每个冷暖交替周期持续10万年左右，每个周期最高与最低温度之差为3～5℃（图6-16D），这种周期性的变化被认为主要是由于地球在绕轨道运动时倾斜发生变化引起的。在北美，最晚的冰进（glacial advance）称为威斯康星冰期（Wisconsin glaciation），这是以其扩展到的最南端的地点之一来命名的。最近的暖期始于12 000年前（图6-16C），约在7000年前达到最高，然后开始下降（图6-16B）。

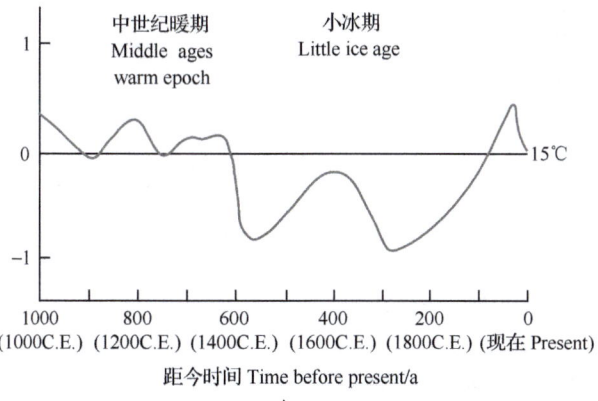

A

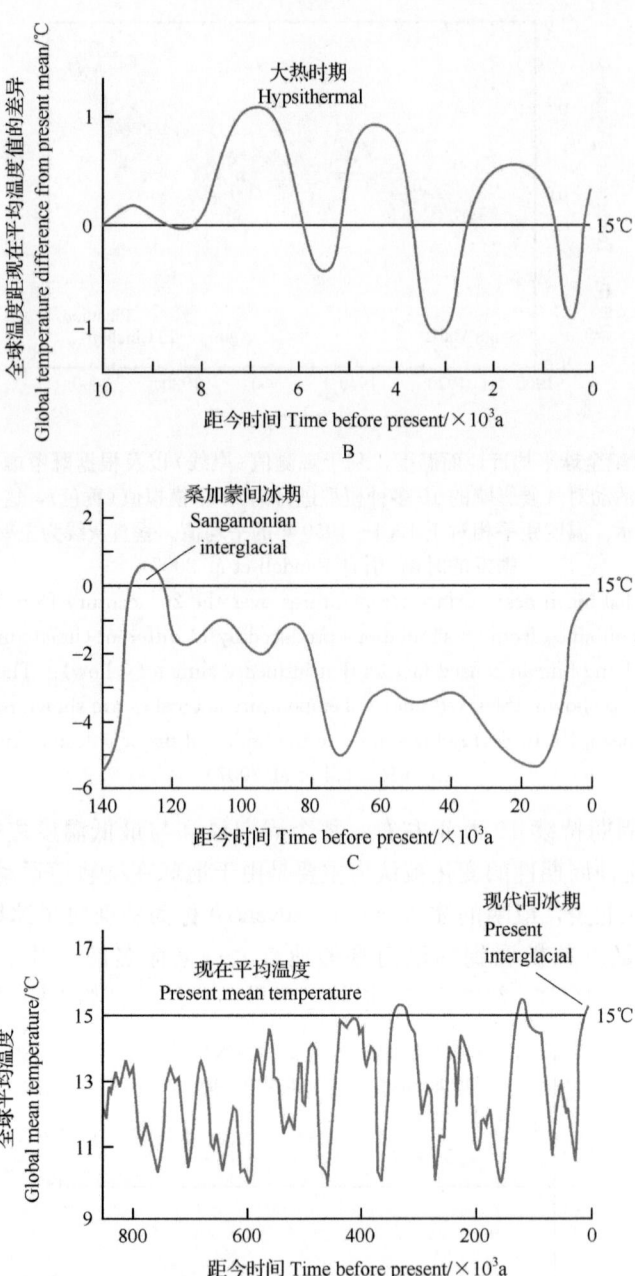

图 6-16 各种地质时期的全球温度。A. 过去 1000 年；B. 过去 1 万年；C. 14 万年；D. 过去 85 万年（Gurevitch 2002 重绘自 Gates 1993）

Fig. 6-16 Mean global temperatures over geological time for various periods of time：A. The past 1000 years；B. The past 10 000 years；C. The past 140 000 years；D. The past 850 000 years（after Gates 1993, from Gurevitch 2002）

如果不考虑人类活动带来的温室效应，在接下来的几千年将会出现冰川的增长（Gurevitch 2002）。

3. 距今数亿年以来——约 1 亿年周期的冷暖交替，变温幅度接近 20℃

地球的气候自现代大气形成后在"冰室"（icehouse）和"温室"（greenhouse）中切换，在过去的 5 亿年出现了 4 个主要的暖期和 4 个主要的冷期（图 6-17）。在冷期，极地及相当大量的陆地被冰川覆盖，全球平均温度低；而在暖期，极地冰川很少或消失，陆地冰川消失。暖期常出现高的大气 CO_2 浓度水平，而冷期则常出现低的大气 CO_2 浓度水平。在深时（deep time）（距今 1 亿～10 亿年）的大部分时间，地球的气候主要是温室条件，但被若干冰室事件打断，近期主要是逐渐变冷的过程占优势，导致了过去 200 万年冰期的出现；现今 1 万年的间冰期是过去 200 万年占优势的冰室条件的几个短暖期插曲之一（Hannah 2011）。

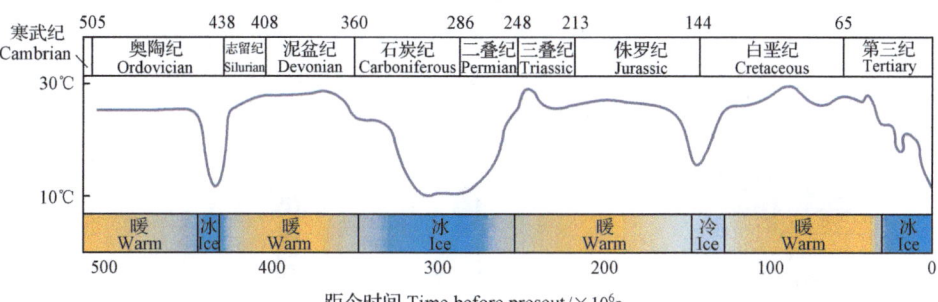

图 6-17 过去 5 亿年的全球温度变化，有 4 个主要的温室期（地球上大部分地方无冰覆盖）和 4 个主要的冰室期（形成大量极地或陆地冰原），现在的气候是在冰期中的一个暖期
（Hannah 2011 根据 Christopher R. Scotese 重绘）

Fig. 6-17 Global temperature during the past 500 million years. Four major hothouse periods have seen a largely ice-free planet, whereas four major icehouse periods have had major polar or continental ice sheets. Current climate is in a warm phase within an icehouse period
（repro duced Christopher R. Scotese by Hannah 2011）

从数亿年的时间尺度来看，地球平均温度的波动很大（从图 6-17 不难看出，冷-暖周期最高与最低温度之差可接近 20℃），总体来看，地球的气候在湿-热与干-冷之间大幅度变动。在地球历史的大部分时间，气候比现代要温暖得多，而其他时期，地球比现在要冷。在前寒武纪末及石炭纪、二叠纪和第四纪，大量的区域被冰川所覆盖，但是这些冷期被长时期的较温暖的时期所隔开。

四、不同时间尺度上的植被变化——不同的格局与驱动力

1. 数百年以来的植被变化——主要受人类活动的驱动

与气候的自然变化相比，数百年特别是工业革命以来，人类活动对地球表面植被的影响要深远得多。森林是受早期人类活动影响最大的植物类群，在19世纪，以增加农耕为目的的森林大面积砍伐在世界各国普遍发生。这种变化可以借助于湿地沉积物中的花粉记录来追溯，也可以通过历史资料及遥感技术等来反演。

（1）花粉记录的优势植物种类的变化

对温带地区的森林来说，在数百年的时间尺度上，植物孢粉所反映的可能主要是人类活动的扰动（如火烧、森林砍伐等），而不是气候变化的影响。

从图6-18是采自美国明尼苏达（温带气候）一个沼泽沉积物中的花粉剖面

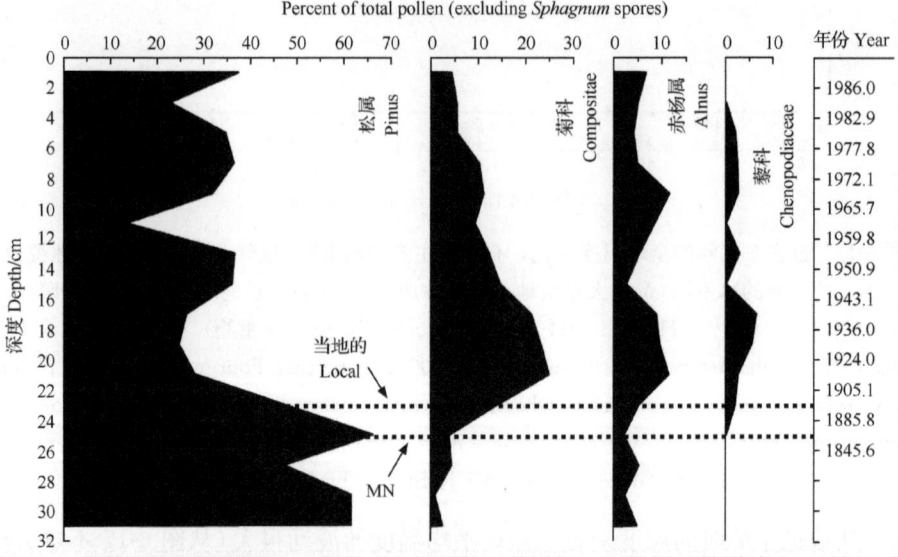

图6-18 菊科（主要是豚草属）、藜科和赤杨花粉显著增加，而松树花粉则减少，时间上很好地对应了在北美的欧洲殖民者向西的定居扩展所伴随的为了耕作而进行的森林砍伐活动。在明尼苏达西南的殖民始于19世纪60年代（虚线："MN"），大约于1895年到达了马塞尔S-2的沼泽的附近（虚线："当地"）。用于210Pb定年的泥炭柱样采自美国明尼苏达马塞尔 S-2沼泽（Maltby and Barker 2009 修改自 Wieder et al. 1994）

Fig. 6-18 Marked increases in Compositae (mainly *Ambrosia*), Chenopodiaceae and Alnus pollen, along with a decrease in Pinus pollen, correspond temporally well to clearing of land for agriculture attendant with the westwardly expanding settlement of North American by colonisers of European descent. Colonisation began in south-western Minnesota in the 1860s (dashed line: 'MN') and reached the vicinity of Marcell S-2 Bog by about 1895 (dashed line: 'Local'). The 210Pb-dated peat core was collected from Marcell S-2 Bog, Minnesota, USA (adapted from Wieder et al. 1994 by Maltby and Barker 2009)

图，显示了100多年植物花粉的变化。不难看出，数十年松树的孢粉降低了近一半，被认为主要是欧洲殖民者开始砍伐森林用于耕作的结果。

图6-19是一个在典型的北美湿地简化了的花粉剖面图，这里仅包括三类树种（山毛榉、橡树和松树）和三类草本植物（禾草、豚草和小酸模），而一个实际的完整的花粉图应该包含更多的花粉类型及详细得多的细节。公元1200年以来，森林组成发生了很大变化，优势种从山毛榉转变为橡树和松树，然后草本日益增加。松树的增加与印第安人的活动有关，这些土居人利用火来改变环境，为松树的繁荣创造了条件，因为松树抗火能力强，因此与其他树种相比具有竞争优势。而真正更大的变化发生在欧洲移民者定居之后，他们砍伐森林用以更大规模的农业活动，形成了草本植物繁荣的景观（Moore 2006）。

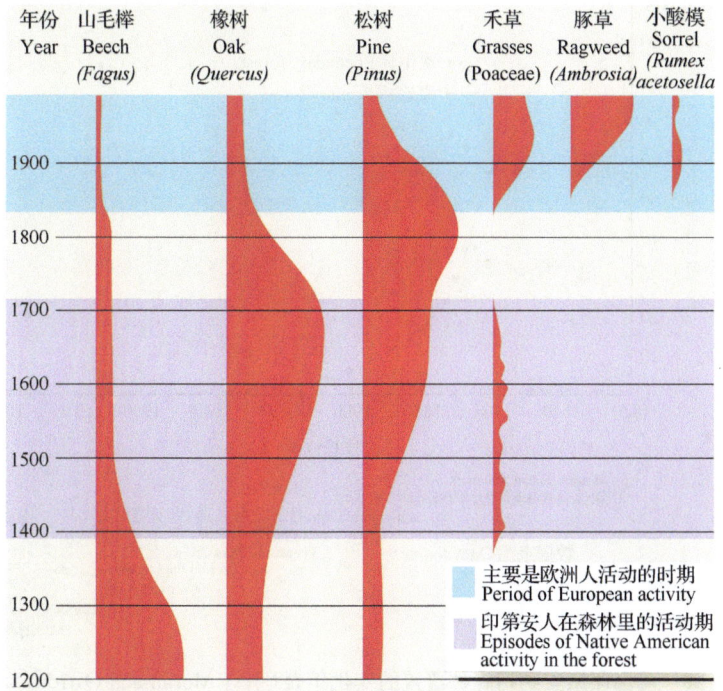

图6-19 典型的北美（新英格兰）湿地的花粉剖面，纵轴对应沉积物深度（因此为距今的年龄），而曲线的厚度表示每个花粉类型的相对丰度。记录了两个人类活动时期，一个是印第安人的定居，另一个是植被对欧洲殖民者到达的相应（引自 Moore 2006）

Fig. 6-19 Typical pollen profile from a North American (New England) wetland. The vertical axis corresponds to the sediment depth (and therefore the age), and the thickness of the curves represents the proportional abundance of each pollen type. Two periods of human activity are recorded, one corresponding to Native American settlement and the second showing the vegetation response to the arrival of European settlers (cited from Moore 2006)

(2) 森林覆盖率的历史变化

19世纪世界各国人口快速增长，带来了粮食需要及农业开垦的激增，其结果就引发了大规模原始森林的消失。图 6-20 是美国印第安纳州近 200 年来原生林和次生林覆盖率的变化，19 世纪的数据主要来源于旅行记述（written travel account）和近地森林调查及制图（ground-based forest survey and mapping）等，而 20 世纪的数据则来源于农业统计（agriculture census）、风景照片（landscape photography）、植被样块（vegetation plots）、航空摄影（aerial photography）、科罗纳侦察卫星（Corona Spy Sat）、陆地卫星多波段扫描仪系统（MSS）、专题测图仪（TM）、增强型专题绘图仪（ETM+）等。

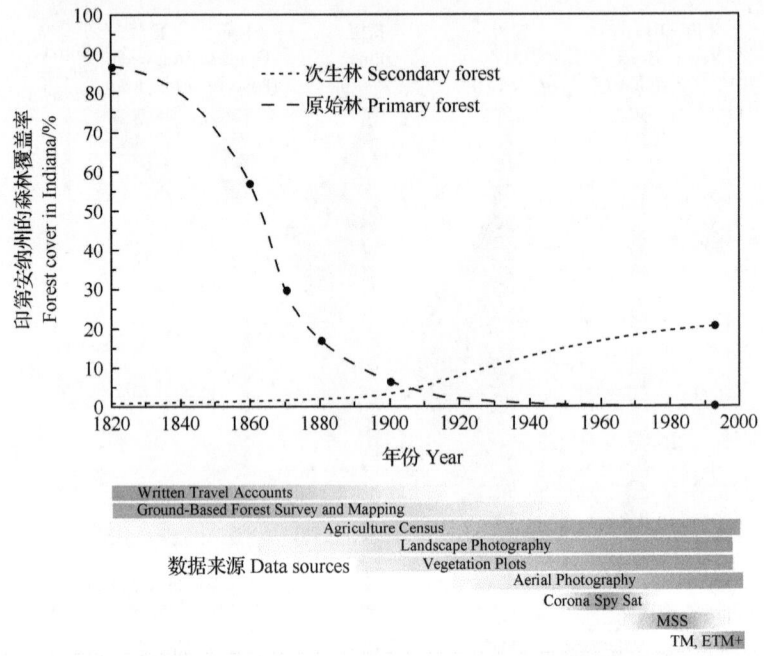

图 6-20　美国印第安纳州森林覆盖的变化年表（引自 Moran and Ostrom 2005）

Fig. 6-20　A timeline showing the change of forest cover in Indiana, USA
（cited from Moran and Ostrom 2005）

印第安纳州森林变化的轨迹可分为两个主要时期：①19世纪殖民者对原始森林的逐步砍伐；②20世纪次生林的重新生长。原始林的砍伐在19世纪60年代达到顶峰，直到20世纪早期剩下的最后的原生林被砍伐（图 6-20）。

2. 末次冰盛期（约 1.8 万年前）以来——植被优势种接连更替

有学者认为，气候变化与地块的运动相比，还是发生在较短的时间尺度，这话既对也不对，气候从来就存在，也从来都在变化，只是对植被的影响而言，气候能在相对较短的时间尺度上对植被产生显著影响，但也能在很长的时间尺度对植被产生影响。大量的证据表明，植被在不同的地质历史尺度上呈现明显的变化。

地质时代中曾出现过多次冰期，约在 18000 年前出现了离现代最近的一次冰期，称为末次冰盛期（last glacial maximum），与其最低温度相比，现在全球温度上升了约 8℃，现在我们看到的物种代表了从过去气候恢复的一个时期，而孢粉的研究结合定年技术的进步很好地揭示了植被的历史变化过程及速率（Begon et al. 2006）。

(1) 温带海洋气候区的案例

从位于欧洲中部的德国 Göttingen 附近的 Lutter 湖沉积物中的孢粉剖面图（图 6-21）可以看到末冰期之后各类树种和榛树灌木是如何一个接一个地占据中欧的，注意在原生密林存在时期（距今 8000～5000 年）榛树花粉的百分比非常高。最初的森林由桦树和松树组成，之后出现榛树。接下来，在沼泽地发展起橡树、欧椴树、榆树、梣树及桤树，这些种类很大或完全抑制了桦树和松树。榛树、橡树、榆树、欧椴树和梣树来自它们在冰期的避难地——欧洲南部或东南部到欧洲西北部。只有在邻近这些种在冰期的避难地——德国南部，这些种才差不多同时出现。橡树的避难地跨越欧洲南部和东南部，然后以 500 m/a 的速率逐步占领整个欧洲大陆，在距今 9000 年时便遍布了欧洲中部和西部；而对冰期避难所位于欧洲东南部的欧椴树来说，情况有所不同，它们在欧洲东部向北迁移最快，在橡树到达英国南部和东南部仅 2000 年就到达了（大约 7500 B.P.）[见 Vera (2000) 及相关文献]。

(2) 温带大陆气候区的案例

位于美国北部明尼苏达州西北部一个沼泽中的孢粉剖面图（图 6-22）记录了过去的 11 000 年，伴随着气候的变化而出现的优势树种的变化。大约在 11000 年以前，松树林占据优势，到大约 8500 年前，开始向橡树稀树草原演替，进一步到约 4000 年前，开始向湿润的落叶林（mesic deciduous forest）演替，在 2000 多年前，北美乔松（*Pinus strobus*）开始成为森林的优势种，致大约 1000 年前，脂松（*Pinus resinosa*）和北美短叶松（*P. banksiana*）也开始发展起来，这三种松树和硬木树种共同形成了松树-硬木森林（pine-hardwood forest）。植被的演替被认为主要由气候变化所驱动，与前后时期相比，距今 8500～4000 年为温度较高和较干燥的时期。

美国东北部的康涅狄格州 Rogers 湖沉积物中的孢粉剖面图（图 6-23）记录了自后冰期时代以来各种树种的侵入、发展和更替过程。占优势的树种是轮流到达

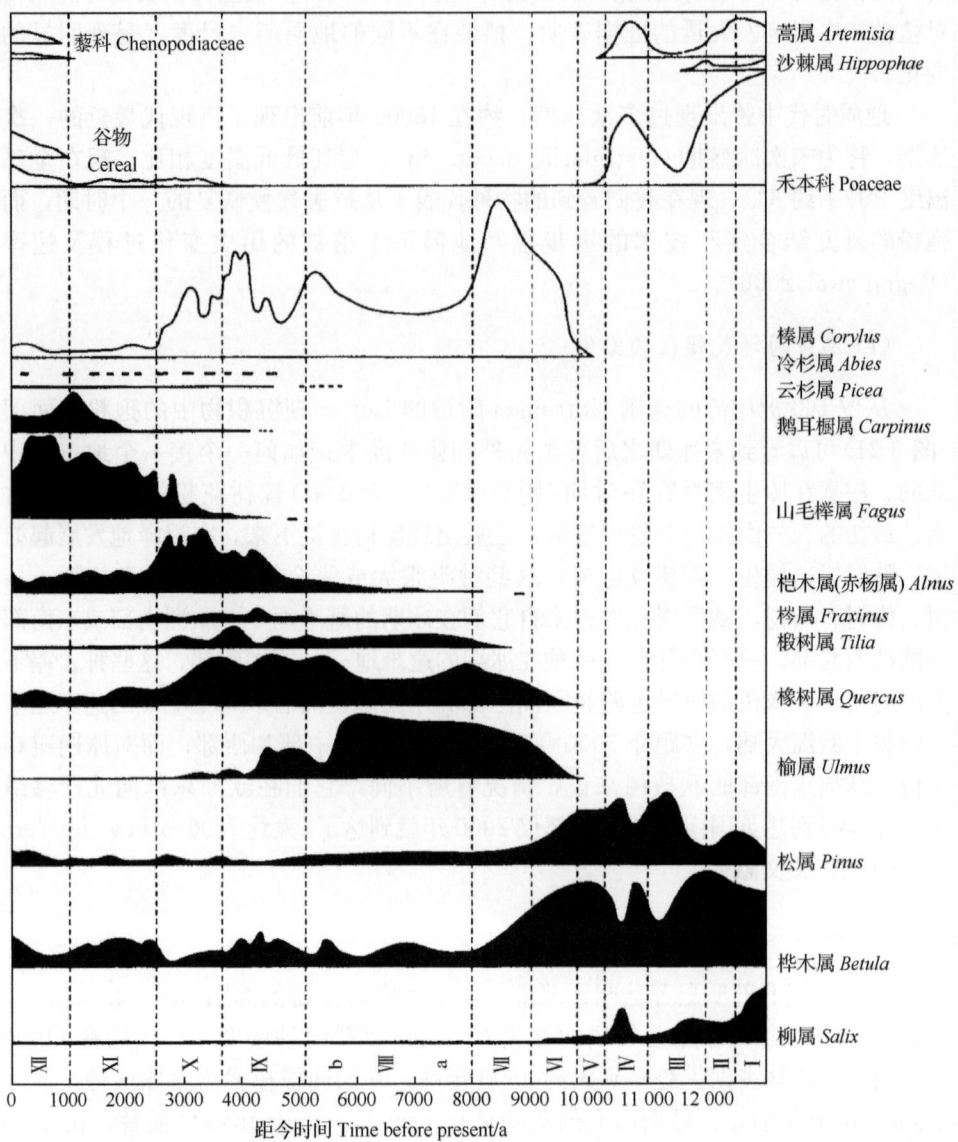

图 6-21 德国 Göttingen 附近的 Lutter 湖的孢粉图。榛树 (*Corylus*) 花粉的频度未包含在树孢粉总和中 (Vera 2000 根据 Jahn 1991 重新绘制)

Fig. 6-21 The pollen diagram of the Lutter lake near Göttingen, Germany. The frequency of the pollen of hazel(*Corylus*) was excluded from the sum of the tree pollen(redrawn from Jahn 1991 by Vera 2000)

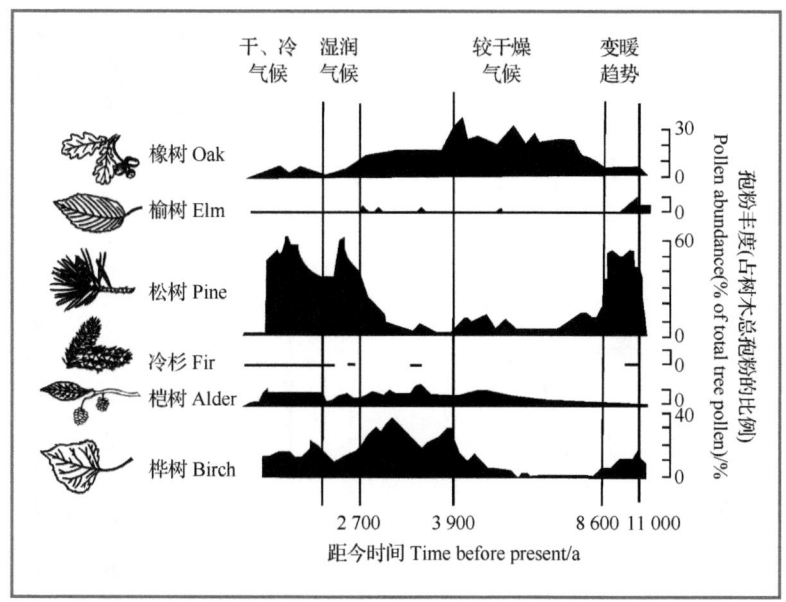

图 6-22　明尼苏达州西北部一个沼泽中的孢粉剖面图，显示在过去的 11 000 年优势树种的变化（Chapin Ⅲ 2011 仿 McAndrews 1966）

Fig. 6-22　Pollen profile from a bog in northwestern Minnesota showing changes in the dominant tree species over the past 11,000 years (after McAndrews 1966, modified from Chapin Ⅲ 2011)

的：云杉最先、栗树最后。随着新树种的加入，使过去 14 000 年物种呈现不断增加的趋势。

从上述优势植物种类的变化不难看出，在末次冰期以来的 1 万多年，现今几个温带气候区的植被还未出现周期性的变化。但是，优势种的更替还是十分明显的，优势种类最短也能持续 3000～4000 年，长的可持续近万年（如橡树）。

从末次冰期以来的温带森林的孢粉研究来看，一个优势种的更替较短的也需要 3000～4000 年，因此，在数百年的时间尺度上研究气候变化对森林植被演替的影响几乎是没有意义的。当然，不可否认，如果是处于不同植被类型的过渡带，气候的效应或许会更加明显。

此外，末次冰期以来，全球温度上升了约 8℃，才出现了森林优势种的明显更替（Begon et al. 2006），而近百年来，全球平均气温才上升了 0.7℃，这样一个微小的温度变化（从生理学上来看）对生命周期很长的森林植被到底会有多大影响，其实是一个很难回答的问题。如果要说对全球植被的影响，理论上来讲，可能对生命周期较短的草地这样的生态系统的影响更为显著。当然，如果这种气候变化的趋势日趋扩大，那就另当别论了。

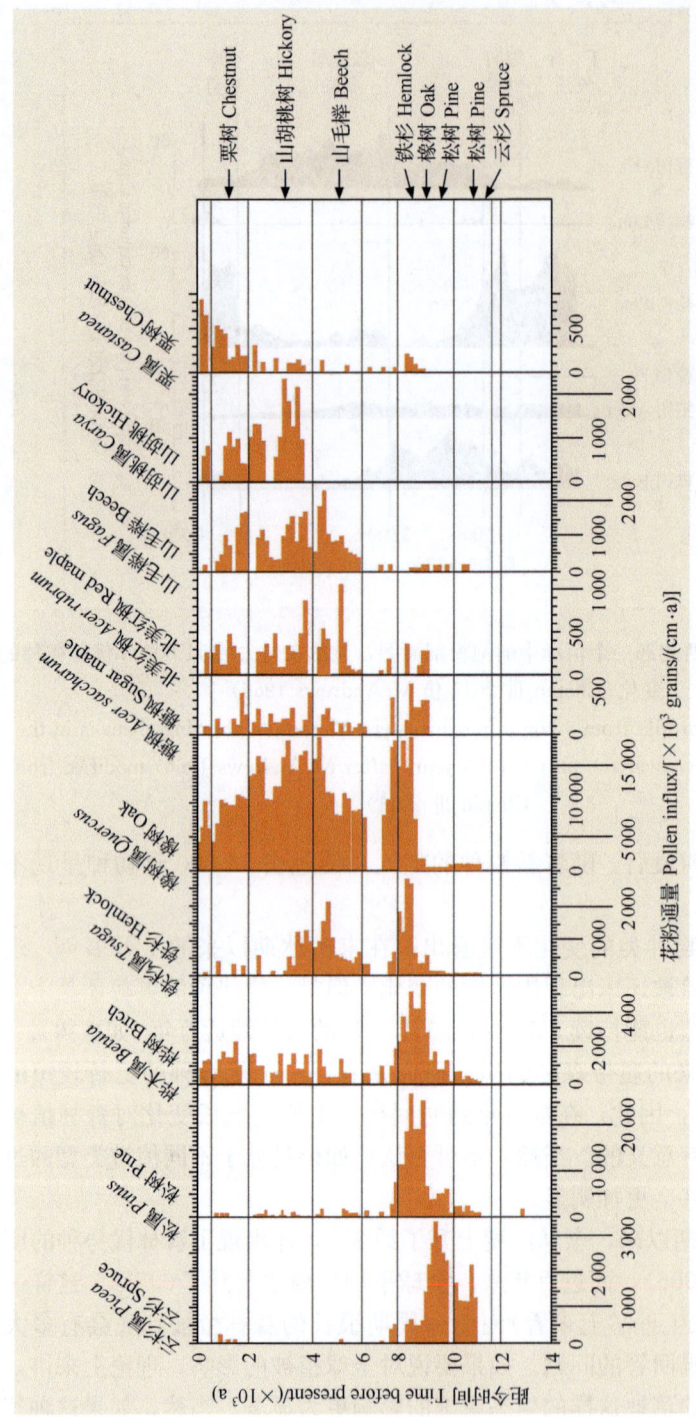

图 6-23 在康涅狄格州 Rogers 湖沉积物中累积的自后冰期时代以来的孢粉剖面图,估计的每个种到达康涅狄格州的时间用箭头标识在在图的右边 (Begon et al. 2006 仿 Davis et al. 1973)

Fig. 6-23 The profiles of pollen accumulated from late glacial times to the present in the sediments of Rogers Lake, Connecticut. The estimated date of arrival of each species in Connecticut is shown by arrows at the right of the figure (after Davis et al. 1973, from Begon et al. 2006)

3. 末次冰盛期（约 1.8 万年前）以来——植被的空间格局变化显著

(1) 树种的扩散与迁移

末次冰期大约在 11 500 年前结束，随着北半球气候变暖、变湿，出现了许多树种向北迁移的现象，这被散落在跨越欧洲、美国及东北亚的湖泊、沼泽中的孢粉所记录（图 6-24）。经过数千年向北的扩展，它们停止了北移，似乎每种都达到了它们潜在范围的极限，它们又会随着气候的变冷而向南回撤。当然，也不是所有的树种都会如我们期待那样移动，有很多树种在过去的数千年中仍然只是缓慢地从其避难所中扩展出来（Adams 2009）。这表明适宜的气候只是植物生存的一个因素，还有许多其他因素影响其生存。

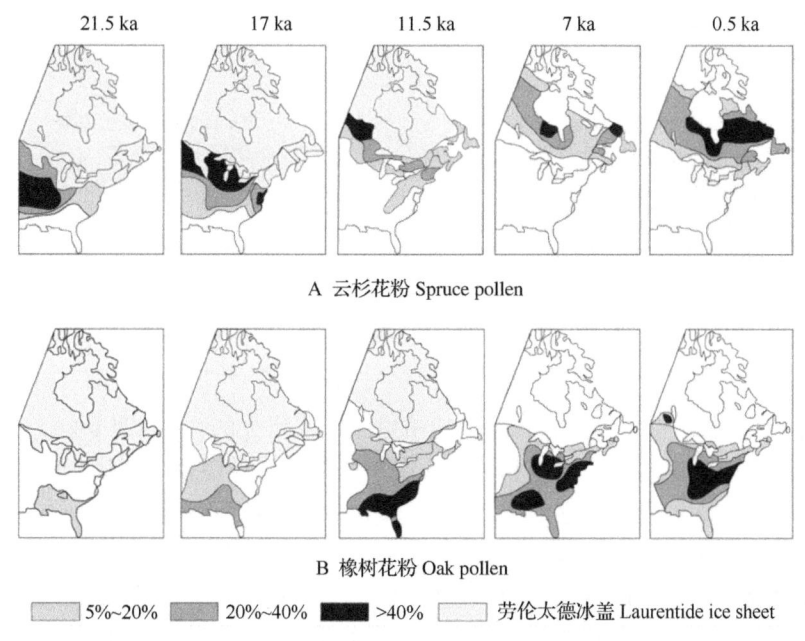

图 6-24　通过花粉记录的两类树——云杉（A）和橡树（B）随末次冰期结束地球环境逐渐变暖后的迁移图。ka 为千年以前（仿 Adams 1988）

Fig. 6-24　Maps of migration of two groups of trees-(A) spruce and (B) oak in the pollen record-as the world thawed out from the last ice age. ka = thousands of years ago (after Adams 1988)

(2) 热带植被格局的变化

在末次冰期（18 000~12 000 B.C.），撒哈拉沙漠显著扩大，然后，在冰后期（9500~4500 B.C.）又收缩，那时，廷巴克图附近的尼日尔河形成了一个 20 000 km² 的泛滥平原的内陆三角州，而现在，撒哈拉沙漠的面积又扩展到了接近末次冰期时的面积(图6-25)(Petit-Maire 1984，Lüttge 2008)。近代的研究显示，在1942~1966年，随着降水的增加，稀树热草原扩张；之后又出现了频繁而延长的干旱期，导致植被萎缩(Lüttge 2008)。

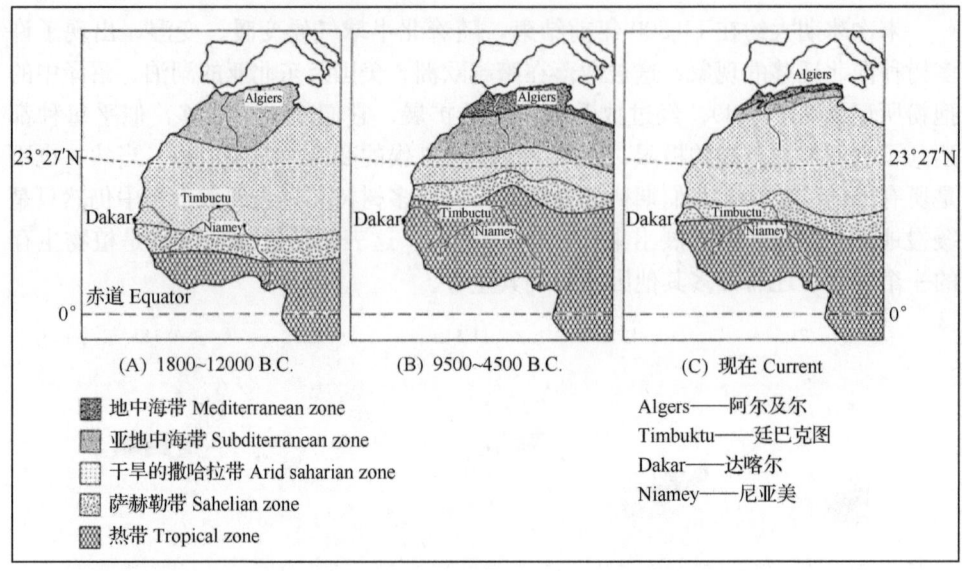

图 6-25 过去18 000年撒哈拉沙漠面积的波动(Lüttge 2008 仿 Petit-Maire 1984)
Fig. 6-25 Oscillations of the area occupied by the Sahara desert during the past 18000 years (after Petit-Maire 1984, from Lüttge 2008)

在过去的20 000年，非洲大陆的植被经历了巨大的变化(图6-26)。有证据显示，在末次冰期期间，温度和降水大幅度降低，森林覆盖率很低，随着气候向暖湿的转变，森林覆盖率逐渐增加，在8000~10 000年前达到最大，并一直持续到大约5000年前。之后，非洲中部降水开始减少，在2500~3000年前，在刚果南部以及其他季节性干旱极为严重的区域，森林退化为草地。在最近的千年，非洲中部的森林又有重新扩展的趋势，约以每世纪数百米的速率扩展，可能与重新回归到较湿润的气候有关(Lévêque and Mounolou 2003)。

(3) 欧洲植被格局的变化

Adam(2009)通过重建欧洲古植被图，比较了被人类进行农耕毁林前的现在的间冰期(图6-27A)和末次冰期期间(图6-27B)的植被变化，探讨了冰期对植被分布格局的影响。欧洲冰期的气候既干又冷，导致现在分布着森林的大部分区域在那时演变成了草原，这种情况在南欧尤其如此，那里冰期的气候曾经应该对许多树种来说是足够的温暖的。

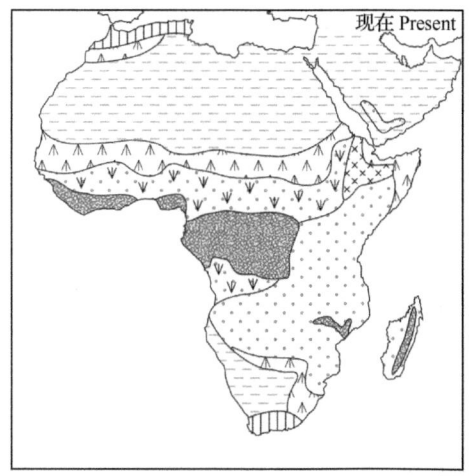
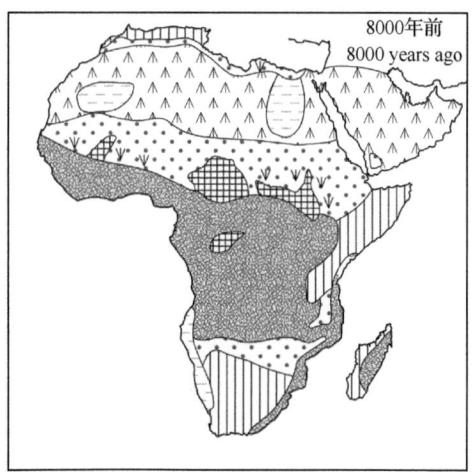
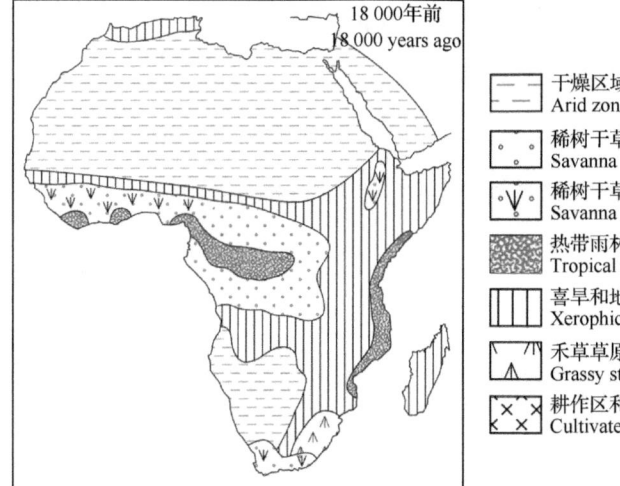

图 6-26 非洲大陆现在、8000 年前及 18 000 年前主要植被类型的分布格局示意图
（引自 Lévêque and Mounolou 2003）

Fig. 6-26 Schematic maps illustrating the changes in the distributions of the principal domains of vegetation across Africa in the present, 8000 years ago and 18 000 years ago
(cited from Lévêque and Mounolou 2003)

4. 始新世（约 5000 万年前）以来——陆地植被格局变化巨大

在过去的数千万年，北部海域（North Sea）温度大幅度波动（图 6-28A），海平面大幅度变化，动植物在陆块之间获得扩散机会。伴随着板块漂移及气候变化，植被的地理格局也发生了巨大的变化：大约在距今 5000 万年前（始新世早期），出现了不同的植被带（图 6-28B），到了 3200 万年前（渐新世早期），这些植

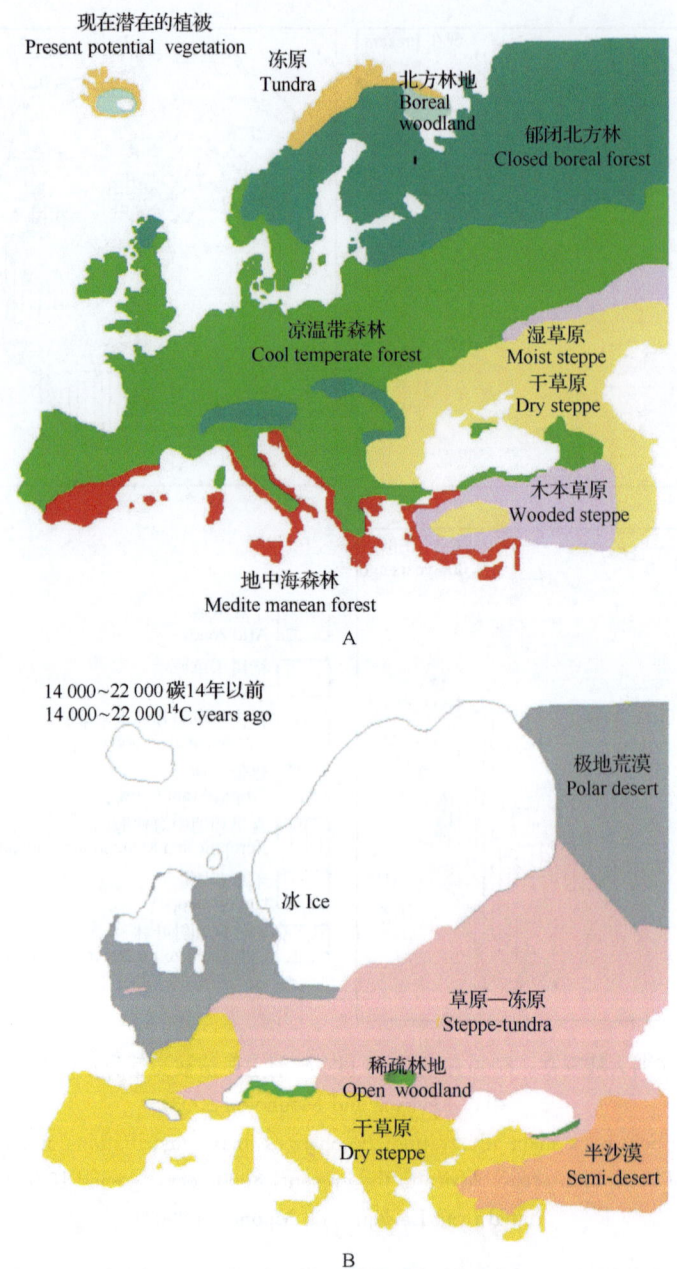

图 6-27 重建的欧洲植被图。A. 被农耕毁林前的现在的间冰期;B. 末次冰期期间。冰期植被由于干冷的联合影响几乎缺乏森林覆盖(引自 Adam 2009)

Fig. 6-27 Reconstructed vegetation of Europe during (A) the present interglacial, before deforestation caused by farming (B) during the last ice age. The ice vegetation was mostly devoid of forest cover due to a combination of cold and drought (cited from Adam 2009)

被带变得更加明晰(图 6-28C),而到了 1000 万年前(中新世早期),各大陆现在大部分地貌已经形成(图 6-28D),虽然与现在的气候和植被有极大的不同(Begon et al. 2006)。

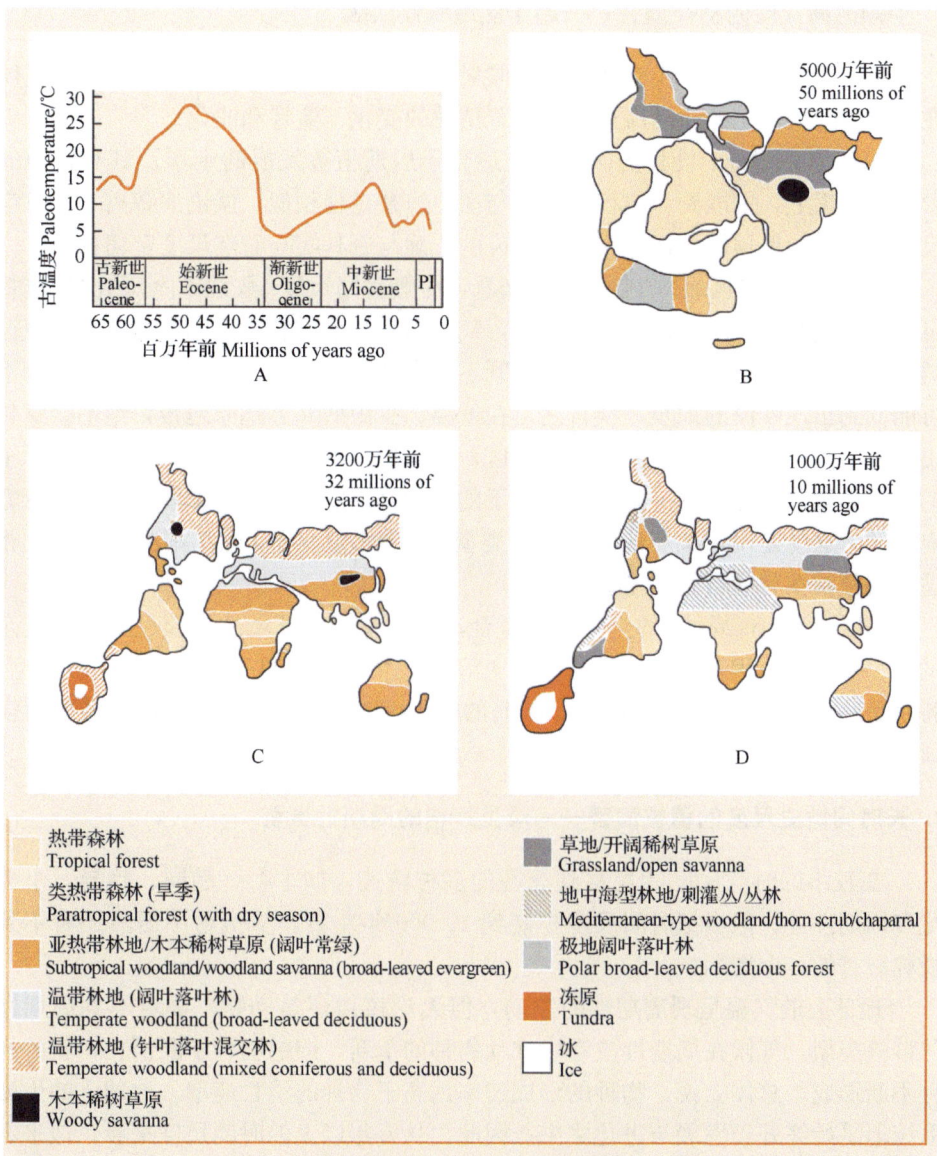

图 6-28　过去的 5000 万年,北部海域温度的变化(A)及伴随着大陆漂移出现的植被格局的变化(B~D)。南极冰帽的位置极为概略(引自 Begon et al. 2006)

Fig. 6-28　Over the past 50 million years, changes in temperature in the North Sea(A), and variations of vegetation patterns with continental drifts(B~D). The position of the Antarctic ice cap is highly schematic(cited from Begon et al. 2006)

五、演替的方向和轨迹——依赖于时空尺度

1. 中短时间尺度的植被演替——趋于区域气候顶级

对陆地植物来说,没有什么比气候对其地理格局的影响更为重要的了,气候在不同时间尺度上的波动深刻地影响着植被的变化、演替和演化。

原生演替花费了漫长的时间,在适合于后期植被发展的土壤及其有机质的形成与积累上,发展到一定程度后,与次生演替过程相似。谈论演替离不开时空尺度,演替的单顶级学说和多顶级学说的正确与否其实与时空尺度密切相关。

如果从较大(区域)的空间尺度来看,中等时间尺度(数百年内)的次生演替可能符合气候顶级学说。在地理尺度,气候类型几乎没有争议地决定了大的植被类型。例如,典型的草地位于降水量既不能高到孕育森林生态系统的水平,也不可能低到出现沙漠的地步,换言之,在低温、少雨的北方草原地带,绝不会演替出热带雨林,而同样在高温的热带地区,多雨的热带雨林地区绝不会演替出干旱的刺林植被。因此,从一定气候背景下的植物群系的地理格局来看,演替是有方向性的。这就是说,某一地区的气候类型(如降水量水平)也基本决定了与此相适应的植被演替的群系类型。

如果以较小(局域)的空间尺度来看,局地非生物环境的异质性、异常复杂的生物间相互作用及植被地理演化历史等的差异可以呈现丰富多样的植被类型,特别是在群落类型丰富的地域(如湿润的热带-亚热带地区),即可能遵循所谓多顶级学说。

2. 长时间地史尺度的植被演替——难觅严格的周期性更替

在较小的时空尺度能观察到演替的多种轨迹,如平行、趋同、趋异、个性化和周期性等。但当把时间尺度扩展到 10 000 年左右,从孢粉中居然还看不到森林演替的一个周期。

地球上的气温呈现周期性的波动,但无论植物还是动物,都看不到周期性的群落类型。气候在周期性波动中推动物种的革新,旧的物种不断消亡,新的物种不断形成,总体上说,物种的形成速率远高于物种的消亡速率,地球上的生命系统似乎始终处于发展与进化之中。因此,从万年以上的时间尺度来看,似乎不存在所谓的气候顶级,也不存在严格意义上的群落的周期性更替。

六、结　语

演替是在生态学发展早期提出的用于解释植物群落时序——方向性变化与

更替机制的核心概念之一。人们经常争议演替有无方向性、演替的轨迹是否可预测，其实，离开了时空尺度，这些争议将失去意义。一般来说，中短时间尺度的植被演替趋于区域气候顶级，而在长时期的地史尺度上则难觅严格的周期性更替。

一般来说，演替基本上不涉及物种分化问题（成种事件发生在更长的时间尺度，见第十三章），因此，演替（无论是原生演替还是次生演替）过程只是一种物种的迁入或再迁入以及随之而来的物种间的相互作用与相对平衡的形成过程。换言之，在中短时间尺度上的演替也能看成是一种时序性生态同化，它是一种适应性的群落结构发育、更替与融合过程，从总体来看，植物群落趋于（物种）多样化、（关系）复杂化、（结构）层次化以及（状态）稳定化。这也是一种环境（主要是气候）约束型的自组织式的结构发育过程。

植被演替本质上是地质历史变动轨迹中植物群落的一种气候约束性或归宿性反应，它与地域性植被类型以及影响扩散的因素（如地貌）也密切相关。当然，演替的姿色与轨迹依赖于不同的时空尺度，总体来看，随着时空尺度的扩展，演替过程呈现出从决定性与可逆性向随机性与不可逆性演进的趋势。这种地史尺度上植被演替的不可逆性似乎与绝大多数物种难逃灭绝厄运的化石证据十分吻合。

第七章 生物多样性地理格局——物种的生态学设计原理

物种是生命生存与繁衍的最基本单元,从一个最重要的侧面(历史性地、现实性地)镌刻或描绘着地球上生命系统动态性的多姿与多彩。物种是群落和生态系统的结构单元,也是遗传与进化的基本单元。以物种为单位的生物学、生态学知识也是认识生态系统功能以及管理、保护与修复自然生态系统不可或缺的基础。

不少人认为进化(或者说物种分化)是随机的。但事实上进化既是偶然的产生也是必然的产物。必然性建立在这样一种事实基础之上,即物种是在漫长的地质年代,生命对气候环境的适应以及生物间的相互作用等适应进化而形成的。大量的事实已经证明,物种在各种不同地理区域具有不同的分布特征与多样度,即存在所谓物种的地理格局。需要指出的是,物种的地理格局并不是一成不变的,它受一系列环境因素特别是气候变动(如冰期)的影响,因此,在同一个区域生活的物种有可能是原产的也有可能是迁移而来的。当然,在地史尺度上,构造运动对生物多样性地理格局的影响可能更为深远,正如考克斯和穆尔(2007)指出的那样:"生物多样性地理格局是我们行星上进化和板块构造这两台伟大机器相互作用的结果……陆块破碎和运动导致有关的生物类群被远隔,而碰撞把起源十分不同的、不曾想到的类群带到了一起"。

长期以来,物种的分布格局是生物学、生态学、进化生物学、生物地理学、保护生物学等诸多生命科学领域的科学家所关注的重要问题之一。现在人们相信,世界上数以百万计的形形色色的物种都起源自单一的祖先物种。这里不深入讨论物种是如何进化而来的细节,本章重点介绍生物多样性的地理格局及其基本成因,以便从区域地理尺度上理解自然界中物种的宏观生态学设计原理,但省略了与种系相关的系统分类学细节。

一、物种——生命最基本的生存单元

1. 物种的概念——依然难以统一定义

人类对物种的认识经历了曲折的历程。早在2000多年前,古希腊伟大的哲学家亚里士多德提出生物可严格区分为不同的"物种",但认为物种是永恒不变的。18世纪,瑞典伟大的植物学家林奈(Carolus Linnaeus)首次以生殖器官进行生物分类，提出了一些物种为完美的，而另一些则是仿造的观点，林奈时代的物种概念的特征是不变（"上帝"创造）与客观存在，1735年林奈发表《植物种志》（*Species Plantarum*），首次提出了以拉丁文来为生物命名的双名法（第一个名字是属的名字，第二个名字是种的名字，属名为名词，种名为形容词），此种命名法也一直沿用至今。

19世纪初，法国著名的博物学家拉马克（Jean-Baptiste Lamarck）在其著作《动物学哲学》（*Philosophie Zoologique*）（de Lamarck 1809）中否定了创造论，认为随着时间的推移，物种将逐渐发生变化而形成新物种，即提出了不同物种之间可以有连续不断的系谱的观点，虽然他未能正确说明物种的演变机制。达尔文（Darwin 1859）通过变异与自然选择系统地阐述了物种可变的机制，但是他认为物种概念是人为的单元，因此没有考虑物种的定义。达尔文的进化论揭示了物种起源的历史连续性，却忽视了物种的相对稳定。

1942年，恩斯特·迈尔提出了生物学物种概念："能够彼此交配的自然种群组成的一个类群，其在生殖方面与其他这样的类群之间彼此隔离"，这就是说，物种得以区分不是纯粹因为它们看起来不一样，而是因为它们之间存在无法相互交配的壁垒，这样一个物种就是一个繁殖群体，一个基因库（科因2009）。

现代的生物学家普遍认为，物种（species）既是生物分类的基本单元，也是生物生存-繁衍-变异-适应-进化的基本单元。但是，由于生命形式极端多样性，即便是现在判定物种的标准也不尽相同，有学者使用形态学种，也有使用生殖隔离种。对高等动植物来说，生殖隔离是判断物种的有效标准，但是对于一些缺乏有性生殖的生物（如属于原核生物的细菌等），只能依靠形态、生化及遗传物质等的差异来判定。即便如此，物种仍然是所有生命科学领域最不能忽视的概念。

2. 现存的物种——已描述170多万种

在介绍物种分布地理格局之前，有必要看看地球上到底有多少物种？这个问题看似简单，其实却难以回答。据Groombridge和Jenkins（2002）估计，已描述的种类约为170万种，估计地球上物种的种数多达1400万种（表7-1）。在已经描述的物种中，有颚动物的昆虫和多足类最多（96.3万种），植物次之（27万种），脊椎动物并不多（5.25万种），最少的类群为古生菌，只有175种。看来，最原始（简单）和最高等（复杂）的生物类群其种类数相对较少。

虽然细菌和古菌最为古老，但其种类数却最少，因为其很难保存在化石中，也很难像高等动植物那样通过化石进行历史演化的分析。由于现存的细菌具有惊人的变异速率（与地质年代相比），因此很难想象细菌种类数不多是由于其分化速率慢的缘故。那么，一种可能就是细菌以高速的变异适应环境，在简单的基因组上进行着遗传结构的快速更新。

表 7-1 现在已知生物主要类群的种类，包括尚未被发现的种类的估算
Table 7-1 Current know species for major groups of life, including estimates of those as yet undiscovered

域 Domain	真核界 Eukaryote kingdom	已描述的种类数 Number of described species	估计的总数 Estimated total
古生菌 Archaea		175	
细菌 Bacteria		10 000	
真核生物 Eukarya			
	动物界 Animalia		1 320 000
	脊椎动物门（总计） Craniata(vertebrates), total	52 500	55 000
	哺乳动物 Mammals	4 600	
	鸟类 Birds	9 750	
	爬行动物 Reptiles	8 002	
	两栖动物 Amphibians	4 950	
	鱼类 Fishes	25 000	
	有颚动物（昆虫和多足类） Mandibulata(insects and myriapods)	963 000	8 000 000
	螯肢动物（蜘蛛等） Chelicerata(arachnids, etc.)	75 000	750 000
	软体动物 Mollusca	70 000	200 000
	甲壳动物 Crustacea	40 000	150 000
	线虫 Nematoda	25 000	400 000
	真菌 Fungi	72 000	1 5000 000
	植物界 Plantae	270 000	320 000
	原生生物 Protoctista	80 000	600 000
总计 Total		1 750 000	14 000 000

资料来源：引自 Groombridge 和 Jenkins(2002) (cited from Groombridge and Jenkins 2002)

3. 物种的分化——受制于生存条件的随机演化

物种是怎样形成的？达尔文认为所有物种都是演化的产物，而变异与自然选择是这一过程的主要推动力。新物种的形成过程也称为物种分化，主要包括异域分化（allopatric speciation）和同域分化（sympatric speciation），而边缘分化（peripatric）和临域分化（parapatric speciation）似乎为过渡类型。

异域分化指同一物种由于地理隔离，分别演化为不同物种的过程。这就是

恩斯特·迈尔的观点。种群隔离可通过地质活动或气候变化（如大陆漂移、山脉或峡谷的形成、冰川扩展或萎缩、陆桥的形成或消失、沙漠的扩大或缩小等）来实现，也可通过种群的扩散来实现。例如，动物的迁徙或意外的迁移都可能分割种群，如果两个种群之间停止了基因交流，就可能导致新物种的形成。当然，隔离一般是地理上的隔离，但不一定都需要地理壁垒。其实，达尔文在其《物种起源》一书中就已经注意到地理因素在物种分化中的重要作用。异域分化的例子数不胜数。例如，大熊猫是属于食肉目的一种熊，该目中大多数常见的熊都是杂食性动物，但熊猫几乎只吃竹子，它生活在中国西部高海拔山区的茂密竹林中，那里没有捕食者的侵扰，它们每天花 10～12 h 嚼食竹子（古尔德 2008）。

同域分化指同一物种在相同的环境，由于行为习性的改变或基因突变等原因而演化成不同物种的过程。这其实是达尔文观点的现代描述。达尔文认为，只要有生存竞争，在许多地区都可能产生新物种。在位于东非大裂谷的马拉维湖（Lake Malawi）中，丽鱼（cichlid fish）的物种分化就是同域分化的很好例证，在过去的 70 万年，从单一的丽鱼祖先分化出超过 400 个物种（Danley and Kocher 2001）。

为什么要不断形成新物种？达尔文认为物种是为了填补某种生态位的空缺才出现在大自然中，而有学者持完全不同的看法。例如，科因（2009）认为，不是因为自然界需要不同的物种，我们才拥有了不同的物种，物种只是演化的意外，"不同类群"对生物多样性而言很重要，但它们并不是因为增加了生物多样性才被演化出来，也不是因为提供了平衡的生态系统才被演化出来，它们仅仅是在空间上彼此隔离的种群向着不同方向演化所产生的基因壁垒造成的不可避免的必然结果而已。但科因的这种看法显然无法解释如马拉维湖中丽鱼的快速分化（同域分化）现象。

依笔者看来，不必将这两种观念对立起来。物种得以分化，从生态学角度来看必须有空缺的生态位可填，但是，物种为何在一些地方分化快而在另一些地方分化慢，并不完全是一种随机的结果，也无法完全用隔离程度来解释，相反这可能在很大程度上取决于物种的生存条件（包含生态位）。这就是本章要探讨的核心问题。

二、物种多样性地理格局——陆生植物

1. 纬度效应——纬度越低，物种越丰富

早在 19 世纪初，欧洲的博物学家（Humboldt and Bonpland 1807）就关注到物种多样性沿纬度梯度的变化趋势。近代的研究表明，树种多样性沿纬度梯度的格局十分明显，通常是从高纬度向赤道呈指数增长，而且在北半球向高纬度地区的分布范围更广一些（图 7-1、图 7-2）。对这种强烈的纬度效应举例说明。例如，同样面积的一片树林,在俄罗斯东南部(45°N)只有40种树,而在马来西亚半岛(1°N)却有1400种树,将所有植物合并在一起也有这种趋势(Adams 1988,2009)。一般认为,纬度梯度上的温度差异应该是影响树种多样性地理格局的主要因素。

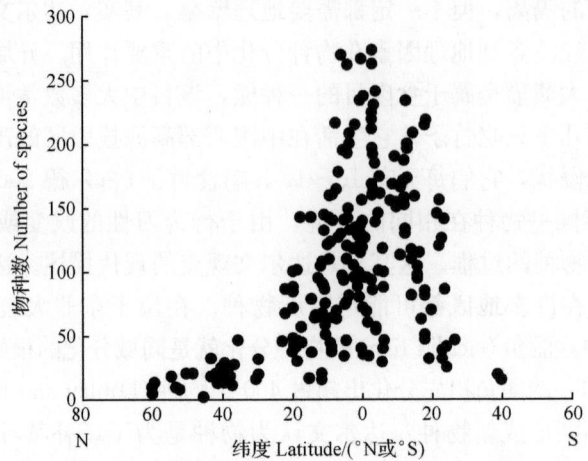

图7-1 全球树种多样性(样方大小为 0.1 hm²)的纬度梯度(仿 Enquist and Niklas 2001)
Fig. 7-1 Latitudinal diversity gradient in tree species richness with trees per 0.1 ha at sites across the Earth(after Enquist and Niklas 2001)

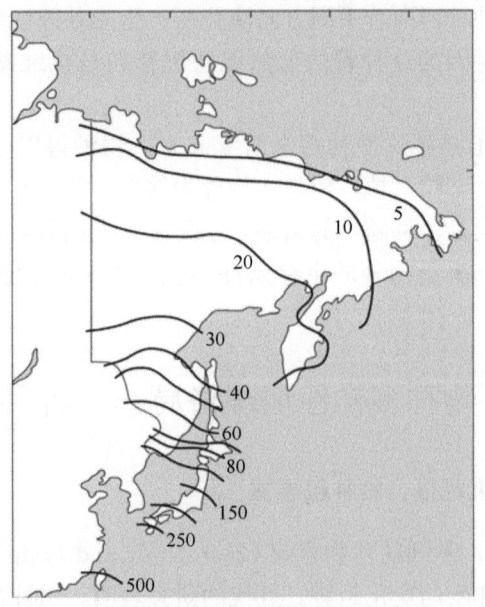

图7-2 东亚的野生树种(引自 Adams 2009)
Fig. 7-2 Wild tree species in eastern Asia(cited from Adams 2009)

但是，在一些情况下，物种多样性沿经度（东-西）方向也呈现明显的梯度，这在低纬度的热带、亚热带地区尤其明显，即虽然同样是温暖的气候，但是由于降水量的巨大变化，湿润度变化很大。由于水分也是影响植物生长的重要因素，相似温度条件下的水分梯度也就导致了植被格局因物种多样性格局而显著变化（图7-3）。例如，从美国东部湿润的气候→中部干燥的大平原区域→南部沙漠，树种的多样性明显下降（Currie and Paquin 1987，Adams 2009）。

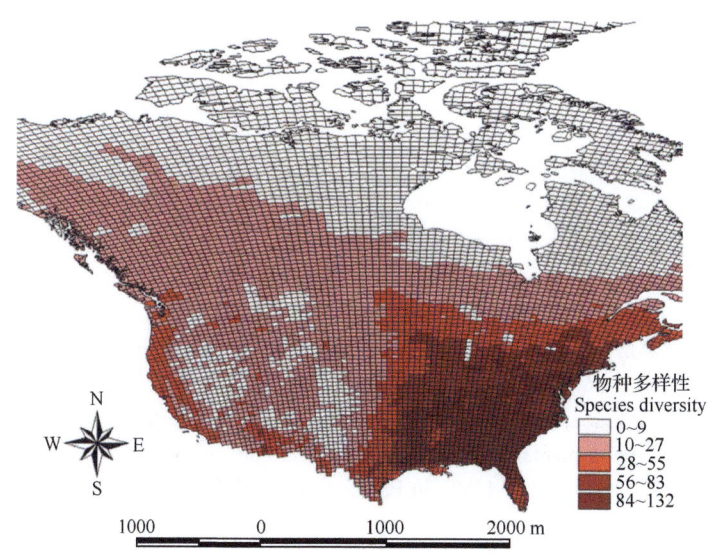

图7-3　北美的树种丰度图（引自Adams 2009）

Fig. 7-3　Tree species richness map of North America（cited from Adams 2009）

2. 温度效应——温度越高，物种越丰富

温度往往是植物分布的关键要素，因此，也影响植物物种多样性的地理格局。图7-4是显花植物科的树木与最低温度之间的关系，呈现出很好的直线正相关，即最低温度越低，科的数目越少，而最低温度越高，科的树木越多，虽然南北半球之间存在一定的差异（可能与大陆隔离的历史有关）。

3. 海拔效应——在高海拔地区，物种数急剧下降

Grytnes和Vetaas（2002）将尼泊尔喜马拉雅山脉6000 m的海拔以100 m间隔分为60个带，比较了显花植物的种类数随海拔的变动。在尼泊尔南部高原一直到海拔1000 m左右为热带气候，1000~2000 m为亚热带或暖温带气候，2000~3000 m为寒温带气候，4000~4500 m为亚高山带的上限，也是树木线；在高山带，分布着一些灌木，但草地占优势，往更高的地方，植被更加不连续（Dobremez 1976，Grytnes and Vetaas 2002）。在海拔1500 m以内，物种数随海拔的增

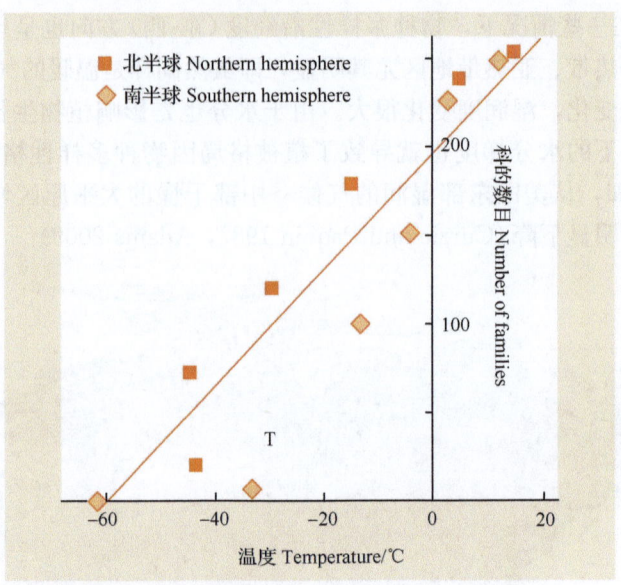

图 7-4 南北半球显花植物科的数目与最低温度之间的关系（Begon et al. 2006 引自 Woodward 1987）

Fig. 7-4 The relationship between absolute minimum temperature and the number of families of flowering plants in the northern and southern hemispheres (after Woodward 1987, in Begon et al. 2006)

加而快速增加，1500～2500 m，种类数很少变化，超过这一高度，物种数稳步下降（图 7-5）。值得注意的是，0～100 m，仅有 62 个物种被记录，这可能是由于在尼泊尔这些低纬度区域的面积很小的缘故。

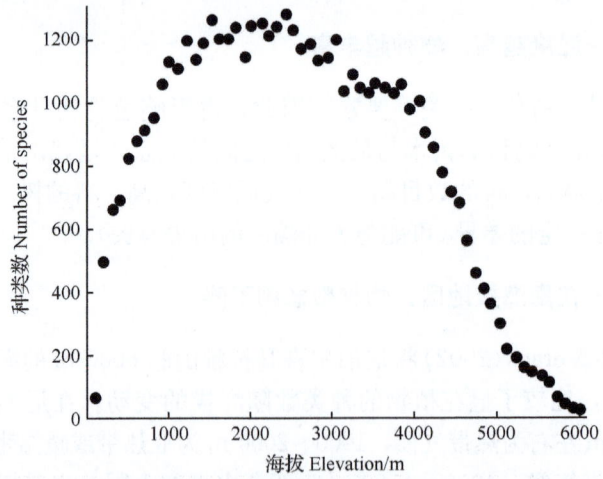

图 7-5 尼泊尔喜马拉雅山脉显花植物的种类数随海拔的变动（仿 Grytnes and Vetaas 2002）

Fig. 7-5 Variation in species number of flowering plants with elevation in the Nepalese Himalayas (after Grytnes and Vetaas 2002)

4. 降水量效应——降水量越大，物种越丰富

O'Brien(1993)研究了非洲南部木本植物($N=1372$ 种)多样性的分布格局，物种多样性呈现出从西向东逐渐增加的趋势，在干旱半干旱地区最低，在湿润地区最高，与降水量呈现出明显的正相关(图 7-6)。

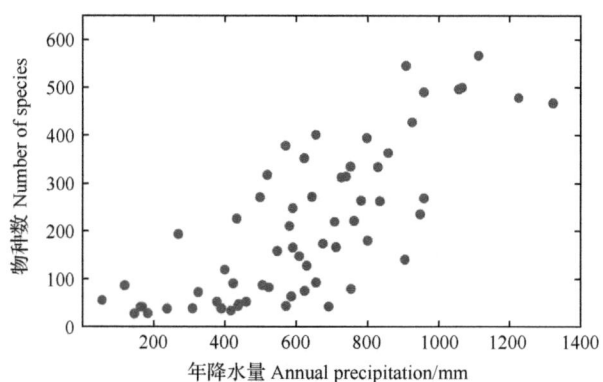

图 7-6 非洲南部木本植物多样性与降水量之间的关系，网格面积为 20 000 km²
(仿 O'Brien 1993)

Fig. 7-6 Relationship between precipitation and species richness of woody plants in southern Africa with grid cells of 20 000 km² (after O'Brien 1993)

Currie 和 Paquin(1987)研究了北美树种的分布，将美国和加拿大区分为 336 个样块，共统计了 620 个土居树种(高于 3 m 的植物)。通过将树种类数与环境因子进行相关性分析发现，在各种环境因子中，与土壤水分蒸发蒸腾损失总量(evapotranspiration，即从土壤蒸发或从植物蒸腾的总水分量)的相关性最好(图 7-7)。虽然它们与逻辑斯蒂曲线近似，但实际也缺乏趋向饱和的渐近线区域，对图 7-7 其实也可以用直线描述，甚至也能用指数函数来描述。

需要指出的是，如果比较图 5-14，不难发现，在半沙漠和沙漠地区，蒸发量很高，但由于降水量少，植物特别是树很难生长，树种多样性不可能高，因此，在探讨树种多样性时，可能用湿润度更加合理。

5. 生产力效应——生产力越高，物种数越多

在温带森林区，树种多样性随净初级生产力(主要依赖于温度)的增加而增加(图 7-8)，但是也存在一定的区域差异：与北美相比，亚洲地区较温暖的气候条件下的物种格外地丰富，例如，同样的温带地区，最温暖潮湿的南欧(如巴尔干)和北美(如佐治亚州南部、加利福尼亚州南部、佛罗里达州北部)与亚洲同样的位置(如日本南部和台湾)相比，树的种类要少得多，这可能与亚洲的树种在冰期更好地存活下来了有一定关系(Adams 2009)。

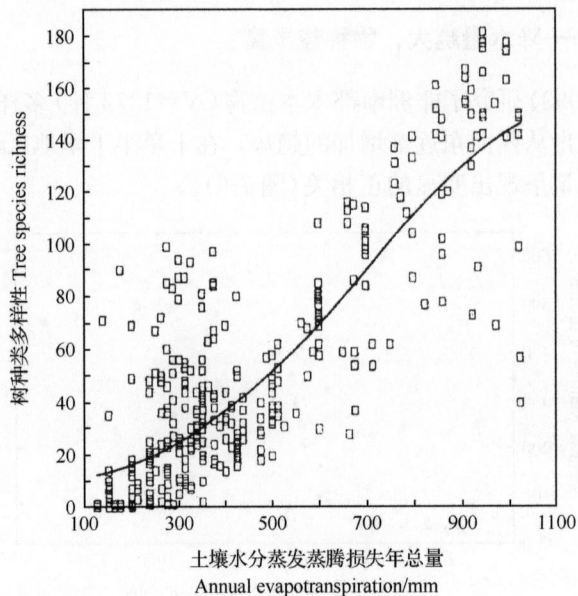

图 7-7 将树种多样性作为土壤水分蒸发蒸腾损失年总量的函数($n=366$)，实线为拟合的逻辑斯蒂模型（引自 Currie and Paquin 1987）

Fig. 7-7 Tree species richness as a function of total annual realized evapotranspiration ($n=366$). Solid line, fitted logistic model (cited from Currie and Paquin 1987)

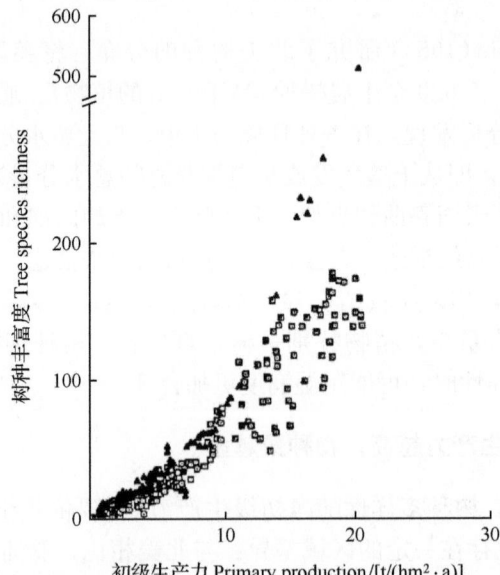

图 7-8 初级生产力和树物种多样性的关系。▲. 数据来自东亚；□. 美国东北部
（引自 Adam 2009）

Fig. 7-8 Relation between primary production and tree species richness. ▲=data points from eastern Asia, and □=data points from eastern North America (cited from Adam 2009)

三、物种多样性地理格局——陆生动物

1. 纬度效应——从低纬度到高纬度,物种数逐渐降低

(1) 恒温动物——鸟类和哺乳动物

通过对美洲北部和中部地区的繁殖鸟类种数的研究发现,鸟类种数从高纬度向低纬度呈现明显的指数增长关系(图7-9),即在高纬度地区只有20~30种鸟,而在赤道附近,鸟类种数超过1000种。

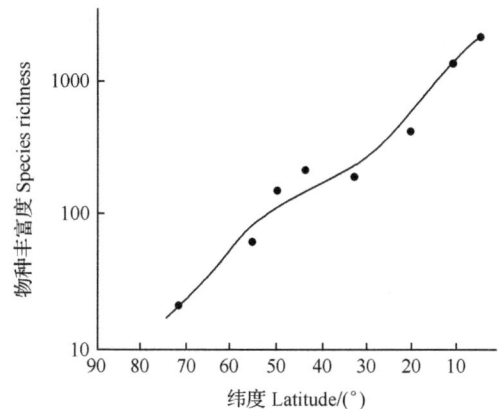

图 7-9 美洲北部和中部地区的繁殖鸟类物种丰富度靠近赤道最高(引自 Huston 1993)

Fig. 7-9 Breeding bird species richness in North and Central America is highest closet to the equator(cited from Huston 1993)

通过对跨越新大陆的鸟类多样性沿纬度梯度分布格局的分析发现,在南北半球均是随纬度的增加鸟类物种数下降,且在同样的纬度,南半球的鸟类种类数略高于北半球(图7-10)。

新大陆的哺乳动物也呈现出与鸟类类似的纬度梯度分布,即哺乳动物物种多样性随纬度的上升而下降,南北半球也有一定的差异,最高的物种多样性出现在南半球0°~15°(图7-11)。

(2) 变温动物

无论在南半球还是北半球,从高纬度往低纬度方向,三类变温脊椎动物——两栖类、蜥蜴(属爬行动物)和蛇(属爬行动物)的属多样性均呈类似于指数的增长模式(图7-12),虽然它们的绝对属数存在明显的差异,即蛇>蜥蜴>两栖类。

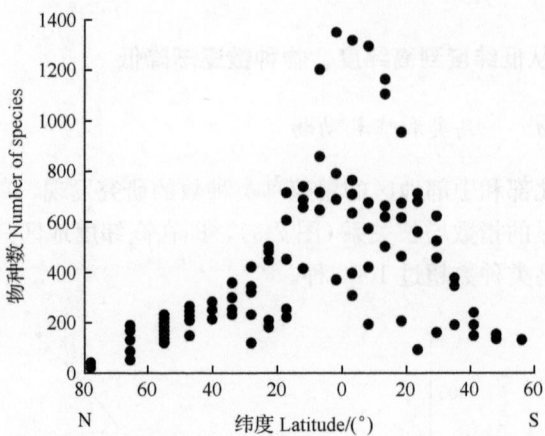

图 7-10 跨越新大陆的鸟类多样性的纬度梯度，网格大小约为 611 000 km²
（仿 Gaston and Blackburn 2000）

Fig. 7-10 Latitudinal diversity gradient in bird species richness across the New World, with grid cells of ～ 611 000 km² (after Gaston and Blackburn 2000)

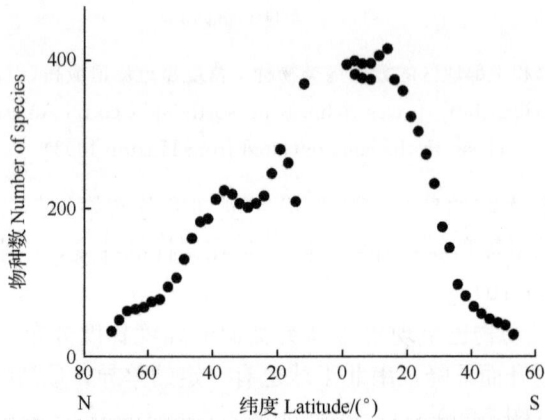

图 7-11 跨越新大陆的哺乳类多样性的纬度梯度，纬度间隔为 2.5°（仿 Kaufman and Willig 1998，Gaston and Spice 2004）

Fig. 7-11 Latitudinal diversity gradient in mammal species richness across the New World, with latitudinal bands of 2.5° (after Kaufman and Willig 1998, Gaston and Spice 2004)

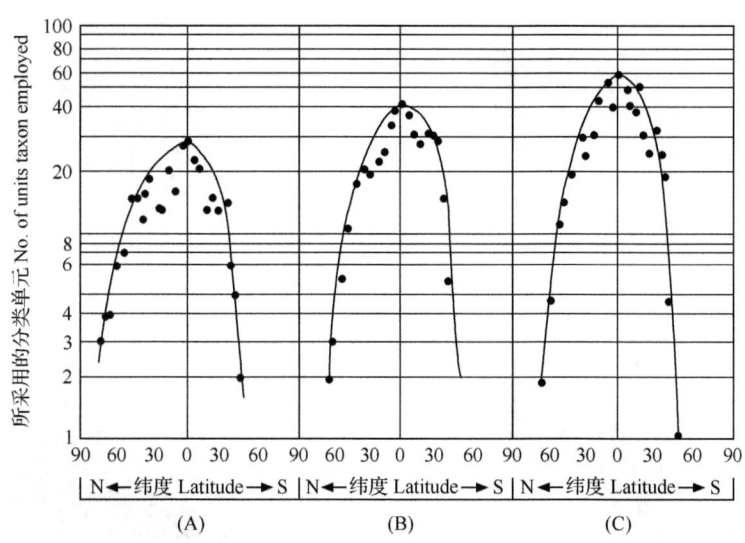

图 7-12 三类变温动物类群多样性与纬度之间的关系图。A. 两栖类的属数;B. 蜥蜴的属数;C. 蛇的属数(引自 MEER, http://www.meer.org/ebook/chap3.htm)

Fig. 7-12 Diversity vs. latitude plots for three groups of terrestrial poikilotherms. A. Genera of amphibians; B. Genera of lizards; C. Genera of snakes(cited from MEER, http://www.meer.org/ebook/chap3.htm)

2. 温度效应——温度越低,物种越贫瘠

(1) 鸟类

Lennon 等(2000)研究了英国鸟类与夏季月平均温度之间的关系,利用了由英国鸟类学基金组织的两次独立的调查数据,一次是在 1981~1983 年进行的冬季调查,另一次是在 1988~1991 年组织的夏季调查,共有 2362 个样方(每个 10 km×10 km),涵盖了英国大部分区域以及广泛的生境、地貌和气候类型。他们根据鸟类的迁徙状态(留鸟或候鸟)和季节(夏季或冬季分布)定义了 4 种类型,夏季的留鸟(SR)、夏季的候鸟(SV)、冬季的留鸟(WR)和冬季的候鸟(WV)。除了夏季的候鸟外,鸟类物种多样性与夏季温度之间呈现出强烈的正相关,即留鸟与冬季候鸟与夏季温度之间存在明显的相关关系(图 7-13)。也就是说夏季温度总体上来看,明显影响鸟类的物种多样性。

(2) 哺乳动物

通过对跨越南北美洲的 1255 个同样面积的样方中哺乳动物物种数(共包括 1755 个物种)与环境因子之间关系的研究发现,单位样方的物种数与年最低温度之间存在较好的正相关(近似指数增长)(图 7-14),年最低温度是哺乳动物单位

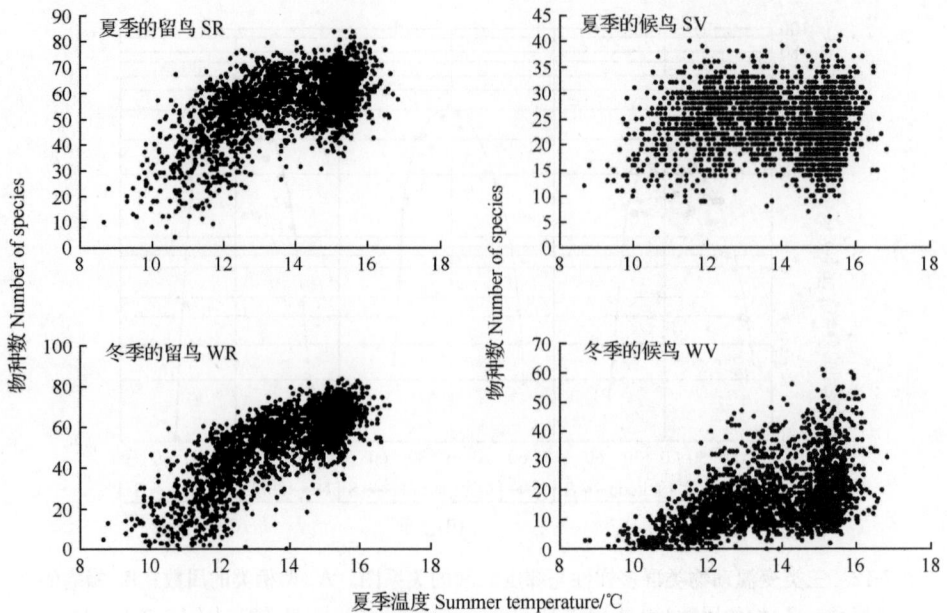

图 7-13 英国鸟类种类多样性(样方网格大小 10 km×10 km)与月平均夏季温度之间的关系(引自 Lennon et al. 2000)

Fig. 7-13 Relationships between mean monthly summer temperature and richness of birds in Britain(grid cells of 10 km×10 km)(cited from Lennon et al. 2000)

样方物种数的最好的预测变量。

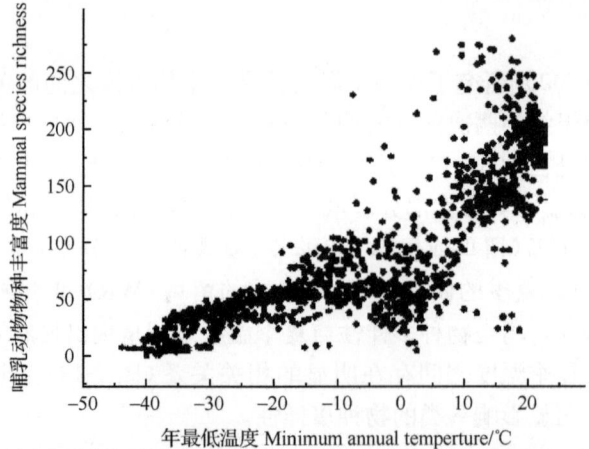

图 7-14 北美洲和南美洲单位样方大陆哺乳动物多样性与年最低温度之间的关系,数据来自 1755 种哺乳动物(引自 May and McLean 2007)

Fig. 7-14 The relationship between continental mammal species richness per quadrat and minimum annual temperature throughout North and South America. Data are compiled from 1755 species of mammals(cited from May and McLean 2007)

3. 海拔效应——在高海拔地区，物种数急剧下降

Patterson 等（1998）研究了秘鲁南部的安第斯山鸟类和蝙蝠（蝙蝠是唯一能飞翔的哺乳动物）物种沿海拔梯度的分布格局，样品取自马努国家公园和生物圈保护区，包括了 901 种鸟和 129 种蝙蝠，很明显，鸟类和蝙蝠的物种多样性随海拔的上升而稳步下降，且两类生物的物种数随海拔升高而下降的趋势十分类似（图 7-15）。虽然他们也调查了小鼠，但只有 28 种，其物种数与海拔之间关系的结论应该慎重对待。

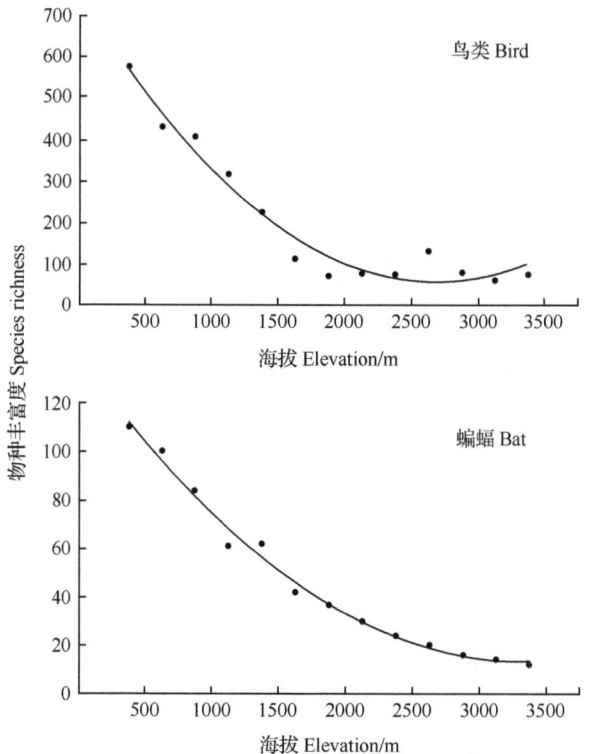

图 7-15 秘鲁马努国家公园和生物圈保护区中的鸟类和蝙蝠的物种数与海拔之间的关系
（引自 Patterson et al. 1998）

Fig. 7-15 Species-elevation relationship: birds & bats in Manu National Park & Biosphere Reserve, Peru（cited from Patterson et al. 1998）

总体来说，陆生动物的物种数随海拔的升高而降低，但是也有一些例外。例如，科罗拉多州的蚂蚁种类数随海拔呈现驼峰型的变化，即最初物种数随海拔的增加而上升，在接近 2000 m 处达到最高，之后又逐渐下降，当然，高海拔地区的物种多样性也比低海拔地区低得多（图 7-16）。

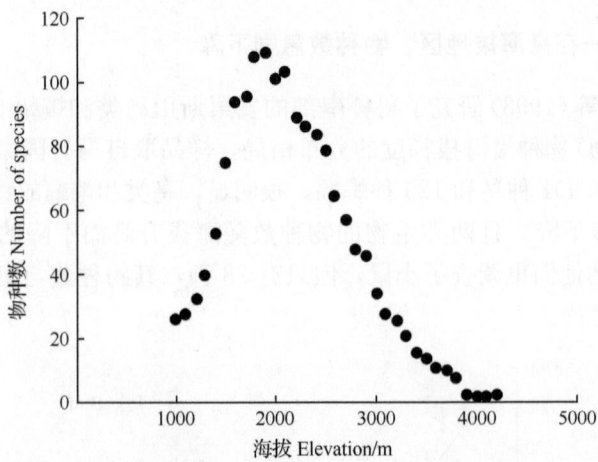

图 7-16 科罗拉多州的蚂蚁种类数随海拔的变化（仿 Sanders 2002）
Fig. 7-16 Variation in species number of ants with elevation in Colorado (after Sanders 2002)

4. 湿度效应——中等水分蒸发蒸腾量的地区，物种最为丰富

Hawkins 等（2003）分析了潜在土壤水分蒸发蒸腾量（PET）与古北区和新北区陆生鸟类及蝴蝶的物种多样性之间的关系（图 7-17），发现在低 PET 区域，鸟

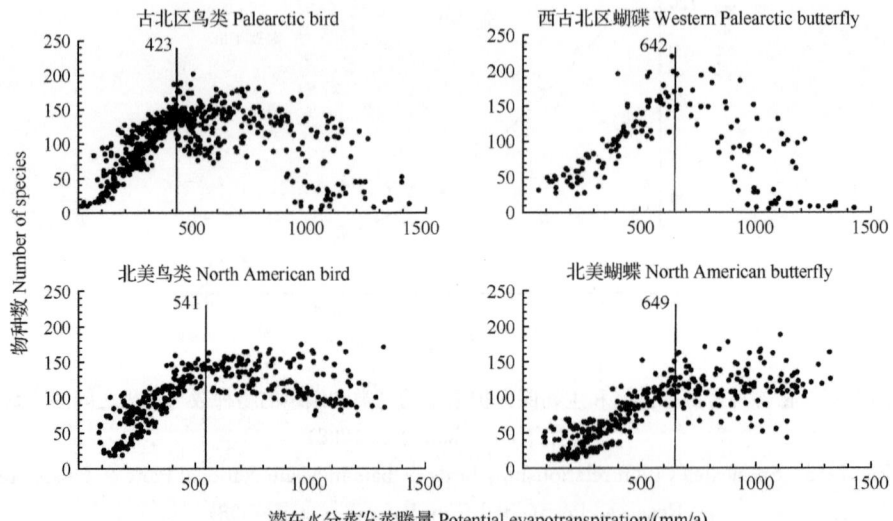

图 7-17 潜在土壤水分蒸发蒸腾量（PET）与古北区和新北区陆生鸟类及蝴蝶的物种多样性之间的关系。垂直线表示从正到负（古北区）或到零（新北区）的转折点（引自 Hawkins et al. 2003）

Fig. 7-17 Relationships between potential evapotranspiration (PET) and species richness for terrestrial birds and butterflies in the Palearctic and Nearctic. The vertical lines represent breakpoints from positive to either negative (in the Palearctic) or null (in the Nearctic) (cited from Hawkins et al. 2003)

类和蝴蝶的物种多样性均随PET的增加而增加,而当PET超过一定的阈值,物种多样性开始下降(古北区)或不再增长(新北区)。

四、物种多样性地理格局——水生动物

1. 纬度效应——在高纬度地区,物种数急剧下降

Roy等(1998)收集了在东太平洋和西大西洋(从热带到北极海洋)浅于200 m水域生活的3916种海洋前鳃亚纲腹足动物物种数据,发现东太平洋和西大西洋的多样性及多样性梯度(图7-18)都非常相似,尽管两个海域间存在许多重要的物理及历史的差异。值得注意的是,物种最丰富的区域并不在赤道附近,而在纬度10°~25°。

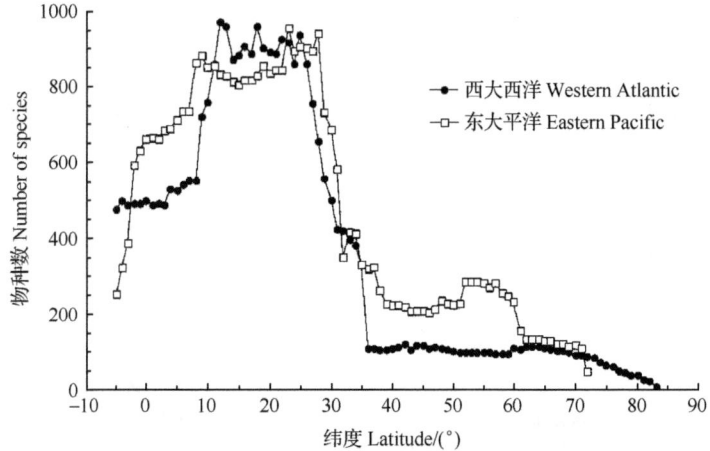

图7-18 东太平洋和西大西洋海洋前鳃亚纲腹足动物纬度多样性梯度,数据为单位纬度的物种数(引自 Roy et al. 1998)

Fig. 7-18 Latitudinal diversity gradient of eastern Pacific and western Atlantic marine prosobranch gastropods, binned per degree of latitude (cited from Roy et al. 1998)

Oberdorff等(1995)收集了全球范围(非洲、美洲、亚洲、大洋洲等)的292条河流的鱼类资料,跨越从赤道到极地的纬度梯度,发现最高的物种多样性位于赤道附近的低纬度地区,随纬度上升鱼类种类数呈明显下降的趋势,虽然有相当的变化幅度(图7-19)。

2. 温度效应——随着水温的升高,物种多样性逐渐增加

Roy等(1998)分析了东太平洋和西大西洋浅水水域生活的3916种海洋腹足动物物种与年平均海面温度之间的关系,发现二者之间存在密切的相关关系,即

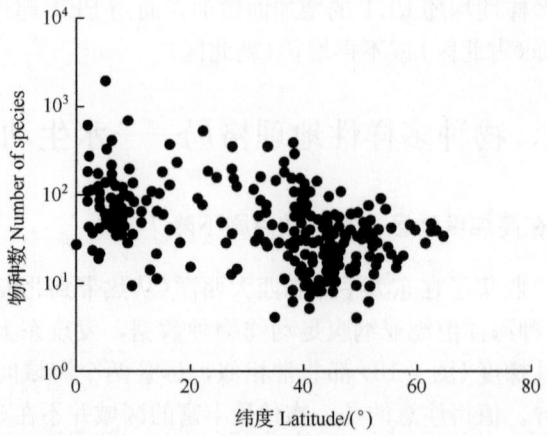

图 7-19 世界河流淡水鱼类沿纬度的多样性梯度（仿 Oberdorff et al. 1995）

Fig. 7-19 Latitudinal diversity gradient in freshwater fish of rivers across the Earth (after Oberdorff et al. 1995)

当海面温度超过 20℃ 后，物种数大幅度增加，而且两个海域的变化趋势均非常相似（图 7-20）。

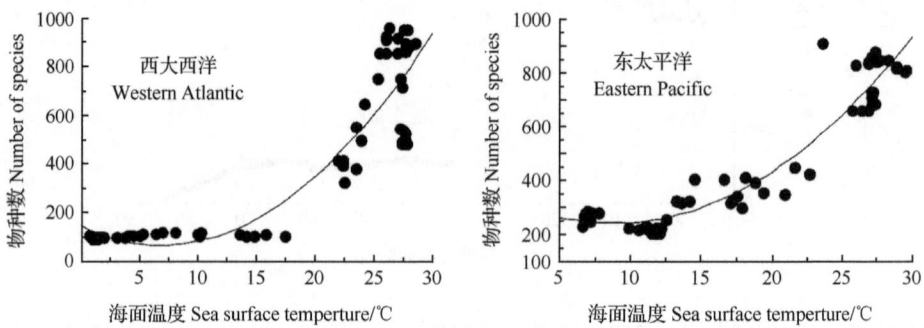

图 7-20 年平均海面温度与西大西洋和东太平洋海洋腹足动物的物种多样性（以 1°纬度为间隔）（引自 Roy et al. 1998）

Fig. 7-20 Mean annual sea surface temperature and richness of western Atlantic and eastern Pacific marine gastropods (bands of 1° latitude) (cited from Roy et al. 1998)

3. 水深效应——进入深海区，物种数急剧下降

陆地上海拔影响陆生动物的物种多样性格局，在海洋生态系统中，深度对鱼类的物种分布格局也产生显著影响。在一些情况下，海洋生物的物种多样性随水深的增加而下降，在另一些情况下却是先上升后下降。

Macpherson 和 Duarte（1994）搜集了大西洋东部 1746 种鱼类资料，分析了深度和纬度与底栖鱼类物种多样性的关系，发现底栖鱼类的物种数随纬度的增加而下降(大约纬度每上升 5°,鱼类种类数减少 1%),但是在大多数纬度,物种数在 150~300 m 深度达到最大(图 7-21)。

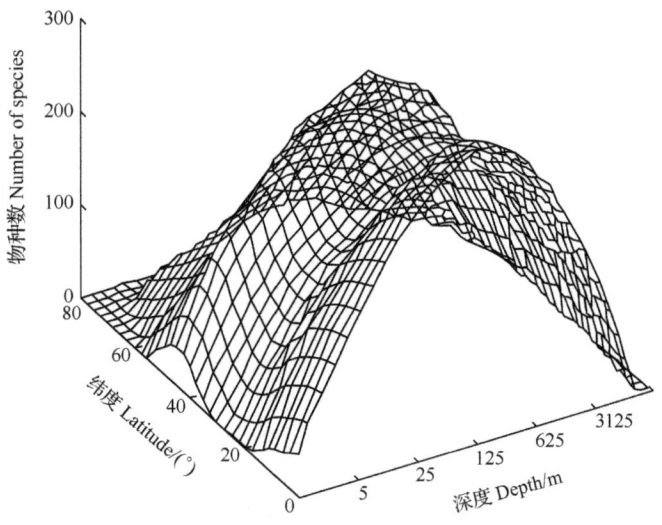

图 7-21　大西洋东部底栖鱼类物种多样性与纬度和深度之间的三维关系
(仿 Macpherson and Duarte 1994)

Fig. 7-21　Three-dimensional relationship between species richness, latitude and depth for benthic fish in the eastern Atlantic(after Macpherson and Duarte 1994)

Svavarsson 等(1993)研究了挪威、格林兰、冰岛和北极海的海洋等足类,共有 106 种,主要分布在浅水海域,随着深度的增加种类数急剧减少(图 7-22A)。Morenta 等(1998)从 Baleanc 岛南部(位于地中海西部的阿尔及利亚湾)水深 200~1800 m 区域采集了 82 种鱼类,发现种类数随水深的增加而明显减少(图 7-22B)。

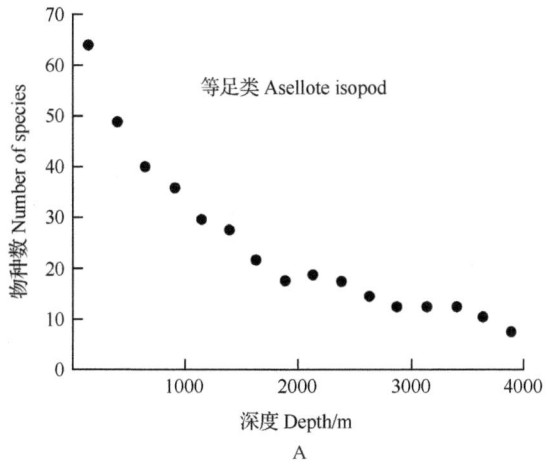

A

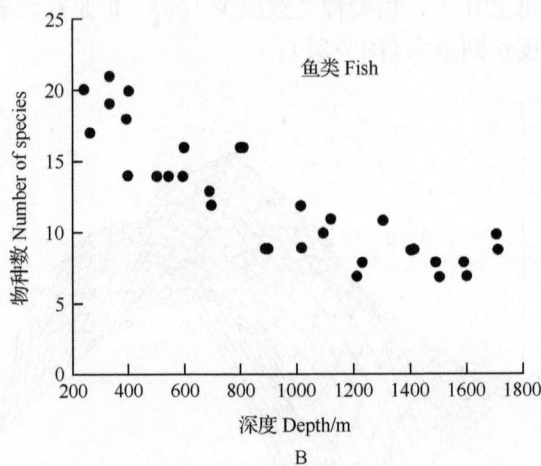

图 7-22 北部海域等足类物种多样性及 Baleanc 岛大陆斜坡鱼类种类数随水深的变化
（仿 Svavarsson et al. 1993，Morenta et al. 1998）

Fig. 7-22 Variation in species richness with depth for asellote isopod species in the northern seas, and fish species on the continental slope of the Balearic Islands(after Svavarsson et al. 1993, Morenta et al. 1998)

4. 历史的地理格局——纬度越低，物种越丰富

物种多样性沿纬度的分布格局并不是末次冰期以来独有的现象，图 7-23 是大约 7000 万年前海洋有壳虫类化石物种沿纬度梯度的分布格局，也是在低纬度地区物种数最为丰富，而向高纬度地区方向物种数锐减。

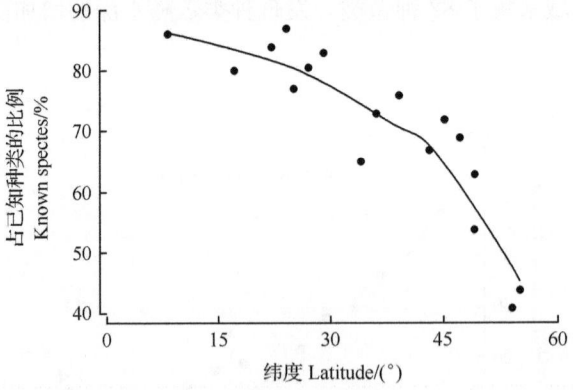

图 7-23 约 7000 万年前化石海洋有壳虫类沿纬度梯度的分布（Rosenzweig 1992 修改自 Stehli et al. 1969）

Fig. 7-23 Latitude gradients of fossil marine foraminifera some 70 millions of years ago (redrawn from Stehli et al. 1969 by Rosenzweig 1992)

五、物种多样性——一般格局与成因

1. 纬度、海拔和湿润度——塑造了物种多样性的基本格局

在影响物种多样性地理格局的各种因素中,毫无疑问以纬度的效应最为显著,也最受关注;海拔和湿润度也受到广泛关注。沿着这些环境因子梯度,物种多样地理格局呈现出一些基本格局。

(1)纬度是影响动物(水生或陆生)和植物物种多样性格局的重要因素:物种多样性随纬度的上升而下降,也即低纬度的热带地区的物种多样性远高于温带地区,而温带地区又远高于极地。当然,涉及特定类群时可能会有一些例外。例如,有的类群在中纬度地区最大,有些类群则可能主要局限于极端寒冷的气候。因此,一些类群的起源分化、生理生态适应性等可决定其特殊的物种分布地理格局。

(2)海拔通过垂直温度变化与纬度的等效性,对物种多样性也产生显著的影响,即物种多样性一般随海拔的上升而下降。

(3)湿润度也非常显著地影响植物的物种多样性,特别是在热带-亚热带地区,干旱地区的物种多样性远低于湿润地区,如干草原的物种多样性远低于热带雨林。

(4)纬度、海拔或湿度联合效应塑造了极端不同的特征性植被类型——动植物物种极为丰富的热带雨林,动植物物种极为贫瘠的冻原和沙漠。

2. 物种多样性格局——生态、进化和历史的产物

对大多数(陆生或水生)动植物类群,低纬度地区的物种多样性比高纬度地区要高得多,如果包含的类群越广泛,这种趋势越明显。为何热带地区比温带地区生物多样性要高?Gaston 和 Spice(2004)列举了三种可能的机制,认为这三种机制可以联合作用,虽然也会受到一些其他因素的影响。

(1)面积效应(area effect):Rosenzweig(1992)认为热带区域的面积比温带大(而且赤道附近的热带是紧密相连的),因此导致较高的分化速率和较低的灭绝速率。

(2)能量可利用性(energy availability):低纬度地区有更多的能量供给,因此具有更丰富的资源,可以支撑更多的物种。

(3)有效进化时间(effective evolutionary time):大范围的环境扰动(如冰期、气候干旱等)对热带的影响较小,因此提供了更多的有效进化时间(绝对进化时间+进化速率)。此外,地质历史时期热带地区的灭绝速率也可能相对较低。

需要指出的是,热带地区的陆域面积虽大于温带地区,但仅靠这种面积上有限的差异(图7-24)是无法完整解释热带地区和温带地区物种数的巨大差异的,还需要加上较低的灭绝速率和较高的物种分化速率。其实热带地区分化速率较快应该是可以理解的,在高温(当然还有适宜的水分供给)条件下,生物的生长繁殖速率较快,遗传变异和物种分化的速率也应该更快。此外,热带地区复杂的物种间相互作用也可能是物种分化速率较高的原因之一。

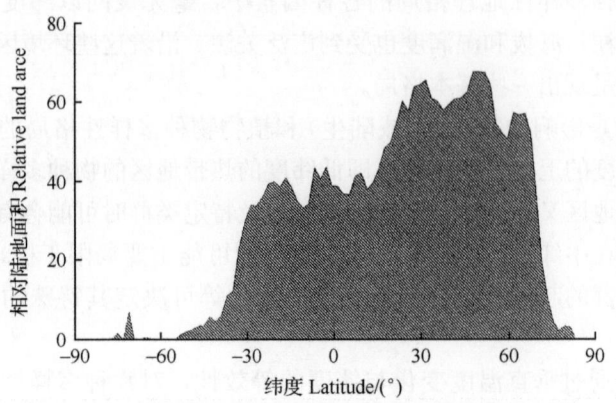

图 7-24 陆地相对面积和纬度的关系(仿 Rosenzweig 1992)

Fig. 7-24 Relation between latitude and relative land area (after Rosenzweig 1992)

Mittelbach 等(2007)基于上述三种机制,提出了相应的假设模型(图7-25),第一种假说认为,热带和温带在物种分化速率上并无差异,但由于生态因素(如生态位)的差异,热带对物种的存载力高于温带;第二种假说认为,热带的物种多样化速率(分化速率-灭绝速率)比温带高,因此物种积累速度较快;第三种假说认为,热带比温带具有更多的时间进行物种多样化,如图7-25中箭头表示高温气候的结束和温带的形成。

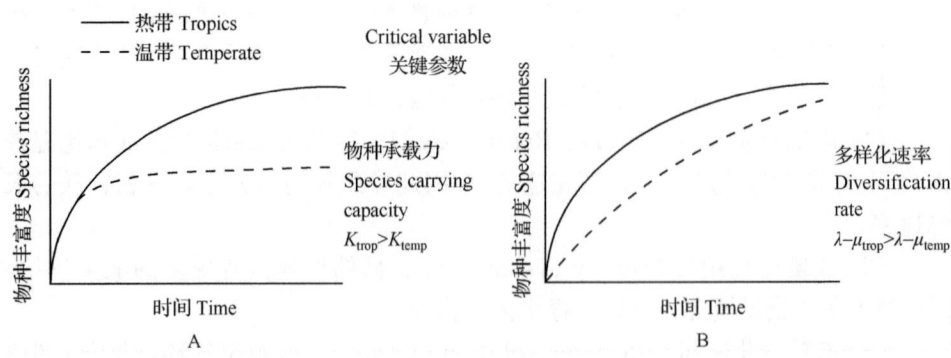

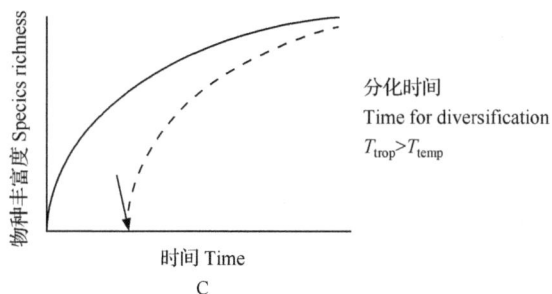

图 7-25 解释物种多样性纬度梯度的三种假说。A. 生态假设，聚焦物种共存和物种多样性的维持机制；B. 进化假说，聚焦物种分化速率；C. 历史假说，地球历史中热带环境的持续时间和范围（仿 Mittelbach et al. 2007）

Fig. 7-25 Three hypotheses explaining latitudinal gradient of species diversity: A. Ecological hypotheses that focus on mechanisms of species coexistence and the maintenance of species diversity; B. Evolutionary hypotheses that focus on rates of diversification; C. Historical hypotheses that focus on the duration and extent of tropical environments in Earth's history (after Mittelbach et al. 2007)

六、结　语

　　物种是生命生存、繁衍与进化的基本单元，地球上已描述的物种超过了 170 万。如此繁多的物种是怎样被创造出来的？无论是拉马克用进废退和获得性遗传，还是达尔文的随机变异、生存竞争和自然选择，或是基于基因突变的突变论，都只是关注物种创造的微观过程（毫无疑问这是重要的微观基础）。但是，从宏观的视角来看，物种更是地域性生态环境历史过程的产物，因此才形成了物种多样性的地理格局。

　　简言之，物种就是雨、热的产物，地球上雨、热的分布格局决定了物种多样性的宏观格局，即最为湿热的地区（如热带雨林）生产力最高，物种分化最快，因此支撑的物种最为丰富多样。物种多样性的地理格局沐浴关键环境要素（纬度、海拔和湿润度）的不断塑造，从本质上看是生态、进化和历史过程的产物。

　　可见，全球气候模式通过宏观的生态过程（当然必须在微观的成种机制操控下）既决定了植被的地理分布与演替模式，也主宰了物种多样性的地理格局。这一方面昭示了物种演化在宏观上的方向性，但并不否认微观成种的随机性；另一方面也告诉我们不同地质年代由于气候模式的巨变会出现完全不同的生物区系，这往往可能会给古生物学家留下地域性化石记录不连续性的表象，并被其用来当做跳跃进化的"可靠"证据。

第八章　基因组的进化——物种的生态遗传学设计原理

毫不夸张地说，没有基因就没有生命的繁衍，也就没有一切生命的存在。基因（gene）是控制生物性状的基本遗传单位，是携带有遗传信息的 DNA 序列，它是生命遗传系统的结构基础。许多生物学家正在致力于以各种各样的（特别是模式）生物为对象通过基因及其功能的研究来解码生命，并在微观的生命科学领域中取得了大量惊人的进展，但关于这些个别基因的信息细节不是本书的论述范畴。

本章的讨论对象是基因组（genome），它是指包含在一个生物体的一套染色体中完整的 DNA 序列（或全部遗传信息）。基因组包括基因和非编码 DNA，它本质上是一套极为复杂的控制生命过程的操作系统，指挥生命活动（生长、发育、繁殖等）的所有遗传指令都匿藏于基因组中。基因组还操控生命个体在各种生存环境中的复杂的响应与适应行为。各种生物的基因组也是一部部生物类群演化的史册，它记载了生物间的血脉关系与演化历程，昭示着生命的继承、承载与发展。因此，生命的演化映射于个体的基因组——种群的基因库-生命所有的基因集合这样一种极为复杂、多层次的遗传系统的相互关联与相互作用中。

物种的进化必定是建立在基因组的进化之上，但两者也不一定完全等同或吻合，如它们的演化轨迹未必就会完全一致。如何通过基因组的进化来透视物种的生态遗传学设计原理呢？这就是本章需要探讨的核心。

一、基因组大小——继承与随机的复杂化

1. 不太有章法的 DNA——C 值悖论

在每一种生物中，其单倍体基因组的 DNA 总量被称为 C 值（C value）。人们可能容易直观地人为，某种生物的基因组大小应该与其进化程度或复杂度呈正相关。但是大量的研究表明，物种的基因组大小与其在进化上所处地位的高低或复杂性没有绝对的相关性，这种现象称为 C 值悖论（C-value paradox）。

图 8-1 为各种类群生物的单倍体基因组大小，近似地，1 pg ≈10 亿 bp（即 1000 Mb 或 1 Gb），更准确地说，碱基对数＝质量（pg）×0.978×10^9，或质量（pg）＝碱基对数 1.022×10^{-9}（Dolezel et al. 2003）。不难看出，基因组大小与进化程度并不怎么吻合。例如，肺鱼的基因组远大于哺乳动物，一些昆虫的基因

组可大于哺乳动物，而原生动物的基因组的变化范围最大，占据了所有生物最大基因组的位置（Gregory 2004）。

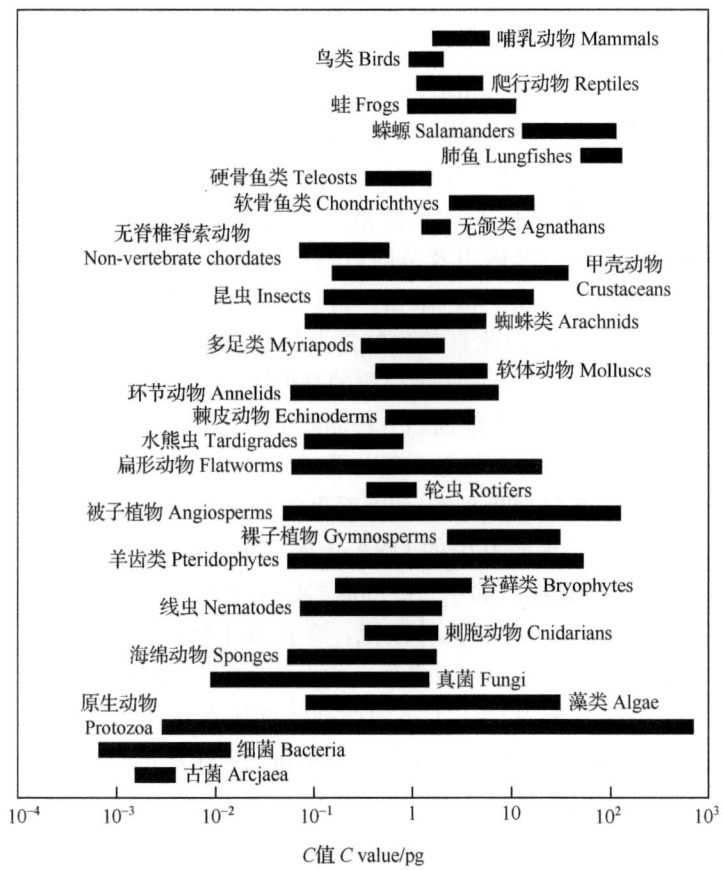

图8-1 各种类群生物的单倍体基因组大小（"C值"，pg）的范围（引自 Gregory 2004）

Fig. 8-1 The ranges in haploid genome sizes（"C values" in picograms, pg）in different groups of organisms（cited from Gregory 2004）

原生生物的基因组大小相差超过30万倍，动物基因组大小的差别也超过了3300倍，陆生植物基因组大小相差约1000倍（Wikipedia）。

虽然一些类群的基因组变化巨大，但是从总的趋势来看，真核生物的基因组显著大于原核生物。虽然真核生物基因组大小的变异很大，但是从最小C值来看，一般进化程度越高的类群，群内最小C值越大。

2. 基因的进化——从朴素简洁到奢侈浪费？

随着人们对基因结构和功能认识的深入，人们将基因进一步区分为结构基因、调节基因和操纵基因：结构基因能为多肽链编码，调节基因能调节蛋白质的合成，而操纵基因为操纵结构基因的基因。

即便是结构基因也不一定全部由编码序列组成，有些在编码序列中间插入无编码作用的碱基序列，形成所谓断裂基因。一些基因的 DNA 序列包含两个区段：一个区段将被表达并存在于成熟的 mRNA 中，称为"外显子"；一个区段虽然也同时被表达，但将在成熟 mRNA 中被删除，称为"内含子"。原核生物的基因序列一般是连续的，在一个基因的内部几乎不含"内含子"，而真核生物中绝大多数基因都是由不连续 DNA 序列组成的断裂基因。

基因组大小与编码蛋白质的基因数目之间存在怎样的关系？Hou 和 Lin (2009) 整理了各类生物的基因组及基因数目的资料，真核生物的基因组大小为 373~3 175 581 kb，非真核生物（细菌、古菌、病毒、线粒体和叶绿体）的基因组大小为 2.4~9950 kb，因此真核生物的基因组远大于非真核生物的基因组。从图 8-2 不难看出，基因组与编码蛋白质的基因数目之间存在显著的正相关，但是非真核生物和真核生物的直线回归方程的斜率不同，前者显著大于后者。由于每个基因组的编码蛋白质的基因数一般与总基因数非常接近，用总基因数代替编码蛋白质的基因数，类似与图 8-2A 的关系也完全成立。

关于基因组大小与编码基因的 DNA 比例（%）之间的关系，在非真核生物中几乎就是一根平行的直线（除了一些细胞器的偏离值以外），而在真核生物中，则呈明显的负相关（图 8-2B）。具体来说，在真核生物中，随着基因组的增大，编码基因的 DNA 比例从 81.6% 下降到 1.2%，而在非真核生物中，则保持较高的比例（47%~97%），随基因组大小的变动幅度比真核生物显著地减小，只有细胞器基因组例外（Hou and Lin 2009）。仅从蛋白质生产的角度来看，原核生物的基因组似乎比真核生物更为高效。

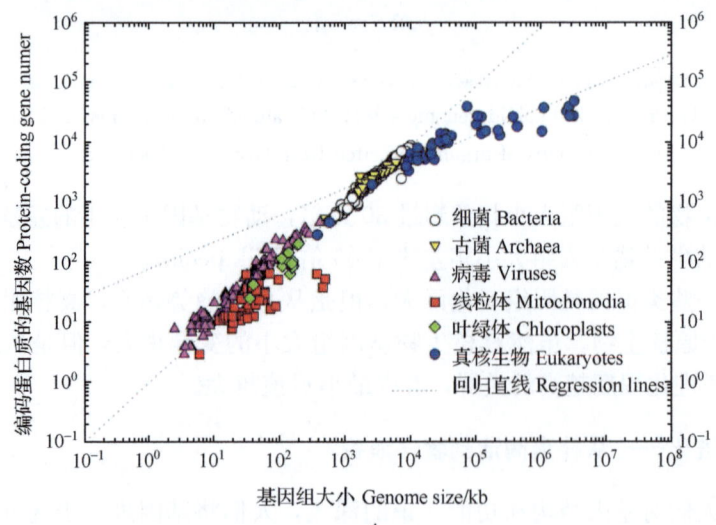

A

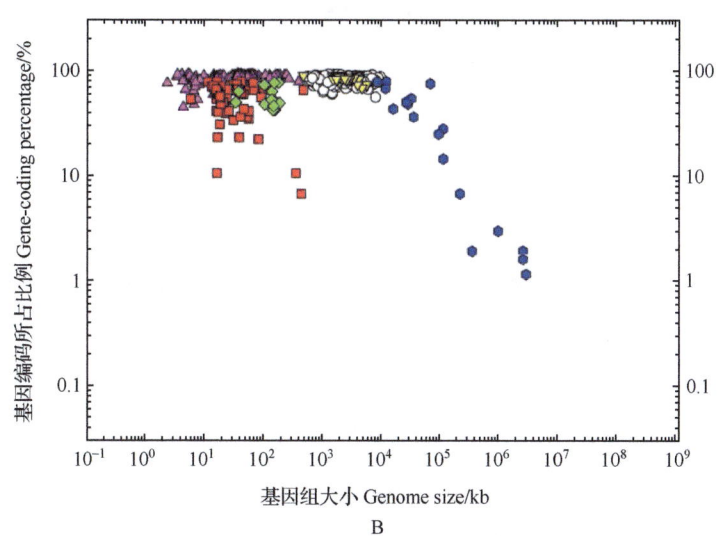

图 8-2 基因组大小与编码蛋白质的基因数目(A)或基因编码(构成基因的 DNA 部分)所占比例(B)之间的关系(引自 Hou and Lin 2009)

Fig. 8-2 Relationships between genome size and protein-coding gene number(A) or gene-coding (fraction of DNA that constitutes genes) percentage(B) (cited from Hou and Lin 2009)

人类基因组含有约 30 亿个 DNA 碱基对，曾估计可以形成 10 万个以上的基因，但事实上人类只有 2 万～2.5 万个基因，与老鼠相差无几(两者有 99% 的基因是相同的)。在人类基因组中，蛋白质编码序列(称为外显子)只占 1.5%(图 8-3)，而其余均是不能编码蛋白质的序列。

看来，生物进化程度(等级)越高，非编码序列在基因组中的比例越大。例如，在微生物中，非编码区只占整个基因组序列的 10%～20%，而在人类基因组中，这个比例高达 98.5%。为什么高等生物的 DNA 会如此奢侈浪费？一些人称这些为"垃圾 DNA"(junk DNA)，认为这些基因组序列大多数是演化的副产物，除了一些可能承载着重要遗传信息的基因组序列外，多数可能已经没有什么作用了。

3. 基因的进化——继承与发展

蛋白质是基因的产物，是生命结构的基本材料。蛋白质的组成是基因组成的写照。从人类同源蛋白的分布可以看出，原核生物和真核生物共有的蛋白质占 21%，动物和其他真核生物共有的蛋白质占 36%，动物共有的蛋白质占 26%，脊椎动物共有的蛋白质占 22%(图 8-4)。人类的很多基因起源自一些共同的祖先，但也包含了之后出现显著分化的基因。很明显，人类的基因组是继承和发展的产物，它留下了各种不同进化程度生物物种基因的烙印。这很类似于巴兰金

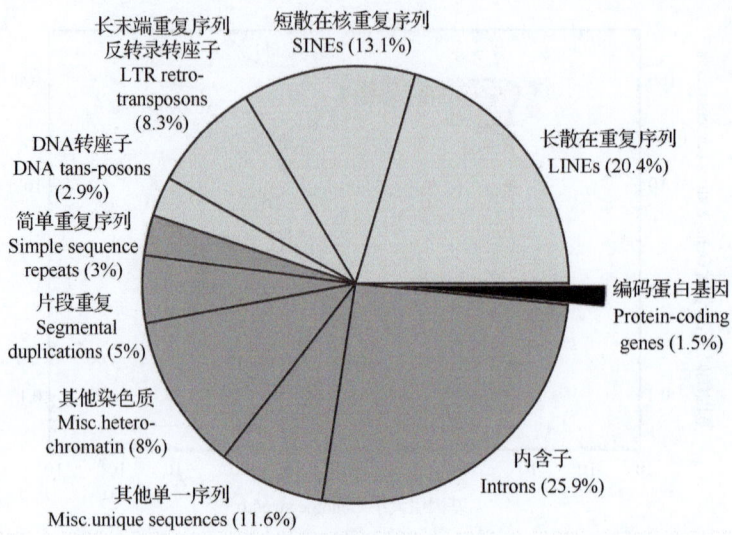

图 8-3 人类基因组的组成。基因组中仅有约 1.5% 由严格的蛋白质编码序列组成，而 45% 由各种类型的转座因子（浅灰色区域）组成，内含子占 26%，片段重复约占 5%，数据源自 International Human Genome Sequencing Consortium（2001）（Gregory 2005）

Fig. 8-3 The components of the human genome: only about 1.5% of the genome consists of strict protein-coding sequences, whereas about 45% of it is composed of transposable elements of various types (light gray sections), introns make up another 26%, and segmental duplications account for about 5% of the sequence, data from the International Human Genome Sequencing Consortium (2001) (Gregory 2005)

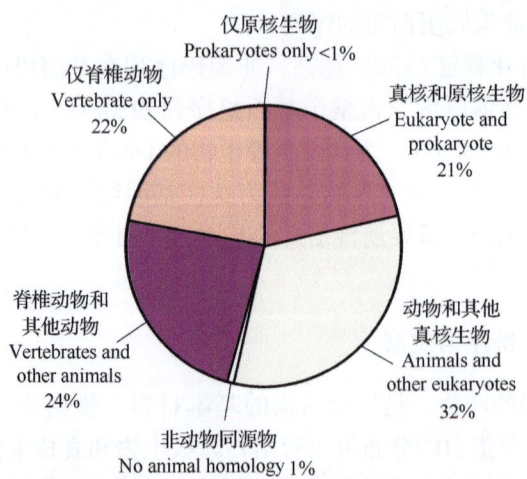

图 8-4 人类同源蛋白的分布（引自 International Human Genome Sequencing Consortium 2001）

Fig. 8-4 Distribution of the homologues of the predicted human proteins (cited from International Human Genome Sequencing Consortium 2001)

(1988)的一种通俗说法："比较古老的、原始的、粗糙的机构用各种新的部件进行补充，而在某种程度上又存在于后来的系统之内（如我们保存着我们类人猿祖先或甚至单细胞祖先的很多品质）"。

有意思的是，一些基因的继承似乎也充满了很大的随机性。例如，人类蛋白质组中有223种蛋白质与细菌的蛋白质相似，而未能在酵母、线虫、果蝇、拟南芥及任何其他（非无脊椎）真核生物中找到同源物（图8-5）。进一步的分析表明，人类基因组中至少有113个基因广泛分布于细菌，但在真核生物中仅出现于脊椎动物中。很可能编码这些蛋白质的基因曾经在早期的原核和真核生物中都出现过，但后来在酵母、线虫、果蝇、拟南芥及可能还有其他非无脊椎真核生物种系中丢失了。或许还有一种可能的解释是，这些基因通过细菌的水平转移进入了脊椎动物（或前脊椎动物）的种系（International Human Genome Sequencing Consortium 2001）。

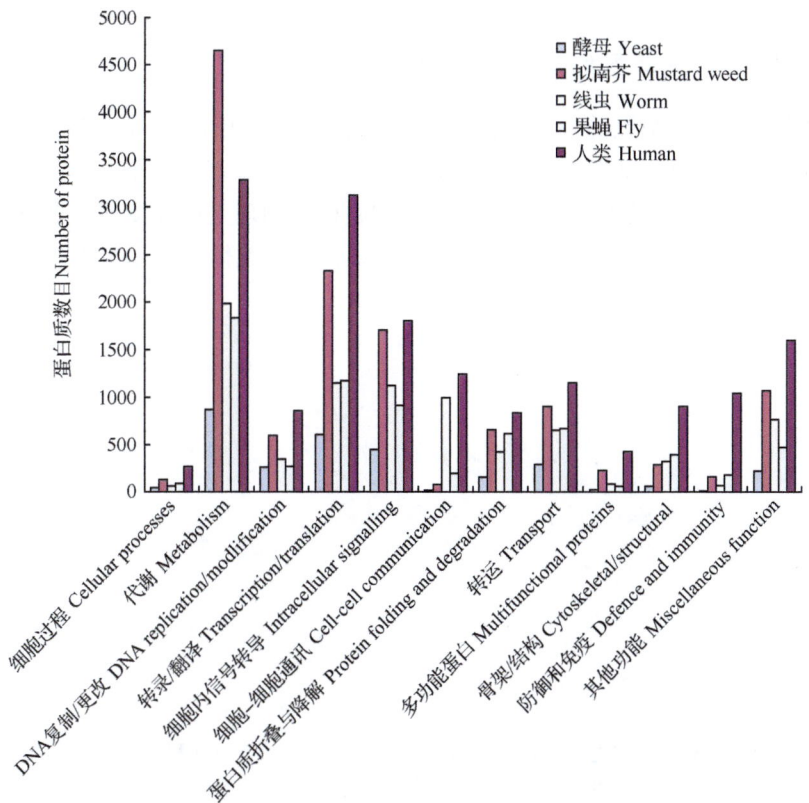

图 8-5　真核生物蛋白质组的功能分类（引自 International Human Genome Sequencing Consortium 2001）

Fig. 8-5　Functional categories in eukaryotic proteomes (cited from International Human Genome Sequencing Consortium 2001)

生命界基因的这种传承性也能从动物胚胎发育模式中找到有力证据。早在18世纪，解剖学家就注意到相关种类的动物胚胎之间比它们的成体更为相似，例如，人类胚胎的早期形态不仅与其他哺乳动物（狗、牛、鼠）胚胎的早期相似，而且在早期阶段甚至与爬行动物、两栖动物和鱼类的胚胎相似；成千上万种动物的胚胎结构有它们祖先的痕迹，但这些相同的结构在成体的生命形态中都没有。后来实验胚胎学家发现，这些具有祖先性状的胚胎结构起着胚胎"组织者"的作用，承接下一个阶段的发育。例如，如果切除一只两栖动物胚胎的前肾管，就不会发育出中肾。同样，如果切除原肠顶端的条纹中线，就会阻止脊索和神经系统的发育。因此，"无用的"前肾和条纹中线之所以重演，是因为它们是后期结构发育的胚胎组织者（迈尔2008）。

二、基因组大小——折射物种的生理生态对策

1. 大的基因组——需要大的细胞来装填

早在一个多世纪以前，人们就注意到细胞核体积和细胞体积之间呈明显正相关（Gulliver 1875）。基因组大小和细胞体积大小的关系可用一个极端的例子来说明：图8-6显示两种鱼的红细胞，肺鱼的细胞核在物理上往暹罗斗鱼的细胞中装都没法装进去。20世纪50年代以来，人们认识到细胞体积是基因组变异的最普遍机制（Gregory 2005）。

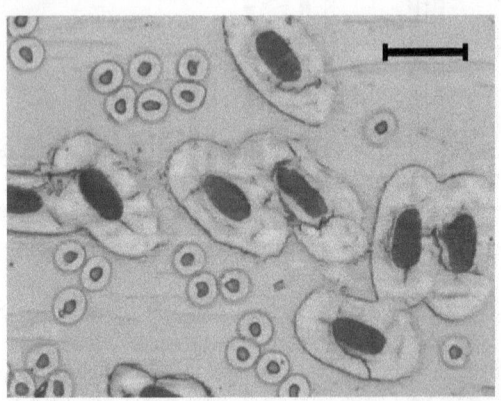

图8-6 经富尔根染色的暹罗斗鱼（*Betta splendens*，$2C=1.3$ pg）和澳大利亚肺鱼（*Neoceratodus forsteri*，$2C\approx 105$ pg）的红细胞显微照片，后者的基因组比前者要大约100倍。照片倍数×40，刻度为20 μm（引自Gregory 2001）

Fig. 8-6　Photomicrographs of Feulgen-stained erythrocytes from the Siamese fighting fish (*Betta splendens*, $2C=1.3$ pg) and the Australian lungfish (*Neoceratodus forsteri*, $2C\approx 105$ pg), which has a genome roughly 100 times larger. Photographed at 40×magnification, scale bar = 20 μm (cited from Gregory 2001)

在动物中，以脊椎动物的红细胞为材料的研究最多。Hardie 和 Hebert（2003）搜集了 230 多种硬骨和软骨鱼类的资料，发现基因组大小与干红细胞面积之间存在很好的关系（图 8-7A）。同样，根据 Olmo 和 Morescalchi（1975，1978）的数据，两栖类的基因组大小与干红细胞体积之间也存在显著的正相关（图 8-7B）。类似的关系也存在于爬行动物、鸟类和哺乳动物（Gregory 2005）。

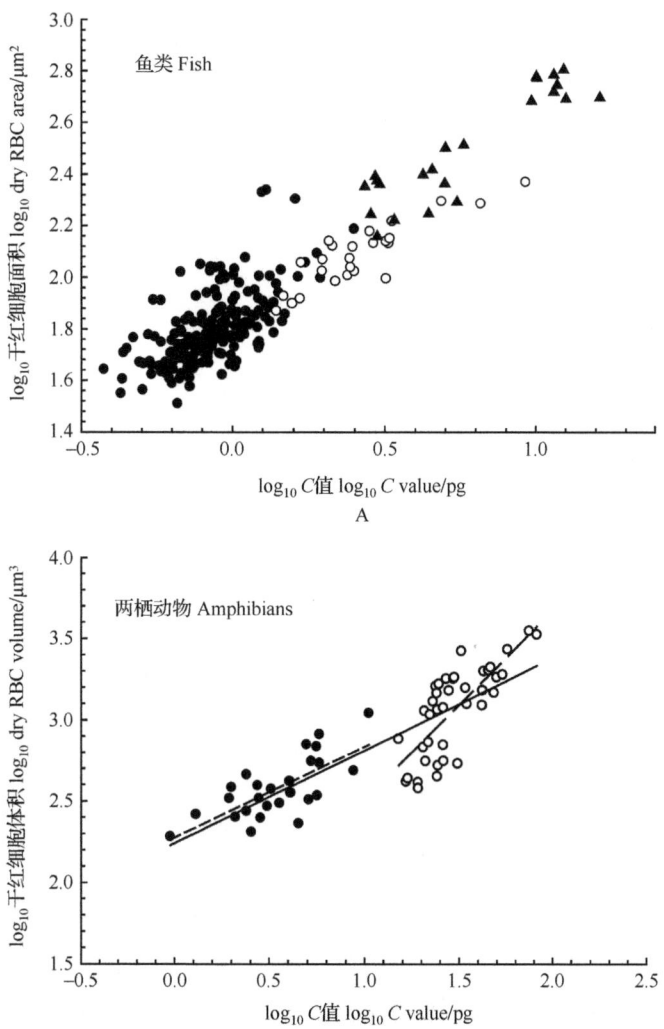

图 8-7 脊椎动物红细胞大小与基因组大小之间的关系。A. 鱼类单倍体核 DNA 含量与干红细胞面积之间的关系：单倍体（●）和多倍体（○）辐鳍亚纲鱼类及软骨鱼类（▲）；B. 两栖动物干红细胞体积与基因组大小之间的关系：蛙（●）和蝾螈（○）(引自 Gregory 2005)
Fig. 8-7 The relationship between red blood cell size and genome size in vertebrates. A. The relationship between haploid nuclear DNA content and dry erythrocyte area in fishes: diploid (●) and polyploid(○) actinopterygians, and chondrychthyes (▲). B. The relationship between dry red blood cell volume and genome size in amphibians: frogs(●) and salamanders (○) (cited from Gregory 2005)

2. 大的基因组——更费时间来完成细胞分裂

长期以来，人们就认识到细胞核体积、细胞体积及细胞分裂周期之间存在密切的关系（Van't Hof and Sparrow 1963）。一般来说，植物细胞基因组越大，其有丝分裂的周期就越长（图 8-8）。类似的关系也见于被子植物的减数分裂期（Bennett, 1977）。一般认为，DNA 含量越高，合成需要更多的时间，因此细胞分裂周期也会延长。但是，也有报道发现，同一种植物的减数分裂期随倍性（ploidy）的增加而下降（Bennett and Smith 1972）。

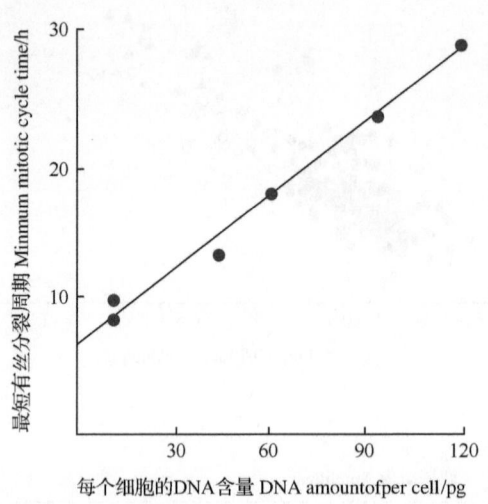

图 8-8　在 23℃生长的 6 种被子植物根尖细胞的 DNA 含量与最短有丝分裂周期之间的关系，数据源自 Van't Hof 和 Sparrow（1963）（引自 Gregory 2005）

Fig. 8-8　Relationships between DNA amount and minimum duration of the mitotic cycle in root-tip cells of six angiosperms grown at 23℃, data from Van't Hof and Sparrow（1963）(cited from Gregory 2005)

3. 大的基因组——更费时间来完成生命周期

生物个体的发育取决于细胞的分裂与生长，而这必定受到基因组大小的影响。一方面，基因组大小与细胞大小呈正相关，另一方面它又与分裂速率呈负相关（Gregory 2005）。那基因组大小对生物个体的发育到底有怎样的影响？

一般来说，大的基因组限制植物的发育速率。Bennett（1972）提出，DNA 含量可能限制植物最小世代时间（minimum generation time, MGT）（从萌发到最早的成熟种子的产生）的观点，为此，他收集了 271 个具有不同生活型及不同 MGT 的被子植物的资料，比较了各种植物核 DNA 含量的平均值与范围。他将植物分为 4 种类型。①短生植物（ephemeral）：能在非常短的时期完成生活史（数周或更短)。②一年生植物(annual)：在52周内完成生活史。③兼性多年生植物(facultative perennial)：能潜在地在萌发52周内产生出可繁殖的种子。④专性多年生植物(obligate perennial)：需要52周以上产生成熟的种子。

核DNA含量(单个染色体)：短生植物(1.5 pg)＜一年生植物(7.0 pg)＜多年生植物(24.6 pg)；最大DNA含量：短生植物(3.4 pg)＜一年生植物(27.6 pg)＜多年生植物(127.4 pg)。一年生植物和兼性多年生植物的最大MGT都是52周，其DNA的平均值和范围都非常相似，均比专性多年生植物小得多。具有非常低DNA含量(如≤3.4 pg)的生活型既有短生植物，也有长寿的多年生植物。随着核DNA含量的增加，MGT增加，生活周期类型的范围减小。例如，DNA含量超过3.4 pg，就没有短生植物，超过27.6 pg，就没有一年生或兼性多年生植物，全为专性多年生植物(图8-9)。

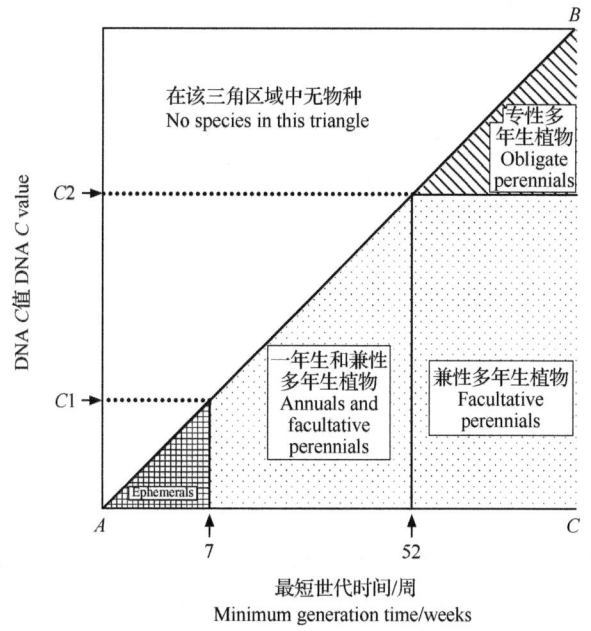

图8-9　在温带环境中，DNA与最小世代时间(MGT)关系模型的图式。C1为短生植物的大DNA含量，C2为一年生植物的最大DNA含量(Gregory 2005绘自Bennett 1987)

Fig. 8-9　Diagrammatic illustration of a model for a simple relationship between DNA amount and minimum generation time (MGT) in a temperate environment. C1 indicates maximum limiting DNA amount for ephemerals, and C2 indicates maximum limiting DNA amount for annuals. (redrawn based on Bennett 1987 by Gregory 2005)

4. 平均C值——温带草本比热带草本大

早在1931年，Avdulov就注意到热带地区的草本植物具有小到中等大小的染色体，而凉爽的温带地区的多数草本植物具有较大的染色体。Levin 和 Funderberg(1979)通过对大量草本被子植物的分析发现，温带物种的平均 C1 值(6.8 pg)远高于热带物种(3.0 pg)。

  Bennett(1976)通过对一些栽培的牧草、谷物或豆类等的基因组的分析发现，较大的基因组倾向于分布在温带或那些接近于一般温带条件的低纬度地区或季节。在自然条件下基因组与纬度之间的这种正相关在栽培品种中受到了人类选种的强化或扩展。从图 8-10 可以看出，具有较大基因组的谷物种类其北限倾向较高纬度的地区，而基因组较小的种类其分布北限的纬度相对较低。

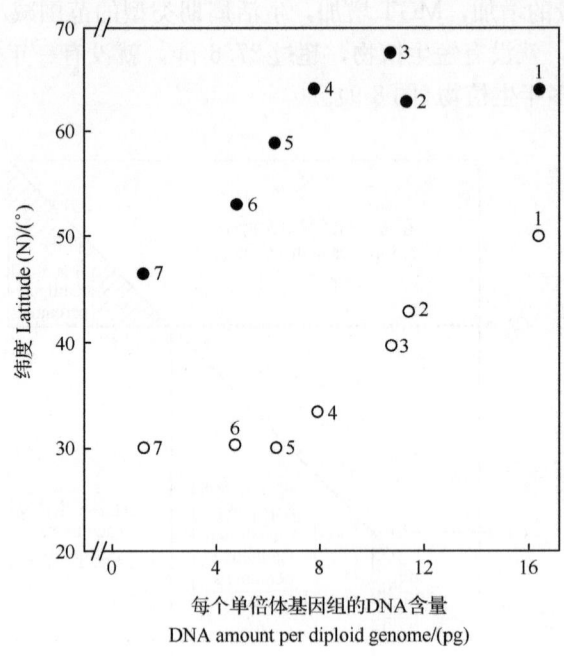

图 8-10　几种谷物的双倍体 DNA 含量与栽培北限之间的关系。○表示冬季从 Hudson 湾到佛罗里达西礁岛的断面(82°W)，●表示夏季从北冰洋靠近 Murmansk 到黑海的 Odessa 的断面(大约 32°E)。1. 黑麦；2. 小麦；3. 大麦；4. 燕麦；5. 玉米；6. 高粱；7. 稻(引自 Bennett 1987)

Fig. 8-10　The relationship between DNA amount per diploid genome and the northern limits of cultivation of several cereal grain species. Key to points: ○for a transect from Hudson Bay to Key West in Florida(approx. 82°W) in winter; ●for a transect from near Murmansk by the Arctic Ocean to Odessa by the Black Sea (approx. 32°E) in summer. 1. *Secale cereale*; 2. *Triticum aestivum*; 3. *Hordeum vulgare*; 4. *Avena sativa*; 5. *Zea mays*; 6. *Sorghum* spp.; 7. *Oryza sativa* (cited from Bennett 1987)

三、基因变率——真核生物之间自发突变率相似，而诱发突变率完全不同

物种是在遗传与变异的过程中存在与发展的，而基因的突变是自然界物种变异乃至新物种形成的重要驱动力。

1. 基因并不是一成不变的——既可以自发突变也可以诱发突变

突变是指细胞中的遗传基因（一般指 DNA 或 RNA 中，还包括线粒体和叶绿体中的）发生的改变，包括单个碱基改变所引起的点突变，或多个碱基的缺失、重复和插入等引起的突变。导致突变的动力可能是自发的（spontaneous），如细胞分裂时遗传基因的复制发生错误；或诱发的（induced），如源自非生物的因素——化学物质、辐射等或其他侵入性生物——如病毒）等。自发突变和诱发突变在对基因结构的改变上并没有本质的差别，只是诱变剂提高了基因的突变率而已。

早在 DNA 的双螺旋结构被揭示之前，一些科学家就用实验的手段证实了基因突变（自发的或诱发的）的存在：Morgan（1910）首先在果蝇中发现了基因突变，他在许多红眼的野生型果蝇中偶然发现了一只白眼雄性果蝇，并通过杂交试验证明是一个性连锁基因的突变；Muller（1927）和 Stadler（1928）分别用 X 射线等在果蝇、玉米中最先诱发了突变；Luria 和 Delbrück（1943）最早在大肠杆菌中证明对噬菌体抗性的出现是基因突变的结果；Auerbach（1947）首次使用化学诱变剂——氮芥诱发了果蝇的突变。

突变既可以发生在体细胞（somatic cell），也可以发生在生殖细胞（germ cell）（也称为性细胞或配子），前者不会传递到下一代，而后者是可遗传的，是遗传多样性和进化的基础。

突变类型可以从不同的角度来进行划分，如诱因（自发突变和诱发突变）、染色体结构（缺失、重复、倒位和易位等）、基因功能（失去功能的突变、次形态突变、超形态突变和获得功能的突变等）、基因结构（点突变、沉默突变、错义突变、移码突变和无义突变等）等。

2. 自发突变率——病毒最高，其他类群却惊人地相似

自发的基因突变在自然界的所有生物类群中都普遍存在，但速率一般很低，不仅不同物种之间可能存在差异，而且同一物种的不同基因之间也可能存在差异（Klug et al. 2012）。

（1）基于表型变化的基因座突变率——病毒和细菌最低

基因突变率的准确估计其实相当困难，但常常可根据表型变化来估算基因

座的突变率。所谓基因座指基因在染色体上所占的位置,一个基因座可以是一个基因、一个基因的一部分或具有某种调控作用的 DNA 序列。

例如,针对控制小鼠皮毛颜色这样的单个基因座,已经知道其能明显地影响表型,突变率就是简单地用子代中异常的皮毛颜色除以被检查的子代的总数。但一个可能的偏差就是只有那些能导致皮毛颜色改变的突变才被包括进来,不是所有的突变都反映在皮毛颜色上,因此,所观察到的表型变化的频率不一定等同于基因座的突变率(Hamilto 2009)。

表 8-1 为根据表型变化估算的基因座的突变率。可以看出,病毒和细菌的突变率平均约为 10^{-8}(每个复制或分裂),而玉米、果蝇和人的生殖细胞的突变率要高 2~3 个数量级(10^{-6}~10^{-5}),有些小鼠基因则更高(10^{-5}~10^{-4})。

当然,这里突变率的单位对噬菌体为每个基因复制,对大肠杆菌为每个细胞分裂,而对玉米、黑腹果蝇、小鼠、人则为每个世代的每个配子。需要指出的是,高等动植物的世代时间比病毒和细菌要长得多。

表 8-1 不同生物基因座的自发突变率

Table 8-1 Spontaneous mutation rates at various loci in different organisms

生物 Organism	特性 Character	基因座 Locus	速率 Rate*
噬菌体 T2 Bacteriophage T2	溶菌抑制	$r \rightarrow r^+$	1×10^{-8}
	宿主范围	$h^+ \rightarrow h$	4×10^{-9}
大肠杆菌 Escherichia coli	乳酸发酵	$lac^- \rightarrow lac^+$	2×10^{-7}
	对链霉素敏感性	$shr\text{-}d \rightarrow str\text{-}s$	1×10^{-8}
玉米 Zea mays	瘪粒	$sh^+ \rightarrow sh^-$	1×10^{-6}
	紫皮	$pr^+ \rightarrow pr^-$	1×10^{-5}
黑腹果蝇 Drosophila melanogaster	体黄色	$y^+ \rightarrow y$	1.2×10^{-6}
	眼白色	$w^+ \rightarrow w$	4×10^{-5}
小鼠 Mus musculus	花毛	$s^+ \rightarrow s$	3×10^{-5}
	棕毛	$b+ \rightarrow b$	8.5×10^{-4}
人 Homo sapiens	血友病	$h^+ \rightarrow h$	2×10^{-5}
	亨廷顿舞蹈病	$Hu^+ \rightarrow Hu$	5×10^{-6}

注:速率为每个基因复制(噬菌体)、每个细胞分裂(大肠杆菌)或每个世代的每个配子(玉米、黑腹果蝇、小鼠、人)

* Rates are expressed per gene replication (T2), per cell division (E. coli), or per gamete per generation (Zea mays, Drosophila melanogaster, Mus musculus, and Homo sapiens)

资料来源:引自 Klug et al. (2012)(cited from Klug et al. 2012)

(2)单位碱基对每次复制的突变率——病毒最高,其他类群相似

因为不同生物类群基因组大小差异很大,世代时间也差异很大。因此,如

果能以每个碱基每次复制为单位对突变率进行比较,才有可能比较不同生物类群之间突变潜力的差异。

以基因组和碱基对每次分裂或每个(有性)世代统计的突变率显然有明显的差异:以每个基因组为单位,哺乳动物的突变率最高(0.16~0.49)、无脊椎动物次之(0.018~0.058)、微生物最低(0.0025~0.0046),但是基因组差异巨大。若以每个碱基对为单位,噬菌体的突变率变最高($7.7×10^{-8}$~$7.2×10^{-7}$),其他生物则要低2~3个数量级,虽然十分接近($7.2×10^{-11}$~$1.8×10^{-10}$)(表8-2)。此外,每次分裂每个碱基 RNA 病毒的突变率高达 10^{-5}~10^{-3}(Drake et al. 1998)。因此,以每对碱基每次复制的突变率来比较,除了病毒的突变潜力最大外,其他生物类群却惊人的类似。

表 8-2　一些生物的单位基因组和单位碱基对的自发突变率
Table 8-2　Rates of spontaneous mutation expressed per genome and per base pair for a range of organisms

有机体 Organism	每次复制的突变率 Mutation rate per replication	
	每个基因组 Per genome	每对碱基 Per base pair
基于 DNA 的微生物 DNA-based microbes		
噬菌体 M13 Bacteriophage M13	0.0046	$7.2×10^{-7}$
噬菌体 λ Bacteriophage λ	0.0036	$7.7×10^{-8}$
噬菌体 T2 和 T4 Bacteriophages T2 and T4	0.0040	$2.4×10^{-8}$
大肠杆菌 Escherichia coli	0.0025	$5.4×10^{-10}$
粗糙脉孢菌 Neurospora crassa	0.0030	$7.2×10^{-11}$
酿酒酵母 Saccharomyces cerevisiae	0.0027	$2.2×10^{-10}$
多细胞真核生物 Multicellular eukaryotes		
秀丽隐杆线虫 Caenorhabditis elegans	0.018	$2.3×10^{-10}$
果蝇 Drosophila	0.058	$3.4×10^{-10}$
人 Human	0.49	$1.8×10^{-10}$
小鼠 Mouse	0.16	$5.0×10^{-10}$

资料来源:引自 Drake 等(1998)、Hamilto(2009)(cited from Drake et al. 1998, Hamilto 2009)

当然,不同的研究对同样的生物类群的结果也会出现一些差异,例如 Nachman 和 Crowell(2000)根据人和黑猩猩之间假基因分歧估算的值达到 $2.5×10^{-8}$,明显高于表8-2人的值。最近,根据人类全基因组测序估算的每个单倍体基因组的每个位点上(per position per haploid genome)的突变率约为 $1.1×10^{-8}$(Roach et al. 2010)。

表8-3比较了单个核苷酸位点每次细胞分裂的突变率,除了人的生殖细胞系略低以外,小鼠、黑腹果蝇、秀丽隐杆线虫、拟南芥的生殖细胞系的突变率均在

一个数量级，而且与酵母和大肠杆菌也在同一个数量级。

表 8-3　各种生物组织中每个核苷酸位点每次细胞分裂的突变速率（$\times 10^{-9}$）
Table 8-3　Mutation rates per nucleotide site per cell division ($\times 10^{-9}$) in different tissues

物种 Species	组织 Tissue	突变速率 Mutation rate
智人 Homo sapiens	生殖细胞系 Germline	0.06
	视网膜 Retina	0.99
	肠上皮细胞 Intestinal epithelium	0.27
	成纤维细胞（培养）Fibroblast (culture)	1.34
	淋巴细胞（培养）Lymphocytes (culture)	1.47
小鼠 Mus musculus	雄性生殖细胞系 Male germline	0.97
黑腹果蝇 Drosophila melanogaster	生殖细胞系 Germline	0.13
秀丽隐杆线虫 Caenorhabditis elegans	生殖细胞系 Germline	0.62
拟南芥 Arabidopsis thaliana	生殖细胞系 Germline	0.16
酿酒酵母 Saccharomyces cerevisiae		0.33
大肠杆菌 Escherichia coli		0.26

资料来源：引自 Lynch (2010)（cited from Lynch 2010）

看来，不得不认为，除了病毒外，其他生物类群的自发突变率惊人的相似，无论这是由于一种什么样的驱动机制。

3. 诱发突变——基因组越大，对辐射的耐性越差

辐射是引起基因突变的重要物理因素，它可以发生于自然界，也可以在人为控制条件下实现。辐射甚至是农业科学家用来育种的一种重要手段。在地球上臭氧层形成之前，辐射被认为是阻止生命登陆的重要限制因子。

一些学者研究了基因组大小与辐射引起的基因突变率或对辐射的耐受性之间的关系。Abrahamson 等（1973）报道，各种生物（酵母、脉孢菌、果蝇、小鼠、番茄和大麦）的单倍体基因组的 DNA 含量与单位辐射剂量（拉德）每个基因座的正向突变率之间存在显著的正相关，在对数刻度上，两者呈显著的直线关系（图 8-11A）。Sparrow 和 Miksche（1961）发现，植物细胞核的体积越大（因此 DNA 含量也越高），机体对辐射越敏感，在对数刻度上，两者也呈现很好的（负）直线关系（图 8-11B）。

这表明，如果地球遭受突然的辐射袭击（无论何种原因），基因组大的复杂动植物可能最先遭受灭亡的厄运。

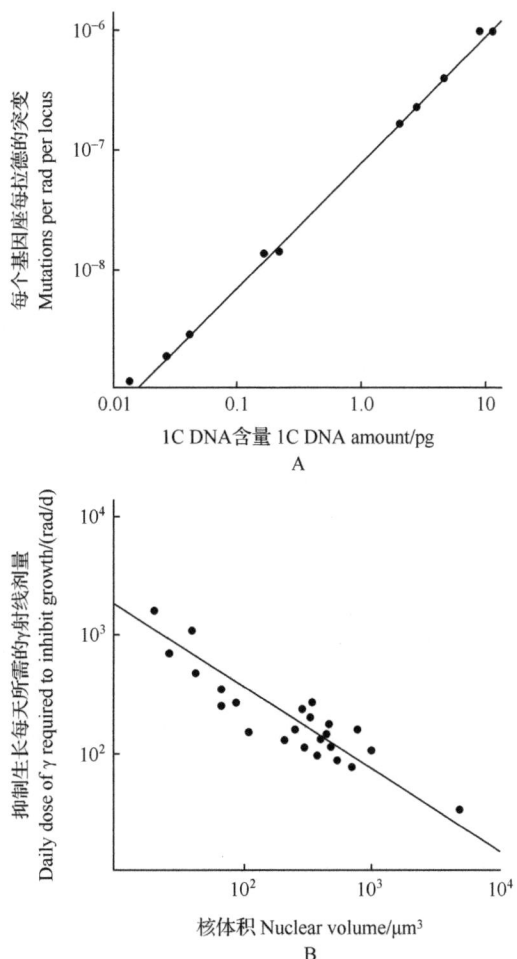

图 8-11　A. 每个基因座每拉德（辐射剂量）的正向突变率和 1C DNA 含量的关系；
　　　　B. 23 种植物的细胞核体积与辐射敏感性之间的关系（Gregory 2005）

Fig. 8-11　A. Relationship between forward mutation rate per locus per rad and the 1C DNA amount; B. The relationship between nuclear volume and radiosensitivity in 23 species of plants (Gregory 2005)

四、基因组的历史演化——从原核生物的集中创造到真核生物的重复扩展

如果生命的演化及遗传物种具有传承性，那么在现代生物的基因组中，一定会隐藏着古代生物地球化学事件留下的印记。从整个生命界来看，地球的演化见证了物种（无论是动物还是植物）的新陈代谢，也见证了操控生命的基因的新陈代谢。

1. "太古代大爆发"——为构建能量模式的集中式基因创造

David 和 Alm(2011)建立了一个重构古基因组的新算法，考虑了横向基因转移的混淆效应以及系统发生上的不确定性，通过对现代生物的约 10 万个基因序列的分析，分析了地球历史上重大事件的遗传印记，包括开始于距今 25 亿多年前的氧含量的逐渐升高，以及发生在太古代的虽然短暂但却巨大的遗传多样性增加。

在太古代出现了一个短时期的遗传革新，与细菌的快速分化同步，诞生了 27% 的现代基因家族。基因功能的分析表明，在这一"太古代大爆发"中，新生的基因主要与电子传递及呼吸通路有关，"太古代大爆发"之后出现的基因显示与不断增加的分子氧、对氧化敏感的过渡金属及其化合物的利用有关，这与生物圈日益增加的氧化一致(David and Alm 2011)。

基因的新陈代谢包括基因新生、基因重复、基因丢失及基因水平转移(HGT)等，基因历史变化的标志性事件：①距今 33.3 亿~28.5 亿年基因家族出现爆发诞生(称之为"太古代大爆发")；②距今大约 31.0 亿年前的基因丢失高峰，可能表明祖先基因组在对新的环境特化中其新进化出的基因的一种稳固化过程；③距今 28.5 亿年前开始，基因丢失速率和基因转移速率大致稳定在现在的水平；④在"太古代大爆发"后，新基因家族诞生速率下降，而基因重复逐渐增加(图 8-12)。

现代几乎缺乏新基因家族的诞生可能反映了这样一个事实，即在该研究中没有考虑孤独基因家族(仅分布于单一基因组的基因家族)，而这在所有的原核生物类群分布广泛。在现代基因组中，过多的基因重复和孤独基因表明两种来源的独特基因周转很快。虽然没有观察到"太古代大爆发"后水平基因转移速率的变化，但却在从 a-紫细菌到古老的真核生物及从蓝细菌到植物中检测到 HGT 的过表达，HGT 的这种模式可能反映了形成线粒体和叶绿体的内共生现象(David and Alm 2011)。

2. 基因组的功能演化——从生命的构建到能量积蓄再到适应生物圈氧化

在"太古代大爆发"之前，与核苷酸相关酶的基因发生了强烈富集，而在"太古代大爆发"期间，基因的富集主要与微生物的呼吸和电子转移能力的扩展相关，这主要是为了建立更有效的能量保存通路以增加生物圈中可用的总自由能量(图 8-13)。毫无疑问，能量是支撑后来日益复杂的生态系统，以及伴随而来的物种和遗传多样性扩张的重要基础。

氧利用基因的富集出现在"太古代大爆发"末期(图 8-13)，因此被确认为"太古代大爆炸"一部分最早的氧化还原相关基因可能曾被用于厌氧呼吸，或者产氧光合作用或不产氧光合作用，可能是后来才被用于耗氧呼吸通路的。代谢分

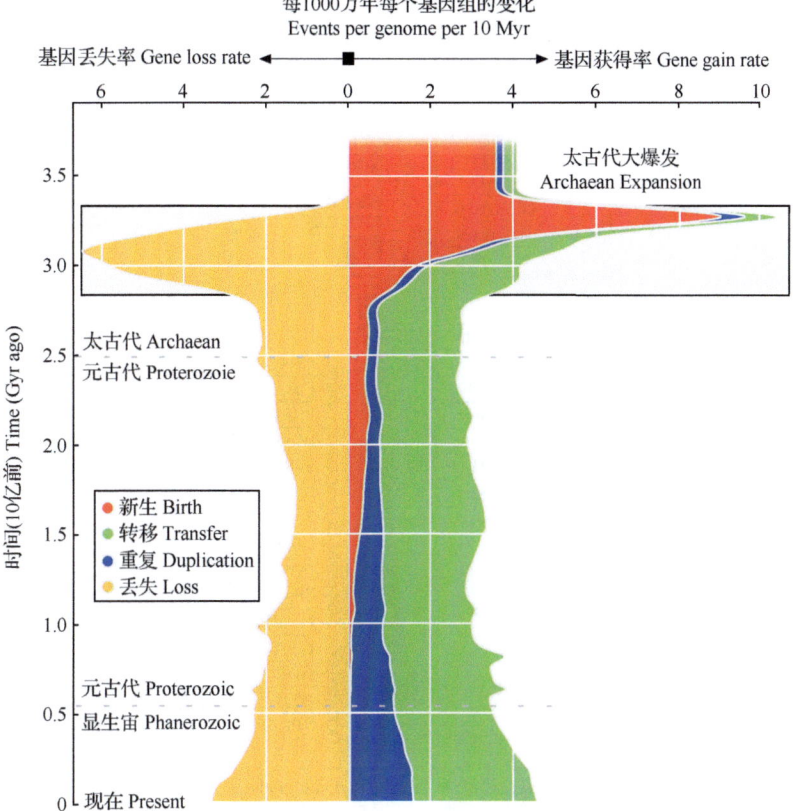

图 8-12 历史时期宏进化事件的速率。图示每个世系的基因新生（红色）、基因复制（蓝色）、基因的水平转移（绿色）和基因丢失的平均速率（每个世系每1000万年发生的事件）。基因数增加的事件显示在图右边，基因丢失事件显示在图左边。已经存在于终极（现存所有生物）的共同祖先中的基因没有包括在基因新生速率的分析中，因为这些基因形成的时间还无从知晓（引自 David and Alm 2011）

Fig. 8-12 Rates of macroevolutionary events over time. Average rates of gene birth (red), duplication (blue), HGT (green), and loss (yellow) per lineage (events per 10Myr per lineage) are shown. Events that increase gene count are plotted to the right, and gene loss events are shown to the left. Genes already present at the Last Universal Common Ancestor are not included in the analysis of birth rates because the time over which those genes formed is not known (cited from David and Alm 2011)

析也支持"太古代大爆发"后生物圈不断氧化的观点，因为从"太古代大爆发"至今，利用氧的蛋白质的比例一直不断增加（David and Alm 2011）。

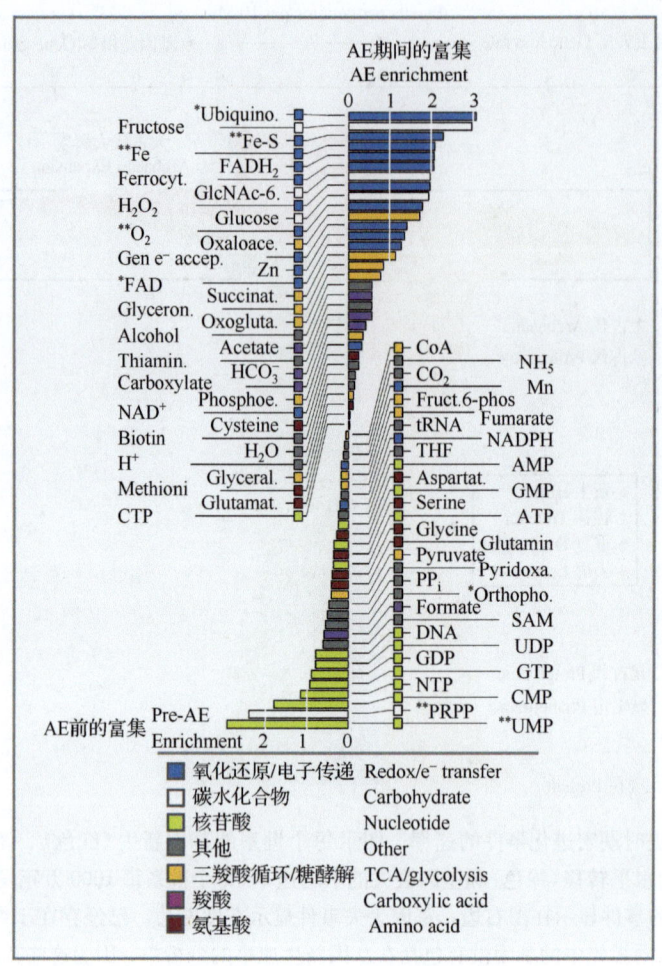

图 8-13 在"太古代大爆炸"期间利用各种或各类代谢物的新生基因家族的数量与大爆炸前诞生的基因数量的比较,刻度为 $\log_2$。代谢物在小于 10% 或 5% 的错误发现率下的显著富集分别用 1 个或 2 个星号表示(Fisher 精确检验)。有颜色的方柱代表不同的功能或化合物类型(引自 David and Alm 2011)

Fig. 8-13 The metabolites or classes of metabolites ordered according to the number of gene families that use them that were born during the Archaean Expansion compared with the number born before the expansion, plotted on a log2 scale. Metabolites whose enrichments are statistically significant at a false discovery rate of less than 10% or less than 5% (Fisher's ExactTest) are identified with one or two asterisks, respectively. Bars are coloured by functional annotation or compound type (cited from David and Alm 2011)

3. 真核生物基因组的进化速率——指数增加

从图 8-1 可以看出，不同物种之间基因组大小可相差数十万倍。为什么会有如此大的差异，甚至在同一生物类群（如原生动物）？而且，基因组大小与进化地位又没有很好的对应关系。如何来探讨基因组的进化速率？Oliver 等（2007）研究了基因组进化速率与直系祖先基因组大小之间的关系。他们估算了 20 个传统上被认可的真核生物类群（包括 168 个物种）的基因组大小的进化速率，运用随机进化（brownian evolution）概念和系统发育衬值方法（phylogenetic contrast method）研究了基因组大小进化的模式。

一般来说，基因组的进化速率取决于 DNA 的插入和缺失（简称 indel），因此，基因组大小的进化速率取决于 indel 的速率以及随后种群的固定。虽然 indel 产生的机制多种多样，但是对 DNA 总量的影响可能与其初始基因组大小有关（如多倍化导致 DNA 的增加就与单倍体的基因组大小成比例），因此，有理由相信具有较大基因组的世系具有更快的基因组进化速率（Oliver et al. 2007）。

所谓系统发育衬值方法是指运用局部最大似然估算（local maximum likelihood estimation），即根据顶端的表型特征（基因组大小）来估算在一个系统树（基于 18S rDNA 序列）中每个节点的特征值大小。而衬值是指每个节点的对向支之间基因组大小的数量差异，并根据对向支长度估算的进化距离进行标准化。这一标准化衬值的绝对值（absolute value of standardized contrast）是对基因组大小潜在进化速率的一种估算（基于一个共同祖先的分支），或分化速率的绝对量值。

Oliver 等（2007）首先进行了每个节点的基因组的最大似然估算以及在每个节点通过 18S rDNA 树和通过 31-直系同源树所得的衬值的比较，然后将 18S rDNA 树区分为 20 个传统上被认可的分类亚树，确定每个亚树（代表类群）的基因组大小的中值和衬值中值。依据两种树的估算都表明，随着基因组大小的增加，基因组大小的进化速率也增加（图 8-14）。此外，在 20 个真核生物类群的绝对衬值的中值和基因组大小的中值之间也存在清晰的正相关，呈现了类似的进化趋势（图 8-15）。

因此，真核生物基因组大小的进化速率与基因组本身的大小成正比，即最大的基因组具有最快的进化速率，因为这种趋势在 20 个主要的真核生物进化支中十分明显，因此，这种加速进化是真核生物基因组进化的优势与普遍模式。此外，这与真核生物物种的加速分化趋势一致。

当然，这里的结果只依据 168 个真核生物的物种得出，而它们仅为现存真核生物的万分之一。这种基因组的进化模式即便适合多数真核生物，但也不可能是普遍真理，因为还有成千上万的物种在生命演化的历程中出现明显的（结构）退化现象，退化过程中基因组是怎样的一种变化模式？难道它们只是作为垃圾基因保留所有这些控制退化了的结构或功能的基因？不否认存在这种可能，但似乎

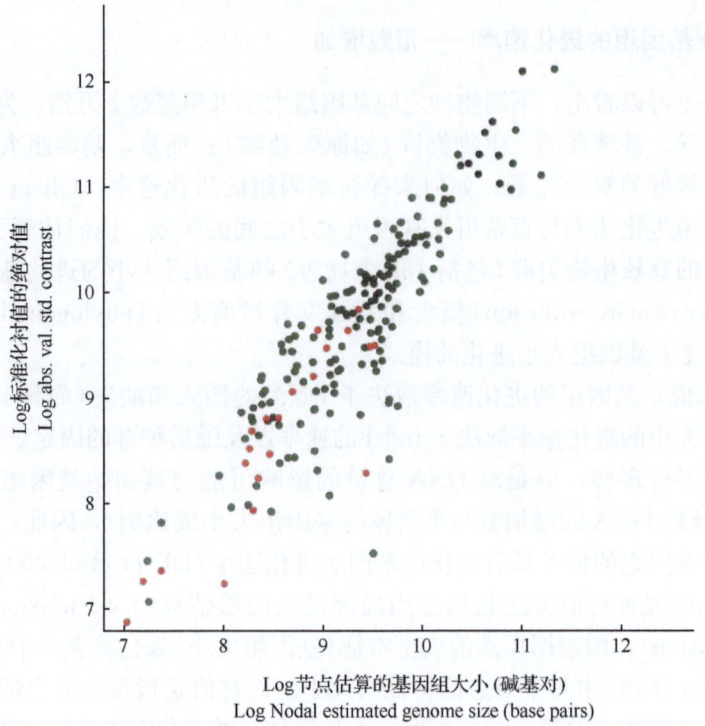

图 8-14 节点估算的基因组大小与根据每个节点的 18S rDNA 树（黑点）和 31-直系同源树计算的衬值（红点）之间的关系（引自 Oliver et al. 2007）

Fig. 8-14 Relationships between the nodal estimated genome size and the calculated contrasts at each node from the 18S rDNA tree (black dots) and the 31-ortholog tree (red dots) (cited from Oliver et al. 2007)

不会普遍。例如，有报道称一类寄生真核生物——Microsporidia 的基因组就减少了（Keeling and Fast 2002）。

4. 基因和物种的新陈代谢——完全不同的轨迹和模式

不同的生命大爆炸——基因的大爆炸出现于太古代（距今 33 亿～28 亿年），而物种的大爆炸出现于寒武纪（距今 5 亿年），详见第十三章。

在太古代的基因大爆炸期间，创造出了 27% 的现代基因家族。在寒武纪的物种大爆炸期间，地球上突然涌现出各种各样的动物门类，空前繁荣。

出乎意料的是，基因的新陈代谢与物种的新陈代谢呈现出了完全不同的轨迹。很显然，在地球上生命诞生的最初几亿年，原核生物完成了迄今为止几乎所有生命都不可或缺的若干核心生命功能（如遗传、能量利用、氧化还原等）相关的基因的创造。之后，基因的新生逐渐衰退，基因的重复（可能随着多细胞真核生物的繁荣）日益增加。毋庸置疑，原核生命创造并给予了真核生命生存的遗传

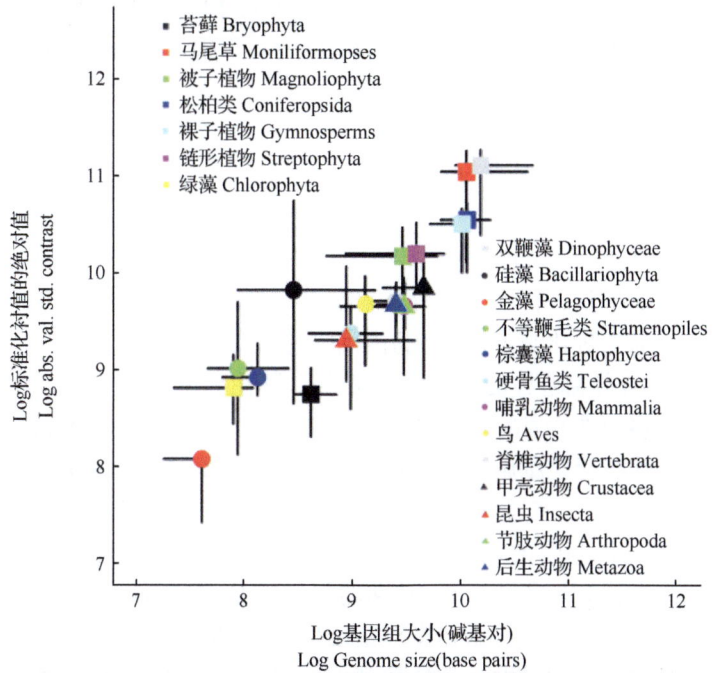

图 8-15 20个真核生物类群的绝对衬值的中值和基因组大小的中值（根据 18S rDNA 树）的分布。条线表示 bootstrap 法 95% 的信置区间（引自 Oliver et al. 2007）

Fig. 8-15 Distribution of the median absolute contrast and the median genome size of the 20 taxonomic groups from the 18S rDNA tree. Bars represent bootstrapped 95% confidence intervals (cited from Oliver et al. 2007)

基础，像叶绿体、线粒体等不就是从原核生物"借"来的吗？

显然，寒武纪以来真核生物的繁荣并不是建立在新基因家族的创新之上，而更像是以原核生物创造出来的关键基因为基础，加上一些修修补补，像"积木"游戏一般拼装出了五颜六色、奇形怪状的各式各样的新物种。这种通过基因拼接式来创造新物种的方式可能是有性生殖（特别是减数分裂）的必然产物。

令人惊讶不已的是，生命的宏基因组（这里指所有物种基因的总和）对寒武纪以来的数次物种的大爆发或大灭绝几乎没有明显响应，这难道是在昭示生命的宏基因库对现今的地球环境波动（包括灾变）具有强大的缓冲能力？

笔者十分欣赏巴兰金（1988）的感叹："我们被由分子串编成的 DNA 螺旋体所迷惑。微观世界在我们的眼睛里占据了整个视野，在照片和图表上变成了一大堆骇人听闻的巨型离子、电子气泡和晶体栅格。它用自己的各种难题束缚了我们的思想，遮住了我们用肉眼就能看到的普遍世界，甚至遮住了我们的研究和想像能够理解的更加宽广的各个世界，遮住了存在着地质图、太阳、生物圈和生命物质的那些世界"。从本章开始，笔者正是要将基因（DNA）代表的微观世界通过生命的生殖与生存这条核心的灵魂主线与包括生物圈在内的宏观世界在时空尺度、格局、过程等方面进行理性而逻辑的对接与融合，以揭示生命世界最为重要的特质——"性"的起源、发展与进化的本质。

五、结　语

基因匿藏了生命无限的奥妙与神秘，它是一切生命的核心与灵魂，指挥与操控着一切生命的生长、行为、发育与繁衍等，也是生命区别于一切非生命世界的本质所在。生命的进化必定构筑在基因组进化的基础之上。

基因组进化的宏观趋势是从简单到复杂，其在继承与发展的同时，从朴素简洁变得有些奢侈浪费（存在大量"垃圾"DNA）。基因组大型化和复杂化的结果导致细胞大型化、延长细胞分裂周期与生命周期。真核生物之间自发突变率大致相似，而基因组越大，对辐射的耐性越差。

令人震惊的是，基因的创造与物种的创造演绎了完全不同的轨迹或模式，原核生命通过太古代（30多亿年前）时期的集中式基因创新，逐步完成了生命构建、能量利用及适应氧化等一系列支撑基础生命活动的基因家族，才迎来了5亿多年前真核生物物种的大爆发，而现代基因组中出现了过多的基因重复和孤独基因。基因组的演化也与真核生物通过有性生殖进行基因重组、堆积与修补创新的进化模式相吻合。

第九章 从存在到演化——生物生殖概观

从生物地球化学的角度来看，物质循环和能量流动驱动着生态系统的运转，而从纯生命科学的角度来看，生殖承担着地球生命系统（物种、群落、生态系统）的制造与演化推手的角色。生殖说来简单，因为数百万种生物的生殖可归结为两类——无性生殖（asexual reproduction）和有性生殖（sexual reproduction），而这两种生殖几乎分别就是由两种细胞分裂方式——有丝分裂（mitosis）和减数分裂（meiosis）来操作的（当然，原核生物的分裂方式比有丝分裂更为简单）。这两种生殖方式又与生物界的两大类群息息相关——原核生物只能进行无性生殖，而真核生物既能进行无性生殖又能进行有性生殖。因为原核生物的物种稀少，因此，人们自然就会相信，真核生物的有性生殖可能加速了物种分化。

地球上的生命从无到有、从一种到数百万种、从简单到复杂（还有从复杂到简单）均离不开生殖这一所有生命区别于非生命的最本质的特征。生态学离不开生殖，分类学如此，遗传学如此，进化生物学更是如此。有性生殖是如何演化而来这一看似十分简单的问题已经困扰生命科学一个多世纪，迄今仍然是未解之谜。本章将为之后章节对这一难题的解析做一些铺垫，素描主要生物类群的以生殖为核心的生活史特征，以便更好地领悟生物界生殖的存在模式及可能的演化路径。

一、单细胞生物——无性统治的世界，偶尔通过有性来抵御不良环境

单细胞生物涉及的门类十分广泛，如细菌、一些真菌、一些藻类等，但似乎可以将它们归类在一起讨论。单细胞的原生动物将被放入动物中进行讨论。

1. 原核生物细菌的生活史——只有无性生殖

细菌为一类原核微生物，是在自然界分布最广、个体数量最多的有机体。细菌的形状细短，结构简单，直径一般为 $0.5\sim5\ \mu m$。细菌包括真细菌（eubacteria）和古生菌（archaea）两大类群。细菌按生活方式可分为自养细菌（包括化能自养和光能自养）和异养细菌（包括腐生和寄生），光能自养细菌进一步可分为进行不产氧光合作用的光合细菌和产氧光合作用的蓝细菌，蓝细菌也被归为低等植物。细菌是主要的分解者，也是重要的生产者和寄生者。

细菌的繁殖方式简单，除个别细菌，如结核杆菌偶有分枝繁殖的方式外绝

大多数以二分裂法进行无性繁殖（图 9-1、图 9-2）。一个原核细胞含有一根环状染色体，附着在质膜上，细胞分裂时，染色体进行复制，随着质膜的生长，两个染色体分离，细胞最后分离，每个子细胞含有与母细胞一样的染色体（图 9-3）。细菌没有典型的有性生殖，因此，它们的生活史最为简单。

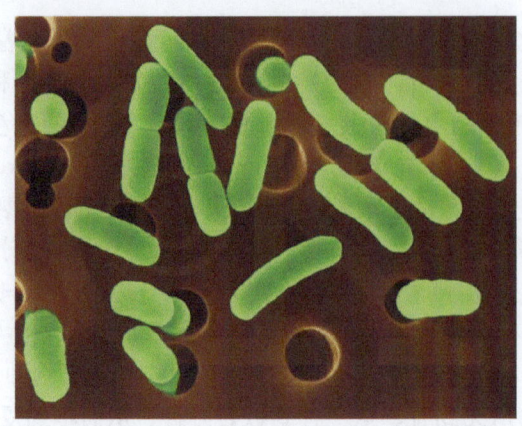

图 9-1　正在进行二分裂的大肠杆菌细胞（© ibioo. Com）
Fig. 9-1　*E. coli* cells undergoing binary fission（© ibioo. Com）

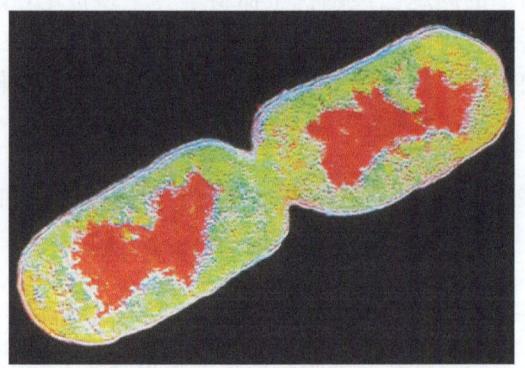

图 9-2　正在进行细胞分裂的色彩增强的大肠杆菌的电子显微照片，特别明显的两个染色区域（显示为红色），称为类核，它已被分配到两个子代细胞中（引自 Klug et al. 2012）
Fig. 9-2　Color-enhanced electron micrograph of *E. coli* undergoing cell division. Particularly prominent are the two chromosomal areas（shown in red）, called nucleoids, that have been partitioned into the daughter cells（cited from Klug et al. 2012）

当不良的环境来临时，很多细菌通过细胞特化来应对，即它们的营养细胞通过一系列的生理变化特化成芽胞、孢囊或厚壁孢子。这些芽胞、孢囊或厚壁孢子在条件适宜时，可直接发育成新的营养细胞，直到不良的环境条件再次降临。

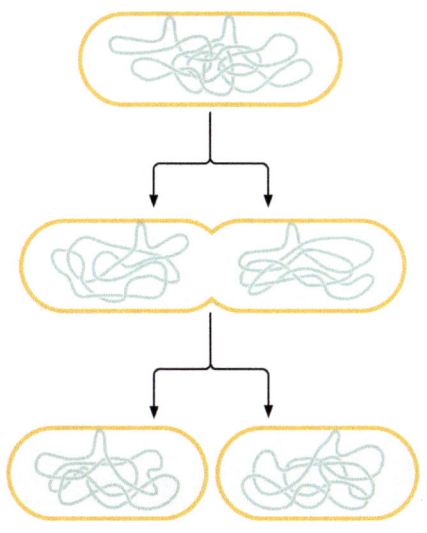

图 9-3　原核细胞通过简单分裂进行繁殖(Pierce 2005)
Fig. 9-3　Prokaryotic cells reproduce by simple division(Pierce 2005)

2. 真核生物酵母的生活史——出现产生子囊孢子的有性生殖

酵母是一类单细胞真菌,广泛生长在营养丰富且潮湿的环境中,目前已知有 1000 多种酵母。真菌是真核生物中的一大类群,分为酵母菌、霉菌和蘑菇三类,酵母菌和霉菌为微生物,蘑菇为大型真菌。酵母细胞明显比大多数细菌大,约为 $(2\sim5)\mu m\times(5\sim30)\mu m$。

与细菌相比,酵母的生殖方式开始复杂化,出现了两种生活形态——单倍体(只有一组染色体)和二倍体(有两组染色体),形成了无性生殖(芽殖、裂殖、芽裂)与有性生殖(子囊孢子)交替的生活史,而出芽繁殖是酵母菌无性繁殖的主要方式(图 9-4、图 9-5)。

酵母的单倍体和二倍体(并未明显特化)均能进行出芽生殖,在环境条件适合时,从母细胞上长出一个芽,逐渐长到成熟大小后与母体分离。当不利的环境条件来临时,二倍体细胞开始减数分裂,形成含孢子的子囊。当条件适宜时,这些子囊孢子再萌发生长成单倍体营养细胞,开始进行出芽生殖。不同交配型的单倍体细胞相遇又可进行细胞和核的融合,形成二倍体细胞。酵母通过有性生殖产生子囊孢子以渡过不良环境条件。

令人吃惊的是,很多酵母菌的二倍体细胞还可进行多代的营养生长繁殖(如出芽生殖),也许由于这些子囊孢子并未明显特化。酵母菌的单倍体和二倍体细胞均可以独立生活,但二倍体细胞较大且生命力较强。

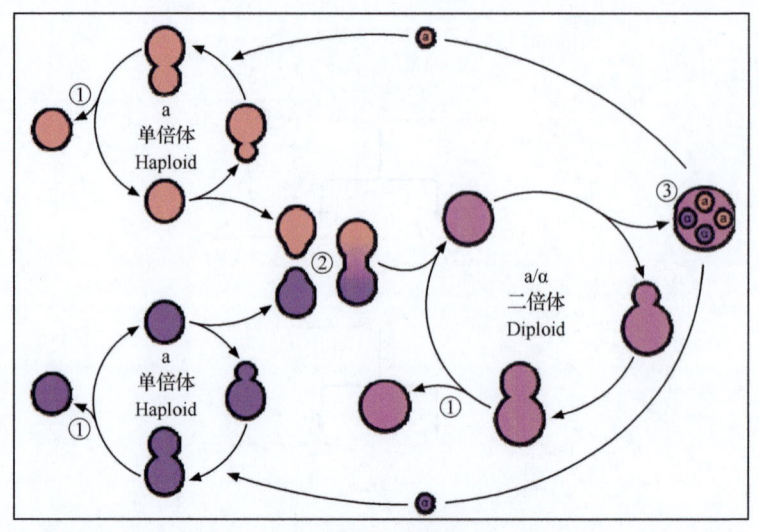

图 9-4　酵母菌的生活史。① 出芽生殖；② 细胞融合；③ 孢子（引自 Wikipedia）
Fig. 9-4　The yeast cell's life cycle：① budding，② conjugation，③ spore
（cited from Wikipedia）

3. 单细胞真核生物衣藻的生活史——出现产生厚壁孢子的有性生殖

低等植物的形态、结构和生活方式较简单，一般没有根、茎、叶的分化，整个植物体呈叶状或丝状，甚至一个植物体只由单个细胞形成，如衣藻就是这样一种单细胞低等植物。生活在海洋或淡水中的藻类是低等植物的主要类群。在低等植物中，属于原核生物的蓝藻（蓝细菌）的生活史最为简单，因其只能进行无性生殖。而很多真核藻类（如衣藻）则形成了无性生殖与有性生殖交替的生活史。

衣藻是一种具有鞭毛的单细胞绿藻。环境适宜时连续进行无性生殖，母细胞（单倍体的游动孢子）通过 1~4 次纵分裂（有丝分裂），形成 2 个、4 个、8 个或 16 个与母体一样的新个体，待母细胞壁破裂时被释放出来，各自成为 1 个游动孢子。当不利的环境条件来临时，衣藻开始有性生殖，母细胞经过 3~6 次分裂，产生 8 个、16 个、32 个或 64 个子细胞（配子），其形态结构与游动孢子相同，但略小。配子被释放出来之后，成对地进行融合，每对配子产生 1 个二倍体的合子，合子进一步特化为厚壁细胞而进入休眠。当条件适宜时，合子萌发，通过减数分裂，各产生 4 个单倍体的孢子，待合子壁破裂后被释放出来成为游动孢子（图 9-6）。

在衣藻的生活史中，单倍体占据绝对优势，只有合子是二倍体。这种有性生殖的产物——合子特化成在形态结构上（与单倍体的游动孢子）十分不同的厚壁孢子，而这种厚壁孢子具有能有效地抵御不良环境条件的能力。

如果不限于单细胞藻类，将整个真核藻类（包括多细胞藻类）一并考虑，根

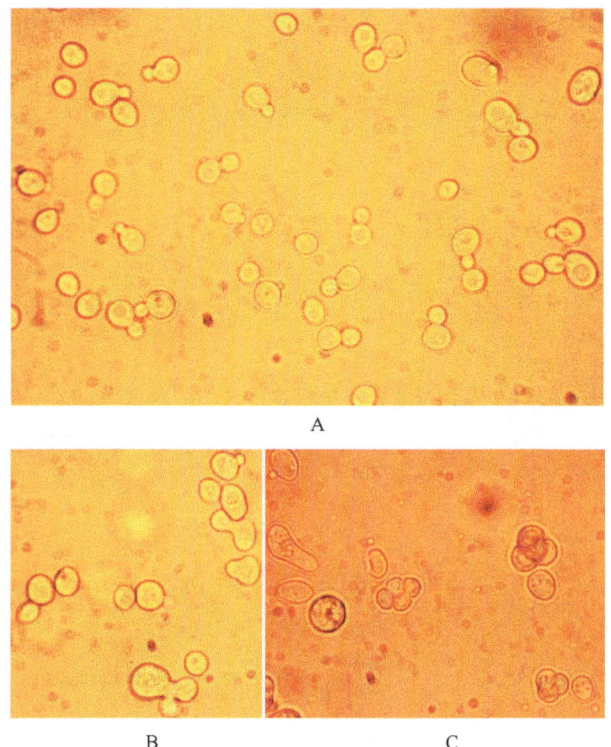

图 9-5 酵母繁殖。A. 出芽生殖的酵母细胞;B. 正在交配的酵母,显示在其生活史的这一阶段的形状特征;C. 酵母的子囊,正常情况下孢子在子囊中形成四面体的形状,但偶尔 4 个孢子也会在一个平面(来源:http://www.phys.ksu.edu/gene/photos/lc.html)

Fig. 9-5 Reproduction of yeast:A. Budding yeast cells; B. Yeast mating mixture showing the characteristic shapes of yeast cells in this step of the life cycle; C. Yeast asci, normally spores form a tetrahedral shape inside the ascus, but occasionally an ascus forms that has all four spores in one plane(sources:http://www.phys.ksu.edu/gene/photos/lc.html)

据倍型为基础的优势生活型可将真核藻类分为三类(郝水 1982)。①单倍体型。只有单倍体的配子世代进行生育,两性配子结合形成的合子,第一次分裂就是减数分裂,结果又变成单倍体,绿藻门的衣藻、水绵属于这一类型。②单双倍体交替型。单倍体、双倍体都能各自独立的生育,即配子体形成配子,配子结合形成的合子发芽后成为双倍体植物(孢子体),孢子体经减数分裂产生单倍的游动孢子,发育成配子体,褐藻门的海带属于这一类型。③双倍体型。双倍体植物经减数分裂形成单倍体的配子,配子立即结合形成二倍体,褐藻门的墨角藻属于这种类型,墨角藻是褐藻中最高级的 1 目。

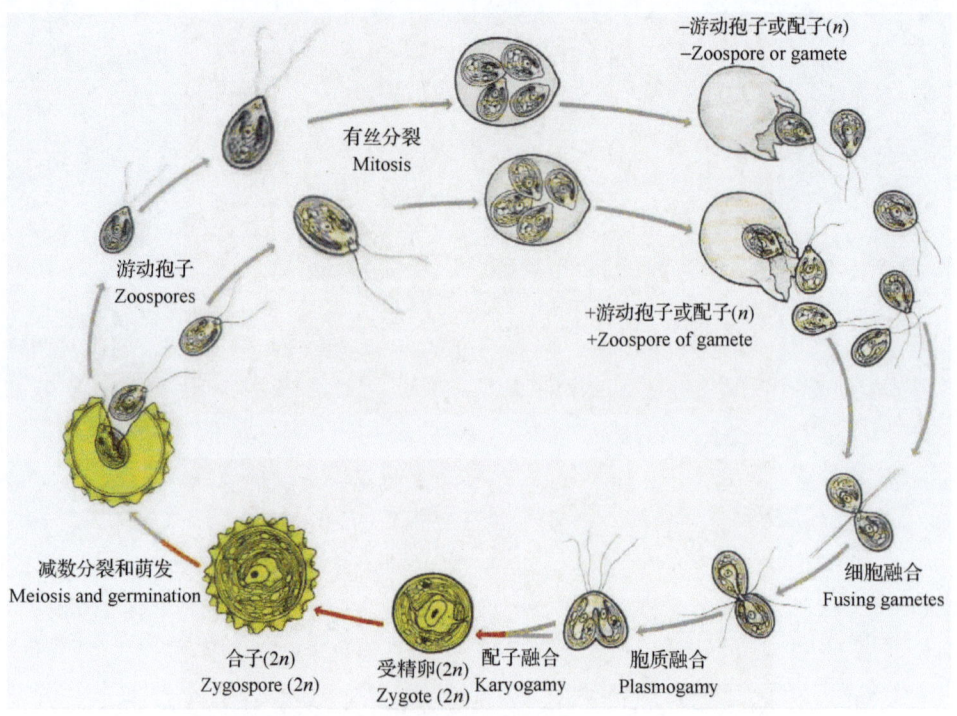

图 9-6 绿藻——衣藻的生活史（引自 Raven et al. 1992）
Fig. 9-6 Life cycle of a green alga, *Chlamydomonus* (cited from Raven et al. 1992)

二、高等植物——有性统治的世界，休眠体从孢子转变到种子

高等植物一般都有根、茎、叶的分化。与低等植物相比，高等植物在形态、结构和生活方式上都比较复杂。高等植物包括苔藓、蕨类、裸子植物和被子植物。所有能开花的植物都是高等植物。除少数水生的种类外，高等植物绝大多数都生活在陆地。

绝大多数高等植物由于其固着生长的特性，无法主动地去寻找配偶，如果没有其他帮助，是难以进行不同个体（植株）间的交配的。这一点与动物有着本质的不同。此外，与动物类群的划分完全不同，以生殖方式为核心的生活史特征成为高等植物类群划分的重要标志。

高等植物的繁殖方式包括有性生殖和无性生殖，后者可区分为营养繁殖（vegetative reproduction）和无融合生殖（apomixis）。高等植物均能进行有性生殖，在生活史中二倍体（孢子体）和单倍体（配子体）交替出现，一般雌配子大于雄配子。

1. 矮小的苔藓——受精卵开始在能起到保护作用的颈卵器中发育

苔藓在高等植物中是最原始的类群，生长在潮湿环境中。有些苔藓具有一种特殊的营养繁殖方式：叶子或枝条表面可以产生胞芽杯，它们可不经由受精过程产生新的植物，即胞芽成熟后从植物体上脱落，遇到适当条件便可长成新的配子体。

苔藓类在种群扩增方面，单倍体的孢子占据绝对优势，它们发育出一种称为"原丝体"的植物体，再分化出性器官（雌性同株或异株），精子和卵受精后产生双倍体的孢子体，在荚膜内经过较长时间的发育成熟后，通过减数分裂产生单倍体的孢子，孢子释放后（不经有性融合）又长出新的植物体，起到一种无性繁殖器官的作用（图 9-7）。

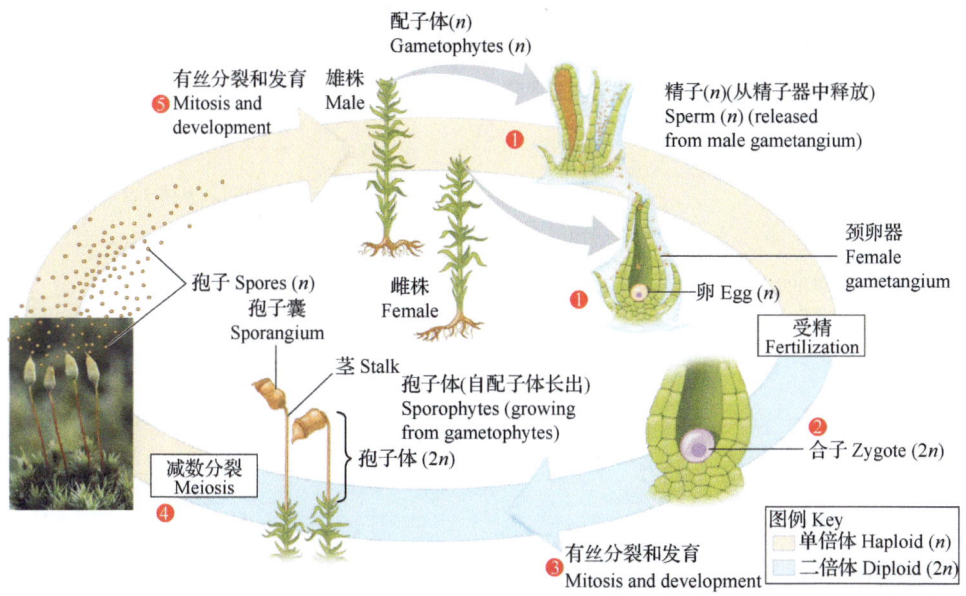

图 9-7　苔藓的生活史（引自 Reece et al. 2012）
Fig. 9-7　Life cycle of a moss (cited from Reece et al. 2012)

苔藓类生活史具有两个特点：①配子体较发达，孢子体寄生于配子体；②发育成新个体的是单倍体孢子。苔藓在有性生殖方面已经非常接近种子植物了，受精卵在能起到保护作用的颈卵器中发育，只是再需要通过减数分裂产生单倍体孢子，进行扩散，长出单倍体的植株。苔藓显示了一个减数分裂后并不立即受精的例子，在这种情况下，配子继续进行分裂，产生出全由单倍体细胞组成的个体。

与低等植物衣藻（只有当不良的环境条件来临时才通过有性融合产生厚壁孢子）相比，苔藓的有性生殖固化成了生活史中的一个环节，虽然无性生殖（通过单倍体孢子、胞芽发育成新个体）仍然占据优势。

苔藓能通过分泌酸性物质来风化岩石，因此能生活于裸露的石面、沙碛、荒漠、冻原等严酷的自然环境，苔藓死亡残体的堆积，可为其他高等植物的侵入创造条件。苔藓具有极强的适应性，分布的气候从热带到北极，附着的基质从潮湿的树皮到裸露的岩面。蓝藻、地衣和苔藓是植物界的主要拓荒者，是原生演替的先锋类群。

2. 植株明显大型化的蕨类——依然依赖于微小的孢子进行扩散

蕨类比苔藓更进化一些，虽然也偏好生长于阴湿环境中，亦有居住在高海拔的山区、干燥的沙漠岩地、水里或原野等地区的物种。地质历史上，蕨类繁盛于石炭纪，植株高大曾达 20~30 m。

蕨类生活史具有两个特点：①孢子体发达，配子体弱小，但是都能独立生活；②单倍体孢子（不经有性融合）发育成小的配子体（起到无性繁殖器官的作用），而受精卵发育成较大的孢子体。从苔藓到蕨类的进化特征是植物体从配子体占绝对优势转变到孢子体占绝对优势（图 9-8）。

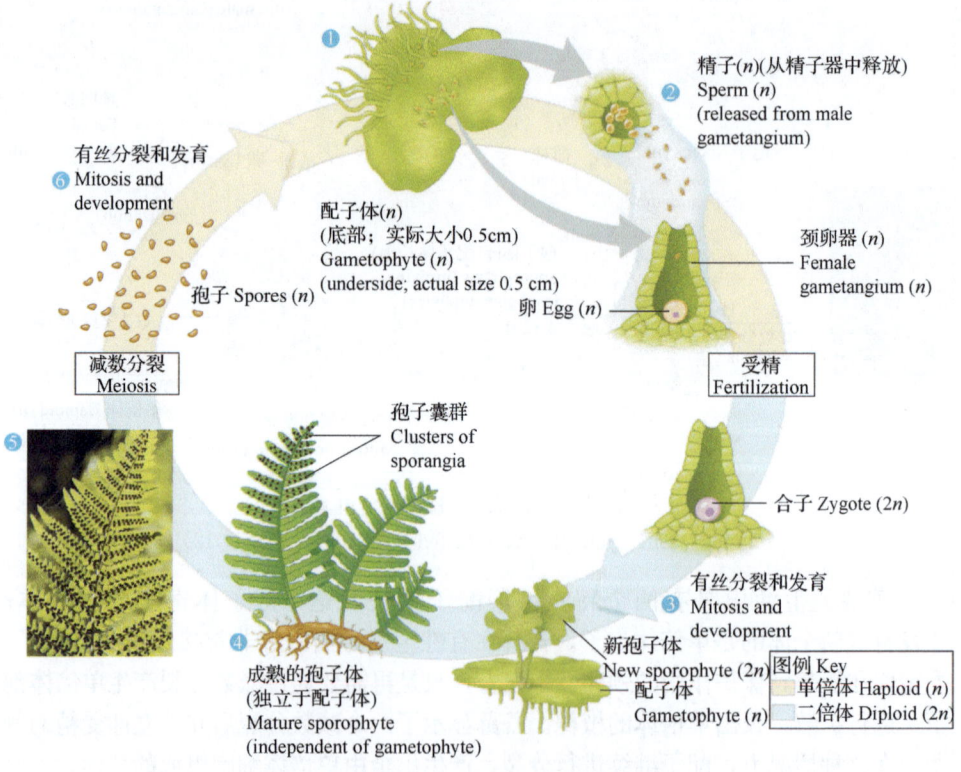

图 9-8 蕨类的生活史（引自 Reece et al. 2012）
Fig. 9-8 Life cycle of a fern (cited from Reece et al. 2012)

与苔藓一样，蕨类的受精卵也在能起到保护作用的颈卵器中发育，也主要是通过减数分裂产生单倍体孢子，进行扩散，长出单倍体的植株。

与苔藓相比，蕨类植物体已明显增大，受精卵从微小的孢子向更大型的种子的演化似乎是一种必然，有性生殖也是固化在生活史中的一个更为重要的环节，因为二倍体的孢子体在生活史中的作用似乎变得更为重要。

3. 脱离了水限制的种子植物——休眠与抗逆性大大提升

种子植物也称为高等维管植物，包括裸子植物和被子植物，它们进化出了开花、传粉、受精和种子形成等特有的生活史（图9-9、图9-10）。为了实现两性配子的融合（受精），成熟的花粉从雄蕊花药或小孢子囊中散出后，依靠"中间媒介"传送到雌蕊柱头或胚珠上，这种媒介可以是无生命的（如风或水），也可以是有生命的（如昆虫或蜂鸟等）。大多数传粉植物不再以水为媒介而受精，这对适应陆生环境具有重大意义。

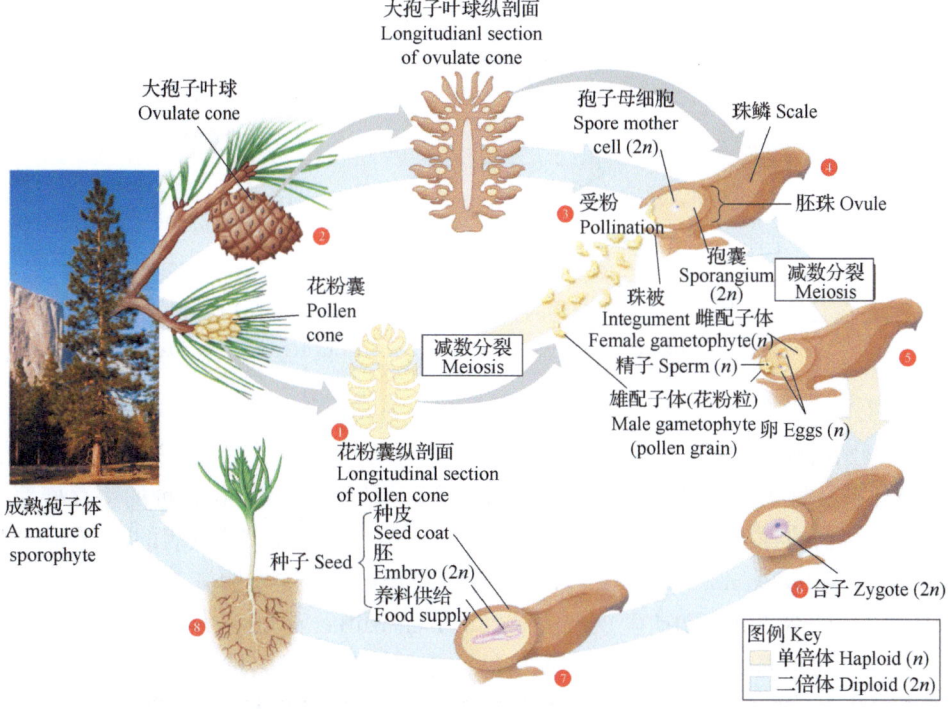

图 9-9　松树的生活史（Reece et al. 2012）

Fig. 9-9　Life cycle of a pine tree (cited from Reece et al. 2012)

种子是一种高度特化的休眠体。它由胚、胚乳和种皮三部分组成，分别由受精卵（合子）、受精的极核和珠被发育而成。裸子植物的种子裸露着，外层无果皮包被，而被子植物的种子外层有果皮包被，因此比裸子植物对种子的保护更

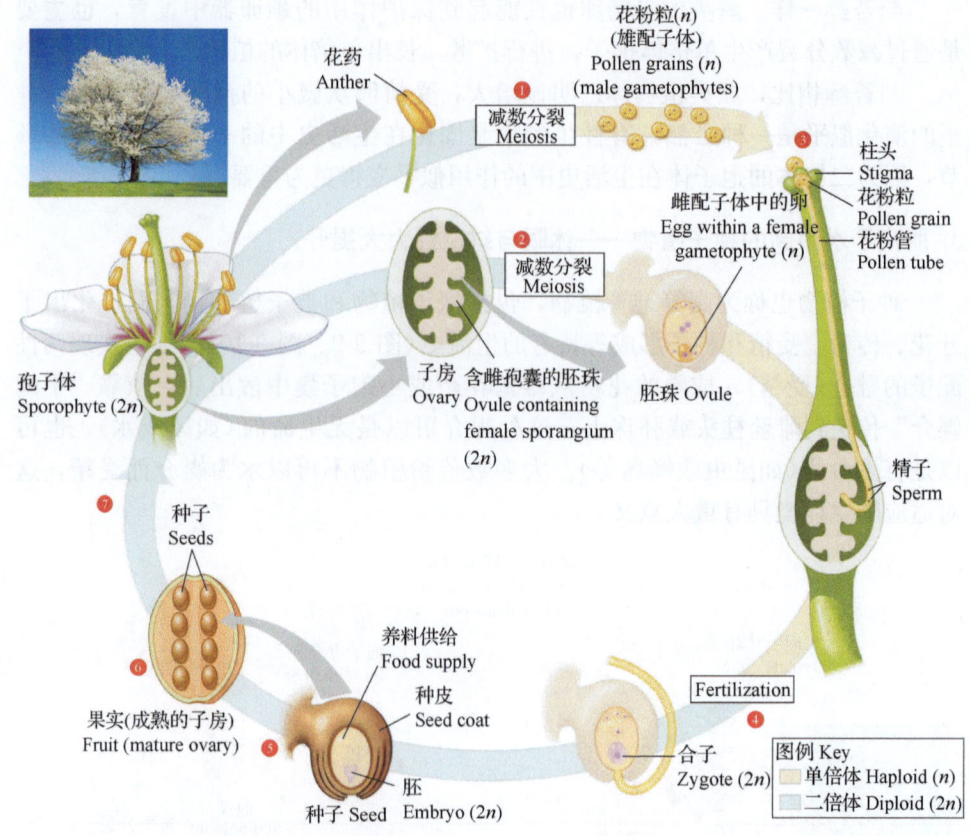

图 9-10 被子植物的生活史（引自 Reece et al. 2012）
Fig. 9-10 Life cycle of an angiosperm（cited from Reece et al. 2012）

为精细。

特别需要指出的是，最高等的植物——种子植物通过有性生殖形成的受精卵被保护在种子里，具备了长期休眠的潜能，可以显著地延长物种的生存概率，即有些植物的种子可以存活上千年甚至更长。例如，在辽宁普兰店的干河床中发现的莲（*Nelumbo nucifera* Gaextn），经 ^{14}C 同位素测定表明其寿命为（1024±210）年，依然能够成功萌发（Ohga 1923，Shen-Miller et al. 1995）。

有意思的是，苔藓和蕨类从单倍体的孢子直接生长出植物体的无性生殖方式在被子植物中已不复存在，取而代之的无性繁殖方式则是营养繁殖。

4. 无性的营养繁殖——在许多高等植物中依然重要

植物的一些营养器官具有惊人的再生能力，如枝条能长出不定根，根上能产生不定芽等，从而长成完整的个体。营养繁殖也称为克隆生长，是由根、茎、叶等营养器官形成新个体的一种繁殖方式，在这一过程中，新的植物个体无需通过种子或孢子而产生。营养繁殖实质上是通过母体细胞有丝分裂产生子代新个体，后代一般不发生遗传重组，在理论上其遗传组成与亲本一致。营养繁殖存在于各类植物——苔藓、蕨类、被子植物（如柳树）等中，这似乎与动物不尽相同，因为在高等动物（脊椎动物）中是不可能有营养繁殖的。

自然界中有不少植物能进行营养繁殖，如甘薯的块根，草莓的匍匐茎，竹类、芦苇、白茅和莲的根茎，马铃薯的块茎，百合和洋葱的鳞茎，水仙和芋的球茎及秋海棠的叶芽等。例如，原产于非洲的一种景天科的被子植物 *Kalanchoë pinnata*，若将其叶放在泥土中，叶边的一点即能发芽生长（图 9-11），不必依赖种子繁殖，故名落地生根。在水生高等植物中，营养繁殖也很普遍，莲（挺水植物）的根状茎可长出新株；原产于南美的凤眼莲（漂浮植物）由腋芽长出匍匐枝而形成新株，母株与新株的匍匐枝很脆嫩，断离后又可成为新株，由于超强的无性繁殖能力，在我国也成为一种有害的杂草，虽然也有利用它来治理污染的；金鱼藻（沉水植物）折断的植株可随时发育成新株；原产于南美的喜旱莲子草（湿生植物）的无性繁殖能力极强，茎分枝成网状，茎上生节，节能生根，在我国是一种恶性杂草。

图 9-11　落地生根（*Kalanchoë pinnata*）的营养繁殖（照片由 Eric Guinther 提供）
Fig. 9-11　Vegetative reproduction in the "air plant" *Kalanchoë pinnata*
(photo courtesy by Eric Guinther)

有一些学者（道金斯 1982）宁愿将植物的营养繁殖称为生长而不称它为生殖，因为这种无性生殖同生长几乎无任何区别，都是进行简单的有丝分裂，事实上，整片榆树林可以认为是一个单一的个体，这时很难确定什么是个体，什么不是个体，这确实是植物界面临的一个问题。

5. 高等植物生活史的演化——陆生化与大型化

高等植物经历了从苔藓→蕨类→种子植物的进化过程，从总的趋势来看，这是一个植物从简单到复杂的进化过程。在这个进化过程中，出现了下述一系列的生态学或生物学特征的变化(表 9-1、图 9-12)。

(1) 受精由水媒过渡到虫媒占绝对优势,使种子植物的生存脱离了水的束缚。

(2) 从限于阴湿的栖息地,扩展到各种各样的陆地环境(包括极端干旱的条件)。

(3) 从仅有非常矮小的植物体,扩展到十分多样的植物群落(草本、灌木、乔木),包括参天大树。

(4) 在生活史中,单倍的配子体从发达到退化,而二倍的孢子体则由弱小变为十分发达。

(5) 显花植物的登场,迎来了物种多样性的暴发性增长。

(6) 植物的主要繁殖体从微小的孢子(n)进化到了大而坚硬的种子($2n$),抗逆性得到了极大的提升。

表 9-1 主要高等植物类群生活史和生殖特性的比较
Table 9-1 A comparison of life history and reproductive features in the major groups of higher plants

植物类群 Groups of plants	苔藓 Mosses	蕨类 Ferns and allies	裸子植物 Gymnosperms	被子植物 Flowering plants
生境	栖息于阴湿环境,少数完全水生(如水藓)	通常生长在森林下层的阴暗而潮湿的环境里,极少数水生(如水韭)	陆生	陆生或水生
植物体大小	植物体矮小,一般高仅数厘米	大多数为多年生草本(仅少数为一年生),少数为木本。极少数种类能长到几米至十几米高	多为乔木,少数为灌木或藤木。在北半球,大的森林主要是裸子植物,如落叶松、冷杉、华山松、云杉等	多为草本,许多为木本(乔木、灌木)。最小的种类——芜萍只有 1 mm 多长,最高的杏仁桉树达 156 m
估计的已描述的物种数*	16 236	12 000	1 021	281 821
营养生殖	常见	常见	?	常见
雌雄生殖器官位置	同株或异株,或依环境而变化	同株	同株或异株	同株或异株
占优势的生活史	孢子体弱小 配子体较发达	孢子体发达 配子体弱小	孢子体发达 配子体弱小	孢子体发达 配子体弱小
孢子体能否独立生活	不能,寄生在配子体上	能	能	能

续表

植物类群 Groups of plants	苔藓 Mosses	蕨类 Ferns and allies	裸子植物 Gymnosperms	被子植物 Flowering plants
配子体能否独立生活	能	能	不能，寄生在孢子体上	不能，寄生在孢子体上
繁殖器官	孢子	孢子	花粉、种子	花粉、种子
受精媒介	水	水	风	昆虫、鸟、风、水
雄配子	小	小	小	小
雌配子	大	大	大	大

* 数据来源：The World Conservation Union 2010
* Data sources：The World Conservation Union 2010

图 9-12　不同高等植物类群配子体-孢子体关系的例子（修改自 Reece et al. 2012）
Fig. 9-12　Examples for gametophyte-sporophyte relationships in different groups of higher plants (modified from Reece et al. 2012)

为何苔藓和蕨类不能产生种子但还要产生孢子来扩散繁殖？也许它们的植物体都还较小（特别是苔藓）。大的种子肯定需要大的植物体来产生，虽然反过来，大的植物体不一定都能产生大的种子。

为何在植物的进化过程中，配子体（n）逐渐退化而孢子体（$2n$）逐渐发达？不知道这只是植物生活史演化中的一种偶然选择，还是具有其他特殊的适应意义。在一个单倍体群体中，有害或不利的基因没有像在二倍体生物那里有可能被显性的等位基因所覆盖，因此，或许会受到更强烈的自然选择。这样，二倍体群体可能更能保持基因的多样性或者说有更好地适应性，因为它们允许一些基因处于一种暂时不被表达的储备状态，一旦环境改变需要一个迅速的进化反应时，它就能现成地被利用（威廉斯 2001）。

三、动物生殖方式的演化——从无性统治到纯有性的世界

1. 各种各样的无性生殖——多见于低等的无脊椎动物

在动物界，脊索动物中的尾索类也能进行无性生殖，但无性生殖几乎仅见于一些低等的无脊椎动物（特别是在水或湿润环境之中）。无性生殖被分为以下几种类型。

（1）裂殖（fission）：动物身体直接进行分裂，分裂后每一部分都成为一个完整新个体。常见单细胞动物（原生动物），如草履虫的亲体大致均等地分裂为两个新个体（图 9-13）；腔肠动物中的海葵也进行横裂式或纵裂式的无性生殖。

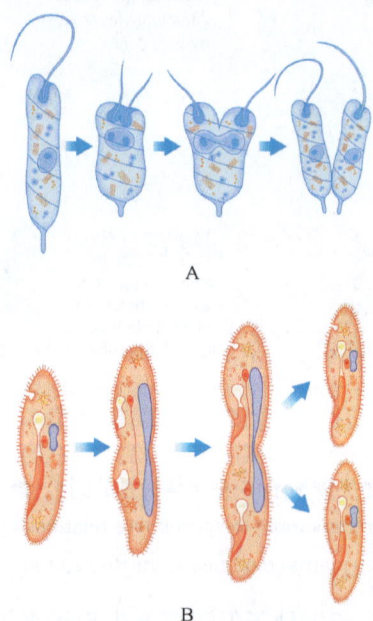

图 9-13 原生动物的无性生殖。在一些原生动物（如鞭毛虫）进行纵裂（A），而在另一些原生动物（如纤毛虫）进行横裂（B）（引自 Miller and Harley 2001）

Fig. 9-13 Asexual reproduction in Protozoa. Binary fission is (A) longitudinal in some protozoa (e. g., mastigophorans) and (B) transverse in other protozoa (e. g., ciliates) (cited from Miller and Harley 2001)

（2）出芽生殖（budding）：从母体上长出芽，由芽发育成新个体的生殖方式（图9-14），分为外出芽和内出芽。外出芽指开始时从亲体上生出小突起，后经分化和长大而成为群体中的一员，有的脱离母体，成为独立新个体，见于原生、多孔、腔肠、蠕虫和尾索等类动物。壳吸管虫的内出芽生殖是虫体局部向内凹入以形成胚体，这时亲体中大小核都进行分裂，所生子核进入胚体内，由此胚体长成的具纤毛幼虫脱离母体后，在水中游动，经变态后成为营附着生活的成体；淡水海绵以芽球萌发进行内出芽生殖。

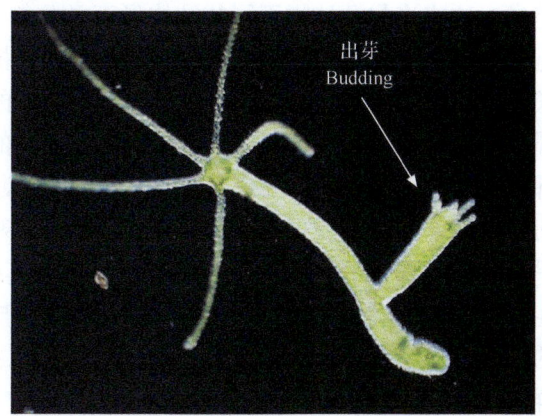

图 9-14　进行无性的出芽生殖的水螅（© Microbus，2002）
Fig. 9-14　Asexual budding in Hydra（© Microbus，2002）

（3）断裂生殖（fragmentation）：沿动物身体主轴横断为两部分或多部分，然后由各部分发育成新个体的方式（图9-15），见于扁形动物中的单肠类和环节动物中的多毛类及寡毛类。

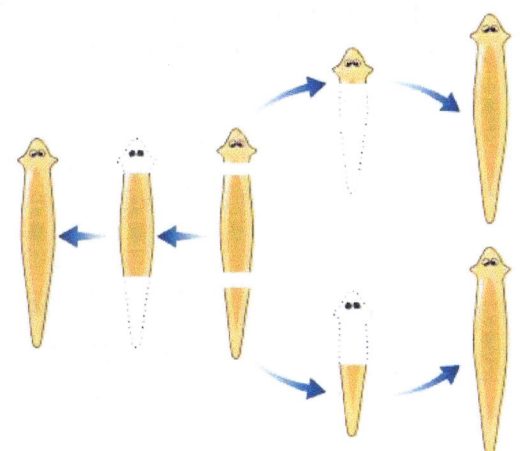

图 9-15　真涡虫属的断裂生殖（© Everyday Science Blog 2012）
Fig. 9-15　Fragmentation in Planaria（© Everyday Science Blog 2012）Examples of organisms that reproduce through this method include Planaria, Star fish, Sponge and Hydra

(4) 孤雌生殖(parthenogenesis reproduction)：也称为单性生殖，即卵不经过受精也能发育成正常的新个体的生殖方式。孤雌生殖常见于一些较原始的动物类群，如陆生无脊椎动物——蚜虫、水生无脊椎动物——轮虫、枝角类等。在这些类群中，无性生殖是主要的生殖方式，只有当恶劣的环境条件来临时，才由孤雌生殖的雌虫产生出雄虫，进行两性交配，产下休眠卵以渡过严酷的条件。

无脊椎动物的出芽或断裂生殖在机制上类似于高等植物的营养繁殖，但这类生殖在动物中其实十分罕见，相比之下，高等植物中营养繁殖要常见得多。为什么会存在这种差异？这或许与动植物不同的结构发育及防御策略有关："多细胞植物依靠由细胞壁构成的支架来支撑，这种骨架遍布全身。植物能在生命的全过程中，不断生长和发育出新的部分……因为植株中每一个新的生长部分，都带有用细胞壁来支撑的内部骨架，与此相反，动物用骨骼或坚韧的外壳来支撑，它们都由体内特定部位的特化细胞产生。发育过程大都集中在动物生命的早期阶段，此时动物的所有组成部分均已成形……动物能通过奔跑、躲藏或格斗来保护自己，植物则几乎没有逃避伤害的能力，但是，它能够承受其躯体的大量损毁，因为植物有持续生长的能力"(科恩 2000)。因此，超强的再生与营养繁殖能力或许是植物在漫长的进化历程中形成的一种生存策略，这既可以抵御损伤的危害，又能快速扩张种群。

2. 有性生殖——从低等的接合生殖到高等的融合生殖

有性生殖方式普遍见于各种动物类群，无论是低等的还是高等的。而一些高等动物只能进行有性生殖了。

(1) 接合生殖(conjugation)：指单细胞生物有性生殖由个体直接进行的生殖方式。接合生殖是一种较低级的有性生殖方式，常见于纤毛虫(图 9-16)，一般是两个虫体在胞口处互相连接，接合处胞膜消失，经过各自体内的核分裂并互

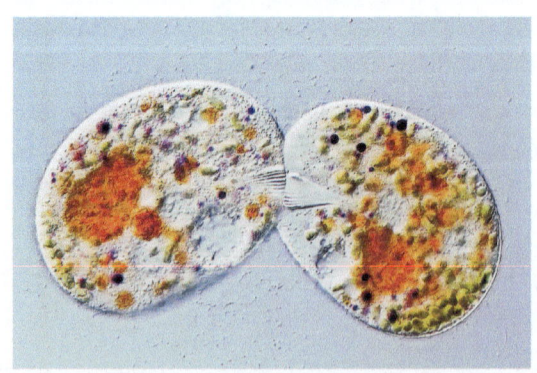

图 9-16 *Nassula ornata* (一种纤毛虫)的接合生殖(图片由 Gerd A. Guenther 提供)

Fig. 9-16 Conjugation of *Nassula ornata* (a freshwater ciliate) (photo courtesy by Gerd A. Guenther)

相交换后，两者又分离，继续进行二分裂形成新个体。如果接合子形态相同，称为同配接合；如果接合子形态不同，称为异配接合。

（2）融合生殖（syngamy）：多细胞生物及单细胞生物的群体由特化的单倍体细胞，即配子进行融合生殖。融合生殖被区分为以下三种类型（图9-17）。

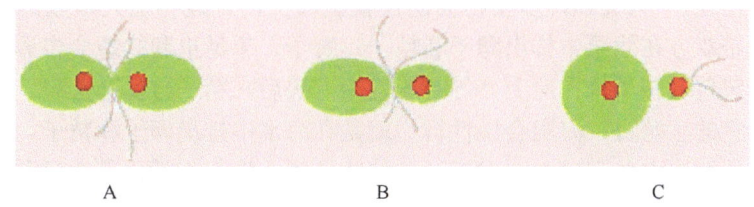

图9-17　不同类型的融合生殖。A. 同配生殖；B. 异配生殖；C. 卵配生殖
（由 Peter V. Sengbusch 博士提供）

Fig. 9-17　Different types of syngamic reproduction. A. Isogamy; B. Heterogamy; C. Oogamy (provided by Dr. Peter V. Sengbusch)

同配生殖（isogamy）：配子的形态和机能完全相同，没有性的区分，这可能是最原始的有性生殖。

异配生殖（heterogamy）：一种是生理的异配生殖，参加结合的配子形态上并无区别，但交配型不同，只有不同交配型的配子才能结合；另一种是形态的异配生殖，参加结合的配子形状相同，但大小和性表现不同，一般雌配子个体较大，不能运动，储存了大量营养物质，而雄配子个体较小，有鞭毛，能通过游动主动寻找卵子进行授精，如人的卵要比精子大8500倍。

卵配生殖（oogamy）：相结合的雌、雄配子高度特化，其大小、形态和性表现都明显不同，成为卵和精子。卵和精子经过受精，融合为受精卵。卵配生殖是分化显著的异配生殖。

在有性生殖的早期，两性配子在大小上差别不大。从进化的角度来看，融合生殖是朝着同配生殖→异配生殖→卵配生殖方向进化的，且雌配子越来越大。融合生殖是动物界最普遍的有性生殖方式，也广泛存在于植物和真菌等类群。

有性生殖是所有高等脊椎动物的唯一生殖方式，虽然有报道罕见一些脊椎动物（如鸟类、蜥蜴、鲨鱼等）在没有受精的情况下也生下幼体，但这绝不是普遍现象。因此，可以这样说，在脊椎动物中，有性生殖被固化在生活史中，几乎成为了生殖的唯一方式。这与植物显然不同。例如，在最高等的植物——显花植物中，无性的营养繁殖还很常见。

古尔德（2009）在分析性别的双倍代价时推测，"假设人类有这样一个基因，它的正常型让人类得以进行有性生殖，而它的突变性则导致女性可以进行单性生殖——生成可以在未受精状态下自行发育的卵子（有些动物的确可以做到这一点，已经观察到的蚜虫、鱼类及蜥蜴）"，但是这种推测没有任何实际意义，因为进化已经不再使哺乳动物存在无性生殖的生理基础了，基于这种完全不可能存在的假设来谈论性的代价已显得十分荒唐。

雌雄配子的融合说起来简单，但是动植物完成这一"性"行为的过程却是千奇百怪，有些真是精彩迷人。让我们来欣赏贾德森(2003)在《动物性趣》中的一段精彩描述："人类和许多动物会说性就是性交；青蛙和绝大多数的鱼类会说性行为就是双方在战栗中排出卵子和精子；蝎子、千足虫和蝾螈会告诉你，性行为就是一包包的精子排在地上，等待雌性坐上去后，精子包就会破裂，然后精子就会进入它的生殖道；海胆会说性行为就是在海水中排出卵子和精子，希望它们能在茫茫的海浪中找到对方；对于开花植物来说，性行为就是拜托风儿或昆虫将花粉捎给一朵等待中的雌花。"

单细胞生命体的繁殖通常就是一分为二，每一半都是完整的个体，但是在一些复杂的多细胞动植物（特别是不少的高等植物）中，却依然留存了营养器官或组织的强有力的再生能力，"大自然使几乎是独立的性细胞具备了再生整个新个体的力量。但是，这种力量的某种东西却依然分散于其余的器官组织中，正如再生现象所证明的那样，而可以想见：在某些特定情况下，这种机能可能整体地被保存在一种潜在状态里，而一有机会就会显示出来"（伯格森 1999）。一方面，一个生殖细胞可以储存个体发育的所有信息，一个营养细胞为什么就不能？另一方面，这种再生应该具有快速的繁殖优势，但为何未能广泛扩散开来？推测可能存在其他的限制或选择压力。例如，营养繁殖在水生高等植物中十分普遍，但是在干燥的陆地上生存的高等动物几乎没有这种再生能力。

此外，在多细胞动物中偶尔也有单倍体个体存在，在这种情况下，减数分裂后的配子并不受精，而是通过继续的细胞分裂直接发育成新个体。例如，雄蜂就是从蜂后的单倍体的卵产生的，它所有的体细胞都是单倍体（薛定谔 2003）。

3. 性别二态性——在低等动物中难以区分，在高等动物中可以极为夸张

"性"对动物形态的塑造程度似乎与进化程度密切相关。在原始的有性生殖中，雌体和雄体在形态结构上的差别往往难以区分，而随着动物的进化，很多物种的雌体和雄体在形态结构上存在明显的差异，即呈现出明显的性别二态性（sexual dimorphism）。在一些高等动物中，性别二态性十分明显，有些表现在体重上，有些则表现在形态、结构或颜色上。

为了在获得与雌性交配权的战斗中取胜，在雄性个体之间殊死搏斗的选择压力下，象海豹的雄性个体可比雌性个体重 4~5 倍，但是在交配时过重的雄性个体可压得雌性个体窒息而死，因此自然选择也会阻止雄性个体无限的增大。大角鹿生活在距今 12 000 万~300 万年前，亚欧大陆广泛分布，以爱尔兰地区的一种最著名，现已灭绝。大角鹿拥有极为夸张的鹿角（图 9-18），这种鹿角每年都会脱落，然后再重新长出，因此，雄鹿必须找到足够的食物来供应每年更换角所

需要消耗的能量,这样,强大的角就是雄性活力、健康和武力的象征(斯帕克斯 2002)。

图 9-18　已经灭绝了的大角鹿(由 James Gurney 提供)
Fig. 9-18　The deer of the extinct genus Megaloceros(courtesy by James Gurney)

还有许多动物通过展示华丽的魅力来争夺与雌性的交配权,这种演化的一个极致就是百鸟之王的孔雀,与雌孔雀短短的尾巴相比,雄孔雀一到繁殖季节就撑开它那长长的尾巴展示一个五彩缤纷的巨大尾屏,跳起各种优美的舞蹈,以赢得雌孔雀的芳心,但是,雄孔雀的这个色泽艳丽的长尾巴其实也是个累赘,每年还得长出一些新羽毛替代前一年脱落的旧羽毛,这尾巴也不能成为攻击或防御的武器,若碰上猎食者,还会影响自己逃跑的速度,当然,如果这个炫耀的尾巴过大到显著伤害其生存,自然的选择就会让其适可而止。

性是如此的重要、有趣且魅力无穷——"如果不是为了性,大自然中绝大多数艳丽、漂亮的东西将不复存在:植物不会绽放花朵,鸟儿不会啾唧歌唱,鹿儿不再萌发鹿角,心儿也不会怦怦乱跳"(贾德森 2003)。毫无疑问,性的自然选择是生命进化的重要推动力之一。

4. 雌雄同体——在动物中十分稀少,主要见于水生动物

雌雄同体(hermaphroditism)指两性的机能或性状在同一个个体中出现的现象。有两种情况,一种是雌雄机能或性状在一个个体上同时出现(固定型雌雄同体),另一种是一个个体可在雌性、雄性之间转化,即可进行性逆转(转化型雌雄同体)。绝大多数被子植物都是雌雄同株(这其中绝大多数还是雌雄同花),与此不同的是,在动物中雌雄同体的现象还是比较罕见的。

软体动物门腹足纲的后鳃亚纲动物都是固定性雌雄同体,在交配时,一对后鳃动物会互相贴近对方,然后交换精子。藤壶(节肢动物门颚足纲无柄目藤壶

科)也是雌雄同体,但需异体受精。由于它们固着不能行动,在生殖期间,必须靠着能伸缩的细管,将精子送入别的藤壶中使卵受精。蚯蚓是一种寡毛类动物,它们雌雄同体,但需要异体受精,交配时,两条蚯蚓互抱,各排出精子输入对方的受精囊内(图 9-19)。

图 9-19　蚯蚓的交配(引自 Jackhynes)
Fig. 9-19　Earthworms mating(cited from Jackhynes)

许多海洋软体动物(如牡蛎)在生命开始时是相对较小的雄性个体,随着生长逐渐转变为雌性个体,有时在生长过程中还会出现一段雌雄同体的时期(如帽贝)。在一些鱼类的生活史中,性逆转是一件经常发生的事,有的从雄性变为雌性(如小丑鱼),而更常见的是雌性变为雄性,所有在珊瑚群中居住着的耀眼的鱼类都采取这种策略(如隆头鱼),这种从雌鱼向雄鱼的转变还见于"清洁鱼"、海鲈、黄鳝等(斯帕克斯 2002)。

能够进行性逆转的多为水生动物,而在爬行动物、鸟类和哺乳动物中没有发现过性逆转的真实例子,这或许是因为为了适应陆地生存和繁殖的需要,陆生动物进化出了一系列更为复杂的受精和卵保护技术,以防止卵的水分蒸发,与这个特殊的发展对应的是,雌性个体在解剖学上更加雌性化,具有特殊的导管和腺体,使卵外包被防水的壳,并且最后进化出可供幼体在其体内发育的子宫,雌性的这种日益完善的结构更深刻地影响着其与雄性之间的关系,而雄性则向身体结构更适合角斗和求爱方向发展,这样两性沿着不可逆的方向不断进化与发展(斯帕克斯 2002)。

如果性别的双倍代价对动物成立的话,那么在动物中这种雌雄同体现象就应该相当普遍,可实际情况却正好相反。

四、从生殖看物种的多样性分化——有花植物与传粉昆虫的协同进化

1. 同为种子植物——为何显花植物的物种数远大于裸子植物?

生存至今的裸子植物大约只有1021种,而蕨类和拟蕨类有12 000种,苔藓类有16 236种,被子(显花)植物多达281 821种(The World Conservation Union 2010)。被子植物的繁荣常被归结于对陆地环境的适应(威廉姆斯2001),但是,同为种子植物,同样很好地适应了陆生生活,为何裸子植物与被子植物的多样性之间存在天壤之别(二者的种数之比达到276倍)?据推测可能原因如下所述。

(1)裸子植物是原始的种子植物,繁育系统和传粉系统都相对简单,其种子散布机制也都是非特化的。

(2)被子植物的生活型更加丰富,能比蕨类植物和裸子植物适应更广泛的生境类型。例如,裸子植物大多是乔木,这就限制了它们能够生存的生境范围。

2. 协同进化——可能是显花植物和传粉昆虫物种分化的重要推动力

可以找到一些证据对以上的两个推测进行驳斥:复杂的繁育系统不一定都会增加物种多样性。例如,哺乳动物的繁育系统应该最为复杂,为何其物种数比昆虫少得多?为何同为种子植物的裸子植物生活型就不能像被子植物那样多样而主要是乔木?

一个值得注意的现象是,除了显花植物是物种最多的植物外,它们的花粉传播者——昆虫也是物种最多的动物。自从白垩纪中期起,有花植物开始发生大规模的进化辐射,与昆虫的类似辐射共同进化(迈尔2010)。为什么会出现这种同步进化现象?

为什么我们不去想象显花植物物种多样性和昆虫物种多样性之间可能存在某种关系,即它们的繁荣难道不可以是一种通过传粉媒介的协同进化的结果吗?有两个事实支持这种推论:①昆虫是种类最繁多的动物,显花植物是种类最繁多的植物;②显花植物的传粉主要是通过生物的途径,其中主要是依靠昆虫。

也许还有人会问,昆虫的飞行是否是其物种极端多样化的重要因素?当然,昆虫是唯一能飞的无脊椎动物,虽然我们也无法否认飞行对昆虫物种分化的作用。这里我们来看另外一个例子,鸟类几乎是唯一能飞的脊椎动物(哺乳动物中蝙蝠也能飞翔),但其种类数却不是最多的,鱼类比它多得多,爬行动物比鸟类也少不了多少;而且鸟类的飞行扩散能力比昆虫要大得多。

可以进行这样的推论:昆虫和显花植物之间通过生殖的一个重要环节——

传粉为媒介的协同进化极大地促进了显花植物的物种分化，这反过来又成倍地推进了昆虫的物种分化和多样化。生殖隔离是划分高等动植物的基准，而生殖器官相关结构的特化又最容易导致物种的生殖隔离，从而分化出新物种。为了使传粉得以成功，植物和昆虫之间谱写了一篇精妙的协同进化史诗。

也许有人会问：为什么昆虫的种类数比显花植物还要多得多？由于昆虫个体较小，食性广泛，因此除了传粉外，也占据着各种各样的其他生态位。想一想一棵热带雨林中的树就可以聚藏 10 000 个不同的昆虫物种（霍兰 2000）也就不难解释了。

五、结　　语

生殖是所有生命的本质特征之一，它是维持种族繁衍与进化的根本。地球上生命系统的运行、发展与进化与动植物生殖方式的演化密不可分。虽然数以百万计的生物物种的生殖方式异常纷繁复杂，但可以简单区分为无性生殖和有性生殖，其中，所有的原核生物只能进行简单的无性生殖，而真核生物既能进行有性生殖又能进行无性生殖。

单细胞生物以无性生殖占统治地位，偶尔通过有性生殖产生休眠体来抵御不良环境。高等植物以有性生殖占统治地位，休眠体从孢子转变到种子。动物的生殖方式从低等动物只能进行无性生殖到高等动物只剩有性生殖。相对于高等动物而言，高等植物（特别是水生高等植物）的营养繁殖要普遍得多。通过生殖连接在一起的有花植物与传粉昆虫之间的协同进化可能是推动两类物种分化的重要机制。

植物繁殖方式及生活史的演化迎合了陆生化和以大型化为主的多样化的生态需求，脱离了水限制的种子植物其休眠与抗逆性得以大幅度提升，特别是主要依赖虫媒传粉的显花植物获得了空前的繁荣。而动物之间的"性"行为却是千奇百怪，精彩迷人（特别是性别二态性）。生殖系统的配置在动植物之间出现分化明显的分化：在高等植物中以雌雄同体占绝对优势，而在动物中雌雄同体却十分罕见。

第十章 "性的为什么"——历史之审读

生殖是最神秘、最令人困惑但也是最吸引人的问题之一。为什么真核生物一定要向有性生殖发展？为什么"性"如此广泛？迄今为止并未见到令人满意的答案（Hadany and Comeron 2008，Schurko et al. 2008）。从无性到有性演变的机制依然是进化生物学的一大谜团。

为什么有性？这样一个看似简单的问题不仅令达尔文困惑不已，150 年过去了，人们都还未找到一个普遍认可的理论，这也被称为是"进化生物学问题之皇后"（queen of problems in evolutionary biology）（Bell 1982）。法国著名的遗传学家、诺贝尔生理学或医学奖（1965 年）获奖者雅各布（Francois Jacob）在其专著《鼠、蝇、人与遗传学》一书中感叹道："在通过有性方式来进行生殖的生物中，一切都被安排得要使同一物种的全部个体（除了真正的孪生个体）都互有差异。这就犹如整个地球上起作用的遗传系统已被调节得要永远产生差异。因此就有了这个悖论：一方面，所有显得十分不同的东西，归根结底却是很相似；另一方面，所有显得十分相似的东西，事实上却是相当不同"（雅各布 2000）。《为什么要相信达尔文》一书的作者科因（2009）感叹道："为什么会演化出性别来？这其实是演化论最大的谜团之一。"迄今为止，遗传学家对"性"的过程知道得已经十分的详细，但他们（还包括进化生物学家）对"性"为什么会发生依然还是一头雾水（Zimmer 2009）。

可以这样说，生殖是物种生存的灵魂与操手，是为了生存的生殖（自然绝不会做任何一件无用之事）。因此，离开生态的视点，怎么可能知道为什么有"性"！遗憾的是，几乎没有生态学家对"性"的起源感兴趣，而兴致勃勃的遗传学家或进化生物学家又难以驾驭看似纷繁杂乱的生态学。没有生殖就没有生命，而不"懂"生态就不可能有成功的生殖。本章的核心就是历史地、批判性地审读"性的为什么"。

一、关于自然的"性"进化观——历史之回顾

什么是"性"？让我借用 Zimmer（2009）的一段话来诠释"性"的遗传本质，尽管有让人眼花缭乱的性行为的多样性，所有的有性生殖生物采用同样的关键步骤制造新的后代：它们打乱自己的 DNA，然后把其中一些 DNA 和它们这个物种的另一个成员的 DNA 混合起来，从而制造出一个新的基因组。

纵观人们对"性"的认识，变异曾经是"性的为什么"的一个重要切入点。

Meirmans(2009)在最近的论文中简述了历史上曾经对"性"进化问题产生过重要影响的4位科学家的贡献,他们是达尔文、魏斯曼、费希尔和梅纳德史密斯。有意思的是,他们似乎都不是真正的生态学家,都是偏爱动物的进化生物学家、遗传学家或统计学家。

1. 变异——与"性"最纠结的一个简单概念

变异(variation)和突变(mutation)始终是与"性"演化问题纠缠在一起的两个重要概念。变异是早期较为直观的表型性概念,而突变则是基于遗传物质(特别是DNA)变化的内在的机制性概念。

(1) 变异——物种进化的基础

对任一物种来说遗传和变异都是一对矛盾统一体,没有遗传就没有物种的存在,没有变异就不会有物种的进化。早期的变异概念是指子代与亲代之间或子代个体之间出现的形态、生理或行为等的差异。此外,还将变异分为可遗传变异和不可遗传变异,前者是由于遗传物质改变所致,而后者可能由于暂时性环境条件改变所致。当然,这种区分也是相对的。

别小看这个简单的变异,达尔文在其伟大的进化论(Darwin 1859)中正是将生物界普遍出现的物种"变异"用做了推翻物种不变论(神创论)的重要武器:"在同一父母的后代中出现的许多微小差异,或者在同一局限区域内栖息的同种诸个体中所观察到的、而且可以设想也是在同一父母的后代中所发生的许多微小差异,都可称为个体差异",这种个体差异"常常是能够遗传的","为自然选择提供了材料,供它作用和积累,就像人类在家养生物里朝着一定方向积累个体差异一样。"

达尔文那时并不知道基因,也不知道DNA,因此,对他来说,生殖充满了神秘的色彩。在达尔文时代,人们还缺乏对遗传物质的深入了解,因此对变异的认识主要是基于一些生物表型的变化。只有后来对控制性状的基本遗传单元——基因的结构和功能有了深刻认识,人们才对变异的本质有了新的认识。

其实,早在达尔文的进化论问世前的一个世纪,法国学者莫泊丢(Pierre-Louis Moreau de Maupertuis)于1751年就提出了用遗传粒子的变异来解释物种的起源——"物种"的最初起源可能只是某些意外的产物。在这些产物中,基本(遗传)粒子没有保持其父母的结构形式,每个不同程度的差错就可能产生一个新的物种。我们今天所看到的丰富的动物种类,就是不断重复的差错的结果。随着时间的推移,物种的数目还在不断地增加,但是,对于这个过程来说,几个世纪的时间跨度也只能带来几乎难以觉察的细微增加(科恩 2000)。这一思想的提出得益于莫泊丢对人类多指(趾)症的遗传特性的详尽观察,因此他认为将生物体的制作归因于上帝的预成论是错误的。

（2）基因——变异的操作平台

在达尔文的进化论问世不久，遗传学的奠基人孟德尔（Mendel 1866）提出生物每一个性状都是通过一些独立的遗传单位——遗传因子（hereditary factor）来控制的观点，虽然他尚不知这种遗传物质的结构和存在方式，但这已经为现代基因概念的产生奠定了重要基础。

之后，Sutton（1903）提出孟德尔的遗传因子位于染色体（chromosome）上的假说，将遗传物质和染色体联系起来，并很好地解释了孟德尔的遗传规律。不久，Johannsen（1909）提出了基因（gene）概念，并定义了基因型（genotype）与表现型（phenotype）两个含义不同的术语，初步阐明了基因与性状的关系。不过此时的基因仍然是一个未经证实的，仅靠逻辑推理得出的概念。

20世纪中叶，遗传学迎来了突破性的伟大进展。Avery等（1944）首次用实验证实DNA是遗传信息的载体，不久，Watson和Crick（1953）提出了著名的DNA双螺旋结构模型，进一步说明基因成分就是DNA。之后的大量研究表明，基因是DNA分子的一个区段，每个基因由成百上千个脱氧核苷酸组成，一个DNA分子可以包含数个乃至数千个基因或更多，如人类的基因超过2万个。人们还逐步弄清了基因以核苷酸三联体为一组编码氨基酸，并破译了全部64个遗传密码，这样就把核酸密码和蛋白质的合成联系起来了。

人们对与生命活动本质相关联的基因的复制、转录、表达和调控等有了越来越深刻的认识。自然地，人们对生物变异的认识也从表型的差异深入到了基因突变（gene mutation）引起表型变化的本质。DNA复制错误或物理化学损伤引起的碱基替换以及DNA片段的插入、缺失、倒位及复制等均可引起基因突变，这给自然选择提供大量的素材。至此，人们对变异的遗传学过程有了清晰的认识，但对"性"与这种变异之间的因果关系依然不甚清楚。

2. 达尔文与他的祖父——两性生殖能获得变异

达尔文的祖父Erasmus Darwin认为，两性生殖的物种能获得变异，而单性生殖的物种则产出完全一致（identical）的后代（Darwin 1796）。也许是在这一思想的影响下，达尔文认为通过两性生殖产生的变异可能是物种适应外界环境变化的一种手段。但是当时的达尔文却在关注这样的变化是否是永无止境，以及如何和为什么人们要区分物种，因此达尔文认为性是维持物种的一种重要手段（Meirmans 2009）。

早期的达尔文曾认为有性生殖是物种进化的基础之一，因为它能提供变异，而这种变异最终导致适应性，但在后来的论著中他却摈弃了性的作用。这主要是因为达尔文发现一些单性生殖（出芽）也能产生变异，以及驯养的物种比自然的物种变异还要大。因此在其《物种起源》（Darwin 1859）一书中，他强调了外界环境条件引起物种变异的重要性。

尽管否认了有性生殖是变异的终极来源的观点，达尔文后来还是强调有性生殖的后代比无性生殖的后代更容易变异，但却将其归结为由环境条件引起生殖器官的变异所致(Darwin 1875)。

最后，达尔文认为性之所以存在是因为受精过程的生理优势能产生出强壮的后代(Meirmans 2009)。达尔文试图从更深入的生理机制来给予解释，但是受制于当时相关的知识水平的限制，显然未能成功。

虽然异交(crossing)是两性生物之必需，但是达尔文也注意到雌雄同体生物偶尔或习惯性地异交受精，所以他认为连续地自交将会导致退化(Darwin 1859)。达尔文推测自交物种可能是由异交受精物种演化而来，它们可能是在交配机会有限的情况下为了避免物种灭绝的一种适应(Darwin 1877a)。

达尔文还意识到自体受精(self-fertilization)的优越性，因为它提供了繁殖保障(Darwin 1862a)，他甚至指出有性生殖物种的雄体自身是不能生产任何后代的(Darwin 1876)，这实质上可认为是后来梅纳德史密斯提出的性付出双倍代价学说的一种简单的表述。

3. 魏斯曼——物种的变异通过染色体的重组来实现

德国动物学家、医生魏斯曼(August Weismann)对动物的遗传、发生和进化很感兴趣，曾提出有名的"种质论"。他认为性之所以存在是因为它提供了变异，他甚至常常被视为是提出性为什么具有优势理论的第一人(Burt 2000, Meirmans 2009)。其实这一观点早被达尔文及其祖父提出，只是后来达尔文放弃了这一观点。

由于魏斯曼那个时代在细胞生物学取得了新的进展，特别是染色体和减数分裂的发现，使魏斯曼阐明了达尔文想说但未能说清楚的一些现象。魏斯曼(Weismann 1892)认为，物种的变异是通过遗传物质的重新分配而获得的，更确切地说，是通过染色体的重新组合实现的，而这些单个的染色体是由一系列从祖先遗传下来的基因所构成，最后，在性交的过程中这些包裹在一起的基因组得以混合。

4. 费希尔——有性生殖既能利用有利突变又能去掉有害突变

英国统计学家和遗传学家费希尔(Ronald Aylmer Fisher)明确地将突变整合进了他的性理论中，认为有性生殖的重要性在于物种既能较好地利用有利的突变(beneficial mutation)，又能去掉有害突变(deleterious mutation)，特别是他强调能有效清除不利基因是有性生殖得以持续的终极原因(Fisher 1922, 1930)。

费希尔那个时代的经验观察表明，突变这个变异的终极来源主要是有害的，而达尔文的进化论又告诉人们，变异是进化的动力，因此，费希尔认为，一个遗传系统应该是沿着既能保持高的变异又能维持最低的（有害）突变速率的方向进化而来的，而孟德尔的性遗传正好提供了这样一个系统（Fisher 1922）。

一方面，费希尔认为可能有性生殖起源于无性生殖，后者是祖先的、原始的状态；另一方面，费希尔开始强调无性生殖的缺点，认为它不是总能保持可能出现的有利的突变，因为无性系（asexual line）决不会混合它们的基因，因此从某种意义来说，所有个体都是一个个体的后代，但是，在这一祖先个体上发生新的突变的概率是非常小的。因此，费希尔认为，无性繁殖的缺点会随着时间而增加，将会越来越难以适应变化的环境，这似乎与初期多样的无性种群，由于自然选择，其多样性逐渐减少的现象相吻合（Fisher 1930）。

笔者并不太赞同费希尔的说法，这一理论听起来像有道理，其实只是一种自圆其说的推测而已。笔者相信，能利用有利突变又能去掉有害突变的不仅仅是有性生殖，无性生殖也应该一样，因为淘汰有害突变主要是天择（自然选择）的结果，与有性还是无性并无多大关系。此外，谁说无性系发生新的突变的概率就非常小？

费希尔曾指出，"当需要用复杂的方式去适应一个缓慢变化的环境"，有性生殖应该具有优势（Fisher 1922）。笔者倒觉得这一猜测很有意思，因此扩展一下费希尔的意思：反过来，有性生殖在剧烈的环境（特别是非生物环境）波动面前可能没有无性生殖更具优势。

5. 梅纳德史密斯——性付出双倍代价

英国理论进化生物学家和遗传学家梅纳德史密斯（Maynard Smith 1971）提出了性的双倍成本学说（虽然达尔文早就显露了这样的思想）。他虽然并未十分清晰地提出自己的性演化理论，但十分强调"性"的劣势，后来称之为雄性的成本（cost of male），他认为与有性生殖相比，孤雌生殖能避免雄体生产的成本，因此，一个来源于通过有性种群获得的突变形成的孤雌生殖雌体将比有性生殖雌体生产的后代多1倍，导致最终出现"性的双倍成本"（two-fold of sex）。由于只有雌体才能给种群增长带来贡献，如果没有其他的平衡机制，有性生殖将会很快地被同种的孤雌生殖所淘汰。因此，他推测，这种机制必须就是两性生殖的长期优势："动物孤雌变异的稀少性暗示，这种长期的选择在起作用，不是通过清除出现的孤雌变异，而是通过促进不能轻易地像给出孤雌变异那样的遗传和发育机制"。

基于经验的事实，梅纳德史密斯（Maynard Smith 1978）指出，一般来说，孤雌世系（parthenogenetic lineage）往往是进化的死角（evolutionary dead end），而新的孤雌世系很少产生，因此，孤雌世系似乎最终会走向灭亡，而有性物种将会不断分化。

6. "真理式"的信念——两性生殖优于单性生殖的假说多达20余种

在真核生物中，有性生殖是绝对优势的繁殖方式，存在于所有主要真核生物类群。因此，人们怀有一种"真理式"的信念：两性生殖必定优于单性生殖，只是争议为何两性生殖优于单性生殖。为此，人们已经提出的关于两性生殖优于单性生殖的假说多达20多种，Kondrashov（1993）对这些假说进行了归类，如表10-1所示。总的来看，这些假说带有非常浓厚的遗传学背景或嗜好，普遍相信有性生殖能够有效地积累有益突变与去掉有害突变，遗憾的是，这些学说未能或缺乏与生态学进行有效地交联。

表 10-1 关于两性生殖优于单性生殖假说的分类
Table 10-1 A classification of hypotheses on the advantage of amphimixis over apomixis

I. 直接有益假说 Immediate benefit hypotheses	
1. 增加后代的适合度	因为二倍体后代来自两个亲本而不是一个亲本
	因为双链DNA损伤在减数分裂的染色体结合中能够得到修复
2. 降低有害突变速率	因为许多突变源自缺失（deletion），而这在染色体结合时能作为缺口（gap）而被识别，能通过基因转换偏性（biased gene conversion）来填补
	因为许多有害突变源自插入（insertion），它在染色体结合过程中作为环（loop）能被识别和被切除
	因为许多表突变（epimutation）源自去甲基化（demethylation），这在染色体结合过程能被识别和恢复
3. 增加选择效率	因为在雄性或雄配子的选择可能代价较小
II. 变异和选择假说（局域种群）Variation and selection hypotheses (local population)	
1. 在随机性环境假说中	在许多基因座，有益突变能更快速的同步累积
	在有害突变存在时，能更快速地积累有益突变
	当多态（polymorphism）保持在其他基因座时，能更快速地积累有益突变
2. 在确定性环境假说中	在不可逆变化的环境中，具有更快的进化速率
	在宽幅波动的环境中，种群具有较快的变化速率
	在频繁波动的环境中，种群的变化速率较低
3. 在随机式突变假说中	非有害突变基因型随机丧失的恢复
4. 在确定式突变假说中	提高了针对协同作用有害突变（synergistically interacting deleterious mutation）的选择效率
III. 变异和选择假说（空间结构种群）Variation and selection hypotheses (spatially structured population)	
1. 在随机的联系中	由于遗传差异，它防止了寄生虫从母体向子代的传播
	它增加了一类亲缘动（植）物共有最佳基因型的机会
	它降低了亲缘动（植）物间的竞争
2. 在确定的联系中	它组合了在不同亚种群形成的不同的有益等位基因

资料来源：引自Kondrashov（1993）(cited from Kondrashov 1993)

7. 神秘的"性"——依旧神秘

为什么有"性"？从古至今，一直神秘莫测。早在1862年，进化论的创始人——达尔文就感叹道："我们甚至丝毫不知道性的终极原因是什么；为什么新的生命要通过两种性别成分的组合才能制造出来，而不是通过一种孤雌生殖过程"，"整个问题仍然隐藏在黑暗中"（Darwin 1862b）。对达尔文在150年前提出的"为什么有性"这样一个关于"性"的根本问题，时至今日仍未见到满意的答案，无论对达尔文还是对现代的进化生物学家依旧是一个大问号。

《自私的基因》一书的著者——道金斯（1981）指出："性活动似乎是一种自相矛盾的现象，因为个体要繁殖自己的基因，性是一种'效率低'的方式：每个胎儿只有这个个体的基因的50%，另外50%由配偶提供。要是他能够像蚜虫那样，直接'芽出'（bud off）孩子，这些孩子是他自己丝毫不差的复制品，他就会将自己百分之百的基因传给下一代的每一个小孩"；"如果蚜虫和榆树不进行有性生殖，为什么我们要费这样大的周折把我们的基因同其他人的基因混合起来才能生育一个婴儿呢？看上去这样做的确有点古怪。性活动，这种把简单的复制变得反常的行为，当初为什么要出现呢？性到底有什么益处？"

Zimmer（2009）在最近的一篇题为 *On the origin of sexual reproduction* 的论文中提出了如下三个问题：几乎所有真核生物——包括动物、植物、真菌和原生动物的世系都有某种性，为什么性如此广泛？细菌不需要寻找一个伴侣，它们只是生长然后分裂成两个；一棵白杨树只需要长出枝条，这些枝条就能长成新的树，没有寻找伴侣、让卵子受精和把两个基因组结合起来的混乱和烦恼，为什么这么多物种在有简单生殖途径的时候却选择了如此曲折的生殖途径？性如何在许多物种（包括我们自己在内）中变成了别无选择的？其实，这三个问题也能归结为"为什么有性"这样一个根本问题，有了这一问题的答案，前面三个疑问就自明了。

二、关于"性的为什么"——若干核心理论之审读

早在一个多世纪前，达尔文在其关于兰花的书的开头就指出：对于长期生存来说，自花授粉是一个糟糕的策略，因为这样后代只携带单亲的基因，于是，当面临环境变化时，群体无法保持进化易变性所需的足够变异（达尔文1965）。长期以来，一个公认的关于有性生殖的优势便是所谓的有性生殖能实现亲代的基因（DNA）重组，进而可能在子代中产生广泛的变异，因此可增加种群的进化潜力，因为在后代中出现的一些变异对物种可能有利，也可能不利，但至少会增加少数个体在不断变化（特别是难以预料的）环境中残存的机会（Purves et al. 2003）。

历史上关于"为什么有性"通常是从有性生殖的优势来思考的。一个公认的观点就是有性生殖能增加遗传多样性，能增加对环境变化的适应性，这被归结为性为何如此广泛的一个重要原因，这就导致一些人甚至预言无性生殖终究会被自然所淘汰。例如，有学者提出性可能成为对寄生虫的强大防御手段的"红色皇后"假说，认为无性生殖的物种终究会因为不能通过变异来抵御寄生虫而被淘汰。

1. 真的只有有性生殖才能进行重组基因吗？

如果只有有性生殖才能产生基因重组，那这种优势当然就会是至关重要的。事实上，基因重组也并非只是拥有有性生殖技能的真核生物的专利。科学的事实早就告诉我们，在没有有性生殖的生物类群——细菌的不同个体之间就存在基因重组。

在20世纪40年代，Lederberg 和 Tatum (1946) 选择大肠杆菌 (*Escherichia coli*) 的两株具有不同营养缺陷的突变体 (auxotrophic mutation)，其中一株的生长需要添加甲硫氨酸和生物素，另一株需要添加苏氨酸、亮氨酸和硫胺，当这两株细菌混合数小时 (如此之短) 后，一些个体发生了遗传物质的交换，因为它们能够合成其代谢所需要的所有组分。也就是说，他们发现在最原始的细菌的不同个体之间也存在遗传重组的现象，称之为细菌接合 (bacterial conjugation)。

电子显微图像也显示细菌的原生质桥或性菌毛 (图10-1) 的存在，一些菌株的细菌 (称为供体) 可以通过暂时形成的性菌毛连接另一个菌株的细胞 (受体)，

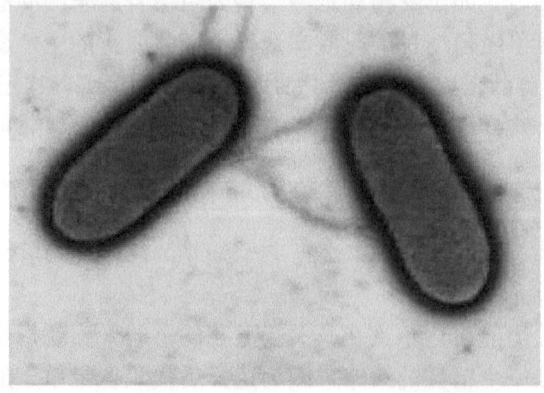

图10-1 细菌结合。性菌毛吸引两个细菌靠近，形成一个细胞质结合管，通过该管 DNA 从一个细胞转移到另一个细胞 (引自 Purves et al. 2003)

Fig. 10-1 Bacterial conjugation: sex pili draw two bacteria into close contact, and a cytoplasmic conjugation tube forms; DNA is transferred from one cell to the other via the conjugation tube (cited from Purves et al. 2003)

进行单向的 DNA 片段转移，导致基因重组（Hayes 1953）。

在 20 世纪 50 年代初，人们发现细菌能否在接合中作为基因传递供体取决于一种质粒——F 因子（fertility factor，又称为致育因子），因为 F 因子编码在细菌表面产生性菌毛（Cavalli et al. 1953）。从 F⁺ 菌株中分离得到一种称为 Hfr（高频重组 high frequency of recombination）的菌株，细菌接合时，将染色体以高频率传递给雌性菌（F⁻ 菌株）而形成重组体。在 Hfr 中，F 因子整合在宿主染色体中（图 10-2），Hfr 与 F⁻ 细菌接合时重组体出现的频率可比相应的 F⁺×F⁻ 接合的重组频率高出上千倍。以大肠杆菌的 Hfr 株为材料，通过荧光染色技术（图 10-3）十分清晰地证实了细菌间遗传重组的存在（Kohiyama et al. 2003）。

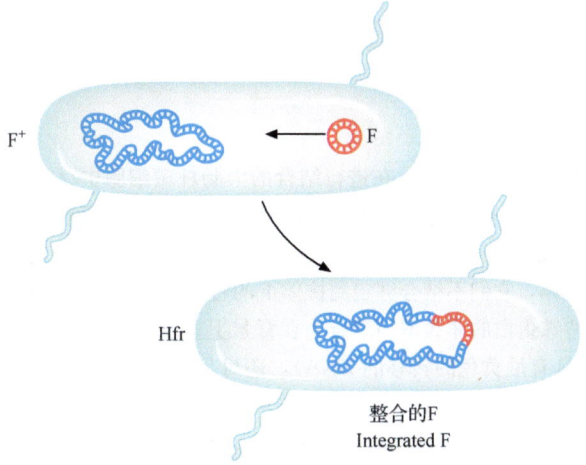

图 10-2 一个高频重组株的形成。偶然地，独立的 F 因子与大肠杆菌的染色体结合，形成了一个 Hfr 株（引自 Griffiths et al. 2000）

Fig. 10-2 Formation of an Hfr. Occasionally, the independent F factor combines with the E. coli chromosome, creating an Hfr strain（cited from Griffiths et al. 2000）

有学者认为，具有性菌毛的细胞可以称为雄性细胞，这种细丝状的菌毛像一种分子阴茎，与缺乏性菌毛的雌性细胞交合（德迪夫 1999）。当然，也有学者持不同的看法，认为尽管其机制十分相似，但将此视为有性生殖是一种错误。不论是否应该称其为有性生殖，但通过这种方式，细菌个体之间进行了遗传重组这一点毋庸置疑，这从本质上来看应该可以视为一种最原始的接合生殖。笔者很欣赏威廉斯（2001）的观点："在细菌和病毒以及在所有高等生命体的主要类型中，遗传重组现象的存在表明，性别的分子基础是来自远古的进化演变的产物。"

2. 无性生殖真的会被自然淘汰吗？

多达 98% 以上的已知的生物物种都能进行有性生殖这是不争的事实，而无性生殖没能被有性生殖完全取代也是毋庸置疑的事实。无性生殖真是那么不堪一

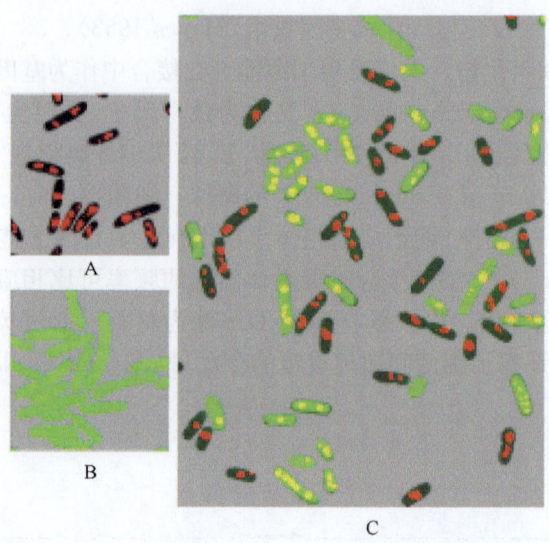

图 10-3 利用特殊的荧光抗体显示在进行结合的大肠杆菌细胞中存在单股 DNA 的转移。高频重组(Hfr)株亲本(A)为具有红色 DNA 的黑色,红色是因为抗体结合到了一个正常附着在 DNA 的蛋白质上。受体细胞(B)由于绿色荧光蛋白的存在而呈现绿色,因为它们是某个基因的突变体,它们不结合绑定到抗体上的特殊蛋白。当单股的 DNA 进入到受体细胞,它促进该特殊蛋白的非典型的结合,在背景上呈现出黄色荧光。C 显示 Hfr(未变化)和结合细胞(具有呈黄色的转移的 DNA),还可见到少数未结合的受体细胞

(引自 Kohiyama et al. 2003)

Fig. 10-3 Visualization of single-stranded DNA transfer in conjugating E. coli cells, using special fluorescent antibodies. Parental Hfr strains (A) are black with red DNA. The red is from binding of an antibody to a protein normally attached to DNA. The recipient F⁻ cells (B) are green due to the presence of the GFP protein; and because they are mutant for a certain gene they do not bind the special protein that binds to antibody. When single-stranded DNA enters the recipient, it promotes atypical binding of the special protein, which fluoresces yellow in this background. C shows Hfrs (unchanged) and exconjugants with yellow transferred DNA. A few unmated F⁻ cells are visible (cited from Kohiyama et al. 2003)

击吗?而大量的事实表明,无性生殖是一些低等生物的生活史的组成部分,甚至是主要部分;有性生殖的出现并未完全取代无性生殖,相反很多生物很成功地兼用着两者。这里来列举两个低等无脊椎动物的例子。

第一个例子是一种半翅目昆虫——蚜虫,它以植物为食,是一种重要的农林业害虫(Iluz 2011)。蚜虫生殖的一个重要特点就是在无性和有性生殖方式之间进行周期性切换。在食物充裕的春季和夏季,蚜虫进行孤雌生殖(胎生)(图 10-4 左),后代几乎全为雌性,导致种群快速的增长。据估计,一个甘蓝蚜(*Brevicoryne brassicae*)能够繁殖 41 代雌性,产出多达 1.5×10^{27} 个后代(Hughes 1963, Lamb 1961, van Emden and Bashford 1969)。随着秋天的来临,光周期和温度

的变化预示着食物数量的减少，蚜虫开始转变为有性生殖（卵生），这时雌性蚜虫开始产出雄性幼虫，并与之交尾，然后产出受精卵（图 10-4 右）。受精卵在度过冬季后，重新孵出雌性蚜虫。而在温暖的环境（如热带或在温室）中，只要食物充裕，蚜虫可以数年一直进行无性生殖（Stroyan 1997）。

图 10-4　苹果蚜虫（*Aphis pomi*）的不同生命阶段和不同性别。左图：一只蚜虫正在直接产出小蚜虫。右图：A. 两性雌成虫；B. 雄成虫；C. 雌性幼虫；D. 正在产卵的雌虫；E. 卵产下后，从绿色变为黑色（引自 Snodgrass 1930，Wikipedia）

Fig. 10-4　The life stages of the green apple aphid (Aphis pomi). Left: aphid giving birth to live young; right: A. adult sexual female, B. adult male, C. young female, D. female laying an egg, E. eggs, which turn from green to black after they are laid (cited from Snodgrass 1930, Wikipedia)

第二个例子是淡水中的一种小型无脊椎动物——*Daphnia*（甲壳动物），在其生活史中，既能进行孤雌生殖，又能进行有性生殖（图 10-5）。与蚜虫十分类似，*Daphnia* 在一年的大部分时期都进行孤雌生殖，种群快速增殖，只有当恶劣的环境条件（如食物不足等）来临时，才产出雄体，并与之交配，形成休眠卵，休眠卵离开母体沉入湖底，等待萌发的时机。休眠卵可以在环境中存活数年甚至更长时间。

无论是蚜虫还是溞，孤雌生殖都是其生活史的主要组成部分，而有性生殖是为了渡过不良的（如食物缺乏）环境。有意思的是，被专门制造出来用于交配的雄体比雌体体积要小得多，这显然是一种能量的节省方式，因为，这些雄体存在的目的就是为了交配。

早在 19 世纪，德国生物学家魏斯曼（Weismann 1889）就指出进行孤雌生殖的物种因为能够进行快速的繁殖而具有明显的短期优势（a clear short-term advantage）。孤雌生殖在昆虫中时有发生，有些为偶发性（如家蚕、一些毒蛾和枯叶蛾等），有些是经常或永久性的（如一些竹节虫、粉虱、蚧、蓟马等），还有一些则是周期性的（如蚜虫）。

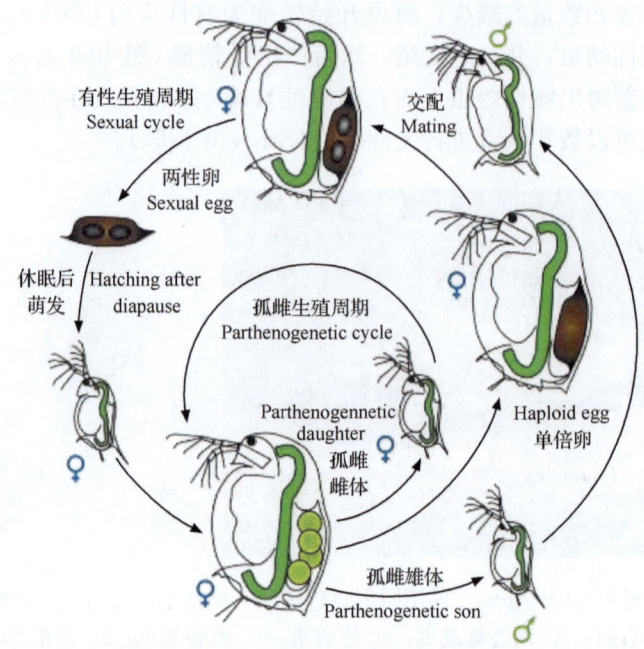

图 10-5　周期性孤雌生殖 *Daphnia* 的生活周期（仿 Ebert 2005）
Fig. 10-5　Life cycle of a cyclic parthenogenetic *Daphnia* (after Ebert 2005)

谁说无性生殖就那么劣势？蚜虫凭借孤雌生殖能迅速的到处泛滥成灾，而行孤雌生殖的溞也经常成为淡水中的优势浮游动物，是支撑水中复杂食物网络的重要环节。据称，蚜虫很可能早在 2.8 亿年前的二叠纪早期就在地球上出现了！

3. 无性生殖对环境变化的适应性真的很差吗？

虽然一些学者自信无性生殖的物种终将会被淘汰，但这是毫无根据的。当 1 个真核细胞分裂成 2 个时，1 个细菌细胞可产生 1 万亿个细胞，其间，由于复制错误而产生的几百亿个突变体会独立地分散开来，这就是为何人类与病源微生物之间的斗争从未停息过的原因，无论人们发现或制造出多么新型、高效的抗生素，与之对抗的突变体肯定会出现（德迪夫 1999）。细菌对青霉素的抗性就是一个活生生的例子：在 20 世纪 40 年代推广时，青霉素是一种神奇的药物，在 1941 年能够除掉世界上任何一种造成感染的葡萄球菌，而现在 95% 的葡萄球菌对青霉素产生了抵抗力，这是因为个别菌体内的突变可迅速扩散的缘故（通过细菌惊人的繁殖速率）。为此，药厂又推出了一种新的抗生素——甲氧苯青霉素，但它也正由于更新的突变而逐渐失去效用（科因 2009）。

对孤雌生殖的小型动物来说，连续的无性生殖似乎并无大碍，它们并未因为所谓"没有遗传变化"的生殖方式而被不利的环境变化所淘汰。相反，它们依然表现出了超强的适应力,如行孤雌生殖的蚜虫对多种杀虫剂抗药性的快速。据魏岑等(1988)报道,在1983~1987年,我国6个省(自治区、直辖市)(内蒙古、河北、四川、陕西、北京和甘肃)的8个地区的麦长管蚜(*Sitobion avenae*)的无翅成蚜对一种常用的有机磷农药——氧化乐果产生了10~15倍的抗药性。将农药当成是一种不利的环境条件应该不会有任何争议。蚜虫的这种迅速的抗药性源自它们惊人的繁殖率:一个甘蓝蚜(主要进行无性的孤雌生殖)一年能够繁殖41代雌性,产出多达1.5×10^{27}个后代,而人类从200多万年的南方古猿发展到今天,也才达到了7×10^9个。

4. "性"真的是对寄生虫的一种强大防御手段吗?

一些科学家认为,无性生殖的品种可能永远无法击败有性生殖的品种,因为无论何时它们变得多么成功,寄生虫会积累并毁灭这个品种。同时,有性生殖的生物可以避免这些剧烈变化的繁荣或萧条,因为它们可以打乱它们的基因从而组成新的组合,让寄生虫更难以适应。因此,一些人相信"性"提供了一个克服寄生虫的进化优势,称之为"红色王后"假说(Zimmer 2009)。笔者认为这仅仅只能是一种猜测。其实,这不过就是把寄生虫当成了一种环境变化而已。笔者不排除在一些类群中可能存在这种现象,但这绝不可能是一种普适性的重要机制。

所谓寄生虫(parasite)是指一种生物,将其一生的大多数时间居住在另外一种动物上,同时对被寄生动物[称为宿主或寄主(host)]造成损害。寄生虫包括原生生物[如疟疾原虫(*Plasmodium* sp.)、蓝氏贾第鞭毛虫(*Giardia lamblia*)等]、无脊椎动物[如猪肉绦虫(*Taenia solium*)、中华肝吸虫(*Clonorchis sinensis*)等]和脊椎动物[如盲鳗(*Myxine*)等]。

有意思的是,一些寄生虫也同时兼用两种生殖方式。例如,疟原虫通过蚊子叮咬进入宿主体内后首先侵入肝脏细胞,再由肝脏进入血液感染红细胞,在红细胞内无性繁殖扩增之后,可以继续感染新的红细胞;其也可能形成配子体(gametocyte),当蚊子吸取受感染的血液后,雄、雌配子体进入蚊子胃内发育成配子并进行有性繁殖,合子最终在胃壁下形成卵囊(oocyte)。卵囊中疟原虫进行无性繁殖,最终形成孢子体(sporozoite)进入蚊子唾液腺,准备感染新的脊椎动物宿主。那寄生虫本身为何还保留了无性生殖的方式?难道它不怕更小的病源微生物攻击它吗?这只能说明,这种两种生殖方式混用的模式对一些寄生虫也是一种最佳的进化选择。

也许在寄生虫出现之前早就有了有性生殖,因此,有性生殖的出现与寄生虫的防御并无多大关系。这里,笔者还要举一个反证的例子,上面谈过的蚜虫也有寄生虫,寄生蜂幼虫能将卵产在蚜虫体内,置蚜虫于死地(图10-6)。但是难道有谁能看得出蚜虫有摈弃孤雌生殖的趋势吗?

*Daphnia*被病源细菌感染的现象也很普遍,这些细菌不仅感染进行孤雌生

图 10-6 一只寄生蜂正在往一只蚜虫的体内产卵。当卵孵化后(这些卵中只有一只可以发育为成虫),就会留下一只被掏空了的蚜虫的躯壳(图片由 Nigel Cattlin/Visuals Unlimited 提供)

Fig. 10-6 A parasitic wasp lays its eggs in an aphid. When the egg hatches—only one develops into a wasp——a hollowed-out corpse is left behind(photo courtesy by Nigel Cattlin/Visuals Unlimited)

殖的雌性成体,也感染进行两性生殖的雌性成体(图 10-7)。一些寄生真菌,如梅奇酵母($Metschnikowia\ bicuspidata$)也可感染 $Daphnia$(Duffy et al. 2012)。很显然,尽管有这些病原菌的存在,$Daphnia$ 的孤雌生殖并未被淘汰,依然是其最主要的繁殖方式。更有意思的是,甚至在只进行无性生殖的细菌体内也被一类称为噬菌体的病毒所寄生。在笔者看来,所谓的"红色皇后"假说简直不堪一击。

5. 真的是性感让我们失去了无性吗?

如果性最初只是生殖的选择之一,那么后来性如何在许多物种(包括我们自己在内)中变成了别无选择?Hadany 和 Comeron(2008)甚至猜测这个答案可能与性感有关——那就是说,因为这种偏好,有性生殖的生物常常更喜欢与某些个体交配。例如,雌孔雀鱼喜欢与有明亮斑点的雄孔雀鱼交配;在一些蛙类物种中,雌性选择与叫声最响亮的雄性交配。笔者认为这是一个不可思议的猜测,也许在很多类群中都可能存在这种性别的嗜好,但是将此归结为无性生殖丧失的机制未免有些言过其实。

高等动物的性选择可区分成三种形式,而上述所谓的性感的性选择方式属于其中之一。第一种为格斗型,即雄性间进行直接的争斗,以决定谁可以与雌性交配,因为雄性常常要看护一大群雌性,格斗型的性选择使雄性向强悍的方向发

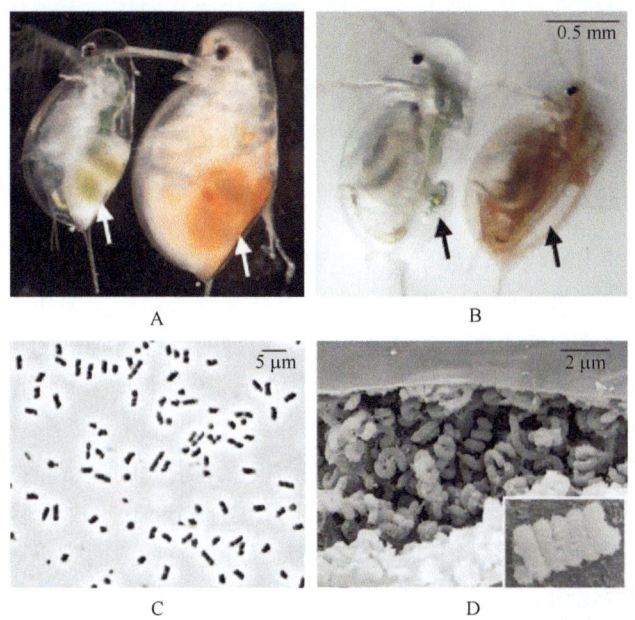

图 10-7 健康（透明）和染病（粉红）（A、B）的 *Daphnia dentifera* 显微照片。A. 为怀休眠卵（箭头所指）的 *D. dentifera*，注意休眠卵夹内含有细菌；B. 显示未被感染的怀无性卵的 *D. dentifera*，而被感染的 *D. dentifera* 没有怀卵（如箭头所示）；C. 为从 *D. dentifera* 挤压出来的细菌的相差显微图片；D. 为从 *D. dentifera* 壳内取出的细菌的扫描电镜图片，插图为螺旋形态的近照（引自 Rodrigues 2008）

Fig. 10-7 Micrographs of healthy (transparent) and diseased (pink-red) (A and B) *Daphnia dentifera*. Panel A shows *D. dentifera* carrying diapausing eggs (indicated by arrows). Note that the diapausing egg case appears to contain the bacterium. Panel B shows uninfected *D. dentifera* carrying an asexually produced egg, whereas the infected *D. dentifera* has an empty brood chamber (indicated by arrows). C. Phase-contrast micrograph of bacterial content extruded from *D. dentifera*. D. Scanning electron micrograph of the bacterial content taken inside the carapace of the *D. dentifera*. The inset shows a close-up of the spiral morphotype (cited from Rodrigues 2008)

展，可增强攻击猎物或防御天敌的能力，对种群的繁衍具有积极意义。第二种为吸引型（这类物种似乎不具备强有力的格斗能力），即雄性之间通过间接的竞争（漂亮的嗓音、艳丽的颜色、诱人的外激素、性感的表演等）来吸引雌性，由雌性来决定胜利者，于是产生这些容易吸引雌性特征的基因就得以在种群中积累下来，虽然这些复杂而精美的装饰、结构或行为往往要使雄性个体付出代价甚至巨大代价（如消耗更多的能量、容易被猎食者发现等），但很显然，这取决于生存与繁殖之间的平衡。第三种为配偶专一型，即一些动物（如鹅、企鹅、鸽子、鹦鹉等）倾向于一夫一妻制，雄性与雌性在形态和外观上相差不大，因为雌雄结成一对，没有明显的性竞争与性选择必要，雌雄往往共同抚养下一代。但是，这种一夫一妻制在哺乳动物中却并不常见，只有约2%（科因 2009）。

性选择是物种为了提高个体获得配偶可能性的一种自然选择方式，它建立在有性生殖基础之上，应该与无性生殖的丧失没有必然的因果关系。

6. 性真的要付出双倍代价吗？

对性比接近1的物种，如果单从生殖的角度来看，由于雄性不能生殖，因此种群为性付出了双倍的代价。但是，存活也是物种繁衍的重要条件，而种群的繁衍取决于出生与死亡的平衡。事实上，很多物种的雄性对种群的贡献不仅仅限于完成交配，还主导或参与共同狩猎、共同防御、为幼仔寻找食物、保护幼仔等，提高雌体或幼仔的存活率。

雌雄共同育仔的一个典范见于生活在南极大陆沿海的皇帝企鹅（*Aptenodytes forsteri*）。它们是一夫一妻制，每年5～6月雌企鹅产下一枚蛋后，小心而迅速地把蛋交给雄企鹅，之后雌企鹅立即返回大海进行捕食，而雄企鹅把蛋放在脚掌上，用育儿袋孵化约2个月，这期间，雄企鹅将不吃任何食物，依靠燃烧身体中储存下的脂肪度日。雌企鹅出海约2个月后返回，找到自己的丈夫，吐出储存在胃里的食物来喂食自己生下的小企鹅。这时无比饥饿的雄企鹅才会重新返回大海去寻找食物。

还有一个雄性全职育幼的例子——瓣蹼鹬（*Phalarope*），它是"一妻多夫制"，即雌鸟在与雄鸟交配产完卵后立刻抛弃雄鸟，准备着再与另一个雄鸟交配产卵，而孵卵和育雏的任务全由雄鸟承担。水雉（*Hydrophasianuschirurgus*）也有类似的习性，也是"一妻多夫制"，雄鸟承担孵卵及育幼，雌鸟则乐于与许多雄鸟交配，在一个繁殖季节有时可产卵10窝以上，分别由不同的雄鸟孵化。

另有一个共同育幼更绝的例子是海洋中的一种小型鱼类（体长5～30 cm）——海马（*Hippocampus*），雌鱼将受精卵产在雄鱼腹部的育仔囊中，让雄鱼来"怀孕"，经过2～3周，由雄鱼产出小海马，雄鱼的"妊娠期"比雌鱼新产生一批卵子的周期还要长。海马的亲戚——海龙（*Syngnathus*）也有类似的习性，雌海龙将卵产在雄鱼身上的一个囊中后就离开了，由雄海龙来完成怀孕过程，卵子从雄海龙血液吸收养分，经过数周才能孵化。

在许多高等动物中，雄性为雌性和幼体提供着不可或缺的强有力的保护。例如，狒狒是人类的近亲，雄性凶猛，有发达的犬牙和强壮的四肢，体重达到雌性的1倍；狒狒结群生活，由健壮的成年雄狒率领，它们往往在群体的前方和后方压阵，中间是母狒和仔狒，如果遇上敌害（如豹），狒王将率年轻力壮的雄狒与敌对抗，撤退时，首先是雌性和幼体，雄性在后面保护。成年雄狒的这种保护作用对雌狒怀孕期长达8～9个月，幼崽需要哺乳3年的狒狒种群来说，其重要作用不言而喻。这种以家族关系为核心的结群生活模式是高等动物社群行为的主要形式之一，毫无疑问有利于这些物种的生存与繁衍。

此外，对主要进行孤雌生殖的动物（如蚜虫），有性生殖虽然只是在很短的时期出现，但产生的能够渡过不良环境（如食物日渐稀少）的休眠卵，却是来年种群得以恢复与延续所必须的。在这种意义上来说，有性生殖构成了生活史中的不可或缺的一个环节，因此对物种来说是无价的。

三、令人疑惑的植物交配系统——自交真的会衰退吗？

研究或思考与性起源相关的伟大科学家——达尔文、魏斯曼、费希尔和梅纳德史密斯等均嗜好分析来自动物的事例或证据，苦恼着无性生殖与有性生殖之间的迷惑，而很少涉及植物。高等植物的繁育系统更为复杂，使这些适合于动物的"性"进化理由变得更加苍白无力。植物"性"的疑惑不仅存在于无性和有性之间，也存在于有性生殖的亲缘个体之间。在高等动物，人们关注近亲交配，在高等植物，人们则关注自交和异交，并普遍认为自交会导致衰退。

1. 显花植物的性别系统——雌雄同花占据绝对优势

高等植物性别系统（sex system）的配置方式非常多样，植物性别从单花、单株和种群三个不同层次进行的划分如表10-2所示。植物生殖系统的配置如此的随意与变化多端，起初令笔者十分震惊。但幸运的是，正是高等植物这种看似杂乱无章的"性"器官的配置模式使笔者对传统的主要基于动物的"性"进化观念产生了强烈的疑问，也激励着笔者去探寻"性"的生态学起源机制以及"性"的生态遗传本质。

表 10-2 植物的性别

Table 10-2 Sexuality of flowering plants

	性别特性 Characters of sexuality
单花层次 At the level of flower	1. 两性花（或雌雄同花）：既有雄蕊，又有雌蕊
	2. 雄花：只有雄蕊而无雌蕊
	3. 雌花：只有雌蕊而无雄蕊
单株层次 At the level of individual plant	1. 雌雄同花：植株上只有两性花
	2. 雌雄（异花）同株：既有雌花，又有雄花
	3. 雄株：整株只有雄花
	4. 雌株：整株只有雌花
	5. 雄全同株（雄花两性花同株）：既有雄花，又有两性花

续表

	性别特性 Characters of sexuality
	6. 雌全同株（雌花两性花同株）：既有雌花，又有两性花
	7. 三全同株（雄花雌花两性花同株）：一株上同时有雄花、雌花和两性花
种群层次 At the level of population	
单型 Monomorphism	1. 两性花或雌雄同花：种群内只有两性花植株
	2. 雌雄同株：种群内只有雌雄同株的植株
	3. 雄全同株（雄花两性花同株）：种群内只有雄花两性花同株的植株
	4. 雌全同株（雌花两性花同株）：种群内只有雌花两性花同株的植株
	5. 三性花同株（或杂性同株）：种群内只有雄花雌花两性花同株的植株
多型 Polymorphism	
	1. 雌雄异株：种群由雄株和雌株构成
	2. 雄全异株（雄花两性花异株）：种群由雄株和两性花植株构成
	3. 雌全异株（雌花两性花异株）：种群由雌株和两性花植株构成
	4. 雄花雌花两性花异株：种群同时由雄花、雌花和两性花植株构成

资料来源：引自 Wyatt(1983) (cited from Wyatt 1983)

花是被子植物的繁殖器官，其生物学功能是结合雄性精细胞与雌性卵细胞以产生种子，基本过程始于传粉，然后是受精，进而形成种子并加以传播。花有单性和两性之分，单性花指一朵花中只有雄蕊或只有雌蕊（如玉米），而两性花指一朵花中既有雄蕊也有雌蕊（如桃花）。单性花（雌花、雄花）可以分别生长在不同的植株上，这称为雌雄异株（dioecious）；也可生长在同一植株，称为雌雄同株（monoecism），两性花肯定都是雌雄同株。

绝大多数被子植物都是雌雄同株，虽然大约一半的被子植物科中存在有雌雄异株现象（Renner and Ricklefs 1995）。在植物中，雌雄同花最为常见，高达74%（陈小勇 2004）。而在高等动物（脊椎动物）中，雌雄同体现象则十分罕见。

需要指出的是，裸子植物没有雌雄同花的球果，它们要么雌雄（异花）同株，要么雌雄异株，但某些物种既有雌雄异花同株的种群又有雌雄异株的种群，除麻黄属（*Ephedra*）之外，均为风媒传粉（Barrett 2002，张大勇 2004）。

2. 传粉方式进化的结果——虫媒比风媒植物的自交率还高

显花植物的交配系统（mating system）十分特殊，可以自交（inbreeding）、异交（outcrossing）或两者兼有。自交是指植物的花粉粒传到同一植株花的柱头上的受精过程（这就是说，进行交配的卵子和精子由同一个个体产生），而异交是指一株植物的花粉传送到另一株植物的花的胚珠或柱头上的受精过程。交配方式与植物的性别系统有很大关系,如果某种植物为雌雄异株(如铁树),那就都是异交了。

植物不能像动物那样可以自由地寻找配偶进行交配,那它们是如何进行交配的呢?被子植物必须借助媒介进行传粉——风、水或动物,其中最重要的一种方式就是利用花粉吸引动物(特别是昆虫)来为其传粉。高等植物雌雄配子成功交配的机会有多大?Harder(2000)通过对其收集的单子叶植物数据的分析发现,能够成功到达柱头的花粉比例经常不到1%,最低的仅有0.07%。因此,植物生产的花粉数量一般远远大于胚珠数量,而绝大部分花粉都没有成功授精的机会。

不难理解,对雌雄同株的植物来说,除非在不同的时期成熟,无论是通过动物传粉还是风或水传粉,都有自花授粉的可能。图10-8是对169种虫媒传粉和59种风媒传粉异交率的变化,虫媒几乎就是一种随机的连续变化,而风媒则出现较为极端的情形,要么异交率很低,要么异交率很高,过渡类型很少(当然风媒植物的样本数偏少)。

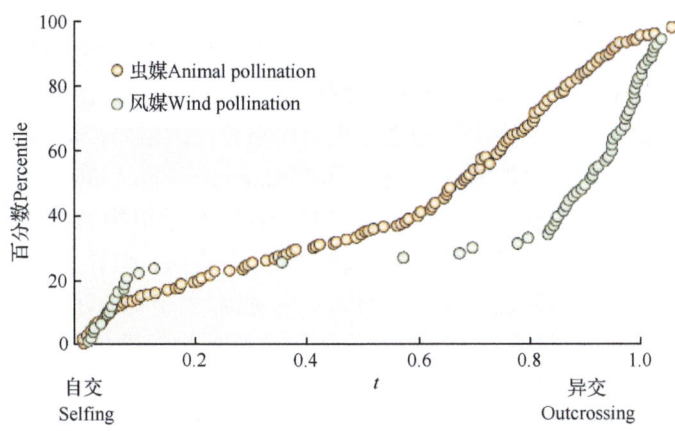

图10-8 动物传粉与风媒传粉植物异交率分布的差异。图示为169种动物传粉植物和59种风媒传粉植物的自交率 t 的排位估值对累积百分数(Barrett 2002重绘自Vogler and Kalisz 2001)
Fig. 10-8 The difference in the distribution of outcrossing rates in animal-pollinated and wind-pollinated plant species. The graph plots the cumulative percentile versus ranked estimates of t, the outcrossing rate, for 169 animal-pollinated species and 59 wind-pollinated species. (redrawn from Vogler and Kalisz 2001 by Barrett 2002)

从风媒到虫媒被认为是高等植物传粉的一种进步。笔者认为,如果自交会引发衰退的话,那应该是虫媒植物的自交率会降低而异交率会升高。但是事实上虫媒植物自交率的变化相当连续,平均起来,似乎比风媒植物的自交率还高。

自然界中还存在一些专性自交植物。有一些植物是自花传粉的(如大麦、小麦、大豆、豆角、稻子、指甲花等),这类植物具两性花,雌、雄蕊接近,花粉易落到本花的柱头上。另外,还有一种典型的自花传粉——闭花受精(cleistogamy），如豌豆和花生在花尚未开放，花蕾中的成熟花粉粒就直接在花粉囊中萌发形成花粉管，把精子送入胚囊中受精。

一般认为，自花传粉是植物对缺乏异花传粉条件时的一种适应，但自花传粉植物的这种特性显然难于用此机制解释。当然，自花授粉植物中也总有少数能进行异花传粉。

正因为大多数植物为雌雄同株，加上虫媒和风媒传粉的随机性，可能是图10-8所示的自交与异交呈现出一种连续分布格局的主要因素。在自然界中，被子植物的混合交配系统相当普遍：大多数异交植物可以自我授粉，而大多数自交植物也可以异交（Lloyd 1979，Barrett and Eckert 1990，Vogler and Kalisz 2001），这或许是由于被子植物主要依赖于虫媒授粉所致，即传粉昆虫活动的随机性注定主要是雌雄同株的被子植物不可能彻底避免自花授粉。

3. 生活型决定自交率——一年生植物的自交率远高于多年生木本植物

现在来考虑一下反映植物的外貌和环境适应性的生活型与植物交配之间的关系。交配类型与植物的生活型似乎关系密切：多年生木本植物异交率高，而一年生植物的自交率高（图10-9），当然，多年生木本植物一般比一年生植物高大。在系统学上同源类群的不同生活型之间也呈现出相似的格局。例如，花葱科植物从多年生向一年生植物过渡时，自交率增高（Barrett et al. 1996）。

整个被子植物的自交或异交的分布格局如何？被子植物的异交率变化较大，异交率接近于0和1的种类都比较多，成双峰分布格局，但异交率各个等级都有一定的比例；而裸子植物的异交率比较高，一般都大于0.6（图10-10）（Barrett and Eckert 1990）。这里需要指出的是，如果高等植物的进化方向是降低自交率的话，那与裸子植物相比，被子植物应该更为进化，其自交率应该更低。但事实并非如此，即一些被子植物的自交率反而很高。这可能与被子植物的生活型十分丰富有关，而裸子植物多为高大的乔木，只有少数为灌木。

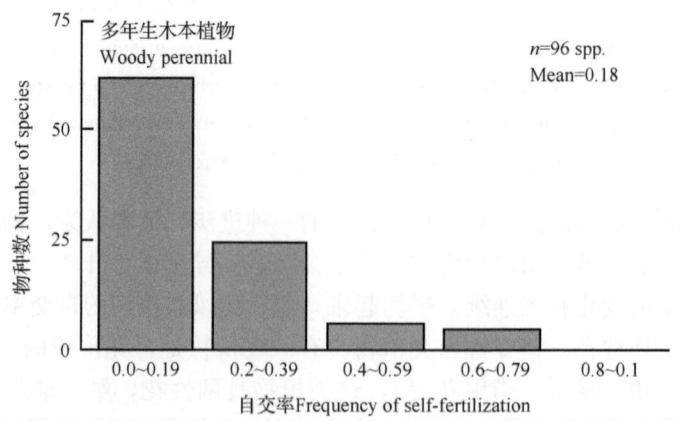

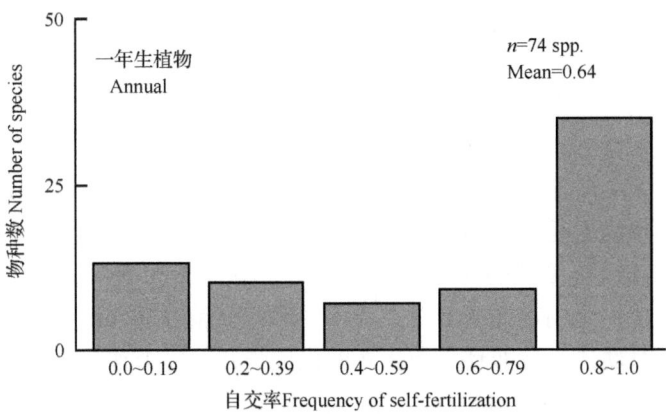

图 10-9　植物生活型与其自交率之间的关系（引自 Barrett et al. 1996）

Fig. 10-9　The relation between life-form of plants and their frequency of self-fertilization (cited from Barrett et al. 1996)

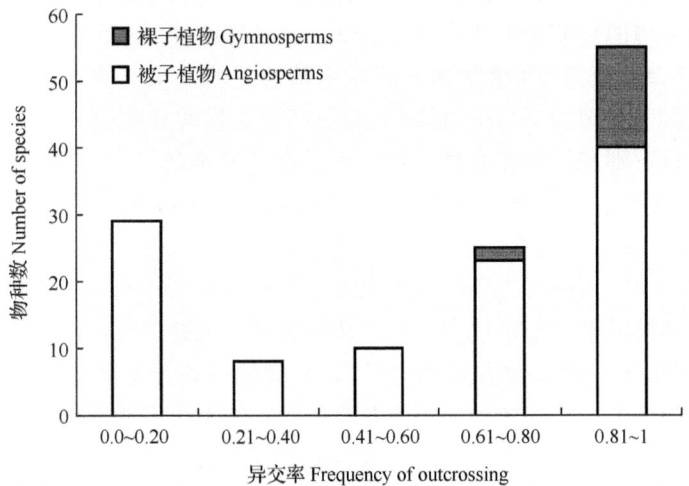

图 10-10　裸子植物和被子植物种群异交率的分布（Barrett and Eckert 1990）

Fig. 10-10　Frequency of outcrossing in gymnosperms and angiosperms (cited from Barrett and Eckert 1990)

一般来说，一年生植物的自交率比多年生草本植物高，而多年生草本植物的自交率又比木本植物的高（Barrett et al. 1996）。从理论上来说，自交率越高，分配在雄性器官上的资源比例可能越低，就越有利于种群的快速增殖。从生态对策上看，一年生植物一般是 r-对策者，而多年生植物一般是 K-对策者。因此，似乎存在这样的趋势，r-对策者选择更多的自交，而 K-对策者选择更多的异交。这表明，生殖对策恰好是生态对策的一种反映。

4. 广泛的闭花受精——自交的极端发展

自交行为的一种极端形式就是闭花受精，它的存在还十分广泛：有多达693种被子植物被观察到有这种现象，隶属于228个属和50个科，随着未来繁殖生物学研究的深入，可能还会有许多新的闭花受精植物被发现。闭花受精被分为三种类型：①两型闭花受精(dimorphic cleistogamy)——原芽已经事先确定发育成开花受精的花或闭花受精的花；②完全闭花受精(complete cleistogamy)——所有的芽均发育成完全闭花受精的花；③诱导闭花受精(induced cleistogamy)——没有固定的发育轨迹，除非环境阻止花的机械张开，每个芽都将发育成开花受精的花(Culley and Klooster 2007)。

两型闭花受精最为普遍，典型的例子见于许多凤仙花属(*Impatiens*)和堇菜属(*Viola*)的植物，在一个植株上，两种花可同时出现但位置不同，或者依次在不同的季节出现。而完全闭花受精仅在若干种类中可以观察到，特别是兰花，但这些观察往往仅基于少数个体，且常常在温室这样的人工环境中进行，因此，还需要从自然环境的更多的个体中进行确认。在诱导闭花受精的植物中，不利的环境条件(如干旱、低温等)常常诱导闭花受精的花的产生。例如，生长在远东北极地区的几种羊芽属(*Festuca*)植物一般会产生大量的开花受精的花，但在低温和高湿度条件下则产生闭花受精的花；生长在夏威夷的马齿苋属(*Portulaca*)植物在光强和温度下降时常常产生闭花受精的花(Darwin 1877b, Lloyd 1984, Connor 1998, Kim and Carr, 1990, Wagner et al. 2005, Culley and Klooster 2007)。

闭花受精被赋予了很多优点：①当传粉者稀少或缺乏时，可能提供了一定的繁殖保障(类似于一种繁殖方式的拷贝)，或者说遇到开花受精的花不能受精时可增加种子的生产；②一些种类的闭花受精的花的生产可能能量耗费少，因此有更多的资源用于种子生产或产生具有较高适合度的较大的种子；③闭花受精具有自交固有的将母本的基因全部传给子代的优势；④通过闭花受精不断的自交可以清除种群中有害的隐性等位基因，随着时间的推移，可以减少近交衰退的水平，特别是对完全闭花受精的物种来说；等等。当然，闭花受精也被赋予了一些缺点：①遗传变异下降；②增加遗传漂变；③近交衰退水平高；等等［见Culley和Klooster(2007)及所引相关文献］。

5. 事实与想象的对决——自交真的导致衰退吗？

(1) 凭什么说衰退了？

什么叫衰退？其实用什么来表征衰退并不那么容易。人们可能会用生长速率、种子大小、受精率、繁殖率、存活率等来表征。但是，你能说小的种子比大的种子就衰退了吗？生长慢就比生长快衰退了吗？繁殖力稍低也不一定就是出现衰退，等等。对一切物种性状优劣的评价离不开在一定生命尺度下个体的生物学特征（如第二章所述）及其与特定生存环境的关系。因此，撇开特定的生存环境进行物种间的这种比较是没有多大意义的。

(2) 关于植物刻意异交的种种猜测

人们常常通过这样的一个事实来强调高等植物在刻意异交以克服自交引起的衰退：虽然自然界的有花植物绝大多数都是雌雄同株的，但大多数植物却能够异花授粉，虽然异交程度有所不同（图10-10）。

人们还列举了自己认为植物为了增加异交所采用的一些措施：①雌雄同株但是异熟；②雌雄同株，但开单性花，因此只能进行异花传粉；③有的植物雌蕊柱头对自身花粉有拒绝、杀害的作用，或花粉对自花柱头有毒；④还有一些植物出现自花授粉或相同基因型的植株间相互授粉不能受精结实的现象，被称为自交不亲和（self incompatibility），据估计高达60%的有花植物自交不亲和（Weller et al. 1995，Hiscock and Kues 1999）。虽然人们信心十足地将这些现象归结为植物进化出的保证异花传粉的对策，但笔者认为两者之间未必就存在必然的因果关系。

(3) 异交的选择压力不大——因为植物并未一步到位来避免自交

笔者并不否认雌雄同株但异熟、雌雄同株但开单性花、一些植物存在自交不亲和等现象的真实存在，但笔者的疑问是：有什么证据来证实这就是为了保证异交？笔者的看法是：如果自交真的会导致植物衰退的话，那就不可能存在自花授粉植物，更不会存在闭花受精植物；如果自交真的那么有害，自然的选择应该很容易做到向雌雄异株的方向发展而彻底淘汰雌雄同株的种类。事实上，笔者所看到的是：进化塑造了一个极为多样的有花植物的性别系统，之所以有那么多的组合而且绝大多数为雌雄同株，这难道不是在告诉我们异交的选择压力并不那么大吗？

一个令人震惊的事实是，在显花植物中，只有大约10%的植物开单性花（unisexual flower）（Barrett 2002）。笔者要问：如果自交真的会衰退的话，为何只有如此之少的植物开单性花？像动物一样植物把花长在不同的植株上，不就可以避免自交了吗？这难道不在暗示，高等植物的自交根本就不可能导致什么衰退吗？

依笔者之愚见，高等植物特殊的生殖系统配置方式对传统的"性"观念造成了强烈冲击。一般认为，精子和卵子是完全相反的性别，但在高等植物中却大多数由同一个体产生，而且自交现象还十分普遍（在低等动物中也存在雌雄同体现象，但十分罕见，且一般为异交）。我们应该承认一个事实：雌雄异体和雌雄同体都共存于生命世界之中，两者都能顺利完成物种的延续。为什么雌雄同株且自交的植物要绕这么大一个弯来产生后代而不能采用更为简洁的程序？这难道是一种偶然的进化事件吗？

6. 从孟德尔的遗传定律——透视繁育系统对遗传结构影响的本质

遗传是所有生命的本质特征之一，也是生殖的基础。虽然不可能用遗传学来解释生命世界的一切，但它依然是驾驭生命运作的本质规律之一。

（1）有性生殖的遗传本质——等位基因的分离与随机重组

生殖可看成是遗传系统的一种操作方式，而操控这台戏的幕后主角就是基因。生物的性状（如颜色、高矮等）由各种各样的基因（或基因组合）控制着，这些基因就像念珠一样串接在染色体上。反过来，通过对遗传机制的分析，可以深入了解生殖方式的过程、细节和效应。

由于（进行有性生殖生物的）生殖细胞为单倍体，而体细胞是二倍体，因此体细胞中的染色体是成对存在的，这样来自双亲的染色体的同一位置上就会有一对基因（该位置称为基因座），这种成对基因称为等位基因（allele）。动植物的表型（如皮肤或毛发的颜色等）是由一些特定的等位基因所控制的，与某一特定的表型相关的基因型式称为基因型（genotype）。一对等位基因可以相同也可以不同，前者称为纯合子（homozygous），后者称为杂合子（heterozygous）。若一对杂合子等位基因中，有时只有一个能表达出性状，另一个不表达［前者称为显性基因（dominant gene）后者称为隐性基因（recessive gene）］，也可能同时表达［称为共显性（co-dominance）］。在一个生物群体中，一个基因座上的等位基因可能多于两种（如人的ABO血型系统、小鼠的毛色、果蝇的眼色等），称为复等位基因（multiple allele），但对个体而言，一个基因座上只可能同时出现一对等位基因。表现型与基因型的相互关系受到环境变化的影响。

一般来说，不同的基因型会产生不同的表型，但一个基因或许会对一个以上的性状产生影响。此外，由于基因环境、背景或基因间的相互作用的差异，同样的基因在一些个体中可能主要产生有利的结果，但在另一些个体中则可能主要产生不利的后果。此外，一些具有有害后果的基因之所以被选择保存，必定是由于它们还有其他的益处（威廉斯 2001）。

19世纪，奥地利修道士兼植物学家孟德尔（Gregor Mendel）通过多年的豌豆杂交实验发现，如果 A 为显性基因（如紫花豌豆），a 为隐形基因（如白花豌豆），则用纯系的紫花豌豆和白花豌豆进行杂交试验时，无论是正交还是反交，F1植株全都是紫花豌豆。进一步进行紫花豌豆的F1自花授粉，在杂种F2的豌豆植株中，出现了两种类型：一种是紫花豌豆（显性性状），另一种是白花豌豆（隐性性状），二者之比接近3：1，其中，紫花1/3为纯合子、2/3为杂合子。即基因按下式进行了分离与组合：

$$\begin{array}{c}\text{AA(纯系)}+\text{aa(纯系)}\\ \downarrow \text{杂交}\\ \text{Aa}+\text{Aa}(\text{F1 代})\\ \downarrow \text{自交}\\ \text{AA}+2\text{Aa}+\text{aa}(\text{F2 代})\end{array}$$

这被称为遗传学上的分离定律和自由组合定律,揭示了有性生殖的遗传本质。

数十年之后,英国数学家哈迪(Hardy G. H.)和德国医生温伯格(Weinberg W.)对孟德尔的遗传定律赋予了群体遗传学的含义,他们假定在一个随机交配群体(满足群体无限大,没有突变、选择、迁移和遗传漂变等条件)中,等位基因 A 和 a 的频率分别为 p 和 q,则基因型 AA、Aa 和 aa 的频率分别为 $p2, 2pq$ 和 $q2$,这被称为哈迪-温伯格定律(Hardy-Weinberg Law)。但这似乎不过是孟德尔遗传定律的复述而已,只是引申了一些群体遗传学的思考。

根据孟德尔的遗传定律,就不难理解纯系是如何获得的,即通过反复多代的近交,如果每次人为地淘汰 aa,就可以得到 AA 的纯系,反之,如果每次人为地淘汰 AA,就可以得到 aa 的纯系。孟德尔的成功就在于他的实验材料使用了一个等位基因控制的两个不同性状的纯系。

表现型是基因型长期适应生存环境的产物,是进化与选择的结果。一对杂合子等位基因的显性和隐性之间也许随环境的不同而转变,即由于生存环境等的变化,如果隐性的等位基因比在那个位点上的显性基因具有更好的适应性,那么或迟或早,这一个隐性基因就会转变为显性基因。例如,当熊生活在冰天雪地的北冰洋地区时以白的毛色占据绝对优势(北极熊),而当它在高山草原或山林中生活时,则以偏灰的毛色占主导(棕熊),这可能与它们猎食时尽量接近背景色以免被猎物觉察有关。

隐性性状不一定都是无用或有害的。一些隐性性状也许曾经居于优势,现在的显性性状应该是最能适应当前环境的一种性状,但也不能保证现在的环境在未来不会改变。显性基因与隐性基因(特别是无害)的共存也是自然选择的结果,对有性生殖的物种来说,通过等位基因的隐性和显性共存机制使其基因库在某一特性(如动物的毛色)上保存了两种甚至更多的选择。当然,真正十分有害的隐性基因也应该会通过随机的纯合被自然选择逐渐淘汰,只是在有性生殖模式下这一过程可能会十分缓慢。

隐藏在显性和隐性中的基因的差异,成就了个体间表型的差异(至少在纯合时得以显现)。或许这也是生态系统平衡之所需。就像非洲大草原的斑马与狮子,体弱的斑马就成了狮子的美餐。假如斑马奔跑的速率或体质没有差异,要么狮子因没有一个能追得上猎物而灭亡,要么所有的狮子都能追得上斑马,而导致斑马灭亡,可是自然界没有采取这种方式。因此,群体中的个体差异也许成全了自然界中的相对平衡。

(2) 繁殖系统对遗传结构的影响——自交到底劣在何处

毋庸置疑，基因是所有物种遗传结构的基础，它的多寡、在个体和种群中的分布格局影响着物种的生存与演化。从孟德尔的遗传定律不难看出，不同的繁殖系统对种群的遗传结构具有显著不同的影响。

(1) 如果 aa 是绝对有害且能被自然选择所淘汰，则在完全自交的繁殖方式下，随着世代的增加，a 在群体中将会以较快的速率消失。而在异交的体系下，有害的 a 在群体中保留的时间要比自交要长得多。换言之，自交可能会导致种群中的一些（特别是含有有害隐性基因）杂合子快速消失。

(2) 一般来说，表型对物种的利弊都是相对的。例如，在一种完全不同的生存条件下，或许 aa 对物种的生存变为有利而 AA 变为有害，因此，异交保留了不同条件下的生存适应性，而在自交体系中 aa 早已被淘汰了。

(3) 在异交的情况下，自然选择对种群的遗传结构也有深刻地影响，例如，对 aa 的选择压力越大，群体中 a 出现的概率就会越低。

关于繁殖系统的遗传效应，人们常常担忧的一个问题就是无性生殖的劣势，认为无性繁殖在理论上将会完整地保留亲本的遗传特征，因而不能适应变化的环境。但实际上这种担心是完全多余的，因为无性生殖也会出现变异或突变（如复制错误、物理化学环境诱发的突变等）。如果是这样，只能进行无性生殖的细菌不早就应该灭绝了？

其实，无性繁殖在高等的维管束植物中也相当普遍，可以通过营养繁殖——出芽(budding)、分枝(branching) 或分蘖(tillering)，或通过产生孢子或与产生它们的孢子体在遗传上完全相同的种子（种子植物的不完全无配生殖以及蕨类的无配生殖）完成无性繁殖。营养繁殖在多年生植物（特别是草本和水生植物）中非常普遍。有很多例子证实高等植物的营养繁殖有时具有很强的生命力(Holsinger 2000)，例如，一种水生杂草(*Elodea canadensis*) 在 1840 年传入英国后，到 1880 年就扩展到了整个欧洲，这完全就是靠营养繁殖实现的 (Gustafsson 1946, 1947)。

人们担心的另外一个问题就是自交会导致种群的遗传多样性的下降。其实这种担心显得有些多余，从一些研究数据不难看出，自交物种似乎将遗传多样性藏匿于不同的种群之中，而异交物种则将遗传差异分散在种群的个体之间。Hamrick 和 Godt(1989) 报道，自交物种的遗传多样性更多的是源自种群间的遗传差异而非种群内不同个体之间的遗传差异。例如，自交植物的同工酶多样性有超过 50% 源自种群间的差异，异交植物只有 12% 源自种群间差异。这样，经常自交的植物偶尔异交的话，就如同两个不同的纯系间通过异交又能进行基因的混合与重组。这难道对遗传多样性有很大的损失吗？

这两种遗传多样性的分布或保存方式（一种以自交为主，一种以异交为主）

哪一种对生存更有利真还很难一概而论，很难说多自交和多异交哪一种对物种的生存更为有利。从 r-对策植物更多地趋于自交说明，自交（像无性生殖一样）更适合机会主义的资源利用方式（以快速繁殖为特征），而 K-对策植物则正好相反。显然，自交和异交各有利弊，这或许就是为何高等植物的繁育系统不太在意去严格区分两者的缘故。不得不佩服，高等植物十分聪明，利用各种繁殖方式的好处，既有无性繁殖，又有有性繁殖，在有性繁殖中既自交也能异交。这有什么烦恼的，这不正是大自然的聪明与奇妙吗？

四、有丝分裂与减数分裂——不同生殖方式的操作平台

1. 真核生物的无性生殖与有性生殖——由细胞的有丝分裂与减数分裂来实现

自我繁衍是所有生命区别于非生命的本质特征之一，而这是通过两个基本的生命过程——生殖与生长来实现的。无论生命的形态大小、生理过程等有多么的复杂，无论地球上的物种是多么繁多（达到数百万种），生命的生殖方式要么是无性繁殖，要么是有性繁殖，或者无性生殖与有性生殖的混合方式。有性生殖指由亲本产生的有性生殖细胞（配子），经过两性生殖细胞（如精子和卵细胞）的结合，形成受精卵或合子，再由受精卵或合子发育成新个体的生殖方式。而无性生殖，又称为无配子生殖，指没有配子参与，不经过受精过程，直接由母体形成新个体的繁殖方式。

生殖与生长都是通过细胞水平的变化来实现的，特别是通过细胞分裂（cell division）。真核生物的细胞分裂可以区分为有丝分裂和减数分裂。有丝分裂过程中两个子细胞具有跟母细胞一样的两套完整的染色体，因此所有体细胞都具有完全一样的染色体；而在减数分裂中，母细胞的两套染色体随机地分成两组，每一组染色体进入一个子细胞（这个子细胞就是配子），这样配子就只有遗传密码的一个完整拷贝而不是两个。大约在 19 世纪末，人们描述了这两种细胞分裂的行为。

两种生殖方式很好地对应了两种细胞分裂方式：有丝分裂是无性生殖的操作平台，减数分裂则是有性生殖的操作平台（需要指出的是，原核细胞没有有性生殖，其无性生殖方式既非有丝分裂，也非减数分裂）。很多单细胞的真核生物（如一些藻类）只进行以有丝分裂为基础的无性繁殖，而绝大多数真核生物既能进行有丝分裂又能进行减数分裂，形成了两种细胞分裂交替出现的生活史。在多细胞生物中，一般是受精卵在经过反复的有丝分裂使有机体发育到一定程度后，在特定的部位细胞由有丝分裂转入减数分裂。

通过无性生殖的方式使细胞增殖的速率是十分惊人的。例如，生长在人体肠道中的大肠杆菌能够每 20 min 分裂一次，因此，仅需 7 h，个体数就增殖到 100 多万（科恩 2000）。人的生长是由连续的细胞分裂来实现的，据估计，人从一个单细胞的受精卵大约经过 50~60 次连续的有丝分裂，便可产生出一个成人的细

胞数——10^{15}个(薛定谔 2003)。

2. 减数分裂——在有丝分裂中添加了同源染色体的联会与交换

有丝分裂在细胞内一次性地完成了母细胞所有遗传物质的复制,理论上(实际上也会出现差错)创造出与母细胞一模一样的子细胞。减数分裂则生产出只含有父本或母本一半遗传信息的子细胞,但它却拉开了有性生殖的序幕,随之登台的(在绝大多数情况下)就是来自父本和母本配子的融合。这两种细胞分裂主要过程的比较如图 10-11 所示。

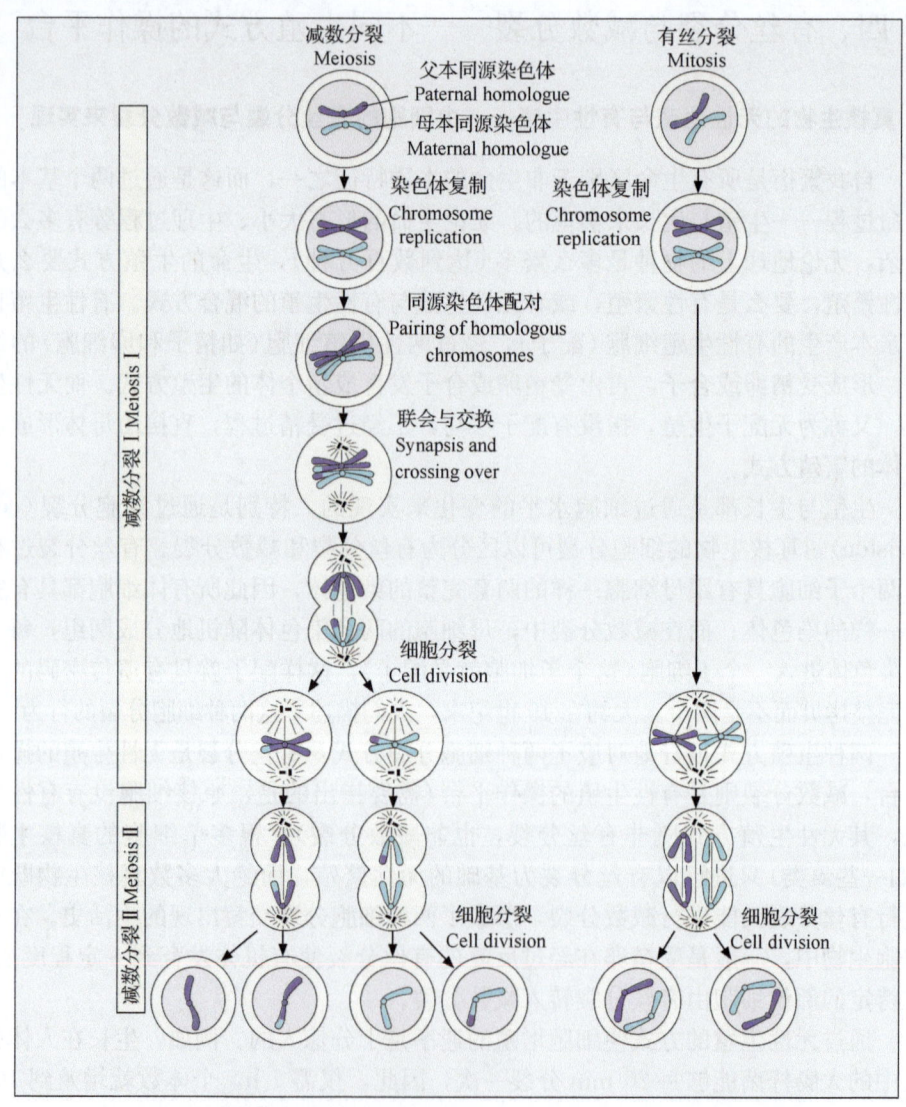

图 10-11 减数分裂和有丝分裂的比较(引自 Raven and Johnson 2002)

Fig. 10-11 A comparison of meiosis and mitosis (cited from Raven and Johnson 2002)

真核生物细胞分裂的核心过程就是染色体（chromosome）的复制、组合与分离。染色体是遗传物质——基因的载体，它被分为非同源染色体（non-homologous chromosome）和同源染色体（homologous chromosomes）：一对染色体与另一对形态结构不同的染色体，互称为非同源染色体；而大小相同，形态相似，一条来自父方，一条来自母方的两条染色体称为同源染色体。染色体还有姐妹染色单体（sister chromatid）和非姐妹染色单体（non-sister chromatid）之分。姐妹染色单体是由一个着丝点连着的并行的两条染色单体，是在细胞分裂的间期由同一条染色体经复制后形成的，彼此间所包含的遗传信息完全一样，在有丝分裂和减数第二次分裂的后期，随着丝点的分裂而彼此分开。

减数分裂和有丝分裂到底有何关系？一般认为，减数分裂起源于有丝分裂，可能是在有丝分裂模式中，加入了同源染色体联会这一新的步骤，并且同源的非姐妹染色单体之间有时在一处或更常见的沿长轴在几处发生联会（图 10-12）和重组。这一关键步骤（同源染色体之间的联会与遗传重组）引起了进化遗传学家的广泛关注，他们认为这可能对物种的遗传多样性具有重要贡献（Wilkins and Holliday 2009）。

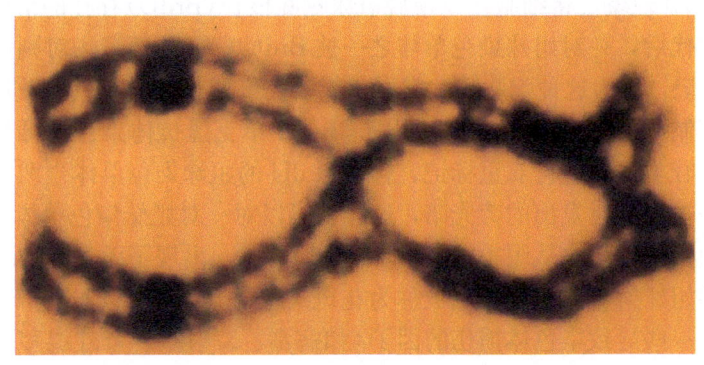

图 10-12　在减数分裂 I 期联会的同源染色体之间的交叉现象（引自 Klug et al. 2012）
Fig. 10-12　Chiasmata present between synapsed homologs during the first meiotic prophase(cited from Klug et al. 2012)

经典的遗传学研究为减数分裂过程中同源染色体之间出现的遗传交换提供了有力证据。因为减数分裂是以染色体为单位来配对与分离的，因此，如果同源染色体之间不出现交换现象的话，在同一条染色体上的所有位点上的等位基因都应该一起分配到配子中去，但实际情况却并非如此。20 世纪初美国遗传学家摩尔根等通过果蝇进行的杂交实验发现了著名的基因的连锁与互换规律（law of linkage and crossing-over），即在生殖细胞形成过程中，位于同一染色体上的基因往往连锁在一起进行传递，称为连锁律，但一对同源染色体上的不同对等位基因之间也可以发生交换，称为互换律，一般来说，两对等位基因相距越远，交换率越高,反之,相距越近,交换率越低。

遗传重组并非减数分裂的原始创新,现已确认类似的遗传交换与重组广泛存在于原核生物中,肯定其先于真核生物以及减数分裂的出现。不难想象,如果没有原核生物的遗传重组,哪可能演化出繁花似锦的真核生物,而现存的原核生命保留着最原始的二分裂的无性生殖方式只是一种被生态功能选择的结果(见第十一章)。这些原核生物作为类群是古老的,但或许物种库凭借着惊人的繁殖力通过突变或重组以相当可观的速率不断地更新着。

3. 有丝分裂虽然"忠实"——姐妹染色单体之间也出现遗传物质的交换

难道只有减数分裂才能进行染色单体之间的联会与遗传物质的交换吗?有丝分裂真的十分忠实吗?有证据表明,虽然在有丝分裂过程中同源染色体之间重组的概率比在减数分裂过程中要低得多,但是姐妹染色单体之间的交换却相当频繁,而在减数分裂过程中则是在非姐妹染色单体之间出现频繁的遗传物质交换(Wilkins and Holliday 2009)。

通过染色技术已确认存在姐妹染色单体遗传交换(sister chromatid exchange, SCE)现象。将细胞在5-溴脱氧尿嘧啶核苷(BrdU)存在的情况下进行繁殖,复制两代后,一对姐妹染色单体之一被 BrdU 标记,而另一对则两个单体均被 BrdU 标记,因为这种胸腺嘧啶类似物能够在细胞增殖时期代替胸腺嘧啶(T)渗入正在复制的 DNA 分子,之后利用抗 BrdU 单克隆抗体染色。再利用另一种胸腺嘧啶核苷类似物进行双重标记,含有 BrdU 的姐妹染色单体当两条都被标记比仅有一条被标记时发出的荧光暗,这样就可以对一对姐妹染色单体之间是否存在遗传交换予以确认。从图 10-13 可以明显地看出,出现了无数的 SCE,这种出现了交换的姐妹染色单体有时也被称为花斑染色体(harlequin chromosome)。有意思的是,一些导致染色体损伤的因子(如病毒、X 射线、紫外线和一些化学诱变剂)能增加 SCE 的发生频率(Klug et al. 2012)。

迄今,人们对 SCE 具有什么样的意义还不太清楚。由于姐妹染色单体是在细胞分裂时由同一条染色体经复制后形成的(如果不出现复制差错的话,彼此间所包含的遗传信息理论上应该完全一致),因此,如果两者之间进行严格对等的互换,将不会改变遗传信息。另外,为什么一对姐妹染色单体上的不同等位基因之间就不可以发生交换?这是不是意味着只要是两条染色体交联在一起就容易发生交换?

生长与繁殖是生命的两个基本过程,生长决定个体的存亡,而生殖决定种族的延续。不难设想,多细胞生物必须依据亲代确定的遗传指令程序化地执行个体的生长、发育、分化、代谢、行为、感觉等,在这种过程中随意地改变"工作"程序可能带来生命系统的紊乱,笔者猜测或许这就是为何这种细胞增殖过程需要依赖较为"忠实"的有丝分裂的缘故。

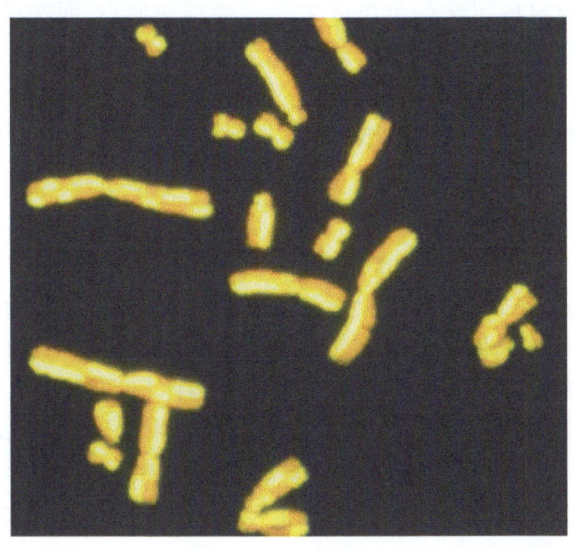

图 10-13　有丝分裂过程中出现的姐妹染色单体交换(SCE)，含有胸腺嘧啶类似物 5-溴脱氧尿嘧啶核苷(BrdU)的姐妹染色单体当两条都被标记时比仅有一条被标记时发出的荧光暗。这些染色体用 33258 Hoechst 荧光染料和吖啶橙染色，然后在荧光显微镜下观察(引自 Klug et al. 2012)

Fig. 10-13　Demonstration of sister chromatid exchanges (SCE) in mitotic chromosomes. Sister chromatids containing the thymidine analog BrdU are seen to fluoresce less brightly where they contain the analog in both DNA strands than when they contain the analog in only one strand. These chromosomes were stained with 33258-Hoechst reagent and acridine orange and then viewed under fluorescence microscopy (cited from Klug et al. 2012)

为什么有丝分裂不太需要变异，而姐妹染色单体也出现活跃的交换？这是否意味在细胞分裂期间交联在一起的染色单体(无论是同源的还是非同源的)之间均容易发生交换(或许是出于生化或有机化学的机制)？有丝分裂的变异或许对个体的生存不利(如一些疾病)，但减数分裂的变异却产生了显著的遗传后效。笔者越来越强烈地感觉到，这可能根本就不是为了变异而交换，染色单体之间的遗传物质交换或许只是联会在一起的染色体之间的一种不经意的、自发的或偶然的行为，只是它在减数分裂中带来了惊人的遗传多样性，可以在个体水平上更广泛地适应这个无限多变的世界，适应更广泛的生态功能，占据更多样的生态位，尤其重要的是它可能受到了自然选择的特殊青睐。

4. 为何有性生殖如此普遍——玄机可能藏匿于同源染色体的交换之中

为什么有性生殖如此普遍？从遗传学的观点来看，也许就在于减数分裂过程中出现的同源(非姐妹)染色体之间活跃的交换与重组。有丝分裂与减数分裂的一个本质的差异在于：在有丝分裂过程中，每个染色体相对"独立"地完成复制与分离（虽然也会出现姐妹染色单体之间的遗传交换）；而在减数分裂过程中，不仅发生非同源染色体的重新组合，而且还会发生同源染色体（一个来自父本、一个来自母本）的联会与遗传物质的部分交换。同源染色体之间的这种遗传物质的交换导致的多种多样的基因重组（包括有益的"出错"）以及非同源染色体的随机组合使遗传、表型与功能变异的概率大为增加，而生殖细胞的变异又是可遗传的。

由于基因的数目庞大（如人类有2万～2.5万个基因），通过减数分裂产生的遗传重组带来的遗传、表型与功能变异的潜力是无限的。笔者的直觉是，减数分裂的这种遗传重组方式似乎昭示着有性生殖物种的基因库极具流动性地保存于整个群体之中（见第十一章），对未完全分化的亚群体（也许发展出能够较好适应局域环境的独特基因）之间也能通过有性生殖将基因库混合与重组，再进一步经受自然选择的不断淘汰和优化。以物种为单位的基因库的群体保存机制也能很好地解释细胞分裂的行为，即为何细胞并不那么在乎有丝分裂与减数分裂过程中的基因重组。

与有丝分裂相比，减数分裂肯定制造了更多的具有遗传意义的突变（虽然可能绝大部分是有害的，只有少数是有益的，还有少数是既无害也无益的中性突变）。当然，通过减数分裂，基因进行积木式地重组（当然还包括叠加、缺失等），也类似于一种功能的重组、叠加或缺失，可能比新基因更能安全地融入到原有的生命系统之中。有害的突变通过天择而淘汰（非有性生殖产生的突变也会被天择），而有益或一部分中性的突变便被逐渐固定与累积下来。其实，无论有性生殖还是无性生殖，有益的突变都容易积累和扩散，可能有性生殖更加容易产生遗传变异或突变才是问题的核心所在。

毫无疑问，以基因堆积木式重组为特征的有性生殖产生的突变应该远多于无性生殖，这就为物种的变异及其对环境条件的适应提供了重要的遗传基础，才迎来了越来越多的物种分化。从这种意义上来说，以减数分裂为基础的有性生殖或许是真核生物分化与繁荣的重要推手（第十一章还将对这一问题进行更深入的探讨）。

看来，生命界在大部分情况下借助"忠实"的有丝分裂进行细胞的扩增，只有在繁殖后代时才依赖"不忠实"的减数分裂，因为基因被混合在群体之中。还需要指出的是多样并不一定代表永恒，而寡样也并不一定代表终结。无性生殖绝不会走向终结，细菌也更不会走向终点。

5. 对自交或近交的再思考——夸大的衰退效应

生命在相互对立（矛盾）的作用力中存在与发展，一方面物种需要个体保持最低限度的精确遗传，另一方面环境又允许个体出现适度的变异，有性生殖（在笔者看来）被相当直觉或主观地认为能使两者"和谐"与"共鸣"。但实在找不出任何理由能够让笔者屈从于这样一个观点，即"忠实"的遗传（有性的自交或近交繁殖）一定会衰退。如果自交或近交导致衰退的话，那更为精准的遗传方式——无性生殖不就更应该衰退吗？

从生态遗传学的角度，笔者认为要说自交或近交的"不利"效应，那就是有性生殖在孟德尔遗传定律的驱动下可以加速有害或不适隐形基因的纯合和淘汰，使种群的遗传更加适合当前的生存环境，这也可以认为是一种更加现实的、机会主义的适应方式，虽然其对未来的环境变动的适应能力可能会有所减弱。因此，保留一定的异交，有利于趋于纯合的亚种群之间的重新遗传交流与混合，这是高等植物采用的一种极为普遍而高明的繁殖策略。

试问，如果自交或近交十分有害，有谁能够解释为什么高等植物的生殖系统还会是以雌雄同株占绝对优势（而且其中主要还是雌雄同花）？为什么在高等植物中近交十分普遍？笔者强烈地感觉到对有害基因的纯合以及相应的遗传多样性下降（局域种群）被夸大成了一种令人无可奈何而且十分迷茫并已渗入人心的所谓的自交或近交衰退，但其实，这只不过是一种不同的生态遗传对策而已，并不一定有害，也更不可能产生什么必然的衰退。

五、结　　语

"性的为什么"困扰科学界已长达 150 余年。从达尔文、魏斯曼、费希尔、梅拉德史密斯到现在的许多科学家，一直"真理式"地信仰两性生殖优于单性生殖，提出的相关假说多达 20 余种，但大家又公认为何要从无性进化到有性依然是进化生物学的一大谜团。

已有的主流学说认为，有性生殖能进行基因重组，无性生殖会被自然淘汰，无性生殖对环境的适应性差，"性"是对寄生虫的一种强大防御手段，性感使无性丧失，性要付出双倍代价等。笔者对这些观点一一予以了驳斥。

有丝分裂虽然"忠实"——姐妹染色体之间也出现遗传物质的交换。为何有性生殖如此普遍？从遗传上来看，玄机可能匿藏于同源染色体的联会、交换、随机重组和基因突变之中，这给物种带来的遗传、表型与功能变异的潜力是无限的，而且一些有益的变异可以传递到后代，因此是真核生物分化与繁荣的重要推手。

以快速繁殖为特征的自交更适合机会主义的资源利用方式，它将遗传多样性藏匿于不同的局域种群之中，而异交则将遗传差异分散在种群的个体之间。这样，经常自交的植物偶尔异交的话，就如同两个不同的纯系间通过异交又能进行基因的混合与重组一样。因此，所谓自交或近交衰退只不过是一种被夸大了的或佯谬式的臆想罢了。高等植物占优势的交配系统——雌雄同花看似令人疑惑，实际上是不同对策（r-对策和 K-对策）的有机整合，体现了大自然的聪明与奇妙。

第十一章　环境决定生殖方式——生态的"性"演化理论

为何要有"性"？这是困扰人类长达一个多世纪的进化生物学的一大谜团。长期以来遗传学家对这一谜团兴趣浓厚，他们对无性生殖与有性生殖的操作与调控过程把握得已经相当清楚，但却无法满意回答为什么，因为他们往往过于关注细胞内的分子遗传机制，笔者主观（或许是无知）地认为，仅从遗传学的角度是永远无法得到满意答案的。许多进化生物学家（即便如达尔文）表象地（在此笔者没有任何贬低之意）感知到有性世界的无比繁荣，坚信有性生殖具有无比的优越性，由于他们天生的兴趣就在于地理尺度上的物种格局与分化机制（往往局限于有限的类群），鲜有人能立足于明晰的宏观生态学视角去审视有性生殖演化的生态学驱动机制。其实，进化生物学家是最应该精通与引领生态学知识发展的人群之一。而经典的生态学家往往疲于应付或迎合当前的人类社会需求而鲜有对这一问题感兴趣的，对此现象的看法也只能是停留在敷衍了事、点到为止的程度。当然，这与这三个学科的背景也很有关系，遗传学主要关注以个体为基础的生命过程，生态学主要关注以种群为核心的动态过程，而进化则主要关注物种的命运，三者所呈现出的时空尺度、特质或规律性也很不相同。

这等科学迷失就如巴兰金（1983）精辟描述的那样："当我们的目光和智慧集中到一个对象上时，我们就不可能估计它与周围事物的相互关系了……现代科技文献的数量非常庞大，即使想掌握如与大象的研究有关的那部分文献，也是一种毫无希望的企图……在科学上却分成解剖学、生理学、遗传学、组织学、进化论、胚胎学、生物化学、生态学……。也许这些就足以使人感到沮丧，因为一个统一的形象被分成了上千部分，而每一部分都是各种事实、假说、概括的极其复杂的汇集"。

依笔者之见，在"性"的起源问题上，遗传学家、进化生物学家和生态学家彼此间几乎被一种隔绝天地的思维屏障或深渊所阻断，是持续了一个多世纪的令人困扰的束缚性思想悲剧。现在，是何等地需要联合与统一的思辨，即必须通过汇集不同的思想线索才能找寻到通向"性"起源的真理与光明之路！

笔者相信，大概不会有人否认这样的事实，即遗传、生态与进化是推动地球生命系统演化必不可少而且有机联系在一起的三个核心要素。遗传是为了适应一定生态环境的遗传，进化是遗传与生态环境长期相互作用的产物，而生殖正是推动遗传-生态-进化这一地球生命系统发展与演化的操手。"性"正是为了适应生态环境变化背景下生命的遗传系统长期发展与进化的产物，这就是本章提出的生态"性"演化观念的核心。

借用沃森（1986）的精辟阐述——"通常，整体性能要比各组织部分之和大得多。因为它包含了结构和结构在正常运行时的行为，而后者是无法仅仅从对已知各组成部分的分离研究中就能做出断言的"，而我们现在存在着的这个极其复杂的地球生命巨系统，其漫长的演化之旅正是受到遗传、生态和进化三个核心机制的指引和操控，这三种机制通过只有生命才具有的特质——生殖（有性的和无性的）这一核心的生命过程的永不间断且令人敬畏的适应整合、和谐运行与协同演化才催生出了今日地球上无限繁荣的生命世界！

一、"性"的细胞遗传学起源——关于过程的假说

威廉斯（2008）感叹道："我们还不知道任何可观察到的征象确凿地提示在这种植物和动物的先行生物（细菌）中性别是如何起源的。事实上，关于性别的起源几乎一无所知"。一些学者从细胞学和遗传学角度来推测"性"起源的可能机制，真实性已无从考证，但还是有一定的启发意义。即便这些是可能的途径，但也只是描述了一种"性"起源的可能过程，但还不能回答为什么。

1. 共生起源学说

马古利斯（Lynn Margulis）认为，两个生物之间的共生关系有无数种可能。例如，一个生物可能会为另一个提供安身之所，一个生物的排泄物可能是另一个的食物，最富戏剧性的是，我们今天认为的性关系，最早是捕食者与猎物的关系，是同类之间的吞食——一个生物体吃掉另一个，而被吃掉的生物体却能在宿主的体内继续存活。这种共生关系，在以减数分裂（或者说通过第一次短暂的性行为实现第一次结合）的发展为代表的进化中，开始通向飞跃的道路（洛耶 2004）。也就是说，这一假说把两性细胞结合的原始过程看成是一种内共生，类似于真核生物的内共生起源假说。

真核生物的内共生学说认为，10多亿年前，一些大型的吞食细胞吞并了一些原核细胞（细菌和蓝藻），后者偶然逃脱了被分解消化的噩运，先是寄生，然后过渡到共生，最后变成了宿主细胞内的细胞器——线粒体和叶绿体。但这样的内共生机制还难以解释有性生殖的关键过程——减数分裂是如何起源的。

2. 细胞分裂误记说

德迪夫（1999）描绘道：首先可能从双核开始，一个细胞在细胞核复制后"忘记"了分开，使它的后代具有了两个核，并进一步地复制及成双地从一代向下一代遗传；或者可能是，两个细胞，每一个都具有一个单一的细胞核，融合成一个双核细胞；偶尔地，双核细胞如期地"记得"分开，这样形成的单核细胞再

与不同的单核细胞同伴相结合，就产生了具有两个不同来源的双核细胞；一个重要的精炼过程出现了，此时两个双核细胞的单倍体核融合成一个含有两者染色体的一个单一的二倍体细胞核。一个单一的二倍体细胞通过染色体进行简单的两次有丝分裂，产生 4 个单倍体的单核细胞，这就是所谓减数分裂。在这一过程中，同源染色体以某种方式紧密地排列，允许同源 DNA 序列从一条染色体到另一条染色体相互交叉地"交换"，通过交换而重排的染色体就不是原来双亲的染色体，而是或多或少从两者随机挑选的镶嵌式的染色体，这样形成的单倍体细胞都具有独特的基因组成。

3. DNA 纠错说

很多学者趋向于认为，有性生殖是作为维持基因信息内容之机制的副产品而出现的，一种保证基因双份拷贝可能性的机制，可能偶尔导致有性状态的产生。如果在校阅之后的某个阶段，双份拷贝各走各的道路，那就将出现作为有性繁殖特征的分离和独立分配的遗传过程（威廉斯 2008）。斯帕克斯（2002）描述道：最早进行无性繁殖的微生物仅拥有遗传指令的单一拷贝，任何错误的积累都将会打乱它们细胞的化学结构，并且由于没有任何正确 DNA 序列做参考，这些错误将会使任何形式的修补都很难进行；动物需要将它们自己的指令与没有遭受损伤的那套指令相比较；与一个相邻个体结合在一起，核对彼此的基因，这样也许可以通过使错误显露出来的方式解决问题；最终有可能导致每个细胞拥有两套染色体，一套来自父亲，一套来自母亲，每一个基因都有一个"备份"；如果一个基因出现错误，那么另一个备份的基因就可以很好地发挥作用。

针对这种有性生殖最初可能源自一种校对 DNA 和纠错途径的学说，笔者提出三个疑问：①如果只是为了纠错，为何不在一个细胞的染色体中保存两个一模一样的染色单体，而非要费尽周折地从另外的个体那儿去配一半？②本身来自父本和母本的基因组（DNA）之间就存在差异，这种差异还被认为是一种遗传优势，这种纠错机制或许对染色单体的复制有重要意义，但是同源染色体的融合本身就是一种允许一定遗传差异存在的结合方式；③无性繁殖的物种（如细菌）没有这种雌雄备份间的 DNA 校对不一样生存得很好吗？它们为什么经过几十亿年都还不愿选择这种方式？依我之见，遗传指令的错误如果是致命的就会被天择，如果是有益的就会被保留与扩散开来，这对繁殖速率很快的细菌来说丝毫不成问题。

二、已有的关于"性"与生态的思想——
停留在现象或表象之中

1. "性"的变异与适应学说

达尔文早期曾认为通过两性生殖产生的变异可能是物种适应外界环境变化的

一种手段，虽然后来他对这一观念的态度有所改变。但是达尔文这一学说的强大影响力一直延续至今。

科因（2009）在《为什么要相信达尔文》一书中写道："在自然选择之下，单性生殖的基因传播太快，必将淘汰有性生殖。但是这种事情并未发生……为什么性别的代价没有导致它被单性生殖所取代呢？显然，性别必定有某种巨大的优势，并远远胜过其代价。虽然我们还没有搞清楚其确切的优势所在，但已经有许多理论。问题的关键可能就在于有性生殖时所发生的基因随机重组，它在后代中创造了基因的新组合。这就令若干个有益的基因可能被带入到同一个个体之中，于是性别促成了更快速的演化，使个体得以应对环境时常发生改变的情况。"

奥芬伯格（2001）在其著作《关于鹦鹉螺和智人——进化论的由来》中写道："尽管到如今还有相当多的动物仍然是无性繁殖，如蚜虫、轮虫和水蚤……它们也只在天气大多稳定的夏季运用这种省时省力的繁殖方式。只要生存条件恶化，或寒冷的冬天来临，它们就寄希望于基因的再组合：转瞬间它们就变成有性生物，生成一代具备再组合特征的个体。它们似乎考虑到前途未卜，因而打算稳妥行事，产下尽量不同的后代，其中至少有那么几个能够抗衡严寒季节不可知的挑战，迎接下一个夏季繁殖期"。

2. "性"的应急学说

德迪夫（1999）认为性是单细胞生物对环境巨变的一种应急措施："有性生殖是原始的原生生物仅在危急时刻才采用的繁殖方式。……当一切都正常进行时突变很少有益。只要生物适应其环境，进化基本上是保守的。细胞通过简单的分裂增殖，相同的基因组保持不变。但是如果细胞的生存受到一些环境巨变的威胁，那么它们就突然进入一个性放荡的狂乱状态，如果以拟人化的进化术语来说，就是说进入了一个基因更好组合的疯狂搜寻的状态，以便更好地适应新的环境。对单细胞来说，性是一种应急措施，不是一件容易的事"。遗憾的是，我认为这一观点中存在几个缺陷：①很多不利的环境并不一定是环境巨变；②即刻的遗传变异是不可能马上用以适应环境，即便是单细胞的生物，也需要多少个世代的适应；③他并未认识到是通过有性生殖产生休眠体来应对不良环境的。

3. "性"的扩散学说

威廉斯（2001）认为有性生殖是远距离扩散的一种手段："在高等植物中，无性生殖通常流行于当双亲直接在其邻近区域产生后代时，而有性生殖则产生漫游的花粉粒子和种子。蕨类在邻近的土壤中直接产生其自身的复制品，但是，当需要进行传播时，它就产生遗传上多样化的孢子以便繁衍后代……。蚜虫、水蚤和许多其他无脊椎动物的种群会连续通过无性克隆的方式进行繁衍，只要幼体是直接在与双亲相同的生境中发育，但是，需要经过远距离或长时期去散布的幼体，就会通过有性生殖的方式产生。动物寄生虫在一个特定的宿主体内是以无性克隆的方式进行繁殖的。但是，它也会产生遗传上多样化的合子以便散布到其他的宿主。"我觉得这种解释实在是十分荒唐！从无性生殖的方式来讲，它肯定是在亲代身边发生，但这怎么可能是无性生殖发生的原因？有性生殖可以进行远距离扩散，但也不一定都如此。像移动性大的动物——鸟类，它的蛋产下后就难以再移动，而鸟类的个体则可以迁徙与飞翔数千千米！

4. "性"与生态现象联动的描述

一些生态学家早已认识到蚜虫、枝角类、轮虫等通过有性生殖产休眠卵以渡过不良环境的现象。例如，当一些蚜虫进入新的栖息地，那里"食物丰富、竞争压力小，正是种群增殖扩展的良机，以最简单的无性生殖是一种良好对策，它能使生殖力加倍，迅速占领新栖息地"，而"当秋季不良气候来临时，蚜虫产生有性时代，通过两性个体的交配、产卵，以渡过不良气候的冬季"（孙儒泳 1992）。但这些都是个别物种生态学现象的描述，并未深入到有性生殖的起源问题。

三、抵御不良环境的休眠——动植物不同的演化路线

对任何一种生命，环境不会总是一成不变的，物理、化学与生物环境均会在不同的时间尺度上呈现变化，而且这些生存环境的变化往往是随机的。另外，任何一个物种不可能适应所有的环境变化，只能耐受一定范围的环境变化，虽然物种之间的耐受性可能会存在很大的差异。对地球上的任何形式的生命来说，没有什么事情比成功渡过不良环境以获得更大的生存机会更为重要的了。也就是说，如何渡过不良环境生存下去是所有物种都必须面临的生死攸关的大事。这必定是物种进化的重要选择力量之一。

1. 单细胞生物形成休眠体的方式——从无性过渡到有性

（1）原核细菌——营养细胞特化成芽胞、孢囊或厚壁孢子

并不是只有有性才能形成休眠体。一些细菌（多为杆菌）在不良条件来临时，细胞质高度浓缩脱水形成一种抗逆性很强的球形或椭圆形的休眠体——芽胞（spore）。这些芽胞的壁厚而致密，由外层（芽胞外壳，为蛋白质性质）、中层（由肽聚糖构成的皮层）和内层（由肽聚糖构成的孢子壁，芽胞萌发后孢子壁变为营养细胞的细胞壁）构成。芽胞对高温、紫外线、干燥、电离辐射和很多有毒的化学物质都有很强的抗性，其抗逆性远强于营养细胞。少数细菌还产生其他休眠状态的结构。例如，固氮菌在营养缺乏的条件下，其营养细胞的外壁加厚、细胞失水而形成一种抗干旱的圆形休眠体——孢囊。细菌的这些芽胞和孢囊均没有直接

分裂繁殖的功能，但在适宜的外界条件下，可萌发并重新进行营养生长（即直接发育成新的营养细胞）。

这些芽胞或孢囊是如何进化来的呢？可以这样推测，一些最原始的生命（如细菌）起初可能都是一些营养细胞，由于自然变异（突变），在群体中偶然出现了一些芽胞或孢囊，它们在环境不利时，停止细胞分裂，进入休眠状态，并且一些这样的芽胞或孢囊在合适的环境条件下还能重新萌发成营养细胞，进行快速繁殖，扩增种群。这样，这些芽胞或孢囊经过不良环境的洗礼，成功的存活下来了。这种不良的环境条件与芽胞或孢囊的出现不断重复，无数次进化的选择最终可能就赋予细菌一种固化的特性，即与某些能指示对其生存不利的环境条件相联系，条件反射性地产生芽胞或孢囊。这样，能产生具有休眠功能的芽胞或孢囊的细菌就获得了更为宽广的生存范围，因此，只有具有这种生活史特性的细菌被选择与保留下来了。

(2) 真核生物酵母——两性配子融合成受精卵，形成子囊孢子

酵母可以视为原始的单细胞真核生物进化出具有简单两性生殖交替生活史的一个例子。酵母是一种结构相对简单的单细胞真核生物，当不良环境来临时，出现有性生殖，即通过两个细胞的融合产生子囊孢子。这种子囊孢子的特化程度较低，但还能进行无性的出芽生殖，这是非常特别的现象。

之所以认为酵母的子囊孢子是原始的休眠体，一是它的特化程度低，二是它还能通过无性方式再产生出子囊孢子，而其他一些单细胞真核生物（如藻类）的厚壁孢子一般是不可能再通过无性生殖产生出新的厚壁孢子的。

2. 植物休眠体的演化路线——从厚壁孢子到孢子再到坚硬的种子

(1) 丝状蓝藻——在群体中固定地出现厚壁孢子

与其他细菌相比，在一些原核的丝状蓝藻中，厚壁孢子的产生似乎更加进步了一些，因为在任何一个藻丝中都固定地出现了厚壁孢子，而不一定要等到不良环境条件的来临。

这看来是两种不同的响应方式，单细胞的细菌采取的是对不良环境变化的即刻响应模式，而形成群体的丝状蓝藻则是把这种休眠固化在一些细胞中，这昭示着细胞间最原始的分工的开始，应该是更进化的形式，更接近于高等植物的结构方式，或许是群体性（多细胞）生物的特质之一。

(2) 衣藻——两性配子融合成受精卵，再特化成厚壁孢子

单细胞真核生物——衣藻，依然沿袭了原核生物产生休眠孢子的方式，只不过不是通过营养细胞自身的特化，而是通过两个细胞的融合来产生休眠孢子的，

这似乎应该就是与酵母类似的一种原始的有性生殖。这与细菌一样，也是对不良环境的一种即刻响应模式，只不过是通过有性生殖形成厚壁孢子而已。

衣藻通过两个细胞（同样大小的配子）的融合形成合子，进一步特化成能够休眠的厚壁孢子，这种厚壁孢子不像酵母的子囊孢子那样还能进行出芽的无性生殖（即厚壁孢子绝不可能通过无性生殖再产生出厚壁孢子）。当然，在衣藻的生活史中无性繁殖仍然占据着绝对的优势。

(3) 原始的苔藓和蕨类——两性配子融合成受精卵，再减数分裂产生大量孢子

雌雄配子融合产生的合子（受精卵）在受到保护的器官中进行发育，但是还必须通过减数分裂产生大量的孢子才能传播。这里的孢子从本质上讲也是一种休眠孢子，它只有在合适条件下才发育成新的植株。与低等的衣藻相比，苔藓和蕨类的有性生殖成为生活史中更为固化的一个环节，其产生的微小孢子（单倍体）一方面有利于在空气中扩散，另一方面只有遇到土壤中有足够的水分存在时才进行萌发，因此对种群适应陆生环境进行扩散与繁衍具有重要功能。

(4) 进化的种子植物——两性配子融合成受精卵，特化成种子

雌雄配子融合产生的合子（受精卵）在受到保护的器官中进行发育，最终产生出高度特化的种子（种子一般比孢子要大得多）。种子植物不再产生孢子（因此，它们不是孢子植物，而苔藓和蕨类与低等的藻类一样属孢子植物），与孢子相比，大而坚硬的种子应该是被保护得最好、更能抵御不良环境的最为进化的休眠体。

在种子植物中，有性生殖成为其生活史中固化且必不可少的环节，并占据着绝对优势，对大多数种类来说，无性生殖变成了一种辅助的方式，在很多种类中甚至完全消失。很难说种子植物的空前繁荣与这种通过有性生殖结合产生的高度特化的休眠体——种子的生存优势无关。

(5) 植物偶尔也能胎生——对潮汐飘荡环境的一种特殊适应

一般植物的种子成熟后，不久就脱离母树，经过一段时间的休眠，在适宜的条件下（如温度、光、水分等）萌发成幼小的植株。但红树科的许多植物（红树属的红树、红海榄，木榄属的木榄、海莲、尖瓣海莲，角果木属的角果木，秋茄属的秋茄等）在果实外长有长长的胎生苗（图 11-1），这些植物的种子成熟以后，既不脱离母树，也不经过休眠，而是直接在果实里发芽，吸取母树里的养料，长成一棵胎苗，然后才脱离母树独立生活。

红树所处的环境极不稳定，如果红树种子成熟后，马上脱落坠入海中，就会被无情的海浪冲走，得不到繁殖后代的机会。但红树的胎苗长到数十厘米脱离母树时，利用重力作用扎入海滩的淤泥之中。数小时后，便能长出新根，成为独立

图 11-1　进行胎生的红树科植物——红海榄（© 2012 Baidu）
Fig. 11-1　The viviparous plant Rhizophora stylosa of Rhizophoraceae（© 2012 Baidu）

生活的小红树。有些胎苗甚至可在海上漂浮数月，遇到海水退去时，很快扎下根来，在新的生境中建立起种群。这种胎生显然是对海洋物理条件的一种特殊适应，在陆生植物中十分罕见。

3. 动物休眠体的演化路线——从胞囊到卵生再到胎生

胞囊一般指原生动物或低等后生动物分泌的坚固厚膜包于体表，使本身暂时处于休眠状态。卵生指用产卵的方式进行繁殖，卵生动物产下卵（蛋）后，经孵化的幼体从卵中吸收营养进行生长发育。胎生指受精卵在母体的子宫内发育，胚胎从母体获得营养进行生长发育，直至出生时为止。

(1) 形成孢囊——有性生殖产生的合子在厚的复膜中进入休眠

辐足亚纲的原生动物吞食其他原生动物、藻类和其他小型生物，它们一般进行二分裂（图 11-2A）或出芽式的无性生殖，当不利的环境条件来临时，它们形成孢囊并进行有性生殖（图 11-2B）：首先伪足收缩，体表出现胶质复膜，之后细胞分裂为 2 个子体（$2n$），并各自进行减数分裂（其中一个单倍体的核退化），接着，在剩下的 2 个子体（n）间进行核融合和细胞质融合，形成接合子（$2n$），在厚的复膜中进入休眠，等待合适环境的来临再破膜而出，重新生出伪足，回到"光芒四射"的形态。太阳虫的孢囊具有多层壁，表面覆盖着刺，这显然有利于其抵御不良的环境。太阳虫的这种有性生殖方式也被称为幼体配合（paedogamy）。

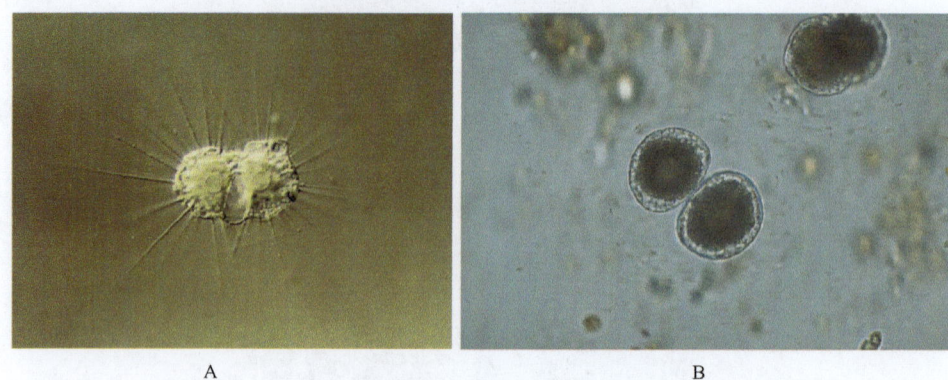

A   B

图 11-2　太阳虫的繁殖。A. 即将进行二分裂的单核太阳虫（图片由 Chitchai Chantangsi 提供）；B. 孢囊中的多核太阳虫（图片由 Protist Images 提供）

Fig. 11-2　Reproduction of heliozoans：A. *Actinophrys sol* going through binary fission (photo by Chitchai Chantangsi)；B. *Actinophaerium* sp. in cyst (Photo by Protist Images)

令人不解的是，太阳虫为何要进行这么繁琐的有性生殖呢？即一个 $2n$ 的母细胞，有丝分裂为 2 个 $2n$ 的子细胞，每个 $2n$ 的子细胞再进行减数分裂为 2 个 n 的子细胞，又让其中之一退化掉，再让剩下的 2 个 n 的子细胞融合成 $2n$ 的合子，形成具有休眠功能的孢囊。为什么中间要绕这么大的一个弯，而又没有与其他个体进行遗传交换？

(2) 卵生——从无性占优势到只剩下有性

卵生是动物界最普遍的繁殖方式——浮游动物、大部分鱼类、昆虫、鸟类、爬行类等都是卵生。陆生的鸟类、爬行类和两栖动物等的卵带有坚硬的外壳，因此称为蛋，蛋壳显然加强了对受精卵的保护作用。而在水中生活的鱼类就不会有这种外壳。对鱼类来说，一般是亲鱼直接把成熟的卵产在水中，进行体外受精和发育。

生活在水中的小型浮游动物——枝角类、轮虫等生命周期短暂，在生活史的大部分时期进行无性的孤雌生殖（卵不用受精直接发育成幼体），只有当不良的环境降临时才产出雄虫，进行两性交配并产出受精的休眠卵以渡过不良环境。而同样是生活在水中的鱼类，通过有性生殖的方式使精子和卵受精，直接发育成幼体。为何鱼类缺失了通过休眠卵来渡过不良环境的环节？可以这样设想，枝角类、轮虫等小型无脊椎动物生命周期太短（一般不超过数月），因此如果没有休眠卵的话，它们可能活不过自然界的最基本的周期性时间间隔（一年），而一般来说，鱼类的生命周期延长到了至少可以跨越一年，这样群体便可以不再需要通过休眠卵而延绵下去。

陆地上卵生的脊椎动物显然与鱼类采取了不同的方式，虽然它们中很多物种的生命周期超过了一年。陆地上的鸟类、爬行类等高等动物，通过卵生形成的具有坚硬外壳的蛋具有较强的休眠与保护作用。陆生动物一般都要通过雌雄交配进行体内授精，只有授精的蛋才能孵化出新的个体，虽然偶有报道称在极个别物种（如火鸡）未受精的单性的蛋也能发育成胚胎的现象，但这绝没有普遍意义。

(3) 胎生——对幼体最高级的保护方式

可以认为胎生是动物对幼体保护的最高级形式，其在最高等动物——哺乳动物中得到了完美的发展。整个哺乳动物有 5000 多个物种，除极少数（单孔目的 5 个种）为卵生外，都是胎生。哺乳动物的胎生为胚胎发育提供了保护、营养及恒温的发育条件，大大提高了幼体的成活率。当然，胎生似乎也不是动物的专利，因为也有极少数植物（如红海榄）能够胎生。此外，胎生与进化程度并不一定存在必然的相关性。例如，在鸟类中就缺乏胎生（可能剧烈的飞翔活动不宜于胎生的存在），而在一些低等动物中却能见到胎生。

胎生显然从卵生演化而来，因为还能见到一些过渡类型。在一些蛇类中可见卵胎生的生殖方式。例如，蝮蛇生殖方式就介于卵生和胎生之间，发育期间营养由蛋黄提供，蝮蛇胚在雌蛇体内发育，生出的仔蛇就能独立生活。由于胚胎受到母体保护，所以幼仔的成活率较高。鱼类存在卵生、卵胎生和假胎生等多种生殖类型：大多数鱼类进行卵生，所产的卵由于缺乏保护大多数夭折，因此一般产卵量巨大；有少数鱼类（许多鲨鱼、海鲫、食蚊鱼等）进行卵胎生，即将卵在雌鱼体内受精，受精卵在生殖道内进行发育，虽然胚体所需营养完全靠卵供给，但在体内受精与发育可更好地保护后代；还有少数软骨鱼类（如灰星鲨和真鲨等）在体内受精和发育，胚胎通过血液循环从母体获得营养，但尚未形成类似于哺乳动物的胎盘构造，因此称为假胎生，由于幼体受保护的程度很高，所以产仔不多，一般只有几尾，最多也不过 10 多尾。

从卵生到胎生的演化并不仅限于脊椎动物。在无脊椎动物——昆虫中也能进行胎生（从母体直接产出幼虫或若虫），虽然卵生在昆虫中占绝对优势。昆虫的主要目中大约有一半含有某些胎生的群体，尽管胎生的属和物种的相对数目不多。像蚜虫这样的昆虫采取了胎生和卵生相结合的混合生殖策略。

4. 对种子和胎生起源的不同看法——源于克服多细胞生物的缺陷吗？

科恩（2000）列举了多细胞生物的四大缺陷："其一，更大的尺寸使它们易受到更多的寄生虫感染……其二，多细胞生物发育的过程要经历一段脆弱时期……通常要经历相当长的胚胎时期，从单细胞开始，一直到能有效生存的独立个体。这造就了各种各样的保护机制，如把胚用硬壳或种皮包裹，或把它们尽量可能长时间地保存在母体内，进化出各种适应性以保护发育必须经历的较脆弱时期。其三，多细胞生物体发育本身易导致错误……其四，采用多细胞生命形式最重要的代价是延长了繁殖的时间。"

毫无疑问，种子或胎生都能加强对胚胎的保护，胚胎也的确是多细胞生物发育的脆弱时期，但这并不能意味着单细胞生命就不存在脆弱的时期，单细胞生物的种群也同样会面临不适甚至危机的时刻。其实孢子、种子和胎生是不同类群的物种为了既能应对各种不良生存环境又能进行种群扩散所采取的不同手段或生存对策，它是物种的结构、功能对生存环境长期适应与进化的产物。多细胞生命易被寄生虫感染，单细胞生物也易被更小的生命（如病毒）感染。多细胞生物的发育错误往往源于体细胞的突变，从单个细胞的突变概率来看，由于单细胞生物的所有个体均直接暴露于物理化学环境中，被非生物环境诱发突变的概率可能更大，而DNA的复制错误无论在单细胞生物还是在多细胞生物中都会存在。另外，繁殖时间的延长不一定都是负面的代价，它体现的是一种不同的生态对策。

需要指出的是，除了种子、休眠卵等专用的休眠体外，一些动植物体在不良环境条件下能极度降低生命活动，而进入昏睡或生长停滞状态。例如，许多动物的冬眠（由于低温和缺少食物）或夏眠（酷暑季节），落叶树冬季落叶休眠，等等。当然，动植物体休眠往往只是季节性的，而种子、休眠卵等则可延续更长的时间（可达数千年）。

四、生态的"性"演化——与结构、功能和生境的统一

无视生存环境和生态功能来谈论有性生殖的优势或无性生殖的劣势几乎是没有什么意义的，因为在生命进化的历程中，自然选择使生物的结构、功能和生殖方式必须与其生存环境相适应。这也就是为何我认为仅从遗传学来寻求有性生殖的优势永远都不可能有解的原因。适合一个物种生存的环境就是其（潜在）生态位，而合适的生殖方式是生物得以成功占据其生态位的重要手段之一。

真核生物从种类上看起来十分繁荣，但据估计，现在地球上原核生物的生物总量和所有真核生物的生物总量一样多（迈尔 2008）。因此，这些专一的无性生殖者们的生态功能并不像多数人想象的那样逊色。

1. 三大生态功能类群——栖息于水体和陆地两大生境

可将地球上数以百万计的生物物种依据其基本的生态功能，简单地划分为生产者、消费者和分解者三大类。

生产者——是指能利用光能进行光合作用的绿色植物，包括藻类和高等植物，虽然人们通常将能进行化能合成作用的细菌也视为生产者。

消费者——是指不能直接利用太阳能来生产食物，而只能直接或间接地以绿

色植物为食来获得能量的各种动物。广义地说，寄生者也可以看成是一种特殊的消费者。

分解者——主要是细菌和真菌（尤其是细菌），它们在生态系统中承担着分解各种各样的生物残体的功能；还有一些共生微生物（如纤维素分解菌），栖居于食草的反刍动物（牛、羊、鹿、骆驼等）瘤胃中，帮助这些动物将纤维素分解成糖，为动物提供能量。

从空间上来说，地球上生物的生存环境可以简单地区分为陆地和水体（海洋和内陆水体）两大类。水下真光层的极限深度约为 150 m，陆生植物的极限高度 150 m 左右，因此，地球上的初级生产者的生存区域基本就是水（或陆地）——大气界面 150 m 以内的空间，即初级生产者仅生存于大气圈、水圈和岩石圈之交汇的狭窄界面薄层之中。而消费者和分解者的生存范围就要宽广得多。例如，鸟类能在数千米的高空中翱翔，五彩缤纷的动物能在超过 1000 m 的深海中顽强生存。

2. 分解者——无性统治着的显微世界

与生产者和消费者庞大的生物类群相比，分解者这个十分庞大的生态位几乎仅被一小群原核微生物——细菌所占据。很显然，细菌的这种绝对优势只可能源于一种选择压力：保持尽可能大的比表面积（面积比体积）以实现尽可能快的分解代谢与繁殖速率（参见第二章相关内容）。从生态对策来讲，分解者是最极端的 r-对策者。细菌简洁的基因组（不含内含子、几乎没有什么"无用"的 DNA）使其不需要增大细胞体积，为其快速繁殖、高效的代谢等奠定了遗传基础：细菌完成一个细胞周期（生长与分裂）比一般的动植物细胞要快数十倍。

这些分解者并没有有性生殖（至少没有典型的有性生殖），但它却很好地完成着自己的历史使命。分解者应该在生命诞生的初期就存在了，虽然生殖方式简单而原始，但却能一直持续到今天，并丝毫没有呈现出被淘汰的迹象。正是因为微生物具有的这种无可比拟的强大分解能力，它们甚至被广泛地整合进高等动物体内，成为这些高级生命不可或缺的组成部分。很明显，没有这些细菌群落，很多高等动物甚至无法有效地消化吸收食物，如牛依赖胃中的细菌消化草料，人肠道中帮助消化的细菌数量更是多得惊人。

在分解者的世界，不是没有遗传交换和重组（事实上存在着活跃的横向基因转移），也不是没有突变，但是作为维持分解者特质的自然选择压力，剔除了一切其他的可能（除了进化出其他功能类群以外）——它只选择微小的体积，而无情地（从分解者这一功能类群中）淘汰了基因组变大的个体。在这里，拉马克式的适应（参见第十三章相关内容）被彻底抑制了。

微生物小的基因组决定了其种类的单调性，这可能并不是因为微生物的变异速率慢，从微生物抗药性发展的惊人速率来看，微生物可能具有比想象要快得多的变异速率。或许微生物就是在一种极快的遗传变异与重组（流动的基因库）中适应与维持其生态功能的。即便是在科学十分发达的今天，也没有谁能知道到底历史上曾经出现过多少种微生物，因为它们很难在化石中留下可以辨识种类的痕迹。

种群的快速繁殖——最大化的表面积与体积之比——高效的分解功能，决定了作为分解者的微生物世界在基因组、形态结构、生态功能等方面的简洁特性，无论它们处于什么样的物理、化学或生物环境。另外，作为分解者的原核微生物在真核生物的进化中（无论是结构还是功能）也是功不可没的，因为很多真核生物的功能基因就继承自原核生物。

如果我们不从生态功能的视角进行俯视，就无法理解作为分解者的原核生物为什么都是如此微小，其基因组与细胞分裂方式为何会如此简洁。难道不可以说认为无性生殖劣于有性生殖的观点既武断又愚蠢吗？

斯帕克斯（2002）困惑道："有性繁殖最初究竟有什么优势，使得原始的生命形式放弃简单的分裂方式而选择不同性别的复杂方式呢？"，我在这里想告诉斯帕克斯先生，原始的生命并未都放弃简单的细胞分裂方式。

3. 生产者——无性统治水体、有性统治陆地

（1）维持浮力的选择压力——限制着水中初级生产者的大型化

光是一切植物的能量来源，而光在水中会急速减弱。例如，全球海洋的平均深度约 3800 m，而真光层（有阳光透过、能进行光合作用的水层）深度一般不会超过 150 m。由于光的限制作用，无论在海洋还是在内陆水体中，扎根生长的大型维管束植物只能在沿岸带的浅水区域中生存。这样，在海洋中，绝大多数初级生产者必须漂浮在真光层中。

与地球上最大的动物生活在海洋中不同，海洋中的植物绝大多数都是一些只有在显微镜下才能看得清的微小的浮游藻类。为什么？植物没有动物那样的游泳与运动能力，植物必须漂浮于真光层中才能进行光合作用，否则将很快死去。因此，尽可能大的比表面积才是保持浮力的关键。此外，光在水中的衰减远比空气中快，CO_2 在水中的溶解度也很低，因此，微小的体积有利于提高细胞（叶绿体）的受光面积，也能增加对 CO_2 的吸收。这样，提高浮力（可能还有增强吸收光和 CO_2 的能力）的选择压力趋向于选择小的细胞体积。这可能就是为何单细胞的小型浮游植物（原核或真核）是水体初级生产者中的绝对统治者的缘故。

为什么在海洋中未能演化出一些大型的漂浮植物覆盖在广阔的海面上呢？而在一些小型的静水水体（如池塘）中则可以见到水面被整个一层漂浮植物（如浮萍）所覆盖的情景。看来，很可能因为风浪的物理作用（机械损伤）阻止了较大型的多细胞植物在开敞海面或湖面的生存或者还有其他原因。海洋中的浮游植物也能见到一些多细胞群体，但一般也都只有几个到十几个细胞，也只有凭借显微镜

才能清晰可见。

水体(特别是海洋)这样一个巨大的生态位仅被少数原始而低等的单细胞藻类所占据(全世界的藻类只有约 40 000 种)。很显然,在水生生态系统中,维持浮力(可能还有增加吸收光与 CO_2 的能力)是植物群落小型化的决定性控制因子。从生态对策来看,它们与分解者一样,也是极为典型的 r-对策者,在很多情况下,其优势种呈现明显的季节更替,种群密度呈现巨大的季节波动。

这些单细胞藻类的种群增殖主要依赖于无性生殖(一分为二的裂殖),其中原核的蓝细菌甚至没有有性生殖。很多真核浮游藻类只是环境条件恶化后才切换到有性生殖,以产生厚壁孢子进入休眠,等待适宜条件来临后萌发,重新进入无性生殖以快速壮大种群。

(2)从陆地回到水中——被子植物并没有优势

与陆生动物返回水中称霸水下世界完全不同,陆生的被子植物仅占据了沿岸的浅水生境,绝大部分生态位还是留给了单细胞藻类。而且一些水中的被子植物还向浮游藻类进行强烈的趋同演化——结构简化和小型化、生殖趋于无性化。下面用一种漂浮植物——芜萍属(*Wolffia*)[属浮萍科(Lemnaceae)]的演化来予以说明。

芜萍是最小的开花植物、花最小的植物及果实最小的植物,其中一种称为圆球芜萍(*W. globosa*)的种类大小只有约 0.5 mm×0.3 mm(图 11-3)。浮萍演化自天南星科的祖先,也就是芋头类的植物,其中一种称为水芙蓉的大漂(*Pistia*

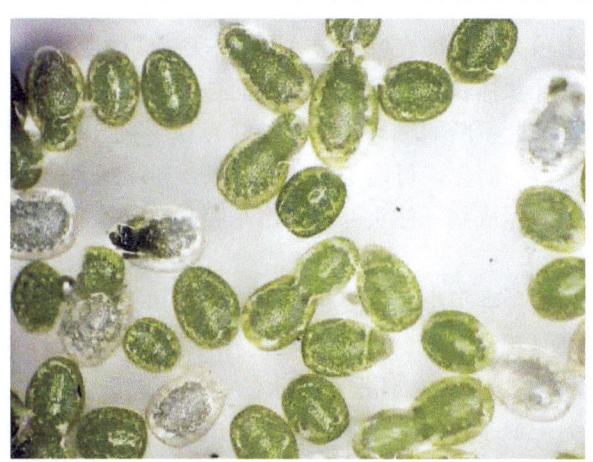

图 11-3 圆球芜萍——世界上最小的开花植物(大小:0.5 mm×0.3 mm)
(图片由 Michael Clayton 提供)
Fig. 11-3 *Wolffia globosa*-the world's smallest flowering plant(size:0.5 mm×0.3 mm)
(photo courtesy by Michael Clayton)

stratiotes)还漂浮在水上(图11-4),据称它就是浮萍的祖先。芜萍几乎可以说只是"一团细胞",根、茎、叶、维管束都已退化掉,有性生殖系统也简化得只剩一枚雄蕊和一枚雌蕊,整个花只有针尖般大。

图 11-4　大漂(*Pistia stratiotes*)——一种漂浮植物(© www.tropica.com)
Fig. 11-4　Water lettuce(*Pistia stratiotes*)——a floating plant(© www.tropica.com)

芜萍以无性生殖为主,即在叶状体(植物体)一端的芽囊里直接长出另一个新的叶状体,新的叶状体长大后就脱离母体而独立生长,然后自身又能再生出一个更新的叶状体,如此不断的循环(图11-3)。芜萍偶尔也能进行有性生殖:花的构造可以说是极度的简化,可能是靠风或水来传粉,虽是雌雄同体,但必须异体授粉,因为雌蕊会先成熟,柱头部分伸出花腔开口,等雌蕊枯萎后,雄蕊才成熟伸出花腔开口。

水中的漂浮植物种类很少,主要是被子植物,其中以浮萍科为主。但是,漂浮植物也不一定都是很小,如另一个重要的漂浮植物——凤眼莲(属雨久花科,原产于南美)体型就较大,它能扎根在浅水的底泥中或漂浮于水面,但也是无性繁殖能力极强。芜萍似乎是浮萍科中结构最为退化、最接近低等浮游植物特性的种类。

看来,被子植物的形态、结构和繁殖方式是在进化的历程中适应陆生生活的产物,在水中没有优势也是可以理解的。此外,芜萍的例子也说明并不是一切进化都如柯普定律所描述的大型化,高等动植物的进化虽然很多是大型化,但是也存在小型化,这在很大程度上取决于生存条件的选择压力。

(3)陆地植物群落立体化——以获得最大光利用效率

养分和光是陆地植物生存的重要基础。在海洋或湖泊中养分溶解在水中,容易被漂浮的植物体吸收。而在陆地,养分主要存在于土壤,光照射在空中,因此植物必须扎根于土壤才能吸收无机养分和水分,长出绿叶于空中沐浴阳光,通过茎干在根和叶之间传输养分并为绿叶提供支撑(由于植物在空气中容易散失水分,因此叶面还得用蜡质覆盖,但进化出微小的气孔以吸收 CO_2,同时放出 O_2)。

由于陆地上的植物只能定植生活而无法移动,这就要求陆生植物个体必须是多细胞的,而且细胞还必须向各个方向分化以承担不同的生态功能,这就为具有集群优势的真核植物的繁荣带来了契机。这样,自然界给出了选择的方向,并给予了足够的时间和耐心,等待着海洋中的原始的光合真核生物——藻类的登陆(或许在一些偶然干枯的海滨生境中慢慢演化出一些能适应干旱或半干旱的种类),等待着登上陆地的简单的多细胞真核藻类通过无数次变异和筛选,逐步完善了细胞的集群、分化与功能特化等,迎来了日益大型化的高等植物的诞生与无限的繁荣。

由于光对陆生植物来说是最重要的能量来源,因此光能的充分利用也是陆生植物进化的重要方向。在陆地上,植物群落只有在空间上的立体进化,才能最大限度地利用光,而单细胞的原核生物是无法做到这一点的。原核生物作为生产者只有在水中才是重要的,而在陆地上只有在一些极端环境才如此。

可以推测,对光能利用的立体化策略推动了陆地上植物分化出一些越来越高大的类群:从植物体的最大高(长)度来看,苔藓比浮游藻类大,蕨类比苔藓大,种子植物(裸子和被子植物)又比蕨类大。在水分充裕和温度适宜(不能过低)的条件下,陆地生态系统都被层次结构复杂的各类植物所占据,特别是一些大型植物,因为这样可以获得单位陆地面积最大的光合效率。因此,在水分和养分充裕的情况下,对光能的最大利用是驱动陆生植物大型化的决定性控制因素。

陆地上高大的植物体需要强有力的支撑系统,而维管束植物(蕨类植物、裸子植物和被子植物)的诞生正好满足了这一需求。当然,陆地上的植物也不可能无限制地增高,因为还需克服强风等机械应力以及克服重力向上传输水(养)分等。

对从单一的细胞(合子)成长为一株有着一系列复杂的器官有序地发育与分化的大型高等植物来说,第一,需要在合子中储藏复杂得多的遗传信息,这就需要更大的细胞体积来装填染色体;第二,通过有性生殖容易相对安全而高效地进行基因的拷贝、转移或链接,是基因复杂化的有效手段,而以群体的形式流动性地保存物种的基因库不但使物种能有效地适应较宽泛的环境波动,也使有性生殖成为这种群体基因库保存与延续的最佳手段,可以猜测,仅通过无性生殖与点突变的方式应该难以适应基因复杂化的需求。

(4) 种子植物统治陆地——形态结构多样化与复杂化

在水域(特别是海洋)生态系统中,初级生产者由微小的单细胞藻类占据绝对优势,而在绝大部分陆地生态系统中,种子植物一统天下。在地球演化的历史岁月中,陆生植物群落经历了从小型到大型、从简单到复杂的多样化进化历程。

现在的陆生植物在形态结构上具有极大的多样性。例如,同样是木本植物,一种生长在高山冻土带的树木——矮柳,高不过 5 cm,而澳大利亚草原上的一种巨树——杏仁桉高耸入云,可达 156 m 之高。

植物种子的大小也是差异巨大:有一种名为斑叶兰的植物其种子小得像灰尘一样,1 亿粒才 0.5 g,而复椰子树的一粒种子可达 15 kg。复椰子树的种子与大白桦树的大小差不多,可 200 万粒白桦树种子才不过 1 kg,两者相差 3000 万倍。

(5) 有性统治陆地——高等植物的分化远超过水中的藻类

高等植物(苔藓、蕨类和种子植物)登陆后的另一个重要的演化方向就是繁殖方式的变化。

(1) 繁殖体的大型化——从孢子变化到种子,植物孢子的直径一般只有几微米到几十微米,虽然高卷柏的孢子达 1.5 mm,而在非洲东部塞舌尔的复椰子树的种子直径约 50 cm。

(2) 有性生殖越来越重要——水中的一些浮游藻类甚至没有有性生殖,大部分也是无性生殖占据优势,而所有的高等植物均离不开有性生殖,有些已失去无性生殖的能力。

(3) 有性生殖从依赖于水到脱离水的限制方向发展与进化——苔藓和蕨类的两性生殖必须以水为媒介,裸子植物变为以风为媒介,被子植物则主要以虫媒为主,繁殖方式的这一重大变化,极大地拓展了陆地植物的生存范围,使高等植物从最初的潮湿环境延伸到了相当干燥(甚至沙漠)的环境。

在水中,由于光、CO_2 与浮力的限制,微小藻类占据优势,它们以原始的无性生殖方式为主,加上水环境较为均一,物种的分化速率相对缓慢。而陆地生态系统则完全不同,特别是在雨热条件充裕的热带地区,有性生殖推动着物种的快速分化,热带雨林中呈现出一棵大树可以承载上万物种的壮丽奇观。

4. 消费者——有性生殖几乎一统天下

与陆生植物必须固着生活不同,无论在水中或陆地上,为了寻找食物或猎物,动物必须保持自由移动的能力。所有植物的一个共同功能就是进行光合作用,而动物之间的关系要复杂得多,形成一级套一级的猎杀关系(初级消费者→次级消费者→顶级消费者),这些食物链还相互交织,形成极为复杂的食物网。

需要指出的是，能自由移动的不一定都是动物，在水中也有不少具鞭毛的低等植物（如衣藻）能自由游动，这种运动特性对它们在水中的生存并无坏处。

(1) 水中——无性生殖统治初级消费者

水中的初级消费者主要是原生动物、轮虫、枝角类等浮游动物，除少数为捕食者外，大多数滤食一些微小的细菌、藻类或有机碎屑，它们往往具有能滤食细颗粒的特殊结构。由于浮游藻类往往呈现剧烈的季节性波动，春季开始快速增长，夏季达到顶峰，秋季开始衰落，冬季进入低谷，这些小型浮游动物也演绎了相适应的繁殖对策，大部分时期，它们以能进行资源快速利用的无性生殖（裂殖、孤雌生殖等）为主，当食物接近枯竭时，通过有性生殖产生休眠卵以渡过不良的环境条件。

在水中特别在远洋区域，只有这些小型浮游动物才能利用水中漂浮的微小藻类或细菌，它们是最重要的不可替代的初级牧食者，在它们的生活史中无性的孤雌生殖占据绝对优势。事实上，食物链中缺少了浮游动物这一环节，支撑海洋中庞然大物——鲸这样的顶级消费者的复杂食物链也不可能成立。换言之，无性统治着水中的初级消费者。此外，与水中微小的初级生产者不同，海洋中的动物比陆地上还大，当然，海洋中最大的动物也是从陆地上重新回到水中的，也是哺乳动物。

(2) 陆地——有性生殖几乎一统天下

在陆地生态系统中，除了少数无脊椎动物（如蚜虫）以无性生殖占优势以外，绝大多数动物（特别是高等动物）都只能进行有性生殖。这与高等植物很是不同，因为许多种子植物还能进行无性的营养繁殖。

与陆生的高等植物借助于生物（如虫媒）或非生物（如风媒）进行两性受精不同，在水中生活的高等脊椎动物——鱼类，绝大多数都采用体外受精的方式。与此不同的是，绝大多数陆生动物的受精过程需要在雌性体内完成，这是因为在空气中精子和卵子很快就会干燥死亡，精子更是无法像在水中那样自由游动寻找到卵子进行受精。正是由于需要在体内受精，才演化出陆生动物有性生殖的无数无与伦比的精彩浪漫或血腥残酷的爱情故事。

与高等植物从一个受精的生殖细胞发育成一株参天大树类似，即便像大象这样的庞然大物也是由一个受精卵发育而来。例如，从胚胎时的一个细胞经过不断的分裂，人到成年时体内的细胞可多达1000万亿（10^{15}）个，毫无疑问这需要复杂的基因组来操控生命的发育程序，只有有性生殖才能在生命演化的历程中完成这种动物基因组的复杂化过程。

(3) 微小的"寄生者消费者"——无性占据统治地位

寄生从本质上来说与消费并无本质的差别，只是前者一般是一种较缓慢的消费过程，不会像牧食者或猎食者那样导致猎物的即刻死亡。

一些病原微生物（病毒、细菌、真菌等）寄生于各种动植物（陆地和水中），在某种意义上可称得上是一种"寄生消费者"。很显然，在微生物寄生的世界，无性占据统治地位。

五、生态的"性"演化——既为了生殖，更为了生存

1. "性"的代价——质与量的对立与统一

关于有性生殖合理性的一种重要质疑就是所谓的双倍的性代价。由于雄体不能亲自繁殖，因此，从种群增长的角度来看，性付出了代价。其实，物种的命运不仅取决于生殖能力，还取决于生存能力。如果自然界以生殖论英雄，那除了微生物以外就不会有其他生命存在了（其实在理想状态下，任何一个物种的增殖潜力都是无限的）。因此，合理的"性"代价应该包括生殖与生存两个方面。

从生殖来看，最原始的生殖方式（如细菌的一分为二）是最快速的种群增殖方式，几乎没有性的代价。进行孤雌生殖（一年繁殖 10～30 代）的蚜虫，雄体的比例很少，而且体积也小，因此性的代价也是微不足道的。因此，从生殖能力来看，种群中雄体的比例越高，代价越大。

对人这种男女比例接近 1 的最高等哺乳动物来说，生殖的性代价是双倍的（two-fold cost of sex），因为只有女儿可以生育，而儿子就是母亲（更确切地说，人类种群）付出的高昂代价（Maynard Smith 1978）。但是，哺乳动物等大型动物追求生存质量，注重提高存活率，使生殖的代价得到了有效补偿。例如，虽然产崽数很少，但通过胎生的方式可使存活率大大提高。

从生殖对策来看，生态学上的 r-对策者追求种群数量，不惜大量死亡，甚至可以完全不需要有性生殖，或仅在极少数状况下进行有性生殖。而 K-对策者则正好相反，通过强化育幼能力为核心的两性协作等来提高存活率，降低生殖的"性"代价。

与高等动物不同的一个特征是，许多高等植物实行混合生殖策略，即营养繁殖与有性生殖的交替。这或许是由于不同植物物种之间以及同种植物个体之间的竞争关系主要是对光、营养、空间等的竞争，而通过快速的繁殖以提高种群的扩展能力是关乎在这种竞争中能否取胜的关键，因此，保留快速的无生殖"性"代价的营养繁殖对很多高等植物来说不失为一种重要的生存策略。

2. 生殖器官的配置模式——折射出高等动植物不同的"性"演化方向

植物对动物的防御方式是决定其生殖器官配置的可能影响因素之一。因为植物个体间也无法像动物那样进行协作，它们或许主要借助于化学防御来抵抗动物

的牧食或寄生，因为很多植物在自卫中演化出了种类繁多（苦味、涩味甚至有毒）的化学防御武器（如单宁类、生物碱、萜类、酚类、异黄酮类），它们也借助于结构特化（如用刺毛覆盖植物表面）或生活史变化等来进行防御（当然，类似的化学、结构与生活史等的防御手段也被很多动物利用）。因此，从生态防御的意义上看，植物雌雄分株的适应意义不大。

影响植物生殖器官配置的另一个可能因素就是雌雄交配方式。在绝大多数情况下（除闭花受精外），植物的雌雄交配必须依赖于外力，如风、水、虫等，雌雄花的近距离配置显然有利于提高授精率。

这些可能就是为何绝大多数高等植物采用雌雄同株（其中主要还是雌雄同花），而且往往在一株植物上还会开出很多雌雄同株花的缘故。从传统的"性"的代价观点来看，这似乎是一种最佳的选择。因此，植物看似"服从"所谓性的双倍代价学说，因为雌雄器官分别长在不同的植株上获得不到什么特别的生态好处。

与高等植物不同，高等动物同一物种的个体之间能够相互主动交配（不需要其他媒介）。此外，动物之间的关系要比植物之间的关系复杂得多：动物之间除了对食物和空间的竞争外，还有捕食与被捕食（有时一级套一级）、寄生与被寄生等，这种复杂的相互关系造就了极为复杂多样的动物行为——奔跑、飞翔、游泳、吼叫、格斗、残杀……等。置身于一个充斥着猎杀危险的无比复杂的动物世界中，如何提高动物子代的生存效率可能比单纯的提高出生率对种族的繁衍更为有利，毋庸置疑，这肯定是一种重要的选择压力。这对大型动物似乎显得尤为重要，因为它们已不再是一个个呆板的物质实体，感觉、意识、智慧、记忆、情感、欲望以及对伤害和死亡的恐惧感等的日益发达使个体与亲缘群体共同延续生存的欲望不断强化，导致一些类群的群体协作性与组织性日益增强。

大量的事实表明，许多动物物种都采取由父母双方合作育幼的策略，雌雄性之间的协作，甚至更大规模的群体社会的发展为许多陆生动物的成功生存与繁衍提供了重要基础。因此，动物（特别是高等动物）世界中的雌雄结合对生存能力的提升可能使"性"的生殖代价大为降低，甚至为零或为负值（比雌性单独生存更为有利）。因此，高等动植物采取了完全不同的"性"策略。

3. "性"的目的——真的是为了制造遗传差异吗？

一方面，遗传看起来相当忠实与精确，否则物种就不复存在，即俗语所说的"种瓜得瓜，种豆得豆"，这时遗传表现出相对稳定性；另一方面，父母与子女以及子女间也不会完全相同，这表明遗传实际上并不那么忠实与精确，变异也是绝对存在的。没有变异，就不会存在自然界中新物种层出不穷的分化与诞生。由于绝大多数动物都是雌雄异体，因此，人们普遍相信，不同个体之间进行的有性生殖是制造这种变异的主要机制，而变异被认为能适应环境的变化并最终可能导致物种分化。传统上，人们将此归结为有性生殖的主要优势，同时还认为无性生殖、自交或近交这些难以产生或较少产生遗传差异的生殖方式将会衰退。

笔者并不想否认遗传多样性可能会带来对环境广泛的适应性，但是在少数几个世代水平上遗传变异对环境的适应意义真是如此的重要吗？这种短期、小幅度的环境波动难道不能通过机体内（内存于基因之中）的生理手段来即时调节吗？因此，可以推测在个体的基因组中应该存在一些冗余的功能基因，它们可以在一些特定的环境下启动相应的生理、生化、行为或结构等的适应、调整或修正。

例如，暴露于胁迫（如毒物）中的有机体往往可以通过体内一些解毒基因（进而蛋白）表达的差异来进行响应与调节。更极端的例子，环境条件（如温度）的改变甚至可导致一些动物性别的转变。对环境应答的响应与调整是动植物发育系统必不可少的特性，"应答环境变化的最广泛改变，在植物的发育过程中才能看到。由于植物扎根于大地，所以它们必须按照环境条件不断地改变自己的发育模式。植物的生长方向、分枝类型、叶片形状及花朵的产生等，都可能依赖于外在环境"（科恩 2000）。

又如，"大肠杆菌几乎是全能的，能够分解代谢很多种类的糖分子，诸如葡萄糖、半乳糖和乳糖等……。大肠杆菌并不生产所有的酶，它能根据从环境所能得到的糖的类型生产相应的酶。例如，如果环境不存在乳糖，大肠杆菌不会无谓地生产乳糖消化酶。但如果把它放到含有大量乳糖的环境中，乳糖消化酶便产生了。这对适应很有意义，因为这就避免了在不需要的情况下产生酶而造成的能量浪费"（科恩 2000）。

基于这些现象或事实，我认为任何物种的绝大多数个体的基因组中都会储存有冗余的功能基因（来自物种的基因库）以应对在长期的进化过程中曾反复感知并成功"记忆"到的一系列环境事件。这里，借用瓦丁顿的遗传系统和后成系统的观点，遗传系统具有组织整体和自动调节的特征，后成系统控制着环境的利用，但是它在某种程度上也依赖于环境，因为环境必然要介入表现型的形成过程（皮亚杰 1989）。

试问，如果有机体体内没有一定的即时适应机制的话，那无性繁殖的物种是不是应该早就绝迹了？从一开始，笔者就怀疑有性生殖是为了应对这种即刻的环境波动，之后我曾认为遗传结构的差异更像是在对远期更大环境变动的适应中具有实质性意义，最后，我觉得更合理的解释应该是有性生殖（更确切地说减数分裂）更像是为了将以基因为单位的遗传信息保存与混合在群体之中的一种工作程序，其意义可能不限于个体而更重要的是群体对相当宽泛的一系列环境波动的适应性的一种维持机制。因此，我倾向于认为，在有性生殖模式下，群体的基因多样性决定着物种对环境变化的适应幅度及未来的命运，在大多数情况下，随机的"性"组合构成的个体基因库应该具有足够的冗余基因以应对短期（相对于物种的寿命而言）的环境波动。设想一下，对一个可以延续数百万年乃至上千万年的物种来说，一个短暂世代的个体遗传变异真是如此（在生态学上）意义深远值得为了瞬间的环境变化而去固定化或模式化吗？这一强烈的疑问使我从逻辑上更加坚信我的观点的正确性。

对高等植物来说，由于雌雄同花（一株上还开很多花）占主导的生殖系统，加上动物传粉或风媒传粉的随机性，存在自交或异交的混合是难以避免的。从高等动植物完全不同的生殖对策来看，很难想象有性生殖就是为了制造遗传差异的观点能够成立。而陆生动物却极少有雌雄同体现象，显然这种配置在陆地上没有任何生存优势。由于在陆地环境中动物必须在体内受精，雌雄必须主动交配，因此，雌雄之间的协作对种族的生存也具有重要意义。

自交或近交对种群生存的影响难以一概而论，除了使一些致死的隐性基因更快地以纯合子的状态显现出来外，感觉不出还会有什么其他的衰退发生。从生态遗传学的视角来看，进行有性生殖的物种以一种群体的形式流动性地保存着种族的基因库，而减数分裂就是有性生殖的一种操作平台，它不断重复着一种核心过程——组装不同的新个体，而所谓的遗传重组或变异只是这种生殖方式的一个既是必然又是偶然的结果罢了。

六、生态的"性"演化——"性"源于并服务于生存

1. "性"的生态起源——制造、固化与强化休眠以抵御不良环境

"性"的细胞与遗传机制只是一种过程，它告诉人们是怎么做的程序，而性为什么起源和进化则更多地涉及选择与驱动机制，它本质上更应该是生态学的范畴，虽然也必须建立在遗传基础之上。至此，笔者觉得可以提出如下关于**有性生殖的生态学起源学说**：有性生殖是自然界中真核的动植物在适应与克服不利的环境条件使种族得以成功繁衍的过程中诞生与发展起来的。①在低等植物中最原始的有性生殖都是为了制造抗逆性强的休眠体（厚壁孢子、休眠卵等）；②高等动植物选择了完全不同的进化方向——高等植物依然忠实地沿着强化保护与休眠能力的坚硬的种子方向演化，高等动物（特别是哺乳动物）则向存亡与母体的性命连接在一起的对子代具有高度保护性的胎生方向演化，而在一些低等动物生活史中的休眠卵在哺乳动物中几乎不复存在，对它们来说，性已不再为休眠服务；③无论是植物还是动物，在进化的历程中生殖方式演化的总体趋势均是在生活史中有性生殖不断地被固化、强化甚至唯一化。

为何原核生物通过细胞特化就能制造出休眠孢子，而真核生物需要通过两性配子的融合才能产生出休眠体？有性生殖最原始的诱因可能是因为能产生抗逆性强、能渡过不良环境的休眠体（如休眠孢子），但我认为这可能纯粹是一种偶然的事件，只是意外地受到了自然选择的青睐而已，因为休眠体的产生并不是只是

有性生殖的专利，如细菌没有有性生殖照样也能产生出抗逆性强的芽胞，此外，一些水生高等植物通过无性方式也能产生休眠体（当然这些种类依然能够通过有性生殖产生能休眠的种子）。

为何在生存策略上高等植物选择向种子的方向进化而高等动物选择向胎生的方向进化？也许不过是一种偶然的随机事件被选择下来的结果，就像这个世界为什么会演化出数以百万计的生物物种一样。当然胎生受到了最高等而智慧的哺乳动物的青睐，在其他动物类群中并不普遍（如鸟类就完全没有胎生）。

2. "性"的生殖对策——交织于生态对策之中

迄今为止提出的几乎所有关于性起源的学说都是在强调相对于无性生殖来说有性生殖的无比优越性。但是，无性生殖却依然存在，即便在高等植物中，它也还十分常见。如果不从生态的视角，就无法理解为什么无性与有性都还广泛存在。事实上，有性和无性在自然界中的存在都是合理的。

为了从生态的视角来审视生殖，笔者尝试着提出关于生殖对策的两个新概念——**r-生殖对策（r-reproductive strategy）**和**K-生殖对策（K-reproductive strategy）**：自然界中生物的生殖方式可以分为无性生殖和有性生殖两种基本类型，它们反映了两种不同的生殖对策：无性生殖古老、简洁而快速，在小型生物（如细菌）中占据绝对优势，是一种r-对策型的生殖方式；而有性生殖相对年青、繁杂而慢速，从无性生殖发展而来，是大型动植物的唯一或主要生殖类型，是一种K-对策型的生殖方式。在资源利用方式上——r是一种擅长适应局域性环境中资源快速利用的生殖对策，而K是一种擅长适应区域性环境中稳定资源利用的生殖对策；在耐受能力上——r-生殖对策物种更加能耐受非生物环境因子（如气候）的宽幅波动，而K-生殖对策主要是为了适应相对温和的生物性环境演变的产物；在"性"的代价上——生殖的"性"代价K高于r，生存的"性"代价r高于K，即r-对策者追求种群数量，不惜大量死亡，而K-对策者追求生存质量，注重提高存活率。从本质上来看，r-生殖对策和K-生殖对策是r-生态对策和K-生态对策在繁殖特性上的体现。

在典型的r-生殖对策和K-生殖对策之间，存在一些过渡类型，即同时兼用两种生殖方式，这见于一些小型无脊椎动物，但无性生殖方式占优势。例如，一种小型昆虫——蚜虫一年中的大部分时间都进行孤雌生殖，只有即将进入食物匮乏的冬季前才转而进行两性生殖。

一些高等植物的繁育系统十分特别，它们能进行混合生殖——无性的营养繁殖与有性生殖，这也是一种r-生殖对策和K-生殖对策的有机结合，营养繁殖（通过有丝分裂）往往适合于种群的快速扩张，在水生高等植物中尤为普遍，一些入侵性植物往往具有很强的营养繁殖能力（如凤眼莲等），而在高等动物中基本不存在混合生殖模式。植物界中常见的营养生殖方式与植物细胞普遍存在的顽强的再生能力有关，这也是植物的一种别无选择但十分有效的实现种群快速扩增以应对竞争与死亡损失等的生存策略。

此外，显花植物的生殖系统配置以雌雄同花占据绝对优势，且主要依赖昆虫传粉，广泛存在自交与异交混合发生的现象，而自交率在小型植物（如草本）中更高。自交在遗传效应上与无性繁殖类似，在生态效应上类似于对资源快速利用的 r-对策，可以看成是一种有性中的"无性"手段。因此，显花植物的生殖系统配置体现了 r-生殖对策和 K-生殖对策的有机整合。

从宏观的层面来看，整个植物系统的进化史也折射出其繁殖策略的令人惊讶的重大转变。在低等藻类（衣藻），无性生殖（细胞一分为二）占据绝对优势，有性生殖只是一种（对不良环境来临）即刻的应急式反应。到了苔藓和蕨类，有性生殖已固化在生活史中，有性生殖和无性生殖在重要性上几乎平分秋色。到了种子植物，有性生殖占据绝对优势（甚至成为唯一方式），在一些种类中无性生殖成了一种即刻的反应，但不是为了应急，是良好环境下的一种种群快速扩增方式。在良好环境下利用无性繁殖对资源进行快速利用以实现种群的迅速扩张似乎是植物界一种共同的 r-生殖策略。

3. 有性生殖的生态遗传本质——适应性蕴藏于群体的基因库中

在孟德尔之前，人们曾认为遗传是一个混合过程，但是孟德尔证实存在一种不可分割和独立的遗传单位，后来人们证实这种遗传单位就是存在于染色体上的基因———段 DNA 序列。孟德尔在基因水平上揭示了有性生殖的遗传过程（称之为"分离定律"与"自由组合定律"），虽然他那时并不知道基因的真实存在形式。

道金斯（1981）从遗传的视角对有性生殖过程中基因动态进行了精辟的阐述："有性生殖具有混合基因的作用，就是说任何一个个体只不过是寿命不长的基因组合体的临时运载工具。任何一个个体的基因组合的生存时间可能是短暂的，但基因本身却能够长久生存……有性生殖不等于复制。就像一个种群被其他种群所玷污的情况一样，一个个体的后代也会被其配偶的后代所玷污，你的子女只一半是你，而你的孙子、孙女只是你的 1/4。经过几代之后，你所能指望的，最多是一大批后代，他们之中每个人只具有你的极小的一部分——几个基因而已，即使他们有些还姓你的姓，情况也是如此……个体是不稳定的，它们在不停地消失……但基因却是地质时代的居民：基因是永存的。"

遗传系统和基因组本身被认为是一种关系整体，是适应和各种调节的中心：遗传单位与其说是基因组本身，毋宁说是某一"种群"的"基因库"或基因组聚合的相互作用；反过来，基因库也要适应和整合，并成为全部调节和不断再平衡的源泉，因此，它构成（或如某些著名理论家所说）个体与物种之间结合的中间水平（皮亚杰 1989）。

人们对有性生殖过程中基因的整体行为已有相当精准的认识，也意识到种群基因库作为一个整体存在的适应意义。在这些认识的基础之上，我尝试着诠释**有性生殖的生态遗传学运作原理**：

（1）绝大多数真核生物物种的基因库（所有个体的基因及其组合与关联方式）通过有性生殖（减数分裂、两性配子的融合）流动性地保存于整个群体之中，因此，物种的遗传多样性和环境适应性的关系蕴藏于群体的基因库之中。

（2）有性生殖并非特意地为了去制造更多的遗传变异（这与传统的观念有着本质的差别），它只不过是实施真核生物物种延绵过程的一种操作方式。因此，任何一个个体的基因组都是来自群体基因库的随机组合之一，是基因库的多样性从根本上决定了个体遗传组合（因此表型）的多样性。

（3）任何一个有性生殖的个体其完整的基因组都不会永生，都必然会在减数分裂的传代过程中随着反复的遗传重组而被片段化或碎片化，消逝于浩瀚如烟的种群基因库中。

（4）在现实的生存环境中，由于生存竞争、隔离或环境（包括生物的或非生物的）等的作用，一个物种的基因库有些会扩展，有些可能会趋于萎缩，还有一些可能会分裂，这相应地就出现了物种的复杂化、退化或分化。

（5）在有性生殖模式下，任何一个走向繁荣的物种其基因库（因此表型）都不可避免地（虽然十分缓慢）趋于更大的变异性与多样性（这是由减数分裂容易出现遗传重组和变异的特性决定的），但这同时也增加个体间无法成功交配的概率（如人类的不孕发病率就超过5%）。因此，自然选择与进化塑造或决定着这些物种的遗传（表型）多样性-交配成功率-环境适应性之间的动态与平衡。

（6）任何一个特定物种的基因库其多样性都不可能无限扩增，在相似的条件下，遗传多样性越高，基因库分裂的概率就越大。成种的基因库分裂常常是高度重叠式的，仅出现极少的异化（如黑猩猩与人类的基因组高达98.8%是相似的）。这样，有性生殖通过时间的累积效应，推动新物种不断诞生，至使地球上的真核生物的物种呈现出一种永不停息的分化势头。

有意思的是，有性生殖支撑了一种独特的基因库构建与运行模式，减数分裂通过修修补补、程序性突变（如复制错误、缺失、插入、重复等，这些与辐射诱变等比较，相对温和）等增加种群内基因的多样性以及等位基因的多态性，并分散保存于种群之中（种群规模越大，容纳潜力越大），这是一种高效而相对安全的物种基因库扩增方式。

从另一种角度来看，基因库的差异越大（或一般来说，物种间亲缘关系越远），物种间能成功进行杂交的可能性越小。但是，有些种群隔离时间虽久，如果基因库分化不大，也许仍然能成功交配。一些人相信存在自交或近交衰退，就必定会逻辑地相信存在所谓的"杂交优势"，历史悠久的农学育种正是为了寻找与利用一些所谓的对人类"有益的"优势性状。但笔者认为，杂交未必都会如此，有些(性状)是优势，有些可能是劣势，而有些可能是中性的，这取决于两个物种之间基因组(进而生理上)的差异、整合和同化程度。

笔者认为，正是由于有性生殖的这种生态遗传学本质，任何物种的基因库都不可能保持不变，因此任何物种都不会永恒不变地延绵下去，它要么被环境消灭，要么消逝于自身的变化(物种分化)之中，而当这种变化达到了能形成生殖隔离(无论是同域，还是异域)的程度时就会导致物种的分化。正如迈尔(2008)指出的"群体之间的基因流动越少，成种事件的速率就越快，对于所有的生物来说都是这样"。

在真核生物中，以物种为单位的基因库的群体性保存机制，与物种的群体性生存与延绵模式相吻合。广泛的基因多态性的存在正是有性生殖物种基因库群体性保存方式的一个有力证据。1966年，列万廷与哈比合作运用电泳技术对蛋白质的变异进行研究发现，在一个果蝇群体中，大约30%的基因座是多态的(有不同的等位基因)。以后的研究发现，一般生物的遗传多态性都在10%~20%(方舟子2005)。

当然，这并不是说无性生殖不以群体形式保存基因组，只是实现的方式存在一定差异。高效的无性繁殖速率与天择既保证了基因组的群体保存效率，又能淘汰有害突变，并能有效扩增有益突变。因为，对这种典型的r-生殖对策的物种来说，哪怕每次繁殖出现的遗传变异概率极小，只要繁殖速率足够的快，也能快速筛选出变异使种群迅速适应新的环境变化。

无性的细菌种类稀少，但绝不意味它们遗传变异或重组速率低，细菌不仅自生可以产生突变，个体间也能进行活跃的遗传重组(类似于有性生殖的基因混合)，或许它们就是凭借小型基因组特有的灵活的遗传变异能力或通过快速的繁殖对遗传变异的超强扩增能力展现出对千变万化生存环境的惊人适应力，执行它们特有的生态功能。如果不是这样，如何解释细菌对药物抗性的令人惊讶的快速发展(或者菌种由于变异难以长期保存)？

很显然，细菌的这种变异或突变根本不需要地质年代的时间尺度，这难道不是在昭示细菌基因组具有惊人的变异性与流动性(当然或许必须维持一些生命基础的新陈代谢过程的稳定性)？由于细菌基本不可能留下可以辨识的化石证据(现在人们对细菌种类的划分都存在争议)，因此，现在或许将来人们永远都无法确认历史上曾经出现过多少种细菌。

赫奇斯甚至提出"可以把基因看作一个巨大的公共基因库，当细菌为了改变境况，即为了改变与变化中的环境的关系时，临时定义的'种'就从基因库中获取它们所需的遗传信息"(詹奇1992)。现在还难以确认是否所有的细菌之间都能灵活地进行遗传交换，如果真是如此的话，细菌就是一个超级物种了！但是我相信自养细菌(如能进行光合作用的蓝细菌)与异养细菌(动物的病原菌)之间还是存在难以融合的根本性差异的。而真核生物则采取了完全不同的方式，即真核生物的一个物种就是一个相对独立的基因库，它们分化出了数以百万计的物种基因库。日益复杂化的真核生物显然不可能再采用原核生物的这种临时性物种组合游戏了，因为复杂性（多细胞化、组织与器官分化等）不可避免地牺牲了简单灵活性。

依据有性生殖的生态遗传学本质可以预测，物种的分化必定是一种加速增加的模式，因为任何一个物种都在潜在性地进行基因库的分裂和新物种的分化，这是有性生殖的必然产物，因此也是地球上能够进化出数以百万计物种的根本原因（当然，另一个条件是，整个物种的分化速率必须大于灭绝速率）。在一定范围内，真核生物基因组大小的加速进化（图 8-14、图 8-15）也为这种趋势的存在提供了有力的佐证。日益增多的物种创造出日益丰富的生态位，又可为新物种提供越来越多的生存环境。倘若没有人类社会的严重干扰，看不出有任何迹象或存在任何逻辑显示这种趋势将会戛然而止。

从有性生殖的生态遗传学本质不难理解，物种不断分化其实只是减数分裂模式的一种内在的必然产物，而外在的生存条件只是影响成种的速率。例如，地理隔离由于阻止了与原有种群的基因交流（生殖阻隔），可能会加速物种的分化。但是，如果没有物种分化的内在潜质，漂到孤岛上的物种也绝不可能演化为新物种。同样，生态位也只是一种外因，它不过通过阻碍基因交流而有利于物种分化罢了。而且，生态位本质上也是物种不断分化的产物，两者构成了一种互为"因果"的正反馈关系。用一种通俗的说法，物种在进化，生存环境也在进化，而且两者互相促进，日趋复杂。

从有性生殖的生态遗传学本质容易看出，雌雄个体间成功的交配与生殖是物种的基因库得以延绵的重要前提之一。那动植物是如何做到这一点的呢？植物的个体因为不能自主移动，为了保证雌雄配子容易接触，一方面，它们尽可能地拉近雌花和雄花的距离，这就是为何绝大多数显花植物都是雌雄同株（甚至雌雄同花）的缘故，另一方面，它们必须借助外力（风、水和动物），特别是有花植物通过为昆虫提供花蜜的代价换来了授粉的成功，因此，植物之间的"爱情"演绎的却是新郎新娘与"媒人"之间的精彩故事，而且，这还如此的成功，以致显花植物与昆虫成为了地球生命的灿烂之最。当然，动物界也毫不逊色，虽然它们呈现的爱情故事完全不同。在动物界，绝大多数物种的雌雄是通过身体的直接接触来完成交配的，这与植物界根本的不同。在一些低等动物那里"性"只是一种应对严酷生存环境的休眠对策，而在高等动物那里，"性"成为最精华之情感核心，雌雄身体之间"性"之本能的美妙使"性"成为物种成功延绵的本质与基石。正是雌雄之间呈现的无数可歌可泣的爱情关系，塑造了动物界（形态、结构、行为、色泽等）无比的复杂性，尤其是使动物界的群体关系以及情感与智慧得到了极致的发展（很难说人不是这种演绎发展的极品）！当然，动植物的这一切都镌刻在其基因库的遗传信息之中，并由物种的个体所承载，借助减数分裂过程中的变异来发展，依赖雌雄配子的结合与生殖来延绵，通过过量繁殖的个体的生存竞争与自然选择来优化。

4. 自然选择的单位——种群整体利益约束下的个体（或群体）选择

（1）基因选择论

道金斯（1981）虽然对有性生殖过程中基因的整体行为的认识相当精准，但他过分夸大了基因在进化中的作用："选择的基本单位，因此也是自我利益的基本单位，既不是物种，也不是群体，严格说来，甚至也不是个体，而是遗传单位基因。"古尔德（2008）称对道金斯最不能容忍之处就是他赋予基因以意识行为。

笔者也认为道金斯的观点过于极端（他自己似乎也承认了这一点），试问，没有一些个体漂流到岛上，哪有一些新物种的分化？没有昆虫和花儿个体之间连绵不断的相互作用和协同进化，哪能涌现出如此之多的昆虫和开花植物？

（2）表型选择论

迈尔（2010）一方面认为群体是进化中的最重要单位，将进化理解为每一个群体中的个体所经历的从一代到另一代所发生的遗传更替。他定义一个地区群体是指生活在一定地区的某一物种中所有具有潜在相互交配能力的个体所组成的共同体。迈尔在这里所说的群体实际上指地方种群，不同于爱德华兹所说的群体。另一方面，他认为选择发现不了基因或基因型，个体总体上的表现型（建立在基因型基础之上）才是选择作用的实际靶子。他定义表现型为决定一个生物个体可能不同于其他生物个体的形态、生理、生化和行为等全部性状。

（3）个体选择论

对达尔文来说，自然选择的基本单位是个体，"生存斗争"是个体之间的事情。他认为，自然界的奇妙并没有"更高的"原因，进化并不考虑"生态系统的利益"，更不考虑"物种的利益"；自然界中的所有和谐和稳定，都不过是生物个体追求各自的自我利益的间接结果——按照现代的术语，就是生物个体通过增加生殖成功使自己的基因更多地传到以后的世代中。按照哲学家戴维·霍尔的说法，基因产生突变，个体被选择，种群发生变化（古尔德 2008）。

（4）群体选择论

苏格兰生物学家韦恩·爱德华兹提出，至少就有社群行为的生物的进化而言，选择的单位是群体，而不是个体。他在一部名为《与社群行为相关的动物扩散》书中讨论了一个难题：如果只是生物个体经过斗争来增加选择成功，那么，为什么有那么多的物种维持了群体的相对恒定，使资源的供给能满足它们的需要？他的群选择理论与达尔文坚持的"个体选择"观点相抵触，因为群选择要求许多生物个体为了种群的利益约束或放弃繁殖（古尔德 2008）。

韦恩·爱德华兹认为，有些种群从未进化出调节繁殖的途径，在这样的种群中，个体选择占优势，年景好的话种群数量增加，种群繁荣，年景不好的话，种群因不能自我调节而濒临衰亡；另一些种群形成了调节系统，许多个体为了种群的利益，牺牲了自己的繁殖，无论年景好坏，这样的种群都能生存下来。因此，进化是种群间的斗争，不是个体间的斗争（古尔德 2008）直觉地说，这似乎反映了两种不同的生殖对策，r-生殖对策和 K-生殖对策。换言之，K-生殖对策物种（特别是动物）容易走向高度的社群化——人类达到了极致！其实，群体化并不意味群体内个体之间关系的无限融合，它必须在个体间、群体间乃至物种种群间相互联系与相互制约之中不断地发展与演化。

(5) 种群整体利益约束下的个体选择论

笔者赞同达尔文将个体作为自然选择的基本单位的观点，但我觉得这还是表象的，我不认为个体的简单加合就构成了群体或物种，因为，如果每个个体都只顾自我，那就不会有韦恩·爱德华兹提到的群体习性的演化了（这种习性在某种意义就是在考虑群体乃至物种的利益）。因此，达尔文的进化观似乎过于个体化了。我也赞同韦恩·爱德华兹的观点，对具有群体行为的物种来说，群体也肯定是一种真实的选择单位。道金斯的基因选择论和迈尔的表型选择论也不是完全没有道理，下面，笔者用有性生殖的生态遗传学原理将基因、个体、种群（群体）这些看似矛盾的观点统一起来。

如果考虑物种是以基因库的形式通过有性生殖的方式来运作的，虽然个体是生存的基本单元，也是自然选择的基本单元，但是，它仍然也必须受制于种群整体（包括群体）利益或对环境的整体适应性的自然选择压力，当然这还必须通过个体的表型与生存环境之间不断的相互作用来实现。自然给予了每个生命的一个核心的本能——求生（这也许就是自私的根本，因为资源的有限性导致竞争在所难免），如果没有这一特性，就不会有什么自然选择，当然，这是在它对种群而言应该活着的时候，而该它去死的时候它也绝不（能）贪生。例如，一些动物（如蜡虫、几内亚龙线虫等）完成交配后雄体即死亡。所有这些都是被种群基因库的指令所导演，个体（包括群体）只不过是一个个（或一组组）临时演员，种群整体的壮丽才是物种得以成功生存与扩展的终极目的。生命之所以能这样运行、发展与演化，也是因为有了有性生殖这种繁殖方式，换句话来说，这也是从进化生物学角度来看的有性生殖的本质。因此，笔者认为自然选择既作用于基因、也作用于个体（表型）、群体乃至种群，通过它们相互之间的对立与统一推动物种的不断发展与演化。

笔者非常不能赞同那种"生物个体通过增加生殖成功使自己的基因更多地传

到以后的世代中去"的道金斯式的目的论气息十分浓厚的基因观（依我看，这本质上是达尔文个体选择论的基因翻版）。我坚信，基于有性生殖的生态遗传学运作原理，物种需要传承下去的只能是基因库，因为个体的基因组合很快就会在有性生殖中的传代过程中烟飞云散。

5. 高等植物的混合交配——生态遗传的杰作

为何高等植物青睐雌雄同株与混合交配（既能自交，又能异交）？高等植物这一看似不合"常理"的繁育系统的配置与交配方式实际是对传统的有性生殖观念的一个巨大冲击。我曾期待寻找到对这一问题的解释，涉及"性"演化问题的学者中几乎没人愿意去触碰植物界中的这一话题，大家的兴趣几乎都在动物界，因为动物生殖系统的配置似乎很好地迎合了大家的预想（其实就是偏见）。

大家普遍承认有性生殖的优势是因为相信这种优势源于不同亲本的雌雄配子的融合能产生更多的变异，无性生殖当然是最被怀疑具有劣势的方式，像对植物这种雌雄同株（甚至雌雄同花）模式，人们自然会相信自交的变异很小，担心如此会导致衰退。因此，许多植物学家花费大量精力致力于寻找出植物避免自交的所谓"对策"。这是一种被传统观念误导的严重后果。

高等植物由于不能移动，只能依赖外力（水媒、风媒、虫媒）进行雌雄交配，可能为了提高授精率，它们采用的繁殖器官的配置方式主要是雌雄同株（而且主要是雌雄同花）。因此，笔者认为，媒介传粉随机性的一种必然结果就是绝大多数高等植物均普遍进行着混合交配（自交和异交）。

依据孟德尔的基因的分离与自由组合定律，自交通过自然选择将加速基因的纯合及有害隐性基因（特定环境下）的淘汰。因此，笔者认为自交主要可能强化对当前环境的适应性，但如果适当异交，又会实现不同纯合个体（或亚种群）之间的遗传混合，因此，混合交配其实可能是一种很好地适应环境的遗传方式。

笔者猜想，物种完全的自交在遗传效应方面实际上类似于无性的有丝分裂，这适合于快速的物种繁殖，也类似于 r-生殖对策。较小植物的自交率高于较大植物（一年生植物的自交率比多年生草本植物高，而多年生草本植物的自交率又比木本植物的高）便能为这样的猜想提供一定的佐证。

基于有性生殖的生态遗传观念，再结合孟德尔的分离与自由组合遗传定律，我对高等植物的生殖系统配置与交配模式的合理性给予如下解释：近交或自交类似于一种有性（生殖）中的无性（生殖）手段，在遗传上既能纯合局域种群，又能通过异交进行个体间或亚种群间的遗传混合，因此，高等植物的这种极为广泛的混交系统绝非一种缺憾，反而可能是一种融合了两种生殖对策的精彩绝伦的设计，对一些缺乏营养繁殖能力的高等植物来说可能具有更为重要的适应意义。

而高等动物则由于自身结构、运动特性及物种间关系等的缘故，选择了完全不同的性配置系统的进化路线——压倒性优势的雌雄异体（除极少数雌雄同体外），笔者相信，自然界中高等动物的近交现象也可能会普遍存在。在一些低等动物中，存在专性的近交现象。例如，*Adactylidium* 属的雌螨附着在蓟马卵后58 h，体内的卵已经孵化，幼虫在母体内进食（实际上是在母体内吞食母亲），2天后，后代接近成熟，唯一的雄螨与所有的姐妹进行交配，后代从母体身上钻开一个洞爬出来，雌螨必须立刻找到蓟马的卵，又开始重复这个过程，而雄螨出生后却选择很快死去；类似地，螨虫 *Acarophenex tribolii* 也只发生同胞间的交配（也在母体内），而且雄螨在未出生前便已死掉（古尔德 2008）。

6. 有性生殖之所以广泛扩散——因其迎合了动植物对生存环境适应的需求

虽然有性生殖十分广泛，但生命并未将无性生殖的技术手段完全丢弃，因为即便在只能进行有性生殖的高等动植物中，个体的生活史也是有丝分裂与减数分裂的有机整合——个体生长发育由无性的有丝分裂所支撑，这似乎吻合无性生殖的快速生长特性，只是到了需要延续后代时，才开始进行有性的减数分裂，而且有性生殖产生的单倍体在生活史中存在的时间与占据的质量均十分有限。人体就是凭借惊人的有丝分裂速率在不到 20 年从一个受精卵细胞增加到了 1000 万亿（10^{15}）个细胞。个体生长模型中初期的指数趋势也正是这种惊人的细胞分裂速率的一种映射。这似乎诠释了高等生命个体的一种存在模式：无数次无性分裂（以惊人的速率）实现生长，短暂而偶然的有性结合完成生殖。在这种意义上来说，有性绝对离不开无性，但无性却可以独立于有性（原核生物就是如此）。

有性与无性还可以进行个体功能的整合。在有性生殖如此发达和专一化的高等动物体内（如人的肠道中、牛的胃中）还寄养了大量无性的细菌，以帮助高等动物完成自己无法完成的生理功能。细菌之所以能在肠道这种十分厌氧的环境中生存，是因为细菌在各种极端环境中具有超强的生存力。

针对 100 多年来大家疑惑不解的问题"为何有性生殖在动植物界如此广泛"，笔者从生态-遗传-进化整合的视角给出如下解释：从生态学的视角来看有性生殖从遗传上迎合了动植物对生存环境适应的生态需求，最为重要的是它满足了动植物大型化的需求——对陆生植物来说，大型化是为了增加对太阳光的立体利用能力，而对动物（无论陆生还是水生）来说，捕食者和猎物的协同演化推动了两者的大型化。动植物的大型化必然带来个体结构的分化以及协调与调控的复杂化，而这又不可避免地推动基因组的复杂化与大型化。十分幸运的是，支撑有性生殖的减数分裂正好具备了一种容易进行遗传物质交换与重组从而扩增基因组的特性（通过同源染色体的联会与互换），这也恰好适应了基因组的复杂化和大型化的需求。从遗传的视角上来看，减数分裂驱动的物种基因库的无限分裂趋势加上生态位的不断创造与无限细分趋势，不仅成就了今日地球上有性生殖物种的无比繁荣，而且这种多样化趋势还将永不停息地延绵下去！

七、结　语

关于"性"的起源，从未见系统而深刻的生态学观点，细胞遗传学最多只是在讲述"性"起源的微观细节，但无法回答为什么。从生态的视角来看，"性"不仅仅是一种"进步"的生殖过程，它还必须有利于生物的生存。从生殖演化的历史可以看出，"性"是自然界中的动植物在适应与克服不利的环境条件（通过制造、固化与强化休眠）使种族得以成功繁衍的过程中诞生与发展起来的，只是动植物选择了不同的休眠体进化方向——植物从厚壁孢子到孢子再到坚硬的种子，而动物从胞囊到卵生再到胎生。这就是"性"的生态学起源。

有性生殖为何让人如此的眼花缭乱？其实，物种的遗传多样性和环境适应性的关系，蕴藏于群体的基因库之中，而有性生殖（减数分裂与两性配子融合）只是物种繁衍的操作过程。因此，"性"绝非特意为了去制造更多的遗传变异，任一个个体的基因组都是群体基因库的随机组合之一，只有基因库才决定个体的遗传（表型）多样性与群体的适应性。这就是有性生殖的生态遗传学本质或操作原理。

"性"的生殖对策交织于生态对策之中：无性生殖古老、简洁而快速，在小型生物（如细菌）中占据绝对优势，是一种 r-对策型生殖方式；而有性生殖较为繁杂而慢速，是大型动植物的唯一或主要生殖类型，是一种 K-对策型生殖方式。近交或自交类似于一种有性中的无性手段，在遗传上既能纯合局域种群，又能通过异交进行个体间或亚种群间的遗传混合，因此，高等植物的混交系统融合了两种生殖对策的优势，对一些缺乏营养繁殖的高等植物来说意义可能更为重大。

笔者认为，物种的分化既不是为了填补所谓的生态位，也不是为了增加所谓的生物多样性或提供平衡的生态系统，虽然事实上结果的确如此。一切只不过是在有性生殖模式下物种演化的一种颇为随机与意外之结果，虽然这种随机性按照一种奇妙的自适应与自组织的方式构建出了一个无限精彩的层次化与体系化的生命世界！从有性生殖的生态遗传学本质不难看出，种才是生命适应、进化与接受自然选择的真正的关系整体，而种之上的分类单元只不过是为了构建一种反映血缘或世系关系的人为化色彩浓厚或颇有些主观性的体系。

第十二章 地球环境演化——生命系统的革新与跃升

地球（earth）孕育出包括我们人类在内的数以百万计的生物物种，堪称生命的摇篮、生命之母，也是所有生命共同的家园。西方人常称地球为盖亚（Gaia，希腊神话中的大地之神），意指"大地之母"。

对地球上生命的起源与进化、生态系统的发展与演化本质的认识离不开对地球系统的物理化学特性及演化历史的了解。毫无疑问，地球上的生命是地球系统自然演化的产物，而地球上的生态系统则在一定程度上是与地球物理化学环境在漫长的地质历史过程中相互作用、协同演化的产物。当然，重大地质历史事件（如地球运行轨道变化导致的物理特性的周期性改变等）在很大程度决定了地球上生命（如物种绝灭与新生等）的周期性，这种周期性呈现在不同的时间尺度上。

如何揭示地球生命系统的演化历史及其与环境的相互作用一直是进化生物学与地球科学所面临的一个巨大的挑战。古生物学家和进化生物学家古尔德（2008）认为："历史既独特又复杂，不可能在烧杯中把历史再造出来……必须依靠推断的方法，而不是实验的方法"，正如乔治·沃尔德所言："事实上，时间是生命起源中的英雄。我们涉及的时间长达 20 亿年……有了这么长的时间，'不可能'会变成可能，可能会变成或然，或然会变成必然。只要等待，时间就会创造奇迹"。

本章旨在略览地球生命圈层（大气圈、水圈、岩石圈和生物圈）的形成与演化历史，描绘地球环境与生命系统的协同演化过程，勾勒推动生命系统跃升的进化史上的关键革新。

一、早期地球环境的演化——地狱之后的新生

要了解地球上生命的演化历史，首先必须了解地球及其主要环境系统（陆地、大气、水）的演化历史，特别是地球诞生初期的环境状况以及是如何向适合于生命生存的方向演化的。毫无疑问，即便是对现代科学来说，这依然是一个严峻的挑战。

1. 地球的诞生——可追溯自 45.5 亿年前

在这里，不讨论地球是如何诞生的，否则就偏离了本书的主题。但是，有必要了解地球是何时诞生的。那么，我们如何才能知道地球是什么时候诞生的，或者换句话说，地球有多老？地球化学家解决了这一技术难题，即利用藏在原子内

的时钟——放射性同位素来测定岩石的年龄,从而推算出地球的年龄。

自然界存在一些不稳定的同位素,分裂时释放出能量及粒子,因而可能变成另一种元素。例如,铀238经过一系列衰变,最终变成稳定的铅206,铀238的半衰期为44.7亿年;而有些元素的半衰期比较短,如铀235衰变为铅207,半衰期为7.04亿年,碳14衰变为氮的半衰期仅为5700年;这样,通过比较地球岩石和陨石内铀和铅的含量,推断地球的年龄约为45.5亿年(齐默2011)。

此外,了解地球原始大气圈的来源与组成也是很重要的问题,它是来自太阳星云的原始气体,还是在地球诞生后形成的?地质学证据表明,组成地球的原始物质是含有气态物质的。例如,火山喷发将地球深部的物质带到地表,同时喷出大量的水蒸气与少量的碳、氢、硫等气体。又如"原始物质"碳质球粒陨石中含有0.5%~3.6%的碳和0.01%~0.28%的氮。一般认为,在地球产生初期,气体元素从岩石中释放到大气中,形成地球的大气圈,其中,水蒸气冷凝形成了地球的水圈(欧阳志远等2001)。

2. 冥古代的大气圈和水圈——脱胎自生命的地狱

一般将地球形成至距今38亿年前的这段时期称为冥古代(hadean),是最早的一个地质年代。据推测,地球诞生之初,地球环境可能如同地狱一般——高温、火山频繁喷发、烟雾弥漫、恶心的硫磺臭味到处飘荡、无氧的空气……没有任何生命存在的可能。

试图去还原40多亿年前的地球环境对一般人来说,是一件不可思议的事情,但这阻挡不了科学家的执著追寻(虽然真伪可能永远无法得到证实)。图12-1就是为此推测出的一种情景模型,它认为,在地球刚诞生的1000年,地表温度高达2500 K($K=t+273.15$℃,K为凯氏度,t为摄氏度),地球被一层炽热的岩浆蒸气(hot rock vapor)特别是硅酸云(silicate cloud)所包裹;之后,地球表面逐渐冷却,硅酸云凝固作为热雨降下,而从岩浆中溢出的气体性化合物(CO_2、CO、H_2O、H_2及N_2等)逐渐成为大气的主要成分,形成所谓地球次生大气圈;地表的岩浆在约1000年后开始凝固,大约200万年后完全凝固成固体;在这一冷却过程中,大部分水和CO_2逐渐从岩浆海(magma ocean)中溢出进入大气,但又由于温室效应和潮汐加热(tidal heating),岩浆海保持了长达200万年(Canup 2004,Zahnle 2006,Zahnle et al. 2007)。

当岩浆凝固,地表温度迅速下降,导致水蒸气凝结降下,这样地表开始积水,且逐渐汇集得越来越多,终于形成了一个由温水(warm water)(约500 K)构成的海洋(CO_2的气压约为100 bar[①]),这就是最原始的海洋。伴随着大气中CO_2的存在,这一温暖、潮湿的地球持续了很长时间。图12-1显示,大约于

---

① 1 bar=10^5 Pa,后同。

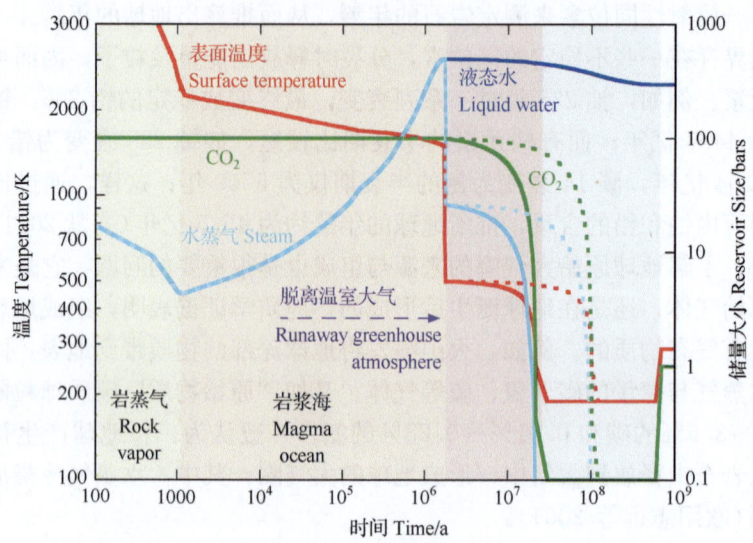

图 12-1　一个推测的在冥古代期间温度、水和 CO_2 的历史（引自 DePaolo et al. 2008）

Fig. 12-1　A speculative history of temperature, water, and CO_2 during the Hadean(cited from DePaolo et al. 2008)

2000 万年（绿色实线）或 1 亿年（绿色虚线）开始 CO_2 被移去。当 CO_2 的分压下降到大约 1 bar 以下时，海洋被冰冻起来（蓝色区域）。而在重轰炸期（late heavy bombardment）之后，CO_2 又重新回到了约 1 bar 的水平，维持了一个相对温和的气候环境（DePaolo et al. 2008）。

3. 原始海洋——地球生命的摇篮

揭示地球上生命起源的真相是生命科学的永恒难题。生命开始的第一步是需要原料，这主要是一些有机单分子，如氨基酸（制造蛋白质）、磷酸盐（构成 DNA 主干）、碱基（携带遗传信息）等，虽然对它们的来源仍存有争议。例如，认为：①地球诞生之初就存在了；②地球外天体的输送，因为天文学家已在陨石、彗星及星际微尘中找到不少生命的基本原料，这些物质掉落在地球上便散播下细胞形成的构成要素；③地球受到巨大撞击后引发的有机合成；④紫外辐射、电离放电等作用下的有机合成等（郝守刚 2000，罗辽复 2000）。

一个公认的事实是：只有当液态水出现时才使地球上生命的诞生成为可能。虽然地球上最初生命的诞生机制还存在许多争议，但是生命诞生于海洋已成共识，这就是说，原始海洋中应该存在了生命诞生的物质基础，如上述的有机单分子，甚至一些生物高分子（如多肽、多聚核苷酸等）。可以想象，在海水中，这些有机化合物在某些未知的物理或化学机制的作用下，通过化学反应使分子不断碰撞、堆积，逐渐形成了一些简单的生物大分子——蛋白质和核酸，然后蛋白质和核酸变得越来越复杂……，这些生物大分子的成型终于带来了原始生命诞生的契机，并得以拉开地球上生命演绎的序幕。尽管在解决生命起源的问题上已经有了一些理论上的进展，但是到目前为止仍然没有在实验室里创造出生命来，这也是一个冷酷的事实（迈尔 2009）。

综上所述，在地球形成初期的冥古代，地球环境经历了巨大变化，随着地表温度的逐渐降低，形成了地球独特的"温和的"大气圈和水圈，为地球生命的诞生提供了可能。大量的地质学证据表明，大气圈和水圈形成之后也不是一成不变的，现在见到的大气圈和水圈其实是地球环境（包括与生命系统相互作用）长期演化的结果。

二、由板块构成的陆地——重组与漂移

如果只凭直觉，有谁会认为陆地还会漂移？但是，大量的证据显示，在地球漫长的演化历程中，大陆能像组合积木一般进行着不可思议的重组与漂移。

1. 大陆漂移学说——形态拼接与古生物学证据

早在 20 世纪初，德国科学家韦格纳（Wegener A.）凭借着超凡的科学洞察力，提出了震惊世界的大陆漂移学说，认为陆块经历了一系列历史的变迁。韦格纳注意到在大西洋对岸的非洲和南美的海岸线吻合得就像是一个智力拼图板的相邻两片，这种吻合暗示这两个陆块曾经连接在一起，后来分开形成了大西洋，他还发现不仅大西洋沿岸，其他陆块如果做合适的移动，也有这种现象，因此他认为所有的陆块曾经在一起形成过一个超大陆（supercontinent），他称之为泛大陆（pangea），在希腊语中意为"所有陆地"。

韦格纳还研究了几个动植物物种（它们既不会游泳也不会飞）化石在大陆上的位置，发现同样的种位于现在的南极、非洲、澳大利亚、南美和印度（图 12-2），为何同一个种发现于被数千千米海洋分开的陆块上？他认为只有这些动物曾经进化、扩散并生活在泛大陆上的广泛区域（而不是神秘地穿越数千千米的辽阔的海洋）才能合理的解释（Thompson and Turk 1998）。

2. 寒武纪以来的陆块变迁——崩析与漂移

根据板块学说，在前寒武纪时，地球上存在一块泛大陆；到中生代早期，泛大陆分裂为南北两大古陆——劳亚古陆（北）和冈瓦那古陆（南）；到三叠纪末，这两个古陆进一步分离、漂移；到新生代，印度北漂到亚欧大陆南缘，两者发生碰撞使青藏高原隆起；非洲继续向北推进；南、北美洲在向西漂移；澳大利亚大陆脱离南极洲，向东北漂移到现在的位置（图 12-3）。于是海陆的基本轮廓发展成现在的规模。

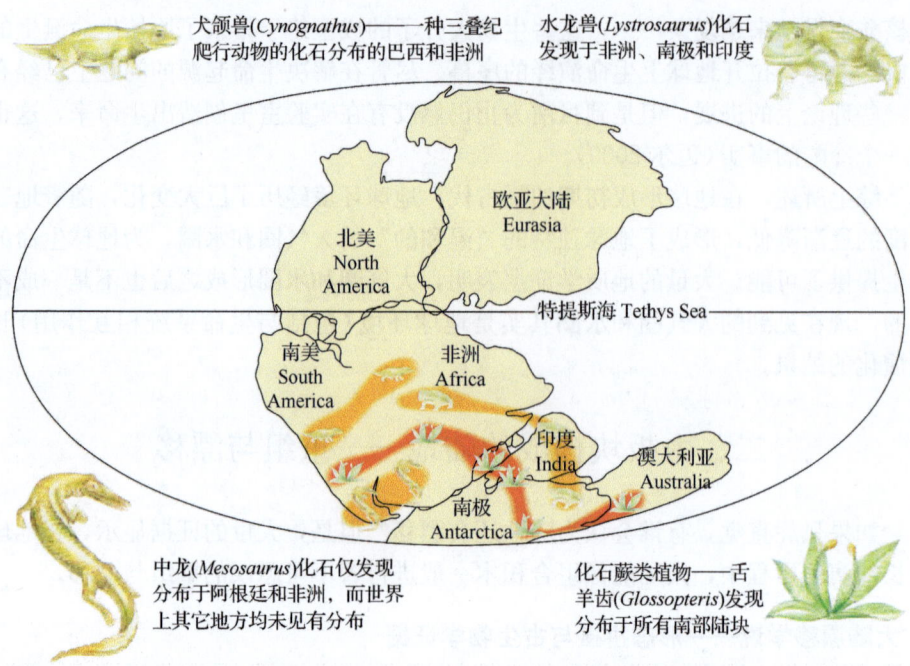

图 12-2 动植物化石的地理分布表明大约在 2 亿年前存在了一个称为"泛大陆"的超大陆（引自 Thompson and Turk 1998）

Fig. 12-2 Geographic distributions of plant and animal fossils indicate that a single supercontinent, called Pangea, existed about 200 million years ago (cited from Thompson and Turk 1998)

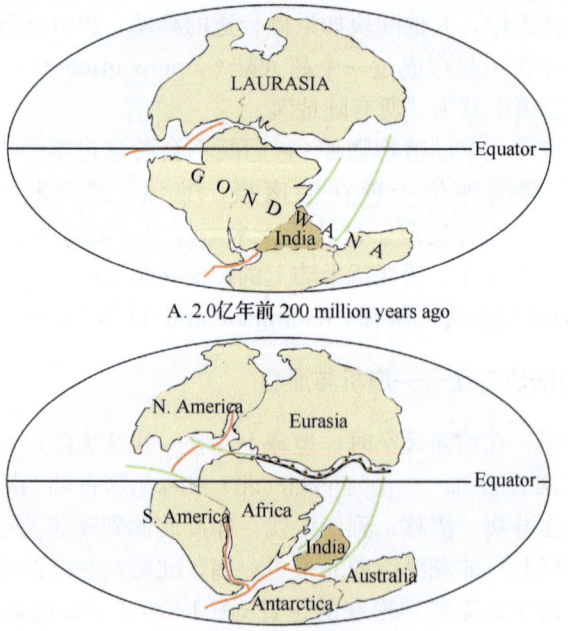

A. 2.0亿年前 200 million years ago

B. 1.2亿年前 120 million years ago

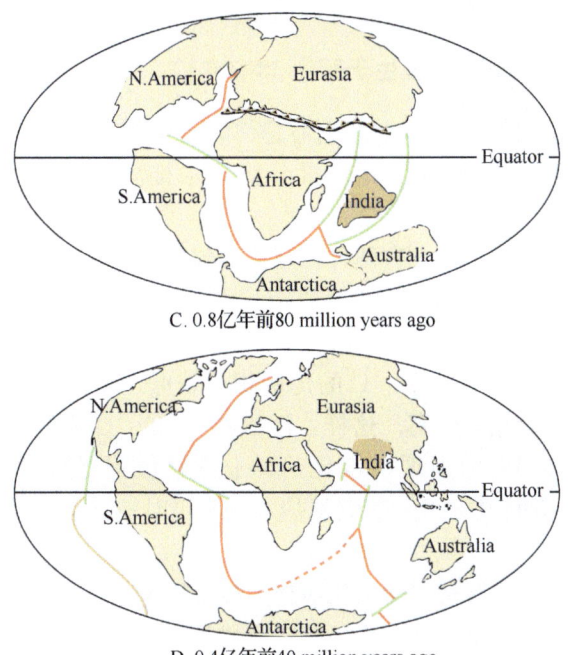

图 12-3 A. 冈瓦纳古大陆和劳亚古大陆是在 2 亿年前泛古陆瓦解不久后形成的，注意，印度最初是冈瓦纳大陆的一部分；B. 大约在 1.2 亿年前，印度从冈瓦纳大陆脱离，开始向北漂移；C. 0.8 亿年前，印度从其他陆块分离，接近赤道；D. 0.4 亿年前，印度向北移动了 4000～5000 km，与亚洲相撞（引自 Thompson and Turk 1998）

Fig. 12-3 A. Gondwanaland and Laurasia formed shortly after 200 million years ago as a result of the early breakup of Pangea. Notice that India was initially part of Gondwanaland. B. About 120 million years ago, India broke off from Gondwanaland and began drifting northward. C. By 80 million years ago, India was isolated from other continents and was approaching the equator. D. By 40 million years ago, it had moved 4000 to 5000 kilometers northward and collided with Asia (cited from Thompson and Turk 1998)

毫无疑问，地质历史时期的板块运动不仅在区域尺度上重塑地貌（如青藏高原隆升），而且会对气候格局产生巨大影响（如青藏高原隆升对东亚季风气候的影响），这种变化对动植物区系的发生、发展与演化等均产生了难以估量的深刻影响。陆块的合并与离析，对物种的交融与隔离进而物种的分化均具有重要意义。

三、生命对大气环境的塑造——从厌氧到好氧

在地球环境演化的历史中，大气环境经历了巨大变化，而推动这种变化的重

要原因正好是地球上光合放氧生物生命活动的缓慢而巨大的累积效应。

1. 地球上最古老的生命——诞生于距今 38 亿年前

第一个问题是要知道地球上的生命是何时诞生的。通过铀 238 年代分析技术和表征光合作用的碳稳定性同位素分析技术推测,生命可能起源于 38 亿年前。

碳是生命的结构元素,它有两种稳定性同位素,较轻的 ^{12}C 和较重的 ^{13}C,而光合作用固碳过程的一个特点就是富集 ^{12}C,因此,原始海洋中的光合微生物体内倾向于富集 ^{12}C,而将较多的 ^{13}C 留在了海水中。也就是说,如果岩石包含了生命新陈代谢形成的有机碳的话,^{13}C 的比例相对较低,而在地球形成生命之前的沉积岩,^{13}C 的比例会相对较高。这样,沉积物中 $^{12}C/^{13}C$ 值就成为了光合作用的标志。Schidlowski(1988) 发现,35 亿~38 亿年前沉积岩(sedimentary rock)中有机碳的 $^{12}C/^{13}C$ 值明显高于一般碳酸盐,表明当时地球上可能就已经出现了光合固碳作用。

另外,地层中的化石是生命演化历史的最好记录。例如,各种动植物的残体或骨骼表明生命无可争辩地存在着,结合近代的同位素测年技术,使得更为精准地探索生命的起源与演化成为了可能。

地球早期的生命形式肯定非常微小而简单,与后来大而复杂的动植物标本相比,也不容易保存,因此对地球形成早期的一些微小生命体化石的辨认注定是一件非常困难的事,虽然有一些微化石(microfossil)呈现出较为复杂的结构,比较容易分辨出与现生的生物有关(图 12-4B)。

清晰的微化石记录可追溯至 25 亿年前,但是更老的化石往往难以保存,结构也过于简单。例如,图 12-4C 的微小的球状结构是一种碳结构,大约形成于 35 亿年前,但是确认这是否是化石却非常困难,因为如此简单的结构也许能通过物理过程形成(DePaolo et al. 2008)。

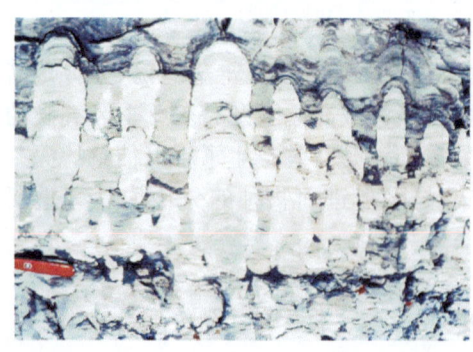

A

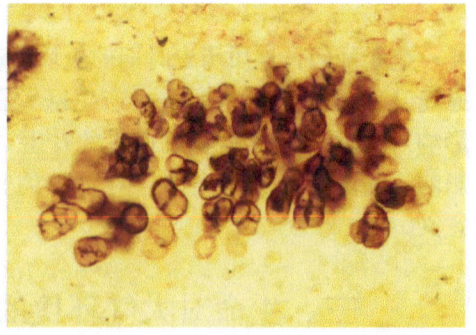

B

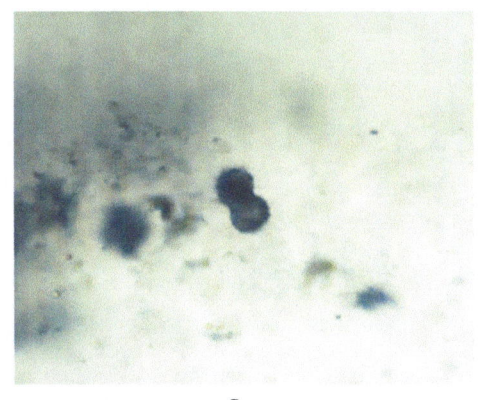

C

图 12-4 A. 由微生物群落捕获以及堆砌沉积物颗粒形成的叠层石，来自 15 亿年前的西伯利亚 Ma Bil'yakh 群；B. 保存于格林兰 Eleonore 湾上游的约 8 亿年前的黑硅石中的分枝的蓝藻；C. 来自南非的 Onverwacht 群的约 35 亿年前黑硅石中的成对的 4 μm 宽的碳球体
(DePaolo et al. 2008 引自 Andrew Knoll)

Fig. 12-4 A. Stromatolite built by the trapping and building of sediment particles by microbial communities——1500 Ma Bil'yakh Group, Siberia; B. Branching cyanobacterium preserved in ca. 800 Ma chert from the Upper Eleonore Bay Group, Greenland. The fossil is 500 microns from left to right; C. Paired 4-micron-wide carbonaceous spheroids in ca. 3500 Ma cherts from the Onverwacht Group, South Africa(cited from Andrew Knoll by DePaolo et al. 2008)

有一类称为叠层石(stromatolite)(图 12-4A)的化石提供了早期生命存在的可靠记录。一般认为叠层石是由一些微生物，尤其是蓝细菌(旧称蓝绿藻)黏结堆砌而成，即蓝细菌的光合作用使周围的 CO_2 减少，产生碳酸钙沉淀，并被一层细菌的菌落周围的黏液吸住，该过程不断进行，逐渐变成了一层层的菌体和沉淀物的复合体，而物理过程难以产生这样的结构。最老的叠层石超过了 25 亿年，此外，在地球现在的环境条件下，叠层石的形成过程还在进行。例如，现代的叠层石可见于一些潮间带，如澳洲西部的鲨鱼湾(图 12-5)，在位于墨西哥北部沙漠的 Cuatro Ciénegas 还发现了一些在淡水中形成的叠层石(维基百科)。

2. 放氧光合作用——缓慢地对大气圈进行氧化

据推测，40 多亿年前的大气圈主要是由惰性气体 N_2 和 CO_2 组成，即所谓 N_2-CO_2 大气圈，大约在 20 多亿年前开始，大气中的 O_2 浓度开始大幅度上升，演化成 N_2-O_2 大气圈并一直持续到现在(图 12-6)。这是在地球的大气圈演化历史上的最大事件，是什么驱动了这种变化？

有证据表明，20 多亿年前大气中 O_2 浓度的增加是原始海洋中藻类光合作用长期积累的结果，后来的陆生植物(如蕨类植物)的繁荣更是加速了氧气的积累，

图 12-5　澳洲西部鲨鱼湾的现代叠层石（引自 Paul Harrison，维基百科）
Fig. 12-5　Modern stromatolites growing in Shark Bay in Western Australia (courtesy of Paul Harrison in Wikipedia)

其原理是：藻类和植物的光合作用直接或间接地从空气中利用 CO_2，将其转化成 O_2 和有机物，这些有机物的一部分储存于土壤、海洋沉积物以及陆地和海洋的生物体内，而 O_2 被释放到大气中去。虽然地球上的生命活动在各种不同的时空尺度对地球环境产生影响，但最为显著的莫过于这种在漫长的地质历史岁月中对大气中的 O_2 浓度的巨大影响。

20 多亿年前的大气中的氧气浓度远低于现在，而现今的 20% 的氧浓度是光合生物生命活动的结果，只是人们对到底大气中氧浓度的增加是一个渐进的过程还是一个突变过程还存一些疑问。最近的研究表明，氧气在 21 亿～20.3 亿年前突然开始增加，大约在 15 亿年前达到现在的水平（图 12-6）。

海洋中最原始的生命已有 38 亿年的历史，而大气中的氧气浓度在 20 多亿年才开始显著上升，这意味着海洋中的藻类进行光合产氧持续了 10 多亿年，才开始影响大气。为什么？

现在的研究认为，因为氧气十分活跃以及原始海洋存在很多容易被氧化的还原性物质（如铁），生物体产生的绝大部分氧气在能到达大气前就被消耗了。在这一厌氧的纪元，即使进化过程产生了更复杂的生命形式，也是无氧的，而且即使它们离开了海洋，未过滤的紫外辐射应该也已杀死了它们。据推测，大约 20 亿年前，在海洋中的还原性物质大部分被氧化，大气中的氧气才开始积累。大约在 10 亿～20 亿年前，大气中的氧气达到了现在的水平，才开启了生命快速进化的序幕（Allègre and Schneider 2005）。

需要指出的是，虽然陆地植物的历史只有大约 4 亿年（与地球上 38 亿年的生

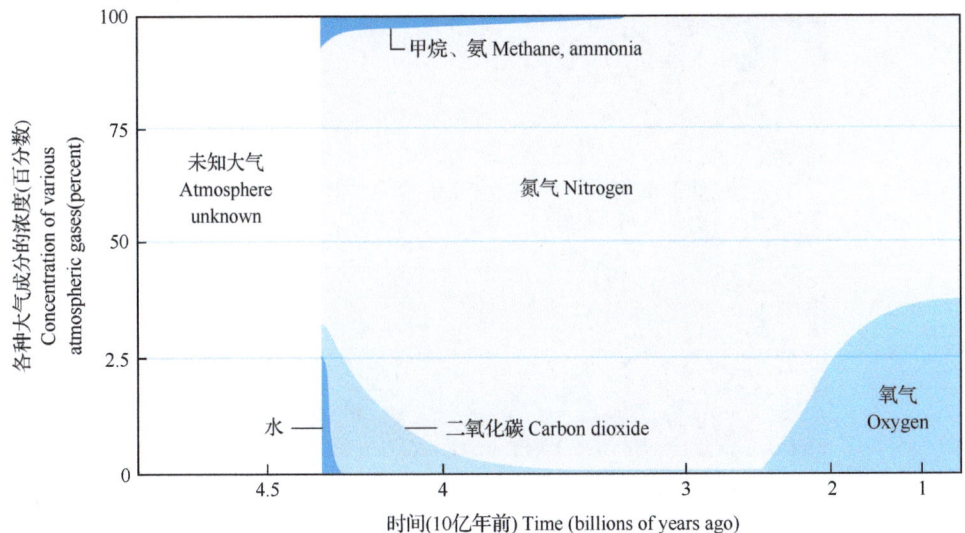

图 12-6　大气组成（以各种气体的相对浓度表示）受到地球上生命的巨大影响。早期的大气具有相当高浓度的水、二氧化碳以及一些学者相信的甲烷、氨和氮气；但之后这些气体的浓度巨降。在生命出现之后，对我们的生存极为重要的氧气开始变得丰富。现在，大气中的二氧化碳、甲烷和水仅在痕量水平（引自 Allègre and Schneider 2005）

Fig. 12-6　Atmospheric composition, shown by the relative concentration of various gases, has been greatly influenced by life on Earth. The early atmosphere had fairly high concentrations of water and carbon dioxide and, some experts believe, methane, ammonia and nitrogen. But levels of those gases have plummeted since then. After the emergence of living organisms, the oxygen that is so vital to our survival became more plentiful. Today carbon dioxide, methane and water exist only in trace amounts in the atmosphere(cited from Allègre and Schneider 2005)

命历史相比，还是很年轻的），但是各种各样的陆地植物（特别是维管束植物）的繁荣，对推动大气环境的氧化是功不可没的，而且它们还能显著地改变大陆的风化、侵蚀、沉积等地球物理化学过程（Berner and Kothavala, 2001）。

3. 条带状含铁建造——地球生物氧化的岩石证据

海洋中的原始藻类 10 多亿年的光合放氧可能都被原始海洋中的还原性物质（如铁）消耗了，一个有力的证据就是所谓条带状含铁建造（banded iron formation, BIF），这是在岩石中发现的细条带状硅质赤铁矿矿床，呈层状单元分布，主要由燧石和一种或几种富铁矿物（氧化物、碳酸盐、硅酸盐或硫化物）薄层组成，大量出现于距今 20 亿～30 亿年，之后逐渐减少（图 12-7、图 12-8），被认为是由于海洋中还原性亚铁盐与氧反应的结果，也称为地球生锈（rusting of earth）。大气中的氧气大约于 20 亿年前开始显著增加，更连续的铁矿石红带（red-bands 而非 BIF）开始出现。

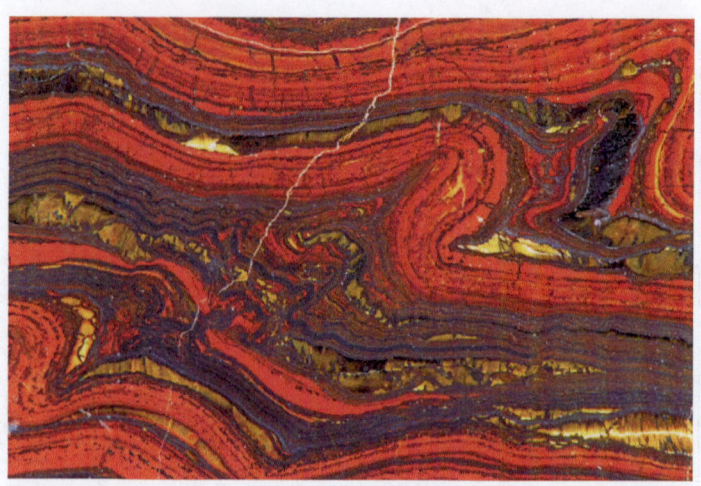

图 12-7 澳大利亚布罗克曼山上的带有虎眼的条带状含铁建造（引自 Doug Sherman）
Fig. 12-7 Banded iron formation with tiger-eye, Mount Brockman, Australia (courtesy Doug Sherman)

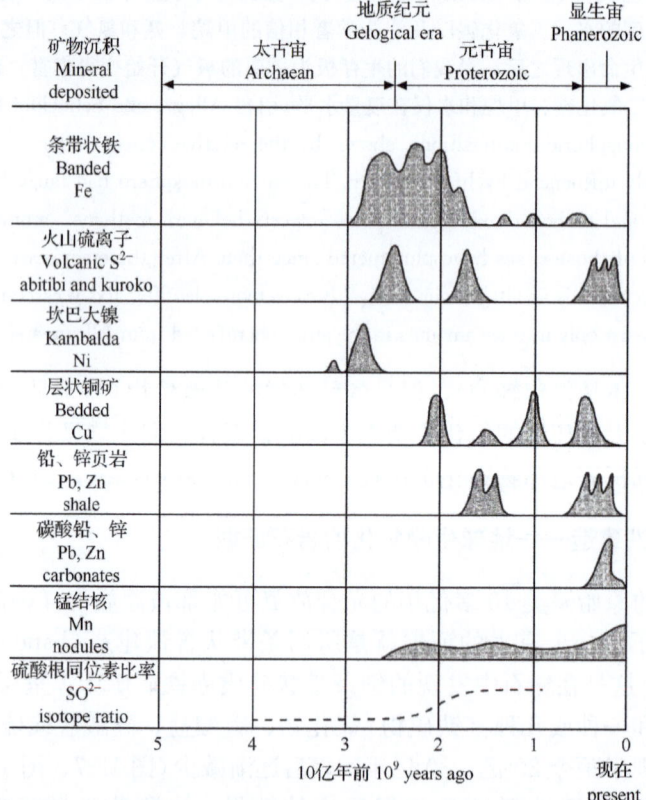

图 12-8 地球诞生以来其矿物质的形成（Williams and Fraústo da Silva 2006 引自 Lambert et al. 1992）
Fig. 12-8 The formation of mineral deposits on earth since its beginning (cited from Lambert et al. 1992 by Williams and Fraústo da Silva 2006)

最初的氧气可能来源于紫外线对水中亚铁离子的作用，但产量小，很显然，后来氧气浓度的上升来源于生物的光合作用，虽然亚铁离子和硫化物与之结合，大大地阻止了氧气水平的上升，这种状况一直持续到20亿年前才发生转变。

有证据显示，硫化物（发现于硫酸钡中）大约于35亿年开始出现，但在约20亿年前的形成活跃。同位素证据显示，硫化物/硫酸盐的生物代谢至少在25亿年前就开始了。其他矿床也有一些变化（图12-8）。

四、地球环境氧化——生命系统进化的助推剂

1. 大气氧浓度上升与物种快速分化——绝非偶然的同步

一个不可否认的事实是，产氧光合作用持续的一个必然结果就是对地球环境的氧化，不可避免地驱动环境的演变。据分析，在最初的蓝藻时代，地球环境的氧化之所以如此缓慢，是因为环境中有一个还原物质——Fe/S 的巨大库存，因而具有强大的对氧化的缓冲功能。

单细胞的原核生物和真核生物经历了一个十分漫长的演化历程，而在一个相对短的进化时期内（10亿～5亿年前开始），多细胞的真核生物呈现出快速的物种分化，产生出形形色色的异常复杂的生物物种，而这一时期正好遇上了大气中氧浓度的快速上升（图12-9、图12-10）。很显然，大气氧浓度快速上升与物种快

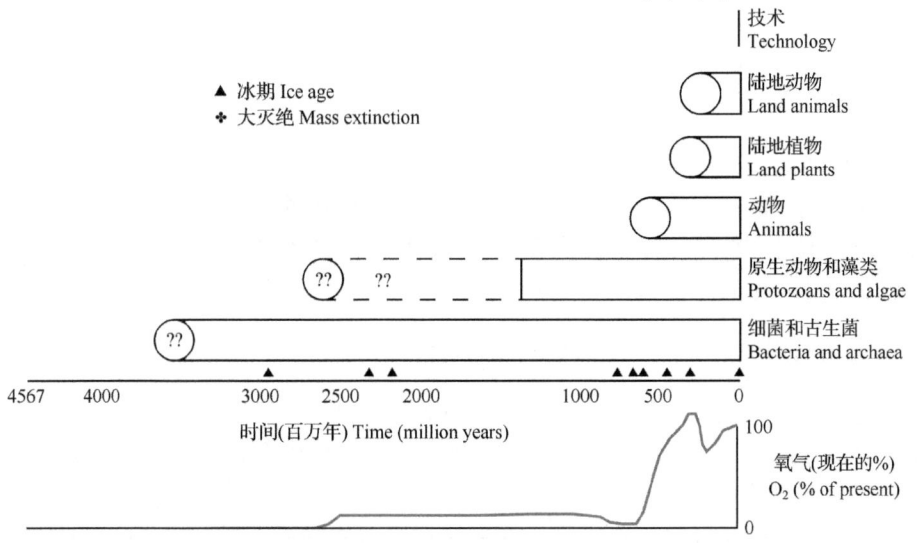

图 12-9 基于地质证据的生命历史以及长期的氧气浓度变化、冰期和大灭绝事件。分子证据显示真核生物（原生动物、藻类、真菌、植物和动物）与古生菌均具有一个共同的祖先（引自 DePaolo et al. 2008）

Fig. 12-9 The history of life, based on geological evidence, along with long-term oxygen, ice ages, and mass extinctions. Molecular data suggest that eukaryotic organisms (protozoans, algae, fungi, plants, and animals) share a common ancestor with Archaea (cited from DePaolo et al. 2008)

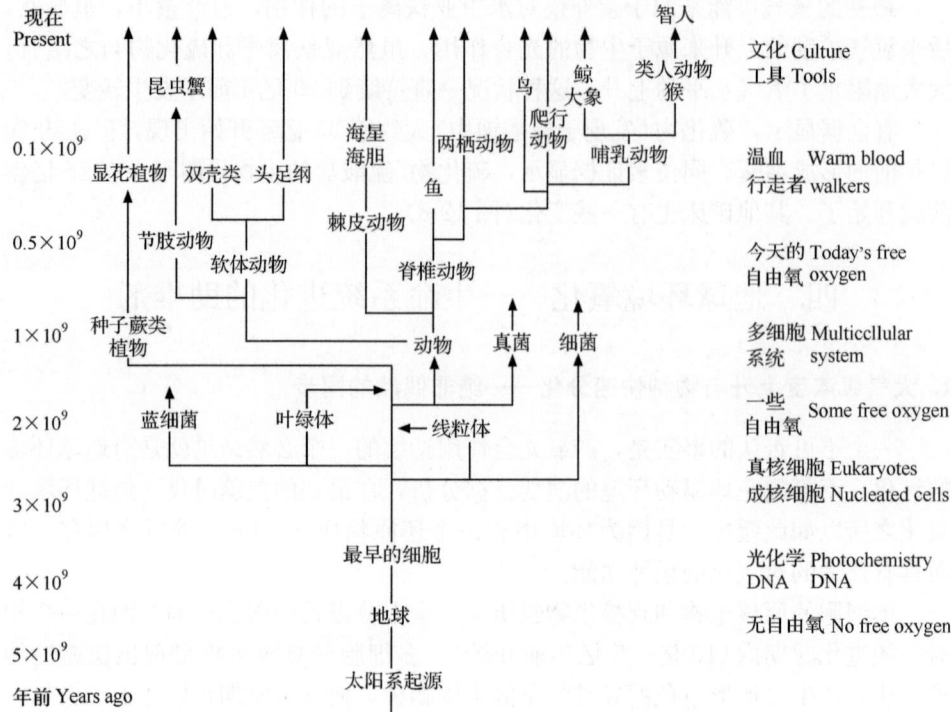

图 12-10 从细胞进化到现在的有机体（如图顶端的箭头所示）的一般模式（引自 Williams and Fraústo da Silva 2006）

Fig. 12-10 A general scheme of cellular evolution leading towards organisms of today indicated by arrows at the top of the figure (cited from Williams and Fraústo da Silva 2006)

速进化同步绝非是一种偶然与巧合。

在氧气充裕的环境下，多细胞生物的复杂化以各种功能不同的器官进行精细的组织、形态和体积极度多样化等为显著特征，虽然单细胞的原核生物和真核生物也在分化，但其程度远比不上多细胞的真核生物。

2. 平流层出现臭氧层——生命登陆成为可能

为何海洋中的单细胞藻类经过了十分漫长的岁月才开始进化出多细胞生物进而才登上陆地？有证据显示，氧气的出现对海洋中的生命登陆到地球表面来生活具有极为重要的意义。

随着大气中氧气的不断增加，在平流层形成臭氧层，可吸收（过滤）大部分紫外线，而紫外辐射对生物大分子（如 DNA）具有毁灭作用。可以这样说，在大气中的氧浓度还没有达到能形成臭氧层的水平之前，生命在陆地上不可能有扎根或歇脚的机会，只能继续待在可以提供庇护的海水里。在这 10 亿年中氧气和臭氧纪元出现的从单细胞的原核生物向单细胞真核生物再到多细胞的后生动植物的快速进化绝不是一个偶然的巧合（Allègre and Schneider 2005）。

3. 大气氧化对生命的反塑造——促进有机体复杂化与代谢变化

(1) 生理的适应——细胞内或细胞间氧化还原功能的分离

有证据显示，地球环境的氧化反过来又促进了有机体的复杂化。随着地球环境中的还原性物质被大量耗竭，环境中的自由氧开始缓慢地积累，其结果是在生命诞生之初的厌氧环境中发展起来的有机体本身对此也开始变得不太适应。

由于细胞内部构造不得不保持还原状态，因此，有机体的内部结构不得不向着将还原和氧化物质分离的方向演化：为了利用氧气及氧化的物质，有机体发展了利用和还原它们的途径——在一个细胞的不同隔室中将氧化和还原分开，以增加效率，但是，这种细胞结构和生理变化的代价就是会使控制生命程序的基因与有机体的结构日趋复杂。

此外，在同一个有机体还出现细胞的分化，一部分细胞专门行使在厌氧状态下才能完成的生理功能，如丝状蓝藻的异型胞专门行使固氮功能，而其他的营养细胞或厚壁细胞则缺乏这种功能。这种适应的一个结果就是使生命个体的体积趋于增加。

(2) 代谢的适应——从厌氧发酵到有氧呼吸

地球上生命的发展是与环境不断协同演化的产物，而地球上的环境也不断地被生命过程所塑造，这种变化的环境又反过来塑造生命……，如此循环往复。表12-1显示了不同地质历史时期，地球上主要生命的诞生、大气氧浓度的变化、代谢功能的转变以及主要元素相对丰度的趋势性变化。

几乎一切的生命活动都依赖于光合作用合成的有机化合物的分解与释放的化学能。总体趋势是，随着大气氧浓度的上升，有机体的能量利用方式从厌氧发酵逐渐向有氧呼吸的模式转变。环境中的化学物质也呈现出趋势性的变化：许多还原性物质减少，而许多氧化性物质增加，当然，还有一些物质则没有太明显的变化。

4. 有氧呼吸——进一步促进了食物网的复杂化

能量是一切生命存在的基础，是维持有机体新陈代谢的动力，支撑着地球上所有生态系统的运行与发展。从有机体的代谢来看，有氧代谢的能量利用效率远高于厌氧发酵，即氧化为食物链的延伸提供了能量学基础，换言之，与无氧食物链相比，有氧食物链能支撑更多的营养级（图12-11）。这样，有氧食物链的延伸为生态系统食物网的复杂化提供了重要的能量学基础。

表 12-1 伴随着大气氧浓度上升出现的生理/生态进化及元素可得性变化的示意图
Table 12-1 A diagram correlating the rise of O₂ partial pressure with the physiological/ecological evolution indicating element availability

时间 Time (Myr ago)	生物证据 Biological evidence	特征 Feature	葡萄糖利用 Glucose use	地质证据 Geological evidence	氧百分比 Oxygen percent	元素损失 Loss of element	元素增加 Gain of element	很少变化元素 Little change of element
400	大鱼 最早的陆生植物 Large fishes first land plants		↑ 呼吸 Respration	↑ 壳和骨头 Shells and bones 红色岩层 Rde beds [Fe(II), Fe(II/III)]	100	Fe^{2+} S^{2-} Se^{2-} H_2	Cu^{2+} Zn^{2+} Cd^{2+} (Fe^{3+}) MoO_4^{2-}	
500	寒武纪动物群 Cambrian fauna	有壳后生动物 通过外壳吸收 Shelly metazoans absorption throuth external shell			10	MoS_4^{2-} NH_3 CO_2	N/O SO_4 SeO_4	
670	埃迪卡拉动物群 Ediacarian fauna	后生动物, 胶原蛋白 Metazons, collagen			7			Mn^{2+} Ca^{2+} Mg^{2+}
1400	大直径细胞 Cells larger in diameter	真核细胞, 有丝分裂 肌动球蛋白 Eukaryotic cells, mitosis uses, actomyosin			>1			$Si(OH)_4$ HPO_4^{2-} Cl^- Na^+ K^+
2000	在藻丝体之间变大的厚壁细胞 Enlarged, thick-walled cells at intervals on algal filaments	耐氧蓝藻 防止光氧化 Oxygen tolerating cyanobacteria, protection against photo-oxidation	↑ 发酵 Fementation	↓ 天然氧化铀 Uraninite 条带状铁矿 Banded iron [Fe(II)] 硫酸盐 Sulfate	1			
2800	叠层石 丝状链 Stromatollites filamentous chains	类似现在蓝藻 Resemble living cyanobacteria			0.1			
>3500	叠层石 ^{13}C 贫化 Stromatolites deletion of ^{13}C	蓝藻祖先活跃 Precursors of cyanobacteria active			<0.01			
3800	Rhythmically banded rocks deletion of ^{13}C	微生物(?) Microbial organisms(?) 生命活动(?) Biological activity(?)			<0.01			

注：PAL＝现在的大气水平 PAL＝present atmospheric level
资料来源：引自 Williams and Fraústo da Silva (2006) (cited from Williams and Fraústo da Silva 2006)

  生命演化的历史告诉人们，物种快速分化始于生态系统中营养关系的复杂化。据推测，在地球生命诞生的初期，原始海洋中只有生产者（如光合细菌、单细胞藻类）和分解者（如微小的异养细菌），缺乏消费者，是一种最短的食物链。这种极为简单的食物链可能统治海洋生态系统长达 20 多亿年之久。这时的海洋世界单调而平静。终于到了 8 亿年前，多细胞藻类才开始出现，接着到了 5.7 亿年前，最原始的消费者——无脊椎动物才开始登场（海洋生态系统也因此而失去了宁静和和平），接着更高级的消费者——猎食动物开始亮相，食物链因此而大大延伸，自然界也因此迎来了生命空前的繁荣。

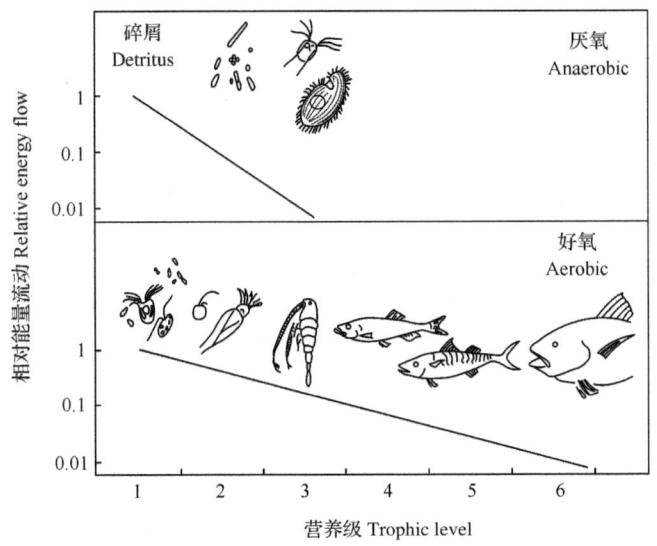

图 12-11 氧气应该允许地球上存在更长的食物链，在地球上现存的厌氧发酵的能量产率仅为好氧菌的 25%。假设厌氧食物链的生长效率为 10% 而好氧食物链为 40%，在同样能量的情况下，好氧系统将能支撑长得多的食物链（Wilkinson 2007 仿 Fenchel and Finlay 1995）

Fig. 12-11　Oxygen should allow longer food chains on a planet. In extant anaerobic fermentation on Earth the energy yield is about 25% that of aerobes. Assuming a growth efficiency of 10% for anaerobic food chains and 40% for aerobic ones, then a similar amount of energy will support a much longer food chain in an aerobic system (after Fenchel and Finlay 1995 by Wilkinson 2007)

五、生命系统的跃升——进化史上的关键革新

1. 能量利用方式——从化能到光能、从不产氧到产氧

能量利用方式的革新是推动生物进化的最重要的基础。最初的生命可能依赖于以前存在的有机物。从化能到光能的转变，使有机体获得了新的能源，对地球上的生态过程具有绝对重要意义。

最初有机体进化出一种重要的光能利用方式——不产氧的光合作用（anoxygenic photosynthesis），这是一种光能被捕获储存为 ATP 而不产氧的光营养过程，但水不是主要的电子供体。有三类细菌进行不产氧光合作用：绿色光养细菌、紫色光养细菌和螺旋菌。根据南非古老的岩石地质学证据，不产氧光合作用可能开始于 34 亿年前（Tice and Lowe 2004）。之后，另一类更重要的光能利用方式——有氧光合作用的出现成为地球环境变化和促进生命进化的一个更为重要的转折点，因为它大大地增加了大气中对生命至关重要的自由氧的浓度（Lenton et al. 2004)。

据推测,最早的生命可能起始于一个由若干还原物质和有限的内部离子组成的隔室(compartment),如原始细胞(protocell)或细胞(cell),利用可能像矿物来源的外部能量;而从太阳(虽然一些光是有害的)获取主要能源的转变产生了氧气,并从此翻开了地球生命历史中崭新的一页。

2. 细胞结构——从原核到真核细胞

从原核到真核是生命在细胞水平的最重要的革新。生命界依据细胞的类型被划分为原核生物(prokaryotes)和真核生物(eukaryotes)两大类。原核生物包括蓝细菌、细菌、古细菌、放线菌、立克次氏体、螺旋体、支原体和衣原体等。真核生物是由真核细胞构成的生物,包括原生生物界、真菌界、植物界和动物界。

原核生物大多数为单细胞,而真核生物仅少数为单细胞,大多数为多细胞。所有真核生物都能进行有氧代谢,而有些原核生物(如乳酸菌、产甲烷杆菌等)因缺乏与有氧呼吸有关的酶,只能进行无氧呼吸,虽然大多数原核生物也能进行有氧呼吸。

原核生物的细胞结构相对简单而均一,无细胞核,没有叶绿体、线粒体等细胞器的分化。而真核细胞要复杂得多,含有成形的细胞核,一般还含有其他细胞器,如线粒体、叶绿体、高尔基体等。线粒体是真核生物进行氧化代谢的部位,是主要的生物大分子(糖类、脂肪和氨基酸)最终氧化并制造细胞所需要燃料的场所。

(1)真核细胞的诞生——偶然的内共生

真核生物是如何起源的?多数科学家倾向于"内共生"假说,将真核生物的细胞器看成一种共生细菌,推测可能是在原核细胞中出现了一些较进化的个体较大的"有核"(核质较集中形成较原始的细胞核)细胞,它们将一些呼吸氧气的细菌吞进其细胞内成为它的线粒体(这些细菌以提供燃料来交换庇护所),而一些能利用光能的蓝藻被吞进去后成为它的叶绿体,从而形成了真核细胞。这种细胞融合的一个必然结果就是使细胞体积逐渐增大,细胞内部的组织变得更为复杂,功能更为多样化。

最近的基因证据也表明,真核生物可能是细菌与古菌的融合体。有研究证据显示,线粒体和叶绿体都有自己的DNA,线粒体最近的亲戚竟然是一种能引起伤寒的细菌——普氏立克次体,而叶绿体的DNA居然与蓝细菌一样。从原核到真核细胞的转变,不像是DNA的突变,而更像是两个不同的物种融为一体,并创造出一套新的基因组(齐默2011)。

(2) 真核细胞的诞生——适应大气氧化的产物?

原核生物是现存生物中最简单的一群,多数为水生,是地球上最初产生的单细胞生物,曾是地球上唯一的生命形式,独占地球长达 20 亿年以上(虽然如今它们依然还很兴盛)。最早的真核生物分子化石出现于距今约 12 亿年前,当时的大气氧水平超过了现在大气氧浓度的 1‰,而真核生物的重要生理特征之一就是能利用其特殊的细胞器——线粒体进行高效的有氧代谢。

线粒体是生命适应有氧环境以高效利用能量的产物,因为有氧呼吸与无氧呼吸的能量转化效率之间存在天壤之别:在有氧呼吸过程中,1 分子葡萄糖经过糖酵解、三羧酸循环和氧化磷酸化将能量释放后,可产生 30~32 分子 ATP。如果细胞所在环境缺氧,则会转而进行无氧呼吸,此时,糖酵解产生的丙酮酸便不再进入线粒体内的三羧酸循环,而是继续在细胞质基质中反应,但不产生 ATP,因此,在无氧呼吸过程中,1 分子葡萄糖只能在第一阶段产生 2 分子 ATP。

(3) 真核细胞的诞生——生命迈向复杂化的支撑?

真核细胞的诞生是生命迈向复杂化的重要一步:一个普通的真核细胞能够支持比细菌多出 20 万倍的基因,这意味着真核细胞能够支撑更大的基因家族、更为复杂的调控系统,这在原核细胞中是完全无法实现的,这也是生命复杂化的重要基础,而线粒体正是细胞核复杂化得以成功发展的根基,因为只有它们才能给予真核细胞的每个基因多出 4 个或 5 个数量级的能量(Lane and Martin 2010)!

只要比较一些原核生物和真核生物的物种数目,就能理解真核生物的诞生对地球生命进化具有何等重要的意义。已知的原核生物仅有约 10 000 种,不足真核生物种类数的 1/170(Groombridge and Jenkins 2002)。因此,从原核细胞进化到真核细胞是地球生命历史上的一个伟大的变革,它也是引爆生物物种快速形成与分化的最重要的基础。

需要指出的是,从原核到真核的生命类型的转变经历了十分漫长的岁月,折射出这一系列生理机制转变与革新是何等的艰难!另有一个现象是从原核细胞进化到真核细胞,体积也出现了明显增大:原核生物细胞仅有 1~10 μm,而真核生物细胞一般为 10~100 μm。

3. 细胞间联系——从单细胞到多细胞生物

最早的可辨识的多细胞生物化石为距今约 12 亿年前的一种称为 *Bangiomorpha pubescens* 的红藻(红毛菜科 Bangiaceae),采自加拿大北极区的萨默塞特岛(Somerset Island)(Buttefield 2000)。

尽管有一些原核生物如蓝藻出现过多细胞化,但没有任何一种原核生物进化到了组织、器官的结构形式,均只停留在同质细胞连接的水平上,虽然也出现了一定程度的细胞分化，如丝状蓝藻的异型胞、厚壁孢子等（图 12-12）。而真核细胞的多细胞化，却发展出具有分化了的组织和行使特殊功能的器官等高度结构化的异常复杂的生物体。可以这样说，真核细胞的出现是生命从单细胞向多细胞方向发展的重大转折点。

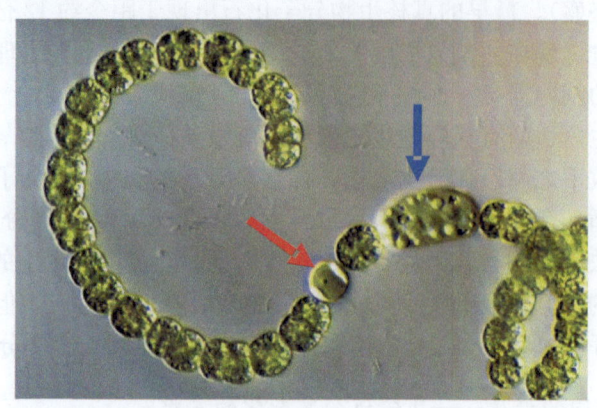

图 12-12　中国某淡水湖泊中的鱼腥藻，红色箭头为异型胞，
蓝色箭头为厚壁孢子（图片由陶敏博士提供）

Fig. 12-12　*Anabaena* in a Chinese freshwater lake, red arrow indicates a heterocyst and blue arrow indicate an akinete(photo courtesy by Dr. Min Tao)

那么为何生命要多细胞化？从生理上来看，这或许是对地球环境日益氧化的一种适应。为了更有效地获取、转化和储存能量，细胞开始分化，并物理地和生化地（如氧化交叉链）铰链在一起，这一生理与结构上的变革拉开了各种动植物快速分化的序幕。

进一步，聚集在一起的细胞开始功能分化，形成不同的组织，于是，细胞内部以及组织间通过内"环境"体液和组织液的信息传递网络变得越来越发达而复杂。为了保持动物运动的组织性，从神经细胞进化出脑，使动物和环境的互动更为进化与复杂。

此外，只有当真核单细胞铰链成多细胞生物并进一步完成细胞分化，才有可能为复杂的有性生殖的进化与发展提供更为有效的操作平台。

从生态上来看，陆地上各种大小的多细胞植物的分化符合对光能的最有效利用原则，而各种大小动物的分化则可能主要是食物网（如种间关系）复杂化与物种生态功能（或生态位）细分等的结果。

4. 繁殖方式—从无性到有性生殖

在地球生命历史最初的 20 余亿年中，生命一直停留在无性生殖阶段，物种的分化十分缓慢。据称，最早的有性生殖证据来自一种红藻（*Bangiomorpha pu-*

bescens)化石，出现于距今 12 亿～10 亿年前的狭带纪（属前寒武纪）(Buttefield 2000)。

生物界中普遍的生殖方式是有性生殖，因为在已知的生物物种中，能进行有性生殖的种类占 98% 以上，几乎所有的动植物都能进有性生殖。单细胞生物中普遍的生殖方式是无性生殖中的分裂生殖，有些生物（如细菌）只能进行无性生殖，而绝大多数高等动物（如哺乳动物）只能进行有性生殖，许多高等植物以及少数低等动物（如昆虫类的蚜虫、浮游的枝角类等）既能进行有性生殖又能进行无性生殖。

从化石记录来看，地球上的真核细胞、多细胞生物以及有性生殖几乎相伴而出，之后，地球上的生命在经历了自中元古代末到新元古代约 5 亿年的漫长发展后，终于迎来了寒武纪的生命"大爆炸"。可以这样说，如果没有真核细胞→多细胞生物——有性生殖的历程，就不可能出现生物物种的快速多样化。特别是通过减数分裂支撑的有性生殖的登场似乎为五彩缤纷的生命世界的进化打开了无限的空间！

当然，也有学者主张广义的有性生殖概念，认为"有性生殖与生命一样古老，在最原始的生命体系中，就已经有了自催化粒子的融合、结合和重组。现代的生物体已经进化出了精致的机制以调整其原始的重组能力……"（威廉姆斯 2001）。

5. 物种间相互关系——从生产者到初级消费者、再到猎食者

在地球生命的发展历史中，牧食与狩猎的出现可能是引发物种快速多样化的重要生态学机制之一。在寒武纪早期，海洋中第一次进化出摄食（过滤）微小藻类的无脊椎动物，时至今日，仍然有数目庞大的丰年虫、水蚤等小型甲壳动物是水中主要的牧食者。这些牧食者的繁荣又引来了猎食者（当然还有些来自陆地）的出现，它们为了捕获较大的动物，逐渐进化出更大的体型以及更加敏捷的游泳能力。而这种活跃的运动需要大量的能量，而这需要呼吸更多的氧气。

牧（猎）食者的出现促进生物群落复杂化和物种快速分化的可能生态学机制是：①牧食者可能限制了优势物种的统治地位，为新物种的出现腾出了生存空间；②生产者对动物牧食防御的发展（如化学防御、形态、生活史的特化等）可能也会促进新物种的形成；③生产者的多样化可能又促进了更为专一化的牧食者的进化；④猎食者的出现以及猎物防御的发展，如化学防御、形态、体色、行为、生活史的特化等，又促进了动物多样性的进一步分化。

在自然界，牧食者与植物、以及捕食者与猎物之间的关系是在不断地变化与相互间的适应中发展起来的，而且还在持续进化。猎物会针对捕食者不断调整与发展防御"武器"，而捕食者也会进化出新的克服这种防御的方法……如此循环往复。牧食者与植物之间的关系亦如此。寄生亦可看成是一种广义的消费者。

6. 物种间的互惠关系——显花植物与传粉动物的协同进化

除了上述这种"敌对"关系外,自然界还进化出一种物种间的互惠关系,花朵与授粉者(昆虫)之间的协同进化便是一个绝妙的例证。一朵花通常同时具有雄性和雌性生殖器,雄蕊上的花粉必须进入雌蕊才能受精,植物想交配时,得使花粉接近另一株植物的卵子才行。现已知道29万种显花植物中,只有2万种能够借助风力或水力传播花粉,而其余的大部分都得靠昆虫传粉,虽然还有一些脊椎动物(主要是鸟类和蝙蝠)可以干同样的活(齐默 2011)。

自然界普遍存在的这种物种间的协同进化(coevolution)可能是塑造与衍生新物种的最强大动力之一。已命名的昆虫多达80多万种,几乎是所有其他动物加起来的总和,昆虫之所以成为世界上最繁盛的动物,可能与昆虫和植物之间通过传粉不断发展的协同进化不无关系。

六、结　语

地球是生命之母,孕育出了数以百万计的生物物种。如今的生物圈是与地球物理化学环境(水、大气、陆块)在漫长的地质历史过程中相互作用与协同演化的产物。地球在经历了早期地狱般的高温、厌氧环境之后迎来了生命的诞生,从大的格局上来看,物种在大陆板块的崩析、漂移与重组中隔离、分化与交融。

原核蓝细菌的放氧光合作用这一核心生命过程经过长达近20亿年的累计效应成功地塑造(虽然极为缓慢)了一个新的好氧的大气环境,终于使生命从海洋登上陆地。反过来,日益氧化的大气环境不断推动生命的生理与生态进化——促进有机体的复杂化与代谢变化,以及食物网的复杂化。接着终于迎来了寒武纪及之后动植物的快速分化与空前繁荣。

没有进化史上的一些关键革新,便不可能出现生命系统的跃升。一些关键的革新是:能量利用方式——从化能到光能、从不产氧到产氧,细胞结构从原核到真核,细胞联系从单细胞到多细胞,繁殖方式从无性到有性,物种间相互关系从生产者到初级消费者、再到猎食者,物种间的互惠关系极大地促进了显花植物与传粉动物的协同进化与繁荣。

地球生命系统的演化是偶然性和必然性相互作用的产物,必然性约束进化的方向,但它本身又是进化的产物。换言之,生命在进化,环境也在进化,两者在一定程度上互为因果,协同发展,并通过关键革新推动进化机制或原理的进化,以实现生命系统在进化中的自我组织、自我调节、自我完善、自我更新和自我超越。

第十三章 永恒的生命旋律——创造、进化与毁灭

生命的基本存在单位——物种是如何演化而来的？追踪生命进化的奥妙一直都是创造伟大的进化生物学家的摇篮——拉马克、达尔文……等。然而，地球生命的演化历史却告诉人们，创造、进化与毁灭才是地球系统之永恒的生命旋律！它的动因、过程与模式也是自然界最大的奥妙之一，也是关乎地球生命系统未来演化的本质性问题之一。

大爆发与大灭绝似乎是地球生命系统演化的主旋律之一，是什么操纵着生命演绎如此波澜壮阔的创造与毁灭？自然界为何以及如何在创造与毁灭的轮回中还能演化出如此纷繁多样的生命世界？

本章旨在审读进化论的历史发展，素描地质历史时期物种的灭绝和诞生历程，揭示匿藏于生命世界设计及历史轨迹之中的普适性原理，也即从最大的时空尺度俯视地球生命(态)系统的演化过程与格局。

一、生命的进化——进化论历史之审读

可以这样说，人类的文明史与人类对包括其自身在内的生命本质认识的不断深化密不可分。人类对生命来源的认识开始于神创论，从古代的神话，到古希腊伟大的哲学家亚里士多德的《自然界阶梯》观念，最后到植物分类学的奠基人林奈在其巨著《自然系统》试图建立一个反映造物主计划的自然系统。拉马克和达尔文理论的出现才使人们对物种的认识从不变走向了可变，从神创走向了自然进化。

1. 拉马克进化论的核心——用进废退，获得性遗传

法国学者拉马克(1744~1829年)堪称进化论历史上的第一位巨人。他是一位伟大的博物学家，也是一位分类学家，主要著作有《法国全境植物志》《无脊椎动物的系统》《动物哲学》《无脊椎动物自然史》等。

他在1809年发表的《动物哲学》一书中阐述了用进废退的进化思想，经典的例子就是长颈鹿，它的祖先原本是短颈的，但为了要吃到高树上的叶子经常伸长脖子和前腿，终于演化成现在的长颈鹿。如果不承认获得性遗传，拉马克的进化论就不可能成立。因此，拉马克认为长颈鹿的脖子之所以长，是因为父辈长颈鹿为了吃树顶上的叶子，所以脖子越伸越长，而通过获得性遗传，就可以把这个长脖子的性状传给下一代，久而久之，长颈鹿的脖子就越来越长了。在拉马克的

学说中，用进废退是一种适应过程，也是生物产生变异的原因。

拉马克还认为生物进化在宏观上具有一定的方向性——由简单到复杂，由低级到高级，并主张生物天生具有向上发展的趋向，认为动物的意志和欲望也在进化中发生作用。拉马克认为，生命从简单的形式连续而自然地形成，然后，在"不断使组织复杂化的力量"的推动下，攀上了复杂的自然阶梯。这种力量使生物通过对"感到的需求"的创造性回应来起作用。但是生物并不能自己构成一个阶梯，因为局部环境的变化常使按上升途径发展的生物走入岔道（古尔德 2008）。

拉马克学说在 19 世纪上半叶并无太大影响，直到达尔文的进化论发表之后，拉马克主义的影响才随之兴。19 世纪末，拉马克主义在一些古生物学家中影响很大。例如，美国古生物学家科普（Cope E. D.）在 1867 年发现，生物在地质时期的某些时间，发展呈加速状态，相应的胚胎发育加快，从而使新的成体性状可以转化为胚胎的新特征，他认为拉马克的用进废退和获得性遗传正是这种定向发展的力量，因此提出，生物普遍具有意识的能力，从而决定自己的进化方向：生物凭借意识，对环境的变化做出有选择的反应，按照获得性遗传的原理，这种反应又最终可以转化为形态结构的改变，并可以遗传下去 [Moore 1979，见田洺（1998）]。这种过分强调拉马克进化思想的观点也被称为"新拉马克主义"。

2. 达尔文进化论的核心——随机变异，生存竞争，自然选择

英国学者达尔文（1809～1882 年）被公认为是进化论历史上影响最为深远的科学巨匠。他也是一位伟大的博物学家，早年因地质学研究而闻名，在贝格尔号 5 年的博物学考察经历对他的进化论思想的形成产生了重大影响。他发表了一系列的著作，广泛涉及地质、进化、动物、植物、人类、古生物等诸多科学领域。

他最著名的著作毫无疑问就是于 1859 年发表的《物种起源》，在该书中，他系统地阐述了进化论思想，其核心借用了马尔萨斯的生物过度繁殖因而面临生存竞争的思想，还借用了他祖父观察到的两性生殖物种普遍存在随机变异的思想，再加上他自己独创的自然选择理论。然而，达尔文的自然选择却看上去是那么的机械、冷酷与消极（方舟子 2005）。

与拉马克一样，达尔文也强调物种形成的渐变过程。达尔文认为，随机变异为变化提供了原材料，自然选择通过淘汰多数不利的变异，而保留和积累少数有利的变异，逐渐建立起适应性的结构和功能，并最终导致新物种的产生。达尔文虽然把拉马克主义看成比自然选择理论次要的进化机制，但并未彻底摒弃，他的"泛生论"就是获得性遗传的翻版。

达尔文和拉马克的理论都建立在适应的概念之上，只是产生适应的方式不同，拉马克主义认为，遗传变异以倾向于适应的方向产生，而达尔文主义则认为自然选择作用于无倾向的变异上，并且通过使优势变种具有更强的生殖而改变一个群体（古尔德 2008）。换一种方式来说，达尔文的适应指受到选择青睐的生物

的某种特性，它或者是一种结构，一种生理特性，一种行为，或者是生物所具有的其他特征，它们是自然淘汰过程的产物；而拉马克式的适应认为在这一过程中生物可以主动地获得有利的特征（迈尔 2008）。

与拉马克认为适应创造变异不同，达尔文认为物种的个体间存在随机变异（虽然他似乎并不清楚变异的真正来源），这样在进化的方向上，达尔文和拉马克之间就不可避免地出现了截然不同的观点：在达尔文的进化论中，自然界中不存在目的，不具有方向性，人类仅是进化中的一个普通分支；而在拉马克的进化论中，进化是进步式的，进化的目的就是趋于更加完美，人类不是一个普通的进化分支，而是生物进化的顶点。依笔者的看法，达尔文过于强调"随机"，而拉马克过于强调"完美"，这与他们熟知的材料的特性不无关系。

需要指出的是，由于达尔文过于强调物种的渐变过程，导致他认为物种只是人为的单元，即他过分强调了物种变化的连续性而忽视其相对稳定性。他甚至都不愿意给物种下一个定义，虽然他对自己甚至不愿定义的对象——物种的起源与演化作出了历史上最伟大的贡献！

3. 获得性遗传——拉马克进化论的核心真的被彻底否定了吗？

德国遗传学家魏斯曼（1834～1914 年）于 1892 年发表了"种质论"，第一次从细胞角度来说明遗传现象，他将生物细胞区分为体质（体细胞）和种质（生殖细胞），认为体质可以随环境的变化而变化，但这些不能遗传，而种质是遗传物质的载体，是从以前的世代中派生出来的，以稳定的方式通过世代传递下去，由于新个体的种质是两个亲体种质的结合，从而增加了变异性，为达尔文式的自然选择提供了丰富的原材料，这样，他用种质论驳斥了拉马克的获得性遗传，虽然晚年他不太相信唯有选择才能控制进化的方向，也承认变异、拉马克式的环境作用也可以确定进化的方向（田洺 1998）。魏斯曼所说的体质和种质的区别也没有错，但用来否定拉马克的获得性遗传就不一定准确。

其实，拉马克的用进废退与获得性遗传是在地史尺度上的思考，而遗传学家却在关注短时间尺度上的过程。就像拉马克的支持者相信，穴居动物之所以没有眼睛，是因为在黑暗的环境中眼睛对它们没有用处，没有得到使用，日益萎缩，最终消失；后天获得性遗传还可以扩展到一些由环境导致的适应性变化。例如，生长在干燥环境中的植物，会进化出保留水分的特征，这都需经历极为漫长的演化过程。但可悲的是，早期的遗传学家（如魏斯曼）却仅仅通过连续几代切除老鼠的尾巴后仍然生出有尾巴老鼠这样的短期结果就来否定拉马克的进化论。

此外，来自近代分子遗传学的证据也试图否定拉马克的获得性遗传。1957 年，克里克提出中心法则，认为从遗传信息（DNA 或 RNA）到性状的表达（蛋白质）是单向的，这被认为从根本上否定了获得性遗传——本质上主张的是从蛋白质到 DNA 或 RNA 的信息传递（田洺 1998）。注重遗传过程的细节是遗传学家的特长和本领（这无疑十分重要），但反过来也限制了他们的宏观（特别是进化）视野。

我对这样的遗传学解释持有一些怀疑。我想问：那什么才能导致遗传信息的变化呢？难道真是只有达尔文的随机变异吗？鹿的长脖子和洞穴动物消失的眼睛真的只是随机变异的结果吗？生殖细胞也是在个体经历了各种变化的生存环境中不断生长并成熟后的产物，难道适应残酷生存条件的生理或行为记忆就不会对遗传产生丝毫的影响，而只是完全随机的达尔文式变异？这符合生存的规律吗？连生命都是地球环境演化的产物，难道环境不能改变一个物种的基因组吗？

4. 坐什么样的井观什么样的天——五花八门的进化观

（1）喜欢长颈鹿的拉马克主义

看着非洲草原上的长颈鹿，有谁能不相信拉马克的"用进废退"与"获得性遗传"，以及他所主张的进化趋于完美？谁能否认那些失去眼睛的洞穴动物不是支持拉马克主义的可靠证据？用可进废则退，这不容否认，它是否获得遗传这也是可能的，因为任何一个基因组都是物种对生存环境长期适应的产物，只是获得遗传的途径可能会不尽相同，是通过逐步的生理和表型变化缓慢地作用与改变基因组（这是拉马克的环境创造变异的思想）还是通过在有性生殖过程中产生的遗传变异被天择（这是达尔文的随机变异与自然选择思想）？笔者认为两者皆有可能。为什么就不能将非洲大草原上高大乔木上的树叶看成是一种对鹿来说具有选择性的环境压力（或者说诱导力）？这难道与极端干冷的极地或高山气候无情地阻止树木的生长不是一个道理吗？

（2）喜欢蝴蝶的达尔文主义

看看几乎完美地模仿干枯树叶的蝴蝶（拟色），有谁能不信服达尔文的随机变异与自然选择？由于蝴蝶并不能像控制肌肉那样控制翅膀的颜色，因此像伪装、警戒色及警戒拟态的进化，就不可能是经由用进废退而来了，唯一合理的解释就是自然选择：那些碰巧具有这样的形态变异的昆虫，较不容易被鸟捕食而能够留下更多的后代。其实在这里也不是完全随机，干枯树叶的颜色对致力于减少被捕食危险的蝴蝶来说就是一个选择的压力（或方向），只是这里能用达尔文的随机变异与自然选择更完美地解释罢了。

（3）喜欢麋鹿角的直生论

一些古生物学家（还有一些动植物系统学家）否认达尔文的自然选择，而信奉一种变了形的拉马克主义——直生论（orthogenesis）。直生论者认为生物由来自其内部的潜在力量所驱动总是沿着既定的方向进化，与环境条件和自然选择均无关系。马的进化是直生论者喜好的例子：马在系统发生过程中，身体由小到大、齿冠由低到高，并由多趾到单趾（蹄）的趋势进化。19世纪中后期，德国植物学家耐格里提出了"内部完美原则"，认为生物体内部存在趋向完美的动因，在这个动因的驱动下，生物向着一定的方向进化，无论适应与否。

一些古生物学家常常用"过度发育"导致灭绝来支持直生论，一个著名的例子是新近灭绝的"爱尔兰麋鹿"，他们相信，爱尔兰麋鹿由于其内在的力量导致它的角过大（似乎呈现线性不断增大），最终使物种走向了灭绝。

一般来说，直生论认为生物谱系的进化呈直线状，由一种内在的"种系动力"所驱动，生物的变异并不随机，存在一定的方向性，生物的进化并不一定向着适应的方向，即有些变化并不一定适应环境（而拉马克主义的进化观就是适应环境）。

其实，达尔文也曾反复强调过，并不是所有的进化都是自然选择的产物（虽然它是主要的动力），其他过程也在起作用，而且有些生物也表现出一些不适应和不利于生存的特征。①生物是整合的系统，某一部分的适应变化，可以导致其他特征的非适应改变；②在选择的影响下建立的具有特定功能的器官，结果，其结构还可以表现出非适应的功能（古尔德2008）。

（4）喜欢不连续化石分布的跃变论

达尔文在写作"物种起源"的时候，用了这样的措辞——自然不进行跳跃，为此，他的好友——博物学家赫胥黎曾劝告达尔文说他已经"让自己背负了一个不必要的困难"（米尔斯2010）。然而，古生物学家却发现许多化石记录的不连续性，科与科之间、目与目之间，甚至纲与纲之间及门与门之间都存在许多缺失的环节，即相近类型之间缺乏过渡类型。跃变论者认为新的形态和器官是源自大的跃变，而不是微小的变异在自然选择的作用下缓慢而逐渐地累积下来的（田洛1998）。但达尔文则认为，化石记录所表现出的间断只是由于化石保存和挖掘的偶然性所带来的假象。

这种跃变论扎根于一种本质论的哲学观——世界中的所有现象都是内在恒定类型的显示，由于一个类型（本质）不可能逐渐进化（类型被认为是恒定不变的），一种新类型的产生只能通过现存类型瞬时的"突变"或者跳跃来产生。跃变论不仅符合本质论的哲学观，似乎也符合古生物学家的观察（迈尔2010）。

（5）喜欢花草和果蝇的突变论

遗传学的诞生与发展对达尔文的渐变论和拉马克的获得性遗传都带来了巨大的冲击。但是，他们提出的是在一种微观的遗传（基因）水平突变，与古生物学家提出的在物种水平以上的跃变完全不同。

荷兰植物学家雨果·德弗里斯通过对月见草变异的研究提出了突变论，认为，新物种的形成并非像达尔文主义者所设想的那样是在自然选择的作用下缓慢地积累微小变异的结果，而是通过一次突变突然形成的，自然选择不是对个体的微小变异发挥作用，而是作用于更高层次，是在突变产生新种后，决定它们是否能够生存下去还是被淘汰。遗传学家摩尔根 TH 研究果蝇时，发现了大量的突变，认为基因突变是产生新性状的唯一源泉，进化中的变化都是由于新的突变导致的。因此，进化的动力不是自然选择，而是突变压力，自然选择对生物进化是无关紧要的，最多不过是消极地淘汰有害的突变。突变论在否定获得性遗传的同时，也否定了自然选择的威力，在其主张者看来，达尔文主义和拉马克进化论一样，都成了过时的学说（方舟子 2005）。

依我的看法，无论月见草还是果蝇，不能排除那些自然发生的变异有可能只是种群基因库中储存的一些不常见的表型（或许由于隐形基因的随机纯合表达了）而已，还有一些可能是有性生殖的减数分裂过程中遗传交换或错误拷贝或其他环境诱导机制导致的偶发性随机变异，当然不可否认它们中的极少数有可能诞生成功的新基因类型。

(6) 喜欢蛋白质的中性进化

日本人木村资生于 1968 年提出了中性学说，主要依据：①蛋白质（根据电泳技术）存在很高的多态性（一般生物的基因多态性高达 10%～20%），表明在分子水平上生物进化受自然选择的作用很小，而是按一定的速率随机突变；②蛋白质的突变速率（大概每年 10^{-9} 个氨基酸）太高，如果蛋白质的进化是受自然选择的话，这个数目显得太高；③尽管不同蛋白质的进化速率有快有慢，它们似乎都有一个固定不变的进化速率（所谓"分子钟"）；④蛋白质的重要区域的进化速率要比别的区域慢，如果自然选择对蛋白质起作用的话，一个区域越重要，选择的压力就越大，它的进化速率就应该越快才对（方舟子 2005）。因此，木村认为，在分子水平，导致进化的原因并不是自然选择，而是突变压力和遗传漂变（田洛 1998）。

后来的 DNA 序列分析表明，那些不编码氨基酸或不影响氨基酸序列的 DNA 序列的多态性要高于那些编码或决定氨基酸序列的 DNA 序列的多态性，即 DNA 非功能区的变异程度由中性漂变所决定，而自然选择则对功能区发挥作用（方舟子 2005）。

迈尔（2008）对木村的理论进行了猛烈的抨击：考虑到基因并不是自然选择的靶子，因此，所谓的中性进化就是一个毫无意义的概念。

依笔者之愚见，由于蛋白质决定生物有机体的结构和功能，因此，它应该是表型变异的分子基础，如果自然选择作用于表型，就必然作用于控制表型的物质基础——蛋白质。因此，从逻辑上来说，分子与表型、个体乃至物种之间的进化关系不可割裂。

5. 渐变与跃变的衔接——关键革新与进化辐射

(1) 微进化与宏进化

站在不同的层面上可能看到不同的进化现象。一类进化现象发生在物种层次或以下，如群体的变异性、适应性变化、地理变异和成种事件等，称为微进化；另一类进化现象发生在物种层次以上，特别是新的更高分类群的起源、侵入新的适应区以及与此相关的关键性进化新特征的获得（如鸟的翅膀、哺乳动物的温血性等），称为宏进化。达尔文时代以来，人们一直在激烈地争论宏进化到底只是微进化的连续，还是与微进化无关，因而需要用一套不同的理论来解释（迈尔2008）。为何一定要将两者割裂开来？为什么它们就不能相互交织？

拥有许多微进化证据的达尔文主义者坚定地支持渐变式的进化机制，而一些掌握宏进化证据的古生物学家和系统分类学家则相信自然界还存在跃变式的进化机制。

(2) 间断平衡学说

1972 年两名美国古生物学家 Eldredge N. 和 Gould S. J. 联合提出"间断平衡（punctuated equilibrium）学说"，这是跃变论的一种新面孔。该学说认为，从化石记录看，生物的进化有这样的模式：长时间的只有微小变化的稳定或平衡，被短时间内发生的大变化所打断，也就是说，长期的微进化之后出现快速的大进化，渐变式的微进化与跃变式的大进化交替出现。在间断平衡学说的支持者们看来，大进化有着与微进化不同的机制，而这种大进化机制，不是自然选择，而是其他因素所致。例如，"发育制约"——胚胎发育的模式（蓝图）一旦建立起来，就有了一种内在的连贯性，难以通过突变逐渐加以改变，生物将沿着固定的途径发育、生长，使物种长期保持稳定，新的遗传变异由于不能与已有的发育模式相容，因此不可能出现或保留下来（方舟子 2005）。

迈尔（2010）认为所谓的宏突变过程根本就不会存在，因为一个个体的基因是一个协调、平衡的系统，这个系统是在几百万年的时间里，通过一代代的自然选择，最终形成并协调好的，既然已经知道绝大多数基因位点上的潜在突变会产生有害或致死的效应，一次重大的突变所导致的整个基因型的大震动又怎么能产生出能够繁衍下去的个体呢？到哪儿去发现这样从一个宏突变过程产生出的未成功成活的几百万个宏突变种呢？

(3) 关键革新与进化辐射

谁也无法否认的一个事实是，在生命进化的历史过程中存在一些关键性的生理功能或结构上的革新——从光能到化能，从不产氧到产氧，从原核到真核，从单细胞到多细胞，从无性到有性……它们推动了生命进化史上的一系列重大"跃变"。另一个事实是，这些关键革新却耗费了几十亿年的历史岁月。因此，即便这些"跃升"是一些偶然的突发事件，但它不也是建立在一种极为缓慢的渐变（微进化）基础之上的吗？

一些分类系统学的证据显示，建立在微进化基础之上的关键性特征的出现以及随后的进化辐射似乎可以很好地将渐变与跃变之间的鸿沟予以弥合。迈尔（2008）认为，宏进化尽管存在渐变性，但是它还是以大量新生特征的涌现为特征，而且包含了生物界前进的代表性或关键性新特征；一旦一个物种获得了这种关键特征，它也就获得了打开自然界中不同生态灶或适应区大门的钥匙，引发所谓进化辐射现象。例如，爬行动物的一个分支发明了羽毛进而获得了飞行能力，就进入了一个广阔的适应区，现在鸟类的物种数达到了 9800 种，远超过了它的祖先——爬行动物（一共才有 7150 种）。

6. 生命进化的方向性——在定向与随机中摇摆

拉马克主义信奉终因论，认为进化实质上就是从低等走向高等，从原始走向高级，从简单走向复杂，从不完美走向完美。如果没有这种内在力量，如何解释生命从最简单的细菌逐渐进化出美丽的兰花、参天的大树、迷人的蝴蝶和智慧的人类呢（迈尔 2010）？在这一理论框架中，进化是进步式的，即生物进化的目的就是走向更加完美，人类不是一个普通的进化分支，而是生物进化的顶点，获得性遗传中所隐含的生物努力可以得到回报——生物在一代发生的变化可以遗传下去。

而达尔文则坚决反对这种神秘力量的存在。按照达尔文的进化论，自然界中不存在目的，不具方向性，人类仅是进化中的一个普通分支。达尔文对昆虫与植物传粉之间的关系很感兴趣，在这里，动物中种类最多的昆虫和植物中种类最多的显花植物之间的协同进化的确充满了随机性，并未呈现出明确的方向性。

从拉马克主义衍生出来的直生论者（主要是一些古生物学家）信奉内在的定向的力量。伯格 L.S. 提出了循规进化论（nomogenebis）——生物的进化是一个有规则的过程，随机变异和环境的影响都不能使这个过程发生改变，他认为多数进化是进步的，使生物不断完善，而且在进化中出现特异的性状规则。奥斯本 HF 提出了芒状发生说（aristogenesis），认为在纲以上的阶元，谱系的发生按照共同由来的原则进行，在纲以下的阶元，则通过"适应辐射"产生许多分支，之后，这些分支的进化则成直线状，不再分化，这样整个谱系呈芒状［Bowler 1983，见田洛（1998）］。

依我之愚见，进化既不完全随机，也不完全定向，在随机中有一定的方向性，在方向中有一些随机性，这本质上源于生命的一种拼接与堆砌式的物种创造方式。举个通俗的例子，人再怎么随机变异，也不可能突变为昆虫，昆虫无论如何也不可能随机突变成人。

在我看来，一个类群的演化历史已经大致决定了它继续分化的方向，这在复杂的高等动物中最为明显，即物种的结构越复杂、特化程度越高（可能源于日益加剧的种间竞争与日趋精细的生态位分化），这种变化的方向可能越狭窄，因为它能自由调整的余地就越小，甚至走向灭绝之路——我不认为这是设计的天意，我更愿意相信是因为过分大型化、复杂化和特化的身体构造对环境宽幅波动的适应性变得越来越差的一个可悲的结局。恐龙或许就是这样的例子，为了避免一味大型化而向社会化或群体性动物的发展也许能开辟一条成功之道，这似乎诠释了后恐龙时代为何哺乳动物得以兴盛。

我很理解为何一些古生物学家信奉拉马克进化论及更胜一筹的直生论，因为他们需要面对与思索为何自然界绝大多数物种（特别是像恐龙那样的庞然大物）难逃灭绝的命运，这其实也是一种生命演化历史的真实写照，只是解释机制过于神化罢了。另外，我觉得小型而结构不太复杂（相对于脊椎动物来说）的昆虫可能是进化方向随机性的天堂，也是达尔文的钟爱之一——协同进化（昆虫与花朵）。小巧而不过的体积，快速的繁殖速率，无限多样的生态灶，与花儿之间随机的、式样不可穷尽的亲密互惠关系……这些演绎了生命世界中虫儿与花儿的灿烂之最！

二、生命的微观创造——擅长用简单拼装复杂

进化论试图勾勒生命演化的宏观蓝图与原则，但是在微观上，生命是如何被制造出来的呢？这种机制或许能弥合遗传学家与古生物学家、拉马克主义与达尔文主义或者突变论者与直生论者之间的长期存在的认识鸿沟。

1. 复杂表象与简单本质

生命世界具有几乎无限的复杂性与多样性，这归根结底是表象的还是本质的？也许大家认为我在自相矛盾，其实复杂的表型与简单的本质并不矛盾，它们往往互相密切耦合。本质的揭示是为了理清复杂表征的变化或运行的秩序性、规则性或潜在动机，或许这就是为何在生命世界复杂性与有序性能够协同进化的核心。在这里还藏匿了我的一种野心，即试图寻觅解释生命世界的同一种"语言"，并与基石性的非生命世界进行恰如其当的融合与对接，以试图揭示（虽然可能是十分粗略地）匿藏于生命世界设计及历史轨迹之中的普适性原理！

在过去的半个多世纪，生物学的一个潮流就是对生命世界的"微观解剖"或

"切片式解析",将无限的激情奉献于精细地观察各式各样的生命世界的"碎片",人们对生命系统认知的凝聚性与整体性被无情地瓦解、破碎甚至毁灭。但是,从另一方面来看,正是这些单一层面上智慧的不断积累却为我们俯视整个生命世界的蓝图及拼装机制提供了可能。事实上,大自然显露出一种异常卓越的生命设计与控制力量的迹象,远远超过人类全部系统的智力、思维与想象。

2. 元素的拼装

世间的万物(包括地球上的一切无机与有机物质)归根结底都由一些简单的化学元素组成。据称,太阳主要是由氢元素组成,而地球上现已发现的化学元素却多达110种。那么,地球上如此多样的元素又是如何产生的呢?早在一个多世纪以前化学家就认识到,如果指定氢的相对原子质量为1,那么各种元素的相对原子质量可以是氢的整数倍,因此,所有的元素看上去好像是氢原子的聚集体一样。现在一种普遍的观点认为,包括地球在内的宇宙中的所有元素都起源于氢在非常高温度下的聚变反应。也就意味着,用简单的元素可拼接出各种各样复杂的元素。可以想象,这种化学元素的拼接肯定为化合物及生物大分子的更为复杂多样的拼接与组合奠定了基础或提供了操作工具。

3. 生物大分子的拼装

生命世界呈现出的无限多样与复杂的表象其实寓于十分简单的遗传组合之中。控制生殖等生命程序的遗传物质——DNA也只是由4种核苷酸(每种核苷酸均由碱基、戊糖和磷酸组成)组合而成,戊糖和磷酸是不变的,而碱基只有4种——腺嘌呤(A)、鸟嘌呤(G)、胞嘧啶(C)和胸腺嘧啶(T)。由3个不同的核苷酸形成一个遗传密码子(一共有$4^3=64$个密码子),蛋白质上的每种氨基酸都对应于一个密码子。无论多么复杂的DNA都是由A、G、C、T组合而成。也就是说,一个物种的基因数目可以成千上万(如人类的基因数目多达2万~2.5万个),但也只是4种核苷酸的不同排列组合而已。此外,生命最重要的结构物质——蛋白质就是由20种氨基酸组合与拼装而成,迄今,蛋白质数据库中已存有接近5万个原子分辨率的蛋白质及其相关复合物。

4. 基因的拼装

基因是生命遗传的基本结构单元,它通过由4种碱基组合成的遗传密码子操控着生命运作的基本程序。现代的基因享受着古老的创造,因为与生命基本代谢(核苷酸代谢、氧化还原/电子传递等)相关的基因原始创新几乎是在细菌时代完成——发生在太古代的短暂的遗传革新,伴随细菌的快速分化,诞生了27%的现代基因家族。而进入真核生物时代后,主要发生的是基因的拼装——转移和重复。人类基因组测序结果表明，现代人类体内还借用着20%的细菌基因！真核生物就是依赖这种转移和重复的基因重组方式推动着物种的快速遗传分化。此外，真核生物体内假基因（垃圾DNA）的大量存在也是这种拼接的一个有力证据。

5. 细胞的拼装

在生命的演化历程中，最早出现的只有原核生物，之后才出现了真核生物。其实，真核细胞也是通过原核的细菌的内共生拼装而成的——真核细胞中的叶绿体的祖先可能是蓝细菌，线粒体的祖先可能是好氧细菌。主要的证据是，线粒体和叶绿体都含有自己的DNA，与细胞核的DNA相比，更类似于细菌的DNA，核DNA包含了一些可能来源于叶绿体的基因，此外，细胞器的大小与细菌也相当，等等。从另一种角度来看，这种复杂的内共生方式或许就昭示了真核生物的基因组不可避免地会大量借用细菌的基因。

6. 个体的拼装

在生命世界，微小的细胞完成无限复杂的创造。细胞通常只能在显微镜下才能看得清楚，它是多细胞生命体拼接的实体单元。有些生物的个体只由一个细胞构成，称为单细胞生物，如细菌等。而有些生物体能长成参天大树或巨象，但无论多么高大而复杂的动植物都是由一个个微小的细胞拼装而成，虽然细胞也有一定程度的形态分化。拼装这些庞然大物的都是一些真核细胞。据估计，人体平均大约由多达1000亿（10^{15}）个细胞堆砌而成。

7. 物种的拼装

基因（一段DNA序列）在遗传上控制着生物的特定性状，真核生物或许就是借助有性生殖中容易发生基因重组的减数分裂不断地进行基因的组合、叠加、删减及可能为数不多的突变创新等，并在地理隔离、生态位细化、种间竞争、协同进化、自然选择等生态力量的助推之下，创造（还不如说拼装）出了现今地球上的数以百万计的表观上无限多样的生物物种。

为何生命世界青睐用简单的要素拼接复杂的表象？这可能反映了生命起源的本质特征以及继承与堆砌的演化轨迹。正是生命系统的这种独特的创造手段，才使生命系统看上去繁花似锦、无比复杂，但却被若干清晰明了的关系主线编织成一个有机联系且层理分明的结构化的复合生态巨系统，并被一个统一而简洁的遗传系统所操控。而生物大分子的自我催化、自我复制、自我组装及自我调节特性或许正是通过这种简洁的拼装使生命世界在宏观的层面上也获得了自我繁殖、自我组织、自我适应与自我完善的功能——这或许正是生命世界在物种水平的多样性具有无限增长趋势的根本机制之一。在各个层次上，生命系统都是携带着微观的随机性和宏观的趋势性而不断演进的。

因此，似乎存在一个统一而核心的**用简单拼装复杂的生命世界运作原理**，即**生命世界的演绎一方面就像一场魔术表演，擅长制造无限纷繁的表象，看上去令人眼花缭乱；另一方面藏于本质之中的却又只是不同层次上的看似简单的组合与拼装而已**。这种拼装式设计正是生命世界所有复杂表象与关系之后简洁的控制原理得以存在的基础，它赋予或更确切地说操控了生命若干本质的特征——自我组织、自我适应、自我完善、自我更新与创造进化，它是整个生命世界同源（从同一起源进化而来且有机地链接在一起）以及形成了一种包容式的结构化体系（宏观系统为微观系统提供环境，微观系统为宏观系统提供支撑，并通过能量、物质和信息等连接起来）的核心所在。同时，它为我们揭示生命演化之复杂历史轨迹昭示了一种简洁的思维与辨识原理。

这种拼装机制在本质上给予了有机体十分独特的结构特性——嵌合性（部分融合于整体之中）、层次性和序列性，这些特性相当连续地贯穿于种系发生过程之中，特别令人惊讶的是，甚至在个体（特别是胚胎）发育的不同阶段中也会进行概略性的历史重演。

自然界的组合与拼接不仅仅限于化学与生命世界，也存在于宏观的物理世界。当然，这并不意味此等拼合无复杂而显著的后效。例如，大陆板块看似简单的离析与组合对地球环境及生命演化影响的深远程度简直无法估量。

从简单拼装复杂的创造方式早已隐现于一些哲理性的思维之中。一个多世纪前，达尔文（1965）就对进化可以用如此有限的原材料产生出如此丰富多彩的生命世界而惊叹：在整个自然界中，几乎每种生物的每个组成部分，在一个稍微改变了的状态下，可能服务于不同的目的，并且，该部分曾经在许多古老和不同的特定类型中作为生存手段而起过作用。在那样的年代，达尔文就展现出了如此超凡的洞察力，真是令人叹服！詹奇（1992）写道"复杂性在时间中发展，它反映出以往有过的经历，又创造性地奔向未来"。罗素（2003）写道："在进化中，每一个新发展都把以前的成就捡拾现成的吸收进来……每一个新现象都为进化提供了向更高复杂度发展的平台。平台越广阔，发展速度越快，逐渐形成了加速成长模式"。

三、生命的宏观演化——地球上物种的吐故纳新

首先问这样一个问题，是否有诞生以后永不灭绝的物种？答案应该是否定的，因为据估计在地球的生命历史中，超过90%以上（可能接近98%）的物种都已经灭绝了（Gaston and Spicer 2004）。自然界不会设计永生的生命，也不可能设计永生的物种。物种的终极命运只有两个：要么彻底灭亡，要么消逝于变化之中，这或许是由有性生殖的本质所决定的。从这种意义上来说，解释生命进化的

所有的"适应"或"完美"都是相对的或短暂的，周而复始的创造—进化—毁灭才是永恒的生命旋律。借用考克斯和穆尔（2007）的说法："绝灭不是规范的一个例外，它是经常变化着的生命格局的一定特征"。

1. 物种的自然寿命———般 100 万～2000 万年

既然物种总会绝灭，那到底一个物种可以持续多久？这似乎也不是一个容易回答的问题。这首先需要解决如何确定一个物种在自然界中的寿命，很显然，迄今为止最好的一个办法就是根据化石记录。一般来说，可将某个物种的化石在地质历史时期的跨度作为该物种的自然寿命。例如，某种螺类最早的化石出现在距今 1310 万年前，消失于距今 1230 万年前，因此估算其寿命约为 80 万年（图 13-1）。当然，有学者认为这种依赖于化石的估计可能偏向于寿命长的物种，以此来推算所有物种的平均寿命可能导致平均寿命的高估（Belk and Borden 2004）。当然，根据化石推算的物种寿命可能被该物种更早或更晚的化石的出现而改写，此外，也不一定所有的物种都会保留清晰完整的化石。

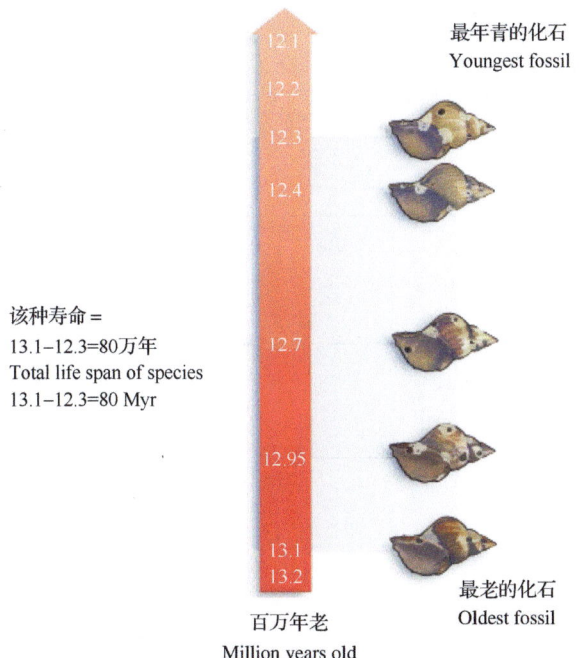

图 13-1 物种寿命的估算。这些化石贝壳的年龄是通过包埋它们的岩石的放射性测年来确定的（引自 Belk and Borden 2004）

Fig. 13-1 Estimating the life span of a species. The ages of these fossil shells are estimated from the age of the rocks they are embedded in via radiometric dating (cited from Belk and Borden 2004)

基于来自各种类群（海洋和陆地）的化石证据，估计一个物种的平均寿命为500万～1000万年（May et al. 1995）。也有认为这个数字约为100万年（Belk and Borden 2004）。而从表13-1可以看出，不同类群的物种的寿命差异很大，海洋生物的寿命（670万～2500万年）比非海洋生物的寿命（100万～400万年）要长得多，这可能反映了海洋环境相对稳定有利于物种的生存，而陆生环境变化相对剧烈，物种容易绝灭。

表 13-1 估算的化石物种的平均寿命
Table 13-1 Estimated mean duration (Myr) of fossil species

类群 Group	寿命（百万年）Life span (million years)
海洋 Marine	
珊瑚 Reef coral	25
双壳类 Bivalve	23
底栖有孔虫类 Benthic foraminiferan	21
苔藓虫类 Bryozoa	12
腹足动物 Gastropod	10
浮游有孔虫类 Planktonic foraminiferan	10
海胆类 Echinoid	7
海百合类 Crinoid	6.7
非海洋 Non-marine	
单子叶植物 Monocotyledonous plant	4
马 Horse	4
双子叶植物 Dicotyledonous plant	3
淡水鱼类 Freshwater fish	3
鸟类 Bird	2.5
哺乳动物 Mammal	1.7
昆虫 Insect	1.5
灵长类 Primate	1

资料来源：引自 McKinney(1997) (cited from McKinney 1997)

Raup(1994)统计了17 500个海洋化石动物属的寿命，发现大多数属的寿命在2000万年以内，而少数属的寿命很长（图13-2），但与地球生命的历史相比，没有属能幸存很长的时期，最长的虽然可持续1.6亿年，但也只有生命历史的约5%（Gaston and Spicer 2004）。

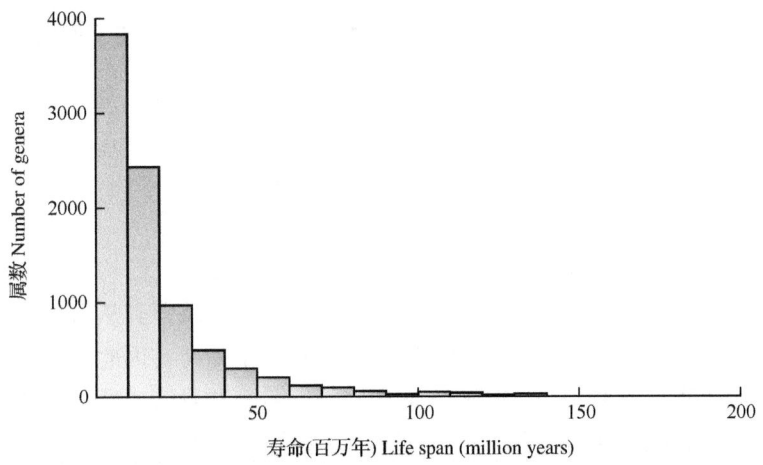

图 13-2 已经灭绝了的约 17 500 个海洋动物（脊椎动物、无脊椎动物和微体化石）属的寿命（仿 Raup 1994）

Fig. 13-2 Life spans of ca. 17 500 extinct genera of marine animals (vertebrate, invertebrate and microfossil) (after Raup 1994)

2. 成种的时间——一般10万～500万年

迈尔（2008）认为，控制成种事件速率的主要是生态因素，而不是所谓的"突变压力"，当物种被地理或生态屏障隔离，而且该物种很少有基因流动时，成种事件就会非常迅速和频繁，而在通畅的大陆成种事件则很少。一般估计，从一个祖先开始，要用10万～500万年才能演化出一个彼此生殖隔离的后裔物种（科因 2009）。

但是，迈尔（2008）认为，在化石基础上对成种事件平均速率的计算可能会导致错误的估计，因为化石记录的主要是分布广泛的群体，这些群体通常有很长的生命周期，因此成种事件的速率很慢。

马拉维湖中的丽鱼是一个快速的物种分化（同域分化）的案例，仅在过去 70 万年，就从单一的丽鱼祖先衍生出 400 多个新物种（Danley and Kocher 2001）。但是，也有相反的例子：北美东部存在的一些植物（包括臭菘）也存在于东亚的一些地区，两个大陆的群体在形态上没有什么区别，虽然分离了 600 万～800 万年，但还可以相互交配（迈尔 2008）。

虽然化石证据存在不足，但如果都用化石进行比较，还是会有一定的参考价值，即物种的化石寿命要显著高于化石成种时间。这也符合地球上的物种多样性正在日益增加的宏观演变趋势。

3. 维管束植物的演化与更替——从蕨类植物到裸子植物再到被子植物

高等植物依据结构、繁殖特性等的不同，分为苔藓植物、蕨类植物（又称羊齿植物）、裸子植物和被子植物。蕨类植物、裸子植物和被子植物又称为维管束植物。绿色植物在水陆之间的界限分明：低等植物统治水体，高等植物统治陆地。

植物的演进还留下了不可磨灭的生态历史足迹，漫长的结构和功能演化叠加在明晰的生态适应目标之中。高等植物的演化与更替反映了其从适应水生逐渐向适应陆生的转变过程。苔藓植物的维管系统发育很不完善，因此它们局限于在潮湿的环境中生存。维管束植物体内有输送水分和养分并具有支撑作用的维管系统的存在。蕨类植物是早期登陆的原始的维管束植物，由于其输导系统的效率不高，一般也难以在干旱环境中生存。裸子植物形成花粉管和种子，花粉管的出现使受精作用摆脱了对水的依赖，这对适应陆生环境具有重要意义，而被子植物是现代植物界中最高级和最繁荣的一个类群，因其具有真正的花，故又称为显花植物。被子植物对陆地生活方式的适应最为完善，它们甚至能在极干旱的荒漠地区生存。

此外，为了适应陆地生活，陆生植物的外表还演化出角质层，以减少水分的蒸发，仅通过较小的气孔吸收光合作用的必需底物——CO_2，并通过根系和导管弥补蒸腾引起的水分损失。

在古生代（距今 6.0 亿～2.3 亿年前），植物由水生登陆后演化出蕨类，裸子植物步入缓慢的发展；中生代（距今 2.3 亿～0.65 亿年前）蕨类植物显著衰退，裸子植物迅速扩展，取代了蕨类植物的优势地位；在新生代（6500 万年至今），被子植物迅速扩展，裸子植物逐渐衰退，蕨类植物的分布范围也进一步缩小，并多限于温暖地区，世界上第一次出现了百花争艳的景象，被子植物极度繁盛，植物界迎来了它的新霸主（图 13-3）。

4. 动物群的演化与更替——大爆发与大灭绝

动物也有高等和低等之分，前者指脊椎动物，后者指无脊椎动物，这就类似于高等、低等植物以维管束的有无为重要特征一样，脊椎和维管都是重要的支撑系统，是动植物得以大型化的结构基础。与植物明显不同的是，低等动物和高等动物无论在水体还是在陆地，都是生态系统重要的结构成分。

与植物类似，动物在结构上的演化也经历了从小型到大型、从简单到复杂的历程，只是动物的演化历史似乎更为曲折与精彩。在古生代早期（寒武纪和奥陶纪），无脊椎动物在海洋中一统天下，随着"掠食者"的出现，生物界开始进入弱肉强食的残酷时代。在古生代中期（志留纪和泥盆纪），植物和无脊椎动物（昆

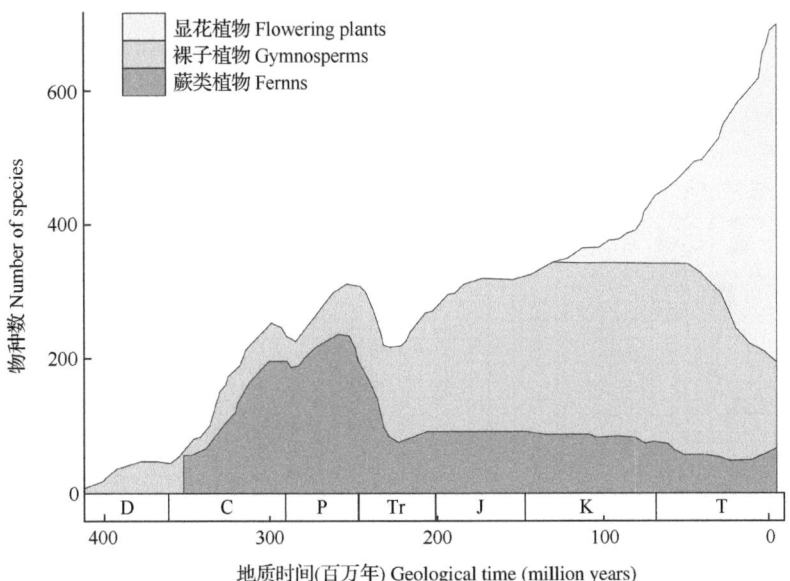

图 13-3 泥盆纪以来维管束植物的多样性,虽然不同的时期不同类型的植物占优势,总的多样性增加了(Jeffries 2006 重绘自 Groombridge 1992)

Fig. 13-3 Vascular plant diversity since the Devonian period. Overall diversity increases though different groups dominate at different times(redrawn from Groombridge 1992 by Jeffries 2006)

虫)登上陆地,鱼类统治了海洋,在泥盆纪晚期,从鱼类进化出两栖类动物,脊椎动物开始登上陆地。在古生代末期(石炭纪和两叠纪),栖居水边沼泽中的两栖类动物称霸地球,并继续向爬行类动物演进。在中生代,爬行类的恐龙横空出世,动物界迎来了新霸主。进入新生代,恐龙日益衰落,并几乎灭绝,同时,披上毛发的恒温动物——鸟类和哺乳类动物开始繁荣,成为了动物世界的新霸主。

与植物学家略有不同,动物学家将历史上统治地球的动物类群大致按地质年代的先后可分为三大类——寒武纪动物群(cambrian fauna)、古生代动物群(paleozoic fauna)和现代动物群(modern fauna)。按照这种分类系统所看到的动物类群演化与更替的一个最大的特点就是大爆发与大灭绝。

在距今约 5.3 亿年前(寒武纪),绝大多数无脊椎动物门(节肢动物、软体动物、腕足动物和环节动物等)在几百万年的短时间内出现了,而没有在寒武纪之前更为古老的地层中出现,被称为"寒武纪生命大爆发"。大约 0.6 亿年以后出现了古生代动物群。但是,3 亿年后,出现了二叠纪大灭绝(great permian extinctions),接着又出现了三叠纪生物大爆发(triassic explosion),由此演化出现代动物群(Purves et al. 2007,图 13-4)。

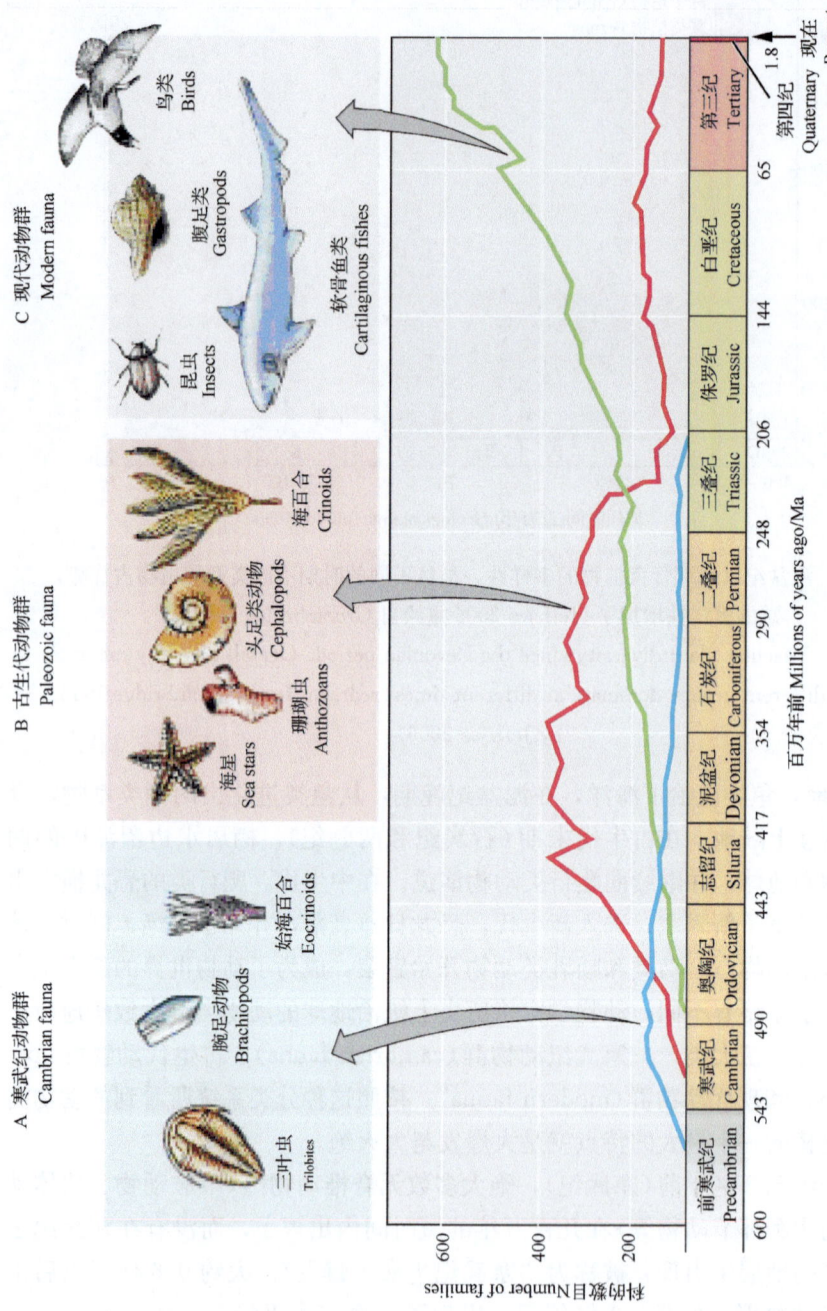

图 13-4 三个大的进化动物群的代表以及地质年代中每个动物群的科的数目(引自 Purves et al. 2007)

Fig. 13-4 Representatives of the three great evolutionary faunas are shown, together with a graph illustrating the number of families in each fauna over time (cited from Purves et al. 2007)

为何在寒武纪早期发生持续时间很短的结构创新大爆发呢？迈尔(2010)认为，之所以发现了很多新的化石，是因为这些化石动物都有骨骼，而它们的那些软体祖先可能无法石化，而且可能个头太小，无法在地层中留下痕迹，因此，这么多门类在表面上突然同时出现或许只是个假象而已。除此之外，后生动物早期进化速率太快也可能是一个原因：当一个身体构型内的整合还足够疏松时，往往允许大的创新发生。当然，这都只是猜测而已，难以证实。

有证据表明，地球曾经历过5次大灭绝事件，其中，50%~90%的物种在数千年到数十万年期间灭绝了(Belk and Borden 2004，图13-4)，其中，二叠纪大灭绝(距今约2.5亿年)为有史以来最严重的大灭绝事件，堪称地球历史从古生代向中生代转折的里程碑。据估计，在这次大灭绝中，地球上有96%的物种灭绝，其中90%的海洋生物和70%的陆地脊椎动物灭绝。三叶虫、海蝎及重要珊瑚类群全部消失，陆栖的单弓类群动物和许多爬行类群也灭绝了，生态系统获得了彻底更新。

据称，每一次大灭绝后，物种多样性经过500万~1000万年都不能恢复到灭绝前的水平，而且后来的物种也与灭绝前的物种非常的不同(Belk and Borden 2004)。历史上的生物大灭绝可能源于巨大的地球变化，如由于气候波动导致的海平面变化或由于地球构造板块运动引起的海洋和地形的变化等。许多科学家担忧我们可能正在见证第6次生物大灭绝，而引起这次灭绝的无处不在的全球变化却是人类活动(Belk and Borden 2004)。

四、创造与毁灭——轨迹不同的轮回

1. 地球环境——永恒变化但不可预测

我们不能忘记，如今我们生活的这个绚丽多彩的生命世界其实是地球环境在漫长的地质岁月中艰辛演化的产物。因此，生命的演进模式必定是适应地球的结构与环境演化轨迹的结果。那么地球环境是如何演化的呢？

18世纪，苏格兰地质学家赫顿(Hutton J.，1726~1797年)提出地球历史没有方向，只是不断重复自我创造与毁灭的轮回，无始无终。19世纪，一个名叫赖尔(Lyell C.，1797~1875年)的英国律师在其著作 *Principles of Geology* 中重新提出了赫顿50年前地球不断规律变化的学说，他不同意赫顿提出地球整体经历创造及毁灭循环的说法，认为地球不断在进行局部改变，这里侵蚀，那里爆发，并无一定方向，且历时久远，不可想象。

毋庸置疑，地球的结构及其环境处于永不停息的变化之中，但却充满着偶然与随机，几乎不可预测，当然，这并不否认人们对一些很短期的自然过程的可预测性。我试图询问一下这样的问题：谁能说清楚寒武纪以来的陆地板块为什么以这种方式崩析、组合和漂移（图 12-3）？谁又能说清楚未来的 5 亿年陆地板块将会以怎样的模式运动和变化？世界除了永不停息的变化外，还可能有其他事物能够永恒存在吗？

2. 物种更替——休克式的毁灭

地球上的生命以何种形式进行毁灭与更替？是均衡渐变式还是集中突发式？大量的地质历史证据表明，物种的更替采取了一种剧烈的节律性的脉动模式：自古生代的奥陶纪以来，地球曾经历过 5 次大灭绝事件：①距今 4.4 亿年前的奥陶纪末期，约 85% 的物种灭绝；②距今 3.65 亿年前的泥盆纪后期，海洋生物遭遇灭顶之灾；③距今 2.5 亿年前的二叠纪末期，超过 95% 的地球生物灭绝；④距今 2 亿年前的三叠纪晚期，爬行类动物遭受重创；⑤距今 6500 万年前后白垩纪晚期，侏罗纪以来称霸地球的恐龙几乎绝迹。

生物大灭绝的一个特点就是突发性——在地球经历过的 5 次大灭绝事件中，50%~90% 的物种在数千年到数十万年的"短"时期内灭绝了（Belk and Borden 2004）。这简直就是一种休克式的灭绝！这可能折射出这样一个事实，即地球环境的变化并不温和——长期缓慢的变化夹杂着若干次重大灾（巨）变！

大多数海洋动物属的寿命在 2000 万年以内（Raup 1994），而陆生动植物的寿命仅有 100 万~400 万年（McKinney 1997）。显然动物的平均寿命特别是陆生动植物的寿命远短于大灭绝的间隔期，这似乎意味着，绝大多数动植物的适应与进化难以应对周期性的环境灾（巨）变，这反过来也许是地球上的生命反复出现休克式毁灭的原因之一。

比较图 13-3 和图 13-4 不难看出，动物界对灾变更为敏感，反应更为剧烈，物种的更替也似乎更为彻底。而高等植物则表现出了更强的整体稳定性与可塑性，似乎沿着一条明确的进化路线（蕨类→裸子植物→被子植物）"毫不动摇"地演进。从这点来看，与动物界相比，植物界似乎对地球环境的周期性波动具有更好地适应性或耐受性，整体上呈现出一种宏观性 K-选择者的特质，也显示出它们的生活史策略在进化上的成功；而动物界则是大起大落，整体上像个不太成功的机会主义的 r-选择者！其实这不无道理，如果将较大型的高等动植物进行比较，植物体型更大，寿命更长，种子的休眠（而哺乳动物的胎生几乎使其休眠能力丧失殆尽）与抗逆性更强⋯⋯这些都使得植物在进化策略上更像 K-选择者，而地球环境的巨变好像也在它们整体能够适应的范围之内。其实，被子植物的类型也十分多样，从草本到灌木到高大的木本，具备各式各样的生态对策。

3. 适应悖论——复杂的毁灭

(1) 生命表型"进""退"自如——可能因为基因喜欢插入和缺失

从本质来看，生命为了应对不断变化的环境而进行的对自我（结构与功能等)进行不断修正和适应是通过基因的变化来实现。有意思的是,在原核生物经历了极其漫长的地质岁月艰苦地完成了支撑所有生命基础的基因原始创新之后,真核生物则选择了一种快速而便捷的方式来实现基因的改变,即主要是通过积木式的拆拼来实现功能的删除、添加或叠加,而这主要是通过有性生殖(或许关键在于减数分裂同源染色体的联会与频繁的遗传重组)的平台来实现的。

为何生命能"进""退"自如,即既能复杂化也能简化?这可能源自有性生殖中细胞减数分裂的特性——喜欢玩耍基因的插入和缺失,由于表型来自基因,因此基因的插入和缺失就意味着表型的添加和丧失。这种改造方式不仅便捷快速,而且相对安全。

胚胎的相似、重演和痕迹结构在某种程度上来看,是一种个体发育重演了系统发生的过程,也是这种生命拼接式叠加与传承模式的缩影或写照。一种解释是受遗传控制的发育程序无法省去这些含有祖先生理结构的发育阶段,而且在后面的发育阶段中不得不改变这些结构,以便使它们适应新的生命形式,即胚胎中祖先器官的出现成了确保重构器官发育的内在程序(麦尔 2010)。按照弗朗索瓦·雅各布的话说,大自然是出色的修补匠,而不是高超的发明者(古尔德 2008)。

(2)温和的完美——复杂的毁灭,简单的永生

在较为温和(相对于灾变来说)的生存环境中,有性生殖堪称"完美",创造出了各式各样的无与伦比的精美的生命形式,好像无所不能,但为什么(特别在动物界)还会一次又一次地遭遇地质历史时期生物物种的休克式大灭绝?为什么生命经历如此惨烈的灭绝之后还留下了可以燎原的火种?

依我之愚见,在允许复杂化的生命舞台上(如掠食者与猎物系统),表型的适应就像一台欲望无尽的游戏,或许出于一种生命自私的本能,无论是在无情且无奈的达尔文式自然选择压力下,或是拉马克式"完美"适应欲望下,一些强者(如猎食者)欲变为更强者,对万物的控制欲望催生出更加或过于复杂的遗传调控机制,其结果可能是这些"王者"获得了对温和的环境变化具有强适应力的同时,却失去了对灾变环境(往往是非生物)的抵御能力,因此它们往往难逃灭绝的噩运。

从遗传本质上来看,有性生殖通过基因不断堆积来创造变异与适应(最终新物种)的方式,不可避免地会导致基因组、表型、结构与调控的过度复杂化以及体型的过度大型化,这就埋下了致命的隐患。基因及其调控还有生命整体绝不可能趋于无限复杂,终究会将发展途径自我阻断,使某个方向的进化戛然而止。

结构复杂的动物个体(可视为中尺度上的 K-对策者)对中度以下的环境波动具有完美的缓冲性,但是,这已牺牲了它们的繁殖速率,也牺牲了它们更广泛的变异能力与适应范围。因此,一旦遭遇到环境灾(巨)变,复杂的生命往往难以

进行大幅度的改变与适应,不可避免地遭受灭顶之灾!庞然大物恐龙的灭绝就是一个活生生的悲惨案例。笔者推测,生命特有的这种不断复杂化的遗传进化方式可能是导致这种灭绝的内在机制之一。这种现象常常被直生论者称为"内部完美原则"或内在的"种系动力",但笔者不完全同意这种神话般的本性或种系动力的说法,我认为,最初是为了适应,但是由于这种适应的创造方式使机体越来越复杂,逐步降低了机体的可塑性(这与生态系统的复杂性与可塑性的关系完全不同),最终在环境巨变来临时惨遭灭绝!

(3)古老的简单——永恒的生存

早期动植物体积微小,结构极为简单,分化的细胞类型也极为有限,遗传调控机制也应该相对简单。一些简单而低等的生命(如细菌、蓝藻等),虽然甘为他人作嫁衣,角色也不华丽,但是凭借着不起眼的变异能力加上超强的繁殖力(r-对策),却能长期占据属于它们的那一个舞台,而近乎永恒地留在了地球生命的历史舞台上!这似乎是一种"以不变应万变",或以小变(或快变)应大变的生存机制!

或许正是这些较低等生物顽强的生命力使它们在地球生命经历大的灾难后的恢复与重建过程中起到了至关重要的作用,因为它们默默无闻的先锋与开拓作用以及卓越的创造复杂的能力,才可能为更高级生命(特别是一些劫后余生者)的重新登场与进化奠定了基础。灾难之后,这些卑微者将重新制造或迎接一批批新的统治者的喧嚣登场,目睹它们之间残酷的争斗,直到下一次大灾难来临,世界又彻底恢复寂静,它们又开始收拾残局,艰难地铺垫新的进化之旅,送迎一批又一批热热闹闹登台表演的"明星"……如此循环往复。

谁会是那些幸运的劫后余生者呢?美国古生物学家柯普曾提出了一个很有意思的"非特化法则":①地质时代中高度发展、特化的类群,并未孕育出下一代的类型,相反,后代主要从前代的非特化祖先那里获得进化的原动力,这些非特化的种类往往对栖息地和气候具有更广泛的适应性;②而各个时期特化的种类通常无法适应新时代的变化,这些变化对于大体型通常造成严重的后果,因为它们需要大量的食物,食物缺乏时,小型种类可以生存,大型的就遭到消灭;③杂食性的动物可以继续生存,但需要特殊食物的种类就会死亡;④非特化的种类,体型都不大,哺乳纲源于小体型的祖先,其他脊椎动物也一样(古尔德 2009)。

4. 生命的演进——不喜欢简单重复

物理世界的内在驱动力就是以惯性(牛顿)质量为基础的吸引力与排斥力的对立统一,外部表象即相对的运动与静止,总体演化方向是从有序趋于无序。而生机勃勃、充满着奇异的有机世界除了蕴含无机化学的吸引与排斥、运动与静止外，其内在的核心驱动力就是遗传与变异的对立与统一，并呈现出多重相互对立的外部表象——追捕与逃亡（行为）、进化与退化（器官）、出生与死亡（个体）、诞生与灭绝（物种）……。但是，生命系统演化的总体方向是从无序趋于有序、从简单趋于复杂或多样。

自然界是由生命—化学—物理系统相融与镶嵌而形成的统一体，换言之，生命系统是与地球环境长期协同演化（进化）而来的产物，这是无可争议的事实之一。另一个不可争议的事实是进化在整体上并未以一种稳定可预测的方式运行与发展。试问，一个（整体）不可预测的地球环境怎能创造出一个（整体）可预测的生命系统？

不同于非生命的封闭系统（那里变化趋于复杂性减少、失去秩序、衰变退化……），开放的生命系统，在太阳辐射和水的联合驱动下，不断地重复着从简单到复杂、从无序到有序、从非平衡到相对平衡（从生态系统功能的角度）并且有机的物质与能量不断积聚的演进过程，这种演进以条件约束式的自发、自组织为特征（可谓"杂而不乱"）。当然，不同地质历史时期的无序、简单与非平衡的起点可能会很不相同。总体来看，条件约束型的演化过程或格局在精细的较低级生命层次（如物种）上趋向于更为随机性和不可逆性，而在宏观的较高级的生命层次（如地带性植被）上则趋向于更为确定性与可逆性。

从遗传的角度来看，生命对环境的适应与进化是物种基因库被生态力量——气候、地理或生物间关系（在相当程度上随机地）选择的结果。生命擅长用简单的创造原理制造表型复杂的生命，在经受大自然一次又一次的惊涛骇浪的洗礼之后，又顽强地（虽然或多或少随机地）进行着生命系统的重塑和进化。但是，物种基因库的复杂性（如人类的基因数多达2万~2.5万个）从概率上来说使生命演化的精确重复几乎不可能。换句话说，如果地球再一次推倒重来，重新回到细菌的时代，再经过几十亿年，人类重新出现的几率就几乎不会存在，但也无法否认或许会演化出比人更聪明的物种。

著名的比利时古生物学家路易斯·多洛曾提出"进化的不可逆"观点，认为基本的或然性就可以保证趋同绝不可以产生任何完全相同的东西。生物不可能抹去过去的痕迹。两个谱系的生物可能会发展出表面上明显的相似性，并适应相同的生命模式。但是生物含有非常多的复杂、特有的部分，根本不存在进化两次而导致一种完全相同结果的机会。进化不可逆，祖先的标记永远保留着，而且无论多么趋同给人留下多么深刻的印象，总是表面的（古尔德 2008）。

生命演化的历史明晰地告诉我们，生命进化的总体趋势是必然的，但运行的具体轨迹却充满着随机、偶然和不可预测性。虽然地球生命系统在地质历史的长河中经受了若干次重大的洗礼，但又顽强地且不可逆地向新的生命系统方向挺进。

五、结　语

　　周而复始的创造、进化与毁灭是生命之永恒旋律，其动因、过程与模式也是自然界最大的奥妙之一。生命的微观创造擅长用简单的本质来拼装复杂的表象，从元素、生物大分子、基因、细胞、个体乃至物种。这种拼装式设计正是生命世界所有复杂表象与关系之后简洁的控制原理得以存在的基础。

　　生命的进化机制是自然界最大的奥妙之一。进化论的发展见证了两个伟大理论之间的刀光剑影——拉马克主义（用进废退，获得性遗传）和达尔文主义（随机变异，生存竞争，自然选择）。拉马克主张适应创造变异，而达尔文认为变异是随机的，这样就决定了两者在进化方向上的分歧：拉马克式的进化是进步式的，进化的目的就是趋于更加完美，而达尔文式的进化不存在目的性，不具有方向性。古生物学家信奉一种变了形的拉马克主义——直生论，它们怀疑达尔文的渐变论，提出了跃变论，而遗传学家钟情突变论，并挥舞他们的利器（种质论、孟德尔遗传定律、中心法则等）试图将拉马克的获得性遗传彻底摧毁。

　　依我之愚见，进化既不完全随机，也不完全定向，在随机中有一定的方向性，在方向性中有一些随机性。换言之，遗传变异充满随机性，而选择和进化确定方向性，或者说小型而简洁的生命（如昆虫）在进化上更为随机，但大型而复杂的生命（如脊椎动物）在进化上更为定向，这源于有性生殖的生态遗传学本质以及一种拼接与堆砌式的物种创造方式。

　　物种创造既源自渐变，也源自跃变，生物界既存在微进化，也存在宏进化，彼此间并不矛盾，反而应该是相辅相成，不可割裂。就如自然界广泛存在的从量变到质变的转化之间的内在关系一样。拉马克的获得性遗传、达尔文的随即变异、种系动力驱动的直生论及基因突变论等学说看似相互矛盾，其实它们均反映了进化这一客观事实的不同侧面，如果站在不同的时间尺度上以及基于有性生殖的生态遗传学本质等，这些学说可以得到统一，即任何物种的基因组都是在一定的种系发生与演化的轨迹中，在有性生殖必伴的随机变异（特别是基因突变）的驱动下，不断地适应生存环境或被生存环境天择的产物，成种与种系演化均是一种渐变与跃变或微进化与宏进化相互交融的过程，拼接与堆砌式的物种创造方式在特定生态力量（如捕食者-猎物协同演化等）的推动下容易使一些物种日趋大型化和复杂化，导致其进化沿着直生论所指的方向惯性式地直奔灭绝的死角！

　　物种的吐故纳新是地球上生命宏观演化的本质特征，而创造与毁灭是轨迹不同的轮回。地球环境永恒变化但不可预测，物种更替青睐休克式的毁灭。适应是个悖论——复杂易于毁灭，简单利于永生。生命的演进——不喜欢简单重复，在几次大的灭绝——爆发的螺旋形周期中并没有简单地重复生命的历史轨迹，而是在丰富性和复杂性的叠加之中不断地另辟溪径与重塑演进。

主要参考文献

奥芬伯格 M. 2001. 关于鹦鹉螺和智人——进化论的由来. 郑建萍译. 上海:百家出版社
巴兰金 P K. 1983. 时间·地球·大脑. 延军译. 北京:科学出版社
伯格森 H. 1999. 创造进化论. 肖津译. 北京:华夏出版社
布查纳 M. 2001. 临界——为什么世界比我们想象的要简单. 刘杨和陈雄飞译. 长春:吉林人民出版社
蔡晓明. 2000. 生态系统生态学. 北京:科学出版社
曹志平. 2007. 土壤生态学. 北京:化学工业出版社
曹志强,邵生恩. 1996. 农业生态学. 北京:北京农业大学出版社
陈大刚. 1991. 黄渤海渔业生态学. 北京:海洋出版社
陈化鹏,高中信. 1992. 野生动物生态学. 吉林:东北林业大学出版社
陈兰荪. 1988. 数学生态学模型与研究方法. 北京:科学出版社
陈敏豪. 1988. 人类生态学:一种面向未来世界的文化. 上海:上海交通大学出版社
陈小勇. 2004. 交配系统. 张大勇. 植物生活史进化与繁殖生态学. 北京:科学出版社
大陆桥. 2009. 大象,屈服于人类的陆地霸主. 森林和人类,9:10-37
道金斯 R. 1981. 自私的基因. 卢充中,张岱云译. 北京:科学出版社
达尔文 C. 1965. 兰花的传粉:兰花借助于昆虫传粉的种种技巧. 唐进译. 北京:科学出版社
德迪夫 C. 1999. 生机勃勃的尘埃——地球生命的起源与进化. 王玉山译. 上海:上海科学教育出版社
邓南圣,吴峰. 2002. 工业生态学:理论与应用. 北京:化学工业出版社
邓先瑞,邹尚辉. 2005. 长江文化生态. 武汉:湖北教育出版社
丁鸿富. 1987. 社会生态学. 杭州:浙江教育出版社
方精云. 2000. 全球生态学:气候变化与生态响应. 北京:高等教育出版社
方舟子. 2005. 寻找生命的逻辑——生物学观念的发展. 上海:上海交通大学出版社
费鸿年. 1937. 动物生态学纲要. 中华书局
傅伯杰. 2011. 景观生态学原理及应用. 北京:科学出版社
高玮. 1993. 鸟类生态学. 吉林:东北师范大学出版社
古尔德 S J. 2008. 熊猫的拇指. 田洺译. 海口:海南出版社
古尔德 S J. 2009. 生命的壮阔:从柏拉图到达尔文. 范昱峰译. 南京:江苏科学技术出版社
韩博平,石秋池,陈文祥. 2006. 中国水库生态学与水质管理研究. 北京:科学出版社
韩湘玲. 1991. 作物生态学. 北京:气象出版社
郝水. 1982. 有丝分裂和减数分裂. 北京:高等教育出版社
何方. 2003. 应用生态学. 北京:科学出版社
贾德森 O. 2003. 动物性趣. 杜然译. 北京:中国财政经济出版社
蒋高明. 2004. 植物生理生态学. 北京:高等教育出版社
姜恕,陈昌笃. 1994. 植被生态学研究:纪念著名生态学家侯学煜教授. 北京:科学出版社
金岚,王振堂,朱秀丽. 1992. 环境生态学. 北京:高等教育出版社
郝守刚. 2000. 生命的起源与演化:地球历史中的生命. 北京:高等教育出版社
霍兰 J H. 2000. 隐秩序:适应性造就复杂性. 周晓牧,韩晖译. 上海:上海科技教育出版社
何志辉. 2000. 淡水生态学. 北京:中国农业出版社
考克斯 C B,穆尔 P D. 2007. 生物地理学:生态和进化的途径(第7版). 赵铁桥译. 北京:高等教育出版社

科恩 E. 2000. 基因的艺术. 陈志夏，董志诚，罗达译. 长沙：湖南教育出版社

科因 J A. 2009. 为什么要相信达尔文. 叶盛译. 北京：科学出版社

乐爱国. 2005. 道教生态学. 北京：社会科学文献出版社

雷毅. 2001. 深层生态学思想研究. 北京：清华大学出版社

李冠国，范振刚. 2011. 海洋生态学. 北京：高等教育出版社

刘桦. 2008. 建设项目组织生态学引论. 北京：化学工业出版社

刘鸿雁. 2002. 第四纪生态学与全球变化. 北京：科学出版社

刘京希. 2007. 政治生态论：政治发展的生态学考察. 济南：山东大学出版社

罗德 B. 2003. 地球脑的觉醒：进化的下一次飞跃. 张文毅，贾晓光译. 哈尔滨：黑龙江人民出版社

陆健健. 2003. 河口生态学. 北京：海洋出版社

陆健健，何文珊，童春富. 2006. 湿地生态学. 北京：高等教育出版社

罗辽复. 2000. 生命进化的物理观. 上海：上海科学技术出版社

洛耶 D. 2004. 达尔文：爱的理论. 单继刚译. 北京：社会科学文献出版社

吕一河，傅伯杰. 2001. 生态学中的尺度及尺度转换方法. 生态学报, 21：2096-2105

迈尔 E. 2009. 进化是什么. 田洺译. 上海：上海科学技术出版社

米尔斯 C L. 2010. 进化论传奇：一个理论的传奇. 李虎译. 北京：海洋出版社

潘纪一. 1988. 人口生态学. 上海：复旦大学出版社

皮亚杰 J. 1989. 生物学与认识——论器官调节与认知过程的关系. 尚新建，杜丽燕，李渐生译. 北京：生活·读书·新知三联书店

普里戈金 I，斯唐热 I. 1987. 从混沌到有序，人与自然的新对话. 曾庆宏，沈小峰译. 上海：上海译文出版社

齐默 C. 2011. 演化：跨越40亿年的生命纪录. 唐嘉慧译. 上海：上海人民出版社

曲仲湘，吴玉树，王焕校，等. 1984. 植物生态学（第二版）. 北京：高等教育出版社

欧阳志远，等. 2001. 地球的化学过程与物质演化. 济南：山东教育出版社

斯帕克斯 J. 2002. 雌雄争霸战. 任立，张润志译. 沈阳：辽宁教育出版社

尚玉昌. 1998. 行为生态学. 北京：北京大学出版社

孙儒泳. 1992. 动物生态学原理（第二版）. 北京：北京师范大学出版社

孙儒泳，李博，诸葛阳等. 1993. 普通生态学. 北京：高等教育出版社

田洺. 1998. 未竟的综合——达尔文以来的进化论. 济南：山东科学技术出版社

王崇云. 2008. 进化生态学. 北京：高等教育出版社

王焕校. 1990. 污染生态学基础. 昆明：云南大学出版社

威廉斯 G C. 2001. 适应与自然选择. 陈蓉霞译. 上海：上海科学技术出版社

威廉斯 G C. 2008. 谁是造物主——自然界计划和目的的新识. 谢德秋译. 上海：上海世纪出版集团

沃尔特 H. 1984. 世界植被. 中国科学院植物研究所生态室译. 北京：科学出版社

邬建国. 2000. 景观生态学——概念与理论. 生态学杂志, 19：42-52

夏淑芬，张甲耀. 1988. 微生物生态学. 武汉：武汉大学出版社

薛定谔 E. 2003. 生命是什么. 罗来欧，罗辽复译. 湖南科学技术出版社

徐汝梅. 1987. 昆虫种群生态学. 北京：北京师范大学出版社

雅各布 F. 2000. 鼠、蝇、人与遗传学. 张商宏译. 长沙：湖南教育出版社

阎凤鸣. 2003. 化学生态学. 北京：科学出版社

阳含熙. 1989. 生态学的过去、现在和未来. 自然资源学报, 4：355-361

杨式溥. 1993. 古生态学：原理与方法. 北京：地质出版社

易伯鲁. 1980. 鱼类生态学. 武汉：华中农学院

易现峰. 2007. 稳定同位素生态学. 北京：中国农业出版社
于志熙. 1992. 城市生态学. 北京：中国林业出版社
詹奇. 1992. 自组织的宇宙观. 曾国屏等译. 北京：中国社会科学出版社
张大勇. 2000. 理论生态学研究. 北京：高等教育出版社
张大勇. 2004. 植物生活史进化与繁殖生态学. 北京：科学出版社
张金屯. 2004. 数量生态学. 北京：科学出版社
张明如. 2006. 森林生态学. 呼和浩特：内蒙古大学出版社
张素琴. 2005. 微生物分子生态学. 北京：科学出版社
张玉庭，董爽秋. 1930. 植物生态学. 广州：广州蔚兴印刷厂
赵晓英，陈怀顺. 2001. 恢复生态学：生态恢复的原理与方法. 北京：中国环境科学出版社
赵志模，郭依泉. 1990. 群落生态学原理与方法. 重庆：科学技术文献出版社重庆分社
周寿荣. 1996. 草地生态学. 北京：中国农业出版社
邹钟琳. 1980. 昆虫生态学. 上海：上海科技出版社
祖元刚，孙梅，康乐. 1999. 分子生态学理论、方法和应用. 北京：高等教育出版社
Abrahamson S, Bender M A, Conger A D, et al. 1973. Uniformity of radiation-induced mutation rates among different species. Nature, 245: 460-462
Acot P. 1997. The Lamarckian cradle of scientific ecology. Acta Biotheor. 45: 185-193
Adams J. 1988. The Geographical Ecology of Tree Species Richness: A Study of The Northern Tempeate Zone. UK: University of Wales Master Thesis
Adams J. 2009. Species Richness, Patterns in the Diversity of Life. New York: Springer Berlin Heidelberg
Adger W N. 2000. Social and ecological resilience: are they related. Progress in Human Geography, 24: 347-364
Adger W N, Hughes T P, Folke C, et al. 2005. Socialecological resilience to coastal disasters. Science, 309: 1036-1039
Ågren G I, Bosatta E. 1998. Theoretical Ecosystem Ecology: Understanding Element Cycles. Cambridge UK: Cambridge University Press
Alexander M. 1971. Microbial Ecology. New York: John Wiley and Sons, Inc.
Alihan M A. 1964. Social Ecology: A Critical Analysis. New York: Cooper Square Publishers
Allan J D. 1995. Stream Ecology: Structure and Function of Running Waters. The Netherlands: Kluwer Academic Publishers
Allee W C, Emerson A E, Park O, et al. 1949. Principles of Animal Ecology. Philadelphia: Saunders
Allègre C J, Schneider S H. 2005. The evolution of earth. Sci Am, 15: 4-13
Allen C R, Lutz R S, Demarais S. 1995. Red imported fire ant impacts on Northern Bobwhite populations. Ecol Appl, 5: 632-638
Allmon W D, Bottjer D J. 2001. Evolutionary Paleoecology: the Ecological Context of Macroevolutionary Change. New York, Chichester: Columbia University Press
Andrewartha H G. 1961. Introduction to the Study of Animal Populations. Chicago: Chicago Univ Press
Arrhenius S. 1889. Uber die Reaktionsgeschwindigkeit bei der Inversion von Rohrzucker durcj Sauren. Zeitschrift fur Physik Chemique, 4: 226-248
Auerbach C. 1947. Tests of chemical substances for mutagenic action. Proc Roy Soc Edinb, 62: 284-291
Avery T, MacLeod C M, McCarty M. 1944. Studies on the chemical nature of the substance inducing transformation of pneumococcal types. J Exp Med, 79: 137-158
Azzi G. 1956. Agricultural Ecology. London: Constable

Bairoch A. 2000. The ENZYME database in 2000. Nucleic Acids Res, 28: 304-305

Barbour M G, Burk J H, Pitts W D, et al. 1999. Terrestrial Plant Ecology (3rd). Menlo Park, CA: The Benjamin/Cummings Publishing Company, Inc.

Barbour M G, Craig R B, Drysdale F R, et al. 1974. Coastal Ecology: Bodega Head. Berkeley: University Calif. Press

Barrett S C H. 2002. The evolution of plant sexual diversity. Nat Rev Gen, 3: 274-284

Barrett S C H, Eckert C G. 1990. Variation and evolution of plant mating systems. In: Kawano S. (ed.) Biological Approaches and Evolutionary Trends in Plants. New York: Academic Press: 229-254

Barrett S C H, Harder L D, Worley A C. 1996. The comparative biology of pollination and mating in flowering plants. Philoso Philos Trans R Soc Lond B, 351: 1271-1280

Bawa K S, Bawa K, Hadley M. 1990. Reproductive Ecology of Tropical Forest Plants. Paris: Unesco

Bazzaz F A. 1975. Plant species diversity in old-field successional ecosystems in Southern Illinois. Ecology, 56: 485-488

Beeby A. 1993. Applying Ecology. London: Chapman & Hall

Begon M, Mortimer M, Thompson D. 1996. Population Ecology: A Unified Study of Animals and Plants (3rd). Oxford: Blackwell Science

Begon M, Townsend C R, Harper J L. 2006. From Individuals to Ecosystems. Blackwell Publishing

Beisner B E, Haydon D T, Cuddington K. 2003. Alternative stable states in ecology. Front Ecol Environ, 1: 376-382

Bell G. 1982. The Masterpiece of Nature: the Evolution and Genetics of Sexuality. Berkeley: University of California Press

Belk C, Borden V. 2004. Biology: Science for Life. Prentice Hall

Bennett M D. 1976. DNA amount, latitude and crop plant distribution. Env Exp Biol, 16: 93-108

Bennett M D. 1977. The time and duration of meiosis. Philos Trans R Soc Lond B, 277: 201-277

Bennett M D. 1987. Variation in genomic form in plants and its ecological implications. New Phytol, 106: 177-200

Bennett M D, Smith J B. 1972. The effects of polyploidy on meiotic duration and pollen development in cereal anthers. Proc Roy Soc London B(2nd), 181: 81-107

Berner R A, Kothavala Z. 2001. GEOCARB III: A Revised Model of Atmospheric CO_2 over Phanerozoic Time. Am J Sci, 301: 182-204

Berryman A A. 1992. The origins and evolution of predator-prey theory. Ecology, 73: 1530-1535

Birkeland P W. 1999. Soils and Geomorphology (3rd). Oxford: Oxford Univ Press

Boltzmann L. 1872. Weitere Studien über das Wärmegleichgewicht unter Gasmolekü len. Sitzungsberichte der mathematisch-naturwissenschlaftlichen Classe der kaiserlichen Akademic der Wissenschaften Wien, 66: 275-370

Bonner J T. 1965. Size and Cycle: an Essay on the Structure of Biology. Princeton: Princeton University Press: 219

Bornkamm R, Lee J A, Seaward M R D. 1982. Urban Ecology. Oxford: Blackwell Science

Bowler P J. 1983. The Eclipse of Darwinism. John Hopkins University Press

Box E O, Fujiwara K. 2005. 4. Vegetation Types and Their Broad-Scale Distribution. In: van der Maarel E. (ed.) Vegetation Ecology. USA: Blackwell Publishing: 106-128

Brand F S, Jax K. 2007. Focusing the meaning (s) of resilience: resilience as a descriptive concept and a boundary object. Ecol Soc, 12: 23

Brenchley W E. 1958. The Park Grass Plots at Rothamsted. Harpenden, UK: Rothamsted Experimental Station

Brock W A, Mäler K G, Perrings C. 2002. Resilience and Sustainability: the Economic Analysis of Nonlinear Systems. In: Gunderson L H, Holling C S. (eds.) Panarchy: Understanding Transformations in Systems of Humans and Nature. Washington, DC: Island Press

Brose U, Williams R J, Martinez N D. 2006. Allometric scaling enhances stability in complex food webs. Ecol Lett, 9: 1228-1236

Brown J, Gillooly J, Allen A, et al. 2004. Toward a metabolic theory of ecology. Ecology, 85: 1771-1789

Bullock J M, Kenward R E, Hails R. 2002. Dispersal Ecology. Oxford: Blackwell Science

Burt A. 2000. Sex, recombination, and the efficacy of selection-was Weismann right. Evolution, 54: 337-351

Buttefield N J. 2000. *Bangiomorpha pubescens* n. gen. , n. sp. : implications for the evolution of sex, multicellularity, and the Mesoproterozoic/Neoproterozoic radiation of eukaryotes. Paleobiology, 26: 386-404

Calambokidis J, Steiger G. 1998. Blue Whales. Voyageur Press

Canup R M. 2004, Dynamics of lunar formation. Ann Rev Astron Astrophy, 42: 441-475

Carlson T. 1913. Über Geschwindigkeit und Grösse der Hefevermehrung in Würze. Biochemische Zeitschrift, 57: 313-334

Carpenter K. 2006. Biggest of the Big: a Critical Re-evaluation of the Mega-sauropod *Amphicoelias fragillimus*. In: Foster J R, Lucas S G(eds.). Paleontology and Geology of the Upper Jurassic Morrison Formation. New Mexico Museum of Natural History and Science Bulletin 36. Albuquerque: New Mexico Museum of Natural History and Science: 131-138

Carpenter S, Walker B, Anderies J M, et al. 2001. From metaphor to measurement: resilience of what to what. Ecosystems, 4: 765-781

Cavalli L L, Lederberg J, Lederberg E M. 1953. An infective factor controlling sex compatibility in *Bacterium coli*. J Gen Microbiol, 8: 89-103

Chapin III F S, Matson P A, Vitousek P M. 2011. Principles of Terrestrial Ecosystem Ecology (2nd.) Springer

Chiras D D. 1991. Environmental Science, Action for a Sustainable Future. California: The Benjamin/Cummings Publishing Company, Inc.

Clarke L. 1954. Elements of Ecology. New York: John Wiley and Sons

Clements F E. 1916. Plant Succession: An Analysis of the Development of Vegetation. Washington: Carnegie Institute

Clements F E. 1936. Nature and structure of the climax. J Ecol, 24: 252-284

Cockburn A, Ridgeway J. 1979. Political Ecology. New York: Times Books

Coleman D C, Crossley D A Jr, Hendrix P F. 2004. Fundamentals of Soil Ecology(2nd). San Diego, USA: Elsevier Academic Press

Connor H E. 1998. Breeding systems in New Zealand grasses. XII. Cleistogamy in Festuca. New Zealand J Bot, 36: 471-476

Cope E D. 1896. The Primary Factors of Organic Evolution. Chicago: Open Court

Cowles H C. 1899. The Ecological Relations of the Vegetation on the Sand Dunes of Lake Michigan. Chicago University PhD Thesis

Cronk J K, Fennessy M S. 2001. Wetland Plants, Biology and Ecology. Lewis Publishers

Crumley C L. 1994. Historical Ecology: Cultural Knowledge and Changing Landscapes. Santa Fe, New

Mexico: School of American Research Press

Culley T M, Klooster M R. 2007. The cleistogamous breeding system: a review of its frequency, evolution, and ecology in angiosperms. Bot Rev, 73: 1-30

Cumming G S, Barnes G, Perz S, et al. 2005. An exploratory framework for the empirical measurement of resilience. Ecosystems, 8: 975~987

Currie D J, Paquin V. 1987. Large scale biogeographical patterns and species richness of trees. Nature, 329: 326-327

Damuth J. 1987. Interspecific allometry of population density in mammals and other animals: the independence of body mass and population energy-use. Biol J Linn Soc, 31: 193-246

Danley P D, Kocher T D. 2001. Speciation in rapidly diverging systems: lessons from Lake Malawi. Mol Ecol, 10: 1075-1086

Darwin C. 1859. On the Origin of Species by Means of Natural Selection or the Preservation of Favoured Races in the Struggle for Life (Reprinted 1964). Cambridge, MA: Harvard University

Darwin C. 1862a. On the Various Contrivances by Which British and Foreign Orchids are Fertilized by Insects, and on the Good Effects of Intercrossing. London: John Murray

Darwin C. 1862b. On the two forms, or dimorphic condition, in the species of *Primula*, and on their remarkable sexual relations. J Proc Linn Soc Lond (Botany), 6: 77-96

Darwin C. 1875. The Variation of Animals and Plants under Domestication, vol II (2nd). London: John Murray

Darwin C. 1876. The Effects of Cross and Self Fertilisation in the Vegetable Kingdom. London: John Murray

Darwin C. 1877a. On the Various Contrivances by Which British and Foreign Orchids are Fertilized by Insects, and on the Good Effects of Intercrossing (2nd). London: John Murray

Darwin C. 1877b. The Different Forms of Flowers on Plants of the Same Species. London: John Murray (Reprint, 1986). Chicago, Illinois: University of Chicago Press

Darwin C. 1881. The Formation of Vegetable Mould Through the Action of Worms with Observations on Their Habits. London: John Murray

Darwin E. 1796. Zoonomia; or, the Laws of Organic Life, vol I. London: Johnson

David L A, Alm E J. 2011. Rapid evolutionary innovation during an Archaean genetic expansion. Nature, 469: 93-96

Davis M B, Brubaker L B, Webb T III. 1973. Calibration of Absolute Pollen Inflex. In: Birks H J B, West R G (eds). Quaternary Plant Ecology. Oxford: Blackwell Scientific Publications: 9-25

Davis W H. 1971. Readings In Human Population Ecology. Prentice-Hall

Day J W, Hall C A S, Kemp W M, et al. 1989. Estuarine Ecology. New York: John Wiley and Sons

de Lamarck J B. 1809. Philosophie zoologique. Paris: Dentu

Delcourt H R, Delcourt P A. 1991. Quaternary Ecology: A Paleoecological Perspective. New York, USA: Chapman & Hall

deMenocal P, Ortiz J, Guilderson T, et al. 2000. Abrupt onset and termination of the African Humid Period: rapid climate responses to gradual insolation forcing. Quat Sci Rev, 19: 347-361

DePaolo D J, et al. 2008. Origin and Evolution of Earth: Research Questions for a Changing Planet. Committee on Grand Research Questions in the Solid-Earth Sciences, National Research Council. Washinton DC: National Academies Press

Devall B, Sessions G. 1985. Deep Ecology: Living as if Nature Mattered. Salt Lake City: Peregrine

Smith Books

Diamond J M, Case T J. 1986. Community Ecology. New York: Harper and Row

Di Castri F, Mooney H A. 1973. Mediterranean Type Ecosystems: Origins and Structure. New York: Springer-Verlag

Diemer J E. 1986. The ecology and management of the gopher tortoise in the southeastern United States. Herpetologica, 42: 125-133

Dierschke H. 1994. Pflanzensoziologie. Grundlagen und Methoden. Ulmer, Stuttgart

Dix R L, Swan J M A. 1971. The role of disturbance and succession in upland forest at Candle Lake, Saskatchewan. Can J Bot, 49: 657-676

Dobremez J F. 1976. Le Nepal: Ecologie et Biogeographie. Paris: Centre National de la Recherche Scientifique

Dodd J R, Stanton R J. 1981. Paleoecology, Concepts and Applications. New York: Wiley

Dolezel J, Bartos J, Voglmayr H, et al. 2003. Nuclear DNA content and genome size of trout and human. Cytometry, 51A: 127-128

Drake J W, Charlesworth B, Charlesworth D, et al. 1998. Rates of spontaneous mutation. Genetics, 148: 1667-1686

Duffy M A, Ochs J H, Penczykowski R M, et al. 2012. Ecological context influences epidemic size and parasite-driven evolution. Science, 335: 1636-1638

Dureau de la Malle A J C A. 1825. Mémoire sur l' alternance ou sur ce problème: la succession alternative dans la reproduction des èspeces végétales vivant en societé, est-elle une loi générale de la nature. Ann Sci Nat, 5: 353-381

Eamus D, Hatton T, Cook P, et al. 2006. Ecohydrology: Vegetation Function, Water and Resource Management. CSIRO Publishing

Ebert D. 2005. Ecology, Epidemiology, and Evolution of Parasitism in *Daphnia* (Internet). Bethesda (MD): National Center for Biotechnology Information (US)

Egerton F N. 1977. A bibliographical guide to the history of general ecology and population ecology. History of Science, 15: 189-215

Egler F E. 1954. Vegetation science concepts. I. Initial floristic composition, a factor in old field vegetation development. Vegetatio, 4: 412-417

Ehrlich P R, Ehrlich A H. 1981. Extinction: the Causes and Consequences of the Disappearance of Species. New York: Random House

Ellenberg H. 1979. Man' s influence on tropical mountain ecosystems in South-America: 2nd Tansley lecture. J Ecol, 67: 401-416

Elton C. 1924. Periodic fluctuations in the numbers of animals, their causes and effects. Brit Jour Exp Biol, 2: 119-163

Elton C. 1927. Animal Ecology. London: Sidwick & Jackson

Enquist B J, Niklas K J. 2001. Invariant scaling relations across tree-dominated communities. Nature, 410: 655-660

Environment Agency, Government of Japan. 1995. Quality of the Environment in Japan 1995. Tokyo: Government of Japan

Ernest S K M, Enquist B J, Brown J H, et al. 2003. Thermodynamic and metabolic effects on the scaling of production and population energy use. Ecol Lett, 6: 990-995

Estes J A, Duggins D O. 1995. Sea otters and kelp forests in Alaska: generality and variation in a community ecological paradigm. Ecol Monogr, 65: 75-100

Farlow J O. 1976. A consideration of the trophic dynamics of a late Cretaceous large-dinosaur community (Oldman Formation). Ecology, 57: 841-857

Fenchel T. 1974. Intrinsic rate of natural increase: the relationship with body size. Oecologia (Berl.), 14: 317-326

Fenchel T, Finlay B J. 1995. Ecology and Evolution in Anoxic Worlds. Oxford: Oxford University Press

Fisher R A. 1922. Darwinian evolution by mutations. Eugenics Rev, 14: 31-34

Fisher R A. 1930. The Genetical Theory of Natural Selection. Oxford: Oxford University Press

Folke C. 2006. Resilience: the emergence of a perspective for social-ecological systems analyses. Global Environ Chang, 16: 253-267

Folke C, Carpenter S, Elmqvist T, et al. 2002. Resilience and sustainable development: building adaptive capacity in a world of transformations. Scientific Background Paper on Resilience for the process of The World Summit on Sustainable Development on behalf of The Environmental Advisory Council to the Swedish Government

Folke C, Carpenter S, Walker B, et al. 2004. Regime shifts, resilience, and biodiversity in ecosystem management. Annu Rev Ecol Evol Syst, 35: 557-581

Forman R T T. 2003. Road Ecology: Science and Solutions. Washington, DC: Island Press

Forman R T T, Godron M. 1986. Landscape Ecology. New York: John Wiley

Freedman B. 1989. Environmental Ecology: The Impacts of Pollution and Other Stresses on Ecosystem Structure and Function. San Diego, California: Academic Press

Freeland J R. 2005. Molecular Ecology. Chichester, UK: John Wiley & Sons

Frelich L W. 2002. Forest Dynamics and Disturbance Regimes-Studies from Temperate Evergreen-Deciduous Forests. Cambridge University Press

Friedman M P, Carterette E C. 1996. Cognitive Ecology. San Diego: Academic Press

Fry B. 2006. Stable Isotope Ecology. New York: Springer-Verlag

Gallopin G C. 2006. Linkages between vulnerability, resilience, and adaptive capacity. Global Environ Chang, 16: 293-303

Gaston K J, Spicer J I. 2004. Biodiversity: An Introduction (2nd edition). Blackwell Publishing

Gaston K J, Blackburn T M. 2000. Pattern and Process in Macroecology. Oxford: Blackwell Science

Gaston K J, Spice J I. 2004. Biodiversity: An Introduction (2nd). Blackwell Science Ltd

Gates D M. 1980. Biophysical Ecology. New York, NY: Springer Verlag

Gates D M. 1993. Climate Change and its Biological Consequences. USA: Sinauer Associates, Inc.

Gause G F. 1934. The Struggle for Existence. Baltimore, MD: Williams & Wilkins

Gendron V. 1961. The Dragon Tree. New York: Logmans, Green

Gerking S D. 1994. Feeding Ecology of Fish. San Diego, CA: Academic Press

Gibson J P, Gibson T R. 2006. The Green World, Plant Ecology. Chelsea House Publishers

Gillooly J F, Charnov E L, West G B, et al. 2001. Effects of size and temperature on developmental time. Nature, 417: 70-73

Gleason H A. 1927. Further views on the succession-concept. Ecology, 8: 299-326

Gould G C, MacFadden B J. 2004. Gigantism, dwarfism, and Cope's rule: "nothing in evolution makes sense without a phylogeny". Bull Am Muse Nat Hist, 285: 219-237

Graedel T E, Allenby B R. 2002. Industrial Ecology (2nd). Upper Saddle River, NJ: Prentice Hall

Greene E L. 1909. Landmarks of Botanical History. Smithsonia Miscellaneous Collection, 54: 1-329

Gregory T R. 2001. The bigger the C-value, the larger the cell: genome size and red blood cell size in vertebrates. Blood Cells Mol Dis, 27: 830-843

Gregory T R. 2004. Macroevolution, hierarchy theory, and the C-value enigma. Paleobiology, 30: 179-202

Gregory T R. 2005. The Evolution of the Genome. Elsevier Academic Press

Greig-Smith P. 1957. Quantitative Plant Ecology. London: Butterworth

Griffiths A J F, Miller J H, Suzuki D T, et al. 2000. An Introduction to Genetic Analysis. New York: W. H. Freeman

Grinnell J. 1917. The niche-relationships of the California Thrasher. Auk, 34: 427-433

Groombridge B. 1992. Global Biodiversity: Status of the Earth's Living Resources. London: Chapman and Hall

Groombridge B, Jenkins M. 2002. World Atlas of Biodiversity: Earth's Living Resources in the 21st Century. World Conservation Monitoring Center/United Nations Environment Program/University of California Press: 340

Grytnes J A, Vetaas O R. 2002. Species richness and altitude: a comparison between null models and interpolated plant species richness along the Himalayan altitudinal gradient, Nepal Am Nat, 159: 294-304

Gulliver G. 1875. Observations on the sizes and shapes of the red corpuscles of the blood of vertebrates, with drawings of them to a uniform scale, and extended and revised tables of measurements. Proc Zool Soc Lond, 1875: 474-495

Gunderson L H, Holling C S. 2002. Panarchy: Understanding Transformations in Human and Natural systems. Washington D C, USA: Island Press

Gurevitch J, Scheiner S M, Fox G A. 2002. The Ecology of Plants. Sunderland, MA: Sinauer Associates

Gustafsson À. 1946-1947. Apomixis in higher plants. Lunds Universitets Arsskrift, 42-43: 1-370

Gutierrez L T, Fey W. 1980. Ecosystem Succession: A General Hypothesis and a Test Model of a Grassland. Cambridge, MA: MIT Press

Hadany L, Comeron J M. 2008. Why are sex and recombination so common. Ann NY Acad Sci, 1133: 26-43

Haeckel E. 1866. Generelle Morphologie der Organismen. Allgemeine Grundzüge der Organischen Formen-Wissenschaft, Mechanisch Begründet Durch die von Charles Darwin Reformirte Descendenz-Theorie. Berlin: Reimer

Haeckel E. 1868. Natürliche Schöpfungsgeschichte: gemeinverst ändliche wissenschaftliche Vorträge über die Entwickelungslehre im Allgemeinen und diejenige von Darwin, Goethe und Lamarck im Besonderen, über die Anwendung derselben auf den Ursprung des Menschen und andere damit zusammenhängende Grundfragen der Naturwissenschaft. Berlin: Reimer

Haeckel E. 1870. Über Entwicklungsgang und Aufgabe der Zoologie. Jenaische Z Med Naturwiss, 5: 353-370

Hamilton M B. 2009. Population Genetics. Wiley-Blackwell

Hamrick J L, Godt M J W. 1989. Allozyme diversity in plant species. In: Brown A H D, Clegg M T, Kahler A L, et al (eds.). Plant Population Genetics, Breeding and Genetic Resources. Massachusetts: Sinauer, Sunderland: 43-63

Hannah L. 2011. Climate Change Biology. Elsevier Ltd

Hannan M T, Freeman J. 1989. Organizational Ecology. Cambridge, MA: Harvard University Press

Hanski I. 1999. Metapopulation Ecology. Oxford, United Kingdom: Oxford University Press

Hardie D C, Hebert P D N. 2003. The nucleotypic effects of cellular DNA content in cartilaginous and ray-finned fishes. Genome, 46: 683-706

Harestad A S, Bunnell F L. 1979. Home range and body weight-a reevaluation. Ecology, 60: 389-402

Hart C W, Fuller S L H. 1974. Pollution Ecology of Freshwater Invertebrates. New York: Academic Press

Harvey P H, Pagel M D. 1991. The Comparative Method in Evolutional Biology. Oxford: Oxford University Press

Haskell J P, Ritchie M E, Olff H. 2002. Fractal geometry predicts varying body size scaling relationships for mammal and bird home ranges. Nature, 418: 527-530

Hawkins B A, Field R, Cornell HV, et al. 2003. Energy, water, and broad-scale geographic patterns of species richness. Ecology, 84: 3105-3117

Hawley A W. 1950. Human Ecology: A Theory of Community Structure. New York: Ronald Press

Hayes W. 1953. Observations on a transmissible agent determining sexual differentiation in *Bacteriun coli*. J Gen Microbiol, 8: 72-88

Heal O W, Menault J C, Steffen W L. 1993. Towards a Global Terrestrial Observing System (GTOS): Detecting and Monitoring Change in Terrestrial Ecosystems. MAB Digest 14 and IGBP Global Change Report 26, UNESCO, Paris and IGBP, Stockholm

Hemmingsen A M. 1960. Energy metabolism as related to body size and respiratory surfaces, and its evolution. Rep Steno Hosp Copenh, 9: 1-110

Henderson P A. 2006. The growth of tropical fishes. Fish Physiol, 21: 85-100

Henri V. 1902. Theorie generale de l'action de quelques diastases". Compt Rend Hebd Acad Sci Paris, 135: 916-919

Hilty J A, Lidicker W Z, Merenlender A M. 2006. Corridor Ecology: The Science And Practice of Linking Landscapes for Biodiversity Conservation. Washington, DC, USA: Island Press

Hiscock S J, Kues U. 1999. Cellular and molecular mechanisms of sexual incompatibility in plants and fungi. Int Rev Cytol, 193: 165-295

Holling C S. 1973. Resilience and stability of ecological systems. Ann Rev Ecol Syst, 4: 1-23

Holling C S. 1996. Engineering resilience versus ecological resilience. In: Schulze P C (ed.). Engineering within Ecological Constraints. Washington D C, USA: National Academy Press: 31-44

Holling C S. 2001. Understanding the complexity of economic, ecological, and social systems. Ecosystems, 4: 390-405

Holsinger K E. 2000. Reproductive systems and evolution in vascular plants. PNAS, 97: 7037-7042

Holtz T R. 2012. Dinosaurs: The Most Complete, Up-to-Date Encyclopedia for Dinosaur Lovers of All Ages. New York: Random House

Hou Y, Lin S. 2009. Distinct gene number-genome size relationships for eukaryotes and non-eukaryotes: gene content estimation for dinoflagellate genomes. PLoS ONE, 4: e6978. doi: 10.1371/journal.pone.0006978

Hubbell S P. 1979. Tree dispersion, abundance and diversity in a tropical dry forest. Science, 203: 1299-1309

Hubbell S P. 2001. The Unified Neutral Theory of Biodiversity and Biogeography. Princeton and Oxford: Princeton University Press

Huffman M A, Chapman C. 2009. Primate Parasite Ecology, the Dynamics and Study of Host-parasite Relationships. Cambridge: Cambridge University Press

Hughes R D. 1963. Population dynamics of the cabbage aphid, *Brevicoryne brassicae* (L.). J Anim Ecol, 32: 393-424

Hughes T P, Bellwood D R, Folke C, et al. 2005. New paradigms for supporting the resilience of marine ecosystems. Trends Ecol Evol, 20: 380-386

Huggett R J. 1995. Geoecology: An Evolutionary Approach. London: Routledge

Huggett R J. 1999. Ecosphere, biosphere, or Gaia? What to call the global ecosystem. Glob Ecol Biogeogr, 8: 425-431

Humboldt A von, Bonpland A. 1807. Essai sur la géographie des plantes. Paris: School

Hunari M, Honari M, Boleyn T. 1999. Health Ecology: Health, Culture, and Human-Environment Interaction. London: Routledge

Huston M A. 1993. Biological Diversity: The Coexistence of Species on Changing Landscapes. Cambridge, UK: Cambridge University Press

Hutchinson G E. 1957. Concluding remarks. Cold Spring Harbor Symposia on Quantitative Biology, 22: 415-427

Hutchinson G E. 1978. An Introduction to Population Ecology. New Haven, CT: Yale University Press

Hutchinson G E, MacArthur R H. 1959. A theoretical ecological model of size distributions among species of animals. Am Nat 93: 117-125

Huxley J S. 1932. Problems of Relative Growth. London, UK: Methuen

Iluz D. 2011. The plant-aphid universe. In: Seckbach J, Dubinsky Z (eds.). All Flesh Is Grass, Cellular Origin, Life in Extreme Habitats and Astrobiology, 16: 91-118

Inouye R S, Huntly N J, Tilman D, et al. 1987. Old-field succession on a Minnesota sand plain. Ecology, 68: 12-26

International Human Genome Sequencing Consortium. 2001. Initial sequencing and analysis of the human genome. Nature, 409: 860-921

Jahn G. 1991. Temperate deciduous forests of Europe. In: Röhrig R, Ulrich B. (eds.) Temperate Deciduous Forests. Ecosystems of the World, 7. Elsevier, Amsterdam, 377-503

Jax K, Schwarz A. 2011. The Early Period of Word and Concept Formation. In: Schwarz A, Jax K (eds.). Ecology Revisited, Reflecting on Concepts, Advancing Science. Springer: 149-154

Jeffries M J. 2006. Biodiversity and Conservation (2nd). London and New York: Routledge

Jjemba P K. 2008. Pharma-Ecology: The Occurrence and Fate of Pharmaceuticals and Personal Care Products in the Environment. NJ, USA: Wiley

Johannsen W. 1909. Elemente der exacten Erblichkeitslehre. Jena: Gustav Fischer

Johnson E A. 1992. Fire and Vegetation Dynamics: Studies from the North American Boreal Forest. Cambridge: Cambridge University Press

Johnson E A, Miyanishi K. 2007. Plant Disturbance Ecology: the Process and The Response. Burlington, USA: Elsevier Academic Press

Jones C G, Lawton J H, Shachak M. 1994. Organisms as ecosystem engineers, Oikos, 69: 373-386

Jordan III W R, Gilpin M E, Aber J D. 1990. Restoration Ecology: A Synthetic Approach to Ecological Research. New York: Cambridge University Press

Jørgensen S E, Fath B D, Bastianoni S, et al. 2007. A New Ecology: Systems Perspective. Elsevier B. V

Kalin Arroyo M T, Zedler P H, Fox M D. 1995. Ecology and biogeography of Mediterranean ecosystems in Chile, California, and Australia. New York: Springer-Verlag

Kaufman D M, Willig M R. 1998. Latitudinal patterns of mammalian species richness in the New World: the effects of sampling method and faunal group. J Biogeogr, 25: 795-805

Kaufmann K W. 1981. Fitting and using growth curves. Oecologia, 49: 293-299

Keddy P A. 2000. Wetland Ecology: Principles and Conservation. In: Birks H J B, Wiens J A. (eds.) Cambridge Studies in Ecology Cambridge: Cambridge University Press: 614

Keddy P A. 2010. Wetland Ecology: Principles and Conservation (2nd). Cambridge: Cambridge University Press

Keeling P J, Fast N M. 2002. Microspodia: biology and evolution of highly reduced intracellular parasites. Ann Rev Microbiol, 56: 93-116

Kendeigh S C. 1961. Animal Ecology. Englewood Cliffs: Prentice-Hall

Kendeigh S C. 1974. Ecology with Special Reference to Animals and Man. Englewood Cliffs: Prentice Hall

Killham K. 1994. Soil Ecology. Cambridge, UK: Cambridge University Press

Kim L, Carr G D. 1990. Reproductive biology and uniform culture of *Portulaca* in Hawaii. Pacific Sci, 44: 123-129

Kleiber M. 1932. Body size and metabolism. Hilgardia, 6: 315-332

Klug W S, Cummings M R, Spencer C A, et al. 2012. Concepts of Genetics(10th). California: Perrson Education, Inc.

Kohiyama M, Hiraga S, Matic I, et al. 2003. Bacterial sex: playing voyeurs 50 years later. Science, 301: 802-803

Kondrashov A S. 1993. Classification of hypotheses on the advantage of amphimixis. J Hered, 84: 372-387

Krebs C J. 1978. Ecology, the Experimental Analysis of Distribution and Aabundance (1st). New York: Harper & Row

Krebs C J. 1985. Ecology, the Experimental Analysis of Distribution and Aabundance (2nd). New York: Harper & Row

Krebs J R, Davies N B. 1997. Behavioural Ecology. Oxford: Blackwells

Lamb K P. 1961. Some effects of fluctuating temperatures on metabolism, development, and rate of population growth in the cabbage aphid, *Brevicoryne Brassicae*. Ecology, 42: 740-745

Lambert I B, Beukes N J, Klein C, et al. 1992. Proterozoic Mineral Deposits Through Time. In: Schopf J W, Klein C. (eds.) The Proterozoic Biosphere. Cambridge: Cambridge University Press: 59-62

Lane N, Martin W. 2010. The energetics of genome complexity. Nature, 467: 929-934

Lawley M. 2009. The History of Nature. Plymouth, UK: Latimer Trend and Company Ltd

Learmonth A. 1988. Disease Ecology. An Introduction. Oxford: Blackwell

Lederberg J, Tatum E L. 1946. Gene recombination in *E. coli*. Nature, 158: 558

Lee C S, You Y H, Robinson G R. 2002. Secondary succession and natural habitat restoration in abandoned rice fields of central Korea. Restor Ecol, 10: 306-314

Legendre P, Legendre L. 1998. Numerical Ecology(2nd). Amsterdam: Elsevier Science BV

Lennon J J, Greenwood J J D, Turner J R G. 2000. Bird diversity and environmental gradients in Britain: a test of the species-energy hypothesis. J Anim Ecol, 69: 581-598

Lenton T M. 2004. Clarifying Gaia: Regulation with or Without Natural Selection. In: Schneider S H, Miller J R, Crist E, et al. (eds.) Scientists Debate Gaia. Cambridge Massachusetts: MIT Press: 15-25

Lévêque C, Mounolou J C. 2003. Biodiversity. John Wiley & Sons Ltd

Levin D A, Funderburg S W. 1979. Genome size in angiosperms: temperate versus tropical species. Am Nat, 114: 784-795

Levin S A, Hallam T, Gross L. 1989. Applied Mathematical Ecology. New York: Springer

Levinton J S. 1982. Marine Ecology. Englewood Cliffs, New Jersey: Prentice-Hall

Lewis T, Taylor L R. 1967. Introduction to Experimental Ecology. London: Academic Press

Lieberman B S, Kaesler R. 2010. Prehistoric Life Evolution and the Fossil Record. Wiley-Blackwell

Likens G E. 1992. The Ecosystem Approach: Its Use and Abuse. Excellence in Ecology Vol. 3. Oldendorf-Luhe, Germany: Ecology Institute

Lindeman R L. 1942. The trophic-dynamic aspect of ecology. Ecology, 23: 399-417

Lloyd D G. 1979. Some reproductive factors affecting the selction of self-fertilization in plants. Am. Nat, 113: 67-79

Lloyd D G. 1984. Variation strategies of plants in heterogeneous environments. Biol J Linn Soc, 21: 357-385

Loomis R S, Connor D J. 1992. Crop Ecology: Productivity and Management in Agricultural Ecosystems. Cambridge: Cambridge University Press

López S. 2008. 3 Non-linear functions in animal nutrition. In: France J, Kebreab E. (eds.) Mathematical Modelling in Animal Nutrition. CAB International: 47-88

Lorimer C G. 1977. The presettlement forest and natural disturbance cycle of northeastern Maine. Ecology, 58: 139-148

Lotka A J. 1925. Elements of Physical Biology. Williams & Wilkins Company

Luria S E, Delbrück M. 1943. Mutations of bacteria from virus sensitivity to virus resistance. Genetics, 28: 491-511

Lüttge U. 2008. Physiological Ecology of Tropical Plants (2nd). Berlin: Springer

Lynch M. 2010. Evolution of the mutation rate. Trends Genet, 26: 345-352

Macan TT. 1974. Freshwater Ecology (2nd). London: Longman Group

MacArthur R H. 1955. Fluctuations of animal populations and a measure of community stability. Ecology, 36: 533-536

MacArthur R H. 1972. Geographical Ecology. New York: Harper and Row

MacArthur R H, Wilson E O. 1967. The Theory of Island Biogeography. Princeton, NJ: Princeton University Press

MacFadyen A. 1957. Animal Ecology, Aims and Methods. London: Pitman & Sons

MacFadden B J. 1987. Fossil horses from "*Eohippus*" (Hyracotherium) to *Equus*: scaling, Cope's law, and the evolution of body size. Paleobiology, 12: 355-369

MacFadden B J. 2005. Fossil horses——evidence for evolution. Science, 307: 1728-1730

Macpherson E, Duarte C M. 1994. Patterns in species richness, size and latitudinal range of east Atlantic fishes. Ecography, 17: 242-248

Maltby E, Barker T. 2009. The Wetlands Handbook. Wiley Blackwell

Malthus T R. 1798. An Essay on the Principle of Population. London: J Johnson

Margalef R. 1968. Perspectives on Ecology. Chicago: University of Chicago Press

May R M. 1973. Stability and Complexity in Model Ecosystems. Princeton, NJ: Princeton University

May R M. 1976. Theoretical Ecology, Principles and Applications. Oxford: Blackwell Scientific Publications

May R M. 1977. Thresholds and breakpoints in ecosystems with a multiplicity of stable states. Nature, 269: 471-477

May R M. 1978. The Dynamics and Diversity of Insect Faunas. In: Mound L A, Waloff N. (eds.) Diversity of Insect Faunas. Oxford, England: Blackwell Scientific Publications: 188-204

May R M. 1988. How many species are there on Earth. Science, 241: 1441-1449

May R M, Lawton J H, Stork N E. 1995. Assessing extinction rates. In: Lawton J H, May R M. (eds.) Extinction Rates. Oxford: Oxford University Press: 1-24

May R M, McLean A R. 2007. Theoretical Ecology, Principles and Applications. New York: Oxford University Press

Maynard Smith J. 1971. The origin and maintenance of sex. In: Williams G C. (ed.) Group Selection. Chicago: Aldine-Atherton: 163-175

Maynard Smith J. 1978. The Evolution of Sex. Cambridge: Cambridge University Press

Mbabazi D. 2011. Stable Isotopes in Trophic Ecology. LAP LAMBERT Academic Publishing

McAndrews J H. 1966. Postglacial history of prairie, savanna, and forest in northwestern Minnesota. Torrey Bot Club Mem, 22: 72

McCallum H. 2000. Population Parameters: Estimation for Ecological Models. UK: Blackwell Science Ltd.

McIntosh R P. 1985. The Background of Ecology: Theories and Concept. Cambridge, London: Cambridge University Press

McKinney M L. 1997. Extinction vulnerability and selectivity: combining ecological and paleontological views. Ann Rev Ecol Syst, 28: 495-516

McLean B C, Ivimey Cook W It. 1946. Practical Field Ecology: a Guide for the Botany Departments of Universities, Colleges and Schools. London: Allen and Unwin Ltd

Medina E. 1983. Adaptations of Tropical Trees to Moisture Stress. In: Golley F B. (ed.) Tropical Rain Forest Ecosystems, A. Structure and Function. Amsterdam: Elsevier: 225-237

Meijer M L. 2000. Biomanipulation in the Netherlands-15 Years of Experience. Wageningen: Wageningen University: 1-208

Meirmans S. 2009. The Evolution of the Problem of Sex. In: Schön I, Martens K, van Dijk P. (ed.) Lost Sex, the Evolutionary Biology of Parthenogenesis. Springer: 21-46

Mendel G J. 1866. Verusche über Pflanzen-Hybride. Verhandlungen des naturforschenden Vereines in Brunn, IV

Michaelis L, Menten M. 1913. Die Kinetik der Invertinwirkung. Biochem Z, 49: 333-369

MicrobiologyBytes. 2007. Introduction to Microbiology: Virus Genomes. http://www.microbiologybytes.com/introduction/genomes.html

Miller S A, Harley J B. 2001. Zoology (5th). McGraw-Hill Higher Education

Misra R. 1967. Form, function and factors in ecology. J Indian Bot Soc, 46: 144-153

Mittelbach G G, Schemske D W, Cornell H V, et al. 2007. Evolution and the latitudinal diversity gradient: speciation, extinction and biogeography. Ecol Lett, 10: 315-331

Möbius K. 1877. Die Auster und die Austernwirtschaft. Berlin: Wiegandt, Hempel & Parey

Moen A N. 1973. Wildlife ecology, an analytical approach. San Francisco: Freeman

Moore J R. 1979. The Post-Darwinian Controversies. Cambridge: Cambridge University Press

Moore P D. 2006. Wetlands. Chelsea House Publishers

Moran E F, Ostrom E. 2005. Seeing the Forest and the Trees Human-Environment Interactions in Forest Ecosystems. Cambridge, MA: Massachusetts Institute of Technology Press

Morenta J, Stefanescu C, Massuti E, et al. 1998. Fish community structure and depth-related trends on the continental slope of the Balearic Islands (Algerian basin, western Mediterranean). Mar Ecol Progr Ser, 171: 247-259

Morgan T H. 1910. Sex-limited inheritance in Drosophila. Science, 32: 120-122

Mühlhäusler P. 1996. Linguistic Ecology: Language Change and Linguistic Imperialism in the Pacific Region. London: Routledge

Muller H J. 1927. Artificial transmutations of the gene. Science, 66: 84-87

Murray J D. 2002. Mathematical Biology I. An Introduction (3rd). Springer-Verlag Berlin Heidelberg

Nachman M W, Crowell S L. 2000. Estimate of the mutation rate per nucleotide in humans. Genetics 156: 297-304

Naiman R J. 1992. Watershed Management: Balancing Sustainability and Environmental Change. New York: Springer

Naiman R J, Pinay G, Johnston C A, et al. 1994. Beaver influences on the long-term biogeochemical characteristics of boreal forest drainage networks. Ecology, 75: 905-921

Neal D. 2004. Introduction to Population Biology. Cambridge: Cambridge University Press

Nelson D L, Cox M M. 2004. Lehninger Principles of Biochemistry (4th). W H Freeman WH

Netting R M. 1986. Cultural Ecology (2nd). Waveland Prospect Heights IL

Newton I. 2008. The Migration Ecology of Birds. London, UK: Academic Press

Novitzki R P. 1979. Hydrologic Characteristics of Wisconsin's Wetlands and Their Influence on Floods, Stream Flow, and Sediment. In: Greeson P C, Clark J R, Clark J E. (eds.) Wetland Functions and Values: The State of our Understanding. Minneapolis, MN: American Water Resources Association: 377-388

Oberdorff T, Guégan J F, Hugueny B. 1995. Global scale patterns of fish species richness in rivers. Ecography, 18: 345-352

O'Brien E M. 1993. Climatic gradients in woody plant species richness: towards an explanation based on an analysis of southern Africa's woody flora. J Biogeogr, 20: 181-198

Odum E P. 1953. Fundamentals of ecology. Philadelphia: Saunders

Odum E P. 1969. The strategy of ecosystem development. Science, 164: 262-270

Odum E P. 1971. Fundamentals of ecology (3rd). Philadelphia, London: Saunders

Odum E P, Barrett G W. 2005. Fundamentals of Ecology (5th). Belmont: Thomson Brooks/Cole

Odum H T. 1983. Systems Ecology: an Introduction. New York: John Wiley and Sons

Ohga I. 1923. On the longevity of seeds of *Nelumbo nucifera*. Bot Mag, 37: 87-95

Oliver M J, Petrov D, Ackerly D, et al. 2007. The mode and tempo of genome size evolution in eukaryotes. Genome Res, 17: 594-601

Olmo E, Morescalchi A. 1975. Evolution of the genome and cell sizes in salamanders. Experientia, 31: 804-806

Olmo E, Morescalchi A. 1978. Genome and cell size in frogs: a comparison with salamanders. Experientia, 34: 44-46

Orr M R, Seike S H, Benson W W, et al. 1995. Flies suppress fire ants. Nature, 373: 292-293

Osborn A M, Smith C J. 2005. Molecular Microbial Ecology. New York: Taylor & Francis

Ott K, Döring R. 2004. Theorie und Praxis starker Nachhaltigkeit. Marburg, Germany: Metropolis

Packham J R, Harding D J L, Hilton G M, et al. 1992. Functional Ecology of Woodlands and Forests. London: Chapman and Hall

Paine R T. 1969. A note on trophic complexity and community stability. Am Nat, 103: 91-93

Parenti L R, Ebach M C. 2009. Comparative Biogeography: Discovering and Classifying Biogeographical Patterns of a Dynamic Earth. University of California Press

Paterson H. 2005. The competitive Darwin. Paleobiology, 31: 56-76

Patterson B D, Stotz D F, Solari S, et al. 1998. Contrasting patterns of elevational zonation for birds and mammals in the Andes of southeastern Peru. J Biogeogr, 25: 593-607

Paul E A. 2007. Soil Microbiology, Ecology, and Biochemistry (3rd). Elsevier

Pearl R. 1925. The Biology of Population Growth. New York: A. A. Knopf

Pearl R. 1928. The Rate of Living. New York: A. A. Knopf

Pearl R, Reed L. 1920. On the rate of growth of the population of the United States since 1790 and its mathematical representation. Proc Nat Acad Sci, 6: 275-288

Perrins C M, Birkhead T R. 1983. Avian Ecology. Glasgow: Blackie & Son

Perrings C A. 2006. Resilience and sustainable development. Environ Develop Econ, 11: 417-427

Peters R H. 1983. The ecological implications of body size. Cambridge, UK: Cambridge University Press

Peterson G, Allen C R, Holling C S. 1998. Ecological resilience, biodiversity, and scale. Ecosystems, 1: 6-18

Petit-Maire N. 1984. Le Sahara, de la steppe au désert. Recherche, 15: 1372-1382

Petrides G A. 1968. Problems in species introductions. IUCN Hull, 2: 70-71

Pianka E R. 1974a. Evolutionary Ecology. New York: Harper and Row

Pianka E R. 1974b. Niche overlap and diffuse competition. Proc Nat Acad Sci, 71: 2141-2145

Pianka E R. 1978. Evolutionary Ecology (2nd). New York: Harper and Row

Pickett S T A, Cadenasso M L, Grove J M. 2004. Resilient cities: meaning, models, and metaphor for integrating the ecological, socioeconomic, and planning realms. Landscape Urban Plan, 69: 369-384

Pielou E C. 1977. Mathematical Ecology. New York: Wiley

Pierce B J. 2005. Genetics-a Conceptual Approach. New York: Freeman

Pimm S L. 1984. The complexity and stability of ecosystems. Nature, 307: 321-326

Pimm S L. 1991. The Balance of Nature. Chicago, Illinois, USA: University of Chicago Press

Pisek A, Larcher W, Vegis A, et al. 1973. The normal temperature range. In: Precht H, Christopherson J, Hense H, et al. (eds.) Temperature and Life. Berlin: Springer-Verlag: 102-194

Pitcher T J, Hart P J B. 1982. Fisheries Ecology. London: Chapman & Hall

Poinar Jr G, Poinar R. 2008. What Bugged the Dinosaurs? Insects, Disease, and Death in the Cretaceous. Princeton and Oxiford: Princeton University Press

Poole R W. 1974. An Introduction to Quantitative Ecology. Tokyo: McGraw-Hill

Porter S D, Savignano D A. 1990. Invasion of polygyne fire ants decimates native ants and disrupts arthropod community. Ecology, 71: 2095-2116

Power M E, Tilman D, Estes J A, et al. 1996. Challenges in the quest for keystones. BioScience, 46: 609-620

Prins H H T, van Langevelde F. 2008. Resource Ecology-Spatial and Temporal Dynamics of Foraging. The Netherlands: Springer

Purves W K, Sadava D, Orians G H, et al. 2003. Life: The Science of Biology (7th). Sinauer Associates and W. H. Freeman

Radosevich S R, Holt J S. 1984. Weed Ecology, Implications for Vegetation Management. New York: Wiley

Radzicka A, Wolfenden R. 1995. A proficient enzyme. Science, 267 (5194): 90-93

Raffaelli D, Hawkins S. 1996. Intertidal ecology. London: Chapman & Hall

Ramaley R. 1940. The growth of a science. University of Colorado Studies, General Series A, 26: 3-14

Rambler M B, Margulis L, Fester R. 1989. Global Ecology: Towards a Science of the Biosphere. New York: Academic Press

Randall D A, Wood R A, Bony S, et al. 2007. Cilmate Models and Their Evaluation. In: Solomon S, Qin D, Manning M, et al. (eds.) Climate Change 2007: The Physical Science Basis. Contribution of Working Group I to the Fourth Assessment Report of the Intergovernmental Panel on Climate Change Cambridge, United Kingdom: Cambridge University Press

Raven P, Johnson G. 2002. Biology (6th). New York: McGraw Hill

Raven P H, Evert R F, Eichhorn S E. 1992. Biology of Plants (5th). New York: Worth Publishers

Raup D M. 1994. The role of extinction in evolution. Proc Natl Acad Sci USA, 91: 6758-6763

Reece J B, Urry L A, Cain M L, et al. 2012. Campbell Biology (7th). Benjamin/Cummings Publishing Company

Renner S S, Ricklefs R E. 1995. Dioecy and its correlates in the flowering plants. Am J Bot, 82: 596-606

Resetarits W J, Bernardo J. 2001. Experimental Ecology: Issues and Perspectives. Oxford, UK: Oxford University Press

Ricker W E. 1979. Growth rates and models. In: Hoar W S, Randall D J, Brett J R. Fish Physiology. New York: Academic Press: 677-743

Ricklefs R E. 1990. Ecology (2nd). New York: Freeman W H.

Rittmeyer E N, Allison A, Gründler M C, et al. 2012. Ecological guild evolution and the discovery of the world's smallest vertebrate. PLoS ONE, 7(1): doi: 10. 1371

Roach J C, Glusman G, Smit A F A, et al. 2010. Analysis of genetic inheritance in a family quartet by whole-genome sequencing. Science, 328: 636-639

Rodrigues J L M, Duffy M A, Tessier A J, et al. 2008. Phylogenetic characterization and prevalence of "*Spirobacillus cienkowskii*", a red-pigmented, spiral-shaped bacterial pathogen of freshwater Daphnia species. Appl. Environ. Microbiol, 74: 1575~1582

Rodrguez M Á, Olalla-Tárraga M Á, Hawkins B A. 2008. Bergmann's rule and the geography of mammal body size in the Western Hemisphere. Global Ecol. Biogeogr, 17: 274-283

Rogers R G, Hummer R A, Krueger P M. 2005. Adult Mortality. In: Poston D L, Micklin M. (eds.) Handbook of Population. New York: Kluwer Academic/Plenum Publishers: 283-310

Rosenzweig M L. 1992. Species diversity gradients: we know more and less than we thought. J Mammal, 73: 715-730

Roth G, Dicke U. 2005. Evolution of the brain and intelligence. Trends Cognit, Sci. 9: 250-257

Roy K, Jablonski D, Valentine J W, et al. 1998. Marine latitudinal diversity gradients: tests of causal hypotheses. Proc Natl Acad Sci USA, 95: 3699-3702

Sanders N J. 2002. Elevational gradients in ant species richness: area, geometry, and Rapoport's rule. Ecography, 25: 27-32

Sarmiento G. 1984. The Ecology of Neotropical Savannas. Cambridge: Harvard University Press

Scheffer M. 1990. Multiplicity of stable states in freshwater systems. Hydrobiologia, 200/201: 475-486

Scheffer M. 2001. Alternative attractors of shallow lakes. Sci World, 1: 254-263

Scheffer M. 2004. Ecology of shallow lakes. The Netherlands: Kluwer Academic Publishers

Scheffer M, Carpenter S. 2003. Catastrophic regime shifts in ecosystems: linking theory to observation. Trends Ecol Evol, 18: 648-656

Scheffer M, Carpenter S, Foley J A, et al. 2001. Catastrophic shifts in ecosystems. Nature, 413: 591-596

Schidlowski M. 1988. A 3800-million-year isotopic record of life from carbon in sedimentary rocks. Nature, 333: 313-318

Schoener T W. 1968. Sizes of feeding territories among birds. Ecology, 49: 123-141

Schulze E D, Beck E, Müller-Hohenstein K. 2005. Plant Ecology. Springer Berlin Heidelberg

Schurko A M, Neiman M, Logsdon Jr J M. 2008. Signs of sex: what we know and how we know it. Trends Ecol Evol, 24: 208-217

Schwarz A, Jax K. 2011. Etymology and Original Sources of the Term "ecology". In: Schwarz A, Jax K.

(eds.) Ecology Revisited, Reflecting on Concepts, Advancing Science. Springer: 145-148

Selleck G W. 1960. The climax concept. Bot Rev, 26: 534-545

Shen-Miller J, Mudgett M B, Schopf J W, et al. 1995. Exceptional seed longevity and robust growth: ancient sacred lotus from China. Am. J Bot, 82: 1367-1380

Shettleworth S J. 2010. Cognition, Evolution, and Behavior(2nd). Oxford: Oxford University Press

Sibly R M, Brown J H, Kodric-Brown A. 2012. Metabolic Ecology, A Scaling Approach. Oxford, UK: Wiley-Blackwell

Slansky F, Rodriguez J G. 1987. Nutritional Ecology of Lnsects, Mites, Spiders and Related Invertebrates. New York: Wiley

Smithsonian National Zoological Park. 2011. Animal Records. http: //nationalzoo. si. edu/animals/animalrecords/default. cfm

Snodgrass R E. 1930. Insects, Their Ways and Means of Living. New York: Smithsonian Institution Series, Inc.

Sondheimer E, Simeone J B. 1970. Chemical Ecology. NY: Academic Press

Southwick C H. 1976. Ecology and the Quality of Our Environment. New York: Van Nostrand Company

Southwood T R E, May R M, Sugihara G S. 2006. Observations of related ecological exponents. P Natl Acad Sci USA, 103: 6931-6933

Sparrow A H, Miksche J P. 1961. Correlation of nuclear volume and DNA content with higher plant tolerance to chronic radiation. Science, 134: 282-283

Spedding C R W. 1971. Grassland Ecology. Oxford: Clarendon Press

Speight M R, Hunter M D, Watt A D. 1999. Ecology of Insects: Concepts and Applications. Oxford: Blackwell Science

Spurr S H, Barnes B V. 1973. Forest Ecology(2nd). New York: Roland Press

Stadler L J. 1928. Mutations in barley induced by X-rays and radium. Science, 68: 186-187

Stanley S M. 1973. An explanation for Cope's rule. Evolution, 27: 1-26

Stehli F G, Douglas R G, Newell N D. 1969. Generation and maintenance of gradients in taxonomic diversity. Science, 164: 947-949

Steinberg C E W. 2011. Stress Ecology-Environmental Stress as Ecological Driving Force and Key Player in Evolution. Dordrecht: Springer

Stenseth N C, Falck W, Bjørnstad O N, et al. 1997. Population regulation in snowshoe hare and the Canadian lynx: asymmetric food web configurations between hare and lynx. P Natl Acad Sci USA, 94: 5147-5152

Stork N E. 1997. Measuring Global Biodiversity and Its Decline. In: Reaka Kudla M L, Wilson D E, Wilson E O. (eds.)Biodiversity II, Understanding and Protecting Our Biological Resources. Washington D C: Joseph Henry Press: 41-68

Striedter G F. 2005. Principles of Brain Evolution. Sunderland, MA: Sinauer Associates

Stroyan H G. 1997. Aphid(8th). New York: McGraw-Hill Encyclopedia of Science and Technology

Suding K N, Gross K L, Houseman G R. 2004. Alternative states and positive feedbacks in restoration ecology. Trends Ecol Evol 19: 46-53

Sutton W S. 1903. The chromosomes in heredity. Biol Bull, 4: 231-251

Svavarsson J, Strömberg J O, Brattegard T. 1993. The deep-sea asellote(Isopoda, Crustacea) fauna of the Northern Seas: species composition, distributional patterns and origin. J Biogeogr, 20: 537-555

Swift M J, Heal O W, Anderson J M. 1979. Decomposition in Terrestrial Ecosystems. Oxford: Blackwell

Scientific Publications

Tansley A. G. 1935. The use and abuse of vegetational concepts and terms. Ecology, 16: 284-307

Tansley A G. 1939. The British Islands and Their Vegetation. Cambridge University Press

Taylor W P. 1936. What is ecology and what good is it. Ecology, 17: 333-346

Terborgh J. 1986. Keystone Plant Resources in the Tropical Forest. In: Soulé M E. (ed.) Conservation Biology: the Science of Scarcity and Diversity. Sunderland (UK): Sinauer: 330-344

The World Conservation Union. 2010. IUCN Red List of Threatened Species. Summary Statistics for Globally Threatened Species.

Thompson G R, Turk J. 1998. Introduction to Physical Geology. Saunders College Publications

Thompson S D. 1987. Body size, duration of parental care, and the intrinsic rate of natural increase in eutherian and metatherian mammals. Oecologia, 71: 201-209

Thoreau H D. 1860. Succession of Forest Trees. Mass. Board Agric. Report VIII

Thornley J H M. 2008. Interesting Simple Dynamic Growth Models. In: France J, Kebreab E. (eds.) Mathematical Modelling in Animal Nutrition. London of UK: CAB International: 89-120

Tice M M, Lowe D R. 2004. Photosynthetic microbial mats in the 3416-Myr-old ocean. Nature, 431: 549-552

Tilman D, Edin D. 1991. Plant traits and resource reduction for five grasses growing on a nitrogen gradient. Ecology, 72: 685-700

Tilman D, Kareiva P. 1997. Spatial Ecology, The Role of Space in Population Dynamics and Interspecific Interactions. Princeton: Princeton University Press

Tokeshi M. 1993. Species abundance patterns and community structure. Adv Ecol Res, 24: 112-186

Townsend C R, Calow P. 1981. Physiological Ecology: an Evolutionary Approach to Resource Use. Oxford: Blackwell Scientific Publishers

Tundisi J G, Straškraba M. 1999. Theoretical Reservoir Ecology and Its Applications. International Institute of Ecology, Brazilian Academy of Sciences and Backhuys Publishers

Turner F B, Jennrich R I, Weintraub J D. 1969. Home range and body size of lizards. Ecology, 50: 1076-1081

Utida S. 1957. Cyclic fluctuations of population density intrinsic to the host-parasite system. Ecology, 38: 442-449

van der Maarel E. 1988. Vegetation dynamics: patterns in time and space. Vegetatio, 77: 7-19

van der Maarel E. 1996. Pattern and process in the plant community: Fifty years after A. S. Watt. J Veget Sci, 7: 19-28

van der Maarel E. 2005. Vegetation Ecology. USA: Blackwell Publishing

van der Maarel E. 2009. Vegetation Ecology. Oxford, UK: Blackwell Science

van der Valk A G. 2006. The Biology of Freshwater Wetlands. Oxford: Oxford University Press

van Emden H F, Bashford M A. 1969. A comparison of the reproduction of *Brevicoryne brassicae* and *Myzus persicae* in relation to soluble nitrogen concentration and leaf age (leaf position) in the brussels sprout plant. Entomol Exp Appl, 12: 351-364

van Nes E H, Scheffer M. 2007. Source slow recovery from perturbations as a generic indicator of a nearby catastrophic shift. Am Nat, 169: 738-747

Van't Hof J, Sparrow A H. 1963. A relationship between DNA content, nuclear volume, and minimum mitotic cycle time. Proc Natl Acad Sci USA, 49: 897-902

Vareschi V. 1980. Vegetationsökologie der Tropen. Stuttgart: Ulmer

Vera F W M. 2000. Grazing Ecology and Forest History. UK: CABI Publishing

Verhulst P F. 1938. Notice sur la loi que la population suit dans son accroissement. Corresp Math Phys, 10: 113-121

Verhulst P F. 1845. Recherches mathématiques sur la loi d' accroissement de la population. Nouv. mém. de l' Academie Royale des Sci. et Belles-Lettres de Bruxelles, 18: 1-41

Verma P S, Agarwal V K. 2005. Cell Biology, Genetics, Molecular Biology, Evolution and Ecology. Ram Nagar, New Delhi: S. Chand & Company Ltd.

Vernadsky V I. 1926. Biosfera. Leningrad: Nauchoe Khimikoteknicheskoe Izdatelstvo: 150

Vogler D W, Kalisz S. 2001. Sex among the flowers: the distribution of plant mating systems. Evolution, 55: 202-204

Volterra V. 1926. Fluctuations in the abundance of a species considered mathematically. Nature, 118: 558-560

von Bertalanffy L. 1938. A quantitative theory of organic growth. Human Biology, 10: 181-213

von Humboldt A. 1805. Essai sur la Géographie des Plantes Accompagné d' un Tableau Physique des Régions Équinoxiales. New York: Arno Press

Voorhees D W. 1983. Concise Dictionary of American Science. New York: Scribner

Wagner W L, Weller S G, Sakai A. 2005. Monograph of Schiedea (Caryophyllaceae- Alsinoideae). Syst Bot Monogr, 72: 1-169

Walker B. 1992. Biological diversity and ecological redundancy. Conserv. Biol, 6: 18-23

Walker B. 1995. Conserving biological diversity through ecosystem resilience. Conserv Biol, 9: 747-752

Walker B, Carpenter S, Anderies J, et al. 2002. Resilience management in social-ecological systems: a working hypothesis for a participatory approach. Ecol Society, 6: 14

Walker B, Gunderson L, Kinzig A, et al. 2006. A handful of heuristics and some propositions for understanding resilience in social-ecological systems. Ecol Society, 11: 13

Walker B, Holling C S, Carpenter S R, et al. 2004. Resilience, adaptability and transformability in social-ecological systems. Ecol Society, 9: 5 [online] URL: http: //WWW. ecologyandsociety. org/vol11/iss1/art13

Walker L R, Moral R D. 2003. Primary Succession and Ecosystem Rehabilitation. Cambridge: Cambridge University Press

Walter H. 1984. Vegetationszonen und Klima. (5th). Stuttgart: Verlag Eugen Ulmer

Walter H. 1985. Vegetation of the Earth and Ecological Systems of the Geobiosphere. (3rd) New York: Springer-Verlag

Walter H, Breckle S W. 1984. Spezielle Ökologie Der Tropischen Und Subtropischen Zonen. Stuttgart: G Fischer

Warming E. 1895. Plantesamfund-Grundtræk af den økologiske Plantegeografi. Kjøbenhavn: P. G. Philipsens Forlag: 335

Watson J D, Crick F H C. 1953. A structure for deoxyribose nucleic acid. Nature, 171: 737-738

Weismann A. 1889. The significance of sexual reproduction in the theory of natural selection. In: Poulton E B, Schönland S, Shipley A E. (eds.) Essays upon Heredity and Kindred Biological Problems. vol I. Oxford: Clarendon Press: 255-332

Weismann A. 1892. Amphimixis or the essential meaning of conjugation and sexual reproduction. In: Poulton E B, Schönland S, Shipley A E. Essays upon Heredity and Kindred Biological Problems. vol II. Oxford: Clarendon Press: 101-222

Weller S G, Donghue M J, Charlesworth D. 1995. The evolution of self-incompatibility in the following plants: a phylogenetic approach. *In*: Goch P C, Stephenson A G. (eds.) Experimental and Molecular Approaches to Plant Biosytematics. Louis: Missouri Botanic Garden: 355-382

Whittaker R H. 1953. A consideration of climax theory: the climax as a population and pattern. Ecol Monog, 28: 41-78

Whitton B A. 1975. River Ecology. Oxford: Blackwell

Wieder R K, Novák M, Schell W R, et al. 1994. Rates of peat accumulation over the past 200 years in five *Sphagnum*-dominated peatlands in the United States. J Paleolimnol, 12: 35-47

Wilkins A K, Holliday R. 2009. The evolution of meiosis from mitosis. Genetics, 181: 3-12

Wilkinson D M. 2007. Fundamental Processes in Ecology, An Earth Systems Approach. Oxford: Oxford University Press

Williams R J, Duff G A, Bowman D M J S, et al. 1996. Variation in the composition and structure of tropical savannas as a function of rainfall and soil texture along a large-scale climatic gradient in the NT, Australia. J Biogeogr, 23: 747-756

Williams R J P, Fraústo da Silva J J R. 2006. The Chemistry of Evolution, the Development of our Ecosystem. Elsevier

Willis A J. 1997. The ecosystem: an evolving concept viewed historically. Function. Ecol, 11: 268-271

Willmer P. 2011. Pollination and Floral Ecology. Princeton, UK: Princeton University Press

Wilson J B, Agnew A D Q. 1992. Positive feedback switches in plant communities. Adv Ecol Res, 23: 263-336

Wimberley E T. 2009. Nested Ecology: The Place of Humans in the Ecological Hierarchy. Baltimore, Maryland, USA: The Johns Hopkins University Press

Wood P J, Hannah D M, Sadler J P. 2007. Hydroecology and Ecohydrology: Past, Present and Future. John Wiley & Sons, Ltd

Woodbury A M. 1954. Principles of General Ecology. New York: Blakiston

Woodward F I. 1987. Climate and Plant Distribution. Cambridge, UK: Cambridge University Press

Wootton R J. 1992. Fish Ecology. Glasgow: Blackie & Son Ltd.

Wright H A, Bailey A W. 1982. Fire Ecology, United States and Southern Canada. New York: John Wiley & Sons

Wyatt R. 1983. Pollinator-Plant Interactions and the Evolution of Breeding Systems. *In*: Real L. (ed.) Pollination Biology. Orlando: Academic Press: 51-59

Xu X, Zhao Q, Norell M, et al. 2009. A new feathered maniraptoran dinosaur fossil that fills a morphological gap in avian origin. Chin Sci Bull, 54: 430-435

Young L J, Young K J H. 1998. Statistical Ecology, A Population Perspective. MA, USA: Kluwver Academic Publishers

Zahnle K, Arndt N, Cockell C, et al. 2007. Emergence of a habitable planet. Space Sci Rev, 24: 35-78

Zahnle K J. 2006. Earth's earliest atmosphere. Elements, 2: 217-222

Zimmer C. 2009. On the origin of sexual reproduction. Science, 324: 1254-1256

章节英文概要
(English Chapter Summary)

Chapter 1 Seeking the Roots of Ecology: Its Early History and Diversification

This chapter gives a brief introduction to the concept, and early history of ecology. The term "Oecologie" was coined by the German zoologist Ernst Haeckel in 1859. He defined ecology as a science of the whole relations of organisms to their surrounding world. It is a very flexible, somewhat vague but also quite classic concept (even today it is still widely used). By this definition, ecology embraces all the experiences and interactions organisms have had. Afterwards, ecology has been defined in a variety of ways, by a variety of people, from a variety of disciplines. Meanwhile, the change of the definition reflects the growing understanding of this field of study, i. e., from individual to population, community, and ecosystem, from short responses to long-term changes, and from simple elements to structure and functions of complex ecosystems.

It is a challenging task to trace the origin of ecology or to know who established it. Ecology has undergone a series of developments, and it is no doubt that ecological thought is a historical product of human evolution and civilization. The most primitive form may be the instinctive ecological sense in the era of hunting and fishing. This was followed by the hazy ecological consciousness in the early period of human civilization. Eventually, a systematic ecological science emerged in the modern scientific era.

Scientific ecology is a developmental product of natural history, one branch of which later developed into evolutionary biology. Darwin could be a founder of ecology as there were numerous "ecological" descriptions in his classic book "The Origin of Species", although he never used the term "ecology". In the early period of ecology, scientists also coined several important ecological concepts, such as "biosphere", "biocenosis", "biogeography", "niche", "food chain" and "ecosystem", which are still in widespread academic use today.

Ecology has diverged into a variety of branches. Why are there so many different kinds of ecology? Unquestionably, this is due to the great diversity of its subjects: millions of species, numerous inter- and intraspecific interactions, extremely variable habitats or environments, etc. Unfortunately, though the roots of scientific ecology can be traced back to Darwin's evolutionary biology, ecology later directed its way that is independent of evolutionary biology or indulging in self-admiration.

Chapter 2   Perspectives on the Principles of Organism Design from the Size Scales of Life

The living world is fascinating and complex, as there are millions of species living together on earth, with a great variety of sizes, shapes and colors. How did life grow in size from bacteria to blue whale? How are these organisms designed biologically or ecologically? These are important for understanding the existent (also evolutionary) patterns of various organisms. They are the key issues of this chapter.

An organism is characterized by a series of traits that are biological (e. g. generation time, growth rate, feeding rate and metabolic rate) or ecological (e. g. movement speed, intrinsic rate of population growth, population density, range of activity, species richness). Macroscopically, it is accurate, to some extent, nature has designed these traits along the size scale of of life. In other words, the functionally characterized traits of an organism are a product of macro-evolution, reflecting the complex interactions between its continuous adaptation to the environments and ceaseless natural selection by external forces. Of course, such processes are necessarily based on the design principles along the size scale of life.

In general, there is an evolutionary tendency towards greater genetic complexity and greater diversity of body types (particularly body size) in many linkages. Of course, such evolutionary processes have been shaped by various external forces, e. g. the abiotic climatic conditions and/or the biotic interspecific interactions. In this sense, characteristics of life are the evolutionary products of directional selection under certain survival circumstances. In other words, the size scale of life has basically set up a species' ecological (r- or K-) strategy, which is relevant to the understanding of both species evolution and successful ecosystem management. The size scale of life also determines the reproductive strategy of a species.

Chapter 3 Perspectives on the Operation of Life Systems from Dynamic Models

Dynamics is an essential characteristic of all life processes in various living systems (or at different levels). But how to quantitatively describe the dynamic behaviors of these life processes? Can we integrate different models? This is what I try to explore in this chapter.

It is a fundamental characteristic that all living systems on earth have been organized into an inclusively and interconnectively structured bio-system: cell→tissue→organ→individual→population→community→ecosystem→biosphere. It is an open self-organizing system interlaced with abiotic environments. In such system, various biotic components are interconnected by numerous complex processes as well as flows of information, energy and matter.

The commonly studied life-process models include those for enzymatic reactions, metabolic rate of organisms, individual growth and population dynamics. Firstly, it is interesting to note that rates of enzymatic reactions can be astonishingly high, e. g. , enzymes can catalyze up to several million reactions per second! This is undoubtedly an important biochemical force to support a gorgeous living world on the earth!

Regression models are widely used to study relations between metabolic rate and other factors. The mass-specific rate of metabolism is related negatively with body mass, but positively with temperature. Metabolic cost is the highest in endotherms, but the lowest in plants and algae.

S-curve models are frequently used to describe the dynamics of individual and population growths. Generally, von Bertalanffy model is used for individual growth, while Logistic model for population growth. Both models are similar to each other, i. e. , in terms of trajectory, growth in both models starts exponentially, but ends finally at saturation.

Survival curve is a graph showing the proportion of a population living after a given age. A change in surviving curve can also significantly affect population dynamics (e. g. in humans), suggesting a possible direction for some species to increase their survival rates (K-strategy) in the ecological process of evolution.

Nature has provided biosystems at different organizational levels with quite unique (or relatively independent) tempos, dynamics, and rhythms, although it has designed an inclusively and interconnectively structured bio-system. Unfortunately, at least until now, no one has succeeded in integrating these particular models into a synthesized one suitable for the whole bio-system.

Chapter 4 Perspectives on the Behaviors of Ecosystems from Stability, Resilience and Regimes Shift

Despite the importance of developing quantitative models for life processes, such models are usually less applicable in ecological practice, largely due to the unexpected complexity, non-linear interactions, as well as the numerous feedback mechanisms in the ecosystems. Therefore, in recent decades, qualitative or semi-quantitative conceptual models were also developed to understand trends of ecological processes. Several principle concepts are mentioned in this chapter.

Stability, resilience and regime shift have been widely used to describe the states or behaviors of various ecosystems. They were attempted to support the ecosystem management strategy of humans. For example, to restore a damaged ecosystem, it is of practical importance to artificially decrease hysteresis. However, such studies focused almost only on ecological processes at short or medium time scales.

Why can not we use the theory of multiple steady states to study biological phenomena at a longer time scale? For example, vegetational successions (primary or secondary) can be taken as a kind of regime shift between different plant communities (steady states). Also, at an evolutionary time scale, quantitative accumulation of minor variations may eventually lead to emergence of a new species. In terms of system behavior, this looks like a transition from quantitative to qualitative changes. Therefore, it seems interesting to extend the concepts of stability, resilience and regime shift into the fields of vegetational successions and evolutionary biology.

Of course, it would be more difficult to describe dynamics of ecological processes at a geological time scale. First, geological movements are almost unpredictable, unrepeatable and quite random. Second, temporal scales are proportionally related to spatial scales. Therefore, geo-ecological processes are inevitably affected or controlled by the very complex and unpredictable historical climatic patterns and geological processes.

Even so, it is still of importance to comparatively view the states, behaviors and dynamics of various life systems at multiple scales, and to integrate the dynamic interactions of various life systems at different temporal and spatial scales.

With this, we may able to understand the principles underlying the operations and evolution of the whole life systems on the earth.

Chapter 5　Geographic Patterns of Vegetation: the Ecological Principles for the Design of Plant Communities

Green plants are the sources of all life on earth. Botanists coined a series of names to describe an assemblage of plants living in a certain space: plant community, life form, vegetation, biome, flora, and so on. They are interconnective concepts. The term vegetation refers to the ground cover provided by plants, and it is understandable to the non-botanists as its classification is based on physiognomic characters. The term biome refers to the major regional patterns of plant (as well as animal) assemblages discernible at a geographic or even global scale. The purposes of this chapter are to review geographic patterns of vegetation and to discuss how plant communities are designed ecologically.

There are various types of vegetations, e. g. tundra, temperate broadleaf and mixed forest, temperate steppe, subtropical rainforest, Mediterranean, tropical and subtropical moist broadleaf forests, desert, dry shrubland, dry steppe, grass savanna, tropical and subtropical dry forest, tropical rainforest, alpine tundra, and montane forests. A large number of evidences indicate that there is certain predictability of vegetational characteristics at regional and global scales.

The current geographic patterns of vegetation are not only a reflection of the present climatic (mainly temperature and precipitation) patterns, but also a product of interactions between climatic changes and life systems in the long evolutionary history or geological processes. The intrinsic relations between climatic and geographic vegetational patterns also suggest that evolutionary and distributional patterns of species as well as communities could have not been so random, i. e. , they have been generally determined by patterns and histories of regional climates. Of course, these processes were inevitably accompanied with or affected by some local or transient randomness.

In conclusion, at a geographic scale, climates have almost completely shaped or determined the large spatial pattern of vegetation. This is particularly important for evolutionary biology, as it has, to a great extent, affected or determined the evolutionary directions as well as the basic patterns of populations, communities and ecosystems, although necessarily based on certain background characteristics in bio-geological history.

Chapter 6　Vegetational Succession: an End-Result Reaction of Plants to Their Surviving Trajectories during Geological History

Succession, a key concept in the early period of ecology, is used to explain the mechanisms for the phenomenon or process by which a plant community undergoes orderly and directional changes or replacement. This chapter describes various types of successions, and it certainly is an example-filled chapter.

It is often debated whether succession is directional or whether its trajectory is predictable. It is likely that if we disregard temporal and spatial scales, all these debates will be meaningless. This is because modality and trajectory of the succession are closely related to temporal and spatial scales. In general, vegetational succession very likely tends to approach a regional climatic climax at a short or medium temporal scale. On a geological time scale, however, it is difficult to find regular or accurate cyclic patterns of species replacements.

The dynamic characteristics of succession are also dependent on temporal and spatial scales. With increasing temporal and spatial scales, vegetational succession tends to progress from determinacy and reversibility to randomicity and irreversibility. Such irreversibility of vegetational succession at geological scale was in well agreement with the historic fact that almost all species became extinct in each of the five major extinction events, as evidenced by fossils.

Therefore, vegetational succession is essentially a climate-dependent or end-result reaction or response of plants to their surviving trajectories at various periods of geologic history. However, these processes were also significantly affected by evolutionary randomness as well as mass extinction events.

Succession is a dynamic evidence for the important role of climates in shaping geographical vegetational patterns, macro-evolution of plant community as well as speciation and extinction of various plants. Such macro processes also strongly influence the biological/ecological/reproductive characteristics or strategies of many plant species. In other words, succession can be a best evidence for directional macro-evolution.

Chapter 7 Geographic Patterns of Biodiversity: the Ecological Principles for the Design of Species

Species is a basic unit for survival, reproduction and evolution, and the currently known number of species has been over 1.7 million. However, the distribution of species is not uniform geographically. This chapter is aimed to describe geographic patterns of species richness in relation to major environmental factors. The purpose is to understand how biodiversity has been designed ecologically at a geographic scale.

It is important to know why there are so many different species on earth or how species were created. There have been a variety of theories on the mechanisms of speciation. Lamarck emphasized the importance of use and disuse, and inheritance of acquired traits, imagining a mysterious "tendency to perfection". Darwin believed that new species came about accumulative processes of random variation and natural selection (caused by struggles for existence). While, some scientists recommended saltational speciation, a process by which species rapidly diverges into more than one species, due to chromosome mutation, and genetic and physical isolation.

Unfortunately, all these theories focused more on micro-processes rather than macro-processes of speciation. On a macroscopic view, however, species is more likely a historical product of regional ecological processes despite the presence of randomness in speciation. It is only by regional ecological processes that an ultimate geographic pattern of species diversity could be formed.

From an ecological viewpoint, species richness to a great extent is a natural product of rain and heat. In other words, distributional patterns of rain and heat have basically shaped the macro (or geographical) patterns of species diversity. For instance, tropical rain forests are located in the hottest and wettest regions where there are highest primary productivity and fastest speciation, and consequently richest species diversity. The geographical patterns of species diversity have been continuously sculptured by some key abiotic environmental factors (e.g., latitude, altitude and moisture). Therefore, they are the products of the complex interactions among ecological, evolutionary, geological and climatic processes.

Global climatic types affect macro-ecological processes (of course under the necessary control of micro-speciation mechanisms), and, consequently, they have not only determined the spatial distributions and successional modes of vegetation, but also shaped the geographical patterns of species diversity. This on one hand indicates the macro-direction in the evolution of species, and on the other hand suggests possible presence of quite different flora in the same region due to shift of climatic types between different geological periods. This very likely leaves us with a discontinuous impression of fossil distributions, and is even used as "reliable" evidences by paleobiologists to support their hypothesis of salutatory evolution.

Chapter 8 Evolution of Genomes: the Eco-Genetic Principles for the Design of Species

Genes are full of secrets and mysteries. Undoubtedly, they are at the core of all life processes, being the spirit of all living things. Genes are able to precisely control the growth, behavior, development and reproduction of all organisms. Such properties essentially distinguish the living world from the non-living world. Therefore, the evolution of life must have been reasonably based on the evolution of genomes. This chapter aims to review how various organisms undergo genome evolution so as to understand how species are designed eco-genetically.

Macroscopically, genomes tend to evolve from simple to complex in the processes of inheritance and evolutionary development. Genes are especially adept at creating new species mainly through repeated addition or modification of existing genes, eventually leading to the change of genome from simple and concise to luxurious and wasteful (plenty of 'junk' DNA). While, the increasing size and complication of genome will inevitably enlarge cell size, prolong cell division, and extend life span.

Gene is also changeable due to spontaneous or induced mutation. It is known that rates of spontaneous gene mutation are generally similar among eukaryotes. However, it is observed that plants with larger genomes are less tolerant to induced mutation of radiation.

To our surprise, the evolution and renewal of genes and species showed completely different trajectories and modes. During the Archaean (3 billion years ago), the ancient prokaryotes intensively undertook evolutionary innovation, and completed creation of a series of gene families that perform basic living activities such as life construction, energy use and adaptation to biosphere oxidation. It is only after this that Cambrian (0.5 billions ago) explosion in species diversity of eukaryotes could have occurred. Since Cambrian, plenty of duplicated genes and orphan genes have been gradually added into the eukaryotic genomes. The evolution of eukaryotic genomes reflects a unique mode of gene innovation: combination, deposition and repair of existing genes by sexual reproduction.

Chapter 9 From Existence to Evolution: An Overview on Reproduction of Various Organisms

Reproduction is an essential characteristic of all living creatures. It is the basis for survival, development and evolution of all species. This chapter overviews the existence and evolution of various reproductions in the major groups of organisms, especially from an ecological viewpoint. I particularly emphasize the relation between reproduction and dormancy.

Although over millions of species live together on earth, the ways of their reproductions can be broadly grouped into two basic types: asexual and sexual reproductions. Eukaryotes can undergo both asexual and sexual reproduction, but prokaryotes can only reproduce asexually. In asexual reproduction, offspring is produced from a single parent, and genetically will be an exact copy of the parent. It does not involve meiosis or fertilization. There are various types of asexual production: fission, budding, vegetative propagation, spore formation, fragmentation, parthenogenesis, etc.

In sexual reproduction, offspring is produced by combining the genetic material of two parents (male and female). It involves meiosis and fertilization. The simplest form of sexual reproduction is conjugation that involves the exchange of genetic material between two organisms of different mating type, e. g. through a bridge between the cytoplasms of two ciliate cells. This is a primitive type of sexual production, and is commonly observed in the unicellular ciliates. Syngamy is a more complex way in which two haploid gametes fuse permanently to produce a diploid zygote, and it can be iso, aniso and oogamy.

Unicellular organisms include both prokaryotes (e. g. bacteria, cyanobacteria) and eukaryotes (e. g. yeasts, many algae, protozoans). The unicellular eukaryotes reproduce asexually in most cases, but also occasionally perform sexual reproduction to produce dormant cells (e. g. akinetes in green algae) for overcoming unfavorable environments. This is very likely the first motive for sexual reproduction in eukaryotes. With the progress of evolution, sexual reproduction has tended to be fixed in the life cycles of many organisms. Overall, the unicellular organisms are a world dominated by asexuality.

Multicellular organisms include various plants and animals. Higher plants reproduce mostly sexually. In small moss, zygotes develop in the female gametagium that can provide effective protection for the embryo. Ferns (larger than moss in size) still rely on the use of small spores to spread populations while seed plants have greatly increased the ability of dormancy and resistance to unfavorable conditions. The forms of dormancy in higher plants evolved from small spores (in moss and ferns) to relatively large and hard seeds (in flowering plants). Overall, higher plants are a world dominated by sexuality.

Sexual reproduction in flowering plants has to rely on a variety of pollinators such as wind, water, insects, birds, and bats. Pollination is the process by which pollen is transferred to enable the fertilization of different gametes ($♀,♂$). Roughly, only 10% of flowering plants are pollinated without animal assistance. Coevolution of flowering plants with pollinating insects might have greatly speeded up the speciation of both.

There are several types of asexual reproduction in the lower invertebrates (fission, budding, fragmentation, parthenogenesis). In contrast to plants, hermaphroditism is extremely rare in animals, and only occasionally occurs in a few (mostly aquatic) invertebrates. In animals, there is usually a phenotypic difference between males and females of the same species (other than in the sex organs). This is called sexual dimorphism. Sexual dimorphism is seemingly more pronounced in higher animals than in lower animals. The primitive form of dormancy is resting eggs in some invertebrates. In birds and reptiles, eggs consist of protective eggshell. In mammals, the embryo develops inside the body of the mother, and egg dormancy is no longer needed.

Asexual (vegetative) reproduction is generally much more important for higher plants than for higher animals. It is a fast reproduction mode, and is quite common in aquatic vascular plants, especially in those invasive plants.

As prokaryotes can not reproduce sexually, how do they go to dormancy to overcome unfavorable conditions? Some bacteria can form a highly resistant, dormant structure called endospore, which is usually triggered by unfavorable conditions. Endospores can survive extreme environmental stresses, and may remain viable for millions of years. However endospore is not a true spore, as it is not an offspring. The filamentous cyanobacteria can also form a thick-walled, dormant cell called akinete that derives from the enlargement of a vegetative cell in the filament. Such akinete has become a normal structure of the filament, production of which no longer needs stimuli of environmental stresses. This is suggestive of primitive cellular differentiation and fixation of dormancy in filamentous multicellular cyanobacteria.

Chapter 10　The Why of "Sex": A Historical and Critical Review

"The why of sex" has been a puzzle to scientists for more than 150 years, from the eminent Darwin, Weismann, Fisher, Maynard Smith to many modern evolutionary biologists. They "truthfully" believed that sexuality is advantageous over asexuality. Until now, over 20 hypotheses have been proposed to support this. In spite of this, it still remains mysterious to biologists why reproduction mode shifted from asexuality to sexuality. This chapter gives a historical and critical review on the prevailing hypotheses regarding the why of sex. Especially, the complex sex systems of flowering plants cast doubt on the prevailing hypotheses, making me seriously reconsider the meaning of "sex".

There are several prevailing hypotheses that have been put forth to explain the why of sex: 1) sex makes it possible to get genetic recombination, 2) asexual species will eventually go extinct, 3) asexual reproduction could not effectively adapt to environmental changes, 4) sexual reproduction provides powerful defense against parasites and pathogens, 5) sex became mandatory due to preference of sexiness, and 6) sex pays a two-fold cost. It is my efforts to refute these hypotheses one by one so as to build correct knowledge.

At first glance, it seems very puzzling why sex systems of flowering plants are absolutely dominated by hermaphrodite. However, it seems reasonable for me to derive that if selfing had surely caused severe depression, there would have neither been so many self-pollination plants nor complete cleistogamy, and that if selfing was so harmful, it would have been not difficult for plants to completely eliminate hermaphrodite by natural selection or plants would have evolved towards complete dioecism.

However, what we are seeing in flowering plants are the extremely variable mating systems that might have been shaped by complex evolutionary interactions or forces. Why are there not only so many different combinations but also mostly hermaphrodite? Is not it perfectly clear that selective forces by cross-breeding are never strong? Rather, in my opinion, such mixed mating systems in flowering plants have well integrated different ecological strategies (r and K), perfectly reflecting the wisdom of nature.

Then, why is sex so widespread? Perhaps the genetic mysteries are hidden in the process of crossing over between homologous chromosomes in meiosis. However, the exchange of genetic information occurs never only in meiosis. Actually, sister chromatid exchanges (SCEs) also frequently occur during mitosis that is traditionally considered to be 'faithful'. The effects of SCEs are seemingly non-hereditary, while those of crossing over between homologous chromosomes can be hereditary, probably leading to significant genetic and evolutionary consequences. Perhaps this is the reason why little attention is given to SCEs.

A unisexual flower is a flower with only stamens or only pistils. It is astonishing that few flowering plants ($\sim 10\%$) have unisexual flowers. This makes me strongly believe that the so called "selfing or inbreeding depression" could have been just a surmise. In other words, at least, this has been greatly exaggerated, or may completely be a non-existent effect.

Chapter 11　Environment-Dependent Modes of Reproduction: New Theories on the Ecological Origin, Evolution and Eco-genetic Essence of "Sex"

I believe that no one will deny that creation and developments of life systems on the earth have been undertaken or driven by the complex interactions of genetic, ecological and evolutionary forces. It is also a fact that such interactions would not have existed if there were no (sexual) reproduction. Therefore, sexual reproduction could never only be a tiresome genetic game. It is an evolutionary quintessence of eco-genetic processes and interactions. If we do not believe this, we may never know the real origin and the why of "sex". For these reasons, in this chapter, I defined two new concepts, and proposed new theories on the ecological origin and eco-genetic essence of "sex". Take a step farther, I use these concepts and theories to explain the puzzling sex systems of flowering plants and the widespread occurrence of sex. This is the most important chapter in this book, so I extended the English summary of this chapter.

It is a well-known fact that heredity is the passing of traits to offspring from the parents, but this is only part of the picture. Ecologically, heredity is also an internal process by which organisms strive to adapt to their living environments, at both short- and long-time scales. Therefore, evolution is a historic process of the interaction between heredity and environmental adaptation. In this sense, reproduction appears to be a fundamental force shaping the development of life systems on the earth through the coevolution of heredity, ecology and evolution.

1. Modes of reproduction are strongly shaped by survival environments

Ecologically, millions of species can be broadly grouped into three functional groups: producer, decomposer, and consumer. They occupy two major types of habitats: lands and waters. Ecologically, morphology, physiology as well as modes of reproduction are all essentially dependent on the living environments of organisms.

(1) Decomposers

In contrary to the huge species number of plants (producers) and animals (consumers), the enormous niches of decomposition in various ecosystems are almost only occupied by a small number of prokaryotic species (mostly bacteria). Apparently, this is most likely due to a strong selective pressure for fast rates of decomposition and multiplication that require maximizing the ratio of surface area to volume. The fast asexual reproduction is just suitable for these microorganisms. This may explain why only small asexual bacteria can occupy the vast niches of decomposition.

(2) Primary producers

Keeping floating in surface water may be a key selective pressure for aquatic primary producers as light declines rapidly with depth, which inevitably favors the survival of those species with a large surface area to volume ratio. Of course, small size is also beneficial to absorption of dissolved nutrients in water (e.g. N, P, CO_2). These may explain why only very small planktonic algae completely occupy the niche of primary production in the vast ocean. These small algae consist of prokaryotes and eukaryotes, both of which reproduce only or mainly asexually. The single-celled eukaryotic algae only occasionally reproduce sexually to produce resistant dormant cell. However, on land, to maximize the use of sunlight, plant communities have to diverge or diversify vertically as much as possible. Well, evolution and diversification of various vascular plants with sexual reproduction just meet these ecological requirements.

(3) Consumers

Forces driving the evolution of animal reproduction seem different from that of plants. Trophic relations (grazing or predation) are likely more important for the evolution of animal reproduction. In water, small planktonic invertebrates are the most abundant primary consumers as only they are able to filter the very small phytoplankton. These invertebrates reproduce mainly asexually, with only occasional sexual reproduction to produce resting eggs. In spite of their small size, they are an essential link in the complex food web of the ocean. However, the situation on land is somewhat different: besides the many invertebrates (mainly insects) that are important primary consumers, large-sized herbivorous animals are also very common or even more important. Coevolution between prey and predator generally increase the sizes of both, while large animals reproduce almost only sexually, and ecologically are typical K-strategists.

In short, decomposers are a microscopic asexual world; for primary producers, planktonic algae reproduce mainly asexually, but higher plants reproduce mainly sexually, i. e. , asexuality dominates in water, but sexuality predominates on land; both terrestrial and aquatic consumers are a world dominated by sexuality. Ecologically, asexual organisms are small in size, and are representative or extreme r-strategists in general.

There is no doubt that the evolution of reproduction in various groups of organisms well reflects the harmony of their structures, functions and survival environments. It is almost meaningless to discuss the advantage of sexuality or the disadvantage of asexuality if we disregard the survival environments and the corresponding ecological functions of the organisms. This is why I believe that we will never get the right answer for the so called "advantages" of sexuality if only based on some genetic mechanisms.

2. Sex originated ecologically

Currently, no one knows with certainty where and how sex originated. Cellular or genetic hypotheses can depict imaginary micro-processes (i. e. , cellular or genetic details) of the possible origin of sexuality, but cannot explain the "why" of sex. So why can't we try a different approach for this? Chapter 9 gives a systematic review on the evolutionary histories of reproduction in various organisms, and from there I realize that ecologically, evolution of sex is likely more survival-oriented, instead of being only a so-called "advanced" reproductive mode. This greatly encouraged me to propose what I call the "Ecological Origin of Sex" as follows:

No one can deny the fact that successful survival is a necessary precondition for the existence of any species. It is very likely that primitive sex first emerged and then developed in a series of adaptive processes that allowed eukaryotic animals and plants to overcome unfavorable environmental conditions. Some lower plants and animals only occasionally have "sex" (i. e. , two haploid gametes fuse to produce a diploid zygote) for the purpose of producing dormant bodies (e. g. akinetes, resting eggs), which is likely the primitive motive of "sex". Subsequently, evolution of dormancy completely diverged between animals and plants, i. e. , higher plants, still "faithfully" along the direction of dormancy, evolved toward production of hard seeds to strengthen the ability of dormancy and protection for the offspring, while animals (especially mammals) evolved towards viviparity where fates of both mother and embryo were closely interwoven. As embryo develops inside the body of the mother, viviparity is also highly protective for offspring. In this way, mammals have completely abandoned the primitive resting eggs that are still commonly used for dormancy by lower animals. In other words, for mammals, sex is no longer for dormancy purpose, and the original motive for sex was totally discarded. No matter plants or animals, they all evolved towards fixation and consolidation of sexuality or even with sex being the only one. In an ecological sense, evolution of sexual reproduction was initiated and driven for production, fixation and consolidation of dormancy to overcome unfavorable environmental conditions. This is the ecological origin of sex.

It is likely that production of dormant cell is not a necessary and sufficient condition for sexual reproduction. For example, bacteria can form resistant endospore without sexual reproduction. For the ancient eukaryotes, the association between production of dormant cell and sexual reproduction might have been just an accident that is extraordinarily favored by natural selection and they hence spread throughout the world rapidly.

3. r-and K-reproductive strategies

Numerous facts indicate that reproductive strategy of a species is well interlaced with the ecological characteristics, and thus is an evolutionary product of its ecological strategy. I defined two concepts for two different reproductive strategies. Reproduction of all living things in nature can be divided into two basic types: asexual and sexual reproductions. These basically reflect two different reproductive strategies. Asexual reproduction, being ancient, simple and fast, dominates absolutely in small organisms (e. g. bacteria), and can be defined as a r-reproductive strategy. Sexual reproduction, being modern, complex and slow, originated from asexuality. It has become the only or main way to breed in higher plants and animals, and can be defined as a K-reproductive strategy.

How to distinguish the two strategies? Firstly, in terms of resources utilization, r-reproductive strategists are adept at utilizing resources quickly in local environments, but K-reproductive strategists tend to utilize resources at relatively stable levels in regional environments. Secondly, in terms of environmental tolerance, the r-reproductive strategists are likely more capable to survive in a wide fluctuation of abiotic environmental factors (e. g. climate), while K-reproductive strategists are likely more adaptive to relatively mild environments, especially to biotic interactions. Thirdly, sexual cost for reproduction is higher in K-strategy than in r-strategy, but it is reversed for survival, i. e., r-reproductive strategists seek for quantity of life, not caring about massive death, whereas K-reproductive strategists pursue quality of life, attempting to increase survival rate. Conclusively, r- and K-reproductive strategies are merely a reflection of relevant ecological strategies in reproductive characteristics.

4. Eco-Genetic Essence of Sexuality

Why is sex so dazzling? Or in other words, what is the essence of sexuality? If we do not understand the essence, and even if we have understood the detailed sexual process correctly, we may still never know the "why" of sex. Here, I propose what I call the Eco-genetic Essence of Sexuality as follows.

(1) Firstly, I define the gene pool of a species as the total genes within individual genomes, total genetic interactions among genes as well as total combinations of genes in individual genomes of the whole population. Then, sexuality is first a process of shuffling gene pool of a species through meiosis and homologous recombination during fusion of gametes from two parents. In this way, a eukaryotic species dynamically preserves its gene pool in total population(s) through sexual reproduction, i. e., the genes will be passed on from one generation to the next through the random combinations of all individuals. Therefore the total adaptation of a species to environments is stored in entirety in its gene pool.

(2) Is variation a cause or an effect of sex? It is a traditional belief that sex is designed to create genetic variations, which is even considered to be the "purpose of sex". In my opinion, sex is merely a genetic operational process for the breeding and proliferation of a eukaryotic species. Therefore, variation is not the cause but the effect of sex! It is only the gene pool that contains a full record of that species' entire evolutionary history and that could determine the diversity of

genotype/phenotype as well as adaptability of its population(s).

(3) Genetically, the genome of an individual is just a random combination from the gene pool of the population. Then, any individual genome of a sexual species can never be eternal, and must inevitably be fragmented or broken by repeated genetic recombination during the process of meiosis from generation to generation, eventually vanishing into the huge gene pool.

(4) Ecologically, the gene pool of a sexual species is also changeable due to a series of biotic and/or abiotic factors such as competition for existence, geographical isolation, eco-physiological interactions or other environmental changes. As a result, the gene pool of a species may extend, shrink or split, respectively leading to complication, degradation or speciation of the species.

(5) Evolutionarily, a species tends to maintain a transient genetic stability. There is seemingly a conflict between accuracy and variability in the genetic process of a sexual species. A flourishing species will inevitably make its gene (therefore phenotype) pool become more and more variable or diverse, although this usually occurs very slowly. This is likely due to the fundamental characteristics of meiosis: frequent genetic combination and variation. However, an ever-increasing variation may also increase the risk of unsuccessful copulation between individuals (e. g. , rate of human infertility can be over 5%). Therefore, in the evolutionary history, a sexual species have to continuously balance the processes of genetic (phenotypic) diversity, successful breeding and environmental adaption by natural selection.

(6) How did a new biological species arise? It appears that speciation was driven by the interactions of genetic and ecological processes at an evolutionary time scale. As no species can increase the size of its gene pool unlimitedly, it is likely that the higher the genetic diversity, the greater the split probability of species' gene pool. Splitting of a gene pool (indicated by reproductive isolation or hybridization barriers) may consequently leads to speciation. In such process, the daughter and parent species usually have a quite overlapping gene pool, with only minor divergency. For example, humans and chimps share a surprising 98.8 percent of their DNA. Thus, it seems that a species is always in a ceaseless cycle of accumulation-splitting-accumulation of its gene pool. In such a way, sexual reproduction through an incremental accumulation of genetic variations along time has inevitably led to an accelerated process of speciation, therefore contributing to a ceaseless emergence of new eukaryotic species on the earth.

It is this essence of sexuality that makes sex so dazzling. Also, in this sense, sex would have led endless emergence of new species as well as endless extinction of old species. In other words, no species can be eternal, and all species will be doomed to perish or will change into more new species. In fact, our earth has witnessed a generally increasing tendency in species richness, interspecific interactions, and ecological niches. Conclusively, the eco-genetic essence of sexuality may explain why there are so many species on the earth and also why all species have been more or less connected phylogenetically.

5. New insights into sex systems of flowering plants and the widespread occurrence of sex

The sex systems of flowering plants look very puzzling, as most of them are hermaphrodite and selfing is also very common. It seems not difficult to explain this if we base on the Eco-Genetic Essence of Sexuality as well as the Laws of Segregation and Independent Assortment by Mendal. In my opinion, inbreeding or selfing of a sexual species can be taken as an asexual "tool" of sexual reproduction (or like a mosaic of asexual and sexual reproduction), and can increase homozygosity of genes in local (or sub-) populations. The plant can also mix individual genomes between sub-populations through outcrossing. Therefore, the mixed mating systems of higher plants may have taken the advantages of both (r-and K-) reproductive strategies, which may be especially important for those higher plants lacking vegetative reproductive ability.

Why is sex so widespread? This has been a puzzling problem for over 150 years. To explain this satisfactorily, it is necessary to integrate viewpoints of ecology, genetics and evolution, i.e., in the evolutionary processes, sexuality genetically meets the ecological requirements of plants and animals to adapt to their survival environments, and most importantly, it meets the requirements of plants and animals to increase their sizes. Firstly, terrestrial plants need to increase and diversify their body sizes to maximize the spatial use of light. For animals, coevolution of predators with preys can increase the sizes of both. Then, the increase in sizes of animals and plants will certainly promote their structural diversification and complication of the associated behavioral, physiological and biochemical cooperation and controls, which inevitably requires increased size and complexity of their genomes. Lastly, meiosis that operates sexual reproduction is just able to increase genome size by vigorous genetic exchange and recombination through synapsis and crossing over between homologous chromosomes, consequently meeting the need to increase both the size and complexity of genomes.

Chapter 12 Evolution of Earth's Environments:
Great Inventions and Leaps of Life Systems

The earth is the mother of all life that occupy various habitats or ecosystems. The global sum of all ecosystems is called biosphere, which is ecologically interlaced with lithosphere, hydrosphere, and atmosphere. So far, millions of species have been found. When did the first life emerge on earth? How did life and the earth environments co-evolve? These are what I want to sketch in this chapter.

Generally, species evolved through isolation, differentiation and hybridization during the geological history with breaking apart, drift and recombination of continental plates. Fundamentally, life is a natural product of the universe, or in other words, the current biosphere is a product of the interaction and coevolution between organisms and their physicochemical environments (water, atmosphere and landmass) in the long geological history. They affect (or modify) each other.

Approximately 3.8 billion years ago, life first emerged on earth after the hell of extremely hot and anaerobic environments. It is assumed that primordial seas gave rise to life. Then it lasted for a very long period of time that oxygen was released from the primordial seas as a byproduct of photosynthesis by cyanobacteria. Eventually, the accumulative effects of oxygenic photosynthesis by prokaryotes successfully converted the early reducing atmosphere into an oxidizing one. The aerobic atmosphere made it possible for life to come up onto land from ocean.

The ever-increasing aerobic atmospheric environments also caused gradual but significant modifications in physiological and ecological characteristics of the organisms. That is, increased oxygen levels were accompanied by structural complication and development of aerobic respiration of organisms, as well as complication of food webs. Eventually, there was a Cambrian explosion around 530 million years ago when the rate of evolution was accelerated by an order of magnitude, i.e. rapid speciation and unprecedented flourishing of both plants and animals. Before Cambrian, most organisms were relatively simple, mainly composed of individual cells with only occasional organization into colonies. Apparently, evolution was not uniform in its rates along geological time.

What resulted in such great leaps in the evolution of life systems? There are a series of key evolutionary inventions that greatly contributed to this: ① a change of energy use from chemicals to sunlight, and from anoxygenic to oxygenic, ②a change of cellular structure from prokaryote to eukaryote, ③a change of individual structure from unicellular to multicellular (with close cellular connection), ④a change of reproduction from asexual to sexual, ⑤an increase of trophic levels from primary producers to sequential appearances of primary consumers, secondary consumers, and top predators, and⑥development of mutually beneficial relations between species (e. g. coevolution between flowering plants and pollinating insects).

Chapter 13　The Eternal Melody of Life: Creation, Evolution and Extinction

Life undergoes an endless cycle of creation, evolution and extinction, which is just like an eternal melody. However, the underlying agents, processes and modes are still the great natural mysteries of the world. This is what I want to explore in this last chapter.

How is an organism constructed physiologically? Life is skilled in using simplicity to assemble complexity for their microscopic construction or creation. This exists in a series of chemical and biological constructions, from elements to macro-molecular, gene, cell, individual and species. It is such a way of life design by assembling that enables us to recognize simple control principles behind the complex presentations and relations in the life world.

How did life evolve? Even today, the mechanisms for species evolution or speciation are still unsolved mysteries of our world. Evolutionism has witnessed a long debate between two great theories: Lamarckism (use and disuse, inheritance of acquired traits) and Darwinism (random variation, struggles for existence, and natural selection). Lamarckism claimed that environment gives rise to variation, while Darwinism believed that variations occur randomly. Paleontologists generally distrust Darwin's gradual evolution, but highly praise orthogenetic (a deformed Lamarckism) and abrupt evolutions. Geneticists believe in mutational evolution, and even declare that they have destroyed Lamarck's theory (especially inheritance of acquired traits) by brandishing their complacent "weapons" —the germplasm theory by Weismann A, the genetic laws by Mendel GJ and the DNA central dogma by Crick F.

Is evolution directional? There have been two fundamentally different views on the direction of evolution. For Lamarckism, evolution is progressive and predictable, and is to produce a perfect fit. For Darwinism, evolution is neither purposive nor directional. In my humble opinion, neither view is completely wrong nor completely right, i. e. , evolution is neither completely random nor completely directional, because directionality is hidden in random processes, and randomness is also interlaced with directional processes. In other words, there are internal and inseparable interactions between randomness and directionality. Genetically, this is very likely because of the unique way that species creation is deeply embedded in assembling and piling up of genes through meiosis.

What are the patterns of macroevolution and extinction? The earth's environments are endlessly changing yet in an unpredictable way. In the macroevolution of life, species are renewed spontaneously, which is an essential character of all life on earth. In the geological history, life on earth has experienced several mass extinctions and great explosions, i. e. significant evolutionary renewal of species was undertaken by sudden and shocking extinctions. Such cyclic creation and extinction of species looked like whirligigs but with different trajectories.

It seems a paradox of adaptation that complex organisms easily go extinct but with simple species being more eternal. The evolutionary history of life never repeated itself simply. In other words, evolution of life was never simply a repaint of historical trajectories, but went up in a way of spiral. Life repeatedly opened up different paths of evolution, and undertook vigorous reconstruction and creation of living systems along with superposition of diversity and complexity.

后 记

重温生态学之梦。 2011年初，恰巧碰上了与自己专业相关的科学技术部国家重点基础研究发展计划项目的申报。受水利部中国科学院水生态工程研究所常剑波所长邀请，一起讨论了一个题为"重大水利工程对长江中游江湖关系及生态可塑性的影响与调控"的申报书。在一系列讨论过程中，我对生态可塑性等生态学理论问题逐渐产生了深厚的兴趣，这也成全了我对生态学知识的一次系统的温习与充实。常剑波所长虽然主要从事鱼类生态学研究，但在我看来，他对生态学与进化理论的见解也颇具独特性与哲理性。他称我是一个目的论者，而他自己却相信随机事件的累积效应。2011年年底，受北京大学方精云院士之邀，我有幸参加了北京大学"生态讲坛2011"报告会，聆听了方院士、张亚平院士以及康乐院士等一批知名专家的精彩报告，进一步坚定了我对生态-遗传-进化进行深度交融的信心，也对宏观生态学的近况与焦点有了进一步感受。

学术生涯启蒙于陆地，奋战于水中。 我于1978年进入华中农学院植物保护系学习。在大学期间，主要学习了昆虫学、植物病理学、气象学以及许多与农学相关的课程，并在学习农药课程时接触到病虫害的抗药性现象。毕业实习时去农村的棉花地里观察一种重要的农业害虫——棉蚜的生态，蚜虫的孤雌生殖及休眠卵给我留下了深刻印象。1982年，大学毕业后我考上了北京农业大学植物保护系的研究生，师从昆虫学家管致和教授（已故）。第二年我被教育部公派赴日本信州大学留学，师从农学部园艺农学系应用动物昆虫学专业的森本尚武教授攻读硕士学位，主要研究了一种名为纹白蝶的昆虫在包菜上的产卵行为，为此，每到产卵季节，我就去包菜地里查看与统计卵的数量。1986年，我硕士毕业后进入日本筑波大学生物科学系生物学专业攻读博士学位，师从日本著名的昆虫理论生态学家藤井宏一（曾任日本生态学会会长）教授，但他不久又将我送入日本国立环境研究所生物环境部的水生生物实验室进行联合培养，师从底栖动物生态学家岩熊敏夫教授，在那里我开始了水生生物的研究，主要研究国立环境研究所内的一个人工湖（未放养鱼类）中水生生物之间的相互关系，重点关注的对象为幽蚊（水生昆虫）、枝角类（浮游甲壳动物）和鞭毛藻，在野外及室内实验中，我反复观察与记录了枝角类的孤雌生殖以及其遭遇不利环境（如食物不足）时产生休眠卵的现象。1989年春，我获得博士学位后来到了中国科学院水生生物研究所做博士后研究，师从著名的鱼类学和淡水生态学家刘建康院士，从此开始了长达20多年的淡水生态学和生态毒理学研究，所研究的对象包括只能进行无性繁殖的蓝藻（也称为蓝细菌）、偶尔进行有性生殖的真核藻类、主要进行孤雌生殖而偶尔进行有性生殖的枝角类、蓝藻毒素及能摄食有毒蓝藻的鱼类等。坦白地讲，我并未接受过系统的遗传学教育，虽然近年来我有不少研究生从事蓝藻毒素的遗传毒理学研究。我也未系统学习过进化生物学，虽然我以前曾零星地从我们的老所长陈宜瑜院士那儿听到过一些关于青藏高原隆升对高原鱼类物种分化影响的科学故事，但我也只停留在一知半解的程度。在此，我要特别感谢陈宜瑜院士在"十五"期间（当时他任中国科学院副院长）给予我一次宝贵的机会，让我担任了中国科学院知识创新工程重大项目"长江中下游地区湖泊富营养化的发生机制与控制对策研究"的首席科学家，使我有机会频繁地接触中国科学院地理与湖泊研究所的许多从事湖泊古环境、地理与水文等研究的地学背景的科学家，学习与积累了不少关于古气候、古生态、区域生态与环境过程等方面的知识。在我目前从事的研究领域，还有一个迄今都令我深深苦恼的问题：现在到处泛滥成灾的蓝藻，它们是古老的原核生物，只能进行无性繁殖，各级政府花费掉数十亿乃至数百亿的资金都还无法控制它们的横行。

在生态中漫游。我从科学的角度曾经接触、探讨或研究过的生命过程或生态现象从陆地到水体，从微小的仅有数微米的细菌、数毫米的浮游动物到几十斤重的脊椎动物——鱼类，从生产者到消费者和分解者，从代谢产物、酶、基因到组织、器官、个体、群落、生态系统乃至生物圈，从烧杯、水族箱、围隔、围栏到全湖、区域乃至全球，从瞬间的响应到数月、数年、数十年的生态过程乃至数亿年的地质演化。回想起来，迄今为止我经历的30多年的学术生涯，实际上是在无意识间游走和飘逸在对象、过程或尺度都如此多样而纷杂的生态现象之间。虽然我一直都或多或少地在为生态学的尺度而纠结，但遗憾的是，我一直都未曾试图去进行一种真正意义上的生态学知识的综合。

源自偶然的动机。2011年年初"973"项目的申报激起了我去理清生态学中尺度问题的强烈欲望，这时我开始调集、整理与充实我的文献储备，并着手开始框架构思与内容写作。直觉和经验告诉我，从生态学不同的时空尺度会有不同的世界观，这是我最初整理、思索与写作本书的一条逻辑主线。经过近一年的时间，我完成了现在的第一～七章、第十二章及第十三章中生命的宏观演化等内容。我还尝试着给它取了一个我感到还满意的名字——"尺度生态学"，英文名为"Scaling Ecology"。那时，我已有了快要收尾的心境，但却并不那么满意止步于此。也正是那时，有几个问题逐渐开始引起我的兴趣：①为何地球上有如此之多的生物物种？②为何地球上的生命系统在周期性的大灭绝与大爆发之中演进？③如何将不同层次的生态过程有机地联系起来？

抓住瞬间的灵感。在寻求这些答案的审读与思索过程中，也是在朦胧与不经意的意识中，我突然发现我开始以一种前所未有的热情倾注于动植物的生殖，特别是有性生殖问题。我意外地发现这是一个那么古老的难题，早在19世纪，进化论的创始人——达尔文对此曾百思不得其解。直到今天，有性生殖是如何起源的以及为什么要有"性"这样的问题依然被公认是进化生物学的未解之谜。一个显而易见的事实是，能进行有性生殖的物种数远多于无性生殖的物种数，因此，这自然会诱使人们相信有性生殖优于无性生殖，为此，世界各国的科学家先后提出过了20多种学说试图来阐述这一观点。我注意到这样一个现象，关注"性的为什么"的进化生物学家中多数都是动物学背景，动物的"性"也的确是最令人眼花缭乱的，而且绝大多数动物都只能进行有性生殖。此外动物基本都是雌雄异体的，雌雄同体现象极为罕见。进化生物学家历来相信有性生殖的强大威力，认为无性生殖的劣势明显，否则很多动物的无性生殖怎么会丢失呢？一些学者甚至极端地宣称，无性生殖的物种终究会惨遭灭绝！但是，我的学术经历使我对这样的传统观念无法认同：学习农药课程时知晓的病虫害的抗药性、毕业实习时观察过的泛滥成灾的蚜虫、在博士期间研究过的水中重要的初级消费者——枝角类、之后一直奋斗着要控制的到处蔓延的蓝细菌，它们或以无性生殖为主或只能进行无性生殖，它们都具有强大的生命力，谁能说它们一定会走向灭亡？而真实的事实却是，它们占据着属于它们的那片天地（生态位），甚至具有不可替代的作用。一个成功物种的生殖方式必定会与其生态对策相适应，因此，我提出了r-生殖对策和K-生殖对策的概念。

揭开神秘面纱。为了破解有性生殖的起源之谜，我开始梳理主要生物类群（从低级到高级）或代表性物种的生殖方式，我意外地发现"性"进化的主线却是如此的明晰，简洁得简直难以让人置信：不良环境的来临-有性生殖-休眠体的产生总是那么紧密地联系在一起。结构简单的单细胞真核生物——酵母如此（产生具有抗逆性强的子囊孢子），单细胞的真核生物衣藻如此（产生具有休眠功能的厚壁孢子），低等的无脊椎动物（蚜虫和枝角类）也如此（产生休眠卵）。只是在较高等的动植物中，进化的方向出现明显的分化：植物向大而坚硬的种子方向演化，休眠与保护作用得到了进一步强化，而动物则由于向胎生的方向发展，以致在最高等的哺乳动物中"性"丢弃了其原始动机，不再服务于休眠。我意识到这些足以说明有性生殖起源与休眠体产生之间的密切关系，从而使我坚信这应该就是有性生殖起源的最原始动机，因此我提出了"有性生殖的生态起源"理论。需要指出的是，有性生殖并不是产生休眠体的充分必要条件，因为只能进行无性生殖的原核生物也能产生休眠体，如丝状蓝细菌的厚壁孢子。我认为，真核生物通过有性生殖产生休眠体或许只是一个偶然事件，只是意外地受到了自然选择的青睐而扩散开来罢了。

让"性"走下神坛。为什么世界上会有如此之多的物种，这个问题看上去简单，但却没人能回答清楚，只是，人们潜意识地认为这可能与神奇的有性生殖脱不了干系。"性"看上去就像一场场无聊的遗传游戏，按孟德尔揭示的规律通过减数分裂进行等位基因的分离与随机组合。我意识到如果将物种与基因库联系起来似乎使一切问题迎刃而解。我的观点是：物种将所有的遗传指令流动性地保存在整个群体中，而生殖就是一个随机的遗传混合过程，而绝非人们普遍认为的那样是为了制造所谓的遗传变异。换句话说，有性生殖就是一种遗传操作过程，而某一个体的基因组只是该物种浩瀚的基因组合之一罢了。因此，一个物种的多样性与适应性蕴藏于整个群体的基因库之中。而个体间的成功交配是物种基因库得以维持（保持基因流动）的根本。有意思的是，在操作有性生殖的减数分裂过程中，容易发生同源染色体之间的遗传交换，这成就了丰富的遗传变异，特别是容易导致基因的叠加，为物种的大型化与复杂化提供了技术铺垫。另外，不断增加的遗传变异将不可避免地增加了个体间无法成功交配的风险，因此容易导致基因库的分裂（当然还取决于诸多遗传与生态的因素）。任一物种的基因库都不会维持恒定，它要么扩增，要么萎缩或分裂，特别是地理或生态导致的生殖隔离容易导致新物种的产生。这样，有性生殖似乎导演了一场使物种趋于无限分化的生态遗传游戏。从生命进化的历程来看，物种分化的速率总体上高于灭绝的速率，这就是为何还有数以百万计的物种依然存在于我们现在居住的这个地球上的缘故。因此，我提出了"有性生殖的生态遗传学本质"的理论。

颠覆传统观念。近交（动物）和自交（植物）导致衰退是遗传学的经典观念。植物的生殖系统配置使我对这一传统观念产生了强烈的疑问。我反复地问自己：如果自交真的那么有害，那显花植物的雌雄同株（甚至雌雄同花）现象为何还是植物生殖系统的主要模式呢？为何显花植物的自交现象还那么普遍呢？如果自交真的那么有害，为何自然选择不将植物的雌雄分开（像动物那样）？我还反复地问自己：忠实的遗传为什么就一定会导致衰退呢？那无性生殖为何还受到很多物种的青睐呢？其实，动（植）物近（自）交衰退的一个后果就是会导致"有害"隐性等位基因的纯合与显性化，其实一些基因在一定条件下有害也许在另外条件下变为有利，而有性生殖其实是通过以一种整体的形式，通过显性和隐性共存而保留了更多的基因类型，为不同的生存环境留下了不同的选择或适应基础。而自交则使地方（亚）种群趋于纯合，更类似于一种无性繁殖策略，但有利于其适应局域环境与快速扩增，而且还能通过异交来实现种群间的遗传混合。因此，显花植物的混合生殖策略其实有机地整合了无性生殖与有性生殖的优点，我更认为它是一个伟大的自然杰作。

更改书名。这样我从生态的视角围绕生殖的起源、现状与演化等，继续完成了第八~十一章及第十三章的大部分内容的写作。此时，我不得不放弃原来的书名，原先预设的主题现在反而成为了铺垫，本书的核心变为了从生态学看生命的遗传与进化，或者更确切地说，是通过生殖将生态、遗传与进化有机地连接起来，来审视生命系统的设计、运作与演化规律，这就是现在的书名。幸运的是，意外的新发现彻底消除了我原先的郁闷，心中充满的只有诚挚的感激与莫名的喜悦。当然，这也留下了一个难以回避的缺憾，前面 7 章相对独立，内容过于生态，虽然我已在这些章节的结语中尽量勾画了与后几章内容之间的联系，但是对一些对生态学不太感兴趣的读者来说，或许阅读这些章节会感到有些累赘。因此，对这些读者，笔者建议可以从第八章开始读起。但是，笔者认为，正是这些跨尺度的生态学知识和成就，才为本书得以成功构筑一个通过有性生殖将生态-遗传-进化进行有机融合并成功解释地球生命系统的设计、运作与演化模式提供了重要基础。

无知者无畏。我自认为可称得上是一个生态学家，或者就我的研究经历而言，更应该限定为一个淡水生态学家。我完完全全是一个遗传学和进化生物学的门外汉，虽然对生态学家来说，进化比遗传更容易亲近一些。在中国，水生态学家在生态学界的地位更是微乎其微，大多数研究已日益局限于环境生物学及一些渔业生物学，理论的生态学研究十分罕见。因此，在这本书接近收尾的一刻，我心底里充满了忐忑，因为我意识到我是在以一种大无畏的姿态挑战两个有着悠久研究历史、精英云集而自己却并不熟悉的领域！而且我居然还胆大妄为地提出了两个新的概念和两个新的理论，也许人们会认为这充其量就是两个假说，也许一些遗传学家会不屑一顾。但我相信，许多古往今来的重大创新都萌生于学科的交叉与深度融合之中。我已准备好迎接或接受一切科学的批评与批判。

诚挚的感谢。初稿完成后，我请东湖生态站的两位研究员——倪乐意和陈隽观阅，试听一下读后感，结果她们对稿件内容的惊讶与赞赏给予了我莫大的信心（也感谢她们对清样稿的反复校对）。感谢水生所李涛博士在春节假日期间对清校稿的认真校对。最后，我要特别感谢水生生物研究所现任所长赵进东院士对蓝细菌基因组的一些独特而令人深思的见解，尤其是他提供的关于生长在不同区域的铜绿微囊藻的基因组呈现出惊人变化的信息使我更加相信无性生殖的原核生物也存在活跃的遗传变异（在我看来，甚至不逊于真核生物）这一事实的可能存在，也感谢他在诸多方面对我的包容与理解。

在本书付印之前，我还将清样稿发给了国内十多位在相关领域（生态、遗传与进化等）知名的学者以恳请不同专业背景的科学家过目与指教。正至春节假日，难免打搅了诸位，在此表示诚挚的歉意与衷心的感谢。同时，我郑重申明，著者对本书可能的错误观点或缪误负全部责任。本书虽然最终没能设计序言，但期待能为读者认识如此斑斓多彩、异常复杂但秩序井然的生命世界提供一种独特的视角。

本书的出版得到中国科学院生态系统研究网络东湖湖泊生态系统试验站以及淡水生态与生物技术国家重点实验室（中国科学院水生生物研究所）的资助。